先进半导体产业关键技术丛书

氮化镓电子器件热管理

Thermal Management of Gallium Nitride Electronics

[美] 马尔科·J. 塔德尔（Marko J. Tadjer）
特拉维斯·J. 安德森（Travis J. Anderson） 主编

来 萍 陈义强 王宏跃 何小琦 贺致远
杨晓锋 周 斌 刘 昌 施宜军 陈 思 译
付志伟 简晓东 韦覃如 马丙戌 陈兴欢

机 械 工 业 出 版 社

本书概述了业界前沿研究者所采取的技术方法，以及他们所面临的挑战和在该领域所取得的进展。具体内容包括宽禁带半导体器件中的热问题、氮化镓（GaN）及相关材料的第一性原理热输运建模、多晶金刚石从介观尺度到纳米尺度的热输运、固体界面热输运基本理论、氮化镓界面热导上限的预测和测量、AlGaN/GaN HEMT 器件物理与电热建模、氮化镓器件中热特性建模、AlGaN/GaN HEMT 器件级建模仿真、基于电学法的热表征技术——栅电阻测温法、超晶格梯形场效应晶体管的热特性、用于氮化镓器件高分辨率热成像的瞬态热反射率法、热匹配 QST 衬底技术、用于电子器件散热的低应力纳米金刚石薄膜、金刚石基氮化镓材料及器件技术综述、金刚石与氮化镓的三维集成、基于室温键合形成的高导热半导体界面、AlGaN/GaN 器件在金刚石衬底上直接低温键合技术、氮化镓电子器件的微流体冷却技术、氮化镓热管理技术在 Ga_2O_3 整流器和 MOSFET 中的应用。

本书可作为氮化镓半导体器件研究人员、开发人员和工程技术人员的参考用书，也可以作为高等院校相关专业高年级本科生和研究生的参考用书。

译者序

氮化镓（GaN）电子器件是指以 GaN 材料为基础、采用半导体工艺制成的电子器件，和 SiC 器件一样属于宽禁带半导体器件，是继以第一代硅基、第二代砷化镓基之后的第三代半导体器件。

20 世纪 90 年代后，以 SiC 和 GaN 为代表的第三代半导体材料制造工艺获得了突破。相比于第二代的 GaAs 材料，GaN 材料具有更大禁带宽度（3.49eV），更高的击穿场强（$3.3MV/cm^2$），更大的电子饱和漂移速度（$2.7\times10^7cm/s$），更高的热导率［2.0W/(cm·K)］，以及杰出的 Baliga 优值（180～1450）。由于 GaN 材料在这些电热性能方面的显著优势，促进了以 GaN HEMT 为代表的半导体异质结构及其电子器件技术的快速发展，对其在微波功率器件以及高频功率开关器件两大方面均产生了革命性的影响。2005 年，射频应用的 GaN 微波功率器件开始进入市场；2010 年前后，应用于电力电子的 GaN 功率开关器件开始出现商业产品。目前，GaN 射频器件主要应用在雷达、5G 通信等领域，而功率开关器件则主要用于消费类的电子快充，以及工业类新能源汽车用的电源适配器和电力电子的电源系统等。

虽然相较于第二代的 GaAs 器件，GaN 器件在多项参数性能方面已经获得了飞跃式提高，但像所有电子器件一样，其最终性能会受到工作过程中所产生热量的限制。而 GaN 器件和电路固有的、出色的射频和功率性能会产生过多的功耗和热量，导致内部的功率密度过大和温度过高，从而影响器件性能的进一步提升以及长期工作的稳定性和可靠性。因此，在 GaN 器件发展和成熟的过程中，面临的最大技术挑战之一就是器件的热管理。即如何通过材料、工艺和结构的优化设计来降低器件的功耗和温度，从而满足 GaN 器件尤其是功率器件的性能和可靠性的需求。本书中，将热管理一词定义为：为了降低工作温度而主动调整 GaN 器件结构的技术方式。

本书是由美国海军研究实验室的 Marko J. Tadjer 和 Travis J. Anderson 牵头，汇集了 53 位来自学术界、工业界和政府研究实验室的编者于 2022 年共同合作完成的。本书核心内容是 GaN 电子器件中的热管理，包括基础理论、热分析方法以及具体的降热和控温技术。整本书共有 19 章，可以大致分为四个部分：第一部分是第 1～5 章，主要概述基础理论和基本概念，包括热问题的总体概述、材料中热输运的第一性基本原理、界面热阻的概念以及界面热传导极限预测；第二部分是第 6～8 章，是从 GaN 器件的角度，对Ⅲ族氮化物器件的热建模给予了全面论述；第三部分是第 9～12 章，主要介绍了三种 GaN HEMT 的热特性的测试方法和测试案例，包括栅极电阻热成像、拉曼热成像以及热反射率成像；第四部分是第 13～19 章，重点介绍了金刚石作为 GaN 电子器件的一种热管理途径，包括金刚石膜的制备方法，金刚石与 GaN 的三维集成和晶圆键合方法等，这部分还介绍了微流道冷却技术，以及新型的超宽禁带半导体氧化镓器件的热管理需求。

本书由工业和信息化部电子第五研究所电子元器件可靠性物理及其应用技术重点实验室的来萍、陈义强和王宏跃组织翻译和审校，其中原书序和原书前言由来萍、何小琦翻译，第1和8章由贺致远、陈义强翻译，第2和10章由简晓东和何小琦翻译，第3和4章由陈思和来萍翻译，第5和11章由付志伟翻译，第6、9和14章由刘昌翻译，第7、18和19章由王宏跃翻译，第12、13和15章由施宜军翻译，第16和17章由杨晓锋、马丙戌翻译；韦覃如、陈兴欢、周斌也参加了部分内容的翻译和审校工作。机械工业出版社的任鑫编辑在本书的组织出版中给予了大力支持，在此表示感谢。

GaN器件热管理技术是GaN器件能充分发挥材料特性优势和满足可靠性需求的重要和关键技术之一。希望本书的出版，能为从事GaN器件研制人员以及应用GaN器件的工程人员提供有价值的技术参考。由于译者水平有限，难免会有不妥之处，恳请读者提出批评和指正。

来　萍

于广州

原书序

从一种未来的技术成为现在射频（RF）应用和功率电子的首选技术，氮化镓（GaN）已经走过了漫长的道路。我在美国空军研究实验室的传感器理事会工作了30多年，见证了GaN从一种将器件制作在小片材料上的实验室新生事物，发展到在6in（1in=0.0254m，后同。）甚至8in衬底上制造的最先进的射频单片微波集成电路和功率器件的过程。我对GaN的最初体验之一是在小片材料上制作欧姆和肖特基接触，以进行霍尔效应测量。这是20世纪90年代中期，当时GaN材料非常珍贵。在一次剥离工艺中，GaN小片从晶圆盒中滑出并从超净间地板的孔洞中掉了进去，我立刻掀开地板，拿着手电筒去寻找那块几乎是无价之宝的小片。非常幸运，由于表面反射很强，我找到了这个样品，从而才能完成后续工艺，获取迁移率数据，并继续做下一个样品。虽然我最终走出超净间，进入了电气特性和可靠性评估领域，但我仍然怀念从事GaN器件/电路制造工作的日子。

美国国防部高级研究计划局（DARPA）资助了很多GaN技术开发项目，这些项目可追溯到宽禁带半导体的早期，如基于氮化物的下一代电子技术，基于动态范围增强型电子与材料的微尺度功率转换项目等。作为这些项目的独立评估负责人，我有机会研究这些前沿技术，记录性能，并识别技术挑战。从材料和衬底工作开始到器件开发和最终的应用电路验证，GaN技术的成熟经历了一个漫长的过程，在整个过程中，GaN面临的最大技术挑战之一是热管理。GaN器件和电路固有的出色射频和功率性能会导致过多的功耗和热量。DARPA项目经理Avi Bar-Cohen博士在“近结热输运和芯片内/芯片间增强冷却项目”中讨论了这一问题。这些项目的重点是在器件结构内改善热输运性能，并开发能嵌入集成电路内的新型冷却解决方案。

GaN中的热管理技术是本书的重点，主要内容来源于学术界、工业界和政府研究实验室的贡献。作者们都是GaN研究领域的专家，技术重点是热分析。我阅读并参考了这些作者中大多数人最近几年发表的工作成果，并有幸通过各种项目和会议与他们中的许多人进行了当面交流。本书的内容涵盖了广泛的主题，包括GaN材料和衬底中的热输运，器件结构的建模和模拟，集成金刚石用于热管理，以及一些称为微流道的应用案例。本书将为读者提供GaN射频、功率器件和电路技术中的热问题的广泛论述，同时给出了热管理的潜在解决方案的示例。

GaN已经是射频和功率电子的首选技术，但其性能最终受到热管理技术的限制。了解GaN器件中的热输运和热管理领域的前期工作，将为该领域的未来研究打下基础。本书为加深这种理解提供了非常好的参考。

希望大家能开卷有益！

Glen“David”Via

美国空军研究实验室传感器理事会

原书前言

电子器件的性能始终受到其工作过程中所产生热量的限制。在宽禁带半导体器件中，如氮化镓高电子迁移率晶体管（HEMT），目前规模化生产电子器件所采取的热管理技术无法提供接近器件热源的高导热散热路径。在过去10年中，我们进行了开创性的实验，将纳米晶体金刚石覆盖层集成到化合物半导体器件的制造工艺中。此后，许多研究团队报道了金刚石与GaN集成的重要研究成果，给出了多种有效的、无需降低器件性能的热管理选择措施，从而减少这些器件在射频或功率开关工作期间自热效应的影响。

自热效应是指在高功率作用下电子向晶格输运能量因局部能量增加而引起器件的沟道温度升高。已有许多研究计划试图解决这一问题，并将各种集成式金刚石散热片引入规模化生产的微电子领域。本书将介绍该领域中的引领者所采取的相关技术方法，以及他们所面临的挑战和由此给该领域带来的进步。本书的目的是为从事化合物半导体器件科研工作者提供综合参考，帮助他们解决基于宽禁带和超宽禁带半导体的未来材料体系在工程应用中的挑战。书中将包括多个视角，从纳米晶体金刚石的生长和通过晶圆键合的多晶金刚石材料集成，到异质界面热输运的全新物理学。因此，包括所有这些方面的金刚石热管理结果表明，这项技术经过多年的研究，很有可能成为商用产品，最终成为政府资助高风险、高回报科技的又一个成功案例。

本书内容结构如下。第1章概述了电力电子领域的热挑战，我们认为这应该是对现代电子器件所面临的热问题的总体概述，这部分是由一位研究生带着这个想法写的，我们希望它能很好地引导本书的其他章节。第2章直接深入到GaN和其他Ⅲ族氮化物材料中热输运的第一性基本原理，Lindsay描述了基于第一性原理计算声子色散、本征声子相互作用和其他晶格动力学性质的理论基础。第3章Sood从第一性原理的角度讨论了热输运的基本原理，但描述的对象是多晶金刚石输运。第4章Graham介绍了界面热阻（或Kapitza热阻，即热边界热阻，Thermal Boundary Resistance，TBR）的概念。第5章Hopkins对Ⅲ族氮化物界面的热传导极限预测进行了论述。

第6章首先介绍GaN器件的概念，Choi重点介绍了AlGaN/GaN异质结构晶体管的概念，并讨论了HEMT的器件物理和工作原理，之后讨论了GaN基HEMT的电热建模。第7章和第8章Ancona和Heller分别对热现象建模问题做了进一步讨论。以上三章内容，对Ⅲ族氮化物器件的热建模给予了全面论述。

本书的其余部分专门介绍了来自工业界、学术界和政府的一些实验室的实验工作。我们首先介绍了GaN器件热性能的实验方法，其中在选择Pavlidis、Chang和Raad的章节顺序时有些为难，他们这三章采用栅极电阻热成像（第9章）、拉曼热成像（第10

章）和热反射率成像（第 11 章）探索 GaN HEMT 的热测试方法。Chang 介绍了诺斯罗普·格鲁曼公司开发的一种新型多通道 GaN HEMT 器件的电学特性和拉曼热成像的结果；Raad 在第 11 章详细介绍了热反射技术并给出几个 GaN HEMT 的测试案例，进一步的详细说明由 Odnoblyudov 在第 12 章的部分内容中描述。第 12 章从电热特性两方面专门介绍了 Qromis 公司商用化的热匹配工程衬底技术。

从第 13 章开始，重点介绍金刚石作为 GaN 电子器件的一种热管理途径。我们将术语“热管理”定义为为了降低工作温度而主动调整 GaN 器件结构的技术方式。因此，前面所有章节提供的内容对于正确讨论 GaN HEMT 的热管理至关重要。第 13 章 Feygelson 描述了优化的纳米金刚石（NCD）的微波等离子体化学气相沉积工艺，在实现最小化应力的同时提高了膜厚均匀性，这些结果展示了 NCD 可以作为一种在晶圆级规模上制造的热扩散材料。第 14 章 Francis 回顾了具有良好前景的金刚石基 GaN 技术的多年发展，以及由此促成的创业公司 Akash Systems 的成立。第 15 章 Piner 和 Holtz 为金刚石与 GaN 的三维集成提供了一种独特的方向。第 16 章和第 17 章 Cheng 和 Gerrer 分别介绍了 GaN 与金刚石集成的晶圆键合方法。第 18 章 Matioli 讨论了另一种非常重要的热管理方法，即微流道冷却。最后的第 19 章 Pearton 介绍了急需热管理解决方案的另一种材料——氧化镓，这是一种新型的超宽带隙半导体，Ga_2O_3 器件领域预计将借鉴 GaN 的“技术诀窍”，寻求 Ga_2O_3 电子器件的冷却途径，我们把这个话题留给下一本书讨论。我们希望读者喜欢这本由世界级的科学贡献汇集而成的书籍。

Marko J. Tadjer，Travis J. Anderson
美国海军研究实验室

目 录

第1章

宽禁带半导体器件中的热问题

Joseph A. Spencer[1,2]、Alyssa L. Mock[2]和 Yuhao Zhang[1]
① 美国弗吉尼亚理工学院和州立大学电力电子系统中心（CPES）
② 美国海军研究实验室电子科学与技术部

1.1 器件工作状态下的热产生

1947年，贝尔实验室的科学家们发明了世界上第一款功能性的点接触晶体管。虽然这款晶体管的尺寸仅为厘米量级，但仍是一个值得获得诺贝尔奖的壮举时刻。几十年过去了，随着研究的蓬勃发展，晶体管的尺寸根据摩尔定律不断缩小，即芯片上的晶体管数量每18~24个月就会翻一番。随着半导体器件领域年复一年的突破性创新，潜在的性能提升似乎没有上限。然而，随着晶体管尺寸的进一步缩小以及高密度芯片封装发展趋势，全新的热管理解决方案被提上日程。在半导体器件中，电流是电子（空穴）净流动的结果。当被电场激发的载流子在器件沟道内移动时，它们会遇到阻碍和限制其运动的碰撞。这些碰撞或散射现象是由半导体材料中的缺陷、杂质或声子的发射/吸收引起。运动中电子遇到碰撞时，它们的一些能量被转移到晶格，导致温度升高。与此同时，升高的晶格温度也将增大电子的散射率，进一步抑制了它们的流动。该正反馈机制正是器件的电特性和热特性相互依赖的体现，并且必须得到相应地解决。

在诸如计算机处理器和存储器等低压电子器件领域，研究焦点主要集中在如何缩小单个晶体管尺寸、如何增加封装中特定芯片区域中的晶体管数量和如何提升处理速度。硅作为一种具有1.1eV带隙和高电子迁移率的半导体材料，是这类商用晶体管应用领域中最受欢迎的材料。而诸如碳化硅（SiC）和氮化镓（GaN）等宽禁带（WBG）和超宽禁带（UWBG）半导体则已经成为高功率应用中最受欢迎的材料。应用于功率开关及功率放大领域的功率器件的性能极限将随着器件施加电压和器件中电场强度的增加而不断地提升。在功率和射频（RF）电子器件领域中，为了缓解电场集中效应，并将其更均匀地分布在器件漂移区，研究人员对器件结构开展了诸多的改进，包括斜边、注入终端及添加场板。

与成熟的硅相比，WBG和UWBG半导体是一类较新的材料。在高电压和高功率器件领域中，如何在器件开关过程中实现高电场和低功耗是业界关注的重点，也是本章的重点内容。这些材料具有承受大电场、适应高电流密度和在较高结温下工作的能力。理论上，电场的极限取决于材料的临界电场，是禁带宽度的函数；最高温度取决于本征载流子浓度何时超过非本征掺杂浓度。然而，这些半导体器件的实验观测值往往低于其理论值。如果对宽禁带半导体器件中热量的来源和产生有了更多的了解，那么热管理和器件应用方面的技术提升肯定会随之而来。本章旨在简要概述功率和射频器件的工作原理、发热对器件工作及特性的影响行为，以及提升宽禁带半导体中热管理的一般技术方法。在提供对上述主题的简要介绍和概述时，主要考虑 WBG 和 UWBG 半导体（SiC、GaN 和 Ga_2O_3）。同时，以 GaN 为主要研究对象，在接下来的几个章节重点讨论如热输运、可靠性、金刚石基 GaN 技术发展以及高分辨率温度分布图测试技术等内容。

1.1.1 功率器件的工作状态

首先，通过观察功率开关的理想器件特性，并将其与实际功率器件进行比较，可以解释功率器件工作的基本原理。理想功率器件在将电能流向负载的同时本身具有零功率耗散。电力设备中的负载可以是容性、感性、阻性或其组合。通过周期性地开关功率器件，可以产生调节控制电路的电流脉冲。在器件的持续开关过程中，会产生一个开关周期。在理想的功率开关中，无论导通状态下传导多大电流，电压降均为零，因此功率器件导通损耗也为零。而当器件处于任意阻断电压的关断状态下时，也没有任何泄漏电流，从而导致器件的关断损耗为零。上面描述了功率器件在导通和关断状态下的理想特性，同时还必须考虑两种状态之间的转换过程。理想器件应在导通和关断状态之间实现无缝、即时转换，且无开关损耗。

然而，对于非理想功率开关器件，情况则大不相同。器件在导通、关断以及开关转换过程中都会产生功耗，这是由于器件本身不可能像理想器件那样完成瞬时切换。在导通状态下，器件存在正向电压降（V_F），其导通状态下的功耗计算公式见式（1.1）。其中，δ 是占空比，I_F 是导通电流。在关断状态下［见式（1.2）］，器件存在非零值的泄漏电流（I_L）以及反向电压降（V_R）。

$$P_L(\mathrm{on}) = \delta I_F V_F \tag{1.1}$$

$$P_L(\mathrm{off}) = (1-\delta) I_L V_R \tag{1.2}$$

由于开关时间不再是瞬时的，因此这段不可忽略的时间内的功耗也必须与开、关两种状态分开考虑。工作频率对器件导通和关断瞬态期间的功耗也将产生较大的影响。

总功耗是器件在导通状态（导通损耗）、关断状态和导通/关断瞬态切换（开关损耗）的功耗之和。在器件设计阶段，针对一些特定的应用领域，导通损耗等指标往往是重点考虑的权衡对象，而开关损耗并不是影响器件性能的关键。然而这种情况随着器件的工作频率的不断提升发生了改变，并通常直接决定了这种权衡关系：随着工作频率的不断提升，器件功耗主要产生于开关切换期间。

具有高开关速度的功率器件非常适用于数据中心和快速充电器等应用领域。功率器件包括了两端的功率整流器和三/四端的功率晶体管。常见的功率晶体管包括金属氧化物半导体场效应晶体管（MOSFET）、高电子迁移率场效应晶体管（HEMT）、双极结型晶体管、绝缘栅双极型晶体管（IGBT）以及晶闸管。在器件正向导通过程中，导通电阻上的有限电压降直接产生了导通功耗。关断状态下的泄漏电流，也会产生关断损耗。与此同时，晶体管在开关过程中也可能同时处于高电流和高电压并存的状态下。

通过了解典型功率器件与理想器件工作状态下的不同之处，可以直观地理解器件产生热量的原因。一方面是器件本身不可忽略的导通电阻，其对导通电流的限制是一种常见的热源，被称为焦耳热。同时，对于在导通和关断状态之间切换的功率器件而言，热量来自于导通状态期间和开关切换期间。当器件从导通状态切换到关断状态时，产生的热量将通过整流器和晶体管的结电容释放。另外，在许多开关切换电路（例如具有电感负载的硬切换电路）中，在器件导通和关断的重复周期内，存在相当大的高电压和高电流状态重叠，这将导致器件内部的阻性能耗通常以热量的形式释放。

1.1.2　射频器件的工作状态

诸如功率放大器之类的射频功率器件在工作期间也会产生大量的热。这些器件被设计用于接收低功率的射频信号，并将其放大或转换为高功率信号。在较高直流（DC）功率水平下实现连续的功率转换是射频器件发热的主要原因之一。射频器件或放大器均在恒定直流偏置下工作。例如，在一些射频应用领域，200V的射频放大器可以在接近100V的高直流偏压下工作。这些器件在该高电压下连续运行并产生相应的能量，其工作原理与200V功率开关器件不同，后者并不会在恒定的高电压下运行，而是在器件处于关断状态时阻断该电压，在导通时处于低电压及大电流工作状态。

在设计射频功率放大器时，需要考虑功率输出、阻抗匹配、功率效率、散热以及小信号/增益压缩。由于过激励或散热导致的非线性现象存在，当一个放大器件传递函数的差分增益发生缩减时，就会出现增益压缩现象。通常，直流电源功率和射频基波输出功率之间的功率差将会以热的形式散失，输出效率通常定义为输出功率和直流功率之比。当射频功率放大器效率较低时，这种功率损耗会增加。当放大器输出端存在阻抗不匹配时，也会导致额外的发热。如式（1.5）所示，可以使用基波射频输出功率 P_1［见式（1.3）］和直流电源功率 P_{dc}［见式（1.4）］来确定放大器的效率。其中，V_{dc}表示直流电压，I_1 表示基波的射频电流，I_{dc}表示直流分量的平均电流，η 表示输出功率效率。

$$P_1=\frac{V_{dc}}{\sqrt{2}}\times\frac{I_1}{\sqrt{2}} \tag{1.3}$$

$$P_{dc}=V_{dc}I_{dc} \tag{1.4}$$

$$\eta=\frac{P_1}{P_{dc}} \tag{1.5}$$

通过提高式（1.5）中的效率 η，可以缓解功率损耗及热量产生。有关射频功率器件和放大器的工作状态更多的详细信息请参阅本章参考文献［1］。

1.2 热对器件特性和工作状态的影响

器件的最高工作温度和结温都是由器件发热特性所决定的，因此是器件应用和电路设计的关键指标。了解过热如何影响器件的特性、工作状态和可靠性非常重要。如电流密度、载流子迁移率等电特性参数通常可以快速评估该器件是否具有高质量和高效率特性。当过量的热产生并且没有适当地从器件或芯片中散出时，器件就有可能超出其设计和额定的极限。在高温条件下，器件的电流密度和迁移率都会受到影响。

器件热量增加将进一步增加电荷俘获并降低载流子漂移速度，从而加剧器件的电流崩塌效应及其他特性退化。其中，电流崩塌效应指的是 GaN 功率器件表面缺陷及导通沟道附近缺陷在俘获热电子之后导致的漏极电流下降现象[2]。在高工作频率下，由于缺陷俘获的电子无法快速响应电流的瞬态变化过程，形成了相对固定的束缚电荷，其所产生的电流崩塌效应导致了输出功率的降低。这也是 GaN 功率器件在高频工作条件下经常会遇到的技术难题。与此同时，器件自身的发热问题也将进一步降低器件的可靠性和鲁棒性。例如，2017 年 Li 等人[3]报道了增强型 GaN HEMT 的短路特性，发现器件的退化源于栅极和沟道区域，并对器件的导电特性产生了负面影响。在器件短路条件下，温度是退化的主要原因[3]。此外，如果器件过度发热的热点在空间上与电场峰值位置恰巧重合，则可能进一步降低器件的可靠性。电力电子领域中发生的雪崩击穿和浪涌电流都会在短时间内产生大量热量。功率器件耐受这种热应力的能力直接决定了其在这种极端工况下的鲁棒性。器件内部构成材料的热膨胀系数（CTE）失配也会进一步导致电热机械应力相关的失效现象。

1.2.1 最大工作电流密度

当设计和制造一款新器件时，通常会赋予特定的额定电流值。该额定电流值的确定，主要取决于器件导通状态下的热管理能力，以防止热量影响器件的功能完整性及可靠性。功率器件的额定电流值由最大结温决定。截至 2019 年，Si 功率器件的最大结温在 125~150℃范围内，而 GaN 和 SiC 等宽禁带功率器件的最大结温不超过 175℃[4]。需要说明的是，这里的最大结温不是器件单一失效事件发生时的限定值，而是确保器件长期可靠工作的温度值。如果不遵守额定电流，器件产生的热量可能会过高，极易导致超过其最大工作温度，从而引起最大功率密度的下降。如式（1.6）[4]所示，器件工作电流密度由结壳比热阻（$R_{\text{jc-sp}}$）和比导通电阻（$R_{\text{on-sp}}$）以及外壳温度（T_{case}）和最大结温（$T_{\text{j,max}}$）决定。结壳比热阻值主要由封装的热效率决定。当结壳比热阻增加时，对于所有功率器件，无论是具有欧姆导通 I-V 特性的 MOSFET 和 HEMT，还是非线

性 *I-V* 特性的IGBT和二极管器件等，其电流密度都将下降。对于具有欧姆导通 *I-V* 特性的MOSFET之类的器件，如果通过更好的热管理实现 $R_{jc\text{-}sp}$ 值降低100倍，其电流密度则可以增加10倍，见式（1.6）。另一方面，如果采用更好的材料和器件结构设计，将最大结温提高到175℃以上，功率器件的电流密度也可以进一步提高。

从电特性的角度来看，上述公式都表明了 $R_{on\text{-}sp}$ 的增加会对器件的电流密度带来负面影响。如式（1.7）所示，对于具有非线性 *I-V* 特性的功率器件，同时降低正向电压降及结壳比热阻 $R_{jc\text{-}sp}$ 值即可增加其电流密度[4]。

$$J=\sqrt{\frac{T_{j,max}-T_{case}}{R_{jc\text{-}sp}R_{on\text{-}sp}}} \tag{1.6}$$

$$J=\frac{T_{j,max}-T_{case}}{R_{jc\text{-}sp}V_F} \tag{1.7}$$

需要注意的是，器件可输出的最大电流密度是电路、系统级设计过程中一个非常重要的指标。随着电流密度的提高，负载侧能够承受特定电流值芯片的尺寸就可以减小，从而实现了材料或器件的用量减少并有效降低系统成本[4]。本节中的讨论表明了热管理技术以及最大工作结温对器件最大电流密度的重要性。如果热问题得不到妥善控制，器件能够可靠工作的最大电流密度将远低于器件的固有特性（例如，在脉冲模式下测得的饱和电流密度），从而导致系统级应用中器件出现较大的过度设计。

1.2.2 器件特性：载流子迁移率及电流崩塌效应

载流子迁移率（载流子在材料内移动的速度）以及器件内的电流都会受到热管理的影响。温度升高是导致迁移率降低的主要原因。当温度升高时，材料和器件沟道内的晶格散射率和振动会增加，此时晶格中存在更多的能量，原子的净运动更大，从而阻碍了载流子的运动，降低了它们的迁移率。器件沟道中产生大量的热，使得载流子迁移率下降，也劣化了器件性能。这种迁移率下降还对器件中的其他参数产生了负面影响，例如 $R_{on\text{-}sp}$。迁移率降低导致电流减小，进而导致电阻增加。$R_{on\text{-}sp}$ 的增加又会影响最大工作电流密度，这一点也会在下面的最大工作温度部分中讨论。根据Sheng等人[5]的报道，在无电导率调制的SiC器件中，其传导损耗强烈依赖于载流子迁移率。电导率调制是指在施加诸如电压、辐射或温度的外部激励下，由于额外电荷载流子的注入/提取而引起的材料电导率的变化。当迁移率降低和结温升高时，这些损耗将以显著的速率增加。

另一个影响迁移率的关键参数是电流，以及随后的电流崩塌现象。在讨论器件稳定性和可靠性时，电流崩塌是一个重要的考虑因素[6]。当发生电流崩塌时，漏极电流显著降低，导通电阻增加[7]。Padmanabhan等人通过蒙特卡罗模拟仿真发现[8]，随着器件中温度的增加，电子的温度（或能量）开始下降。这表示电子的整体速度已经降低（类似于迁移率的降低）。因此，随着器件温度的不断升高，载流子迁移率和饱和速度的降低导致电流不断减小。当考虑器件自热效应时，栅极和漏极区附近的电场强度也将增大。

1.2.3 可靠性及鲁棒性

从实验室开发到大规模商业化的过程中，宽禁带射频和功率器件的可靠性和鲁棒性一直是人们反复关注的问题。这些器件的发热问题和热管理对其可靠性和鲁棒性起着决定性作用。这也进一步影响了它们在许多高保真射频和功率应用中的适用性，例如通信及国防领域、电动汽车动力传动系统、电网及可再生能源发电等。

温度是半导体器件非常重要的应力源之一，在较高温度下器件寿命往往会缩短。器件退化过程中的温度加速效应通常可以由 Arrhenius 方程［见式（1.8）］中失效时间（TTF）来表示[9]，即

$$\mathrm{TTF} \propto \mathrm{e}^{\frac{E_a}{k}\left[\frac{1}{T}-\frac{1}{T_0}\right]} \tag{1.8}$$

式中，E_a 是激活能；T_0 是室温。Bahl 等人[9]报道了 600V 额定电压的商用 GaN 功率 HEMT 在硬开关电路中的寿命模型，并提取了激活能 E_a 为 0.7eV。在 640V、8A 的硬开关连续工作应力下，该 GaN 功率器件在高温下的寿命会缩短，从 100℃时的约 900h 缩短到 125℃时的约 250h。温度对器件可靠性影响的另一个例子是器件在高温反向偏置（HTRB）和高温栅极偏置（HTGB）试验中的退化，这两类试验是所有功率器件的标准考核测试项目。Chihani 等人[10]报道，在这些试验中，GaN 功率晶体管不仅在高温下表现出了寿命降低，而且在温度高于 150℃时表现出了与表面态相关的新退化机制。

鲁棒性是指功率器件在电路和系统中耐受异常瞬态应力而不发生故障的基本能力。任何功率器件应用中[11]所必需的两种主要鲁棒性包括雪崩耐受性（衡量器件在高电压下耗散浪涌能量的能力）和浪涌（短路）电流耐受性（衡量器件承受瞬态过电流的能力）。对于某些 GaN 器件，过电压耐受性也非常重要，它衡量的是器件承受瞬态过电压的能力[12-14]。当许多异常事件发生时，器件通常会发生热故障；器件承受高温和快速散发热量的能力决定了其相关的鲁棒性。例如，GaN 二极管[15]和晶体管[16,17]具有很好的雪崩耐受性，这是由于高质量的 GaN p-n 结可以在高温下承受大电流而不会发生热退化[11]。这种高鲁棒性的 GaN p-n 结还使 GaN 器件能够承受峰值达到标称额定电流 10 倍以上的大浪涌电流[11]。

1.2.4 最高工作温度和结温

在功率器件导通和开关切换过程中存在的功率耗散将产生热量并使器件结温和工作温度升高。热量的显著增加可能导致器件温度超过其最高允许值。该最高温度值由器件设计及材料本身特性所限制或决定。当达到或超过最高工作温度或结温时，用于制造器件的所有材料（不仅仅是半导体）都有损坏的风险。宽禁带和超宽禁带半导体材料有助于提高器件的最高工作温度和结温，这是由于其本征载流子浓度与禁带宽度的指数成反比，即$n_i \sim \exp(-E_g/2kT)$。虽然宽禁带材料的使用可以有效提高工作温度，但仍须考虑其他对温度敏感的器件参数变化。例如，随着器件工作温度的不断增高，

泄漏电流也会随之增大并远超其预期值，其导致的相关典型热失效现象也会不断涌现。在关断状态下，器件泄漏电流随着温度的升高呈指数型增大，其中也可能包括了局部热失效点[4,18-20]。

另一种可能的情况是会建立一种所谓热失控的正反馈机制，该机制涉及加热和功率损耗之间的相互作用。在功率器件的开关和导通模式下观察到的功率损耗将使结温再次升高。这种现象会导致器件发生失效，并在低于材料热极限的温度下产生热失控。Sheng 等人[5]研究了 SiC 功率器件（特别是 MOSFET）的最高结温，发现 SiC 能够承受高达 800℃的温度[21,22]。然而，如果 SiC 器件中的热管理设计不当，在低至 200℃的结温时也可能发生热失控。而对于热导率低得多的 Ga_2O_3 器件[23]，最近使用 TCAD 仿真研究发现直到 600℃时才会发生热失控效应。SiC 功率 MOSFET 器件的最高结温和工作温度可以通过更好的分布及平衡设计来提高，其中包括更好地分配开关和导通之间的功耗、改善环境温度，以及使用具有较低热阻的散热器。

这里将对器件热失控过程进行更多的定量解释。随着温度的增加，$R_{\text{on-sp}}$ 及正向电压（V_F）都会随之增大。功率器件中 MOSFET 和 HEMT 的 $R_{\text{on-sp}}$ 都具有正温度系数 α，如式（1.9）所示[4]。另外，如 p-n 结二极管、IGBT 等器件的 V_F 也具有较小的正温度系数 β，如式（1.10）所示[4]。温度系数 α 和 β 分别应用于不同的器件技术路线中：α 通常用于 MOSFET 等单极型器件，其范围通常为 1.5~4；β 通常用于 IGBT 等器件，这些器件的温度系数非常小，有时甚至为负温度系数[4]。

$$R_{\text{on-sp}}(T)=R_{\text{on-sp}}(T_0)\left(\frac{T}{T_0}\right)^{\alpha} \tag{1.9}$$

$$V_F(T)=V_F(T_0)(1+\beta(T-T_0)) \tag{1.10}$$

假设导通损耗是高结温（T_j）下的主要损耗，则功率器件的导通损耗与负载电流（I_{load}）成正比。热失控条件可以从数学上推导出来，如式（1.11）所示。

$$\frac{\partial I_{\text{load}}}{\partial T_j}=0 \tag{1.11}$$

代入导通损耗与 T_j 的依赖关系，可以推导出器件最高结温（$T_{j,\max}$）与环境温度（T_{amb}）的函数关系，如式（1.12）所示[4]。

$$T_{j,\max}=\frac{\alpha}{\alpha-1}T_{\text{amb}} \tag{1.12}$$

如 IGBT 之类的功率器件具有负的温度系数或非常小的正温度系数 β。这是因为在高温工作条件下，其不需要增加栅极电压即可获得更高的输出电流。因此，在可靠性、泄漏电流控制、封装等方面都达到足够质量要求的前提下，IGBT 器件的这一特性使得其更适合在高温下工作。在这种情况下，热循环能力及泄漏电流控制能力将成为决定器件最高工作结温的主要因素[4]。从上面的讨论中可以发现，导通电阻或正向电压的温度系数是决定器件最高结温 $T_{j,\max}$ 的关键。同时，最高结温 $T_{j,\max}$ 在不同半导体材料功率器件中可能存在相当大的差异。例如，单极型 SiC 功率器件的 α 通常为 2.4~3[5]，而在超宽禁带 Ga_2O_3 器件中的 α 可以低至 0.7~1.5[23-25]，说明其具有优异的热稳定性。

1.3 宽禁带半导体器件热管理问题

克服宽禁带半导体器件中的发热问题涉及多种技术途径和方法，无论哪种方法都可以有效提升器件的可靠性并抑制器件退化。在商用产品中，最常见的方法是降低器件的额定值，即在低于其最大额定能力的情况下工作，以达到延长使用寿命、避免过热造成损坏的目的。同时，使用具有非常高热导率的衬底也可以促进器件有源区中的热耗散。在商用器件中，SiC 是 GaN 器件的优选衬底，半绝缘的 SiC 衬底可实现高质量的 GaN 异质外延生长。与此同时，尽管也存在一些不可忽视的边界热阻，但 SiC 衬底还是提供了较好的导热特性。目前，其他高热导率衬底的研究工作正在广泛开展，特别是具有大面积和高热导率的多晶金刚石衬底。另一种更好的热管理技术是对整个器件结构进行设计创新，例如，在整个器件中实现更均匀的电场和电流密度分布。更均匀的热分布可以避免器件局部失效，尤其是当器件中的温度场与高电场分布一致时。由于器件的电流特性对制造过程中引入的覆盖材料十分敏感，因此从器件顶部进行冷却具有较大的挑战。虽然通过在垂直器件的顶部和背面同时冷却具有明显的优势，但由于技术不成熟，这些方法仍处于研究阶段。此外，在垂直结构（例如，垂直型 MOSFET）的功率器件中，即使半导体材料相同，其热设计需要考虑的因素也大为不同。因此，对于横向和纵向的功率器件，其热管理设计技术也是不同的。

除了上述芯片级热管理技术方法，还可以从封装的角度来实现有效热管理。这方面的案例包括完全集成到封装中的高效散热器、改进的热膏及焊料、主动微流体冷却技术以及低热阻封装材料等。本节旨在简要介绍几种热管理技术方法，并为器件设计和封装提供参考。

1.3.1 高导热材料的集成

在半导体器件中采用高导热材料是实现高效热管理、缓解相关热效应的最有效途径之一。使用高质量、高热导率的介电材料（如 AlN）和半导体材料（如金刚石）将有利于实现更均匀的电场分布，并有效降低材料界面热阻[26]。在技术可行的前提下，在高导热衬底上生长半导体，或者利用高导热材料覆盖器件，都为器件中热量扩散提供了有效途径。宽禁带半导体器件常用的衬底材料包括蓝宝石、硅和 SiC 等。金刚石也是可选的衬底材料之一，但由于金刚石价格昂贵并难以实现大尺寸生长，限制了其推广应用。上述衬底材料中，蓝宝石的热导率最低，一般为 35~45W/(m·K)[27]；硅作为电子元器件中最广泛使用的材料，室温下其热导率为 142W/(m·K)[28]；SiC 的室温热导率高达 400W/(m·K)[29]，其中，Wei 等人[30]发现 c 轴方向的 N 型掺杂及 V 掺杂半绝缘的SiC热导率分别达到280W/(m·K)和347W/(m·K)。作为一种常用的半导体，GaN也被证明是一种有效的衬底材料，其热导率实验值达到了220W/(m·K)[31]。金刚石作为目前热导率最高的材料，其热导率值高达2000W/(m·K)[32]。正因金刚石如此高的热导率，人们正在开展大量研究，以提升金刚石的生长质量及可用性，并将其集成到高功率和宽禁带器件中。据报道，AlN的热导率实验室测试值达到了321W/(m·K)[33]。随着AlN单晶质量的提升[33]，该值也超过了先前报道的AlN体材料200~285W/(m·K)的最大热导率[34-36]。

虽然使用具有高热导率的衬底是可行的解决方案，但是作为产生热量的半导体材料本身，其热导率也是十分重要。除了SiC，GaN和Ga_2O_3也是高功率电子器件研究领域最热门的两种材料。由于这些材料具有优异的电学性质和能带结构，人们对其开展了大量研究。根据Zou等人[37]的计算，GaN薄膜层的理论最大热导率受限于晶体非谐性，可以达到336~540W/(m·K)。但GaN单晶室温下热导率测试值仅为220W/(m·K)，在45K下的最高热导率测试值才可以达到约1600W/(m·K)[31]。这种热导率的理论和实验测试值差异如此之大的主要原因在于GaN生长过程中引入了材料缺陷。同时，由于其非立方对称性，GaN具有各向异性。根据Slack等人[38]的研究结果，在室温下，GaN热导率的各向异性小于1%。根据第一性原理理论计算表明，即使在较宽的温度范围内（100~500K），热导率的各向异性仍小于1%[39]。相比之下，虽然Ga_2O_3材料的热导率要低得多，但是其在高功率电子领域仍然越来越受欢迎。Ga_2O_3的单斜晶系结构也导致了其热导率具有较大的各向异性。Guo等人[40]报道了沿［100］、［010］和［001］方向其热导率值分别为15W/(m·K)、28W/(m·K)和18W/(m·K)。显然，Ga_2O_3半导体材料的热导率远远落后于所有其他相关材料。然而，这种低热导率特性也没有阻碍Ga_2O_3在高功率电子领域中的进一步发展，这主要是由于其高击穿场强带来的巨大应用潜力。值得注意的是，任何已经在GaN器件中开发的热管理技术都适用于其他WBG和UWBG器件，如Ga_2O_3材料等。

1.3.2　器件设计

器件结构设计是改善和优化热管理的另一种解决方案。通过改变器件的设计，包括器件的自热效应在内的一些工作特性都会发生改变。下面用一个实际生活中的案例来概括如何通过改变结构来提高性能和效率。大型购物中心的最初设计是将一些最受欢迎的商店和餐馆直接布置在主入口附近，其预期的大量步行客流都集中于此。然而，这种不良的结构设计却导致了严重拥堵或“热点”人群，进一步阻碍了顾客向购物中心的内部流动。通过将餐馆和受欢迎的商店彼此分开并远离入口，实现了“热点”减缓，从而带来了更有效的人员流动。购物中心的整体目的和功能没有改变，也没有牺牲建筑物运营所必需的功能。这一概念可以应用于器件设计，并主要出现在芯片级的设计方案中。长期以来，集成电路热管理一直在使用这些类型的热缓解方法，在技术可行条件下，大面积的功率器件也可以实现类似的技术。例如，通过优化管理器件中的“热点”位置，电场或电流密度可以更均匀地分布在整个半导体漂移区，或者可以从热阻较差的界面上消除热点。

通过比较纵向及横向 GaN 功率器件的电热仿真结果，可以发现改变器件结构会产生明显的差异[41]。如果认为纵向和横向器件中材料的热导率是相同的，那么具有更优的热管理特性的纵向 GaN 器件的输出功率密度会更高。图 1.1a 展示了在相同的漏极电压和栅极驱动电压下，横向 GaN HEMT 和纵向 GaN MOSFET 中等温线的仿真结果。纵向 GaN MOSFET 器件中的峰值温度值明显低于横向 GaN HEMT 器件，并且具有更均匀的温度分布特性。

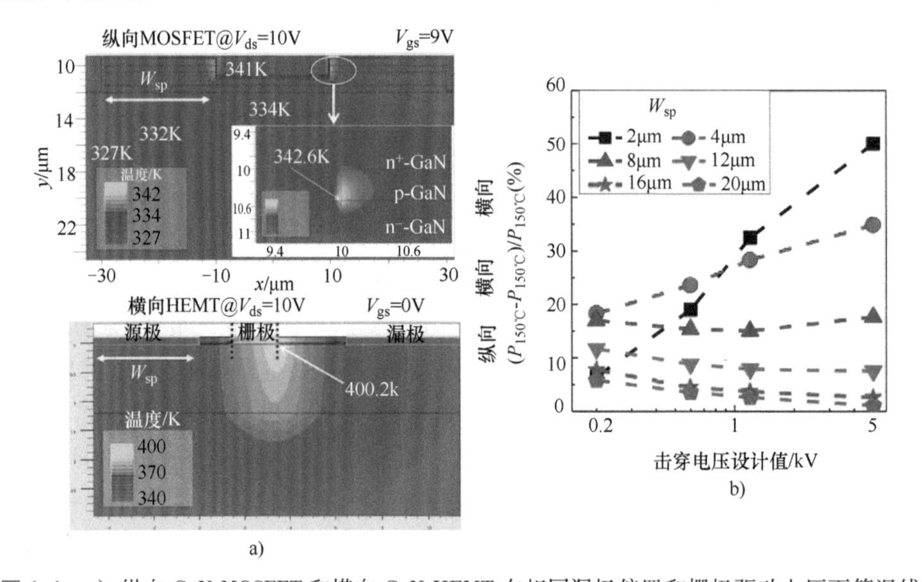

图 1.1　a）纵向 GaN MOSFET 和横向 GaN HEMT 在相同漏极偏置和栅极驱动电压下等温线的仿真结果；b）在 150℃ 峰值结温下，纵向 GaN MOSFET 在功率密度超越横向 GaN HEMT 的比例与器件击穿电压设计值以及指宽度（作为器件缩小比例的代表）的关系图

来源：Y. Zhang, M. Sun, Z. Liu, D. Piedra, H.-S. Lee, F. Gao, T. Fujishima, T. Palacios, Electro-thermal simulation and thermal performance study of GaN vertical and lateral power transistors, IEEE Trans. Electron Devices 60 (7) (2013) 2224-2230。

根据 1.2.1 节讨论的内容，当器件峰值结温达到确保其长期可靠工作的值时，功率器件的最大功率密度是衡量器件热管理的一个重要指标。因此，选择峰值结温为 150℃（$P_{150℃}$）时的功率密度作为品质因子。发现 $P_{150℃}$ 的品质因子会随着击穿电压（BV）的增加而降低。当设计的器件 BV 值增加到 5000V 时，横向器件的 $P_{150℃}$ 急剧下降，而纵向器件能够继续保持其原有功率密度。图 1.1b 中突出显示了纵向 MOSFET 的功率密度相对于横向器件的提升率与 BV、指宽度的关系图。从图中可以观察发现，相比横向器件，在击穿电压增加时纵向器件可提供更高的功率密度：BV 为 600V 时，纵向器件可以比横向器件多提供 24% 的功率密度，BV 为 1200V 时为 32%，BV 为 5000V 为 50%。器件的缩小比例也是一个关键指标，横向和纵向器件之间的差异往往会随着集成度和尺寸缩小比例的提高而增加。即使在仿真过程中纵向器件与横向器件中 GaN 的热导率相同，两者器件结构上的区别也最终导致其热特性差异显著[41]。

同时，一些文献报道也验证了器件的场板结构是另一种可行的替代设计方法。特别是针对硅衬底上的 AlGaN/GaN HEMT 器件结构，其场板的布局和数量可导致不同的热分布特性。对具有多场板结构的器件与仅具有单栅极场板的器件开展的仿真研究结果表明，多场板器件的功率耗散分布更好，并且将主要的发热源从栅极区域转移到了漏极边缘区域。场板结构可降低热阻、增加迁移率、降低结温，并可更好地控制 GaN 器件的自热效应问题[42]。

1.3.3 封装级热管理

上述讨论的热管理改善方法都聚焦在半导体器件本身上。而另一个需要重点考虑的方面是半导体器件的封装结构。诸如焊料、引线键合、烧结和散热器之类的外部结构可用于进一步缓解、再分布甚至耗散器件内产生的热量。全封装器件包含许多不同的材料和组件，其界面热阻及热导率都是需要纳入考虑的因素。器件封装中使用的组件包括芯片本身、芯片贴装、基板、密封、端子、引线和互连。这些组件用于将半导体器件连接到外部电路，并将其集成到大规模的商用系统中。对于封装中使用的材料，必须考虑其机械、电气、热学以及化学性能。例如，不能仅仅因为某种焊膏具有优异的粘附性化学特性就可以判断其是最佳选择，而是需要同时考虑其热特性。其热膨胀系数（CTE）可能相当大，从而导致其在高温下发生破裂；或者其热阻也很高，可能导致在器件某些区域产生热点，从而劣化器件性能。因此，为了进一步发展 WBG 和 UWBG 半导体器件，需要不断开发并改进器件封装技术方法，否则 WBG 和 UWBG 半导体器件会受限于其热特性的短板，例如，Ga_2O_3 的低热导率或者 GaN 器件的高自热特性。

在 Xiao 等人于 2021 年发表的文章中[24]，通过比较 Ga_2O_3 肖特基势垒二极管（SBD）的两种独特封装结构，说明了使用器件封装技术可以提升其热性能及热管理水平。第一种技术是采用底面冷却结构，而第二种技术是采用双侧冷却结构，图 1.2 中详细展示了两种结构的配置。两种结构在热扩散和热耗散方面存在显著差异。在底面冷却结构中，热量穿透整个芯片向基板扩散。在双侧冷却结构中，热量可以同时从肖特基结和芯片扩散出去。虽然器件封装结构存在显著差异，但两种器件的 I-V 特性和击穿电压（约 700V）几乎相同。在接下来的浪涌电流测试中，两类器件都被强制注入比直流电流高得多的瞬态电流。此时，器件结温通常会快速上升，并出现热失效。通过比较两类器件的浪涌测试结果，可以发现底面冷却器件在峰值浪涌电流（I_{peak}）为 39A 时出现失效，而双侧冷却器件在 I_{peak} 为 70A 时才出现失效，几乎是其两倍。浪涌 I-V 电路测量还进一步表明，采用双侧冷却结构的器件应该能够承受更高的 T_j，并实现更高效的散热。

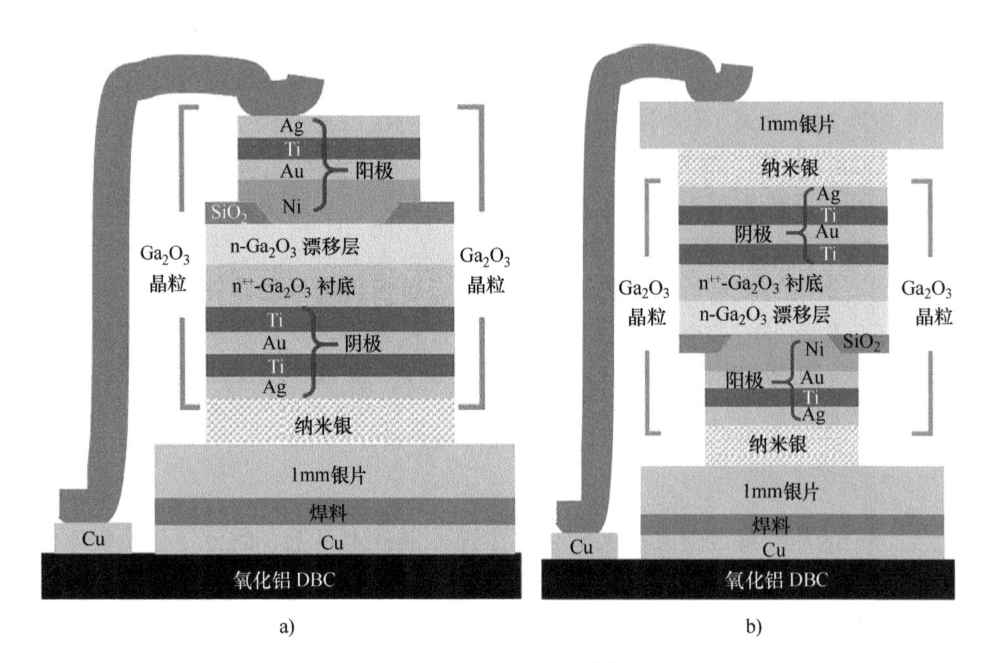

图 1.2 具有 a）底面冷却封装结构和 b）双侧冷却倒装封装结构的 Ga_2O_3 SBD 器件

来源：M. Xiao，B. Wang，J. Liu，R. Zhang，Z. Zhang，C. Ding，S. Lu，K. Sasaki，G. -Q. Lu，C. Buttay，Y. Zhang，Packaged Ga_2O_3 Schottky rectifiers with over 60-A surge current capability，IEEE Trans. Power Electron. 36（8）（2021）8565-8569。

使用计算机辅助设计（TCAD）软件 Silvaco Atlas 开展的仿真结果也表明，通过更有效的热管理，采用双侧冷却结构器件可以承受更高的 T_j。通过观察仿真热通量分布，可以发现双侧冷却结构器件中的大部分热量实际上是从肖特基结散发的，而不是途经芯片散发。图 1.3 显示了采用双侧冷却结构封装的 Ga_2O_3 二极管中热通量和晶格温度等值线的仿真结果（分别见图 1.3a 和 b），以及采用底面冷却结构封装的 Ga_2O_3 二极管热通量和结温等值线的仿真结果（分别见图 1.3c 和 d）。

双侧冷却器件的峰值温度出现在 Ga_2O_3 漂移层内，而与其对应的底面冷却器件中，其峰值温度却出现肖特基结处。这表明双侧冷却封装结构能够将器件峰值温度拉离肖特基结，并进入漂移层，从而在肖特基接触退化之前实现更高的温度。因此，采用双侧冷却结构的器件在肖特基结处具有更均匀的温度分布，进一步证明这种封装设计具有卓越的热管理能力。

为了进一步评估器件的稳态热性能，分别从器件底面和结侧的冷却结构中测量了双侧封装 Ga_2O_3 SBD 的结壳热阻（$R_{\theta JC}$）。$R_{\theta JC}$是任何商用功率器件数据手册中的基本指标之一[43]。$R_{\theta JC}$可以基于瞬态双界面法来表征，即 JEDEC 51-14 标准。结侧和底面部位测得的 $R_{\theta JC}$值分别为 0.5k/W 和 1.43k/W。前者 $R_{\theta JC}$测试值已经低于同等级的商用 SiC SBD 器件。该较低 $R_{\theta JC}$值可归因于器件产生的热量直接从肖特基结散发而非途经 Ga_2O_3

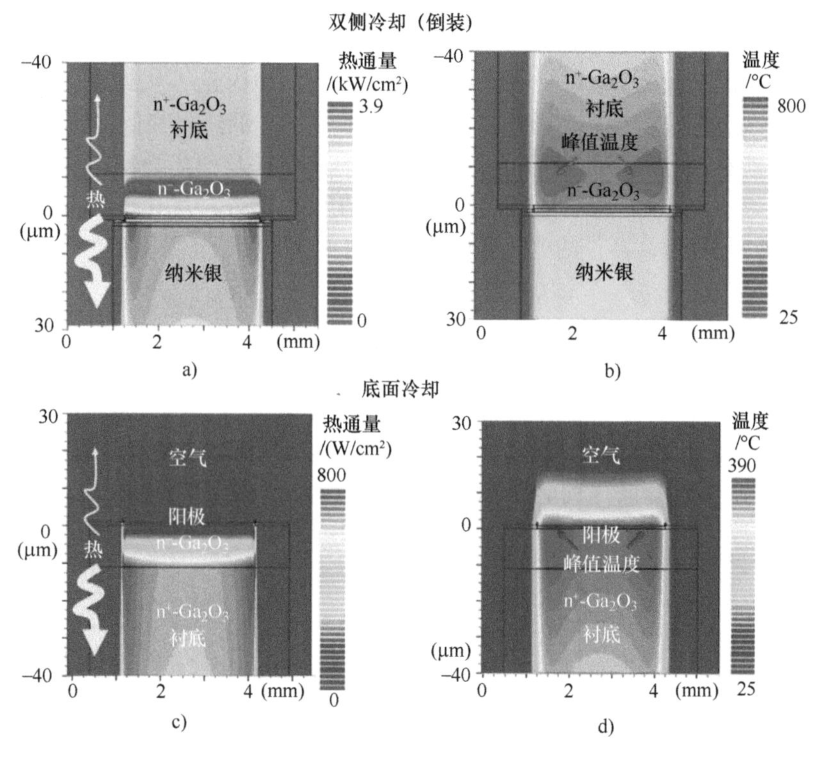

图1.3 采用双侧冷却结构封装的 Ga_2O_3 二极管结区中 a）热通量和 b）晶格温度等值线的仿真结果，以及底面冷却结构封装的 Ga_2O_3 二极管结区中 c）热通量和 d）结温等值线的仿真结果

来源：M. Xiao，B. Wang，J. Liu，R. Zhang，Z. Zhang，C. Ding，S. Lu，K. Sasaki，G.-Q. Lu，C. Buttay，Y. Zhang，Packaged Ga_2O_3 Schottky rectifiers with over 60-A surge current capability，IEEE Trans. Power Electron. 36（8）（2021）8565-8569。

芯片耗散。器件的稳态热性能与之前的观察的瞬态电热鲁棒性相结合，证明了封装对器件芯片级热管理的重要性，也说明了通过器件封装协同设计来克服半导体固有的低导热性缺点是可行的。

1.4 小结

本章综述了宽禁带半导体器件中的发热问题和热管理技术方法，并结合功率开关和射频放大器等特定器件简要总结了发热背后的物理学和材料学原理。通过更好地了解器件内部产生热量的方式和原因，讨论了器件工作中可能受到热量负面影响的参数和特性。这些参数和特性包括器件的最大工作电流密度、载流子迁移率、电流崩塌效应、可靠性、鲁棒性以及最高工作结温。为了解决加剧的热效应并进一步防止器件出现热失控和退化现象，必须使用各种技术方法来管理产生的热量，如在器件中集成具有高导热性的新材料。此外，诸如使用纵向而非横向的结构设计、综合运用场板或斜边结构来制造器件也能有效提高器件的热性能。最后，我们也讨论了从封装层面改善器件热管理的技术方法。通过将半导体器件放置在由高热导率、低热阻和低 CTE 零部件构成的封装结构中，能有效散发器件内部产生的热量。上述所提及的热管理方法也能更好地缓解器件内由热点或电场累积而产生的应力。通过在整个器件中优化电场分布，并使热量通过低热阻的路径耗散，器件的电气性能和特性将不会受到不良热效应的影响。

致谢

J. A. S. 感谢美国海军研究办公室海军研究企业实习计划（NREIP）的财政支持。J. A. S. 和 Y. Z. 感谢美国银行受托人 Thomas F. 和 Kate Miller Jeffress 纪念信托基金的跨学科研究 Jeffress 信托奖助计划的支持。A. L. M. 衷心感谢美国国家研究委员会提供的博士后奖学金。

参考文献

[1] S.C. Cripps, RF Power Amplifiers for Wireless Communications, vol. 2, Artech House, Norwood, MA, 2006, pp. 39–65.
[2] U.K. Mishra, P. Parikh, Y.-F. Wu, AlGaN/GaN HEMTs—an overview of device operation and applications, Proc. IEEE 90 (6) (2002) 1022–1031.
[3] H. Li, X. Li, X. Wang, J. Wang, Y. Alsmadi, L. Liu, S. Bala, E-mode GaN HEMT short circuit robustness and degradation, in: 2017 IEEE Energy Conversion Congress and Exposition (ECCE), IEEE, 2017, pp. 1995–2002.
[4] A.Q. Huang, Power semiconductor devices for smart grid and renewable energy systems, in: Power Electronics in Renewable Energy Systems and Smart Grid: Technology and Applications, 2019, pp. 85–152.
[5] K. Sheng, Maximum junction temperatures of SiC power devices, IEEE Trans. Electron Devices 56 (2) (2009) 337–342.
[6] J.A. del Alamo, E.S. Lee, Stability and reliability of lateral GaN power field-effect transistors, IEEE Trans. Electron Devices 66 (11) (2019) 4578–4590.
[7] R. Vetury, N.Q. Zhang, S. Keller, U.K. Mishra, The impact of surface states on the DC and RF characteristics of AlGaN/GaN HFETs, IEEE Trans. Electron Devices 48 (3) (2001) 560–566.
[8] B. Padmanabhan, D. Vasileska, S.M. Goodnick, Is self-heating responsible for the current collapse in GaN HEMTs? J. Comput. Electron. 11 (1) (2012) 129–136.
[9] S.R. Bahl, F. Baltazar, Y. Xie, A generalized approach to determine the switching lifetime of a GaN FET, in: 2020 IEEE International Reliability Physics Symposium (IRPS), IEEE, 2020, pp. 1–6.
[10] O. Chihani, L. Theolier, J.-Y. Deletage, E. Woirgard, A. Bensoussan, A. Durier, Temperature and voltage effects on HTRB and HTGB stresses for AlGaN/GaN HEMTs, in: 2018 IEEE International Reliability Physics Symposium (IRPS), IEEE, 2018.

[11] J. Liu, R. Zhang, M. Xiao, S. Pidaparthi, H. Cui, A. Edwards, L. Baubutr, C. Drowley, Y. Zhang, Surge current and avalanche ruggedness of 1.2-kV vertical GaN p-n diodes, IEEE Trans. Power Electron. 36 (10) (2021) 10959–10964, https://doi.org/10.1109/TPEL.2021.3067019.
[12] R. Zhang, J.P. Kozak, M. Xiao, J. Liu, Y. Zhang, Surge-energy and overvoltage ruggedness of p-Gate GaN HEMTs, IEEE Trans. Power Electron. 35 (12) (2020) 13409–13419.
[13] R. Zhang, J.P. Kozak, Q. Song, M. Xiao, J. Liu, Y. Zhang, Dynamic breakdown voltage of GaN power HEMTs, in: 2020 IEEE International Electron Devices Meeting (IEDM), IEEE, 2020, p. 23.3.
[14] J.P. Kozak, R. Zhang, Q. Song, J. Liu, W. Saito, Y. Zhang, True breakdown voltage and overvoltage margin of GaN power HEMTs in hard switching, IEEE Electron Device Lett. 42 (4) (2021) 505–508.
[15] J. Liu, M. Xiao, R. Zhang, S. Pidaparthi, C. Drowley, L. Baubutr, A. Edwards, H. Cui, C. Coles, Y. Zhang, Trap-mediated avalanche in large-area 1.2 kV vertical GaN pn diodes, IEEE Electron Device Lett. 41 (9) (2020) 1328–1331.
[16] J. Liu, M. Xiao, Y. Zhang, S. Pidaparthi, H. Cui, A. Edwards, L. Baubutr, W. Meier, C. Coles, C. Drowley, 1.2 kV vertical GaN fin JFETs with robust avalanche and fast switching capabilities, in: 2020 IEEE International Electron Devices Meeting (IEDM), IEEE, 2020, p. 23.2.
[17] J. Liu, M. Xiao, R. Zhang, S. Pidaparthi, H. Cui, A. Edwards, M. Craven, L. Baubutr, C. Drowley, Y. Zhang, 1.2-kV vertical GaN Fin-JFETs: high-temperature characteristics and avalanche capability, IEEE Trans. Electron Devices 68 (4) (2021) 2025–2032.
[18] Y. Zhang, H.-Y. Wong, M. Sun, S. Joglekar, L. Yu, N.A. Braga, R.V. Mickevicius, T. Palacios, Design space and origin of off-state leakage in GaN vertical power diodes, in: 2015 IEEE International Electron Devices Meeting (IEDM), IEEE, 2015. 35-1.
[19] Y. Zhang, A. Dadgar, T. Palacios, Gallium nitride vertical power devices on foreign substrates: a review and outlook, J. Phys. D Appl. Phys. 51 (27) (2018) 273001.
[20] Y. Zhang, T. Palacios, (Ultra) wide-bandgap vertical power FinFETs, IEEE Trans. Electron Devices 67 (10) (2020) 3960–3971.
[21] D.J. Spry, P.G. Neudeck, L. Chen, C.W. Chang, D. Lukco, G.M. Beheim, 4H-SiC JFET multilayer integrated circuit technologies tested up to 1000 K, ECS Trans. 69 (11) (2015) 113.
[22] D. Spry, P. Neudeck, L. Chen, C. Chang, D. Lukco, G. Beheim, Experimental durability testing of 4H SiC JFET integrated circuit technology at 727°C, in: Micro- and Nanotechnology Sensors, Systems, and Applications VIII, vol. 9836, International Society for Optics and Photonics, 2016, p. 98360N.
[23] C. Buttay, H.-Y. Wong, B. Wang, M. Xiao, C. Dimarino, Y. Zhang, Surge current capability of ultra-wide-bandgap Ga_2O_3 Schottky diodes, Microelectron. Reliab. 114 (2020) 113743.
[24] M. Xiao, B. Wang, J. Liu, R. Zhang, Z. Zhang, C. Ding, S. Lu, K. Sasaki, G.-Q. Lu, C. Buttay, Y. Zhang, Packaged Ga_2O_3 Schottky rectifiers with over 60-A surge current capability, IEEE Trans. Power Electron. 36 (8) (2021) 8565–8569, https://doi.org/10.1109/TPEL.2021.3049966.
[25] B. Wang, M. Xiao, X. Yan, H.Y. Wong, J. Ma, K. Sasaki, H. Wang, Y. Zhang, High-voltage vertical Ga_2O_3 power rectifiers operational at high temperatures up to 600 K, Appl. Phys. Lett. 115 (26) (2019) 263503.
[26] Y. Zhang, K.H. Teo, T. Palacios, Beyond thermal management: incorporating p-diamond back-barriers and cap layers into AlGaN/GaN HEMTs, IEEE Trans. Electron Devices 63 (6) (2016) 2340–2345.

[27] AZoMaterials, Supplier data—sapphire single crystal (Alumina 99.9%)—(Goodfellow), Available from: *https://www.azom.com/article.aspx?ArticleID=1721*.
[28] H.R. Shanks, P.D. Maycock, P.H. Sidles, G.C. Danielson, Thermal conductivity of silicon from 300 to 1400 K, Phys. Rev. 130 (5) (1963) 1743.
[29] B. Lundqvist, P. Raad, M. Yazdanfar, P. Stenberg, R. Liljedahl, P. Komarov, N. Rorsman, J. Ager, O. Kordina, I. Ivanov, et al., Thermal conductivity of isotopically enriched silicon carbide, in: 19th International Workshop on Thermal Investigations of ICs and Systems (THERMINIC), IEEE, 2013, pp. 58–61.
[30] R. Wei, S. Song, K. Yang, Y. Cui, Y. Peng, X. Chen, X. Hu, X. Xu, Thermal conductivity of 4H-SiC single crystals, J. Appl. Phys. 113 (5) (2013) 053503.
[31] A. JeŻowski, B.A. Danilchenko, M. Boćkowski, I. Grzegory, S. Krukowski, T. Suski, T. Paszkiewicz, Thermal conductivity of GaN crystals in 4.2–300 K range, Solid State Commun. 128 (2–3) (2003) 69–73.
[32] S.J. Pearton, J. Yang, P.H. Cary IV, F. Ren, J. Kim, M.J. Tadjer, M.A. Mastro, A review of Ga_2O_3 materials, processing, and devices, Appl. Phys. Rev. 5 (1) (2018) 011301.
[33] Z. Cheng, Y.R. Koh, A. Mamun, J. Shi, T. Bai, K. Huynh, L. Yates, Z. Liu, R. Li, E. Lee, et al., Experimental observation of high intrinsic thermal conductivity of AlN, Phys. Rev. Mater. 4 (4) (2020) 044602.
[34] G.A. Slack, Nonmetallic crystals with high thermal conductivity, J. Phys. Chem. Solids 34 (2) (1973) 321–335.
[35] G.A. Slack, T.F. McNelly, AlN single crystals, J. Cryst. Growth 42 (1977) 560–563.
[36] G.A. Slack, R.A. Tanzilli, R.O. Pohl, J.W. Vandersande, The intrinsic thermal conductivity of AlN, J. Phys. Chem. Solids 48 (7) (1987) 641–647.
[37] J. Zou, D. Kotchetkov, A.A. Balandin, D.I. Florescu, F.H. Pollak, Thermal conductivity of GaN films: effects of impurities and dislocations, J. Appl. Phys. 92 (5) (2002) 2534–2539.
[38] G.A. Slack, L.J. Schowalter, D. Morelli, J.A. Freitas Jr, Some effects of oxygen impurities on AlN and GaN, J. Cryst. Growth 246 (3–4) (2002) 287–298.
[39] L. Lindsay, D.A. Broido, T.L. Reinecke, Thermal conductivity and large isotope effect in GaN from first principles, Phys. Rev. Lett. 109 (9) (2012) 095901.
[40] Z. Guo, A. Verma, X. Wu, F. Sun, A. Hickman, T. Masui, A. Kuramata, M. Higashiwaki, D. Jena, T. Luo, Anisotropic thermal conductivity in single crystal β-gallium oxide, Appl. Phys. Lett. 106 (11) (2015) 111909.
[41] Y. Zhang, M. Sun, Z. Liu, D. Piedra, H.-S. Lee, F. Gao, T. Fujishima, T. Palacios, Electrothermal simulation and thermal performance study of GaN vertical and lateral power transistors, IEEE Trans. Electron Devices 60 (7) (2013) 2224–2230.
[42] H. Oprins, S. Stoffels, M. Baelmans, I. De Wolf, Influence of field-plate configuration on power dissipation and temperature profiles in AlGaN/GaN on silicon HEMTs, IEEE Trans. Electron Devices 62 (8) (2015) 2416–2422.
[43] B. Wang, M. Xiao, J. Knoll, C. Buttay, K. Sasaki, G.-Q. Lu, C. Dimarino, Y. Zhang, Low thermal resistance (0.5 K/W) Ga_2O_3 Schottky rectifiers with double-side packaging, IEEE Electron Device Lett. 42 (8) (2021) 1132–1135, https://doi.org/10.1109/LED.2021.3089035.

第2章

氮化镓（GaN）及相关材料的第一性原理热输运建模

Lucas Lindsay
美国橡树岭国家实验室材料科学与技术部

2.1 引言

氮化镓（GaN）、其他Ⅲ族氮化物以及它们的异质结构和合金，为包括高功率电子器件、发光二极管和射频转换元件在内的许多先进元器件的实现提供了可能[1-3]。氮化镓之所以在技术上备受关注，主要归因于其具有较宽的电子带隙（约为3.5eV[4]）、热稳定性和机械强度（硬度约为20GPa[5]），以及相对较高的热导率（κ）[6]。在高功率电子器件中，电子的转移常常伴随着焦耳热的产生和“热点”的形成，这将会限制器件性能并缩短其使用寿命。而氮化镓的高热导率使其能够有效传导热量，因此提升了其作为多功能材料体系及相关材料基板的可行性。

氮化镓的高热导率主要源于晶格中声子的相关振动。在Ⅲ族氮化物材料中，晶体缺陷如晶界、空位和位错十分常见[7,8]，它们不仅影响材料的电学特质，还带来了很大的热阻[9]。因此，随着合成技术的进步，氮化镓和其他Ⅲ族氮化物的电子特性得到了改善的同时，其热特性也有所提升。

1977年，测得室温下氮化镓的热导率为130W/(m·K)[10]，后续的测量结构将室温下氮化镓的热导率最高值确定为230~250W/(m·K)[6,9,11-13]。根据合成条件的不同，测得的室温下氮化镓的热导率在85~250W/(m·K)[6,9,11-22]之间。氮化铝（AlN）的室温热导率也很高，为375W/(m·K)[23]，而氮化铟（InN）的室温热导率较低，为120W/(m·K)[24]。然而，这些材料构成的合金、纳米线和超晶格异质结构中存在较多的无序性和界面，因此具有较低的热导率[25-27]。此外，热导率还会随着温度和系统尺寸的变化而变化。但是，这些热导率差异主要来源于样品质量、掺杂和其他缺陷的类型及密度等外在性质。因此，理论分析的目的在于从微观层面揭示声子的行为、声子之间的相互作用以及它们在热传导中的作用，重点关注内在阻力（非谐声子相互作用）和外在阻力（声子与缺陷相互作用）。

为了更深入地理解这些材料的振动和热传导特性，许多研究学者已经开发了各种理论方法和模型，这也是本章的主要讨论的内容。声子的概念最早由德拜引入，用于解释晶体材料的比热特性[28]。随后，皮尔斯将其扩展并通过皮尔斯-玻尔兹曼输运方程（PBT 方程）[29]描述了材料中相互作用的声子气体的晶格热传导过程（本章的重点）。1973 年格伦·斯拉克研究了氮化镓等材料的热导率（κ）计算模型[30]，并根据 Leibfried 和 Schlömann 提出的理论模型：$\kappa \propto \overline{m}\Lambda^{1/3}\theta_D^3/T\gamma^2$，估算了室温下氮化镓的热导率为 170W/(m·K)[31]。其中，$\overline{m}$ 是平均原子质量，Λ 是平均每个原子的体积，θ_D 是德拜温度，γ 是 Grüneisen 常数[32]。这些术语将在 2.2.6 节中详细讨论。后来格伦·斯拉克对这个模型进行了修正，并将热导率修正为 230W/(m·K)[6]。而 Witek 则预测其热导率可达 410W/(m·K)[33]，并强调当前合成的材料尚未达到固有理论热导率的极限。2010 年，Witek 对氮化镓的测量方法和建模进行了全面评估[34]，并提供了更复杂的氮化镓热导率计算方法，该方法充分考虑了固有的声子-声子散射以及由晶体边界、晶界、同位素质量变化、缺陷团聚体和带电载流子引起的外在散射。其中，不同热阻来源的模型表达式由摄动理论近似建立，并选择经验参数以拟合测量数据，因此对每个因素的定量洞察有限。随后，通过基于量子摄动理论与密度泛函理论（DFT）和 PBT 相结合的预测计算方法，对包含同位素质量失调[35,36]、各种点缺陷（如镓空位）[37]和位错[38]的氮化镓体材料进行了相对更准确的固有热导率和受缺陷限制的热导率的计算研究。

基于 DFT-PBT 的计算为 2.2 节提供了基础。在本章中，2.3 节将重点讨论文献中对氮化镓、其他Ⅲ族氮化物和类似材料的热导率的最新研究结果，2.4 节将对本章内容进行总结。

2.2 建模机制

本节讨论了在使用最先进的理论和计算方法时，尤其是在 PBT 背景下，基于 DFT 对氮化镓及类似材料的结构、振动和热输运进行建模的基础知识[39,40]。

2.2.1 结构

在氮化镓（GaN）、氮化铝（AlN）和氮化铟（InN）的二元化合物中，最稳定的相是具有 4 个原子的六角闪锌矿结构（见图 2.1）。与其他Ⅲ族氮化物不同，硼氮化物倾向于形成类似石墨的六角范德华（vdW）层状结构。这些六角系统也可以通过合成转化为具有两个原子的立方闪锌矿结构，如类似于氮化镓、氮化铝和氮化铟等其他Ⅲ-Ⅴ簇化合物材料。类似的，碳化硅也存在多种立方和六角多形态。

氮化镓的六角闪锌矿相表现出较弱的各向异性，其结构由两个晶格参数（平面内的 a 和垂直平面的 c）以及一个内部自由度 u 定义。这些参数将会随温度变化而变化，其原因是晶体内部的晶格热膨胀，更进一步的是原子间势能的非谐性[32]，然而，该现象在热导率计算中通常会被忽略。实验测得的室温参数为 $a=3.190$Å、$c=5.189$Å 和 $u=0.377$[42]。在 DFT 模拟中，这些参数可以用于实验值的设置，或者更常见的做法是通过最小化原子上的电子能量、力和应力来确定平衡态。常见的 DFT 计算方法包括局域密度近似（LDA）和广义梯度近似（GGA）。而关于 DFT 电子结构和声子计算的详细细节不在本讨论的范围内，可在其他大量的文献资料中找到相关信息[43-50]。值得注意的是，局域密度近似（LDA）通常导致过强的原子间结合，导致晶格参数较小，并且通常会产生比实际测量值更高的“硬”声子（高频声子）。广义梯度近似（GGA）倾向于使原子间结合过弱，导致晶格参数过大，并且具有比实际测量值更“软”的声子[51]。

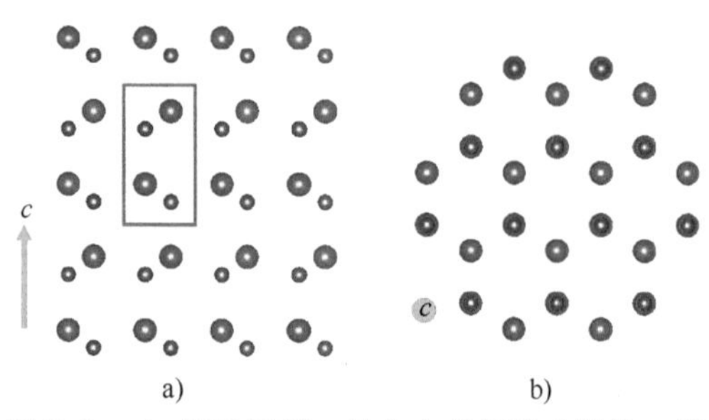

图 2.1　a）显示了沿 c 轴方向的闪锌矿结构，其中氮原子以小红色球体表示，较重的Ⅲ族元素原子以较大的蓝色球体表示。红色矩形中突出显示了Ⅲ族氮化物材料的四原子元胞。b）展示了闪锌矿结构在平面内的样貌。图形由 VESTA 可视化软件[41]生成

2.2.2　声子

声子函数是由晶体势能的二阶导数($\Phi_{\alpha\beta}^{lk,l'k'}=\partial^2 V/\partial u_{lk\alpha}\partial u_{l'k'\beta}$) 表述的，该函数被称为谐振力常数（IFC），其中 V 表示以小原子位移为中心展开的泰勒级数[32,52]：

$$V = V_0 + \frac{1}{2}\sum_{\substack{lk,l'k'\\ \alpha\beta}} \frac{\partial^2 V}{\partial u_{lk\alpha}\partial u_{l'k'\beta}} u_{lk\alpha}u_{l'k'\beta} + \frac{1}{3!}\sum_{\substack{lk,l'k',l''k''\\ \alpha\beta\gamma}} \frac{\partial^3 V}{\partial u_{lk\alpha}\partial u_{l'k'\beta}\partial u_{l''k''\gamma}} u_{lk\alpha}u_{l'k'\beta}u_{l''k''\gamma} + \cdots \tag{2.1}$$

在平衡态时，$u_{lk\alpha}$表示晶体中第 l 个晶胞中第 k 个原子在 α 方向上的位移。V_0 是常数，在平衡态时，$\partial V/\partial u_{lk\alpha}=0$，因此在式中未显示。而更高阶导数对应于 2.2.3 节中讨论的非谐振声子相互作用。IFC 通常通过使用指定的晶格矢量（$\vec{R}_1$）构建超胞进行计算。在这些超胞中，原子从平衡位置扰动，计算所有原子（或在指定的相互作用范围内）的合力，并用于构建 V 的数值导数[53]。而另一种方法是基于线性响应理论（密度泛函摄动理论，DFPT），在倒易空间中进行计算[49,50]。图 2.2 展示了使用这种方法计算得到的 GaN 声子色散曲线，并与弹性散射实验的测量数据进行了比较。值得注意的是，为了补偿 LDA 过度结合的影响，使之更好地与实测数据匹配，声子所对应的晶格常数人为增加了 1%[35]。图 2.2 还给出了基于 DFPT 计算得到的 AlN 和 InN 的声子色散曲线，其结果与先前的计算结果相似[58,59]。

给定一组谐振力常数（IFC）的情况下，通过构建和对角化动力矩阵，可以确定每

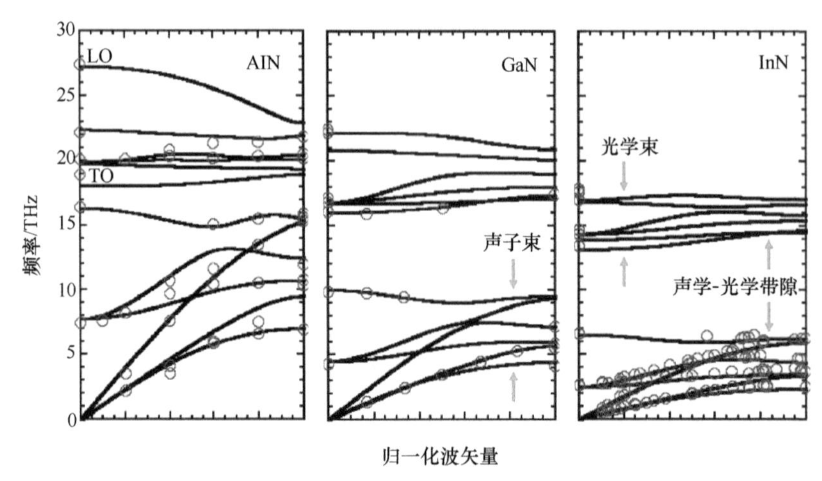

图 2.2 通过式（2.2）计算得到的 AlN、GaN 和 InN 的声子色散曲线（黑色曲线），与实验数据（红色圆点）[54-57]的比较。这些色散曲线与之前的计算结果[35,58,59]相似。对于确定三声子散射和热导率起关键作用的声子色散特性已在图中体现

个波矢（$\vec{q}$）和偏振方向（j）对应的声子频率（$\omega_{\vec{q}j}$）和特征向量（$\hat{\varepsilon}_{\vec{q}j}$）。此类声子频率和特征向量的计算方法已经在多个文献中详细介绍[32,52]。

$$D_{\alpha\beta}^{kk'}(\vec{q}) = \frac{1}{\sqrt{m_k m_{k'}}} \sum_{l'} \Phi_{\alpha\beta}^{0k,l'k'} \mathrm{e}^{i\vec{q}\cdot\vec{R}_{l'}} \tag{2.2}$$

式中，m_k 是单位晶胞中第 k 个原子的质量。由于六方纤锌矿结构的 GaN 在单位胞中有四个原子，每个原子可以在三个维度上振动，因此动力矩阵是一个 12×12 的矩阵。通过对角化该矩阵，可以得到每个波矢（$\vec{q}$）对应的 12 个频率（一些情况下也会存在简并行为），分别对应不同的偏振方向，即声子分支。其中，有三个分支被称为声学支，与声子传播相关，其声子频率（ω）及波矢（$\vec{q}$）趋近于零，对应于晶体的平移不变性。此外，还有 9 个光学支，其中 3 个位于中频范围，6 个位于较高频率范围。声学模和中频光学式通常由较重的原子振动所主导，而高频光学模通常由较轻的氮原子振动所主导。这可以从原子投影的分波声子态密度（pDOS）中观察到：

$$\mathrm{pDOS}(E,k) = \sum_{\vec{q}j} |\hat{\varepsilon}_{\vec{q}jk}|^2 \delta(\hbar\omega_{\vec{q}j} - E) \tag{2.3}$$

图 2.3 所示为 AlN、GaN 和 InN 的分波声子态密度（pDOS）。上式中，$\hat{\varepsilon}_{\vec{q}jk}$表示第 k 个原子在声子模式$\vec{q}j$ 中的特征向量。通常，光学频率与氮原子的质量成反比，而声学频率与Ⅲ族原子的质量成反比，即$\omega_{\mathrm{optic}} = 1/\sqrt{m_{\mathrm{N}}}$和$\omega_{\mathrm{acoustic}} = 1/\sqrt{m_{\mathrm{III}}}$。因此，由于具有最重的原子质量，InN 具有“最软”的声学频率。然而，在 InN 中，低频和高频模之间的能隙最大，这是因为铟原子和氮原子之间的质量差异最大。此类特性将在下一节讨论的声子相互作用中产生影响。

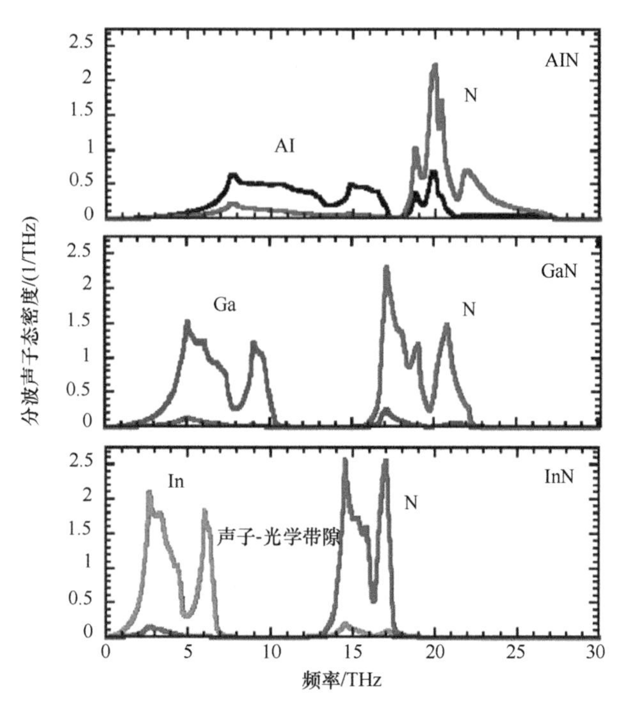

图 2.3　AlN、GaN 和 InN 的 DFT 计算结果，显示了它们的分波声子态密度（pDOS），其作为频率的函数进行了绘制。图中，红色曲线代表氮原子的振动，而黑色、紫色和绿色曲线分别代表铝、镓和铟原子的振动

在求解宽禁带材料声子时，另一个重要的考虑因素是由不同子晶格之间有效电荷极性而产生的长程库仑力的影响。该极性将导致纵向光学支（LO）和横向光学支（TO）的分裂，扩大了光学带宽（见图 2.2）[60]。此类作用在考虑声子相互作用时可能非常重要，可以通过建立动态矩阵的非解析校正解释，其中动态矩阵取决于由 DFT 中的线性响应方法确定的 Born 有效电荷和高频介电张量（ε）。如对于图 2.2 中所构建的 GaN 色散图而言，Born 有效电荷为±2.63e（其中 e 是电子电荷），其高频介电张量的分量为 $\varepsilon_{xx}=\varepsilon_{yy}=5.50$ 以及 $\varepsilon_{zz}=5.31$（以真空介电常数为单位），其中 x 和 y 表示平面内的分量，z 表示沿 c 轴方向的分量（对角线分量为零）。

2.2.3　非谐相互作用

在式（2.1）的泰勒展开中，高阶项引起了与量子摄扰理论（费米黄金规则）相关的声子相互作用，该理论决定了迁移概率[32,52,61,62]。下式为两个声子（$\omega_{\vec{q}j}$ 和 $\omega_{\vec{q}'j'}$）相互作用形成第三个声子 $\omega_{\vec{q}''j''}$[32,35,52,63] 的最低阶非谐项：

$$W^{+}_{\vec{q}j,\vec{q}'j',\vec{q}''j''}=\frac{\pi\hbar}{4N}\frac{(n_{\vec{q}'j'}-n_{\vec{q}''j''})}{\omega_{\vec{q}j}\omega_{\vec{q}'j'}\omega_{\vec{q}''j''}}\left|\Psi_{-\vec{q}j,-\vec{q}'j',\vec{q}''j''}\right|^{2}$$

$$\delta(\omega_{\vec{q}j}+\omega_{\vec{q}'j'}-\omega_{\vec{q}''j''})\Delta(\vec{q}+\vec{q}'-\vec{q}''-\vec{G}) \tag{2.4}$$

式中，N 是晶体中的单位元胞数；$n_{\vec{q}j}$是声子分布（不一定处于平衡态）；$\vec{G}$是倒易晶格矢量；

$$\Psi_{\vec{q}j,\vec{q}'j',\vec{q}''j''} = \sum_{\substack{k,l'k',l''k'' \\ \alpha\beta\gamma}} \Phi_{\alpha\beta\gamma}^{0k,l'k',l''k''} \frac{\varepsilon_{\vec{q}jk\alpha}\varepsilon_{\vec{q}'j'k'\beta}\varepsilon_{\vec{q}''j''k''\gamma}}{\sqrt{m_k m_{k'} m_{k''}}} \mathrm{e}^{i\vec{q}'\cdot\vec{R}_{l'}}\mathrm{e}^{i\vec{q}''\cdot\vec{R}_{l''}} \tag{2.5}$$

式中，$\Phi_{\alpha\beta\gamma}^{lk,l'k',l''k''}=\partial^3 V/\partial u_{lk\alpha}\partial u_{l'k'\beta}\partial u_{l''k''\gamma}$是三阶非谐 IFC。上述表达式的推导基于原子位移的阶梯算符。而（$W^-_{\vec{q}j,\vec{q}'j',\vec{q}''j''}$）项用以描述声子衰变为两个声子的情况[32,35,52,63]。在弛豫时间近似（RTA）下，每个声子的散射速率及寿命由所有可能散射概率的总和决定，即

$$1/\tau_{\vec{q}j}^{3-ph} = \sum_{\vec{q}'j',\vec{q}''j''} W^+_{\vec{q}j,\vec{q}'j',\vec{q}''j''} + \frac{1}{2}W^-_{\vec{q}j,\vec{q}'j',\vec{q}''j''} \tag{2.6}$$

其中，由于在散射过程中，两声子间不可分立识别，因此存在常量因子 1/2。

图 2.4 显示了 GaN 的散射率计算值与 2.2.5 节中讨论的其他非本征声子散射机制的对比。考虑单个声子的散射率时，假设所有其他声子处于平衡状态，并基于玻色分布进行描述：

$$n_{\vec{q}j}=n^0_{\vec{q}j}=1/(\exp[\hbar\omega_{\vec{q}j}/k_\mathrm{B}T]-1)$$

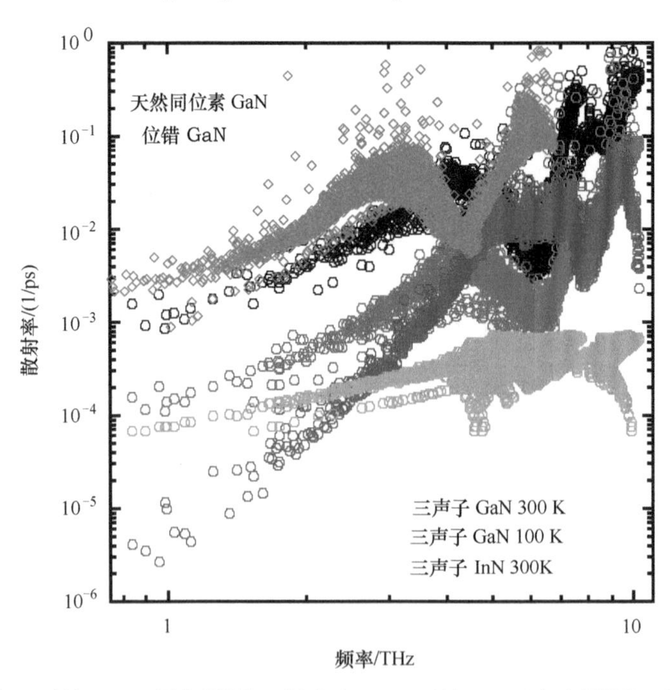

图 2.4 在室温下的 GaN（黑色圆圈）、温度为 100K 下的 GaN（红色圆圈）以及室温下的 InN（绿色圆圈）的计算得出的三声子散射速率，这些速率由式（2.6）给出。同时，图中还与通过式（2.12）计算的镓和氮同位素的声子同位素散射（紫色圆圈）和通过式（2.11）计算的位错散射进行了比较。其中，位错密度为 $1\times10^9\mathrm{cm}^{-2}$的位错散射用橙色圆圈表示

确定式（2.5）中矩阵元素的非谐波 IFC 的计算方法与谐波 IFC 的方法大致相同。但通常需要更多地考虑对称性和相互作用的截断，因为其需要确定的 IFC 的数量要远大于后者。关于三阶非谐波 IFC 的计算方法已经在多个文献中涉及[58,63-65]，相关用于计算非谐波 IFC 的软件包也已经发布[66-70]。最近的研究表明，四声子相互作用对于确定一些材料中的 k 值非常重要，特别是对于具有弱三声子散射、强非谐波性或高温的系统[71-73]。式（2.6）中的散射率是在考虑非谐波力、特征向量的对称性、材料的频率尺度、Bose 因子中的温度以及由能量守恒和晶体动量守恒确定的可用散射相空间的基础上建立的。

$$\omega_{\vec{q}j} \pm \omega_{\vec{q}'j'} = \omega_{\vec{q}''j''},\ \vec{q} \pm \vec{q}' = \vec{q}'' + \vec{G} \tag{2.7}$$

式（2.4）中，能量守恒和晶体动量守恒由 Kronecker 和 Dirac delta 函数给出，两者对于限制内部散射起着重要作用[32,74]。声子色散的四个重要特征（见图 2.2 中标记）决定了三声子在这些散射过程中能量守恒的过程。特征包括：

1）声学支聚集。该特征限制了三声学声子之间相互作用的可能性[75]。

2）光学支聚集。该特征决定了单个声学声子是否能够与两个光学声子相互作用[76]。

3）声学和光学支之间的能隙。该特征限制了两个声学声子是否具有足够的能量与单个高频光学声子相互作用[35,75]。

4）总体频率尺度。

上述特征决定了可用的相互作用数量，与声子的寿命直接相关，对于确定声子的平均自由程和 k 值至关重要。其不仅限制了声子在材料中的相互作用数量和能量传递的方式，同时影响了声子的寿命及其传播特性。

2.2.4　晶格热导率

傅里叶定律描述了物质对施加的温度梯度的线性响应 $\vec{\nabla}T$：

$$\vec{J} = -\kappa\vec{\nabla}T \tag{2.8}$$

式中，$\vec{J}$ 是热流密度；热导率则是比例常数。在体材料中，热导率通常是一个九分量张量。然而，材料的对称性通常会将其简化为一个、两个或三个主对角分量。对于 GaN 而言，热导率包括平面内的热导率（κ_{in}）和沿 c 轴的热导率（k_{cross}）。

晶格热导率可以通过粒子数表象来表述，具体方程如下：

$$\kappa_{\alpha} = \sum_{\vec{q}j} C_{\vec{q}j}\, v_{\vec{q}j\alpha}^{2}\, \tau_{\vec{q}j\alpha} \tag{2.9}$$

式中，$C_{\vec{q}j} = (\hbar\omega_{\vec{q}j})^{2} n_{\vec{q}j}^{0}(n_{\vec{q}j}^{0}+1)/Vk_{\text{B}}T^{2}$ 指不同模式下系统所携带的热量；V 是晶体体积；$v_{\vec{q}j\alpha} = \partial\omega_{\vec{q}j}/\partial q_{\alpha}$ 是第 α 个方向上的声子速度；$\tau_{\vec{q}j\alpha}$ 是沿着温度梯度的传输寿命，与式（2.6）所定义的散射率相关。考虑所有可能存在的散射机制，通过完全求解 PBT 方

程可确定非平衡声子分布对线性温度梯度 $\vec{\nabla}T$ 的响应[29,32,35,52]：

$$\vec{v}_{\vec{q}j} \cdot \vec{\nabla}T \frac{\partial n_{\vec{q}j}}{\partial T} = \left.\frac{\partial n_{\vec{q}j}}{\partial t}\right|_{\text{scatterings}} \tag{2.10}$$

该方程描述了处于非平衡状态下的均匀稳态声子流动。

通常情况下，非平衡分布函数可以被描述为存在温度梯度线性修正的均衡分布函数；$n_{\vec{q}j}=n^0_{\vec{q}j}+\Omega_{\vec{q}j}\vec{\nabla}T\partial n^0_{\vec{q}j}/\partial T$，将其代入到式（2.4）中，引入物理约束条件，并将其作为PBT方程［式（2.10）］中的散射项。将线性 $\vec{\nabla}T$ 项进行等式化，得到系列耦合积分方程，求解$\Omega_{\vec{q}j}$，根据式（2.9）：$\tau_{\vec{q}j\alpha}=\Omega_{\vec{q}j}T/\hbar\omega_{\vec{q}j}v_{\vec{q}j\alpha}$，将其与输运寿命相关联。为了解出PBT方程并提取声子散射速率，研究者已经提出了多种方法，其中包括自洽迭代和压缩感知方法。关于这些PBT计算的详细信息在多个文献有详细论述[77-81]。这些方法提供了对PBT方程求解和声子散射速率提取的有效工具和算法[63,64,82,83]。

至此，PBT方程解有效地将声子分布及其寿命通过式（2.6）中对散射贡献的表述结合到一起，而通常情况下，其解的数量可以达到数千万到数亿之多。进一步地，这些贡献通常被划分为正常散射和Umklapp散射两种类型，如式（2.7），当晶体动量严格守恒（$\vec{G}=0$）时，称为正常散射；当晶体动量不守恒（$\vec{G}\neq0$）时，称为Umklapp散射，也被称为“折叠过程”。其中，Umklapp散射阻碍声子的传输流动，而正常散射则重新分配热能。在常用的弛豫时间近似（RTA，PBT的旁路直接解）假设中，除了考虑寿命的声子外，所有声子都处于平衡状态，并将正常散射和Umklapp散射都视为纯粹的阻性过程。而对于具有较低热导率的材料，特别是在接近室温时，RTA的近似通常是有效的。然而，对于具有弱Umklapp散射的系统（例如碳基材料），RTA可能会严重低估热导率 κ[84-86]。研究表明，在接近室温的条件下，RTA低估了AlN和GaN的热导率分别达14%和7%。且随着温度的降低，由于Umklapp散射的“冻结”效应，这种差异会增加。

图2.5对比了AlN、GaN和InN的计算热导率与实测数据，并通过DFT-PBT求解得到了热导率随温度变化的全面结果。针对AlN和InN这两种具有天然同位素浓度的材料，给出了κ_{in}和κ_{cross}的结果，结果显示，在此类纤锌矿结构材料的热导率各向异性相对较弱。且对于GaN，图2.5比较了具有声子同位素散射和没有声子同位素散射的κ_{in}曲线，结果显示，同位素纯化对热导率有显著增强的预测效果，且由于声学支的声子色散被抑制，热导率通常随Ⅲ族元素质量的增加而减小（见图2.2）。具体是由于声子速度与分散关系的斜率相关，较低的频率通常意味着声子速度较慢，从而意味着较低的热导率［见式（2.9）］。此外，矩阵元素［见式（2.4）］和声子色散特性的关系也将对散射率产生重要影响，此现象在此前多篇研究中已经被报道[35,75,76]。

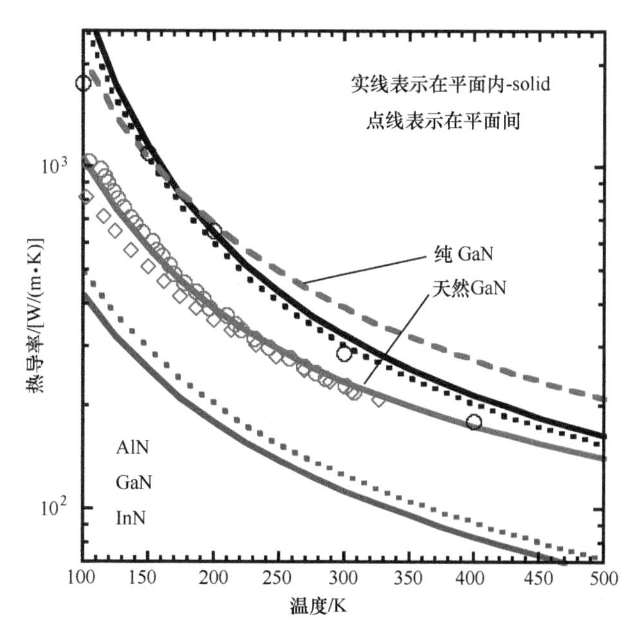

图 2.5　根据式（2.9）计算得出的 AlN（黑色曲线）、GaN（红色曲线）和 InN（紫色曲线）的热导率随温度变化的情况，并与实测数据进行了比较。实测数据包括 AlN 的实测值（黑色圆圈[87]）以及 GaN 的实测值（红色圆圈[11]和红色菱形[6]）

2.2.5　非本征声子散射

在上面章节中，主要关注了Ⅲ族氮化物材料（如 GaN）的内部性质与其热导性能的关系，然而其晶体缺陷也会限制这些材料的热导性能。所述的晶体缺陷包括同位素差异[22,35]、掺杂剂和其他点缺陷[6,13,16,20,24,37]、位错[9,16,17,38,88-91]，以及晶界和表面特征[19,25,38]等。对声子与缺陷相互作用进行理论建模是一项具有挑战性的任务。以往的研究通常使用基于摄动理论的简单经验模型来描述基频（例如，点缺陷的 $1/\tau \sim \omega^4$）以及散射率和热导率的温度相关性行为[92-96]。这些模型通过调整参数来拟合实验数据，其预测能力较弱，并且涉及多个参数时可能会引起误差。因此，可以通过建立各种经验性散射机制模型来揭示 GaN 样品的热导性能行为[34,89,96]。类似的方法也被应用于研究 GaN[88,89]和 InN[90]薄膜中由位错引起的热阻。然而，这些经验模型的准确度相对有限，需要进一步与实验结果进行比较。

例如，Carruthers 模型[94]给出了声子-位错散射率的表达式：

$$1/\tau_{\vec{q}}^{\text{disloc}} = \frac{1}{3}\rho_D b^2 \gamma^2 v_s \left| \vec{q} \right| \left[\ln(R/b) \right]^2 \tag{2.11}$$

与图 2.4 中的其他速率进行了比较。其中，ρ_D 是密度，b 是位错的伯格矢量，γ 是

Grüneisen 常数（在下一节中讨论），$R=1/\sqrt{\rho_D}$是由位错引起的应变场的范围，v_s 是声速（在这里定义为下一节中描述的德拜速度 v_D）。

此外，对于同位素质量差异引起的声子散射在一定程度上也进行了更严格的描述，尽管仍在量子摄动理论的框架内[97,98]：

$$1/\tau_{\vec{q}j}^{iso}=\frac{\pi\omega_{\vec{q}j}^2}{2N}\sum_{\vec{q}'j'k}g_k\,|\hat{\varepsilon}_{\vec{q}jk}\cdot\hat{\varepsilon}_{\vec{q}'j'k}^*|^2\delta(\omega_{\vec{q}j}-\omega_{\vec{q}'j'}) \tag{2.12}$$

式中，$g_k=\sum_i f_{ik}(1-m_{ik}/\overline{m}_k)^2$ 是质量差异参数；f_{ik}是第 k 个原子的第 i 个同位素的浓度；m_{ik}是该同位素的质量；$\overline{m}_k$ 是第 k 个原子的同位素平均质量。质量差异可以通过同位素校正[22,99-101]，通常在计算中考虑天然同位素的差异：$g_N=1.83\times10^{-5}$，$g_{Al}=0$，$g_{Ga}=1.97\times10^{-4}$，$g_{In}=1.25\times10^{-5}$。其中，镓存在一个较大的同位素混合物：60.11% ^{69}Ga 和 39.89% ^{71}Ga。图 2.5 给出了有无声子同位素散射的 GaN 的 DFT-PBT 计算结果。对于 AlN 和 InN，天然同位素在限制热导率方面起到的作用不强。

点缺陷（如替位原子和空位）以及扩展缺陷（如位错和晶界等）更难在严格的第一性原理框架下进行描述，原因是上述两类缺陷将会在极大程度上改变局部环境、原子间相互作用以及晶体质量[37,38,59,102-106]。DFT-PBT 的非谐波散射率与非扰动格林函数散射率计算相结合的求解方法已用于包含如 GaN[37] 和 InN[59] 中的取代原子和空位以及 GaN[38] 中的位错的晶格结构热导率的计算中［见式（2.13）］。

$$1/\tau_{\vec{q}j}^{\text{defect}}=-\frac{N_d\Lambda_{\vec{q}j}}{\omega_{\vec{q}j}}\text{Im}\left[\left\langle\vec{q}j\left|\frac{\boldsymbol{D}_{\text{defect}}-\boldsymbol{D}_0}{\boldsymbol{I}-\boldsymbol{G}_0(\boldsymbol{D}_{\text{defect}}-\boldsymbol{D}_0)}\right|\vec{q}j\right\rangle\right] \tag{2.13}$$

式中，$\Lambda_{\vec{q}j}$是缺陷系统的本征矢归一化的体积；N_d 是缺陷密度；$\boldsymbol{I}$ 是单位矩阵；$\boldsymbol{D}_0$ 是超胞中无缺陷的动力学矩阵；$\boldsymbol{D}_{\text{defect}}$是带有单个缺陷的动力学矩阵；$\boldsymbol{G}_0$ 是无缺陷系统的延迟格林函数[107-109]。

2.2.6 相关声子性质

其他晶格和振动性质对于理解声子相互作用和与热输运相关的复杂动力学过程至关重要。为了简化模型，常通过对其他材料参数的估算来构建固有散射模型，其中包括德拜温度（θ_D）和 Grüneisen 参数（γ）。在下文中，将提供与热导率（κ）相关的材料性质的详细描述。

德拜温度（Debye temperature）用于衡量材料的频率尺度和声子在热平衡条件下的温度，即 $\hbar\omega\sim k_BT$。对于不同的光学频率或声学性质，可以使用不同的表达式来描述这一参数。由于声学声子通常与热输运密切相关，因此下文中的描述主要与热导率（κ）相关。

$$\theta_D=\frac{\hbar v_D}{k_B}\sqrt[3]{\frac{6\pi^2}{n}} \tag{2.14}$$

式中，$n=V/4N$ 表示每个原子的体密度（纤锌矿结构单胞中有四个原子）；v_D 是德拜速度，由$v_D^{-3}=2v_{TA}^{-3}/3+v_{LA}^{-3}/3$ 给出，其中 v_{TA} 和 v_{LA} 分别是横向（TA）和纵向（LA）声速。通常通过选择一个高对称方向，并在 Γ 点附近对这些声子分支的色散进行数值求导以确定声速。该方法对于解析各向异性材料比较棘手，但由于 GaN 只有较弱的各向异性而相对适用。图 2.2 中的 DFT 色散曲线给出了平面内的 $v_D=4796\text{m/s}$ 和 $\theta_D=639\text{K}$，以及沿 c 轴的 $v_D=4614\text{m/s}$ 和 $\theta_D=615\text{K}$。

Grüneisen 参数是非谐性的度量，考察模式依赖性时，标定频率随体积变化的情况[32,52]如下：

$$\gamma_{\vec{q}j}=-\frac{V_0}{\omega_{\vec{q}j}}\frac{\partial\omega_{\vec{q}j}}{\partial V} \tag{2.15}$$

式中，V_0 是平衡体积。然后按照模式特定的热容进行加权平均：$\gamma=\sum_{\vec{q}j}C_{\vec{q}j}\gamma_{\vec{q}j}/\sum_{\vec{q}j}C_{\vec{q}j}$。

需要再次注意的是，GaN 是各向异性的，在不是各向同性的系统中，体积可以以不同的方式变化。处理这个问题的一种方法是定义方向性的 Grüneisen 参数[110]：

$$\gamma_{\vec{q}ja}=-\frac{a_0}{\omega_{\vec{q}j}}\frac{\partial\omega_{\vec{q}j}}{\partial a}\quad\gamma_{\vec{q}ja}=-\frac{c_0}{\omega_{\vec{q}j}}\frac{\partial\omega_{\vec{q}j}}{\partial c} \tag{2.16}$$

并对这些进行平均$\gamma_{\vec{q}j}=2\gamma_{\vec{q}ja}/3+\gamma_{\vec{q}jc}/3$，其中 a_0 和 c_0 是平衡晶格参数。线性热膨胀系数是由模式 Grüneisen 参数构建的（此处为各向同性形式），即

$$\alpha=\frac{1}{3B}\sum_{\vec{q}j}C_{\vec{q}j}\gamma_{\vec{q}j} \tag{2.17}$$

式中，B 是体模量，而热膨胀还可以沿不同的晶体学方向进行分解[111]。

2.3　氮化镓及其相关材料的应用

自从 1973 年斯拉克（Slack）进行计算以来，描述和理解氮化镓（GaN）热导率（κ）的建模工作取得了长足的进步[30]。最近引入的密度泛函理论-玻尔兹曼输运（DFT-PBT）方程[39,40,112]为预测晶体材料的热输运行为提供了理论基础，并为在热导率（κ）背景下测试声子-缺陷相互作用模型提供了出发点。在本节中将简要概述如何应用 DFT-PBT 来理解氮化镓和其他相关材料中的热导率（κ）。

2.3.1　氮化镓

2012 年，研究学者首次将 DFT-PBT 方法应用于氮化镓（GaN）热导率的计算，并探究同位素调制对热导率的影响，也对立方氮化镓和其他基于镓的化合物进行了比较[35]。预测结果表明，使用纯净的同位素镓能使室温下热导率提高 65%（参见

图 2.5)。这个预测基于氮化镓的三个特性：①镓原子具有较大的同位素变异性，因此具有较大的质量变异参数；②镓振动支配载热声学模式的行为；③镓和氮原子之间具有相对较大的质量差异。这种质量差异增强了声子-同位素散射[113]，并通过声子频率间隙（参见图 2.2）限制了三声子相互作用，从而限制了非谐散射［见式（2.7）］。最近的实验和 DFT-PBT 研究验证了通过同位素工程可以增强热导率的预测，发现 99.6% 的^{71}GaN 在室温下有约 15%的增强效果[22]。同一研究还发现，在较高温度（接近和超过室温）时的计算结果与实验测量存在差异，这表明在这个温度范围内，高阶非谐散射在氮化镓中起重要作用。其他理论研究发现，在氮化镓薄膜中，较低温度下声子-同位素散射可能导致更强的各向异性[114]。

在研究中还考虑了其他缺陷，如空位和位错，并通过完全第一性原理的研究或者将 DFT 声子和非谐散射与经典经验模型结合的混合模型进行考虑。通过使用 DFT-PBT 和基于第一性原理的格林函数方法（在 2.2.5 节介绍），对具有不同浓度的空位、替代原子及其复合物[37]的 GaN 材料的热导率进行了研究，并揭示了在特定合成条件下 GaN 中缺陷类型和浓度与载流子密度和热导率之间的相互关系。之后的研究采用第一性原理格林函数方法，研究了 GaN 薄膜中的声子-位错散射，并发现位错对热阻的影响较之前的实验结果的要小[38]。最近，基于激光泵浦/探测实验和 DFT-PBT 方法对高度排列的位错进行的研究验证了这一点[115]。该研究发现位错和尺寸效应的相互作用决定了 GaN 薄膜的热导率。然而，在高密度下，位错起主导作用，并且在低温下观察到明显的位错导致的各向异性的热导率。格林函数方法还被用来计算 GaN/AlN 界面的声子热阻[116]。

对 GaN 光谱分辨的热导率和散射率的研究揭示了在 GaN 内部大部分热量在一个相对较小的频率范围内传播[36]，这与立方晶体 BA 等其他化合物材料的结果相似[75,117]。然而，由于实验数据通常综合考虑了材料中所有的热载体，将模式分辨特征与实验的可观察量进行比较是一项具有挑战性的任务。最近，基于飞秒激光的声学测量结果显示，GaN 中低频 LA 声子的衰减与 DFT-PBT 计算得到的频率和温度相关的寿命结果相吻合[118,119]（见图 2.6)。

许多理论研究对不同晶型的 GaN 的热导率进行了比较，包括纤锌矿型、立方闪锌矿型和岩盐型[35,68,120]。甚至对单层 GaN 也进行了数值探索[121,122]。其他的 DFT-PBT 计算还研究了 GaN 热导率对于双轴应变的依赖性[123]，并分别证明了对流体静压力的非单调依赖性[120]（见图 2.7)。令人惊讶的是，电子-声子耦合显著降低了 GaN 的室温晶格热导率[123,124]。

2.3.2 其他Ⅲ族氮化物和非氮化物纤锌矿结构

许多 DFT-PBT 计算还研究了 AlN、InN、BN 等纤锌矿结构的氮化物材料，以及

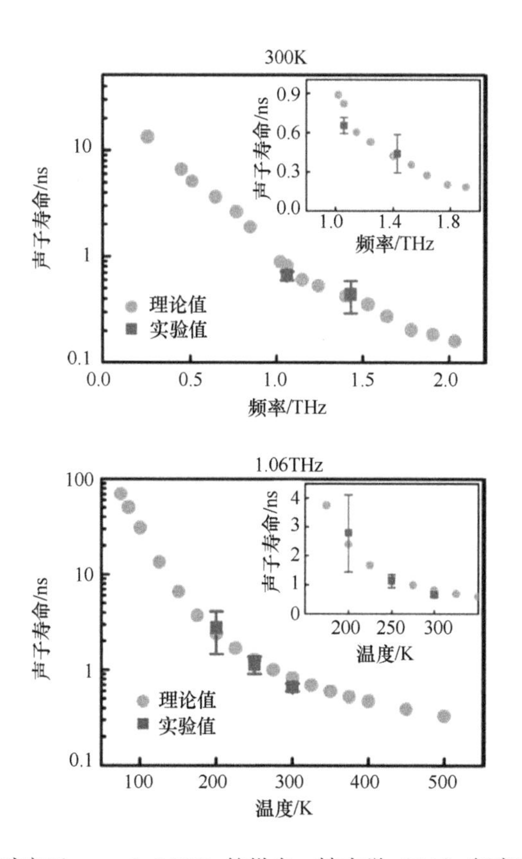

图 2.6　对应于 $\omega_{LA}=1.06\text{THz}$ 的纵向 c 轴声学（LA）频率和温度对声子寿命的计算结果（橙色圆圈）和实验测量值（蓝色方块）。插图以线性比例给出数据

来 源：T.-H. Chou，L. Lindsay，A. A. Maznev，J. S. Gandhi，D. W. Stokes，R. L. Forrest，A. Bensaoula，K. A. Nelson，C.-K. Sun，Long mean free paths of roomtemperature THz acoustic phonons in a high thermal conductivity material，Phys. Rev. B 100（2019）094302。

ZnO、BeO 和 SiC 等非氮化物纤锌矿结构材料的热导率（κ）和其他晶格动力学性质。在这里，我们简要地指出这些计算和文献中的亮点。

通过对比 DFT-PBT 计算结果与实测数据，发现其他Ⅲ族氮化物在室温附近有很好的一致性，但在较低温度下理论预测的热导率 κ 过高，这可能是外在缺陷导致了热阻增大[58]。我们对 AlN 块体和纳米线进行了类似的计算[125]，并比较了纤锌矿结构和伍兹石结构[68,125]，还研究了压力对 AlN 热导率 κ 的影响[120]。最近，研究了 AlN 中各种点缺陷散射体对热导率 κ 的影响[126]，并与测量的数据进行了对比。在Ⅲ族氮化物合金中，采用了虚拟晶体近似和包括质量无序效应的方法来研究热导率 κ

减小的情况[127]。对 InN 的本征热导率 κ 和在点缺陷限制下的热导率 κ 也进行了 DFT-PBT 计算[59,128]。实验和理论的研究结果证明了是 InN 薄膜的位错导致了热导率 κ 的各向异性[90]。

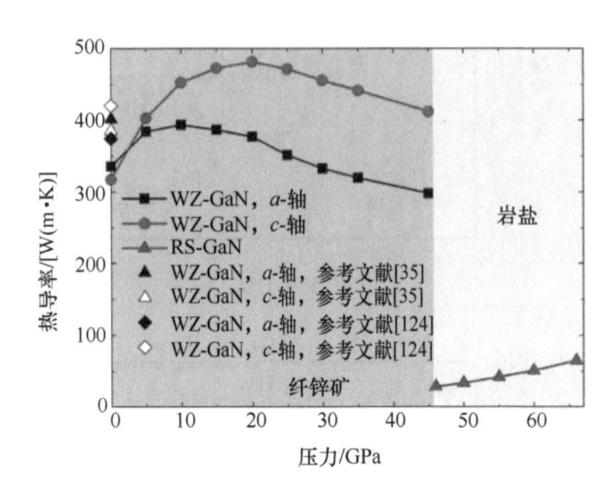

图 2.7　GaN 的室温热导率随压力的变化。黑色和红色曲线分别表示六方纤锌矿结构的晶格内（κ_{in}）和晶格间（κ_{cross}）的热导率，而蓝色曲线表示高压岩盐相 GaN 的热导率。图中还给出了文献报道的计算值用于比较[35,124]。在零压条件下的差异归因于 DFT 计算中对 3D 电子的不同处理方式

来源：K. Yuan，X. Zhang，D. Tang，M. Hu，Anomalous pressure effect on the thermal conductivity of ZnO，GaN，and AlN from first-principles calculations，Phys. Rev. B 98（2018）144303。

硼氮化物是一种失配的Ⅲ族氮化物材料，它倾向于形成具有强共价键的六方层状块体材料，层间存在弱范德华力。最近，结合 DFT-PBT 方法和实验，对六方层状硼氮化物及其立方多晶形式的各向异性热导率以及同位素调控的热导率行为进行了研究[101,129,75,130]。

一些六方氧化物和碳化物，例如硅碳化物，存在多种晶型，包括立方和纤锌矿结构。对它们的热导行为进行了多个 DFT-PBT 研究，并与测量结果进行了比较[22,58,131]。此外，还对纤锌矿结构的氧化铍（BeO）与 SiC、AlN 的热导率进行了比较[125,132]，同时还研究了 BeO 的同位素富集对热导率的调控[113]。与 GaN[133] 相比，ZnO 的热输运也受到了关注，还对其热导率随压力的变化进行了定量分析[120]。

本节并未提供关于 GaN 和类似材料中使用 DFT-PBT 确定热导率的详细步骤，并且新的计算结果也在不断涌现。

2.4　小结

本章重点介绍了关于Ⅲ族氮化物材料热输运性质的最新第一性原理模型的理论基

础，重点关注氮化镓材料的技术应用。在量子摄动理论和 DFT 的背景下，描述了声子色散和非谐声子相互作用。通过结合 PBT 方程，描述了Ⅲ族氮化物材料的热导率，无须调整包括固有材料和自然同位素浓度等在内的经验参数，这使得预测Ⅲ族氮化物和其他材料的热导率成为可能，且所建立的理论能够与其他外在散射阻力模型相结合，预测具有各种缺陷和有限尺寸的“真实”材料中的热导率。本章还讨论了关于 AlN、GaN 和 InN 中热导率的一些缺陷模型和相关计算，并展示了文献中对各种 DFT-PBT 计算方式和缺陷限制下的热导率的研究。

通过 DFT-PBT 计算的热导率在已知高质量晶体上的基准测试中展现出明显的定量准确性，同时还对具有不同缺陷类型和浓度的Ⅲ族氮化物的热导率行为进行了预测。然而，尽管已有大量关于Ⅲ族氮化物热导率的建模文献，但学界仍需进行进一步的工作，特别是在缺陷的第一性原理建模、界面、有限尺寸效应、电子和各种场的耦合以及描述异质结构材料（如不同层、超晶格和合金）方面的研究。我们期待不久的将来会有许多关于 GaN 和相关材料的新颖理论研究的出现。

致谢

本研究得到美国能源部科学办公室基础能源科学、材料科学与工程部门的全面支持。

参考文献

[1] H. Amano, Y. Baines, E. Beam, M. Borga, T. Bouchet, P.R. Chalker, et al., The 2018 GaN power electronics roadmap, J. Phys. D Appl. Phys. 51 (2018) 163001.
[2] G. Li, W. Wang, W. Yang, Y. Lin, H. Wang, Z. Lin, S. Zhou, GaN-based light-emitting diodes on various substrates: a critical review, Rep. Prog. Phys. 79 (2016) 065501.
[3] K. Chung, C.-H. Lee, G.-C. Yi, Transferable GaN layers grown on ZnO-coated graphene layers for optoelectronic devices, Science 330 (2010) 655.
[4] B. Monemar, Fundamental energy gap of GaN from photoluminescence excitation spectra, Phys. Rev. B 10 (1974) 676.
[5] R. Nowak, M. Pessa, M. Suganuma, M. Leszczynski, I. Grzegory, S. Porowski, F. Yoshida, Elastic and plastic properties of GaN determined by nano-indentation of bulk crystal, Appl. Phys. Lett. 75 (1999) 2070.
[6] G.A. Slack, L.J. Schowalter, D. Morelli, J.A. Freitas, Some effects of oxygen impurities on AlN and GaN, J. Cryst. Growth 246 (2002) 287.
[7] M.A. Reshchikov, H. Morkoç, Luminescence properties of defects in GaN, J. Appl. Phys. 97 (2005) 061301.
[8] T. Hino, S. Tomiya, T. Miyajima, K. Yanashima, S. Hashimoto, M. Ikeda, Characterization of threading dislocations in GaN epitaxial layers, Appl. Phys. Lett. 76 (2000) 3421.
[9] C. Mion, J.F. Muth, E.A. Preble, D. Hanser, Accurate dependence of gallium nitride thermal conductivity on dislocation density, Appl. Phys. Lett. 89 (2006) 092123.

[10] E.K. Sichel, J.I. Pankove, Thermal conductivity of GaN, 25-360 K, J. Phys. Chem. Solid 38 (1977) 330.

[11] A. Jeżowski, P. Stachowiak, T. Plackowski, T. Suski, S. Krukowski, M. Boćkowski, I. Grzegory, B. Danilchenko, T. Paszkiewicz, Thermal conductivity of GaN crystals grown by high pressure method, Phys. Status Solidi B 240 (2003) 447.

[12] H. Shibata, Y. Waseda, H. Ohta, K. Kiyomi, K. Shimoyama, K. Fujito, H. Nagaoka, Y. Kagamitani, R. Simura, T. Fukuda, High thermal conductivity gallium nitride (GaN) crystals grown by HVPE process, Mater. Trans. 48 (2007) 2782.

[13] P.P. Paskov, M. Slomski, J.H. Leach, J.F. Muth, T. Paskova, Effect of Si doping on the thermal conductivity of bulk GaN at elevated temperatures—theory and experiment, AIP Adv. 7 (2017) 095302.

[14] D.I. Florescu, V.M. Asnin, F.H. Pollak, Thermal conductivity of fully and partially coalesced lateral epitaxial overgrown GaN/sapphire (0001) by scanning thermal microscopy, Appl. Phys. Lett. 77 (2000) 1464.

[15] C.-Y. Luo, H. Marchand, D.R. Clarke, S.P. DenBaars, Thermal conductivity of lateral epitaxial overgrown GaN films, Appl. Phys. Lett. 75 (1999) 4151.

[16] D.I. Florescu, V.M. Asnin, F.H. Pollak, High spatial resolution thermal conductivity and Raman spectroscopy investigation of hydride vapor phase epitaxy grown n-GaN/sapphire (0001): doping dependence, J. Appl. Phys. 88 (2000) 3295.

[17] C. Luo, D.R. Clarke, J.R. Dryden, The temperature dependence of the thermal conductivity of single crystal GaN films, J. Electron. Mater. 30 (2001) 138.

[18] M. Kamano, M. Haraguchi, T. Niwaki, M. Fukui, M. Kuwahara, T. Okamoto, T. Mukai, Temperature dependence of the thermal conductivity and phonon scattering time of a bulk GaN crystal, Jpn. J. Appl. Phys. 41 (2002) 5034.

[19] T.E. Beechem, A.E. McDonald, E.J. Fuller, A.A. Talin, C.M. Rost, J.-P. Maria, J.T. Gaskins, P.E. Hopkins, A.A. Allerman, Size dictated thermal conductivity of GaN, J. Appl. Phys. 120 (2016) 095104.

[20] R.B. Simon, J. Anaya, M. Kuball, Thermal conductivity of bulk GaN—effects of oxygen, magnesium doping, and strain field compensation, Appl. Phys. Lett. 105 (2014) 202105.

[21] R. Rounds, B. Sarkar, T. Sochacki, M. Bockowski, M. Imanishi, Y. Mori, R. Kirste, R. Collazo, Z. Sitar, Thermal conductivity of GaN single crystals: influence of impurities incorporated in different growth processes, J. Appl. Phys. 124 (2018) 105106.

[22] Q. Zheng, C. Li, A. Rai, J.H. Leach, D.A. Broido, D.G. Cahill, Thermal conductivity of GaN, ^{71}GaN, and SiC from 150 K to 850 K, Phys. Rev. Mater. 3 (2019) 014601.

[23] R. Rounds, B. Sarkar, A. Klump, C. Hartmann, T. Magashima, R. Kirste, A. Franke, M. Bickermann, Y. Kumagai, Z. Sitar, Thermal conductivity of single-crystalline AlN, Appl. Phys. Express 11 (2018) 071001.

[24] A.X. Levander, T. Tong, K.M. Yu, J. Suh, D. Fu, R. Zhang, H. Lu, W.J. Schaff, O. Dubon, W. Walukiewicz, D.G. Cahill, J. Wu, Effects of point defects on thermal and thermoelectric properties of InN, Appl. Phys. Lett. 98 (2011) 012108.

[25] C. Guthy, C.-Y. Nam, J.E. Fischer, Unusually low thermal conductivity of gallium nitride nanowires, J. Appl. Phys. 103 (2008) 064319.

[26] W. Liu, A.A. Balandin, Thermal conduction in $Al_xGa_{1-x}N$ alloys and thin films, J. Appl. Phys. 97 (2005) 073710.

[27] T. Tong, D. Fu, A.X. Levander, W.J. Schaff, B.N. Pantha, N. Lu, B. Liu, I. Ferguson, R. Zhang, J.Y. Lin, H.X. Jiang, J. Wu, D.G. Cahill, Suppression of thermal conductivity in $In_xGa_{1-x}N$ alloys by nanometer-scale disorder, Appl. Phys. Lett. 102 (2013) 121906.

[28] P. Debye, Zur Theorie der Spezifischen Wärmen, Ann. Phys. 344 (1912) 789.

[29] R.E. Peierls, On the kinetic theory of thermal conduction in crystals, Ann. Phys. 3 (1929) 1055.
[30] G.A. Slack, Nonmetallic crystals with high thermal conductivity, J. Phys. Chem. Solid 34 (1973) 321.
[31] G. Leibfried, E. Schlömann, Heat conduction in electrically insulating crystals, Nach. Akad. Wiss. Göttingen Math. Phys. Klasse 4 (1954) 71.
[32] J.M. Ziman, Electrons and Phonons: The Theory of Transport Phenomena in Solids, Clarendon Press, Oxford, 1960.
[33] A. Witek, Some aspects of thermal conductivity of isotopically pure diamond—a comparison with nitrides, Diamond Relat. Mater. 7 (1998) 962.
[34] A. AlShaikhi, S. Barman, G.P. Srivastava, Theory of the lattice thermal conductivity in bulk and films of GaN, Phys. Rev. B 81 (2010) 195320.
[35] L. Lindsay, D.A. Broido, T.L. Reinecke, Thermal conductivity and large isotope effect in GaN from first principles, Phys. Rev. Lett. 109 (2012) 095901.
[36] J. Garg, T. Luo, G. Chen, Spectral concentration of thermal conductivity in GaN—a first-principles study, Appl. Phys. Lett. 112 (2018) 252101.
[37] A. Katre, J. Carrete, T. Wang, G.K.H. Madsen, N. Mingo, Phonon transport unveils the prevalent point defects in GaN, Phys. Rev. Mater. 2 (2018) 050602.
[38] T. Wang, J. Carrete, N. Mingo, G.K.H. Madsen, Phonon scattering by dislocations in GaN, ACS Appl. Mater. Interfaces 11 (2019) 8175.
[39] L. Lindsay, First principles Peierls-Boltzmann phonon thermal transport: a topical review, Nanoscale Microscale Thermophys. Eng. 20 (2016) 67.
[40] A.J.H. McGaughey, A. Jain, H.-Y. Kim, B. Fu, Phonon properties and thermal conductivity from first principles, lattice dynamics, and the Boltzmann transport equation, J. Appl. Phys. 125 (2019) 011101.
[41] K. Momma, F. Izumi, VESTA 3 for three-dimensional visualization of crystal, volumetric and morphology data, J. Appl. Cryst. 44 (2011) 1272.
[42] H. Schulz, K.H. Thiemann, Crystal structure refinement of AlN and GaN, Solid State Commun. 23 (1977) 815.
[43] J.P. Perdew, A. Ruzsinszky, G.I. Csonka, O.A. Vydrov, G.E. Scuseria, L.A. Constantin, X. Zhou, K. Burke, Restoring the density-gradient expansion for exchange in solids and surfaces, Phys. Rev. Lett. 100 (2008) 136406.
[44] P. Hohenberg, W. Kohn, Inhomogeneous electron gas, Phys. Rev. 136 (1964) B864.
[45] W. Kohn, L.J. Sham, Self-consistent equations including exchange and correlation effects, Phys. Rev. 140 (1965) A1133.
[46] P. Giannozzi, S. Baroni, N. Bonini, M. Calandra, R. Car, C. Cavazzoni, D. Ceresoli, G.L. Chiarotti, M. Cococcioni, I. Dabo, A. Dal Corso, S. de Gironcoli, S. Fabris, G. Fratesi, R. Gebauer, U. Gerstmann, C. Gougoussis, A. Kokalj, M. Lazzeri, L. Martin-Samos, N. Marzari, F. Mauri, R. Mazzarello, S. Paolini, A. Pasquarello, L. Paulatto, C. Sbraccia, S. Scandolo, G. Sclauzero, A.P. Seitsonen, A. Smogunov, P. Umari, R. M. Wentzcovitch, QUANTUM ESPRESSO: a modular and open-source software project for quantum simulations of materials, J. Phys. Condens. Matter 21 (2009) 395502.
[47] G. Kresse, J. Furthmüller, Efficiency of ab-initio total energy calculations for metals and semiconductors using a plane-wave basis set, Comput. Mater. Sci. 6 (1996) 15.
[48] P. Blaha, K. Schwarz, G. Madsen, D. Kvasnicka, J. Luitz, WIEN2k, an Augmented Plane Wave + Local Orbitals Program for Calculating Crystal Properties, Karlheinz Schwarz, Technische Universtiät Wien, Vienna, Austria, 2001.
[49] P. Giannozzi, S. de Gironcoli, P. Pavone, S. Baroni, Ab initio calculation of phonon dispersions in semiconductors, Phys. Rev. B 43 (1991) 7231.

[50] S. Baroni, S. de Gironcoli, A. Dal Corso, P. Giannozzi, Phonons and related crystal properties from density-functional perturbation theory, Rev. Mod. Phys. 73 (2001) 515.
[51] P. Haas, F. Tran, P. Blaha, Calculation of the lattice constant of solids with semilocal functionals, Phys. Rev. B 79 (2009) 085104.
[52] G.P. Srivastava, The Physics of Phonons, Taylor and Francis Group, New York, 1990.
[53] A. Togo, I. Tanaka, First principles phonon calculations in materials science, Scr. Mater. 108 (2015) 1.
[54] M. Schwoerer-Böhning, A.T. Macrander, M. Pabst, P. Pavone, Phonons in wurtzite aluminum nitride, Phys. Status Solidi B 215 (1999) 177.
[55] T. Ruf, J. Serrano, M. Cardona, P. Pavone, M. Pabst, M. Krisch, M. D'Astuto, T. Suski, I. Grzegory, M. Leszczynski, Phonon dispersion curves in wurtzite-structure GaN determined by inelastic x-ray scattering, Phys. Rev. Lett. 86 (2001) 906.
[56] J. Serrano, A. Bosak, M. Krisch, F.J. Manjón, A.H. Romero, N. Garro, X. Wang, A. Yoshikawa, M. Kuball, InN thin film lattice dynamics by grazing incidence inelastic x-ray scattering, Phys. Rev. Lett. 106 (2011) 205501.
[57] V.Y. Davydov, V.V. Emtsev, I.N. Goncharuk, A.N. Smirnov, V.D. Petrikov, V.V. Mamutin, V.A. Vekshin, S.V. Ivanov, Experimental and theoretical studies of phonons in hexagonal InN, Appl. Phys. Lett. 75 (1999) 3297.
[58] L. Lindsay, D.A. Broido, T.L. Reinecke, Ab initio thermal transport in compound semiconductors, Phys. Rev. B 87 (2013) 165201.
[59] C.A. Polanco, L. Lindsay, Thermal conductivity of InN with point defects from first principles, Phys. Rev. B 98 (2018) 014306.
[60] J.D. Caldwell, L. Lindsay, V. Giannini, I. Vurgaftman, T.L. Reinecke, S.A. Maier, O.J. Glembocki, Low-loss, infrared and terahertz nanophotonics using surface phonon polaritons, Nanophotonics 4 (2015) 44.
[61] R. Shankar, Principles of Quantum Mechanics, second ed., Springer, New York, 1994.
[62] N.W. Ashcroft, N.D. Mermin, Solid State Physics, Thomson Learning Inc., 1976.
[63] W. Li, L. Lindsay, D.A. Broido, D.A. Stewart, N. Mingo, Thermal conductivity of bulk and nanowire $Mg_2Si_xSn_{1-x}$ alloys from first principles, Phys. Rev. B 86 (2012) 174307.
[64] N. Mingo, D.A. Stewart, D.A. Broido, L. Lindsay, W. Li, Ab initio thermal transport, in: S.L. Shinde, G.P. Srivastava (Eds.), Length-Scale Dependent Phonon Interactions, Topics in Applied Physics, Springer, New York, 2014.
[65] K. Esfarjani, H.T. Stokes, Method to extract anharmonic force constants from first principles calculations, Phys. Rev. B 77 (2008) 144112.
[66] W. Li, J. Carrete, N.A. Katcho, N. Mingo, ShengBTE: a solver of the Boltzmann transport equation for phonons, Comput. Phys. Commun. 185 (2014) 1747.
[67] J. Carrete, B. Vermeersch, A. Katre, A. van Roekeghem, T. Wang, G.K. Madsen, N. Mingo, almaBTE: a solver of the space-time dependent Boltzmann transport equation for phonons in structured materials, Comput. Phys. Commun. 220 (2017) 351.
[68] A. Togo, L. Chaput, I. Tanaka, Distributions of phonon lifetimes in Brillouin zones, Phys. Rev. B 91 (2015) 094306.
[69] T. Tadano, Y. Gohda, S. Tsuneyuki, Anharmonic force constants extracted from first-principles molecular dynamics: applications to heat transfer simulations, J. Phys. Condens. Matter 26 (2014) 225402.
[70] A. Chernatynskiy, S.R. Phillpot, Phonon transport simulator (PhonTS), Comput. Phys. Commun. 192 (2015) 196.
[71] T. Feng, L. Lindsay, X. Ruan, Four-phonon scattering significantly reduces intrinsic thermal conductivity of solids, Phys. Rev. B 96 (2017) 1611201.

[72] Y. Xia, Revisiting lattice thermal transport in PbTe: the crucial role of quartic anharmonicity, Appl. Phys. Lett. 113 (2018) 073901.
[73] N.K. Ravichandran, D. Broido, Unified first-principles theory of thermal properties of insulators, Phys. Rev. B 98 (2018) 085205.
[74] L. Lindsay, D.A. Broido, Three-phonon phase space and lattice thermal conductivity in semiconductors, J. Phys. Condens. Matter 20 (2008) 165209.
[75] L. Lindsay, D.A. Broido, T.L. Reinecke, First-principles determination of ultrahigh thermal conductivity of boron arsenide: a competitor for diamond? Phys. Rev. Lett. 111 (2013) 025901.
[76] S. Mukhopadhyay, L. Lindsay, D.S. Parker, Optic phonon bandwidth and lattice thermal conductivity: the case of Li_2X (X=O, S, Se, Te), Phys. Rev. B 93 (2016) 224301.
[77] M. Omini, A. Sparavigna, An iterative approach to the phonon Boltzmann equation in the theory of thermal conductivity, Phys. Rev. B 212 (1995) 101.
[78] M. Omini, A. Sparavigna, Beyond the isotropic-model approximation in the theory of thermal conductivity, Phys. Rev. B 53 (1996) 9064.
[79] G. Fugallo, M. Lazzeri, L. Paulatto, F. Mauri, Ab initio variational approach for evaluating lattice thermal conductivity, Phys. Rev. B 88 (2013) 45430.
[80] F. Zhou, W. Nielson, Y. Xia, V. Ozoliņš, Lattice anharmonicity and thermal conductivity from compressive sensing of first-principles calculations, Phys. Rev. Lett. 113 (2014) 185501.
[81] L. Chaput, Direct solution to the linearized phonon Boltzmann equation, Phys. Rev. Lett. 110 (2013) 265506.
[82] L. Lindsay, D.A. Broido, N. Mingo, Flexural phonons and thermal transport in graphene, Phys. Rev. B 82 (2010) 115427.
[83] L. Lindsay, C.A. Polanco, Thermal transport by first-principles anharmonic lattice dynamics, in: W. Andreoni, S. Yip (Eds.), Handbook of Materials Modeling: Applications: Current and Emerging Materials, Springer International Publishing, Cham, Switzerland, 2020, p. 735.
[84] A. Ward, D.A. Broido, D.A. Stewart, G. Deinzer, Ab initio theory of the lattice thermal conductivity in diamond, Phys. Rev. B 80 (2009) 125203.
[85] L. Lindsay, W. Li, J. Carrete, N. Mingo, D.A. Broido, T.L. Reinecke, Phonon thermal transport in strained and unstrained graphene from first principles, Phys. Rev. B 89 (2014) 155426.
[86] L. Lindsay, D.A. Broido, N. Mingo, Lattice thermal conductivity of single-walled carbon nanotubes: beyond the relaxation time approximation and phonon-phonon scattering selection rules, Phys. Rev. B 80 (2009) 125407.
[87] G.A. Slack, R.A. Tanzilli, R.O. Pohl, J.W. Vandersande, The intrinsic thermal conductivity of AlN, J. Phys. Chem. Solid 48 (1987) 641.
[88] D. Kotchetkov, J. Zou, A.A. Balandin, D.I. Florescu, F.H. Pollak, Effect of dislocations on thermal conductivity of GaN layers, Appl. Phys. Lett. 79 (2001) 4316.
[89] J. Zou, D. Kotchetkov, A.A. Balandin, D.I. Florescu, F.H. Pollak, Thermal conductivity of GaN films: effects of impurities and dislocations, J. Appl. Phys. 92 (2002) 2534.
[90] B. Sun, G. Haunschild, C. Polanco, J. Ju, L. Lindsay, G. Koblmüller, Y.K. Koh, Dislocation-induced thermal transport anisotropy in single-crystal group-III nitride films, Nat. Mater. 18 (2019) 136.
[91] S.K. Mathis, A.E. Romanov, L.F. Chen, G.E. Beltz, W. Pompe, J.S. Speck, Modeling of threading dislocation reduction in growing GaN layers, Phys. Status Solidi A 179 (2000) 125.
[92] P.G. Klemens, The scattering of low-frequency lattice waves by static imperfections, Proc. Phys. Soc. A 68 (1955) 1113.

[93] C.A. Ratsifaritana, P.G. Klemens, Scattering of phonons by vacancies, Int. J. Thermophys. 8 (1987) 737.
[94] P. Carruthers, Scattering of phonons by elastic strain fields and the thermal resistance of dislocations, Phys. Rev. 114 (1959) 995.
[95] P. Carruthers, Theory of thermal conductivity of solids at low temperatures, Rev. Mod. Phys. 33 (1961) 92.
[96] M.D. Kamatagi, N.S. Sankeshwatr, B.G. Mulimani, Thermal conductivity of GaN, Diamond Relat. Mater. 16 (2007) 98.
[97] S.I. Tamura, Isotope scattering of dispersive phonons in Ge, Phys. Rev. B 27 (1983) 858.
[98] S.I. Tamura, Isotope scattering of large-wave-vector phonons in GaAs and InSb: deformation-dipole and overlap-shell models, Phys. Rev. B 30 (1984) 849.
[99] S. Chen, Q. Wu, C. Mishra, J. Kang, H. Zhang, K. Cho, W. Cai, A.A. Balandin, R.S. Ruoff, Thermal conductivity of isotopically modified graphene, Nat. Mater. 11 (2012) 203.
[100] X. Li, J. Zhang, A.A. Puretzky, A. Yoshimura, X. Sang, Q. Cui, Y. Li, L. Liang, A.W. Ghosh, H. Zhao, R.R. Unocic, V. Meunier, C.M. Rouleau, B.G. Sumpter, D.B. Geohegan, K. Xiao, Isotope-engineering the thermal conductivity of two-dimensional MoS_2, ACS Nano 12 (2019) 2481.
[101] C. Yuan, J. Li, L. Lindsay, D. Cherns, J.W. Pomeroy, S. Liu, J.H. Edgar, M. Kuball, Modulating the thermal conductivity in hexagonal boron nitride via controlled boron isotope concentration, Commun. Phys. 2 (2019) 43.
[102] N.A. Katcho, J. Carrete, W. Li, N. Mingo, Effect of nitrogen and vacancy defects on the thermal conductivity of diamond: an ab initio Green's function approach, Phys. Rev. B 90 (2014) 094117.
[103] C.A. Polanco, L. Lindsay, Ab initio phonon point defect scattering and thermal transport in graphene, Phys. Rev. B 97 (2018) 014303.
[104] A. Katre, J. Carette, B. Dongre, G.K.H. Madsen, N. Mingo, Exceptionally strong phonon scattering by B substitution in cubic SiC, Phys. Rev. Lett. 119 (2017) 075902.
[105] N.H. Protik, J. Carrete, N.A. Katcho, N. Mingo, D. Broido, Ab initio study of the effect of vacancies on the thermal conductivity of boron arsenide, Phys. Rev. B 94 (2016) 045207.
[106] Q. Zheng, C.A. Polanco, M.-H. Du, L.R. Lindsay, M. Chi, J. Yan, B.C. Sales, Antisite pairs suppress the thermal conductivity of BAs, Phys. Rev. Lett. 121 (2018) 105901.
[107] N. Mingo, K. Esfarjani, D.A. Broido, D.A. Stewart, Cluster scattering effects on phonon conduction in graphene, Phys. Rev. B 81 (2010) 045408.
[108] N. Mingo, L. Yang, Phonon transport in nanowires coated with an amorphous material: an atomistic Green's function approach, Phys. Rev. B 68 (2003) 245406.
[109] E.N. Economou, Green's Functions in Quantum Physics, third ed., Springer, Berlin, 2006.
[110] N.A. Abdullaev, Grüneisen parameters for layered crystals, Phys. Solid State 43 (2001) 727.
[111] N. Mounet, N. Marzari, First-principles determination of the structural, vibrational and thermodynamic properties of diamond, graphite, and derivatives, Phys. Rev. B 71 (2005) 205214.
[112] D.A. Broido, M. Malorny, G. Birner, N. Mingo, D.A. Stewart, Intrinsic lattice thermal conductivity of semiconductors from first principles, Appl. Phys. Lett. 91 (2007) 231922.
[113] L. Lindsay, D.A. Broido, T.L. Reinecke, Phonon-isotope scattering and thermal conductivity in materials with a large isotope effect: a first-principles study, Phys. Rev. B 88 (2013) 144306.
[114] R. Wu, R. Hu, X. Luo, First-principles-based full-dispersion Monte Carlo simulation of the anisotropic phonon transport in the wurtzite GaN thin film, J. Appl. Phys. 119 (2016) 145706.

[115] H. Li, R. Hanus, C.A. Polanco, A. Zeidler, G. Koblmüller, Y.K. Koh, L. Lindsay, GaN thermal transport limited by the interplay of dislocations and size effects, Phys. Rev. B 102 (2020) 014313.
[116] C.A. Polanco, L. Lindsay, Phonon thermal conductance across GaN-AlN interfaces from first principles, Phys. Rev. B 99 (2019) 075202.
[117] D.A. Broido, L. Lindsay, T.L. Reinecke, Ab initio study of the unusual thermal transport properties of boron arsenide and related materials, Phys. Rev. B 88 (2013) 214303.
[118] A.A. Maznev, T.-C. Hung, T.-T. Yao, T.-H. Chou, J.S. Gandhi, L. Lindsay, H.D. Shin, D. W. Stokes, R.L. Forrest, A. Bensaoula, C.-K. Sun, K.A. Nelson, Propagation of THz acoustic wave packets in GaN at room temperature, Appl. Phys. Lett. 112 (2018) 061903.
[119] T.-H. Chou, L. Lindsay, A.A. Maznev, J.S. Gandhi, D.W. Stokes, R.L. Forrest, A. Bensaoula, K.A. Nelson, C.-K. Sun, Long mean free paths of room-temperature THz acoustic phonons in a high thermal conductivity material, Phys. Rev. B 100 (2019) 094302.
[120] K. Yuan, X. Zhang, D. Tang, M. Hu, Anomalous pressure effect on the thermal conductivity of ZnO, GaN, and AlN from first-principles calculations, Phys. Rev. B 98 (2018) 144303.
[121] Y. Jiang, S. Cai, Y. Tao, Z. Wei, K. Bi, Y. Chen, Phonon transport properties of bulk and monolayer GaN from first-principles calculations, Comput. Mater. Sci. 138 (2017) 419.
[122] Z. Qin, G. Qin, X. Zuo, Z. Xiong, M. Hu, Orbitally driven low thermal conductivity of monolayer gallium nitride (GaN) with planar honeycomb structure: a comparative study, Nanoscale 9 (2017) 4295.
[123] D.-S. Tang, G.-Z. Qin, M. Hu, B.-Y. Cao, Thermal transport properties of GaN with biaxial strain and electron-phonon coupling, J. Appl. Phys. 127 (2020) 035102.
[124] J.-Y. Yang, G. Qin, M. Hu, Nontrivial contribution of Fröhlich electron-phonon interaction to lattice thermal conductivity of wurtzite GaN, Appl. Phys. Lett. 109 (2016) 242103.
[125] W. Li, N. Mingo, Thermal conductivity of bulk and nanowire InAs, AlN, and BeO polymorphs from first principles, J. Appl. Phys. 114 (2013) 183505.
[126] R.L. Xu, M.M. Rojo, S.M. Islam, A. Sood, B. Vareskic, A. Katre, N. Mingo, K.E. Goodson, H.G. Xing, D. Jena, E. Pop, Thermal conductivity of crystalline AlN and the influence of atomic-scale defects, J. Appl. Phys. 126 (2019) 185105.
[127] J. Ma, W. Li, X. Luo, Intrinsic thermal conductivities and size effect of alloys of wurtzite AlN, GaN, and InN from first-principles, J. Appl. Phys. 119 (2016) 125702.
[128] J. Ma, W. Li, X. Luo, Intrinsic thermal conductivity and its anisotropy of wurtzite InN, Appl. Phys. Lett. 105 (2014) 082103.
[129] P. Jiang, X. Qian, R. Yang, L. Lindsay, Anisotropic thermal transport in bulk hexagonal boron nitride, Phys. Rev. Mater. 2 (2018) 064005.
[130] K. Chen, B. Song, N.K. Raivchandran, Q. Zheng, X. Chen, H. Lee, H. Sun, S. Li, G.A. Gamage, F. Tian, Z. Ding, Q. Song, A. Rai, H. Wu, P. Koirala, A.J. Schmidt, K. Watanabe, B. Lv, Z. Ren, L. Shi, D.G. Cahill, T. Taniguchi, D. Broido, G. Chen, Ultrahigh thermal conductivity in isotope-enriched cubic boron nitride, Science 367 (2020) 555.
[131] N.H. Protik, A. Katre, L. Lindsay, J. Carrete, N. Mingo, D. Broido, Phonon thermal transport in 2H, 4H, and 6H silicon carbide from first principles, Mater. Today Phys. 1 (2017) 31.
[132] L. Malakkal, B. Szpunar, J. Szpunar, Comparative study of thermal conductivity of SiC and BeO from ab initio calculations, in: Liu (Ed.), Energy Materials 2017, Springer, 2017, p. 377.
[133] X. Wu, J. Lee, V. Varshney, J.L. Wohlwend, A.K. Roy, T. Luo, Thermal conductivity of wurtzite zinc-oxide from first-principles lattice dynamics—a comparative study with gallium nitride, Sci. Rep. 6 (2016) 22504.

第 3 章 多晶金刚石从介观尺度到纳米尺度的热输运

Aditya Sood
美国斯坦福大学机械工程系，材料科学与工程系

3.1 引言

氮化镓（GaN）基高电子迁移率晶体管（HEMT）在国防、通信和其他关键任务应用中扮演着重要的角色。由于氮化镓具有宽带隙和高击穿电场强度，因此被广泛视为功率电子学领域的理想材料之一。为了确保氮化镓（GaN）基高功率电子器件的可靠运行，有效的热管理至关重要[1,2]。自 2000 年以来，金刚石基 GaN 架构因体金刚石具有较高的热导率而被认为是一种有前景的选择[3]。在 2007 年，通过将氮化镓直接键合到高质量金刚石衬底上，首次在器件级层面上验证了该方法改善热性能的可行性[4]。另一种更常见的方法是先将氮化镓连接到一个牺牲衬底上，再蚀刻生长衬底（如硅或碳化硅）和 AlGaN 过渡层，然后在上面沉积一层厚度为 20~50nm 的粘附层，最后通过化学气相沉积（CVD）来生长金刚石[5,6]。为了进一步提高金刚石基 GaN 复合衬底的热性能，研究人员一直在改进 CVD 的生长过程。最近的一项研究对比了硅基氮化镓和金刚石基氮化镓器件的热特性，其中金刚石基氮化镓器件的金刚石是通过 CVD 生长的。结果表明，金刚石基 GaN 器件的温升显著降低[7]，进一步证明了通过 CVD 生长金刚石可以显著改善器件的热性能。

在金刚石基 GaN HEMT 中，器件的温升由几个串联的热阻决定[8]。这些热阻源自以下热传导过程：①热量传导经过 GaN 层的过程；②热量传导经过几十纳米厚度的粘附层（有时可称为 GaN/金刚石热界面阻抗或 TBR）的过程；③通过金刚石衬底。考虑到 HEMT 器件的典型尺寸在 1~10μm 范围内，金刚石衬底的前几微米的热输运特性对于确保其作为有效的热沉至关重要。

在本章中，我们将重点研究多晶金刚石中热输运的基本限制。首先，将分析复杂的晶粒结构如何引起热导率 κ 的各向异性以及为何会产生热导率随厚度变化的现象的原因。我们将介绍一种可以高灵敏度地测量热导率 κ 的超快光泵浦探测技术，并通过与几何模型比较，可以实现晶界（GB）热阻的估算[9]。此外，还将深入研究纳米尺度

下孤立晶界附近的热输运相关的基本问题。我们将利用空间分辨热导率测量技术，展示声子散射对热输运的非局域抑制效应[10]。这些实验和理论模型为我们提供了一个新的视角来理解 CVD 金刚石中的热输运物理学。同时，这些研究还为利用微结构工程改善金刚石基 GaN 器件的热性能提供了可能的途径。我们的目标不是对该主题进行全面评述，而是为了阐明热工程师在设计具有优秀电学和热学性能的 GaN 电子器件时可以应用的基本物理原理。

3.2　介观尺度的热传导：集合平均性质

CVD 涉及成核和生长过程。从在衬底表面沉积的几纳米大小的“种子”开始，晶粒逐渐生长并相互竞争，形成柱状的微观结构。这种结构导致热导率 κ 出现明显的各向异性，其中平面内的热导率（κ_r）远小于穿透平面的热导率（κ_z）[9]（见图 3.1）。此外，晶粒的局部尺寸随着离生长表面的距离而变化。在界面附近的成核区域具有最小的晶粒尺寸，因此具有最高的热阻抗[11]。随着距离衬底的增加，局部晶粒尺寸增加，热导率 κ 也增加[9,12,13]。因此，热导率张量不仅具有各向异性，而且不均匀。

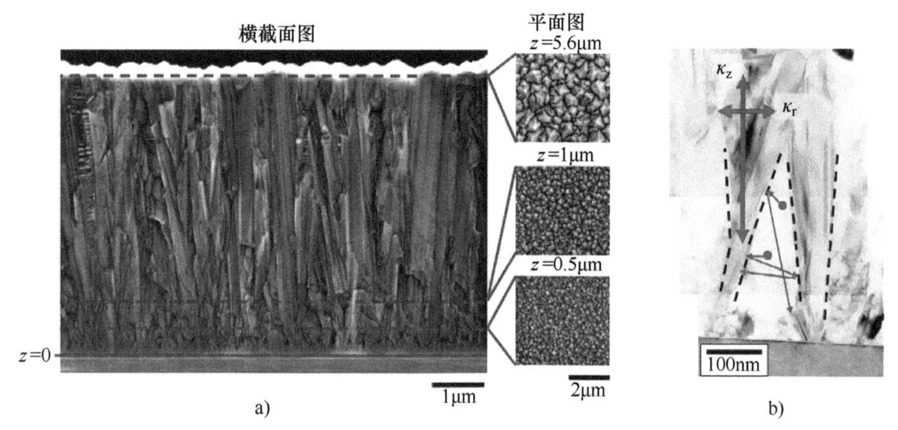

图 3.1　a）横截面和平面扫描电子显微图显示了柱状晶粒结构以及平面晶粒尺寸随厚度变化的演化。b）离衬底最近的前 500nm 的横截面透射电子显微图。黑色虚线表示晶粒界限。柱状晶粒结构导致各向异性热导率，其中 $\kappa_z>\kappa_r$

来源：A. Sood，J. Cho，K. D. Hobart，T. I. Feygelson，B. B. Pate，M. Asheghi，D. G. Cahill，K. E. Goodson，Anisotropic and inhomogeneous thermal conduction in suspended thin-film polycrystalline diamond，J. Appl. Phys. 119（2016）175103。

3.2.1　几何模型：晶粒结构对热导率的影响

为了深入理解金刚石散热器的结构、性能和属性之间的关系，一个关键需求是建立一个预测模型，将复杂的各向异性和不均匀的微观结构与局部热性质以及最终器件的有效传热系数联系起来。在本节中，我们将基于几何论证推导出这样一个框架，考虑到多晶薄膜生长过程中晶粒的竞争和存活的影响。

本章中的模型与本章参考文献［9］中的推导密切相关。我们从考虑一个横截面示意图开始，该示意图展示了 CVD 生长的多晶体结构，如图 3.2a 所示。这类示意图类似于金刚石薄膜的横截面电子显微镜图像（见图 3.1b）。平均平面晶粒尺寸 $\langle d_r \rangle$ 随着距离 z 从生长界面的增加而线性增大[9]。

$$\langle d_r \rangle = \alpha z + d_0 \tag{3.1}$$

式中，参数 α 和 d_0 可以通过对不同厚度薄膜的俯视扫描电子显微图进行测量获得（见图 3.1a）。尽管显微镜技术可以方便地表征平面晶粒尺寸的变化，但不能直接测量平均穿透平面晶粒尺寸 $\langle d_z \rangle$ 随 z 的变化情况。相反，我们通过几何论证推导出了 $\langle d_z \rangle$ 的表达式。在图 3.2a 中，z_i 表示晶粒碰撞的垂直坐标，其中 $i=1, 2, \cdots, N$，表示顺序。为了简化推导过程，假设在晶粒竞争时，每次只有两个晶粒中的一个能够存活下来。这由逆存活率 $g=2$ 进行参数化。

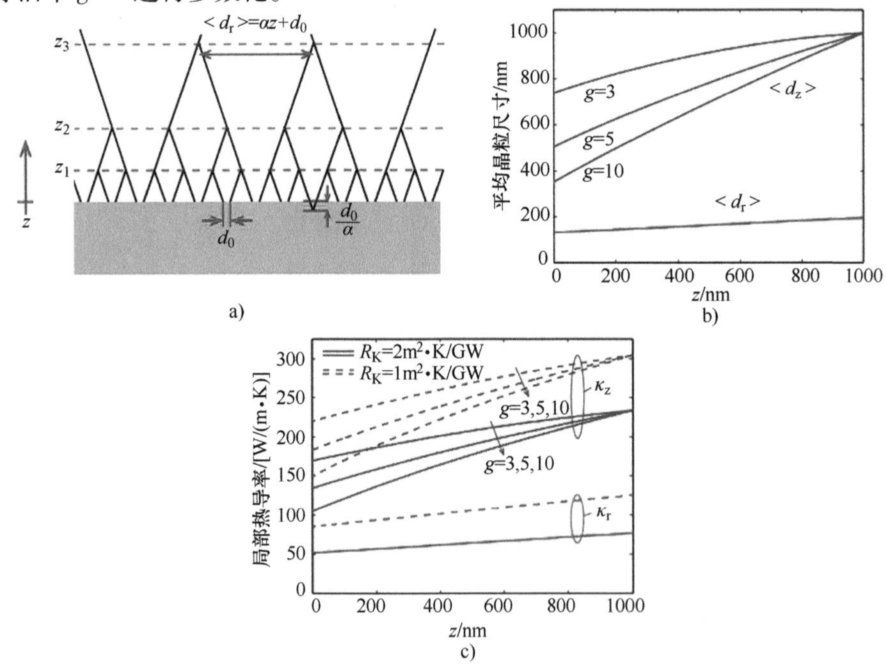

图 3.2　a）晶粒生长模型的横截面示意图；b）不同逆存活率（$g=3$、5、10）下平均平面内和穿透平面晶粒尺寸随距离生长衬底（z）增加的变化情况（对于 1μm 厚度的薄膜）；c）1μm 厚度薄膜中局部平面内和穿透平面热导率随 z 的变化，该图显示了两组曲线，分别对应于晶界 Kapitza 电阻为 $1\text{m}^2\cdot\text{K/GW}$ 和 $2\text{m}^2\cdot\text{K/GW}$ 的情况

来源：A. Sood，J. Cho，K. D. Hobart，T. I. Feygelson，B. B. Pate，M. Asheghi，D. G. Cahill，K. E. Goodson，Anisotropic and inhomogeneous thermal conduction in suspended thin-film polycrystalline diamond，J. Appl. Phys. 119 (2016) 175103。

为了评估 $<d_z>$，我们在某个 z 处画一条水平线，测量该线与所有相交晶粒的穿透平面尺寸，并对它们进行取平均。例如，如果在厚度为 $L=z_4$ 的薄膜中的 $z=z_1$ 处进行此操作，则有以下关系式：

$$\langle d_z(z=z_1)\rangle=\frac{1}{2}z_2+\frac{1}{2^2}z_3+\frac{1}{2^3}z_4+\frac{1}{2^3}L \tag{3.2}$$

一般的有

$$\langle d_z(z=z_i)\rangle=\sum_{n=1}^{N-i}\frac{1}{2^n}z_{i+n}+\frac{1}{2^{N-i}}L \tag{3.3}$$

其中，z_{i+n} 和 z_i 之间存在以下关系：

$$\frac{\left(z_{i+n}+\dfrac{d_0}{\alpha}\right)}{\left(z_i+\dfrac{d_0}{\alpha}\right)}=2^n \tag{3.4}$$

将式（3.3）和式（3.4）合并，得到：

$$\langle d_z(z=z_i)\rangle=\left(z_i+\frac{d_0}{\alpha}\right)(N-i)-\frac{d_0}{\alpha}\left(1-\frac{1}{2^{N-i}}\right)+\frac{L}{2^{N-i}} \tag{3.5}$$

接下来，将 $n=N-i$ 代入式（3.4）并使用无量纲量 $\zeta_i=z_i/L$ 和 $\beta=d_0/L$，得到：

$$N-i=\frac{1}{\log(2)}\left[\log\left(\frac{1+\dfrac{\beta}{\alpha}}{\zeta_i+\dfrac{\beta}{\alpha}}\right)\right] \tag{3.6}$$

最后，使用式（3.5）和式（3.6），并去掉下标 i，得到：

$$\frac{\langle d_z\rangle}{L}=\left(\xi+\frac{\beta}{\alpha}\right)\left[1+\frac{1}{\log(2)}\log\left(\frac{1+\dfrac{\beta}{\alpha}}{\xi+\dfrac{\beta}{\alpha}}\right)\right]-\frac{\beta}{\alpha} \tag{3.7}$$

上述结果是针对特殊情况 $g=2$ 推导的，但是可以通过观察推广到任意 $g>1$。我们得到了以下关于经过平面晶粒尺寸的平均值归一化到薄膜厚度的表达式[9]：

$$\frac{\langle d_z\rangle}{L}=\left(\xi+\frac{\beta}{\alpha}\right)\left[1+\frac{1}{\log(g)}\log\left(\frac{1+\dfrac{\beta}{\alpha}}{\xi+\dfrac{\beta}{\alpha}}\right)\right]-\frac{\beta}{\alpha} \tag{3.8}$$

使用相同的无量纲数，归一化到薄膜厚度的平面晶粒尺寸为

$$\frac{\langle d_r\rangle}{L}=\alpha\xi+\beta \tag{3.9}$$

式（3.8）和式（3.9）中的参数 α 和 β 可以通过测量依赖于厚度的平面晶粒尺寸

获得。即使只有一种厚度下的平面晶粒尺寸信息可用，仍然可以使用上述方程，前提是已知纳米金刚石籽晶的尺寸和面密度。

这个框架的优势在于它可以推断出平均穿透平面晶粒尺寸的函数形式，并且描述了它随着距离生长界面的变化。尽管该框架使用了简化的二维模型进行推导，但它仍然有助于我们对现象进行观察。让我们来研究两个极限情况。首先，在生长界面的紧邻区域，即当ζ趋近于0时，平均穿透平面晶粒尺寸与ζ呈线性增长关系。随着晶粒的生长和每一代的存活比例，这种关系变得次线性。最终，在薄膜的顶部表面附近，即当ζ趋近于1时，所有幸存的晶粒都已经长到整个厚度，因此平均穿透平面晶粒尺寸$<d_z>$趋近于L。在图3.2b中，我们绘制了1μm厚膜的平均穿透平面晶粒尺寸$<d_z>$和平均平面晶粒尺寸$<d_r>$的变化情况。

用$\kappa_z(z)$和$\kappa_r(z)$表示局部（即晶粒内部）的穿透平面和平行于平面的热导率。在晶界（GB）与热通量平行和垂直的方向上，对声子的平均自由程（MFP）有不同的影响。Dames和Chen[14]提出了一个观点，即对于沿着晶界传播的声子，其“有效”晶粒尺寸可表示为一个与晶界的夹角相关的函数。这个函数将影响声子的散射和限制其传播距离，从而影响局部热输运性质：

$$d_{\parallel,\mathrm{eff}}=1.22\left(\frac{1+p}{1-p}\right)d_{\parallel} \tag{3.10}$$

式中，$d_{\parallel}$是垂直于热通量方向的实际晶粒尺寸；p是镜面散射参数。一般来说，p是一个光谱量，取决于声子波长与晶界粗糙度之间的比值。当声子波长远大于晶界的粗糙度时，会发生镜面散射（$p\sim1$）。另一方面，当晶界粗糙度远大于声子的平均波长时，发生的是漫反射散射（$p\sim0$）。在这种情况下，声子在两个介质之间以各向同性的方式散射。在室温下，可以很好地近似假设$p\sim0$，特别是考虑到金刚石的晶界通常会积累缺陷[15]。式（3.10）中的1.22因子来源于Hori等人对方形截面纳米线中声子传输的光线追踪模拟[16]。

对于与声子传播方向垂直的晶界（GB），我们需要考虑传输概率χ。有效晶粒尺寸可以使用以下公式给出[17]：

$$d_{\perp,\mathrm{eff}}=0.75\left(\frac{\chi}{1-\chi}\right)d_{\perp} \tag{3.11}$$

最后，根据Matthiessen定律和式（3.10）、式（3.11），可以得到晶粒内局部声子平均自由程的表达式。根据Matthiessen定律，声子平均自由程的倒数等于各散射机制贡献的倒数之和。因此，晶粒内的局部声子平均自由程可以表示为

$$\Lambda_{z,r}(z)=\left(\frac{1}{\Lambda_{\mathrm{bulk}}}+\frac{1}{0.75\langle d_{z,r}(z)\rangle}+\frac{1}{1.12\langle d_{z,r}(z)\rangle}\right)^{-1} \tag{3.12}$$

式中，Λ_{bulk}是在体金刚石中的声子平均自由程。一般来说，Λ_{bulk}、$<d_z>$和$<d_r>$都是声子频率的函数（请记住p和χ是频谱量）。然而，根据Li等人[18]对热导率积累函数的计

算，我们采用了一个简化的“灰色”近似，只考虑了一个具有声子平均自由程 $\Lambda_{\text{bulk}}=1\mu\text{m}$ 的声子频率。

晶内的各向异性热导率由下式给出：

$$\kappa_{\text{intra}}\big|_{z,r}(z)=\kappa_{\text{bulk}}\frac{\Lambda_{z,r}(z)}{\Lambda_{\text{bulk}}} \tag{3.13}$$

式中，κ_{bulk}表示单晶体的热导率。计算中，我们假设了一些参数取固定值，如 $\kappa_{\text{bulk}}=3000\text{W}/(\text{m}\cdot\text{K})$，用于描述单晶体的热导率。请注意，实际的单晶体热导率可能会有所不同。此外，我们还考虑了晶界的热阻抗，这通过 Kapitza 电阻 R_{K} 进行建模。我们使用级数求和的方法来考虑多个晶界对总体热阻的贡献：

$$\kappa_{z,r}(z)=\left(\frac{1}{\kappa_{\text{intra}}\big|_{z,r}(z)}+\frac{R_{\text{K}}}{\langle d_{z,r}(z)\rangle}\right)^{-1} \tag{3.14}$$

利用式（3.8）、式（3.9）、式（3.12）~式（3.14），我们绘制了不同晶界 Kapitza 电阻和逆存活率 g 下的局部平面热导率和穿过平面热导率的图像（见图 3.2c）。

这个模型最初在本章参考文献［9］中被提出，并且后来被其他研究者用于研究金刚石基 GaN HEMT 器件的热性能，以探究各向异性的影响[19]。此外，该模型还被用来解释频率相关的热折射时间反射测量结果[20]，以及探讨多晶金刚石作为非互易热导体的潜力[21]。这些研究进一步加深了对于金刚石热导性质的理解，并为相关领域的工程设计和优化提供了有益的指导。

3.2.2 实验表征各向异性和与 z 相关的热输运

表 3.1 所示为不同厚度的多晶金刚石薄膜的热导率各向异性的文献数值。图 3.3 展示了各向异性比（即 κ_r/κ_z）与薄膜厚度之间的关系，结果显示在约 10μm 以下的薄膜中明显呈现各向异性。随着薄膜厚度（晶粒尺寸）的增加，各向异性比趋向于 1，这是因为晶界散射不再限制热输运的结果。这些结果为理解金刚石薄膜的热输运特性提供了重要的实验数据，并验证了模型对于各向异性热导率的合理预测。

表 3.1 来自文献的多晶金刚石薄膜热导率各向异性数据

参考文献	厚度/μm	κ_r/[W/(m·K)]	κ_z/[W/(m·K)]	κ_r/κ_z	使用的技术方法
Graebner 等人[22,23]	27	680	1040	0.65	纳秒激光闪烁和直流电热法（DC-ET）
	69	850	1460	0.58	
	185	1350	1870	0.72	
	355	1670	2100	0.80	
Graebner 等人[24]	234	520	800	0.65	纳秒激光闪烁和直流电热法（DC-ET）
	144	1260	1210	1.04	

（续）

参考文献	厚度/μm	κ_r/[W/(m·K)]	κ_z/[W/(m·K)]	κ_r/κ_z	使用的技术方法
Graebner 等人[25]	722	1330	1590	0.84	纳秒激光闪烁和直流电热法（DC-ET）
	495	1720	1860	0.92	
	707	870	1280	0.68	
	903	1020	1260	0.81	
	357	2000	2140	0.93	
	761	2020	2220	0.91	
	643	2000	2160	0.93	
	230	1570	1980	0.79	
Verhoeven 等人[26]	1.6	10	150	0.06	纳秒激光闪烁和热波法（TTG）
	1.7	10	170	0.06	
	2.7	40	380	0.10	
Ivakin 等人[27]	330	1450	1740	0.83	纳秒激光闪烁和热波法（TTG）
	380	1780	2000	0.89	
Sukhadolau 等人[28]	300~600	1240	1680	0.74	纳秒激光闪烁和热波法（TTG）
	300~600	1130	1280	0.88	
	300~600	790	940	0.84	
	300~600	1790	2100	0.85	
	300~600	1470	1740	0.85	
	300~600	1250	1670	0.75	
	300~600	1110	1270	0.87	
	300~600	780	930	0.84	
Rossi 等人[29]	0.5~1.1	380	1000	0.38	扫描探针
Anaya 等人[30]	0.68	65	250	0.26	拉曼光谱仪
	1	95	300	0.32	
Sood 等人[9]	1	77	210	0.36	TDTR
	5.6	130	710	0.18	

在 20 世纪 90 年代初，Graebner 等人进行了关于 CVD 金刚石各向异性和 z 依赖热导率的首次实验表征[22-25]。这些研究主要集中在厚度通常大于 100μm 的样品上，并使用不同的技术来表征平行于平面（κ_r）和垂直于平面（κ_z）的热导率。平面内的导热性能通过稳态方法进行测量，而通过平面的导热性能则利用纳秒激光闪烁技术来提取。确实，在理解金刚石基 GaN HEMT 器件等应用中金刚石的热传导时，距离生长界面几微米以内区域的热导率非常重要。尽管一些先前的实验研究了几微米厚的金刚石薄膜，但它们很难将金刚石的内在热性质与金刚石与生长衬底之间的界面热阻（TBR）分离开来[31,32]。此外，使用不同的技术来表征平行于平面（κ_r）和垂直于平面（κ_z）的热

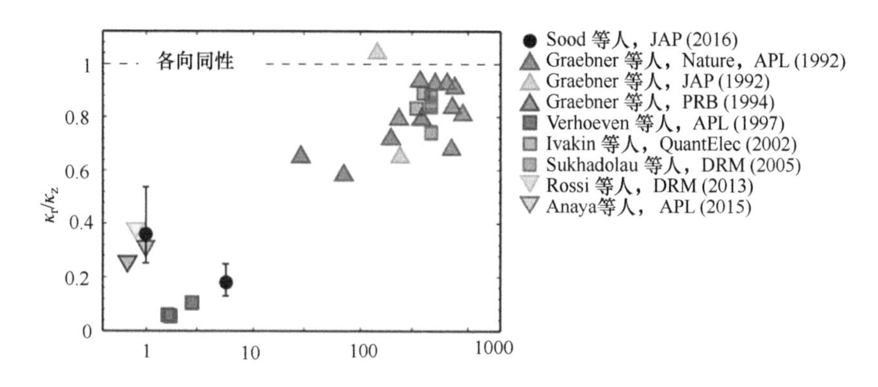

图 3.3 金刚石薄膜厚度与热导率各向异性比值之间的关系。研究结果表明，厚度较大的薄膜具有更为均向的热导率特性。需要注意的是，在某些情况下，作者提供了薄膜厚度的范围（详见表 3.1），而图中的横轴位置位于该范围的中点

来 源：A. Sood，J. Cho，K. D. Hobart，T. I. Feygelson，B. B. Pate，M. Asheghi，D. G. Cahill，K. E. Goodson，Anisotropic and inhomogeneous thermal conduction in suspended thin-film polycrystalline diamond，J. Appl. Phys. 119（2016）175103。

导率会导致样品设计的复杂化，并且很难在不同的研究中进行结果比较，这进一步增加了对金刚石热性能的全面理解的挑战。

在本节中，我们介绍了一种实验方法，可以使用单一技术测量热导率的 z 依赖性和各向异性[9]。首先，通过将生长衬底蚀刻掉，形成悬浮的金刚石膜，以直接观察薄膜中小晶粒的近界区域。其次，采用了一种非接触的光学泵浦探测技术，称为时域热反射法（TDTR）[33,34]，以实现对平面内和穿过平面热导率的同时可调敏感性。在斯坦福纳米热实验室使用的实验装置中，光源采用了一台 Nd：YVO_4 锁模激光器，其重复率为 82MHz，产生约 9ps、1064nm 的脉冲[9,10,35,36]。这台激光器的输出被分为两束光，分别是泵浦光和探测光。泵浦光的脉冲经过频率调制（调制频率 f_{mod} 在 1~10MHz 之间），并经过频率加倍以达到 532nm 的波长。探测光束保持在 1064nm 的波长，并沿着包含机械延迟阶段的不同光路传播。泵浦脉冲和探测脉冲到达样品的延迟时间在-0.1~3.5ns 之间可变。样品上涂覆了较薄且厚度通常在 100nm 以下的光学不透明金属层（通常是铝），它吸收泵浦脉冲并被加热。随着热量向下层样品扩散，通过测量铝层的反射率变化可测量其温度的变化[37]。主要的读数是通过反射的探测脉冲产生的光电探测器电压。这个电压信号在频率 f_{mod} 下通过射频锁相放大器进行解调，得到同相和反相两个分量，分别为 V_{in} 和 V_{out}。我们使用一个三维多层热扩散模型来拟合延迟时间依赖的比值（$-V_{in}/V_{out}$）或振幅（$[V_{in}^2/V_{out}^2]^{0.5}$）信号，从而提取样品的未知热性质。这些性质可以是样品层叠中一个或多个层的热导率（κ）、界面热阻（TBR）或体积热容（C_v）。

泵浦调制频率是我们用来调节对 κ_r 和 κ_z 敏感性的重要手段。需要考虑的相关长度尺度是热穿透深度 $L_p \sim [\kappa/(C_v f_{mod})]^{0.5}$ 和激光斑大小 w_0。对于在高热导率基底（如 Si）

上沉积的典型样品，对 κ_r 的敏感性较小，因为 $L_p<w_0$。然而，在悬浮薄膜中，由于下方缺乏散热路径，热量在径向上扩散的距离较短，因此对 κ_r 的敏感性更高。为了理解调节 f_{mod} 如何使我们能够调节对 κ_z 和 κ_r 的敏感性，在两个调制频率下绘制了悬浮金刚石膜中温度振荡的幅度（见图 3.4）。在低 f_{mod}（2MHz，图 3.4 左图）下，温度梯度主要是在横向上，即对 κ_r 的敏感性远大于对 κ_z 的敏感性。相比之下，在较高的 f_{mod}（8MHz，图 3.4 右图）下，热量更加集中在激光斑点下方的区域，对 κ_z 的敏感性与 κ_r 相当或更大。图 3.4 右图还说明，在较高的 f_{mod} 下，由 TDTR 测量得到的有效热导率将更多地加权于靠近热源的材料。因此，通过在金刚石膜的两侧进行测量，我们可以获得关于热导率在 z 方向上的依赖性的信息，进一步揭示样品的热输运特性。

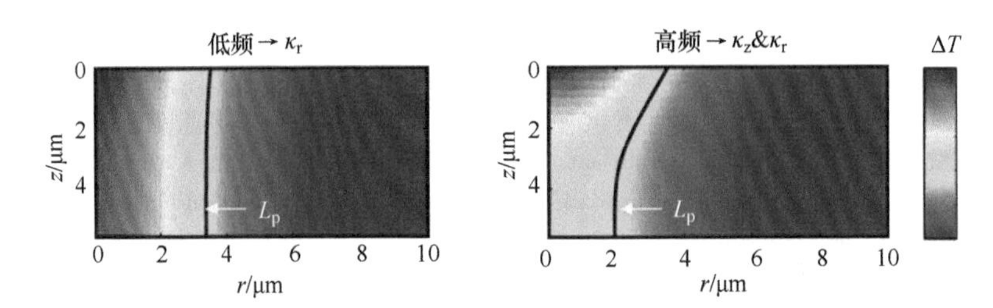

图 3.4　对于给定的薄膜厚度（5.6μm）、高斯分布的泵浦热通量（$1/e^2$ 半径为 5μm）、以及热导率［$\kappa_z=700$W/(m·K)，$\kappa_r=120$W/(m·K)］，计算得出的顶部表面温度振荡幅度。左图对应于泵浦脉冲的调制频率为 2MHz，右图对应于 8MHz

来源：A. Sood，J. Cho，K. D. Hobart，T. I. Feygelson，B. B. Pate，M. Asheghi，D. G. Cahill，K. E. Goodson，Anisotropic and inhomogeneous thermal conduction in suspended thin-film polycrystalline diamond，J. Appl. Phys. 119（2016）175103。

图 3.5 展示了 Sood 等人[9]在实施该实验方法时的一个实例。他们使用了 TDTR 数据，并经过三个步骤的处理过程进行分析，利用了锁相信号的两个分量，即比值和幅值。首先，他们通过在高 f_{mod} 下拟合幅值数据（约等于 V_{in}）来确定 Al 传感器和金刚石之间的界面热阻（TBR）。准相位分量大致表示系统对于一个 δ 函数热输入的热响应[38]，它几乎只对 TBR 敏感。对于 Al-金刚石界面而言，TBR 通常在 $10\text{m}^2\cdot\text{K/GW}$ 的数量级。接下来，他们通过在低 f_{mod} 下拟合比值数据来提取金刚石的径向热导率（κ_r）。正如热仿真所示，在低调制频率下，平面方向几乎没有温度梯度，即对 κ_z 的敏感性很低（见图 3.4）。最后，固定了 Al-金刚石界面的热阻（TBR）和金刚石的径向热导率（κ_r）的值，然后对高调制频率下的比值数据进行拟合以提取 κ_z。这个过程进行迭代，直到 TBR、κ_r 和 κ_z 的值收敛为止。

从图 3.5 中可以得出三个关键观察结果。首先，热导率 κ_z 大于 κ_r，显示出材料的各向异性。其次，随着薄膜厚度的增加，κ_z 和 κ_r 都增加，这是由于随着距离生长衬底的增加，晶粒尺寸也增加。第三，对于给定的厚度，从顶部测量的热导率大于从底部测量的热导率。这与热导率在 z 方向上的变化以及 f_{mod} 设定的有限热穿透深度 L_p 的设置

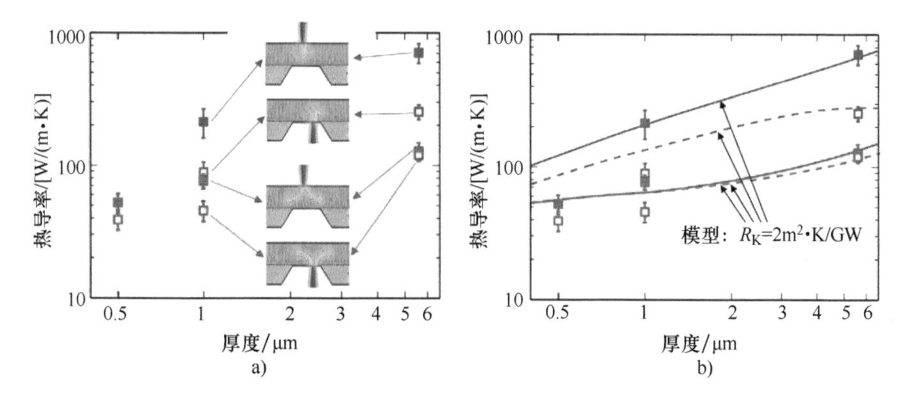

图3.5 a）多晶金刚石薄膜的测量平面（红色标记）和穿透平面（蓝色标记）热导率，对应不同厚度。实心标记表示从薄膜顶部进行的测量，空心标记表示从薄膜底部进行的测量。示意图中的黄色箭头表示热流的主要方向。b）实验数据（标记）与理论模型（线条）的比较。计算中使用了参数 $g=10$、$d_0=130\text{nm}$、$\alpha=0.066$、$\Lambda_{\text{bulk}}=1\mu\text{m}$、$\kappa_{\text{bulk}}=3000\text{W/m}\cdot\text{K}$。实线和虚线分别代表顶部和底部加热的模拟结果

来源：A. Sood, J. Cho, K. D. Hobart, T. I. Feygelson, B. B. Pate, M. Asheghi, D. G. Cahill, K. E. Goodson," Anisotropic and inhomogeneous thermal conduction in suspended thin-film polycrystalline diamond," J. Appl. Phys. 119（2016）175103。

是一致的。类似的实验方法在后续的研究中也得到了应用，利用TDTR信号的调制频率依赖性来提取金刚石膜在 z 方向上的各向异性热导率[39]。

在建立了理论模型和实验方法以表征多晶金刚石的各向异性和 z 依赖热输运后，我们可以结合这两者来估算晶界的热阻抗。通过对平面显微照片进行分析，我们得到了晶粒生长参数，其中 d_0 约为130nm，α 约为0.066[9]。利用这些参数进行计算得到的结果与假设 $g=10$ 和 $R_K=2\text{m}^2\cdot\text{K/GW}$ 的数据相吻合。虽然该方法并不旨在定量重现数据，但它仍然提供了晶界Kapitza阻抗约为 $10^{-9}\text{m}^2\cdot\text{K/W}$ 数量级的估计。在这种背景下，晶界的热阻抗相当于超过1μm厚度的单晶金刚石的热阻。考虑到CVD生长的金刚石在前几微米的晶粒尺寸约为10~100nm，这表明金刚石衬底在接近结合区的热性能主要受限于晶界处的声子散射和相关的热阻抗。为了改善金刚石基氮化镓HEMT器件接近结合区的冷却性能，提高晶界的质量（减少累积缺陷）和增加晶粒生长速率（实际上是增大 α）是关键的策略之一[40]。

3.2.3 关于DARPA金刚石循环计划的简要说明

考虑到对薄膜多晶金刚石热输运性质进行准确的实验表征对于商业和战略目的非常重要，过去使用了多种技术来研究这些性质，包括光学和电热方法，并涵盖了从快速（纳秒级）到缓慢（稳态）的时间尺度。一些常用的技术包括时域热反射（TDTR）[9]、拉曼热测温法[41,42]、纳秒激光闪烁法和电阻测温法[24,43]。然而，由于这

些技术在样品要求和数据处理方法上存在差异，因此对它们进行基准测试和确定最佳实践非常重要。为了解决这个问题，于2016年启动了一个名为DARPA循环赛的计划，该计划跨越多个大学进行合作研究。参与该计划的研究机构包括斯坦福大学、佐治亚理工学院、加州大学洛杉矶分校、得克萨斯州立大学和布里斯托大学。该计划旨在制定统一的实验标准和最佳实践，以确保对薄膜多晶金刚石热输运性质的准确测量和比较。通过这样的努力，可以提高数据的可靠性和可重复性，促进该领域的进一步发展和应用。

该项目的研究成果已经在本章参考文献［13，44-46］以及公开可获取的报告[47]中详细介绍。该合作努力的重要成果之一是开发了一种平台芯片，可在单个金刚石薄膜上进行多种测量，这些测量可以相互靠近的进行。斯坦福大学（负责人为Kenneth Goodson）和佐治亚理工学院（负责人为Samuel Graham）独立进行的TDTR测量展现了良好的一致性，其中有些情况下采用了本章参考文献［9］中开发的方法。此外，在布里斯托大学、得克萨斯州立大学和佐治亚理工学院进行的稳态焦耳加热和拉曼测温测量也观察到了良好的一致性。在构建微结构-热导率相关性和优化CVD金刚石生长之前，了解每种技术的优势和局限性是必要的。

3.3 纳米尺度下的声子传输：晶界附近的热导率抑制效应

在前文中，我们已经探讨了金刚石散热片的热性能受到晶界声子散射限制的原因。理解热声子与晶格缺陷相互作用的机制对于多个领域的应用至关重要，包括热管理和能量转换（如热电材料）。过去的研究通常通过测量多个晶界对热导率的整体影响来解决这个问题，其中涉及10～1000个晶界。然而，这些研究对于了解单个晶界周围热流动的特性提供的信息有限。

在本节中，我们将讨论直接观测的多晶金刚石中单个晶界附近热导率κ的抑制效应[10]。为了实现这一目标，我们采用了一种相关方法，结合了两种成像技术：空间分辨的时域热反射（TDTR）技术用于测量热导率，以及电子背散射衍射（EBSD）技术用于观察晶粒结构。我们观测到在晶界附近热导率κ减小了大约2倍的强烈抑制效应，并且晶界的影响可以探测到距离晶界约10μm的范围内。我们提出了一个模型，考虑了声子平均自由程（MFP）的局部减小，并通过与数据的定量比较，确定了无序晶界上强散射的关键作用。

3.3.1 声子晶界散射的微观图像

首先，我们讨论了一种理论方法，该方法基于以下假设：在扩散散射界面附近，局部热导率必须在非局部范围内发生变化。我们考虑了受沿着z方向温度梯度驱动的声子传输的玻尔兹曼输运方程（Boltzmann Transport Equation，BTE）。该温度梯度与界面平面平行，其中x表示法向距离，即声子在$x=0$处发生散射。在单模弛豫时间近似

下[48]，有

$$v_z \frac{\partial T}{\partial z} \frac{df_0}{dT} + v_x \frac{\partial f_D}{\partial x} = -\frac{f-f_0}{\tau} = -\frac{f_D}{\tau} \tag{3.15}$$

式中，v_z 和 v_x 分别代表声子在 z 和 x 方向上的速度分量；f_0 表示在温度为 T 时的平衡玻色-爱因斯坦分布；τ 是弛豫时间；$f_D = f - f_0$ 表示局部分布与平衡分布之间的差异。这个方程的假设是晶粒沿着温度梯度方向的尺寸远大于垂直于其的尺寸，对于柱状晶粒结构来说是合理的。进一步假设在 $x=0$ 处的晶界是一种扩散的“黑色”界面，意味着所有进入晶界的声子都被完全吸收，并按照平衡分布 $f_0(z)$ 重新发射，则有 $f_D(x=0, z)=0$。假设 $v_x = v_z = v$，简化了 BTE 的解[49]：

$$f_D(x) = -\Lambda \frac{\partial T}{\partial z} \frac{df_0}{dT}\left[1 - \exp\left(-\frac{x}{\Lambda}\right)\right] \tag{3.16}$$

式中，$\Lambda = v_\tau$ 表示声子的平均自由程。当距离接近声子自由程的尺度时，偏离函数趋近于在晶体内的值。在灰色近似中，考虑到局部热流可以表示为 $q_z(x) \propto f_D(x)$，由于局部热导率 $\kappa_{loc} \sim q_z(x)/|\nabla T|$，因此在距离边界 x 处的局部热导率也会在 Λ 的尺度上变化。

以上分析表明，将晶界视为具有离散的 Kapitza 热阻的无限薄层可能是不准确的。相反，由于声子的散射现象，晶界会影响其两侧晶粒的热导率。

3.3.2　晶界附近的空间分辨热导率测量

为了测量晶界附近热导率（κ）的空间变化，我们需要采取以下步骤：①精确地定位晶界；②以与声子平均自由程（在金刚石中约为几微米）相当的空间分辨率绘制 κ 的图像；③将 κ 的图像与晶界结构的地图进行关联。在这项研究中，我们选择了具有相对较大晶粒的样品：一个约 500μm 厚的掺硼化学气相沉积金刚石衬底，平均晶粒尺寸约为 23μm，掺杂浓度约为 $10^{21}cm^{-3}$。首先，我们使用扫描电子显微镜（SEM）中的电子背散射衍射（EBSD）技术来完成第一步。该技术利用电子束扫描样品表面并获取电子衍射图样，具有高达微米级的空间分辨率。通过对每个点的电子衍射图样进行计算机算法分析，可以确定局部晶粒的取向，并将其表示为彩色地图。在所研究的样品中，我们观察到垂直于平面的方向具有（110）的优先取向，而平面内的取向是随机的。因此，通过检测平面内取向的变化，我们可以准确确定晶界的位置。

接下来，我们将介绍如何获得热导率的二维图像。如前所述，TDTR 是一种高灵敏度的光热技术，已广泛应用于测量均匀材料的纳米尺度热性能。同样的技术也可以用于探测微米尺度下热导率的空间变化。其关键思想是，在固定的延迟时间下，通过锁相放大器测量的相位角（或等效地，入射信号与出射信号的幅度比）是热导率的唯一函数。通过固定延迟时间，并在样品上以栅格扫描的方式移动泵浦和探测激光的位置，可以生成电压信号的幅度比（$-V_{in}/V_{out}$）的图像。通过将电压比的图像转换为热导率图（或其他热物性参数，如热容或 Kapitza 电阻），我们可以使用从三维多层热扩散模型得出的转换曲线进行比较。这项技术最初由 Cahill 的团队开发[50]，后来被用于绘制各种非均质材料的图像[51-53]，包括最近对二维材料进行离子插入的原位测量[35]。需要注意的是，其与红外热成像等技术不同，后者获取的是温度图像。相反，我们利用非平衡泵浦探测方法获取了材料固有热输运系数的图像。

为了在多晶金刚石样品中应用这种技术，考虑到铝-金刚石界面热阻（TBR）的影响非常重要。TBR 本身可能在空间上有变化（请谨记，在 TDTR 测量中使用了 50~80nm 厚的铝热传感薄膜）。为了最小化这种变化的潜在影响，我们选择了一个延迟时间，该延迟时间下，TDTR 比率信号对 TBR 的敏感性最小化。参数 j 的敏感性系数计算如下：

$$S_j=\frac{\partial\log(-V_{in}/V_{out})}{\partial\log j} \tag{3.17}$$

图 3.6 显示了 S_j 作为延迟时间的函数，针对铝-金刚石双层堆积结构。在 2.2MHz 的泵浦调制频率下，使用 3.8μm 的 rms 激光斑大小。在延迟时间为 790ps（图 3.6 中的箭头所示）时，电压比几乎不受铝-金刚石 TBR 的影响。因此，测量信号的任何空间变化只会来自底层金刚石的热导率的不均匀性。

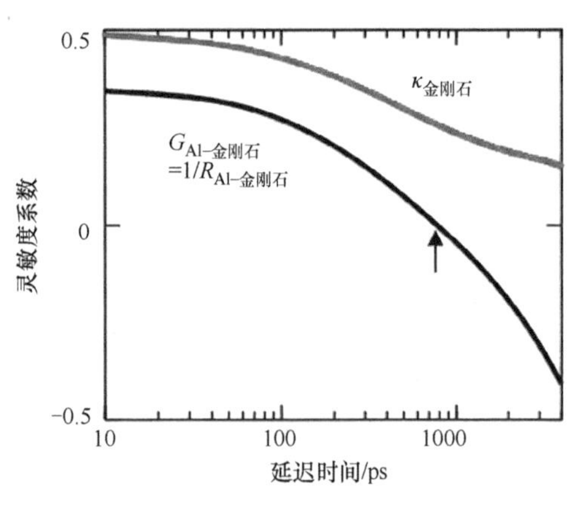

图 3.6　TDTR 灵敏度系数作为延迟时间的函数，在延迟时间为 790ps 时，对于 Al-金刚石 TBR 的灵敏度接近于零（黑色曲线）。选择这个延迟时间进行映射实验，以便将信号比值的空间变化直接与底层金刚石的热导率变化相关

来源：A. Sood，R. Cheaito，T. Bai，H. Kwon，Y. Wang，C. Li，L. Yates，T. Bougher，S. Graham，M. Asheghi，M. Goorsky，K. E. Goodson，" Direct visualization of thermal conductivity suppression due to enhanced phonon scattering near individual grain boundaries"，Nano Lett. 18（2018）3466-3472。

最后，为了将 EBSD 和 TDTR 的图像对齐，我们使用聚焦离子束（FIB）在样品表面制作基准标记。即使在铝沉积之后，这些标记仍然可见，可以在与 TDTR 设备集成的暗场显微镜下进行观察。图 3.7 展示了样品一个小区域的 EBSD 和高分辨率热导率图像的相关性。从中可以观察到，在每个晶粒的中心，热导率最高，并且在晶界附近明显降低。

为了准确确定热导率随距离晶界的变化情况，我们选择了样品中具有较大晶粒的区域，以最小化声子散射在热穿透体积内晶界处的影响。如图 3.8a和 b 所示，晶界的位置与热导率受抑制区域之间存在明显的对应关系。图 3.8c

显示了线扫描图。在图 3. 8d 中，我们绘制了归一化的热导率与距离晶界的垂直距离之间的关系（以晶粒内的最大值为基准）。所有 4 个晶界的数据都落在一条主曲线上，这表明存在一种基本的物理机制导致了热导率的抑制。不仅在晶界的直接附近，局部热导率减小了近 2 倍，而且其影响还可以检测到距离晶界约 10μm 的范围内。

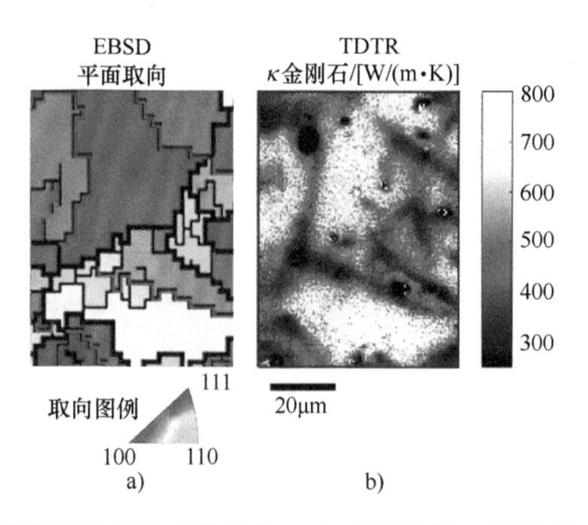

图 3. 7　CVD 金刚石样品表面的相关成像结果。a）晶界结构，通过 EBSD 技术获取并以彩色地图的形式呈现，显示每个晶粒的平面内取向。b）热导率的图像，通过空间分辨 TDTR 测量得到。在 TDTR 测量中，使用了 500nm 的步长和 3. 8μm 的 rms 激光斑大小。需要注意的是，在 TDTR 测量中，样品表面覆盖有 80μm 厚的光学不透明铝层。尽管如此，我们仍能通过对热导率的影响间接解析出底层的晶界结构。因此，TDTR 映射是一种对亚表面微结构非常敏感的探测手段

来 源：A. Sood，R. Cheaito，T. Bai，H. Kwon，Y. Wang，C. Li，L. Yates，T. Bougher，S. Graham，M. Asheghi，M. Goorsky，K. E. Goodson，" Direct visualization of thermal conductivity suppression due to enhanced phonon scattering near individual grain boundaries，" Nano Lett. 18（2018）3466-3472。

3. 3. 3　声子的漫散射导致热导率的非局部降低

为了解释这些观察结果，我们首先需要考虑到 TDTR 测量所涉及的外在长度尺度。这些长度尺度由激光斑大小和泵浦调制频率确定。为了定量这个影响，我们进行了有限元模拟，在频域中分析了系统的响应。在 TDTR 测量中，解调的探测信号的相位变化与系统对频率为 f_{mod} 的谐波热流的热响应成正比。模拟单元包含在 $x=0$ 处有一个晶界的两个金刚石晶粒（见图 3. 9a）。我们的方法是基于假设内在热导率 $\kappa_{loc}(x)$ 存在空间变化，并在距离晶界 H 处施加一个高斯正弦热源，来模拟 TDTR 实验。通过模拟，我们计算出高斯探测光束所检测到的温度升高，并将其转化为模拟 TDTR 测量所探测到的有效热导率 $\kappa_{sim}(H)$。通过在晶界上改变 H，我们模拟了实验中在泵浦和探测激光斑点上的扫描。目标是通过调整内在局部热导率 $\kappa_{loc}(x)$ 的空间依赖性，使得模拟的热导率 $\kappa_{sim}(H)$ 与图 3. 8d 中的实际测量数据匹配良好。

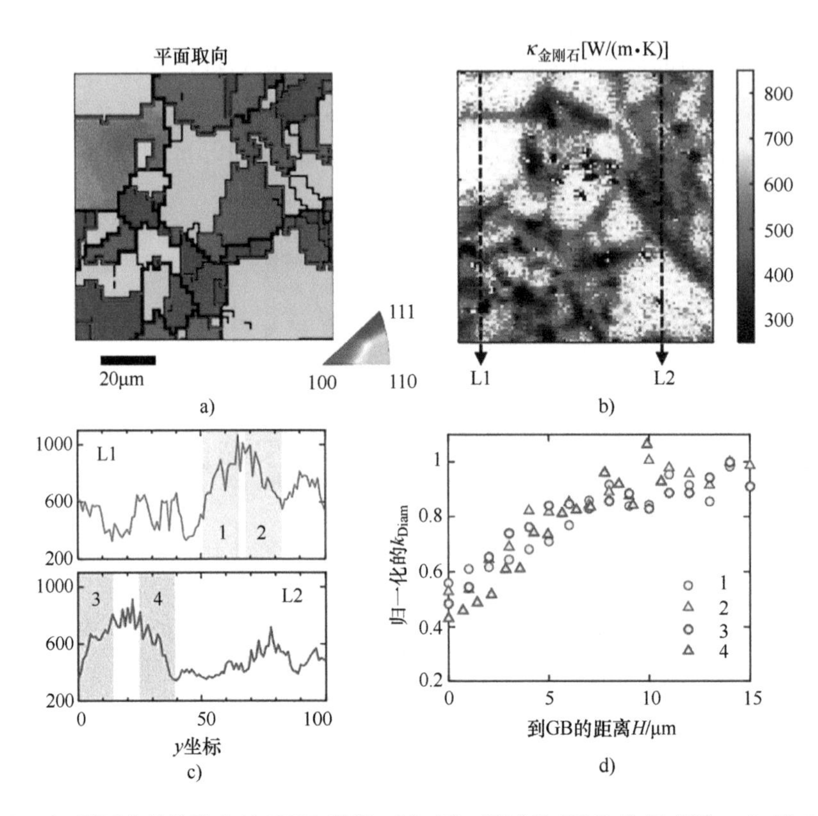

图 3.8 a）平面内晶粒取向的 EBSD 图像；b）同一区域的 TDTR 热导率图；c）沿 L1（绿色）和 L2（红色）线的热导率随 y 坐标变化的线扫描图，如图 b）中所示；d）热导率相对于其在晶粒内的峰值进行归一化后，与最近晶粒边界的垂直距离相关，数据集 1~4 对应于图 c 中线扫描图中的阴影区域

来源：A. Sood, R. Cheaito, T. Bai, H. Kwon, Y. Wang, C. Li, L. Yates, T. Bougher, S. Graham, M. Asheghi, M. Goorsky, K. E. Goodson, Direct visualization of thermal conductivity suppression due to enhanced phonon scattering near individual grain boundaries, Nano Lett. 18（2018）3466-3472。

首先我们测试了传统观点方法的有效性，该方法将晶界视为具有 Kapitza 热阻的离散界面。在这种方法中，我们假设在晶界内部，热导率 κ_{loc} 保持恒定，并且仅在纳米级的边界区域内受到抑制。我们使用边界层的厚度与热导率之比来计算等效的 Kapitza 热阻 R_K。通过这种方式，我们评估了在晶界处积累的缺陷对热导率的影响。以前对硼掺杂金刚石的研究已经发现，在距离晶界 10~20nm 范围内形成了富集掺杂物的区域[54]。在我们的模拟中，图 3.9b 和 c 中的黑色虚线和点划线分别表示局部热导率 $\kappa_{loc}(x)$ 和模拟得到的有效热导率 $\kappa_{sim}(H)$。观察到在晶界附近，$\kappa_{sim}(H)$ 的降低非常小。

为了考虑晶界处声子散射效应以及由 BTE 预测的导热通量的非局部抑制，我们提出了两个简单的模型。首先，我们引入一个参数 $\delta = x/\Lambda_{bulk}$，其中 x 表示距离晶界的距

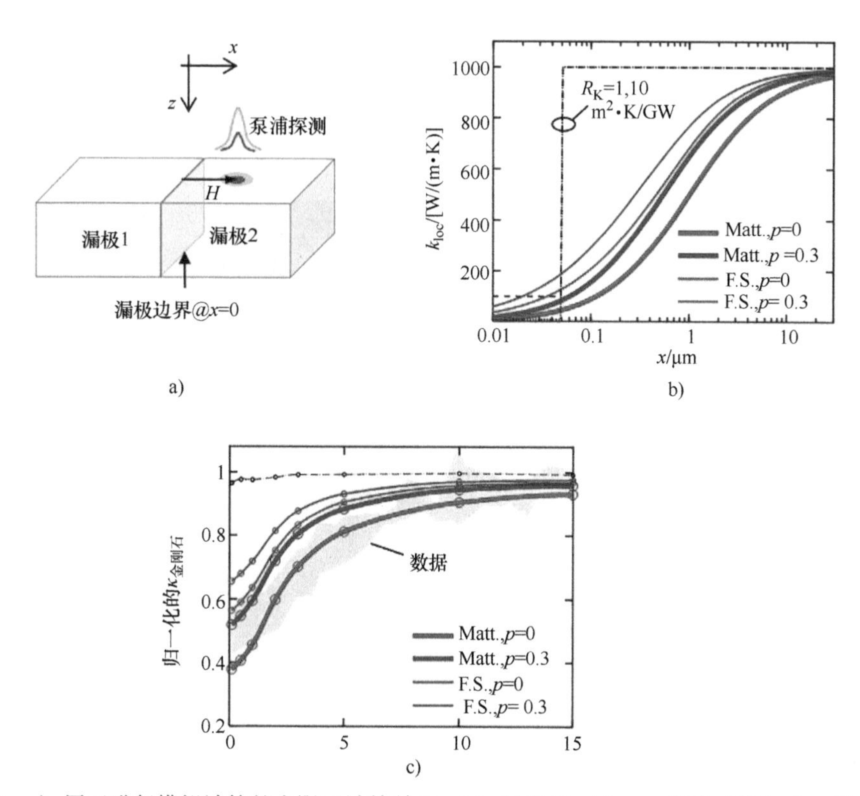

图 3.9 a）用于进行模拟计算的有限元计算单元；b）根据 Matthiessen 定律（“Matt”，粗线）和 Fuchs-Sondheimer 模型（“F. S.”，细线）计算得到的局部热导率的空间变化。两组曲线对应不同的光洁度参数，$p=0$ 和 $p=0.3$；c）模拟 TDTR 测量所探测到的有效热导率 $\kappa_{sim}(H)$，作为激光斑点与晶界之间水平距离的函数，灰色阴影区域表示实际测量数据的范围（见图 3.8d）

来 源：A. Sood，R. Cheaito，T. Bai，H. Kwon，Y. Wang，C. Li，L. Yates，T. Bougher，S. Graham，M. Asheghi，M. Goorsky，K. E. Goodson，Direct visualization of thermal conductivity suppression due to enhanced phonon scattering near individual grain boundaries，Nano Lett. 18（2018）3466-3472。

离，Λ_{bulk}表示体材料中的平均自由程。然后，定义函数 $F(x)$ 来表示相对于体材料的局部声子平均自由程的抑制：

$$F(x)=\frac{\Lambda(x)}{\Lambda_{bulk}}=\frac{\kappa_{loc}(x)}{\kappa_{bulk}} \tag{3.18}$$

在一阶近似下，我们假设从晶界距离 x 处的抑制可以用类似于相同厚度薄膜的输运方式来描述。根据这个假设，我们可以使用 Matthiessen 定律来表示抑制效应，用 δ 表示为

$$F_M(\delta)=\frac{\delta}{\delta+\left\{\dfrac{1-p}{1+p}\right\}} \tag{3.19}$$

式中，p 是上面讨论的反射率参数。类似地，Fuchs-Sondheimer 模型中的抑制函数[55]可以表示为

$$F_{FS}(\delta)=1-\frac{3(1-p)}{2\delta}\int_0^1(\mu-\mu^3)\frac{1-\exp\left(-\frac{\delta}{\mu}\right)}{1-p\exp\left(-\frac{\delta}{\mu}\right)}d\mu \tag{3.20}$$

与前一小节类似，我们做了一个灰色近似，假设 $\Lambda_{bulk}=1\mu m$。

图 3.9b 和 c 展示了使用 Matthiessen 定律和 Fuchs-Sondheimer 模型计算得到的 $\kappa_{loc}(x)$ 和 $\kappa_{sim}(H)$ 的结果。这两个模型能够捕捉到晶界的长程影响，并定量解释了观测到的热导率的空间变化。这些结果进一步表明 p 接近于零，也就是说晶界处的声子散射主要是散射的，与前一节中的集合平均结果一致。

图 3.10 着眼于空间分辨的 TDTR 技术，可测量由于晶界处声子的漫射散射而引起的热导率的非局域抑制（艺术：Alex Jerez，设计：Aditya Sood）

根据这些结果，我们需要重新审视传统的晶界热输运理论。相比于将晶界视为尖锐的界面，将其视为具有非局部影响的缺陷可能更为合适，如图 3.10 所示。特别是在类似 CVD 金刚石这样的材料中，晶界通常富含无序性，从而导致声子以弥散方式散射，而固有声子的平均自由程较长。这种非局部影响对热导率的空间变化起着重要作用。

3.4 结论与展望

在本章中，我们提出了一个综合的理论和实验框架，用于描述多晶金刚石的热输运行为，涵盖了从介观尺度到纳米尺度的长度范围。我们的研究揭示了 CVD 生长金刚石的非均匀和柱状微结构对热导率的影响，导致了厚度依赖性和各向异性的热导率张量[9]。这些结果对于计算金刚石基 GaN HEMT 器件的温升非常重要，因为近结区域的热特性主导着器件的热响应。尽管目前我们仍在努力改善晶界的质量和晶粒生长速率，但研究结果提示我们需要将 CVD 金刚石的复杂热输运特性纳入到设计 GaN 电子器件的考虑中。这样的分析可能会为 HEMT 器件[19]的优化几何形状提供指导。

我们的研究侧重于单个晶粒层面上晶界附近热输运性质的探究[10]。通过结合 EBSD 等方法，空间分辨率的 TDTR 技术成为了研究有缺陷晶体材料非均匀热输运的强大工具。研究结果表明，在掺硼金刚石等晶界丰富缺陷的材料中，声子的弥散散射导致了热导率的非局域抑制。这使得我们重新思考了现有模型中将晶界视为离散界面的观点。此外，我们认为随着空间分辨率热特性技术的发展，对于在纳米尺度下研究声子与缺陷相互作用的实验测量将再次引起广泛关注[2]。这一领域的发展将受益于新兴的时间分辨 X 射线和基于电子衍射的方法，这些方法可以非侵入性地直接探测热晶格动力学[56,57]。利用这些新工具，我们将能够更深入地研究金刚石微米尺度上非傅里叶（如流体动力学）热输运的基本问题，这将具有重要意义[58]。

未来几年可能会见证对多晶金刚石热输运基本原理的重要进展，同时也将推动其在 GaN 电子器件中的应用技术取得进步。

致谢

我衷心感谢斯坦福大学的 Kenneth Goodson 教授，多年来他对我的指导和引领，让我能够进入这个领域。我要感谢 Mehdi Asheghi 博士和斯坦福纳米热实验室的成员，他们在讨论中给予了我帮助。我深深感激已故的 Avram Bar-Cohen 教授的悉心指导，他的深入问题激发了我在这里讨论的许多思考。我要感谢与我合作的 UCLA（Mark Goorsky 教授及其团队）、佐治亚理工学院（Samuel Graham 教授及其团队）和美国海军研究实验室的合作伙伴们的贡献。本章的原始研究得到了美国空军科学研究办公室（AFOSR）根据合同 FA9550-12-1-0195 和美国国防部高级研究计划局（DARPA）“金刚石薄膜中的热输运用于电子热管理”合同 FA8650-15-C（斯坦福 PI：Kenneth Goodson）的支持。

参考文献

[1] Y. Won, J. Cho, D. Agonafer, M. Asheghi, K.E. Goodson, Fundamental cooling limits for high power density gallium nitride electronics, IEEE Trans. Compon. Packag. Manuf. Technol. 5 (2015) 737–744.

[2] A. Sood, E. Pop, M. Asheghi, K.E. Goodson, The heat conduction renaissance, in: 2018 17th IEEE Intersociety Conference on Thermal and Thermomechanical Phenomena in Electronic Systems (ITherm), 2018, pp. 1396–1402, https://doi.org/10.1109/ITHERM.2018.8419484.

[3] F. Ejeckam, D. Francis, F. Faili, D. Twitchen, B. Bolliger, J. Felbinger, GaN-on-diamond : a brief history, in: Proc. Lester Eastman Conf. High Perform. Devices, IEEE, 2014, https://doi.org/10.1109/LEC.2014.6951556.

[4] J.G. Felbinger, M.V.S. Chandra, Y. Sun, L.F. Eastman, J. Wasserbauer, F. Faili, D. Babic, D. Francis, F. Ejeckam, Comparison of GaN HEMTs on diamond and SiC substrates, IEEE Electron Device Lett. 28 (2007) 948–950.

[5] D.C. Dumka, T.M. Chou, F. Faili, D. Francis, F. Ejeckam, AlGaN/GaN HEMTs on diamond substrate with over 7 W/mm output power density at 10 GHz, Electron. Lett. 49 (2013) 1298–1299.

[6] J.W. Pomeroy, M. Bernardoni, D.C. Dumka, D.M. Fanning, M. Kuball, Low thermal resistance GaN-on-diamond transistors characterized by three-dimensional Raman thermography mapping, Appl. Phys. Lett. 104 (2014) 083513.

[7] M.J. Tadjer, T.J. Anderson, M.G. Ancona, P.E. Raad, P. Komarov, T. Bai, J.C. Gallagher, A.D. Koehler, M.S. Goorsky, D.A. Francis, K.D. Hobart, F.J. Kub, GaN-On-diamond HEMT technology with $T_{AVG} = 176$ C at $P_{DC,max} = 56$ W/mm measured by transient thermoreflectance imaging, IEEE Electron Device Lett. 40 (2019) 881–884.

[8] J. Cho, D. Francis, D.H. Altman, M. Asheghi, K.E. Goodson, Phonon conduction in GaN-diamond composite substrates, J. Appl. Phys. 121 (2017) 055105.

[9] A. Sood, J. Cho, K.D. Hobart, T.I. Feygelson, B.B. Pate, M. Asheghi, D.G. Cahill, K.E. Goodson, Anisotropic and inhomogeneous thermal conduction in suspended thin-film polycrystalline diamond, J. Appl. Phys. 119 (2016), 175103.
[10] A. Sood, R. Cheaito, T. Bai, H. Kwon, Y. Wang, C. Li, L. Yates, T. Bougher, S. Graham, M. Asheghi, M. Goorsky, K.E. Goodson, Direct visualization of thermal conductivity suppression due to enhanced phonon scattering near individual grain boundaries, Nano Lett. 18 (2018) 3466–3472.
[11] K.E. Goodson, Impact of CVD diamond layers on the thermal engineering of electronic systems, in: C.-L. Tien (Ed.), Annual Review of Heat Transfer, Begell House, New York, NY, 1995, pp. 323–353.
[12] E. Bozorg-Grayeli, A. Sood, M. Asheghi, V. Gambin, R. Sandhu, T.I. Feygelson, B.B. Pate, K. Hobart, K.E. Goodson, Thermal conduction inhomogeneity of nanocrystalline diamond films by dual-side thermoreflectance, Appl. Phys. Lett. 102 (2013), 111907.
[13] L. Yates, A. Sood, Z. Cheng, T. Bougher, K. Malcolm, J. Cho, M. Asheghi, K. Goodson, M. Goorsky, F. Faili, D.J. Twitchen, S. Graham, Characterization of the thermal conductivity of CVD diamond for GaN-on-diamond devices, in: IEEE Compound Semiconductor Integrated Circuit Symposium (CSICS), 2016, pp. 1–4, https://doi.org/10.1109/CSICS.2016.7751032.
[14] C. Dames, G. Chen, Theoretical phonon thermal conductivity of Si/Ge superlattice nanowires, J. Appl. Phys. 95 (2004) 682–693.
[15] A.V. Hetherington, C.J.H. Wort, P. Southworth, Crystalline perfection of chemical vapor deposited diamond films, J. Mater. Res. 5 (1990) 1591–1594.
[16] T. Hori, J. Shiomi, C. Dames, Effective phonon mean free path in polycrystalline nanostructures, Appl. Phys. Lett. 106 (2015), 171901.
[17] Z. Wang, J.E. Alaniz, W. Jang, J.E. Garay, C. Dames, Thermal conductivity of nanocrystalline silicon: importance of grain size and frequency-dependent mean free paths, Nano Lett. 11 (2011) 2206–2213.
[18] W. Li, N. Mingo, L. Lindsay, D.A. Broido, D.A. Stewart, N.A. Katcho, Thermal conductivity of diamond nanowires from first principles, Phys. Rev. B 85 (2012), 195436.
[19] B. Zou, H. Sun, H. Guo, B. Dai, J. Zhu, Thermal characteristics of GaN-on-diamond HEMTs: impact of anisotropic and inhomogeneous thermal conductivity of polycrystalline diamond, Diamond Relat. Mater. 95 (2019) 28–35.
[20] H. Song, J. Liu, B. Liu, J. Wu, H.M. Cheng, F. Kang, Two-dimensional materials for thermal management applications, Joule 2 (2018) 442–463.
[21] Z. Cheng, B.M. Foley, T. Bougher, L. Yates, B.A. Cola, S. Graham, Thermal rectification in thin films driven by gradient grain microstructure, J. Appl. Phys. 123 (2018), 095114.
[22] J.E. Graebner, S. Jin, G.W. Kammlott, J.A. Herb, C.F. Gardinier, Large anisotropic thermal conductivity in synthetic diamond films, Nature 359 (1992) 401–403.
[23] J.E. Graebner, S. Jin, G.W. Kammlott, J.A. Herb, C.F. Gardinier, Unusually high thermal conductivity in diamond films, Appl. Phys. Lett. 60 (1992) 1576–1578.
[24] J.E. Graebner, S. Jin, G.W. Kammlott, B. Bacon, L. Seibles, W. Banholzer, Anisotropic thermal conductivity in chemical vapor deposition diamond, J. Appl. Phys. 71 (1992) 5353–5356.
[25] J.E. Graebner, M.E. Reiss, L. Seibles, T.M. Hartnett, R.P. Miller, C.J. Robinson, Phonon scattering in chemical-vapor-deposited diamond, Phys. Rev. B 50 (1994) 3702–3713.
[26] H. Verhoeven, A. Flöter, H. Reiß, R. Zachai, D. Wittorf, W. Jäger, Influence of the microstructure on the thermal properties of thin polycrystalline diamond films, Appl. Phys. Lett. 71 (1997) 1329.

[27] E.V. Ivakin, A.V. Sukhodolov, V.G. Ralchenko, A.V. Vlasov, A.V. Khomich, Measurement of thermal conductivity of polycrystalline CVD diamond by laser-induced transient grating technique, Quantum Electron. 32 (2002) 367–372.
[28] A.V. Sukhadolau, E.V. Ivakin, V.G. Ralchenko, A.V. Khomich, Thermal conductivity of CVD diamond at elevated temperatures, Diamond Relat. Mater. 14 (2005) 589–593.
[29] S. Rossi, M. Alomari, Y. Zhang, S. Bychikhin, D. Pogany, J.M.R. Weaver, E. Kohn, Thermal analysis of submicron nanocrystalline diamond films, Diamond Relat. Mater. 40 (2013) 69–74.
[30] J. Anaya, S. Rossi, M. Alomari, E. Kohn, L. Tóth, B. Pécz, M. Kuball, Thermal conductivity of ultrathin nano-crystalline diamond films determined by Raman thermography assisted by silicon nanowires, Appl. Phys. Lett. 106 (2015), 223101.
[31] K.E. Goodson, Thermal conduction in nonhomogeneous CVD diamond layers in electronic microstructures, J. Heat Transfer 118 (1996) 279–286.
[32] M.N. Touzelbaev, K.E. Goodson, Impact of nucleation density on thermal resistance near diamond-substrate boundaries, J. Thermophys. Heat Transf. 11 (1997) 506–512.
[33] D.G. Cahill, Analysis of heat flow in layered structures for time-domain thermoreflectance, Rev. Sci. Instrum. 75 (2004) 5119–5122.
[34] A.J. Schmidt, X. Chen, G. Chen, Pulse accumulation, radial heat conduction, and anisotropic thermal conductivity in pump-probe transient thermoreflectance, Rev. Sci. Instrum. 79 (2008), 114902.
[35] A. Sood, F. Xiong, S. Chen, H. Wang, D. Selli, J. Zhang, C.J. McClellan, J. Sun, D. Donadio, Y. Cui, E. Pop, K.E. Goodson, An electrochemical thermal transistor, Nat. Commun. 9 (2018) 4510.
[36] A. Sood, F. Xiong, S. Chen, R. Cheaito, F. Lian, M. Asheghi, Y. Cui, D. Donadio, K.E. Goodson, E. Pop, Quasi-ballistic thermal transport across MoS2 thin films, Nano Lett. 19 (2019) 2434–2442.
[37] R.B. Wilson, B.A. Apgar, L.W. Martin, D.G. Cahill, Thermoreflectance of metal transducers for optical pump-probe studies of thermal properties, Opt. Express 20 (2012) 28830–28838.
[38] J. Cho, Thermal properties of anisotropic and/or inhomogeneous suspended thin films assessed via dual-side time-domain thermoreflectance: a numerical study, Nanoscale Microscale Thermophys. Eng. 22 (2018) 6–20.
[39] Z. Cheng, T. Bougher, T. Bai, S.Y. Wang, C. Li, L. Yates, B.M. Foley, M. Goorsky, B.A. Cola, F. Faili, S. Graham, Probing growth-induced anisotropic thermal transport in high-quality CVD diamond membranes by multifrequency and multiple-spot-size time-domain thermoreflectance, ACS Appl. Mater. Interfaces 10 (2018) 4808–4815.
[40] T. Bai, Y. Wang, T.I. Feygelson, M.J. Tadjer, K.D. Hobart, N.J. Hines, L. Yates, S. Graham, J. Anaya, M. Kuball, M.S. Goorsky, Diamond seed size and the impact on chemical vapor deposition diamond thin film properties, ECS J. Solid State Sci. Technol. 9 (2020), 053002.
[41] J. Anaya, S. Rossi, M. Alomari, E. Kohn, L. Tóth, B. Pécz, K.D. Hobart, T.J. Anderson, T. I. Feygelson, B.B. Pate, M. Kuball, Control of the in-plane thermal conductivity of ultra-thin nanocrystalline diamond films through the grain and grain boundary properties, Acta Mater. 103 (2016) 141–152.
[42] M. Nazari, B.L. Hancock, J. Anderson, K.D. Hobart, T.I. Feygelson, M.J. Tadjer, B.B. Pate, T.J. Anderson, E.L. Piner, M.W. Holtz, Optical characterization and thermal properties of CVD diamond films for integration with power electronics, Solid State Electron. 136 (2017) 12–17.

[43] K.E. Goodson, O.W. Käding, M. Rösler, R. Zachai, Experimental investigation of thermal conduction normal to diamond-silicon boundaries, J. Appl. Phys. 77 (1995) 1385–1392.
[44] R. Cheaito, A. Sood, L. Yates, T.L. Bougher, Z. Cheng, M. Asheghi, S. Graham, K. Goodson, Thermal conductivity measurements on suspended diamond membranes using picosecond and femtosecond time-domain thermoreflectance, in: 16th IEEE Intersociety Conference on Thermal and Thermomechanical Phenomena in Electronic Systems (ITherm), 2017, pp. 706–710, https://doi.org/10.1109/ITHERM.2017.7992555.
[45] L. Yates, R. Cheaito, A. Sood, Z. Cheng, T. Bougher, M. Asheghi, K. Goodson, M. Goorsky, F. Faili, D. Twitchen, S. Graham, Investigation of the heterogeneous thermal conductivity in bulk CVD diamond for use in electronics thermal management, in: ASME International Technical Conference and Exhibition on Packaging and Integration of Electronic and Photonic Microsystems (InterPACK), 2017, https://doi.org/10.1115/IPACK2017-74163.
[46] T.L. Bougher, L. Yates, Z. Cheng, B.A. Cola, S. Graham, R. Chaeito, A. Sood, M. Ashegi, K.E. Goodson, Experimental considerations of CVD diamond film measurements using time domain thermoreflectance, in: 16th IEEE Intersociety Conference on Thermal and Thermomechanical Phenomena in Electronic Systems (ITherm), 2017, pp. 30–38, https://doi.org/10.1109/ITHERM.2017.7991853.
[47] S. Graham, Thermal Transport in Diamond Films for Electronics Thermal Management, 2018. *https://apps.dtic.mil/sti/pdfs/AD1048799.pdf.*
[48] J.M. Ziman, Electrons and Phonons: The Theory of Transport Phenomena in Solids, Oxford University Press, 2001.
[49] P. Carruthers, Theory of thermal conductivity of solids at low temperatures, Rev. Mod. Phys. 33 (1961) 92–138.
[50] S. Huxtable, D.G. Cahill, V. Fauconnier, J.O. White, J.C. Zhao, Thermal conductivity imaging at micrometre-scale resolution for combinatorial studies of materials, Nat. Mater. 3 (2004) 298–301.
[51] J. Yang, E. Ziade, C. Maragliano, R. Crowder, X. Wang, M. Stefancich, M. Chiesa, A.K. Swan, A.J. Schmidt, Thermal conductance imaging of graphene contacts, J. Appl. Phys. 116 (2014), 023515.
[52] D.B. Brown, W. Shen, X. Li, K. Xiao, D.B. Geohegan, S. Kumar, Spatial mapping of thermal boundary conductance at metal-molybdenum diselenide interfaces, ACS Appl. Mater. Interfaces 11 (2019) 14418–14426.
[53] D.H. Olson, V.A. Avincola, C.G. Parker, J.L. Braun, J.T. Gaskins, J.A. Tomko, E.J. Opila, P.E. Hopkins, Anisotropic thermal conductivity tensor of β-Y2Si2O7 for orientational control of heat flow on micrometer scales, Acta Mater. 189 (2020) 299–305.
[54] N. Dubrovinskaia, R. Wirth, J. Wosnitza, T. Papageorgiou, H.F. Braun, N. Miyajima, L. Dubrovinsky, An insight into what superconducts in polycrystalline boron-doped diamonds based on investigations of microstructure, Proc. Natl. Acad. Sci. U. S. A. 105 (2008) 11619–11622.
[55] E.H. Sondheimer, The mean free path of electrons in metals, Adv. Phys. 1 (1952) 1–42.
[56] C. Nyby, A. Sood, P. Zalden, A.J. Gabourie, P. Muscher, D. Rhodes, E. Mannebach, J. Corbett, A. Mehta, E. Pop, T.F. Heinz, A.M. Lindenberg, Visualizing energy transfer at buried interfaces in layered materials using picosecond x-rays, Adv. Funct. Mater. 30 (2020) 2002282.
[57] A. Sood, X. Shen, Y. Shi, S. Kumar, S.J. Park, M. Zajac, Y. Sun, L.Q. Chen, S. Ramanathan, X. Wang, W.C. Chueh, A.M. Lindenberg, Universal phase dynamics in VO2 switches revealed by ultrafast operando diffraction, Science 373 (2021) 352–355.
[58] M. Simoncelli, N. Marzari, A. Cepellotti, Generalization of Fourier's law into viscous heat equations, Phys. Rev. X 10 (2020) 11019.

第 4 章

固体界面热输运基本理论

Zhe Cheng[①], Jingjing Shi[②]和 Samuel Graham[②]

① 美国伊利诺伊大学 Urbana-Champaign 分校材料科学与工程系

② 美国佐治亚理工学院 George W. Woodruff 机械工程学院

4.1 引言

1941 年，Kapitza 研究极低温度下铜和液态氦之间的传热现象时首次发现了界面的热阻[1,2]。因此，界面热阻被称为 Kapitza 电阻[2]。在宏观长度尺度上，界面热导（TBC，G）可以由傅里叶热传导定律的界面形式描述，如下所示：

$$G=\frac{Q}{\Delta T} \tag{4.1}$$

式中，Q 代表流过界面的热通量；ΔT 代表界面上的温度差异。基于声子气模型，建立了一种描述热界面导热率的 Landauer 理论[3-5]：

$$G=\sum_{p}\frac{1}{2}\iint D_{1}(\omega)\frac{\mathrm{d}f_{\mathrm{BE}}}{\mathrm{d}T}\hbar\omega v_{1}(\omega)\tau_{12}(\theta,\omega)\cos\theta\sin\theta\mathrm{d}\theta\mathrm{d}\omega \tag{4.2}$$

式中，D 是声子态密度；f_{BE} 是玻色-爱因斯坦分布函数；$\hbar$ 是约化普朗克常数；ω 是声子的角频率；v 是材料 1 中的声子群速度；τ_{12} 是从材料 1 传输到界面另一侧（材料 2）的传输系数；θ 是入射角；求和是针对所有入射声子模式进行的[4]。基于 Landauer 理论的 TBC 描述中有两个主要的假设需要重新检验：一个是声子气模型，在界面处可能不适用，因为异质界面缺乏对称性，可能出现新的局域模式[6,7]；另一个是界面附近的热平衡，在高度不匹配的界面上不成立[8]。

为了计算传输系数，20 世纪 50 年代提出了两个经典模型：声学不匹配模型（AMM）和扩散不匹配模型（DMM）[3,9]。在声学不匹配模型中，界面被视为一个平滑平面，声子受连续介质声学的控制且被认为是平面波。这些假设在极低温度下更有可能成立，因为此时声子波长很有可能大于界面粗糙度。由 AMM 模型可知，传输系数为[3]

$$\tau_{12}=\frac{4Z_2Z_2}{(Z_1+Z_2)^2} \tag{4.3}$$

式中，$Z_i=\rho_i C_i$ 表示声学阻抗，可由质量密度和声子群速度相乘计算得到。i 表示构成界面的材料[3]。

扩散不匹配模型（DMM）假设界面是粗糙的，并且入射声子会失去其原始的动量和方向。声子在界面传输的概率取决于界面两侧的声子模式数。DMM 中的传输函数表达式如下所示[10]：

$$\tau_{12}(\omega)=\frac{\sum_p M_2(\omega)}{\sum_p M_1(\omega)+\sum_p M_2(\omega)} \tag{4.4}$$

式中，M 是声子的模式数。根据 DMM，传输函数与入射角度无关。因此，Landauer 公式可以简化为

$$G=\sum_p \frac{1}{4}\int D_1(\omega)\frac{\mathrm{d}f_{\mathrm{BE}}}{\mathrm{d}T}\hbar\omega v_1(\omega)\tau_{12}(\omega)\mathrm{d}\omega \tag{4.5}$$

这个公式被广泛用于文献中估计室温下实际界面的 TBC[8,11-14]。

DMM 和 AMM 最初是为了在理论上解释低温下铜-液态氦实验中的热阻现象。然而，在 20 世纪 80 年代和 90 年代，随着瞬态热带技术和皮秒瞬态热反射（PTTR）技术的发展，人们开始报道室温附近的 TBC 实验测量结果[3,9,15,16]。如图 4.1 所示[17]，随着时域热反射（TDTR）技术的改进，TBC 相关的报道开始迅速增加。图 4-1 中，红色菱形表示非金属-非金属界面的 TBC 值；蓝色方块表示相对较清洁的金属-非金属界面（包括外延生长界面或未经清洗处理的界面，如原位高温烘烤）的 TBC 值；黑色圆圈表示其他金属-非金属界面的 TBC 值。图 4.1 的还显示了两个金属-金属界面的 TBC 值。

Monachon 等人在一篇综述文章中对实验测量 TBC 技术进行了总结[12]。在测量热界面材料中的高热界面热阻时，常用的实验技术包括一维参考棒技术和光声技术性[63-65]。另外，电热技术（如 3-ω 技术）主要用于测量金属线下基底或薄膜的热导率，在测量金属-基底界面热阻时灵敏度通常比较低[12,66-68]。因此，大多数文献报道中，实际的界面 TBC 值是通过时域热反射（TDTR）技术进行测量的。

经过几十年对界面热输运的基本认识的发展，实验和理论研究都取得了重大进展[11,12]。但是，在这个研究领域中仍存在若干空白。首先，目前大多数理论计算都是基于理想完美界面的假设，而在实际的实验研究中，界面往往是不完美的。之前的实验研究已表面，许多因素（如界面的化学键[4,34,52]、界面原子混合[44,56]、施加在界面上的压力[37,49]、表面化学性质[48,54]、晶体取向[69,70]、粗糙度[71]、界面失序[32,72]）都会影响 TBC。因此，需要进一步发展理论计算技术，将这些因素考虑在内，以更好地理解它们对界面热输运的影响。

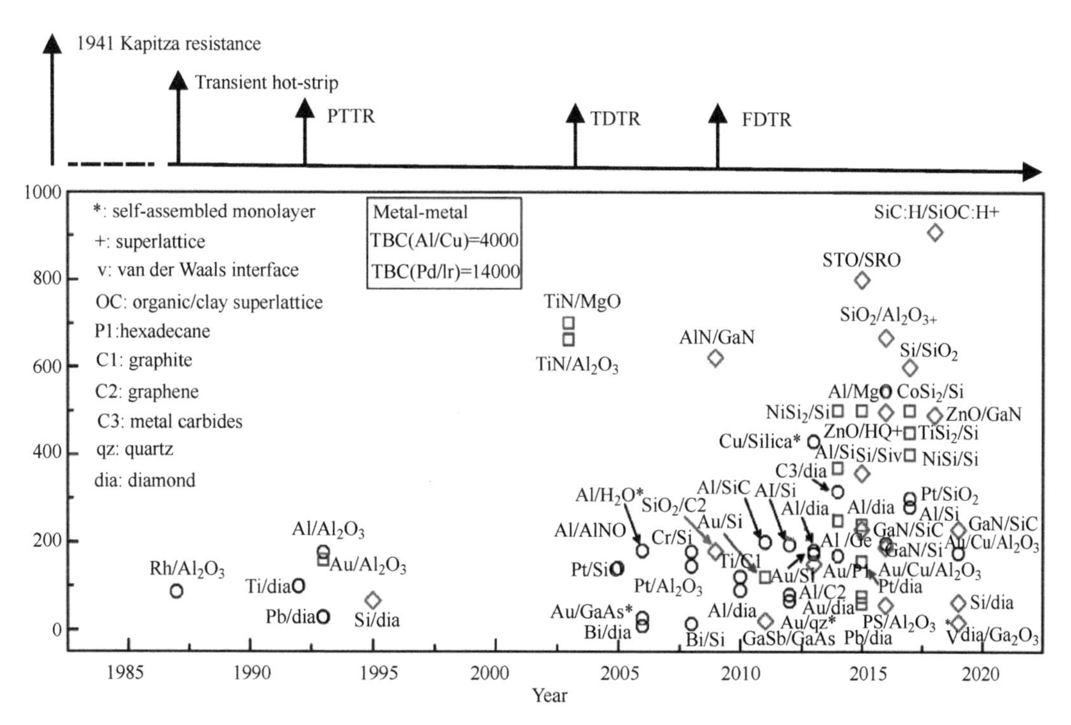

图 4.1 在室温下实验测得的 TBC 值的文献综述。在图中，非金属-非金属界面的 TBC 值以红色菱形标记，而相对清洁的金属-非金属界面的 TBC 值以蓝色方块标记。这些相对清洁的界面包括外延生长界面或在金属沉积之前进行原位高温烘烤的界面[17]。其他金属-非金属界面的 TBC 值则以黑色圆圈标记。附图中还包括了两个金属-金属界面的 TBC 值。红色菱形标记的 TBC 值包括 Si/金刚石[18]、SiO_2/石墨烯[19]、AlN/GaN[20]、GaSb/GaAs[21]、有机物/黏土超晶格[22]、STO/SRO[23]、GaN/SiC[24]、Si/Si 范德华界面[25]、SiO_2/Al_2O_3 超晶格[26]、ZnO/HQ/ZnO 超晶格[27]、PS/蓝宝石，带自组装单分子层（SAM）[28]、GaN/Si[29]、SiO_2/Si[30]、ZnO/GaN[6]、SiC：H/SiOC：H 超晶格[31]、GaN/SiC 键合[14]、Si/金刚石[32]、Ga_2O_3/金刚石范德华界面[4]。蓝色方块标记的 TBC 值来自 Au/Al_2O_3[15]、TiN/Al_2O_3[33]、TiN/MgO[33]、Au/Si[34]、Al/Ge[35]、Al/Si[35]、$NiSi_2$/Si[36]、Al/MgO[23]、Al/金刚石[37]、Pb/金刚石[37]、Pt/金刚石[37]、Au/金刚石[37]、NiSi/Si[38]、$CoSi_2$/Si[38]、$TiSi_2$/Si[38]。黑色圆圈标记的 TBC 值来自 Rh/Al_2O_3[9]、Ti/金刚石[39]、Al/Al_2O_3[15]、Pb/金刚石[15]、Al/AlN[40]、Pt/Si[40]、H_2O/Al，带 SAM[41]、Au/GaAs 带 SAM[42]、Bi/金刚石[43]、Cr/Si[44]、Pt/Al_2O_3[45]、Bi/Si[46]、Ti/石墨[47]、Al/金刚石[48]、Al/SiC[49]、Al/Si[50]、Al/石墨烯[51]、Au/石英，带 SAM[52]、Cu/二氧化硅带 SAM[53]、Al/O/金刚石[54]、Au/Ti/Si[55]、金属碳化物/金刚石[56]、Au/十六烷[57]、AuCu/蓝宝石[58]、Al/Si[59]、SiO_2/Pt[30]、$Au/Cu/Al_2O_3$[60]。金属-金属的 TBC 值来自 Al/Cu[61]和 Pd/Ir[62]

来源：Z. Cheng 博士论文，经许可使用，佐治亚理工学院，2019 年。

其次，之前的实验研究主要集中在热性能的测量上，界面的详细结构往往是未知的或者不确定是否符合预期[73,74]。因此，需要利用如透射电子显微镜、电子能损光谱学和 X 射线衍射等材料表征技术，以了解界面处的原子结构。对同一样品进行热性能测量和界面结构表征可以将测得的 TBC 与特定的界面结构联系起来，可以更全面地认识界面热输运的机制。

第三，在计算 TBC 时，需要考虑非平衡效应。在特定材料中，存在许多声子模式，其平均自由程不同。在接近界面的区域，每个声子模式的温度不同，从而导致了强烈的非平衡声子传输，这种现象在高度不匹配的异质界面中尤其明显。

最后，界面处存在复杂的热输运机制，涉及多种热载体，如图 4.2 所示[73]。在非金属-非金属界面中，声子的弹性和非弹性过程在热输运中起主导作用（见图 4.2a）。然而，在金属-非金属界面中，电子是一侧的主要热载体，而声子是另一侧的主要热载体（见图 4.2b）。热量在界面处传输时将会包含多种机制。关于金属侧电子-声子相互作用及其对 TBC 的影响仍存在争议[12,43,75]。

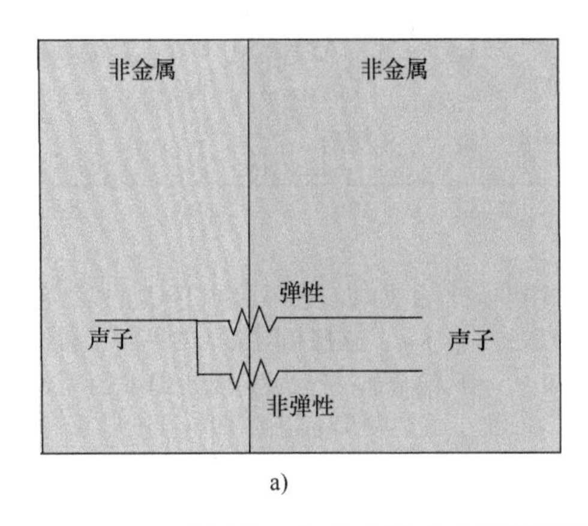

a)

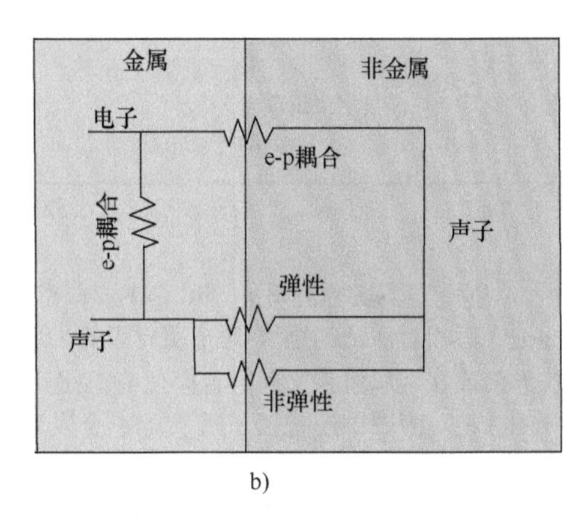

b)

图 4.2 a）非金属-非金属界面和 b）金属-非金属界面的热输运机制

来源：Z. Cheng，et al.，Thermal conductance across harmonic-matched epitaxial Al-sapphire heterointerfaces，Commun. Phys. 3（1）（2020）1-8。

4.2 谐波匹配界面间的热输运

最近，Cheng 等人进行了一项关于超洁净的 Al-蓝宝石界面的系统研究，涵盖了高质量界面的外延生长、详细的材料表征、准确的热性能测试以及新开发的模型[73]。这项研究填补了研究中的空白，通过提供一个确认的几乎完美的现实谐波匹配界面，该界面具有完美的晶体取向，可以同时进行建模和测量[73]。

图 4.3a 展示了 Al-蓝宝石样品的 X 射线衍射图样，其中 Al 薄膜在横向上表现出了良好的单晶性，而在纵向上呈现孪晶结构[73]。图 4.3b 展示了 Al（220）和 Al_2O_3 $(11\bar{2}3)$ 之间的 Phi 扫描结果。扫描结果表明，外延对准关系为 Al［112］‖ Al_2O_3

[1120]，符合± Al [110] ‖ Al_2O_3 [1010] 的关系[73]。图4.3c显示了Al膜表面的表面粗糙度，显示出原子级的光滑性。Al-蓝宝石界面的横截面透射电子显微镜（TEM）图像显示出锐利且原子匹配的界面，如图4.3d所示。这进一步证实了在超高真空环境中进行的高温退火处理清洁了蓝宝石表面[73]。通过这些详细的材料表征，明确证实了Al-蓝宝石界面的高质量。这些超洁净界面通过比较实验测量和理论预测，为系统研究界面热输运提供了一个基准平台。这样的基准平台对于深入理解界面热输运的机制和特性具有重要意义。

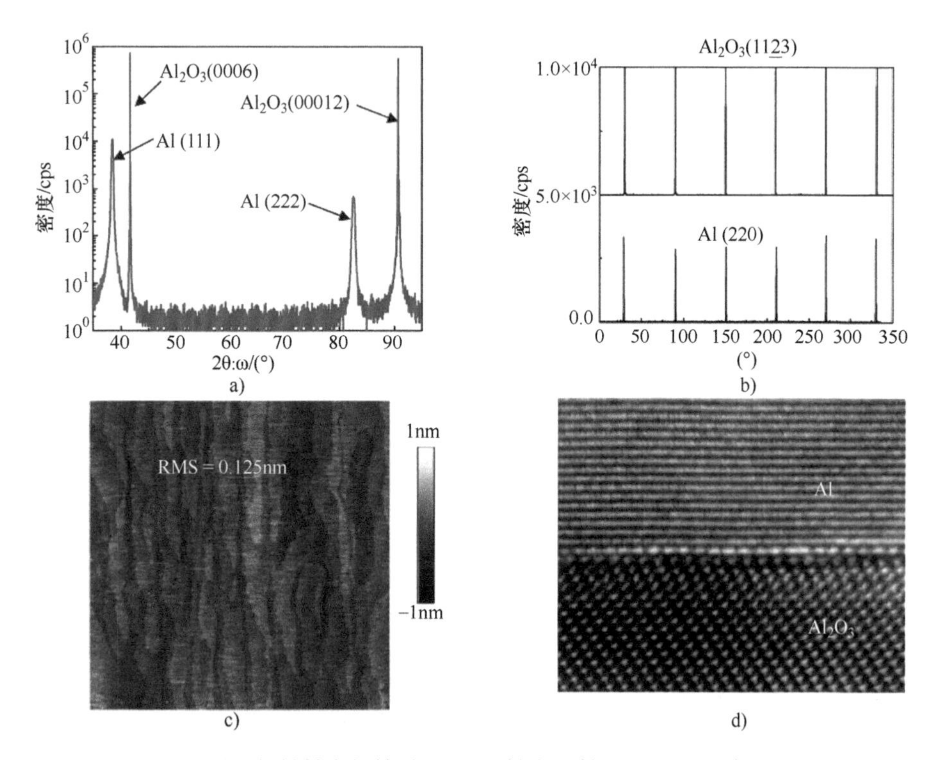

图4.3　Al-蓝宝石界面的材料表征结果。a）X射线衍射（XRD）图谱；b）Al（220）和 Al_2O_3（1123）的Phi扫描结果；c）Al膜表面的原子力显微镜（AFM）图像，图像上的尺度标尺为1μm，对于一个5μm×5μm的区域，均方根（RMS）粗糙度为0.125nm。颜色表示表面粗糙度，颜色条为−1～1nm；d）Al-蓝宝石界面的高分辨率透射电子显微镜（HRTEM）横截面图像：横截面方向 [111] Al ‖ [0001] Al_2O_3，平面方向 [110] Al ‖ [1010] Al_2O_3。图像上的尺度标尺为5nm

来源：Z. Cheng, et al., Thermal conductance across harmonic-matched epitaxial Al-sapphire heterointerfaces, Commun. Phys. 3（1）（2020）1-8。

如图4.4a所示，测量得到的两个外延生长的Al-蓝宝石界面的TBC高于文献中测量到的所有Al-蓝宝石界面的TBC值，这表明界面结构对TBC有影响[73]。超洁净的Al-

蓝宝石界面的 TBC 具有比文献中的 Al-蓝宝石界面更强的温度依赖性。图 4.4b 展示了实测的 TBC 与非平衡 Landauer 方法和原子格林函数（AGF）的理论预测之间的极好一致性[73]。

非平衡 Landauer 方法修正了接近界面的声子模式的温度，并考虑了非平衡效应对 TBC 的影响。DMM 和 AGF 是两种常用的计算方法，它们都基于 Landauer 方法，但在计算传输时有所不同。这两种方法仅考虑了弹性过程对 TBC 的贡献。在 Al-蓝宝石界面中，根据图 4.2b 显示，存在三个不同的热输运通道。然而，高温下 TBC 保持几乎恒定，这表明非弹性过程对 TBC 的贡献并不重要。这些结果进一步支持了对界面热输运机制的深入理解和研究。实验测量值与计算值之间的良好一致性表明弹性过程在横跨 Al-蓝宝石界面的界面热输运中起主导作用，而界面处的电子-声子耦合可以被忽略。这是文献中很少见的几个实验测量值与计算值在广泛温度范围内非常一致的例子之一[11,38]。

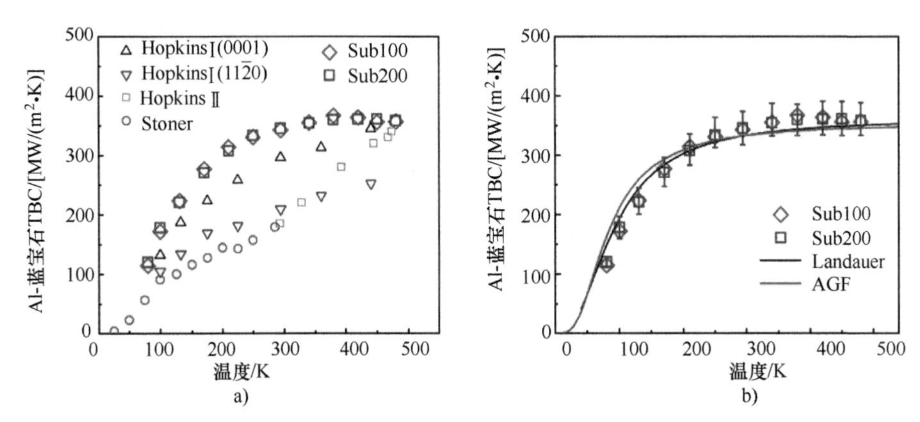

图 4.4 a）比较两个 Al-蓝宝石样品（Sub100 和 Sub200）的温度相关 TBC 与文献中测得的 TBC（Hopkins I[69]，Stoner[15]和 Hopkins II[76]）之间的差异；b）比较实测的 Al-蓝宝石 TBC 与通过 AGF 和非平衡 Landauer 方法计算的理论 TBC 之间的差异[73]

来源：Z. Cheng，et al.，Thermal conductance across harmonic-matched epitaxial Al-sapphire heterointerfaces，Commun. Phys. 3（1）（2020）1-8。

4.3 TBC 的非弹性贡献

在高温下，高能声子更有可能被激发，这促进了界面非弹性过程的贡献。Gaskins 等人在宽温度范围内测量了外延 ZnO-GaN 界面的 TBC[6]。图 4.5a 和 b 展示了氧化锌（ZnO）和氮化镓（GaN）表面的原子力显微镜（AFM）图像，表明表面相对平滑，粗糙度值约为几纳米。图 4.5c 显示了 ZnO-GaN 界面的横截面透射电子显微镜（TEM）图像，其中虚线黄色标记了界面位置。与铝-蓝宝石（Al-sapphire）界面不同，ZnO-GaN 界面不够锐利，并且在接近界面的 ZnO 层中存在大量缺陷[6]。

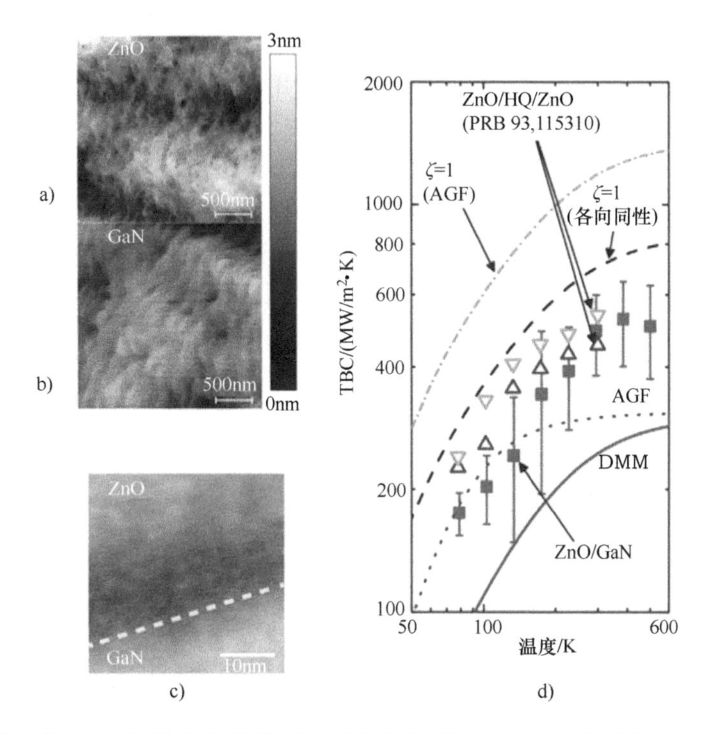

图 4.5　a）ZnO 的原子力显微镜（AFM）图像；b）GaN 晶片的 AFM 图像；c）ZnO-GaN界面的横截面高分辨率透射电子显微镜（HRTEM）图像，虚线黄色标记了界面位置；d）外延生长的 ZnO-GaN 界面测得的 TBC。比较中还包括基于 DMM 的 Landauer 方法和基于原子格林函数（AGF）的计算结果。在这里，基于 DMM 的 Landauer 方法未考虑非平衡效应

来源：J. T. Gaskins，et al.，Thermal boundary conductance across heteroepitaxial ZnO/GaN interfaces：assessment of the phonon gas model，Nano Lett. 18（12）（2018）7469-7477。

根据相关文献报道，对于 ZnO-GaN 界面的 TBC 计算使用了 DMM 和 AGF 的最初版本，并将其与实验测量结果进行了比较（见图 4.5d）。DMM 基于 Landauer 方法，但不考虑非平衡效应。结果显示，实验测量得到的 TBC 远高于使用 Landauer 方法计算得到的 TBC，即使在应该由弹性过程主导界面热输运的低温下也是如此。在高温（室温以上）下，实验测量得到的 TBC 高于使用 AGF 计算得到的 TBC，这表明非弹性过程开始对 TBC 产生影响。对于 ZnO-GaN 界面而言，基于谐振的方法无法在高温下准确捕捉到非谐振对 TBC 的影响。此外，根据假设声子传输系数为单位，在使用 Landauer 公式和 AGF 进行计算时，得到的 TBC（考虑了弹性贡献的上限）高于实验测量得到的 TBC。

类似的观察结果也适用于 GaN-AlN 界面[77]。使用非平衡格林函数形式在谐振极限下计算的 GaN-AlN 界面的 TBC 仅为实验测量得到 TBC 的一半。这些实验测量得到的 TBC 来自于 GaN-AlN 超晶格，在室温下显示了非弹性过程的重要贡献。目前，用于 TBC 计算的最先进方法通常仅限于考虑非弹性贡献[78]。分子动力学模拟可以很好地捕

捉非弹性贡献，但通常受到准确原子势函数的限制，特别是对于具有复杂晶体结构的材料。因此，在研究复杂界面热输运时，综合使用不同的计算方法和实验技术是必要的，以全面了解界面热输运机制。

4.4 界面键合对 TBC 的影响

研究证明，通过调节界面的化学成分、结合类型和施加压力可对键合界面热输运产生影响[34,49,52]。自组装单分子层调控界面化学成分可发现热辐射传导与化学键合相关[52]。施加在界面上的外部压力也用于调控弱界面的 TBC[49]。最近研究发现，通过理论上改变粘附能量，可调控 GaN-金刚石界面的 TBC，实现数量级的变化[79]。对于直接的范德华键合的 GaN-金刚石界面，测得的 TBC 仅为 5MW/(m^2 · K)，比带有 4nm 厚界面层的键合 GaN-金刚石界面的 TBC 低 18 倍[79,80]。β-Ga_2O_3-金刚石范德华键合界面的 TBC 约为 17MW/(m^2 · K)，在室温下比原子层沉积的 β-Ga_2O_3-金刚石界面的 TBC 低一个数量级[4,81]。

4.5 TBC 建模方法的比较

为了对界面间的热传导进行建模和模拟，主要有两种方法。一种通常被称为声子气模型，它基于 Landauer 公式，并利用不同的方法计算声子界面传输函数。另一种方法是分子动力学（MD）模拟[82-84]。最近，还开发了一种基于 MD 的界面导热模式分析（ICMA）[85,86]，用于预测界面间的 TBC。

声子气模型的基本思想是将界面能量传递过程视为声子传输过程。在该模型中，界面的净热通量可以通过以下方式计算：从材料 1 传输到材料 2 的界面传输系数乘以从材料 1 发射的声子的总能量，减去从材料 2 发射的声子的总能量。声子的总能量可以通过对所有入射声子模式上的每个声子能量进行积分来获得，这可以通过第一性原理计算或经验性原子间势来实现。传输系数的差异是导致不同材料之间 TBC 值差异的原因之一。

为了描述界面的传输情况，常用的方法包括声子平均模型（AMM）、分子动力学模型（DMM）、原子格林函数（AGF）和声子波包方法[3,5,87-91]。其中，声子波包方法通常需要在分子动力学框架下应用，以模拟模式波包的传输，而其他三种方法的传输系数可以直接通过第一性原理计算或经验性原子间势信息获得。

在这四种方法中，AMM（声子平均模型）和 DMM（分子动力学模型）具有计算成本相对较低的优点，并且在某些有限的情况下能够与实验结果较好地吻合[13,73]。对于表面光滑的界面，AMM 通常表现出了较好的性能，因为它假设声子受连续介质声学控制[3]，并将界面视为一个平面。而 DMM 则假设所有声子在界面上都发生了散射。然而，对于复杂的界面，这两种方法无法捕捉到声子在界面传输的所有特征。从 AMM 和 DMM 预测的值可以被视为 TBC 的上限和下限。与 AMM 和 DMM 方法相比，AGF（原子格林函数）和声子波包方法的优点在于它们可以轻松捕捉到界面的详细原子结构或不同的界面键合强度。AGF 方法可以通过第一性原理计算获得传输系数，而不依赖于原子间的势函数。声子波包方法在每次模拟中只发射单个声子模式的波包，因此易于理解不同声子模式对界面热输运的贡献。

在分子动力学（MD）方法的框架下，通常使用非平衡 MD[82-84]和界面导热模式分析（ICMA）来预测 TBC。MD 方法可以轻松地考虑晶格振动的非谐性，通过经验原子间势函数的高阶力常数来描述。相比之下，声子气模型通常难以考虑非谐性的影响。近年来，一些研究工作尝试在 AGF（原子格林函数）界面声子传输计算中引入非谐性效应[78,89]。然而，仍然存在一些限制，例如对界面声子散射速率的估计不准确、模拟结构受限或计算成本极高等问题。

在 MD 模拟中，由于界面结构的灵活性，可以通过创建不同的初始原子结构来模拟复杂的界面细节，例如强烈的界面失序和维度不匹配的界面。此外，在 MD 的框架中，由于温度的定义方式，可以很容易地捕捉到界面的局部非平衡现象。然而，最初基于 Landauer 公式的计算并未考虑非平衡效应，这导致虚拟界面上的热传导受到限制。最近，一些研究在声子气模型中考虑了界面的非平衡效应，并通过对界面温度的修正获得与实验更好的一致性[8]。

然而，MD 方法是一种经典方法，未考虑量子效应。尽管存在一些进行量子校正的方法[92]，但在低温或受限制模拟中仍存在限制和不准确性。对于声子气模型来说，量子效应可以通过正确考虑载流子统计来纳入，尤其在亚德拜温度下，对于高德拜温度材料如金刚石和氮化镓尤为重要。MD 方法的另一个局限性是需要适当的原子间势函数，但这通常难以获取。如果没有适当的势函数，就无法应用基于 MD 的方法。相比之下，从 AMM、DMM 和 AGF 中获取传输函数的声子气模型可以从第一性原理结果中获得。

致谢

作者感谢美国海军研究办公室在多学科研究计划（MURI）项目（拨款号：N00014-18-1-2429）和美国空军科学研究办公室在多学科研究计划（MURI）项目（拨款号：FA9550-18-1-0479）下的资助支持。

参考文献

[1] P. Kapitza, The study of heat transfer in helium II, J. Phys. (Moscow) 4 (1941) 181.
[2] G.L. Pollack, Kapitza resistance, Rev. Mod. Phys. 41 (1969) 48.
[3] E.T. Swartz, R.O. Pohl, Thermal boundary resistance, Rev. Mod. Phys. 61 (1989) 605.
[4] Z. Cheng, et al., Thermal conductance across β-Ga_2O_3-diamond van der Waals heterogeneous interfaces, APL Mater. 7 (2019) 031118.
[5] R. Landauer, Spatial variation of currents and fields due to localized scatterers in metallic conduction, IBM J. Res. Dev. 1 (1957) 223–231.

[6] J.T. Gaskins, et al., Thermal boundary conductance across heteroepitaxial ZnO/GaN interfaces: assessment of the phonon gas model, Nano Lett. 18 (2018) 7469–7477.
[7] Y. Chalopin, S. Volz, A microscopic formulation of the phonon transmission at the nanoscale, Appl. Phys. Lett. 103 (2013) 051602.
[8] J. Shi, X. Yang, T.S. Fisher, X. Ruan, Dramatic Increase in the Thermal Boundary Conductance and Radiation Limit from a Nonequilibrium Landauer Approach, arXiv preprint arXiv:1812.07910, 2018.
[9] E. Swartz, R. Pohl, Thermal resistance at interfaces, Appl. Phys. Lett. 51 (1987) 2200–2202.
[10] T.S. Fisher, Thermal Energy at the Nanoscale, vol. 3, World Scientific Publishing Company, 2013.
[11] A. Giri, P.E. Hopkins, A review of experimental and computational advances in thermal boundary conductance and nanoscale thermal transport across solid interfaces, Adv. Funct. Mater. (2019) 1903857.
[12] C. Monachon, L. Weber, C. Dames, Thermal boundary conductance: a materials science perspective, Annu. Rev. Mat. Res. 46 (2016) 433–463.
[13] Z. Cheng, et al., Thermal transport across ion-cut monocrystalline β-Ga_2O_3 thin films and bonded β-Ga_2O_3-SiC interfaces, ACS Appl. Mater. Interfaces 12 (2020) 44943–44951.
[14] F. Mu, et al., High thermal boundary conductance across bonded heterogeneous GaN-SiC interfaces, ACS Appl. Mater. Interfaces 11 (2019) 33428–33434.
[15] R. Stoner, H. Maris, Kapitza conductance and heat flow between solids at temperatures from 50 to 300 K, Phys. Rev. B 48 (1993) 16373.
[16] C.A. Paddock, G.L. Eesley, Transient thermoreflectance from thin metal films, J. Appl. Phys. 60 (1986) 285–290.
[17] Z. Cheng, Thermal Energy Transport Across Ultrawide and Wide Bandgap Semiconductor Interfaces, Georgia Institute of Technology, 2019.
[18] K. Goodson, O. Käding, M. Rösler, R. Zachai, Experimental investigation of thermal conduction normal to diamond-silicon boundaries, J. Appl. Phys. 77 (1995) 1385–1392.
[19] Z. Chen, W. Jang, W. Bao, C. Lau, C. Dames, Thermal contact resistance between graphene and silicon dioxide, Appl. Phys. Lett. 95 (2009) 161910.
[20] Y.K. Koh, Y. Cao, D.G. Cahill, D. Jena, Heat-transport mechanisms in superlattices, Adv. Funct. Mater. 19 (2009) 610–615.
[21] P.E. Hopkins, et al., Effect of dislocation density on thermal boundary conductance across GaSb/GaAs interfaces, Appl. Phys. Lett. 98 (2011) 161913.
[22] M.D. Losego, I.P. Blitz, R.A. Vaia, D.G. Cahill, P.V. Braun, Ultralow thermal conductivity in organoclay nanolaminates synthesized via simple self-assembly, Nano Lett. 13 (2013) 2215–2219.
[23] R. Wilson, B.A. Apgar, W.-P. Hsieh, L.W. Martin, D.G. Cahill, Thermal conductance of strongly bonded metal-oxide interfaces, Phys. Rev. B 91 (2015) 115414.
[24] E. Ziade, et al., Thermal transport through GaN–SiC interfaces from 300 to 600 K, Appl. Phys. Lett. 107 (2015) 091605.
[25] D. Schroeder, et al., Thermal resistance of transferred-silicon-nanomembrane interfaces, Phys. Rev. Lett. 115 (2015) 256101.
[26] S. Fong, et al., Thermal conductivity measurement of amorphous dielectric multilayers for phase-change memory power reduction, J. Appl. Phys. 120 (2016) 015103.
[27] A. Giri, et al., Heat-transport mechanisms in molecular building blocks of inorganic/organic hybrid superlattices, Phys. Rev. B 93 (2016) 115310.
[28] K. Zheng, et al., Enhancing the thermal conductance of polymer and sapphire interface via self-assembled monolayer, ACS Nano 10 (2016) 7792–7798.

[29] T.L. Bougher, et al., Thermal boundary resistance in GaN films measured by time domain thermoreflectance with robust Monte Carlo uncertainty estimation, Nanoscale Microscale Thermophys. Eng. 20 (2016) 22–32.
[30] J. Kimling, A. Philippi-Kobs, J. Jacobsohn, H.P. Oepen, D.G. Cahill, Thermal conductance of interfaces with amorphous SiO_2 measured by time-resolved magneto-optic Kerr-effect thermometry, Phys. Rev. B 95 (2017) 184305.
[31] A. Giri, et al., Interfacial defect vibrations enhance thermal transport in amorphous multilayers with ultrahigh thermal boundary conductance, Adv. Mater. 30 (2018) 1804097.
[32] Z. Cheng, et al., Tunable thermal energy transport across diamond membranes and diamond-Si interfaces by nanoscale graphoepitaxy, ACS Appl. Mater. Interfaces 11 (2019) 18517–18527.
[33] R.M. Costescu, M.A. Wall, D.G. Cahill, Thermal conductance of epitaxial interfaces, Phys. Rev. B 67 (2003) 054302.
[34] D.W. Oh, S. Kim, J.A. Rogers, D.G. Cahill, S. Sinha, Interfacial thermal conductance of transfer-printed metal films, Adv. Mater. 23 (2011) 5028–5033.
[35] R. Wilson, D.G. Cahill, Anisotropic failure of Fourier theory in time-domain thermoreflectance experiments, Nat. Commun. 5 (2014) 5075.
[36] D. Liu, R. Xie, N. Yang, B. Li, J.T. Thong, Profiling nanowire thermal resistance with a spatial resolution of nanometers, Nano Lett. 14 (2014) 806–812.
[37] G.T. Hohensee, R. Wilson, D.G. Cahill, Thermal conductance of metal–diamond interfaces at high pressure, Nat. Commun. 6 (2015) 6578.
[38] N. Ye, et al., Thermal transport across metal silicide-silicon interfaces: an experimental comparison between epitaxial and nonepitaxial interfaces, Phys. Rev. B 95 (2017) 085430.
[39] R. Stoner, H. Maris, T. Anthony, W. Banholzer, Measurements of the Kapitza conductance between diamond and several metals, Phys. Rev. Lett. 68 (1992) 1563.
[40] R.J. Stevens, A.N. Smith, P.M. Norris, Measurement of thermal boundary conductance of a series of metal-dielectric interfaces by the transient thermoreflectance technique, J. Heat Transfer 127 (2005) 315–322.
[41] Z. Ge, D.G. Cahill, P.V. Braun, Thermal conductance of hydrophilic and hydrophobic interfaces, Phys. Rev. Lett. 96 (2006) 186101.
[42] R.Y. Wang, R.A. Segalman, A. Majumdar, Room temperature thermal conductance of alkanedithiol self-assembled monolayers, Appl. Phys. Lett. 89 (2006) 173113.
[43] H.-K. Lyeo, D.G. Cahill, Thermal conductance of interfaces between highly dissimilar materials, Phys. Rev. B 73 (2006) 144301.
[44] P.E. Hopkins, P.M. Norris, R.J. Stevens, T.E. Beechem, S. Graham, Influence of interfacial mixing on thermal boundary conductance across a chromium/silicon interface, J. Heat Transfer 130 (2008) 062402.
[45] P.E. Hopkins, P.M. Norris, R.J. Stevens, Influence of inelastic scattering at metal-dielectric interfaces, J. Heat Transfer 130 (2008) 022401.
[46] A. Hanisch, B. Krenzer, T. Pelka, S. Möllenbeck, M. Horn-von Hoegen, Thermal response of epitaxial thin Bi films on Si (001) upon femtosecond laser excitation studied by ultrafast electron diffraction, Phys. Rev. B 77 (2008) 125410.
[47] A.J. Schmidt, K.C. Collins, A.J. Minnich, G. Chen, Thermal conductance and phonon transmissivity of metal–graphite interfaces, J. Appl. Phys. 107 (2010) 104907.
[48] K.C. Collins, S. Chen, G. Chen, Effects of surface chemistry on thermal conductance at aluminum–diamond interfaces, Appl. Phys. Lett. 97 (2010) 083102.
[49] W.-P. Hsieh, A.S. Lyons, E. Pop, P. Keblinski, D.G. Cahill, Pressure tuning of the thermal conductance of weak interfaces, Phys. Rev. B 84 (2011) 184107.
[50] J.C. Duda, P.E. Hopkins, Systematically controlling Kapitza conductance via chemical etching, Appl. Phys. Lett. 100 (2012) 111602.

[51] P.E. Hopkins, et al., Manipulating thermal conductance at metal–graphene contacts via chemical functionalization, Nano Lett. 12 (2012) 590–595.
[52] M.D. Losego, M.E. Grady, N.R. Sottos, D.G. Cahill, P.V. Braun, Effects of chemical bonding on heat transport across interfaces, Nat. Mater. 11 (2012) 502–506.
[53] P.J. O'Brien, et al., Bonding-induced thermal conductance enhancement at inorganic heterointerfaces using nanomolecular monolayers, Nat. Mater. 12 (2013) 118–122.
[54] C. Monachon, L. Weber, Influence of diamond surface termination on thermal boundary conductance between Al and diamond, J. Appl. Phys. 113 (2013) 183504.
[55] J. Duda, et al., Influence of interfacial properties on thermal transport at gold: silicon contacts, Appl. Phys. Lett. 102 (2013) 081902.
[56] C. Monachon, L. Weber, Thermal boundary conductance between refractory metal carbides and diamond, Acta Mater. 73 (2014) 337–346.
[57] F. Sun, et al., Molecular bridge enables anomalous enhancement in thermal transport across hard-soft material interfaces, Adv. Mater. 26 (2014) 6093–6099.
[58] J.P. Freedman, X. Yu, R.F. Davis, A.J. Gellman, J.A. Malen, Thermal interface conductance across metal alloy–dielectric interfaces, Phys. Rev. B 93 (2016) 035309.
[59] C. Hua, X. Chen, N.K. Ravichandran, A.J. Minnich, Experimental metrology to obtain thermal phonon transmission coefficients at solid interfaces, Phys. Rev. B 95 (2017) 205423.
[60] D. Saha, et al., Impact of metal adhesion layer diffusion on thermal interface conductance, Phys. Rev. B 99 (2019) 115418.
[61] B.C. Gundrum, D.G. Cahill, R.S. Averback, Thermal conductance of metal-metal interfaces, Phys. Rev. B 72 (2005) 245426.
[62] R. Wilson, D.G. Cahill, Experimental validation of the interfacial form of the Wiedemann-Franz law, Phys. Rev. Lett. 108 (2012) 255901.
[63] B.A. Cola, et al., Photoacoustic characterization of carbon nanotube array thermal interfaces, J. Appl. Phys. 101 (2007) 054313.
[64] X. Wang, et al., Photoacoustic technique for thermal conductivity and thermal interface measurements, Ann. Rev. Heat Transfer 16 (2013).
[65] J.R. Wasniewski, et al., Characterization of metallically bonded carbon nanotube-based thermal interface materials using a high accuracy 1D steady-state technique, J. Electron. Packag. 134 (2012) 020901.
[66] C. Dames, Measuring the thermal conductivity of thin films: 3 omega and related electrothermal methods, Ann. Rev. Heat Transfer 16 (2013).
[67] S.-M. Lee, D.G. Cahill, Influence of interface thermal conductance on the apparent thermal conductivity of thin films, Microscale Thermophys. Eng. 1 (1997) 47–52.
[68] D.G. Cahill, Heat transport in dielectric thin films and at solid-solid interfaces, Microscale Thermophys. Eng. 1 (1997) 85–109.
[69] P.E. Hopkins, et al., Influence of anisotropy on thermal boundary conductance at solid interfaces, Phys. Rev. B 84 (2011) 125408.
[70] C. Monachon, L. Weber, Effect of diamond surface orientation on the thermal boundary conductance between diamond and aluminum, Diamond Relat. Mater. 39 (2013) 8–13.
[71] P.E. Hopkins, J.C. Duda, C.W. Petz, J.A. Floro, Controlling thermal conductance through quantum dot roughening at interfaces, Phys. Rev. B 84 (2011) 035438.
[72] P.E. Hopkins, et al., Reduction in thermal boundary conductance due to proton implantation in silicon and sapphire, Appl. Phys. Lett. 98 (2011) 231901.
[73] Z. Cheng, et al., Thermal conductance across harmonic-matched epitaxial Al-sapphire heterointerfaces, Commun. Phys. 3 (2020) 1–8.
[74] M.G. Muraleedharan, et al., Understanding Phonon Transport Properties Using Classical Molecular Dynamics Simulations, arXiv preprint arXiv:2011.01070, 2020.

[75] G. Mahan, Kapitza thermal resistance between a metal and a nonmetal, Phys. Rev. B 79 (2009) 075408.
[76] P.E. Hopkins, R. Salaway, R. Stevens, P. Norris, Temperature-dependent thermal boundary conductance at Al/Al_2O_3 and Pt/Al_2O_3 interfaces, Int. J. Thermophys. 28 (2007) 947–957.
[77] C.A. Polanco, L. Lindsay, Phonon thermal conductance across GaN-AlN interfaces from first principles, Phys. Rev. B 99 (2019) 075202.
[78] J. Dai, Z. Tian, Rigorous formalism of anharmonic atomistic Green's function for three-dimensional interfaces, Phys. Rev. B 101 (2020) 041301.
[79] W.M. Waller, et al., Thermal boundary resistance of direct van der Waals bonded GaN-on-diamond, Semicond. Sci. Technol. 35 (2020) 095021.
[80] Z. Cheng, F. Mu, L. Yates, T. Suga, S. Graham, Interfacial thermal conductance across room-temperature-bonded GaN/diamond interfaces for GaN-on-diamond devices, ACS Appl. Mater. Interfaces 12 (2020) 8376–8384.
[81] Z. Cheng, et al., Integration of polycrystalline Ga_2O_3 on diamond for thermal management, Appl. Phys. Lett. 116 (2020) 062105.
[82] M. Hu, P. Keblinski, P.K. Schelling, Kapitza conductance of silicon–amorphous polyethylene interfaces by molecular dynamics simulations, Phys. Rev. B 79 (2009) 104305.
[83] R.J. Stevens, L.V. Zhigilei, P.M. Norris, Effects of temperature and disorder on thermal boundary conductance at solid–solid interfaces: nonequilibrium molecular dynamics simulations, Int. J. Heat Mass Transf. 50 (2007) 3977–3989.
[84] J. Shi, Y. Zhong, T.S. Fisher, X. Ruan, Decomposition of the thermal boundary resistance across carbon nanotube–graphene junctions to different mechanisms, ACS Appl. Mater. Interfaces 10 (2018) 15226–15231.
[85] K. Gordiz, A. Henry, A formalism for calculating the modal contributions to thermal interface conductance, New J. Phys. 17 (2015) 103002.
[86] K. Gordiz, M.G. Muraleedharan, A. Henry, Interface conductance modal analysis of a crystalline Si-amorphous SiO_2 interface, J. Appl. Phys. 125 (2019) 135102.
[87] W. Little, The transport of heat between dissimilar solids at low temperatures, Can. J. Phys. 37 (1959) 334–349.
[88] Z. Tian, K. Esfarjani, G. Chen, Enhancing phonon transmission across a Si/Ge interface by atomic roughness: first-principle study with the Green's function method, Phys. Rev. B 86 (2012) 235304.
[89] Y. Chu, et al., Thermal boundary resistance predictions with non-equilibrium Green's function and molecular dynamics simulations, Appl. Phys. Lett. 115 (2019) 231601.
[90] P. Schelling, S. Phillpot, P. Keblinski, Phonon wave-packet dynamics at semiconductor interfaces by molecular-dynamics simulation, Appl. Phys. Lett. 80 (2002) 2484–2486.
[91] J. Shi, et al., Dominant phonon polarization conversion across dimensionally mismatched interfaces: carbon-nanotube–graphene junction, Phys. Rev. B 97 (2018) 134309.
[92] J. Turney, A. McGaughey, C. Amon, Assessing the applicability of quantum corrections to classical thermal conductivity predictions, Phys. Rev. B 79 (2009) 224305.

第 5 章
氮化镓界面热导上限的预测和测量

David H. Olson[①,②], Ashutosh Giri[③], John A. Tomko[①], John T. Gaskins[②], Habib Ahmad[④], W. Alan Doolittle[④], and Patrick E. Hopkins[①,②,⑤,⑥]

① 美国弗吉尼亚大学机械与航空航天工程系

② 激光热分析，美国弗吉尼亚州夏洛茨维尔

③ 美国罗德岛大学机械、工业与系统工程系

④ 美国佐治亚理工学院电气与计算机工程学院

⑤ 美国弗吉尼亚大学材料科学与工程系

⑥ 美国弗吉尼亚大学物理系

5.1 引言

在基于宽禁带（WBG）半导体的功率器件中，无法有效降低温度是限制器件达到理想工作效率和性能的主要瓶颈[1,2]。WBG 材料及其界面固有的限制热输运机制［例如，材料热导率和界面热阻（TBR）］则是无法降低器件温度的主要原因[3,4]。例如，GaN 薄膜由于生长和异质集成的缺陷导致的热阻增加，导致 GaN 界面和附近热阻增大[3,5-22]。因此，源于声子传输阻力的增加，GaN 界面区域的界面热导（TBC）会导致热输运效率的显著降低。图 5.1 中总结了大量文献中报道的 GaN 薄膜的热导率数据[3]。虽然 GaN 薄膜热导率明显受到缺陷的影响，但当薄膜厚度减少至微米级或更小尺寸时，其热导率主要受到 GaN 衬底界面处的声子边界散射和由此产生的 TBR 的影响。

通过比较 GaN 薄膜热阻（定义为 $R_{film}=d/k_{GaN}$）和 GaN 界面处 TBR，可以评估 GaN 界面上 TBR 与 GaN 薄膜的相对影响。已报道数据表明，GaN 的 TBR 严重依赖于薄膜以及界面质量和结构，其热阻为 5~50$m^2 \cdot K/GW$［TBC 为 20~200$MW/(m^2 \cdot K)$］[7,9,10,12,18,19,23]。在以上 TBR 范围内，即使 GaN 薄膜的厚度接近 10μm，对比 GaN 薄膜的热导率（缺陷密度决定），TBR 的影响也是最大的。

以图 5.2 为例，给出了 GaN 薄膜 Kapitza 长度的理论值，对于 GaN 薄膜 Kapitza 长度定义为 $L_K=\kappa_{GaN}/TBR$，适用于具有不同热导率和 TBR 的材料。Kapitza 长度是判断 TBR 在整体热阻是占据重要作用甚至主导作用的最大厚度衡量标准；Kapitza 长度表示

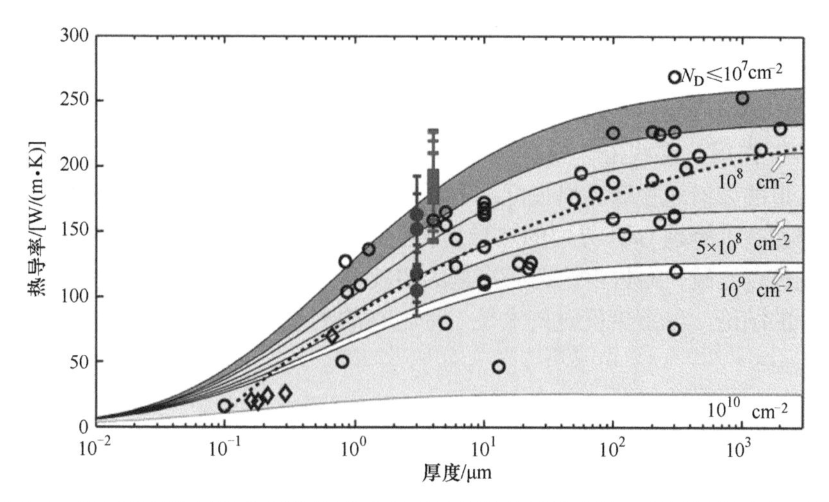

图 5.1 不同位错密度和杂质能级下 GaN 热导率的厚度依变性；测试温度约为 300K

来源：T. E. Beechem，A. E. McDonald，E. J. Fuller，A. Alec Talin，C. M. Rost，J. -P. Maria，J. T. Gaskins，P. E. Hopkins，A. A. Allerman，Size dictated thermal conductivity of GaN，J. Appl. Phys. 120（2016）095104。

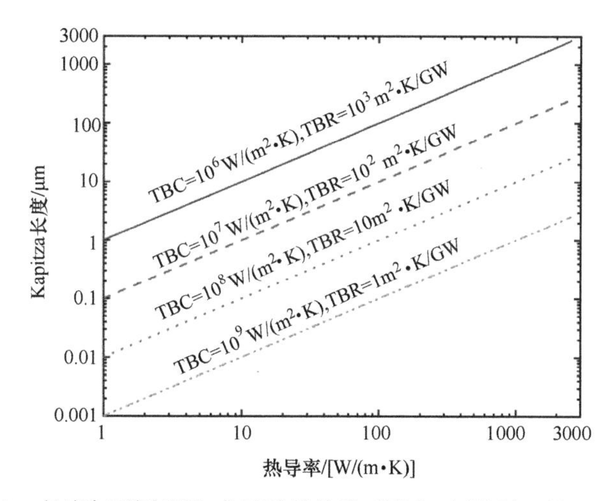

图 5.2 Kapitza 长度与不同 TBR 或 TBC 的关系（TBC = 1/TBR）。Kapitza 长度是估计最大薄膜厚度的有用计算，其中 TBR 的作用对材料的整体热阻起主导作用。Kapitza 长度由 $L_K = k/TBC = k$（TBR）给出

在某一材料中由热导率导致温度下降所需要的距离，也可等效为由界面处的 TBR 引起的。仅从以上简单的计算可以看出，TBR 可明显影响整体热阻（即 Kapitza 长度 L_K），对于热导率为 50~250W/(m·K) 的 GaN 薄膜（见图 5.1），其 L_K变化范围为 250nm~12.5μm。由此可见，GaN 基系统中传热效率和界面的热流密度紧密相关，这是改善 GaN 基器件热性能所必须理解的关键机理。

因此，GaN 界面的 TBR 的下限值是多少，或者，换句话说，跨越 GaN 界面的 TBC 上限值是多少？这个问题将非常具有启发性。在本章中，主要介绍了近期文献中通过实验观察到 GaN 界面处高 TBC 的相关研究工作；如前文所述，界面质量和缺陷对于 TBC 起着关键作用，这些工作也已经在其他研究工作中进行了广泛讨论[4,24,25]。本章聚焦于近期报道的如何建立低晶格失配的异质 GaN/非金属界面以实现高 TBC 的研究工作。首先，研究讨论了跨越 GaN 界面的热导理论上限。然后，将热导理论的限制与前面提及的实验数据进行比较，通过讨论近期报道的实验计量方法——稳态热反射（SSTR）技术来得出本章的结论。稳态热反射技术是一种新兴的测量 TBC 的技术，能够有效探测表面层下的 TBC。

5.2 GaN 界面热导理论上限

广义上基于 Landauer 公式建立的理论框架可以给出两种材料之间界面热通量的数学描述，且通过采取各种假设以减少求解完整方程的计算量[26-28]。例如，两种各向同性固体之间主要以晶格振动传输热量时，TBC 可以表示为

$$h_{\mathrm{K}} = \frac{1}{R_{\mathrm{K}}} = \frac{1}{4}\sum_{j}\int_{\tilde{k}} C_j(\tilde{k})v_j(\tilde{k})\zeta^{1\to2}(\tilde{k})\,\mathrm{d}\tilde{k} \tag{5.1}$$

式中，$\tilde{k}$ 是声子波矢；j 是声子极化；C 是热容；v 是声子群速度；$\zeta^{1\to2}$ 是从界面 1 至界面 2 的传输系数，主要描述发生一次散射时声子模式从界面 1 穿透至界面 2 的概率。如基于声学失配模型（AMM）和扩散失配模型（DMM）的各种假设，通过近似多种声子散射机制决定界面热流[29]，可预测 $\zeta^{1\to2}$。AMM 假设界面是镜面边界，并且镜面边界波的相互作用决定了 $\zeta^{1\to2}$。该假设忽略了界面上的任何非理想性和无序性，而它们在现实界面中是真实存在的，而且已在各种类型界面的实验测量证明，是影响界面热流的主要因素[4,24,25]。因此，DMM 被认为是用以表征 TBR 的更好选择，该模型假设声子在界面完全扩散散射，并且在界面 1 失去了原来的极化和初始方向[4,24,25]。

在图 5.3 中，基于 GaN 晶体 $\Gamma\to M$ 方向的声子色散关系式，我们给出了采用 DMM 计算的 GaN/金刚石 TBR 随着温度变化的曲线。我们还比较了特定晶向下采用全声子色散关系式和基于色散关系简化为恒定斜率的单一分支德拜近似模型的计算结果。对于德拜模型，最大频率近似为 $\omega_{\mathrm{D}}=k_{\mathrm{B}}\theta_{\mathrm{D}}/\hbar$，其中 θ_{D} 为固体德拜温度。德拜近似法和全色散法预测 TBR 之间的差异显现出德拜近似法的不足之处。具体的计算细节已在之前的工作中给出[19]。

然而，当 $\zeta^{1\to2}=1$ 时，出现跨越界面的最大热导，且该热导只受到来自界面 1 热通量的影响，该热通量仅由组成界面 1 材料的声子色散关系决定。考虑到这一点，当载流子来自 GaN 界面侧时，跨越界面的最大热导如图 5.3 所示，它预测的 GaN /金刚石界面热阻几乎比 DMM 预测的低一个数量级。这表明基于 GaN 的界面具有实现高（低）

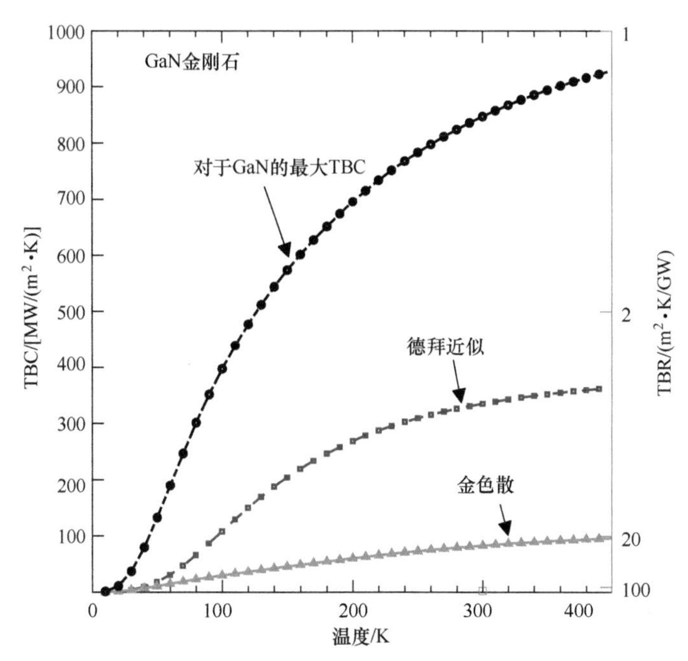

图 5.3　GaN/金刚石界面不同温度下 TBC（左侧坐标系）和 TBR（右侧坐标系）的预测。使用德拜近似来预测 GaN 声子谱导致 TBC 的 4 倍的过高预测（TBR 的 4 倍的过低预测）。本章参考文献［19］中给出了这些模型的计算细节

TBC（TBR）的工程潜力，最终能够帮助那些高密度界面产生热点失效的 GaN 基器件缓解热问题。值得注意的是，原子格林函数（AGF）是一种更严谨的方法，可以为基于 GaN 界面热量流动提供原子层面的重要理解。Sadasivam 等人[31,32]对这种方法进行了全面综述（通常用于预测 TBR），并将 ZnO/GaN 界面的原子格林函数预测和与我们之前工作中在 GaN 衬底上外延生长的 ZnO 薄膜的最新测量[19]进行了详细对比，在下一节中将会具体讨论我们之前的工作。

上述基于声子气模型的理论，包括能够提供模态和原子级细节的 AGF 方法，均无法解释最近被证明可以驱动界面热流的界面附近的局部振动模式的相互作用和转换[4]。此外，这些理论框架大多基于简谐近似，明显忽略了界面处的多声子散射过程。相比之下，分子动力学（MD）模拟提供了一个更好的形式来准确预测 TBR，主要原因有两个：①MD 模拟不需要事先对材料中的热输运有一个先验的理解，以描述界面热传导（其中包括界面的非谐性）；②MD 提供了一种稳定的方法来计算大型体系的 TBR，而使用 AGF 和基于第一性原理的方法均无法实现这一点。除了以上优点之外，围绕 MD 框架构建的用于界面处热流谱分解计算的相对较新的技术提供了一个独特的平台，可以从微观角度充分阐述 TBR，我们将在后文详

细讨论。

通过对金属/GaN 体系进行 MD 模拟，Zhou 等人[33]表明金属和 GaN 的声子振动模式谱之间的重叠决定了它们的 TBR。虽然这些模拟对金属/GaN 界面提供了重要的见解，但这些结果是否可用于了解基于 GaN 的非金属固体界面的 TBR 仍值得怀疑。在金属/GaN 系统中，金属侧缺乏高能光学声子，而这些声子在 GaN 声子色散中占据了很大一部分。由此可见，单一的声学声子模式重叠度可能不能准确预测 GaN/非金属界面间的 TBR，因为高能量的界面声子振动模式（通常与光学声子相关）可能会决定由非金属固体组成的界面间的 TBR，而这些非金属固体（例如 GaN）声子色散中光学声子占据了很大一部分比例[30]。

尽管使用 MD 模拟对基于氮化镓材料系统的 TBR 进行的研究相对有限[15,33-37]，但硅和锗已成为界面传热研究的典型材料，因为该系统的振动物理性质可以通过基于 Tersoff 和 Stillinger-Weber 势函数成熟的原子间相互作用进行高精度的预测[38-40]。利用这些势函数模拟 Si/Ge 界面热传导的 MD 模拟获得的见解揭示了半导体界面的重要信息。例如，Murakami 等人通过计算界面处的局部态密度，揭示了 Si/Ge 系统存在界面模式[41]。研究表明，这些材料的界面模式[42]（在体材料的态密度中并不存在）能够增强整体 TBC。值得注意的是，基于通用失配理论的计算无法考虑由界面固有的非谐相互作用引起的这些界面模式。

先前的理论工作已经提出，类似界面附近的非弹性过程可能有助于促进界面的热传导[43]，最近的 MD 模拟利用谱分解热通量计算和 TBC 的模态分析也明确显示，涉及多个声子的非弹性能量交换过程可以增强界面热输运，但这些途径在固体内部可能对热流传输产生阻力[44-47]。鉴于目前关于 GaN 基材料界面热输运方面的研究相当有限，这些前期 MD 模拟结果对于由非金属组成界面的热输运是重要的基准，并为未来专注于 GaN 界面的 MD 研究提供了动力。为实现这一点，GaN 基材料体系势函数必须得到优化，以准确预测振动性质。最近发展的基于模态分析和频谱分解的界面热通量的计算框架，利用这种原子间势函数进行 MD 模拟，可为设计 GaN 器件界面提供重要见解和指导，进而最终对其热管理策略产生变革性的影响。

5.3 实验测量 ZnO/GaN 高界面热导

GaN 基 TBC 的实验测量，为前文所述的预测模型中所依据的声子传输机制的基本假设提供了重要的评估依据。值得注意的是，诸如 DMM 的声子气模型是基于界面上声子透射率这个概念。在先前介绍的两种极端计算方法中，DMM 代表低级别，而 AGF 代表高级别；DMM 将声子视为粒子，而 AGF 则考虑了声子的波动性质。值得一提的是，在这两种模型中，TBC 被视为仅具有弹性相互作用的传输过程。虽然 DMM[43,48-51]和 AGF 模型[52]都考虑了非弹性相互作用，但这仍然是一个正在进行中且活跃的研究领域，因此在这里我们只考虑假设存在弹性散射的 DMM 和 AGF 计算。这意味着，在本节综述的结果中，所采用弹性声子传输方法模拟 TBC 的模型无论多么严谨，都无法与实验数据匹配。

在了解这一点之后，对相邻晶体非金属界面上的 TBC 进行测量将有助于评估 DMM 和 AGF 模型在预测界面声子传输能力方面的表现。然而，之前关于非金属/非金属 TBC 实验测量工作（即非超晶格或过渡层界面）极少，且仅限于高度无序或非晶界面[53-56]。众所周知，明显的界面无序可以导致 TBC 的变化[24]；因此，前述的非金属/非金属界面研究并不理想，不能验证声子的计算形式（无法考虑非理性界面情况）。

在最近的研究中，我们通过研究 ZnO/GaN TBC 来填补了研究中的空白[19]。我们实验测量了在 GaN 衬底上孤立异质外延生长的 ZnO 薄膜的 TBC，温度范围为 78～500K。特别需要注意的是，“孤立界面”一词指的是直接测量 ZnO/GaN 界面的 TBC，而不是通过具有高密度内部界面（如超晶格）样品的热导率导出 TBC 的方法。高晶格匹配度和随后的异质外延生长确保了 ZnO 薄膜的高结晶质量。这些经实验测量得到的 TBC 直接与基于第一性原理导出的声子色散 DMM 计算的值和基于第一性原理的力常数 AGF 计算的值进行了比较。这些测量观察到的 ZnO/GaN TBC 值，在高温下高于 AGF 和 DMM 理论预测值近 2 倍。实验和计算之间的差异表明，支撑这些方法的基本假设不适用于预测声子的 TBC。这表明在 ZnO/GaN 界面上可能存在增强 TBC 的非谐声子相互作用，这个过程在 DMM 或 AGF 模拟中没有得到严谨的考虑。我们将这些测量得到的 ZnO/GaN TBC 与在各种假设下理论上预测的最大值进行了比较，同时还包括之前从 ZnO/对苯二酚（HQ）超晶格的测量中得出的 TBC[57]。与各种模型和之前的数据相比，我们发现 TBC 可能是 ZnO 中声子模型所固有的，不一定与受界面另一侧振动状态限制的“传输”模型有关。而基于 PGM 的理论方法，无法预测 TBC 与 ZnO 中的声子模型固有相关的机制。需要注意的是，这些结果也可以通过界面处的非谐相互作用来解释，但我们目前还无法确定哪种机制或哪种机制的组合导致了实验和计算之间的差异。

在这项研究中，我们使用时域热反射（TDTR）技术对 ZnO/GaN 界面进行了测量，该技术的详细描述在其他文献中均有所介绍[53,58,59]。TDTR 技术已被广泛应用于测量薄膜的热性质，包括界面的 TBC。最近，我们开发了一种新的泵浦探测热反射方法，也非常适用于基于稳态激光加热的薄膜和界面的热性质测量，我们称之为 SSTR 方法[60]。我们将在下一节中详细介绍这一方法，并重点讨论使用 SSTR 方法测量界面的 TBC，以 Al/GaN 界面为例进行说明。

图 5.4 展示了 ZnO/GaN 的 TBC 随温度变化的结果。我们还绘制了最近工作中的实验数据，即通过原子/分子层沉积生长的有机/无机多层结构的热导率测量结果中，提取 ZnO/HQ/ZnO 界面的 TBC[57]。

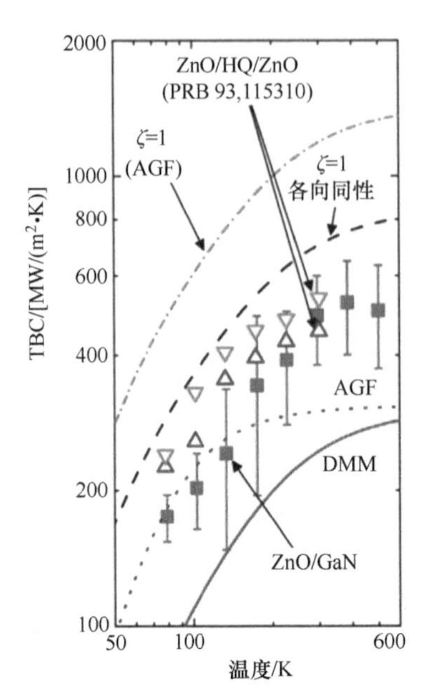

图 5.4　实验测量不同温度下 ZnO/GaN 的 TBC（实心方块），之前 ZnO/HQ/ZnO 界面实验数据（空心三角形）[57]，ZnO/GaN TBC 的 DMM 和 AGF 理论预测值（实线和点线），以及通过 PGM 预测的最大 TBC（假设各向同性，虚线）和基于更精确布里渊区形状的最大 TBC 预测结果（点划线）[8]的比较。计算细节在我们之前的工作中有详细说明[19]。在低温下，实测数据与 AGF 的一致性以及与 DMM 的不一致性可以归因于 DMM 未能考虑长波模式的有效界面传输。实测数据与 AGF 和 DMM 的不一致性（以及这些理论假设的趋势一致性）表明，在这里假设的 DMM 和 AGF 理论模型中，不同模式能量之间的非弹性散射可能对 ZnO/GaN TBC 有所贡献

来源：J. T. Gaskins，G. Kotsonis，A. Giri，S. Ju，A. Rohskopf，Y. Wang，T. Bai，E. Sachet，C. T. Shelton，Z. Liu，Z. Cheng，B. M. Foley，S. Graham，T. Luo，A. Henry，M. S. Goorsky，J. Shiomi，J. -P. Maria，P. E. Hopkins，Thermal boundary conductance across heteroepitaxial ZnO/GaN interfaces：assessment of the phonon gas model，Nano Lett. 18（2018）7469-7477。

TBC 的相似性，无论是幅值还是温度变化趋势上，都表明存在相似的界面热输运机制决定了 TBC。在 ZnO/HQ/ZnO 示例下，研究表明 TBC 受到 ZnO 中的声子通量的驱动。当前 ZnO/GaN 异质界面的数值相似性表明：驱动 ZnO/GaN 外延界面的热输运机制，是与 ZnO 本身相关的，但这一观察结果与 DMM 和其他基于 PGM 的理论相矛盾。我们最近的研究表明，在理想界面上，TBC 可以由近乎完美传输的长波长、布里渊区中心的声子驱动[61]。值得注意的是，最近的研究发现，即使在非理想界面上，界面处的长波长声子实际上也可以具有接近于 1 的透射率[62-65]。这与基于 PGM 的理论，如 DMM 和其他基于 Landauer 理论形式存在分歧。这些理论假设两种材料之间的振动态失配，会影响所有声子波长的传输，并且无法捕捉声子传输的基于波动性质的特征。即

使如此，AGF 计算考虑了声子的波动性质，对于在理想界面上的长波长声子，其透射率自然会比 DMM 预测的更高[30,66]。DMM 和 AGF 在处理声子时的差异解释了图 5.3 中 DMM 和 AGF 之间的不同。此外，我们的结果支持之前提到的研究[61-65]，并表明在“完美”界面处，TBC 可能是与界面相邻的一种材料（在我们例子中 ZnO）所固有的特性。

我们对测得的 TBC 数据进行了更多的定量分析，并通过 DMM 和 AGF 理论计算，评估了 AGF 和基于 PGM 的 DMM 假设的可行性。我们特别选择这两种建模方法有多个原因。DMM 可以说是计算两种材料界面 TBC 最广泛使用的工具之一，并提供了相对简单的 TBC 评估方法。相反地，AGF 模型代表了 TBC 理论计算严谨性的另一个极端。AGF 考虑了界面处及其附近的原子排列和原子间势能。需要注意的是，虽然 AGF 模拟中包含了界面的原子性质，但 AGF 仍然依赖于声子的透射率原理。因此，尽管这两个模型在严谨性上存在巨大差异，但它们都依赖于声子传输的概念，并且在本研究工作所采用的模型中无法考虑界面可能发生的非谐相互作用。首先，我们使用 DMM 假设布里渊区各向同性，计算 ZnO/GaN 的 TBC。这个假设可以说是 DMM 预测中最广泛应用的假设之一[27,29,67,68]。这些计算细节在我们先前工作的支撑材料中进一步讨论[19]，但需要指出，我们通过对 ZnO 和 GaN 在 Γ-M 方向上的声子色散进行多项式拟合来计算 DMM[30,69]。DMM 在整个温度范围内低估了实测的 TBC，低估幅度接近两倍。需要注意的是，我们对布里渊区各向同性的假设在这种不一致性中可能起到了一定的作用，因为晶体结构的各向异性可以影响 TBC[50,70-72]。然而，正如之前讨论的，我们得的数据还表明，支持 DMM 的基本假设无法获得异质外延 ZnO/GaN 界面的 TBC，因此这种不一致性并不令人意外。

我们还使用 AGF 计算了 ZnO/GaN 的 TBC，如图 5.4 所示。我们的 AGF 计算包括界面的精确原子级细节，而 DMM 在这方面的原子级描述有限。需要注意的是，目前尚未找到 AGF 理论计算和与之相匹配的孤立非金属/非金属 TBC 实验测量的直接比较。因此，我们在此提供了 ZnO/GaN 界面 AGF 预测的关键比较，这在文献中一直缺失，并且我们认为这是对 AGF 方法的基本理论进行的首次真正测试；通过与实验的直接比较，使模拟和测量结构之间的差异最小化。需要注意的是，尽管我们在 ZnO/GaN 界面附近发现了无序区域，但界面仍然是单晶的，这使得与 AGF 的直接比较更合理。我们的 AGF 计算是通过从头计算使用密度泛函理论（DFT）进行的，而电子结构的计算使用 Quantum ESPRESSO[73] 进行。与 AGF 计算相关的细节在其他地方有很好的描述[31,32]，我们先前工作中的支撑材料概述了具体假设，这些计算的结果如图 5.4 所示。总体而言，AGF 计算正确匹配了 TBC 低温值，但在高温下低估了趋势和数值。

与 DMM 不同，AGF 模型考虑了声子传输的波动性质，并自然地捕捉了通常与传统假设的声学失配理论相关的声子传输过程[29,74,75]。这意味着，AGF 能够解释长波长声子比短波长声子能更有效地在界面上传递能量的事实[66,76]，这是先前理论所推测的[54,62,63,65]。值得注意的是，DMM 没有考虑到这个效应，它假设所有声子在界面上都发生扩散散射，因此低估了长波长声子对 TBC 的贡献。这有可能解释了在低温下 AGF 和 DMM 预测之间的不一致，并支持先前提出的长波长声子可以有效地在异质界面上传递能量的理论[54,62,63,65]，并不遵循基于 DMM 的约束。

在较高温度下，DMM 和 AGF 的计算结果趋于一致，但仍然低估实验数据接近 2 倍。造成低估的潜在原因通常是界面处的非弹性散射，其中多个声子之间的非谐相互作用可以打开额外的平行通道以增加 TBC[43,48,61,77-79]。鉴于我们的 AGF 和 DMM 计算都仅假设简谐相互作用，这确实可以解释模型与我们的实验数据之间的差异。更具体地说，尤其是考虑到我们进行 AGF 计算的严谨性以及与实验数据直接比较的适用性，非弹性散射过程很可能对高温下 ZnO/GaN 界面的 TBC 起到了贡献。图 5.4 还显示了最大可能 TBC 的计算结果，它假设在 Γ-M 方向上的布里渊区各向同性，并假设所有声子的传输率为 1，且在 ZnO/ZnO 界面上使用 AGF 进行计算，考虑了 ZnO 中布里渊区准确的几何形状。通过 AGF 进行了最大 TBC 的最准确计算，为 ZnO 通量设定了上限，而我们的数据比这个上限低了 2 倍以上。我们注意到 AGF 的最大上限与通过式（5.1）计算的结果之间存在显著的不一致性，这很可能是由于我们对布里渊区形状和用于在 DMM 框架下计算 TBC 的色散关系的假设所致，正如之前所讨论的那样。因此，在确定界面上可能的最大 TBC 时，使用尽可能详细的声子谱以确保准确性非常重要。此外，即使在这些异质外延的 ZnO/GaN 界面上，测得的 TBC 也只有最大 TBC 的 30%。考虑到我们之前讨论过的关于长波长模式的高效性，这些数据还表明高频模式并不是界面间能量传递的有效载体，这支持了最近的计算研究结果[62,76]。

5.4 稳态热反射（SSTR）作为一种新型薄膜和界面的热导率测量技术：以 GaN 为例

基于激光的 TBR 传统方法通常依赖于 TDTR 或其他高调制频率的泵浦探测测量技术，以将探测体积减小到接近表面，从而提高 TBR 的灵敏度。正如前面所讨论的，TDTR 通常用于测量 TBR，是因为它可通过对入射泵浦光束进行射频调制以增强 TBR 的灵敏度。尽管低频调制会降低 TBR 的灵敏度，但仍然可以提取 TBR。在低频极限下，当系统达到稳态时，系统的热响应仅受到界面和薄膜/衬底热阻的影响（即不依赖热容）。在这个范围内，热分析可以大大简化，从而直接测量由于界面和薄膜引起的热阻变化。这是稳态热反射（SSTR）的一个基本前提。

在 SSTR 中，高能连续波泵浦光束在待测样品表面上产生一个周期性的热源，频率达到低频极限（<1000Hz）。通过进行频率调制，系统可以达到稳态温度[80]。这种稳态

温度以与 TDTR 相同的方式，通过金属传感器的热反射率进行测量。通过逐渐增加泵浦热源的振幅，可以建立样品表面的反射率与入射泵浦能量之间的线性相关性。这种相关性与径向对称热扩散方程进行比较。

由于 SSTR 在低频极限下运行，使得测试样品能够达到稳态温度，该技术的灵敏度主要针对决定基本温度梯度的系统参数，而不是其瞬态性质。因此，该技术主要用于提取热导率，并且已经在热导率介于 0.05~2000W/(m·K) 范围内的材料中进行了实验[80-84]。然而，当薄膜和/或基底材料的热导率较大，并且相邻介质之间的 TBR 与薄膜和/或衬底的热阻相当时，SSTR 具备确定 TBR 的能力。实际上，Braun 等人指出，在高导热性的硅（Si）、4H-碳化硅（4H-SiC）和金刚石等材料中有必要这样做[80]。由于微米级厚度的氮化镓（GaN）的热导率通常大于 50W/(m·K)，因此可以探测到材料系统中存在的 TBR。

图 5.5a 展示了热导率在 1~1800W/(m·K) 范围内衬底的典型 SSTR 数据和最佳拟合结果。由于 Al/Si、Al/4H-SiC 和 Al/金刚石界面存在相对较高的 TBR，需要采用其他手段对该界面进行表征。这可以通过使用两个物镜进行测量来实现，这两个物镜因对 Al/衬底的 TBR 具有不同的敏感性，进而可以提取 TBR。通过在假定 Al/衬底 TBR 不断变化的情况下评估这两个目标的实验数据，提取两个目标热导率和 TBR 的交集，可以同时给出衬底热导率和 TBR。图 5.5b 中的数据显示了在金属化前经历了不同表面清洁工艺的 Al/Si 界面，这些工艺的不同导致了 Al/Si 界面 TBR 的差异，正如数据的交集所示。尽管 TBR 不同，但衬底的热导率保持不变。

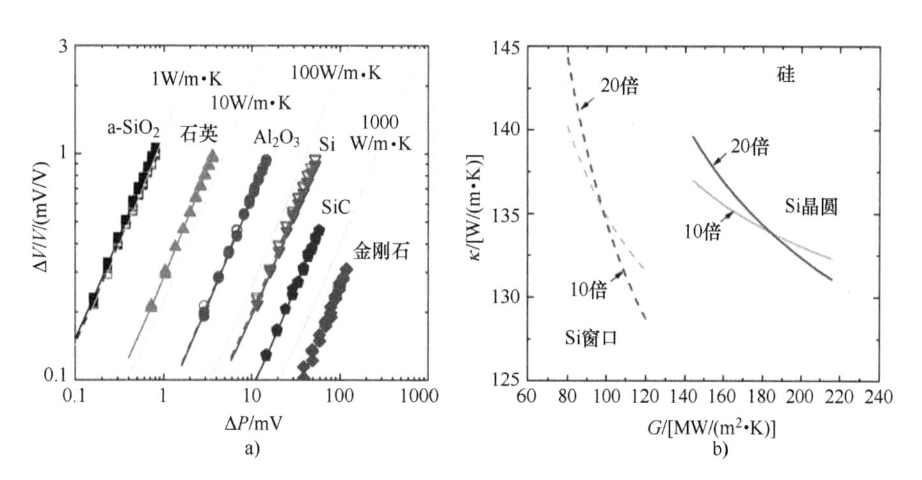

图 5.5　a）热导率在 1~1800W/(m·K) 范围内衬底的典型 SSTR 数据；b）分别使用 20 倍和 10 倍物镜测量具有不同 TBC 的两个 Si 衬底的热导率。在提取 Si 热导率的同时，通过改变 TBC 可以提取出 Al/Si 的 TBC 以及 Si 的热导率

来源：J. L. Braun，D. H. Olson，J. T. Gaskins，P. E. Hopkins，A steady-state thermoreflectance method to measure thermal conductivity，Rev. Sci. Instrum. 90（2）（2019）024905。

我们进一步通过将相同的分析应用于Al/GaN多层系统，以展示SSTR在确定TBR方面的有效性。图5.6a显示了这个Al/GaN多层系统的层结构示意图。我们从MSE Supplies（MSES）公司获得了直径为2in㊀的氢化物气相外延（HVPE）生长的1.8μm半绝缘GaN：Fe层，衬底为蓝宝石。首先，将HVPE半绝缘晶片在150℃的Piranha溶液中清洗10min以去除任何溶剂，溶液中硫酸和过氧化氢的体积比为3：1。接下来，在HF和去离子水体积比为1：5的溶液中清洗30s，以去除氧化层。然后，通过溅射法在背面对钽进行2μm的金属化，以实现生长过程中的均匀加热，并将背面金属化的2in直径晶片切割成1cm×1cm的样品。在生长之前，这些1cm×1cm的样品经过多个步骤的外部溶剂和化学清洗。首先在80℃的丙酮中清洗20min，再用甲醇、去离子水漂洗，并用氮气吹干。然后，在150℃的Piranha溶液中进行清洗，溶液中硫酸和过氧化氢的体积比为3：1，清洗时间为10min，之后在室温下使用体积比为1：10的HF和去离子水溶液中清洗30s，以去除表面氧化物。再在引导腔中进行原位热清洗，并在200℃的基准压力下进行排气处理，持续20min，压力约为1×10^{-9}Torr㊁。随后，在生长腔中，在较高的温度675℃下进行排气处理，持续10min，压力为1×10^{-10} Torr。随后，使用三个镀镓循环（分别在较低的衬底温度600℃和较高的衬底温度710℃下吸附和脱附镓）来系统地改善再生长界面的清洁度，以进一步去除表面氧化物，并尽可能地改善再生长界面的TBC[85,86]。

图5.6a显示的800nm厚镁掺杂GaN薄膜是通过金属调制外延（MME）在600℃的生长温度和Ⅲ/Ⅴ比为1.5的条件下生长的，随后在200℃的生长温度下进行110nm的铝沉积。MME是一种改进的分子束外延（MBE）生长技术，其中金属通量在生长过程中可以进行调制，同时保持氮通量恒定[87-91]。MME使得金属在快门开启时间内的高吸附原子迁移率增强，从而在较低的生长温度下获得高结晶质量的薄膜。较低的生长温度有助于实现再生薄膜的高均匀性，使MME适用于商业应用。结合该生长的详细清洁工艺和MME的高结晶质量，使再生长薄膜具有出色的TBC和良好的热导率。

图5.6b展示了使用10倍和20倍物镜的典型SSTR数据。不同的斜率表明两种物镜对底层多层结构的敏感性不同。由于这种不同的敏感性，可以提取出Al/GaN的TBR。具体来说，通过数值迭代Al/GaN的TBC并拟合GaN的热导率，直到两个数据收敛，这在图5.6c中可以观察到。当Al/GaN的TBC约为250MW/(m^2·K)时，20倍和10倍物镜的数据开始收敛，对应的热导率约为115W/(m·K)。而当Al/GaN的TBC增加到1GW/(m^2·K)时，两种物镜之间达到更好的一致性，并且在2GW/(m^2·K)时效果更好。基于以上实验测量，只

㊀ 1in = 0.0254m，后同。

㊁ 1Torr = 133.322Pa，后同。

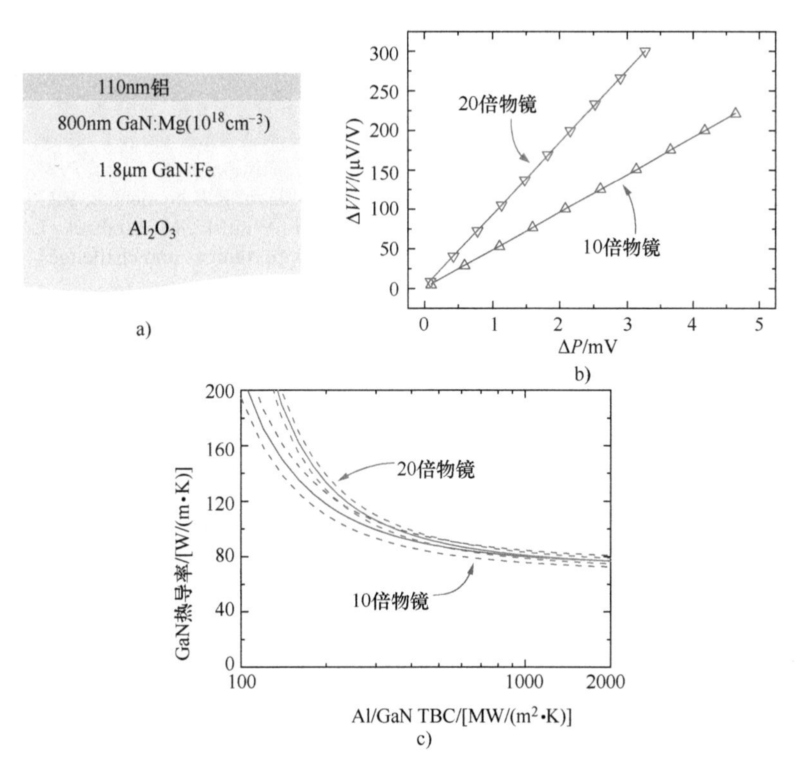

图5.6 a）样品的多层GaN结构；b）典型的SSTR数据；c）根据输入的Al/GaN界面TBC，使用10倍和20倍物镜拟合的800nm GaN层的热导率

需对Al/GaN的TBC设定一个下限，即大于250 MW/(m^2·K)，而GaN的热导率可以限定为76[+39，-4]W/(m·K)。

总体而言，我们发现SSTR是作为提取薄膜和界面热阻的有效工具，通过比较敏感度，我们可以有效确定哪种热阻主导了GaN基材料和器件的热阻。与传统的热反射技术（如TDTR）不同，SSTR是对热导率的直接测量，因此可以直接测量材料和界面的热阻。此外，SSTR具有深度敏感性，可以探测比其他瞬态和高频热反射测量方法更深的表面下区域，为表征埋藏界面、衬底和封装的热阻提供了独特的工具[81,83]。

致谢

本项工作得到美国海军研究办公室的支持，项目编号为N00014-18-1-2429，N00014-21-1-2622。

参考文献

[1] J.Y. Tsao, S. Chowdhury, M.A. Hollis, D. Jena, N.M. Johnson, K.A. Jones, R.J. Kaplar, S. Rajan, C.G. Van de Walle, E. Bellotti, C.L. Chua, R. Collazo, M.E. Coltrin, J.A. Cooper, K.R. Evans, S. Graham, T.A. Grotjohn, E.R. Heller, M. Higashiwaki, M.S. Islam, P.W. Juodawlkis, M.A. Khan, A.D. Koehler, J.H. Leach, U.K. Mishra, R.J. Nemanich, R.C. N. Pilawa-Podgurski, J.B. Shealy, Z. Sitar, M.J. Tadjer, A.F. Witulski, M. Wraback, J. A. Simmons, Ultrawide-bandgap semiconductors: research opportunities and challenges, Adv. Electron. Mater. 4 (2018) 1600501.

[2] R. Warzoha, A. Wilson, B. Donovan, N. Donmezer, A. Giri, P. Hopkins, S. Choi, D. Pahinkar, J. Shi, S. Graham, Z. Tian, L. Ruppalt, Applications and impacts of nanoscale thermal transport in electronics packaging, J. Electron. Packag. 143 (2021) 020804.

[3] T.E. Beechem, A.E. McDonald, E.J. Fuller, A. Alec Talin, C.M. Rost, J.-P. Maria, J.T. Gaskins, P.E. Hopkins, A.A. Allerman, Size dictated thermal conductivity of GaN, J. Appl. Phys. 120 (2016) 095104.

[4] A. Giri, P.E. Hopkins, A review of experimental and computational advances in thermal boundary conductance and nanoscale thermal transport across solid interfaces, Adv. Funct. Mater. 30 (2020) 1903857.

[5] Z. Su, L. Huang, F. Liu, J.P. Freedman, L.M. Porter, R.F. Davis, J.A. Malen, Layer-by-layer thermal conductivities of the group III nitride films in blue/green light emitting diodes, Appl. Phys. Lett. 100 (2012) 201106.

[6] J. Cho, Z. Li, M. Asheghi, K.E. Goodson, Near-junction thermal management: thermal conduction in gallium nitride composite substrates, Annu. Rev. Heat Transf. 18 (2014) 7–45.

[7] B.F. Donovan, C.J. Szwejkowski, J.C. Duda, R. Cheaito, J.T. Gaskins, C.Y.P. Yang, C. Constantin, R.E. Jones, P.E. Hopkins, Thermal boundary conductance across metal-gallium nitride interfaces from 80 to 450K, Appl. Phys. Lett. 105 (2014) 203502.

[8] X. Wu, J. Lee, V. Varshney, J.L. Wohlwend, A.K. Roy, T. Luo, Thermal conductivity of wurtzite zinc-oxide from first-principles lattice dynamics—a comparative study with gallium nitride, Sci. Rep. 6 (2016) 22504.

[9] J. Cho, E. Bozorg-Grayeli, D.H. Altman, M. Asheghi, K.E. Goodson, Low thermal resistances at GaN-SiC interfaces for HEMT technology, IEEE Electron Device Lett. 33 (2012) 378–380.

[10] J. Cho, Z. Li, E. Bozorg-Grayeli, T. Kodama, D. Francis, F. Ejeckam, F. Faili, M. Asheghi, K.E. Goodson, Improved thermal interfaces of GaN-diamond composite substrate for HEMT applications, IEEE Trans. Compon. Packag. Technol. 3 (2013) 79–85.

[11] J.W. Pomeroy, M. Bernardoni, A. Sarua, A. Manoi, D.C. Dumka, D.M. Fanning, M. Kuball, Achieving the best thermal performance for GaN-on-diamond, in: 2013 IEEE Compound Semiconductor Integrated Circuit Symposium (CSICS) 2013CSICS, 2013, pp. 1–4.

[12] J. Cho, Y. Li, W.E. Hoke, D.H. Altman, M. Asheghi, K.E. Goodson, Phonon scattering in strained transition layers for GaN heteroepitaxy, Phys. Rev. B 89 (2014) 115301.

[13] J.W. Pomeroy, M. Bernardoni, D.C. Dumka, D.M. Fanning, M. Kuball, Low thermal resistance GaN-on-diamond transistors characterized by three-dimensional Raman thermography mapping, Appl. Phys. Lett. 104 (2014) 083513.

[14] J.W. Pomeroy, R.B. Simon, H. Sun, D. Francis, F. Faili, D.J. Twitchen, M. Kuball, Contactless thermal boundary resistance measurement of GaN-on-diamond wafers, IEEE Electron Device Lett. 35 (2014) 1007–1009.

[15] X.W. Zhou, R.E. Jones, P.E. Hopkins, T.E. Beechem, Thermal boundary conductance between Al films and GaN nanowires investigated with molecular dynamics, Phys. Chem. Chem. Phys. 16 (2014) 9403–9410.

[16] H. Sun, R.B. Simon, J.W. Pomeroy, D. Francis, F. Faili, D.J. Twitchen, M. Kuball, Reducing GaN-on-diamond interfacial thermal resistance for high power transistor applications, Appl. Phys. Lett. 106 (2015) 111906.

[17] E. Ziade, J. Yang, G. Brummer, D. Nothern, T. Moustakas, A.J. Schmidt, Thermal transport through GaN-SiC interfaces from 300 to 600K, Appl. Phys. Lett. 107 (2015) 091605.

[18] J. Cho, D. Francis, D.H. Altman, M. Asheghi, K.E. Goodson, Phonon conduction in GaN-diamond composite substrates, J. Appl. Phys. 121 (2017) 055105.

[19] J.T. Gaskins, G. Kotsonis, A. Giri, S. Ju, A. Rohskopf, Y. Wang, T. Bai, E. Sachet, C.T. Shelton, Z. Liu, Z. Cheng, B.M. Foley, S. Graham, T. Luo, A. Henry, M.S. Goorsky, J. Shiomi, J.-P. Maria, P.E. Hopkins, Thermal boundary conductance across heteroepitaxial ZnO/GaN interfaces: assessment of the phonon gas model, Nano Lett. 18 (2018) 7469–7477.

[20] K. Liu, J. Zhao, H. Sun, H. Guo, B. Dai, J. Zhu, Thermal characterization of GaN heteroepitaxies using ultraviolet transient thermoreflectance, Chin. Phys. B 28 (2019) 060701.

[21] Q. Zheng, C. Li, A. Rai, J.H. Leach, D.A. Broido, D.G. Cahill, Thermal conductivity of GaN, ^{71}GaN, and SiC from 150 K to 850 K, Phys. Rev. Mater. 3 (2019) 014601.

[22] Y. Won, J. Cho, D. Agonafer, M. Asheghi, K.E. Goodson, Fundamental cooling limits for high power density GaN electronics, IEEE Trans. Compon. Packag. Manuf. Technol. 5 (2015) 737–744. Available online from: https://nanoheat.stanford.edu/sites/default/files/publications/IEEE_CPMT_Won.pdf.

[23] R.J. Stevens, A.N. Smith, P.M. Norris, Measurement of thermal boundary conductance of a series of metal-dielectric interfaces by the transient thermoreflectance technique, J. Heat Transfer 127 (2005) 315–322.

[24] P.E. Hopkins, Thermal transport across solid interfaces with nanoscale imperfections: effects of roughness, disorder, dislocations, and bonding on thermal boundary conductance, ISRN Mech. Eng. 2013 (2013) 682586.

[25] C. Monachon, L. Weber, C. Dames, Thermal boundary conductance: a materials science perspective, Annu. Rev. Mat. Res. 46 (2016) 433.

[26] G. Chen, Nanoscale Energy Transport and Conversion: A Parallel Treatment of Electrons, Molecules, Phonons, and Photons, Oxford University Press, New York, 2005.

[27] J.C. Duda, P.E. Hopkins, J.L. Smoyer, M.L. Bauer, T.S. English, C.B. Saltonstall, P.M. Norris, On the assumption of detailed balance in prediction of diffusive transmission probability during interfacial transport, Nanoscale Microscale Thermophys. Eng. 14 (2010) 21–33.

[28] Y. Imry, R. Landauer, Conductance viewed as transmission, Rev. Mod. Phys. 71 (1999) S306–S312.

[29] E.T. Swartz, R.O. Pohl, Thermal boundary resistance, Rev. Mod. Phys. 61 (1989) 605–668.

[30] T. Ruf, J. Serrano, M. Cardona, P. Pavone, M. Pabst, M. Krisch, M. D'Astuto, T. Suski, I. Grzegory, M. Leszczynski, Phonon dispersion curves in wurtzite-structure GaN determined by inelastic X-ray scattering, Phys. Rev. Lett. 86 (2001) 906–909.

[31] S. Sadasivam, Y. Che, Z. Huang, L. Chen, S. Kumar, T.S. Fisher, The atomistic Green's function method for interfacial phonon transport, Annu. Rev. Heat Trasnfer 17 (2014) 89–145.

[32] J.S. Wang, J. Wang, N. Zeng, Nonequilibrium Green's function approach to mesoscopic thermal transport, Phys. Rev. B 74 (2006) 033408.

[33] X.W. Zhou, R.E. Jones, J.C. Duda, P.E. Hopkins, Molecular dynamics studies of material property effects on thermal boundary conductance, Phys. Chem. Chem. Phys. 15 (2013) 11078–11087.
[34] R.E. Jones, J.C. Duda, X.W. Zhou, C.J. Kimmer, P.E. Hopkins, Investigation of size and electronic effects on Kapitza conductance with non-equilibrium molecular dynamics, Appl. Phys. Lett. 102 (2013) 183119.
[35] X.W. Zhou, R.E. Jones, C.J. Kimmer, J.C. Duda, P.E. Hopkins, Relationship of thermal boundary conductance to structure from an analytical model plus molecular dynamics simulations, Phys. Rev. B 87 (2013) 094303.
[36] R. Li, K. Gordiz, A. Henry, P.E. Hopkins, E. Lee, T. Luo, Effect of light atoms on thermal transport across solid—solid interfaces, Phys. Chem. Chem. Phys. 21 (2019) 17029–17035.
[37] E. Lee, T. Luo, Thermal transport across solid-solid interfaces enhanced by pre-interface isotope-phonon scattering, Appl. Phys. Lett. 112 (2018) 011603.
[38] F.H. Stillinger, T.A. Weber, Computer simulation of local order in condensed phases of silicon, Phys. Rev. B 31 (1985) 5262.
[39] J. Tersoff, New empirical approach for the structure and energy of covalent systems, Phys. Rev. B 37 (1988) 6991–7000.
[40] J. Tersoff, Modeling solid-state chemistry: interatomic potentials for multicomponent systems, Phys. Rev. B 39 (1989) 5566–5568.
[41] T. Murakami, T. Hori, T. Shiga, J. Shiomi, Probing and tuning inelastic phonon conductance across finite-thickness interface, Appl. Phys. Express 7 (2014) 121801.
[42] M.L. Huberman, A.W. Overhauser, Electronic Kapitza conductance at a diamond-Pb interface, Phys. Rev. B 50 (1994) 2865–2873.
[43] P.E. Hopkins, J.C. Duda, P.M. Norris, Anharmonic phonon interactions at interfaces and contributions to thermal boundary conductance, J. Heat Transfer 133 (2011) 062401.
[44] A. Giri, J.L. Braun, P.E. Hopkins, Implications of interfacial bond strength on the spectral contributions to thermal boundary conductance across solid, liquid, and gas interfaces: a molecular dynamics study, J. Phys. Chem. C 120 (2016) 24847–24856.
[45] K. Sääskilahti, J. Oksanen, J. Tulkki, S. Volz, Role of anharmonic phonon scattering in the spectrally decomposed thermal conductance at planar interfaces, Phys. Rev. B 90 (2014) 134312.
[46] T. Feng, W. Yao, Z. Wang, J. Shi, C. Li, B. Cao, X. Ruan, Spectral analysis of nonequilibrium molecular dynamics: spectral phonon temperature and local nonequilibrium in thin films and across interfaces, Phys. Rev. B 95 (2017) 195202.
[47] K. Gordiz, A. Henry, Phonon transport at interfaces: determining the correct modes of vibration, J. Appl. Phys. 119 (2016) 015101.
[48] P.E. Hopkins, Multiple phonon processes contributing to inelastic scattering during thermal boundary conductance at solid interfaces, J. Appl. Phys. 106 (2009) 013528.
[49] P.E. Hopkins, P.M. Norris, Relative contributions of inelastic and elastic diffuse phonon scattering to thermal boundary conductance across solid interfaces, J. Heat Transfer 131 (2009) 022402.
[50] J.C. Duda, P.E. Hopkins, T.E. Beechem, J.L. Smoyer, P.M. Norris, Inelastic phonon interactions at solid-graphite interfaces, Superlattice. Microst. 47 (2010) 550–555.
[51] P.E. Hopkins, P.M. Norris, Effects of joint vibrational states on thermal boundary conductance, Nanoscale Microscale Thermophys. Eng. 11 (2007) 247–257.
[52] J. Dai, Z. Tian, Rigorous formalism of anharmonic atomistic Green's function for three-dimensional interfaces, Phys. Rev. B 101 (2020) 041301.

[53] P.E. Hopkins, J.R. Serrano, L.M. Phinney, S.P. Kearney, T.W. Grasser, C.T. Harris, Criteria for cross-plane dominated thermal transport in multilayer thin film systems during modulated laser heating, J. Heat Transfer 132 (2010) 081302.
[54] P.E. Hopkins, J.C. Duda, S.P. Clark, C.P. Hains, T.J. Rotter, L.M. Phinney, G. Balakrishnan, Effect of dislocation density on thermal boundary conductance across GaSb/GaAs interfaces, Appl. Phys. Lett. 98 (2011) 161913.
[55] J. Kimling, A. Philippi-Kobs, J. Jacobsohn, H.P. Oepen, D.G. Cahill, Thermal conductance of interfaces with amorphous SiO_2 measured by time-resolved magneto-optic Kerr-effect thermometry, Phys. Rev. B 95 (2017) 184305.
[56] J. Zhu, D. Tang, W. Wang, J. Liu, K.W. Holub, R. Yang, Ultrafast thermoreflectance techniques for measuring thermal conductivity and interface thermal conductance of thin films, J. Appl. Phys. 108 (2010) 094315.
[57] A. Giri, J.-P. Niemelä, T. Tynell, J.T. Gaskins, B.F. Donovan, M. Karppinen, P.E. Hopkins, Heat-transport mechanisms in molecular building blocks of inorganic/organic hybrid superlattices, Phys. Rev. B 93 (2016) 115310.
[58] D.G. Cahill, Analysis of heat flow in layered structures for time-domain thermoreflectance, Rev. Sci. Instrum. 75 (2004) 5119–5122.
[59] A.J. Schmidt, Pump-probe thermoreflectance, Annu. Rev. Heat Transfer 16 (2013) 159–181.
[60] J.L. Braun, D.H. Olson, J.T. Gaskins, P.E. Hopkins, Steady-State Thermo-Reflectance Method & System to Measure Thermal Conductivity, 2019. U.S. Patent Application Number 62/723,750 and 62/860,949.
[61] J.C. Duda, P.M. Norris, P.E. Hopkins, On the linear temperature dependence of phonon thermal boundary conductance in the classical limit, J. Heat Transfer 133 (2011) 074501.
[62] C. Hua, X. Chen, N.K. Ravichandran, A.J. Minnich, Experimental metrology to obtain thermal phonon transmission coefficients at solid interfaces, Phys. Rev. B 95 (2017) 205423.
[63] P.E. Hopkins, J.C. Duda, C.W. Petz, J.A. Floro, Controlling thermal conductance through quantum dot roughening at interfaces, Phys. Rev. B 84 (2011) 035438.
[64] P. Ahirwar, S. Clark, F. Jaeckel, C. Hains, A. Albrecht, P. Schjetnan, T.J. Rotter, L.R. Dawson, G. Balakrishnan, P.E. Hopkins, L.M. Phinney, J. Hader, J.V. Moloney, Growth and thermal conductivity analysis of polycrystalline GaAs on CVD diamond for use in thermal management of high-power semiconductor lasers, J. Vac. Sci. Technol. B 29 (2011) 03C130.
[65] J.C. Duda, P.E. Hopkins, Systematically controlling Kapitza conductance via chemical etching, Appl. Phys. Lett. 100 (2012) 111602.
[66] P.E. Hopkins, P.M. Norris, M.S. Tsegaye, A.W. Ghosh, Extracting phonon thermal conductance across nanoscale junctions: nonequilibrium Green's function approach compared to semi-classical methods, J. Appl. Phys. 106 (2009) 063503.
[67] J.C. Duda, T. Beechem, J.L. Smoyer, P.M. Norris, P.E. Hopkins, The role of dispersion on phononic thermal boundary conductance, J. Appl. Phys. 108 (2010) 073515.
[68] R.M. Costescu, M.A. Wall, D.G. Cahill, Thermal conductance of epitaxial interfaces, Phys. Rev. B 67 (2003) 054302.
[69] J. Serrano, F.J. Manjón, A.H. Romero, A. Ivanov, M. Cardona, R. Lauck, A. Bosak, M. Krisch, Phonon dispersion relations of zinc oxide: inelastic neutron scattering and ab initio calculations, Phys. Rev. B 81 (2010) 174304.
[70] J.C. Duda, J.L. Smoyer, P.M. Norris, P.E. Hopkins, Extension of the diffuse mismatch model for thermal boundary conductance between isotropic and anisotropic materials, Appl. Phys. Lett. 95 (2009) 031912.

[71] Z. Chen, Z. Wei, Y. Chen, C. Dames, Anisotropic Debye model for the thermal boundary conductance, Phys. Rev. B 87 (2013) 125426.
[72] P.E. Hopkins, T.E. Beechem, J.C. Duda, K. Hattar, J.F. Ihlefeld, M.A. Rodriguez, E.S. Piekos, Influence of anisotropy on thermal boundary conductance at solid interfaces, Phys. Rev. B 84 (2011) 125408.
[73] P. Giannozzi, S. Baroni, N. Bonini, M. Calandra, R. Car, C. Cavazzoni, D. Ceresoli, G.L. Chiarotti, M. Cococcioni, I. Dabo, A. Dal Corso, S. de Gironcoli, S. Fabris, G. Fratesi, R. Gebauer, U. Gerstmann, C. Gougoussis, A. Kokalj, M. Lazzeri, L. Martin-Samos, N. Marzari, F. Mauri, R. Mazzarello, S. Paolini, A. Pasquarello, L. Paulatto, C. Sbraccia, S. Scandolo, G. Sclauzero, A.P. Seitsonen, A. Smogunov, P. Umari, R.M. Wentzcovitch, Quantum ESPRESSO: a modular and open-source software project for quantum simulations of materials, J. Phys. Condens. Matter 21 (2009) 395502.
[74] W.A. Little, The transport of heat between dissimilar solids at low temperatures, Can. J. Phys. 37 (1959) 334–349.
[75] N.S. Snyder, Heat transport through helium II: Kapitza conductance, Cryogenics 10 (1970) 89–95.
[76] B. Latour, N. Shulumba, A.J. Minnich, Ab initio study of mode-resolved phonon transmission at Si/Ge interfaces using atomistic Green's functions, Phys. Rev. B 96 (2017) 104310.
[77] P.E. Hopkins, R.N. Salaway, R.J. Stevens, P.M. Norris, Temperature dependent thermal boundary conductance at Al/Al_2O_3 and Pt/Al_2O_3 interfaces, Int. J. Thermophys. 28 (2007) 947–957.
[78] P.E. Hopkins, R.J. Stevens, P.M. Norris, Influence of inelastic scattering at metal-dielectric interfaces, J. Heat Transfer 130 (2008) 022401.
[79] H.-K. Lyeo, D.G. Cahill, Thermal conductance of interfaces between highly dissimilar materials, Phys. Rev. B 73 (2006) 144301.
[80] J.L. Braun, D.H. Olson, J.T. Gaskins, P.E. Hopkins, A steady-state thermoreflectance method to measure thermal conductivity, Rev. Sci. Instrum. 90 (2019) 024905.
[81] E.A. Scott, J.L. Braun, K. Hattar, J.D. Sugar, J.T. Gaskins, M. Goorsky, S.W. King, P.E. Hopkins, Probing thermal conductivity of subsurface, amorphous layers in irradiated diamond, J. Appl. Phys. 129 (2021) 055307.
[82] A. Giri, S.S. Chou, D.E. Drury, K.Q. Tomko, D. Olson, J.T. Gaskins, B. Kaehr, P.E. Hopkins, Molecular tail chemistry controls thermal transport in fullerene films, Phys. Rev. Mater. 4 (2020) 065404.
[83] M.S. Bin Hoque, Y.-R. Koh, K. Aryana, E. Hoglund, J.L. Braun, D.H. Olson, J.T. Gaskins, H. Ahmad, M.M. Mahbube, J.K. Hite, Z.C. Leseman, W.A. Doolittle, P.E. Hopkins, Thermal conductivity measurements of sub-surface buried substrates by steady-state thermoreflectance, arXiv (2021). 2102.12954.
[84] Y.R. Koh, Z. Cheng, A. Mamun, M.S. Bin Hoque, Z. Liu, T. Bai, K. Hussain, M.E. Liao, R. Li, J.T. Gaskins, A. Giri, J. Tomko, J.L. Braun, M. Gaevski, E. Lee, L. Yates, M.S. Goorsky, T. Luo, A. Khan, S. Graham, P.E. Hopkins, Bulk-like intrinsic phonon thermal conductivity of micrometer-thick AlN films, ACS Appl. Mater. Interfaces 12 (2020) 29443–29450.
[85] H. Ahmad, T.J. Anderson, J.C. Gallagher, E.A. Clinton, Z. Engel, C.M. Matthews, W. Alan Doolittle, Beryllium doped semi-insulating GaN without surface accumulation for homoepitaxial high power devices, J. Appl. Phys. 127 (2020) 215703.
[86] H. Ahmad, K. Motoki, E.A. Clinton, C.M. Matthews, Z. Engel, W.A. Doolittle, Comprehensive analysis of metal modulated epitaxial GaN, ACS Appl. Mater. Interfaces 12 (2020) 37693–37712.

[87] S.D. Burnham, W.A. Doolittle, In situ growth regime characterization of AlN using reflection high energy electron diffraction, J. Vac. Sci. Technol. B Microelectron. Nanometer Struct. Process. Meas. Phenom. 24 (2006) 2100–2104.
[88] S.D. Burnham, G. Namkoong, K.-K. Lee, W.A. Doolittle, Reproducible reflection high energy electron diffraction signatures for improvement of AlN using in situ growth regime characterization, J. Vac. Sci. Technol. B Microelectron. Nanometer Struct. Process. Meas. Phenom. 25 (2007) 1009–1013.
[89] S.D. Burnham, G. Namkoong, D.C. Look, B. Clafin, W.A. Doolittle, Reproducible increased Mg incorporation and large hole concentration in GaN using metal modulated epitaxy, J. Appl. Phys. 104 (2008) 024902.
[90] Z. Xing, W. Yang, Z. Yuan, X. Li, Y. Wu, J. Long, S. Jin, Y. Zhao, T. Liu, L. Bian, S. Lu, M. Luo, Growth and characterization of high in-content InGaN grown by MBE using metal modulated epitaxy technique (MME), J. Cryst. Growth 516 (2019) 57–62.
[91] Z. Engel, E.A. Clinton, C.M. Matthews, W.A. Doolittle, Controlling surface adatom kinetics for improved structural and optical properties of high indium content aluminum indium nitride, J. Appl. Phys. 127 (2020) 125301.

第 6 章 AlGaN/GaN HEMT 器件物理与电热建模

Bikramjit Chatterjee[①]、Daniel Shoemaker[①]、Hiu-Yung Wong[②]和 Sukwon Choi[①]
① 美国宾夕法尼亚州立大学机械工程系
② 美国圣何塞州立大学电气工程系

6.1 引言

在需要高频高功率器件的射频（RF）和功率转换技术领域中，氮化镓（GaN）已经成为最具吸引力的材料之一。这源自于 GaN 优异的材料性能，包括宽禁带（$E_g = 3.4\text{eV}$）、高饱和速度（$v_s = 3\times10^7\text{cm/s}$）、高电子迁移率、大临界电场（$E_c$约为 3MV/cm）和不错的热导率［室温下 κ 约为 150W/(m·K)］[1]。如本章参考文献［2，3］所示，GaN 的击穿场强约为 Si 的 10 倍，使得 GaN 器件适合应用在高压领域，而高饱和速度确保其适用于高频应用领域。在各种 GaN 基器件中，AlGaN/GaN 高电子迁移率晶体管（HEMT）由于其低导通电阻而适用于高功率应用，这种低导通电阻源于因 GaN 和 AlGaN 的自发极化和压电极化而在 AlGaN/GaN 异质界面附近形成的二维电子气（2DEG）[4,5]。在本章中，我们将介绍开展 AlGaN/GaN HEMT 电热建模的详细步骤。

6.2 AlGaN/GaN HEMT

在 AlGaN/GaN 高电子迁移率晶体管（HEMT）中，GaN 的自发极化和压电极化可以被用来在 AlGaN/GaN 异质界面处形成 2DEG 沟道，该沟道能够提供极低的导通电阻而无须任何故意掺杂[4,5]。这使得这些器件能够导通较大的电流密度。高电流和高电压能力确保器件实现了高功率、高效率应用，如图 6.1 所示[3]。也正因为如此，这些器件具有能够显著改善系统级尺寸、重量、功率（SWaP）和效率的潜力。特别地，GaN 电子器件正在革新着众多射频、微波和高功率应用领域，包括卫星通信、军用雷达系统、电动汽车逆变器和无线基站[6-8]。然而，作为高功率密度工作的后果，自热问题会导致 AlGaN/GaN HEMT 性能和可靠性下降[9]。最为重要的是，需要严格评估

AlGaN/GaN HEMT内部的温度分布，才能准确预测器件的平均失效时间（MTTF）[10]。AlGaN/GaN HEMT 的热表征中关键的挑战之一就是沟道峰值温度出现的位置通常无法通过光学测温技术（如显微拉曼热成像）获得。因此，人们对可用于估计 HEMT 内部器件峰值温度和沟道温度分布的标准建模方法特别感兴趣。本章的主要目的是演示 AlGaN/GaN HEMT的电热建模方法，该方法可推广用于各种电子器件。

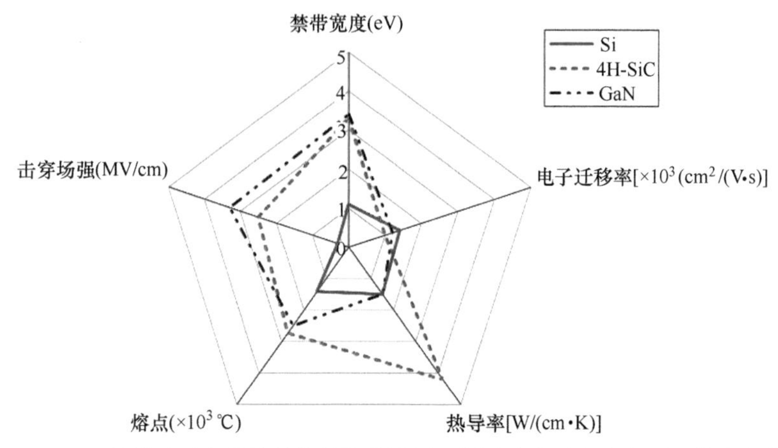

图 6.1　GaN 极具吸引力的材料特性使其适用于制造在高压和高频下工作的器件[3]

对于 AlGaN/GaN HEMT，建立器件模型有两个方面的关键内容：一是该模型需要准确体现 2DEG 的特性；二是该模型需要预测器件的自热及其对器件电学输出特性的影响。这两个方面将在后文详细讨论。

6.2.1　2DEG 的形成

纤锌矿 GaN 和 AlGaN 的非中心对称性会产生强烈的自发极化和压电极化，从而在 AlGaN/GaN 异质界面处形成面电荷密度约为 $10^{13}/cm^2$ 的 2DEG[5]，HEMT 正是基于该特性制备的。晶体结构和极化产生的束缚面电荷的形成如图 6.2 所示。

除了自发极化外，应变极化或压电极化在 AlGaN/GaN 异质界面 2DEG 的形成中也起着重要作用。GaN 的晶格常数为 $a=3.189$Å 和 $c=5.185$Å，氮化铝（AlN）的晶格常数为 $a=3.112$Å 和 $c=4.982$Å[5]。AlGaN 是 GaN 和 AlN 的三元化合物，其中 AlGaN/GaN HEMT 的 AlGaN 势垒层中典型 Al 组分的比例为 23%~25%。使用基于该 Al 组分的 Vegard 定律，AlGaN 的无应变晶格常数约为 3.167Å，比 GaN 小。AlGaN 和 GaN 晶体的晶格失配导致在 AlGaN 中形成拉伸应变，这又在异质界面处产生额外带正电的面电荷（见图 6.3）。

典型 Al 组分为 23%~25%的 AlGaN 势垒的禁带宽度约为 4eV（AlN 和 GaN 的禁带宽度分别约为 6eV 和 3.4eV）。GaN 和 AlGaN 之间这种禁带宽度的差异，加之 AlGaN/GaN 界面正极化电荷和顶部 AlGaN 层负极化电荷的形成，会导致在 AlGaN/GaN 异质界

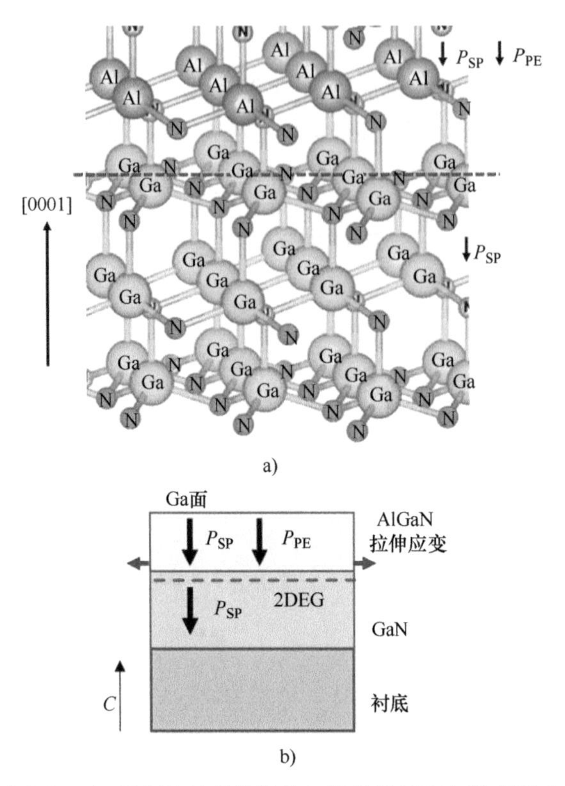

图 6.2　a）AlN/GaN 晶体结构和极化诱导面电荷的形成；
b）Ga 面 AlGaN/GaN 异质结构的 2DEG 形成[5]

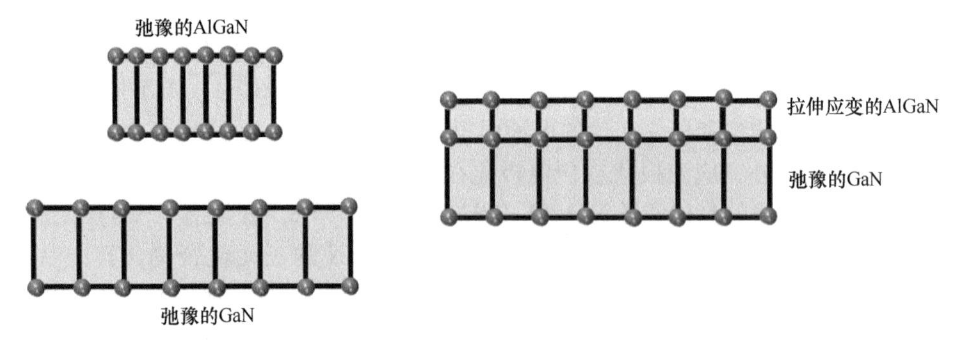

图 6.3　AlGaN 和 GaN 层之间的晶格失配导致 AlGaN 层中的拉伸应变。
由于压电极化，该应变有助于界面附近的电荷积累[5]

面附近形成量子阱，如图 6.4 所示[11]。先前讨论的极化诱导产生的面电荷就会持续地被限制在该量子阱中，并产生 2DEG。这实际上“短路”了沟道，从而提供了非常低的导通电阻，也能突出 GaN 材料的固有优势，如高电压能力和高开关频率，从而使

AlGaN/GaN HEMT 成为高频功率开关和 RF 功率放大器的理想选择。

这种结构的一个显著优点是在没有故意/杂质掺杂的情况下获得了非常大的电荷密度。也正因如此，载流子也不会因为杂质原子的散射作用而导致迁移率降低，从而实现了约 2000cm²/(V·s) 的 2DEG 迁移率，几乎比体 GaN 的电子迁移率［1250cm²/(V·s)］高 2 倍。此外，由于 2DEG 电流通道不是通过杂质原子的热激活形成的，因此 AlGaN/GaN HEMT 适用于诸如深空任务和卫星通信的低温应用。AlGaN/GaN HEMT 的典型截面示意图如图 6.5 所示。

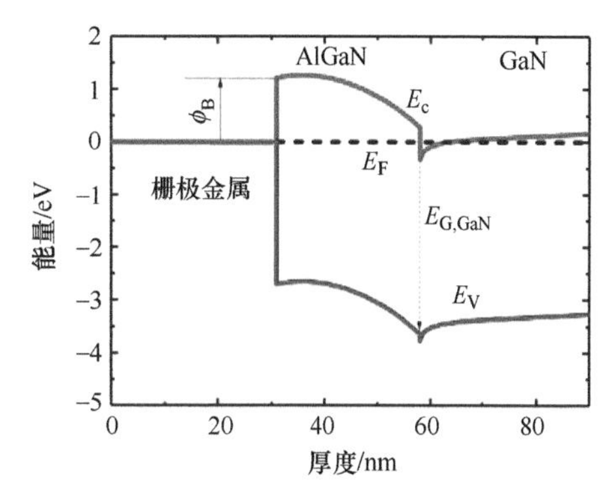

图 6.4　能带弯曲的结果是在 AlGaN/GaN 界面形成量子阱

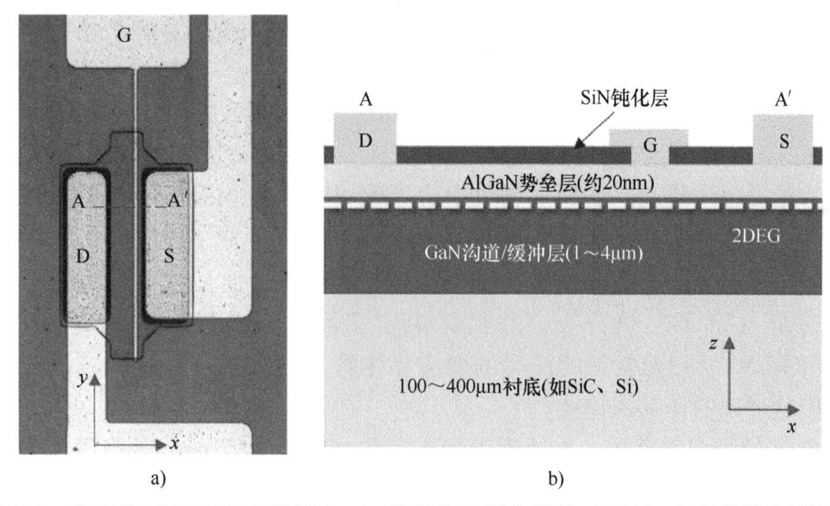

图 6.5　典型的 AlGaN/GaN HEMT：a）使用电荷耦合器件（CCD）相机获得的俯视图；b）在 GaN 中的异质界面附近形成 2DEG 的横截面示意图

6.2.2　AlGaN/GaN HEMT 的自热效应

AlGaN/GaN HEMT 的高功率应用和器件尺寸的缩小（可能由于较大的临界电场）会导致极高的功率密度或热通量。这又会导致极高的沟道温度，从而降低了器件的性能和可靠性。这种温度的升高是晶格中声子数量增加的表现。增加的电子-声子散射率降低了载流子迁移率和漂移速度，如以下公式所示：

$$J_n = qn\mu_n E \tag{6.1}$$

$$\mu_{\text{lowfield}} \sim T^{-\alpha};\ \alpha>0 \tag{6.2}$$

式中，J_n是自由电子的漂移电流密度；μ_n是电子的迁移率［常用单位为$cm^2/(V \cdot s)$］；E是所施加的电场；q是单个电子电荷量；n是每立方厘米的自由电子数。因此，如图 6.6 所示，迁移率会随着温度的升高而降低，导致器件的载流能力下降。这会对器件输出电流和开关频率产生负面影响。如式（6.1）和式（6.2）所示，自热导致迁移率下降，进而直接导致了高功率耗散水平下出现负直流（DC）输出电导[12]。该问题的详细控制方程将在后面的章节中进行讨论。此外，电极接触附近温度的急剧上升可能导致栅极/漏极/源极电极的退化，从而导致可靠性问题并最终导致器件失效。

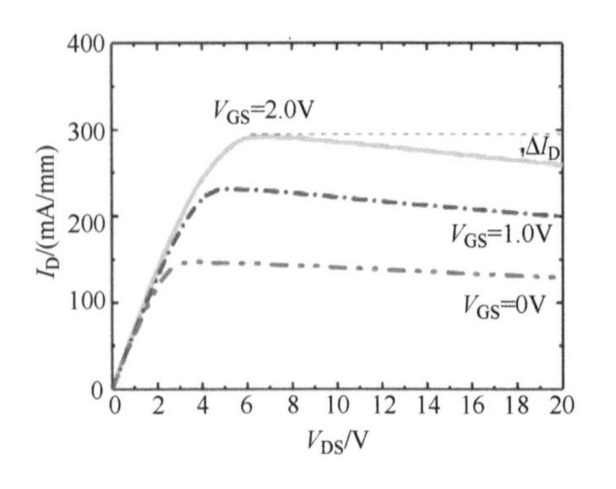

图 6.6 AlGaN/GaN HEMT 中的自热效应。漏极电流的减小是由于高沟道温度引起的迁移率减小的结果

自热对器件性能的不利影响使得精确估计沟道温度成为一项非常重要的任务。图 6.5 展示了采用 T 形栅的 AlGaN/GaN HEMT 的典型截面示意图。应当注意，栅极电极和漏极电极之间的距离大于栅极电极和源极电极之间的距离。这是为了承受在栅极和漏极之间形成的大电场，其中峰值电场强度出现在漏极一侧的栅极边缘附近。这种电场集中会导致 HEMT 在相对低的电压条件下发生横向击穿[1,13]。通常使用场板（包括 T 形栅极场板）[14]来增加工作极限，场板可以在更宽的区域上扩展电场，从而降低峰值电场幅度。器件工作时偏置条件决定了电场的空间分布，进而决定了发热分布，并最终决定了器件有源区内的温度分布。因此，AlGaN/GaN HEMT（以及常见的任何场效应晶体管）的电热器件模型应该体现这种电子和热量传输过程的相互依赖性。

由于 GaN 的强离子性质，由该强电场产生的“热”或高能电子以纵向光学（LO）声子发射（即通过 Frölich 相互作用）的形式耗散能量。因为 LO 声子衰减时间为 350fs，与之相比，2DEG 中的 LO 声子发射时间短得多，仅约为 10fs，所以大量 LO 声子倾向于随时间积累[15]。由于 LO 声子的群速度接近于零，积累的 LO 声子形成了向衬底散热的“瓶颈”。因此，在峰值电场的位置，可观察到温度极高的局部区域，通常被称为“热点”[16]，如图 6.7 所示。这种热点形成机制涉及极端电场形成和电子-声子的相互作用，由此产生的温度分布也是器件内电子和热量传输的函数。因此，器件峰值温度不能通过仅使用傅里叶热传导定律的传统热模型来预测。出于类似的原因，器件特性也不能由纯电学模型预测，而忽略热物理学带来的细微差别。综上，为了理解 AlGaN/GaN HEMT 中的自热效应，需要一个既考虑半导体器件物理又考虑传热原理的耦合电热模型。预测和测量器件峰值温度的重要性十分突出，因为它会直接影响器件的 MTTF。预测 MTTF 通常需要结合沟道温度的估计值和热学 Arrhenius 模型，本章参考文献［4］表明 MTTF 随着沟道温度的上升而指数衰减。如果把沟道峰值温度（T_{peak}）低估了 10℃，可能导致预测出的 MTTF 高出一个数量级[17,18]。这种过高的预测值会产生严重影响，例如在混合动力电动汽车[19-22]中，必须要保证在预期服务期间所使用的高功率 AlGaN/GaN HEMT[23,24]性能稳定。

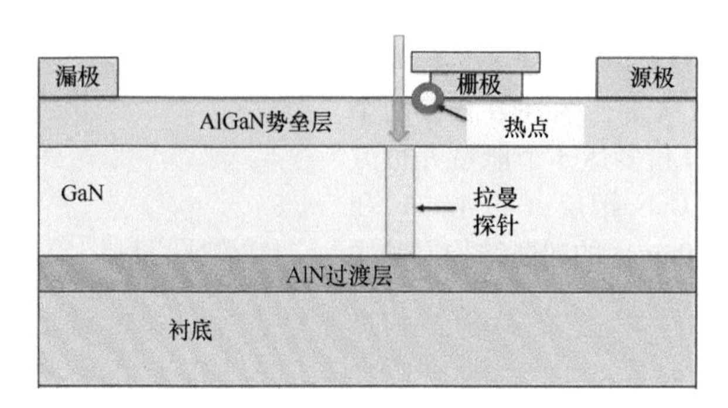

图 6.7　标准 AlGaN/GaN HEMT 的截面示意图。在漏极一侧的栅极边缘附近形成热点。对于具有场板的器件，该热点不能通过诸如拉曼测温法的光学热成像技术来获得

Choi 等人[25]证明了偏置条件（特定功率耗散条件下 V_{GS} 和 V_{DS} 的组合）对 AlGaN/GaN HEMT 的沟道温度分布和沟道峰值温度的影响。在这项工作中，为了了解器件的电热行为，在漏极一侧的栅极角落附近选取了几个离散的测量位置开展了拉曼测温。测试结果表明，对于给定的功率耗散水平，与通过施加正 V_{GS} 使沟道完全开启的低 V_{DS} 条件相比，在沟道被部分夹断的高 V_{DS} 条件下，器件峰值温度上升得更高。进一步地，假设激活能为 1~2eV[26]，这种差异会导致器件的 MTTF 降低一个数量级。

然而，如图 6.7 所示，对于具有栅极场板的标准器件结构来说，不可能使用光学热成像技术（如拉曼热成像）探测热点[27]。此外，由于 AlGaN/GaN HEMT 中的电流由 2DEG 承载，因此器件峰值温度出现在 2DEG 沟道附近。然而，标准拉曼测温法仅测量 GaN 整个材料层的平均温度[25]。由于 GaN 和 AlGaN 材料对红外热辐射是透明的，因此其他光学热成像技术［如红外（IR）热显微镜］也无法测量沟道表面温度[28]。因此，电热建模必须与热成像技术一起使用，以准确预测器件峰值温度。

6.2.3　HEMT 建模方案

可以把 AlGaN/GaN HEMT 的自热效应模拟成一片包含热源的区域，该热源随空间位置的变化而变化且满足热扩散方程。在稳态下，热传导服从傅里叶定律，如式（6.3）所示。

$$\nabla \cdot (\kappa \nabla T) + \dot{q}(x,y,z) = 0 \tag{6.3}$$

式中，$\kappa(x,y,z)$ 是固体的三维（3D）热导率张量；$\dot{q}(x,y,z)$ 是 HEMT 内的体积产热。

AlGaN/GaN HEMT 的简单热学模型不考虑半导体器件物理特性，并假设在沟道内

的特定区域（通常在栅极和漏极之间，见图 6.8）功率耗散是均匀的。这种简单的纯热学模型忽略了电热相互作用，因此不能反映在特定功耗水平下偏置条件的影响。另一方面，电气技术计算机辅助设计（TCAD）模型能够同时考虑电物理学和热物理学，弥补了简单热学模型的缺点。然而，由于需要巨量的计算资源来处理多达 8 个偏微分方程（泊松方程、两个载流子连续性方程、两个载流子通量守恒方程和多达 3 个能量守恒方程）以及包括诸如 GaN 帽层（约 4nm）和 AlGaN 势垒层（约 20nm）的超薄结构层的详细几何结构，这样的模型通常以 2D 形式建立。这样的 2D 模型不能准确地反映热输运（或热扩散）过程，因为通常在实际的器件结构中，器件宽度不可能延伸得足够长以至于被认为是“半无限”的。当前最先进的电热建模方案[18,25,29,30]采用 2D 电学 TCAD 模型和 3D 有限元热学模型之间的单向耦合方法，以获得“电学感知”热学模型。电学模型的输入是电压偏置条件，包括 V_{GS} 和 V_{DS} 的组合。使用 2D 电学模型获得产热分布，再把这种产热分布输入到 3D 热学模型中，并沿着沟道宽度延伸，以生成器件内部 3D 产热分布和温度分布。与低估沟道温度的纯热学模型和高估温度的 2D TCAD 纯电学模型相比，该方法在温度预测方面表现出显著的改进。然而，这种“单向耦合”建模方案的局限性源于 2D TCAD 模型高估了器件内部温度场。因此，电学输出特性是在这种不准确的晶格温度下计算出来的。这意味着依赖于温度的电子/电学性质，包括载流子迁移率、禁带宽度等，是在高于实际情况的温度下进行评估的。这将导致不准确的产热曲线，并最终导致温度分布的误差。为了解决这些在现有的建模方案中存在的问题，研究人员已经开发了一种全耦合三维电热建模方案。

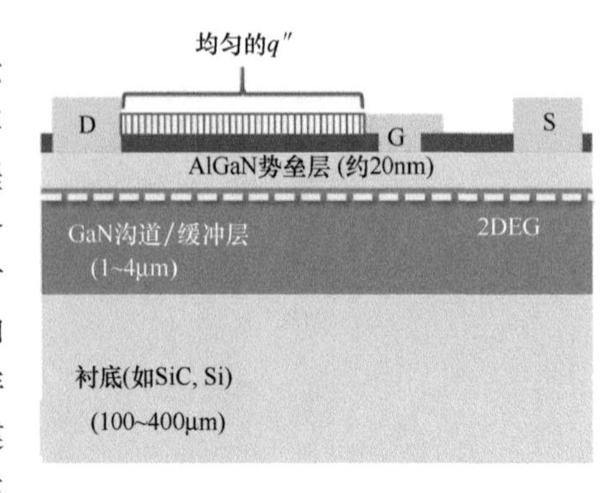

图 6.8 AlGaN/GaN HEMT 的简化热学模型：在特定区域（例如，栅极到漏极之间）施加均匀的热通量

6.2.4 全耦合三维电热建模方案综述

该建模方案从耦合 2D 电学 TCAD 模型和 3D 有限元热学模型开始，类似于本章参考文献［18，31，32］中的方法。然而，为了防止过高估计 2D 电学模型中的沟道温度（由于忽略了通过“不存在”的第三维的热扩散），在多层材料的每种材料的热导率模型中加入了校正因子。校正的热导率在此之前被称为“有效热导率”。使用 Synopsys Sentaurus［一种技术计算机辅助设计（TCAD）软件包］来建立 2D 电学模型，并使用 COMSOL Multiphysics 来建立 3D 热学模型。这些模型是全耦合的，以准确地反映电热物理特性。这种全耦合或双向耦合建模方案的简化流程图如图 6.9 所示。

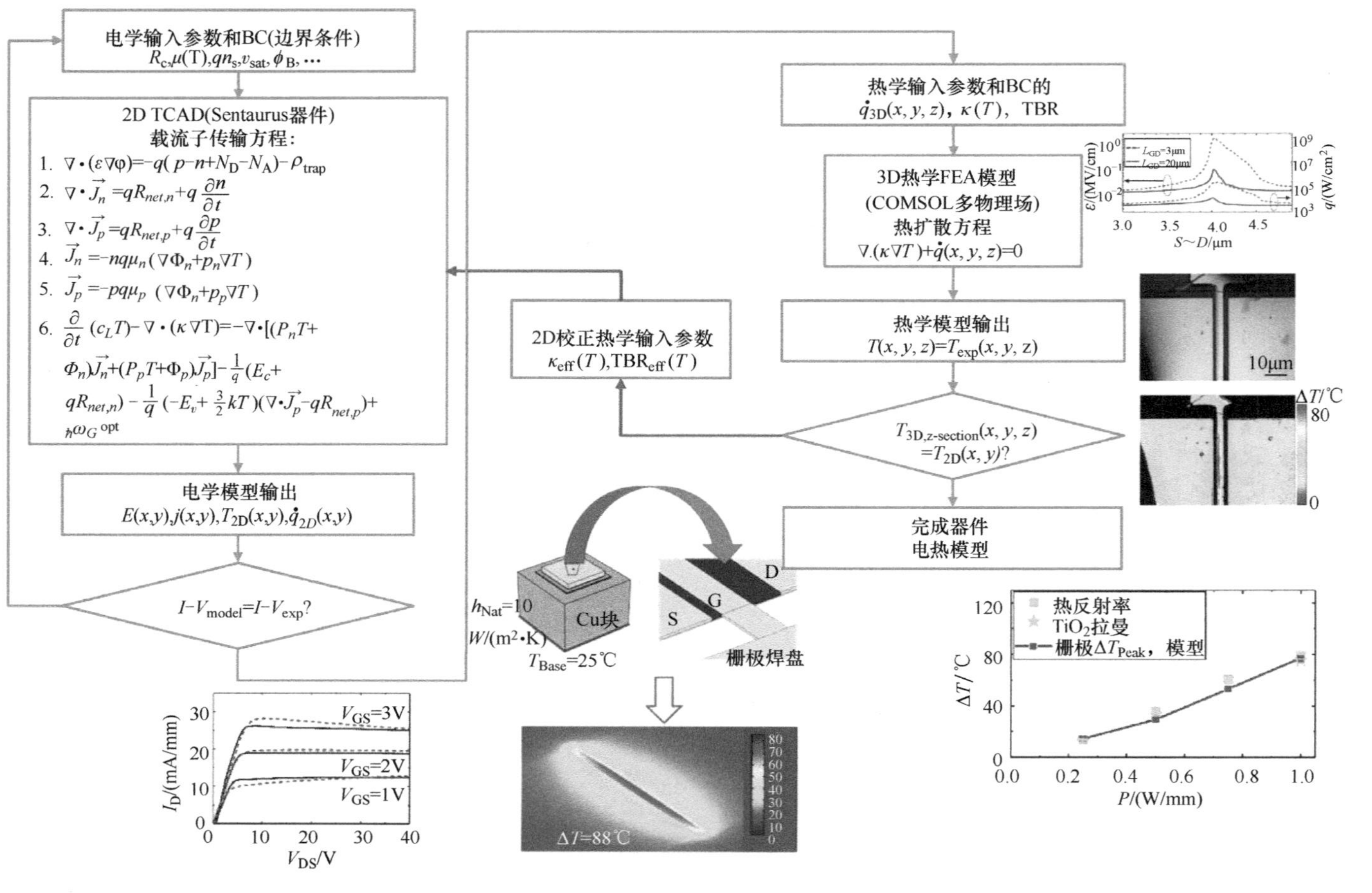

图 6.9　全耦合三维电热建模流程。控制方程的详细说明见 6.3 节

本章后续内容将对该建模方案的实施步骤进行详细分析，并使用所得到的模型来演示其能力。例如，将器件的实测电流-电压（*I-V*）特性与从耦合电热仿真中推导出的电流-电压（*I-V*）特性进行比较（见本章后面的图 6.22）。为了反映高功率条件下直流 *I-V* 特性中的负微分电阻（NDR），2D 电学模型使用了温度相关参数，如电子迁移率[5,33]、禁带宽度和热导率[30]（如前文所述进行了校正）。

为了验证所开发的全耦合 3D 电热建模方案的有效性，使用热反射热成像来测量栅极、源极和漏极的表面温度。热反射热成像已被证实非常适合测量金属化结构的温度，其空间分辨率比红外（IR）热显微镜高得多。因此，该技术被用作验证建模结果的主要实验工具。

创建全耦合的 3D 电热模型的第一步是建立精确的 2D TCAD 模型，该模型生成整个 HEMT 有源区的热源分布。此过程将在下一节中介绍。

6.3 2D TCAD 模型

6.3.1 HEMT 器件物理

为了对 AlGaN/GaN HEMT 进行建模，有必要了解这些器件的工作原理。压电极化和自发极化的组合如何在 AlGaN/GaN 界面处产生带正电的面电荷以及如何由此产生 2DEG？器件工程师对这些问题特别感兴趣，因为这些效应决定了器件的载流能力。在本节中，我们的目标是对上述问题以及 AlGaN/GaN HEMT 的漏极电流的产生有一个基本的了解。

6.3.1.1 极化感生面电荷

AlGaN/GaN HEMT 的一个显著特征是异质界面处的 2DEG，2DEG 是由于 GaN 和 AlN（AlGaN）在 0001 方向上表现出的强极化而产生的。AlN 和 GaN 通常都以纤锌矿相存在。相应的晶体结构由两个紧密堆积的六角亚晶格组成，其中一个由氮原子构成，另一个由阳离子（Ga 或 Al）构成。GaN 晶体结构的示意图如图 6.10 所示。从图中可以看出，阳离子子晶格与阴离子子晶格偏移了一个 $u \times c$ 的距离。该偏移通常被简单地定义为 u（以 c 为单位），其中 c 是 c 轴方向上的晶格参数。由于纤锌矿（6mm）是与自发极化相容性最高的对称性结构，因此 GaN 和 AlN（AlGaN 也是）表现出很强的自发极化效应（P_{SP}）。P_{SP}的方向与唯一极性轴的取向一致，该极性轴即Ⅲ族氮化物的<0001>轴。已有文献给出 GaN 和 AlN 的 P_{SP}值分别为$-0.029C/m^2$ 和$-0.081C/m^2$。这些值相当大，原因在于“u”参数相较于理想纤锌矿值偏离了 3/8[34]。AlN、GaN 和 $Al_{0.25}Ga_{0.75}N$ 的相关晶格参数和材料特性见表 6.1。

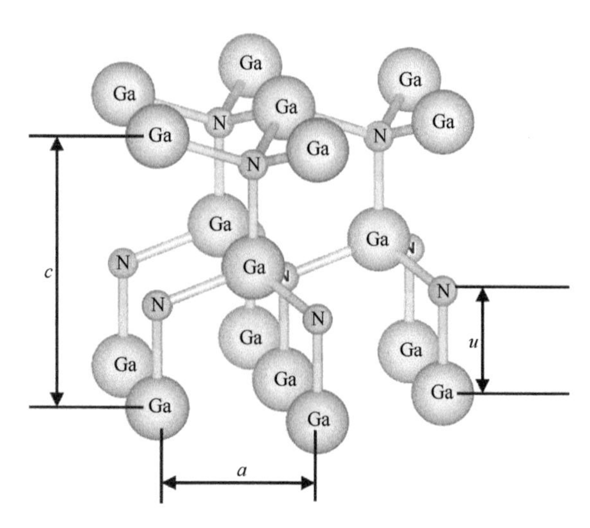

图 6.10　GaN 纤锌矿晶体结构的示意图

表 6.1　计算压电和自发极化所需的 AlN、GaN 和 $Al_{0.25}Ga_{0.75}N$ 参数[5]

纤锌矿（300K）	AlN	GaN	$Al_{0.25}Ga_{0.75}N$	单位
a_0	3.112	3.189	3.16975	Å
c_0	4.982	5.185	5.13825	Å
c_0/a_0	1.601	1.627	1.6205	
u_0	0.38	0.376	0.375	Å
P_{sp}	−0.081	−0.029	−0.042	C/m²
e_{33}	1.46	0.73	0.9125	C/m²
e_{31}	−0.6	−0.49	−0.5175	C/m²
e_{15}	−0.48	−0.3	−0.345	C/m²
ε_{11}	9	9.5	9.375	
ε_{33}	10.7	10.4	10.475	
c_{13}	108	103	104.25	GPa
c_{33}	373	405	397	GPa
$\sigma(P_{PE})$	NA	0	5.7×10^{12}	cm^{-2}
$\sigma(P_{SP})$	NA	1.81×10^{13}	2.6×10^{13}	cm^{-2}
$\sigma(Net)$	1.4×10^{13}			cm^{-2}

除了自发极化外，赝晶生长的 AlGaN/GaN 异质结还表现出应变诱导的压电极化。沿 c 轴的压电极化（P_{PE}）由下式给出：

$$P_{PE}=e_{33}\epsilon_z+e_{31}(\epsilon_x+\epsilon_y) \tag{6.4}$$

式中，ϵ_x 和 ϵ_y 是沿 C 平面中两个垂直方向的应变；ϵ_z 是沿 c 轴的应变；压电系数 e_{33}和 e_{31}见表 6.1。假设平面内应变（ϵ_x，ϵ_y）相等，并由下式给出：

$$\epsilon_x = \epsilon_y = (a - a_0)/a_0 \tag{6.5}$$

沿 c 轴方向的应变为

$$\epsilon_z = \frac{c - c_0}{c_0} \tag{6.6}$$

在式（6.5）和式（6.6）中，a_0 和 c_0 是平衡晶格常数，而 a 和 c 表示应变晶格参数。对于六方 AlGaN 系统，应变和弛豫晶格常数与弹性刚度常数 C_{13} 和 C_{33} 的关系如下[34]：

$$\frac{c - c_0}{c_0} = -2\frac{C_{13}}{C_{33}}\frac{a - a_0}{a_0} \tag{6.7}$$

结合式（6.4）~式（6.7），压电极化可表示为

$$P_{\mathrm{PE}} = 2\frac{a - a_0}{a_0}\left(e_{31} - e_{33}\frac{C_{13}}{C_{33}}\right) \tag{6.8}$$

P_{PE}可以通过压电系数和弹性系数的值来计算，如果材料层中的应变是拉伸应变，则 P_{PE}为负（即从异质界面指向衬底）；如果材料层中的应变是压缩应变，则 P_{PE}为正（即从衬底指向异质界面）。对于 GaN 异质结构上的 AlGaN 来说，由于 AlGaN 的晶格常数（a_0）比 GaN 的小，因此 AlGaN 处于拉伸应变下（见图 6.3），AlGaN 的 P_{PE}是从异质界面指向衬底的。如表 6.1 所示，如果自发极化矢量是负的，这意味着它指向 c 方向，即从异质界面指向衬底。这导致 P_{PE}和 P_{SP}的矢量和简化为标量和，指向衬底。

当 AlGaN 到 GaN 的界面上的极化效应发生变化时，极化梯度在界面处产生极化感生的面电荷。应当注意，净极化是在 AlGaN 和 GaN 层中形成极化（自发极化和压电极化）的代数差。此外，由于极化矢量 P 通常被定义为起始于负束缚电荷并终止于正束缚电荷，因此对于生长在 Ga 面 GaN 上的 AlGaN 异质结构来说，感应的极化面电荷密度（σ）与极化矢量的关系如下：

$$\sigma = P(\mathrm{AlGaN}) - P(\mathrm{GaN}) \tag{6.9}$$

假设本章参考文献［5］中给出的插值关系正确，那么对于 $\mathrm{Al_{0.25}Ga_{0.75}N}$，考虑到完美的赝晶生长，计算出的面电荷密度为 $2.22\times10^{13}\mathrm{cm^{-2}}$。在这种情况下，如果极化诱导的面电荷密度 σ 是正的，则自由电子通过在异质界面附近积累来补偿并保持电中性。由于在异质界面处形成的量子阱，这些积累的电子可以沿着界面自由移动，因此被称为 2DEG。对于这种情况，假设是赝晶生长，2DEG 密度（$n_s = \sigma/q$）可推导为 $1.4\times10^{13}\mathrm{cm^{-2}}$。当然，对于部分弛豫的 AlGaN，可以使用弛豫因子来计算面电荷密度[5]。

6.3.1.2 2DEG 密度

2DEG 载流子面浓度是最重要的参数之一，它有效地短接了漏极和源极之间的沟道，从而推动 AlGaN/GaN HEMT 的普及。为了计算 HEMT 在不同工作状态下的 2DEG

密度，第一步是以自洽的方式求解应用于量子阱的薛定谔方程和泊松方程。累积的总电荷可表示为[35,36]

$$n_s = D\frac{k_B T}{q}\ln\{(1+e^{\left(\frac{q}{k_B T}\right)(E_F-E_0)})(1+e^{\left(\frac{q}{k_B T}\right)(E_F-E_1)})\} \tag{6.10}$$

式中，D 是二维系统的导带密度（常数）；E_0 和 E_1 分别是基态和第一量子态；E_F 是费米能级。在该分析中，假设电子仅填充量子阱中的基态和第一量子态。详情见本章参考文献［36］。E_0 和 E_1 可以通过求解薛定谔方程和泊松方程来计算，并由下式给出

$$E_n = C_n n_s^{2/3} \tag{6.11}$$

式中，C_n（$n=0$，1）是随子带变化的常数[36,37]。结合式（6.10）和式（6.11），可以得到 E_F 和 n_s 的相互依赖关系，公式中的其他参数均是已知的常数。但是在 AlGaN/GaN HEMT 工作期间，n_s 将随着沟道耗尽/积累而变化，这种沟道状态的变化受到栅极电压（V_G）和阈值电压（V_{th}）的综合控制。

考虑到完全耗尽近似，从 AlGaN 势垒层耗尽的总电荷可以通过求解跨栅双端结构的泊松方程来计算，可以写作

$$qn_s = \frac{\epsilon}{t_{barr}+t_{sp}}\left(V_G - V_{th} - \frac{E_F}{q}\right) \tag{6.12}$$

式中，t_{barr}和 t_{sp}分别是掺杂势垒层厚度和未掺杂的空间电荷层厚度。阈值电压可以表示为

$$V_{th} = \phi_B - \Delta E_c - \frac{qN_D t_{barr}^2}{2\varepsilon} - \frac{\sigma_P}{\varepsilon}(t_{barr}+t_{sp}) \tag{6.13}$$

式中，ϕ_B 表示肖特基势垒高度；ΔE_c 表示 AlGaN 和 GaN 之间的导带不连续性；N_D 是 AlGaN 势垒层的掺杂密度。结合式（6.12）和式（6.13），可以将 2DEG 密度写为

$$qn_s = \frac{\epsilon}{t_{barr}+t_{sp}}\left[V_G - \phi_B + \frac{\Delta E_c - E_F}{q} + \frac{qN_D t_{barr}^2}{2\varepsilon} + \frac{\sigma_P}{\varepsilon}(t_{barr}+t_{sp})\right] \tag{6.14}$$

结合式（6.10）、式（6.11）和式（6.14），对于特定几何结构的器件，可以在不同的 V_G 条件下，彼此独立地求解 n_s 和 E_F。下一节将详细讨论将这些物理特性纳入 TCAD 模型的方法。不过很显然，式（6.14）中变量的任何变化都将改变 2DEG 密度。这也将对 HEMT 漏源电流（I_D）产生直接影响。

这里需要注意的是，式（6.10）源于薛定谔方程，通常不用于 TCAD 仿真。为了便于理解式（6.14）中相关参数的联系，这里进行一下说明。密度梯度模型可以作为一种近似，通过仔细校准，可以产生与泊松-薛定谔方程的解非常一致的结果[38]。

HEMT 器件的物理特性取决于材料特性和设计参数，为了便于理解这一关系，有必要熟悉 HEMT 漏极电流 I_D 的解析推导过程。为了限制当前求解范围，我们将大胆假设强反型。这意味着，在式（6.10）中，E_F 比导带边缘高几个 $k_B T$（k_B 是玻尔兹曼常数）（即 $E_F \gg E_i$），而且公式（6.14）中，V_G 显著高于 V_{th}。在这种情况下，n_s 随费米

能级线性变化，可以表示为

$$E_{\mathrm{F}} \approx m \cdot n_{\mathrm{s}} + E_{\mathrm{F},0} \tag{6.15}$$

结合式（6.12）和式（6.15），我们可以得到以下关系式：

$$qn_{\mathrm{s}} = \frac{\epsilon}{(t_{\mathrm{barr}}+t_{\mathrm{sp}}) + m\dfrac{\epsilon}{q_{\mathrm{D}}^{2}}}(V_{\mathrm{G}} - V_{\mathrm{th}}) \tag{6.16}$$

变量 $m\dfrac{\epsilon}{q_{\mathrm{D}}^{2}}$通常可以表示为一种虚拟厚度变量，例如可以写作 Δt_{b}，其物理意义在于它与式（6.15）的斜率有关，即对于 n_{s} 来说的$\dfrac{\mathrm{d}E_{\mathrm{F}}}{\mathrm{d}n_{\mathrm{s}}}$。从式（6.15）可以看出，对于强反型，$\dfrac{\mathrm{d}E_{\mathrm{F}}}{\mathrm{d}n_{\mathrm{s}}}$是常数。它可以通过画图获得，根据式（6.10）绘制 n_{s} 与 E_{F} 的变化关系，并找到曲线在强反转下的斜率（图 6.11 所示的 E_{F}-n_{s} 曲线的线性部分），便可以求出$\dfrac{\mathrm{d}E_{\mathrm{F}}}{\mathrm{d}n_{\mathrm{s}}}$。此外，应当注意，式（6.16）中的阈值电压 V_{th}的表达式为

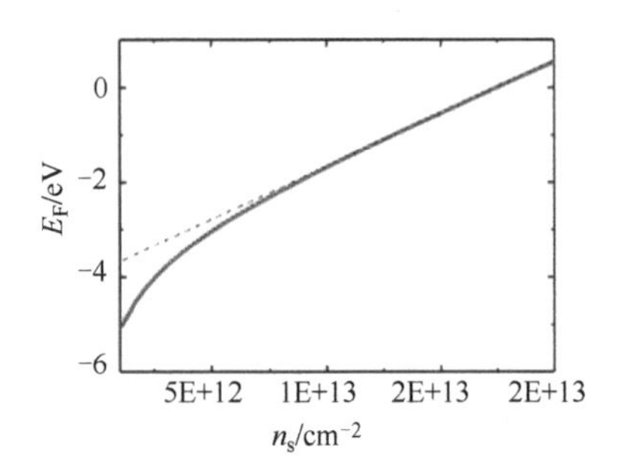

图 6.11 费米能级随 2DEG 密度的变化。黑色虚线表示的线性拟合对应于式（6.15）中所示的简化求解

$$V_{\mathrm{th}} = \phi_{\mathrm{B}} + E_{\mathrm{F},0} - \Delta E_{\mathrm{c}} - \frac{qN_{\mathrm{D}}t_{\mathrm{barr}}^{2}}{2\varepsilon} \tag{6.17}$$

6.3.1.3 漏源电流

为了进一步了解 HEMT 的工作状态，在我们理解了 2DEG 面电荷的形成过程并能够在变化的栅极偏置条件下对其进行量化之后，下一步就是计算从漏极流到源极的电流，通常表示为漏极电流或 I_{D}。在该推导中，漏极和源极扩展电阻和接触电阻均已被忽略。本节稍后将介绍在 TCAD 模型中测量和合并这些参数的步骤。为了确定 I_{D} 的表达式，需要首先考虑沟道电荷密度。通过式（6.14），沟道电荷密度可以写作

$$q'_{\mathrm{2DEG}} = qn_{\mathrm{s}} = \frac{\epsilon}{(t_{\mathrm{barr}}+t_{\mathrm{sp}}) + \Delta t_{\mathrm{b}}}[V_{\mathrm{G}} - V_{\mathrm{th}}] \tag{6.18}$$

这里，我们仅考虑电荷的数值，但是可以理解，2DEG 电荷由电子组成，因此具有负电性。

式（6.18）适用于具有肖特基栅极和衬底的双端结构。为了将其扩展到实际的 HEMT 结构，需要考虑电荷在包括漏源电极的纵向方向（平行于 2DEG 沟道）上的扩展。这意味着我们需要考虑施加在漏极和源极之间的电压（V_{DS}，其中源极接地）和沿着沟道的静电势的变化（V_{ch}）（其中漏极施加 V_{D}，源极施加 V_{S} 或保持零电位），在此

我们将其表示为 x 方向。据此式（6.18）可以改写为

$$q'_{2DEG}=\frac{\epsilon}{(t_{barr}+t_{sp})+\Delta t_b}[V_{GS}-V_{th}-V_{ch}(x)] \tag{6.19}$$

在式（6.19）中，$\frac{\epsilon}{(t_{barr}+t_{sp})+\Delta t_b}$类似于 MOSFET 的栅氧化层电容（$C_{ox}$），而 AlGaN/GaN HEMT 的 AlGaN 势垒层就类似于栅氧化层。在这种情况下，考虑到半导体在长度为 Δx、宽度为 W 的区域内的电荷连续性，当时间变化 Δt 时，可以得到如下公式：

$$\{q'_{2DEG}(x,t+\Delta t)-q'_{2DEG}(x,t)\}\cdot\Delta x\cdot W=\{I_D(x,t)-I_D(x+\Delta x\}\cdot\Delta t \tag{6.20}$$

如果认为 Δt 和 Δx 无限小，则可以使用微分形式来重新组织式（6.20），替换式（6.19）中的 q'_{2DEG}，我们就得到下面的公式：

$$\frac{\partial I_D(x,t)}{\partial x}=WC'_{ox}\frac{\partial}{\partial t}[V_{GS}-V_{th}-V_{ch}(x,t)] \tag{6.21}$$

这就是 HEMT 的电荷连续性方程——典型场效应晶体管（FET）的两个控制方程之一。

FET 的另一个控制方程是漂移方程，它将电流与载流子密度、迁移率（μ_n）和半导体沟道上的电场联系了起来。

对于 HEMT，电荷密度为 $q'_{2DEG}\cdot q/y_{2DEG}(x)$（$C/cm^3$），其中 $y_{2DEG}(x)$ 是在任意位置 x 处的 2DEG 面电荷厚度。2DEG 沟道中的电场可以表示为电势的梯度，即$\partial V_{ch}(x,t)/\partial x$。考虑在任意 x 处流过 2DEG 通道的电流的横截面积为 $W\cdot y_{2DEG}(x)$，那么漂移方程可以表示为

$$I_D(x,t)=W\mu_n q'_{2DEG}(x,t)\frac{\partial V_{ch}(x,t)}{\partial x} \tag{6.22}$$

把式（6.19）中 q'_{2DEG}的表达式代入到式（6.22）中，我们得到 HEMT 的漂移方程为

$$I_D(x,t)=WC'_{ox}\mu_n[V_{GS}-V_{th}-V_{ch}(x)]\frac{\partial V_{ch}(x,t)}{\partial x} \tag{6.23}$$

考虑直流情况并在整个沟道长度上进行积分（$x=0$ 到 $x=L$），HEMT 的连续性和漂移方程变为以下形式：

连续性方程：
$$\frac{\partial I_D}{\partial x}=0 \tag{6.24}$$

漂移方程：
$$I_D=\frac{WC_{ox}\mu_n}{L}\left\{(V_{GS}-V_{th})V_{DS}-\frac{V_{DS}^2}{2}\right\};V_{DS}<V_{GS}-V_{th} \tag{6.25}$$

漂移方程假设迁移率在整个沟道中是恒定的。这意味着 HEMT 沟道足够长而不存在速度饱和。此外，式（6.25）仅在 $V_{DS}<(V_{GS}-V_{th})$ 的情况下有效。一般用 $V_{DS,sat}$来表

示变量 $V_{GS}-V_{th}$。当 $V_{DS}>V_{DS,sat}$时，电流达到某个固定的饱和值，记作 $I_{D,sat}$。电流饱和状态下的漏极电流由下式给出：

漂移方程：
$$I_D=\frac{WC_{ox}\mu_n}{L}\frac{(V_{GS}-V_{th})^2}{2};V_{DS}\geqslant V_{GS}-V_{th} \tag{6.26}$$

图 6.12 展示了 AlGaN/GaN HEMT 的典型 I_D-V_{DS} 特性。

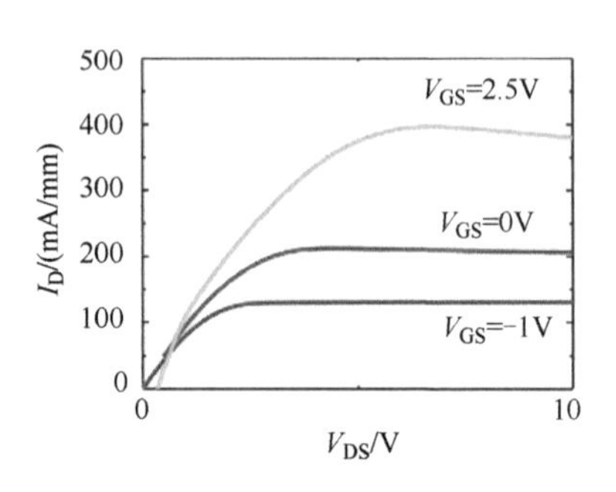

图 6.12　HEMT 的 I-V 特性（器件尺寸见本章参考文献 [10]）

式（6.23）和式（6.24）不适用于弱反型状态，即 $q'_{2DEG}\approx 0$ 时。不过有趣的是，从式（6.19）可以看出，如果 $V_{DS}=V_{DS,sat}$，在 $x=L$ 处，$q'_{2DEG}\approx 0$，这不符合器件物理。但事实上，这只是表明 $V_{DS,sat}$ 是长沟道 HEMT 的夹断电压。当 V_{DS}高于夹断电压时，在 $x=L$ 附近形成了所谓的耗尽区，其中载流子密度接近于零，但是由于电场强度大，载流子速度会很高。

6.3.1.4　速度饱和

推导式（6.23）和式（6.24）的过程中有一个重要的假设，即电子漂移速度（v_d）与电场（ε）成正比，而且 v_d 和 ε 的比例系数就是电子迁移率（μ_n）。但实际上，对于短沟道 HEMT 或具有非常高的工作电压（因此具有相当高的横向电场）的 HEMT，迁移率和漂移速度都与电场相关，因此需要更加严谨的分析。图 6.13 显示了在很大的电场强度范围内，GaN 中电子漂移速度的变化趋势。对于曲线的线性区域（小于 100kV/cm），v_d 与 ε 确实成正比。但在更大强度的电场下，电子漂移速度不再增加。反而会观察到下降的趋势。本章稍后将详细讨论适用于电场相关的 v_d 和 μ_n 数学模型以及在 TCAD 软件中实现这些模型的详细方法。

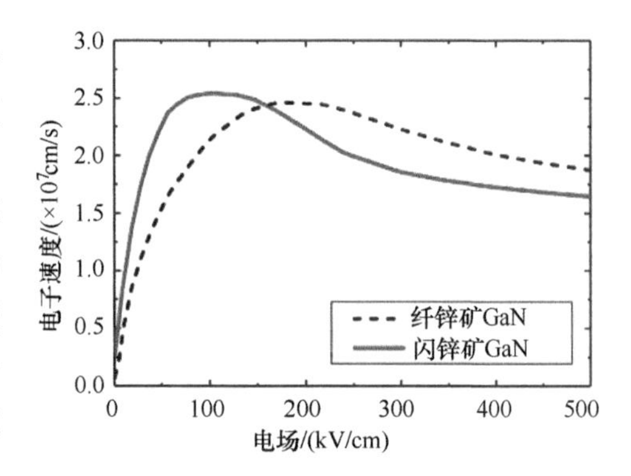

图 6.13　纤锌矿和闪锌矿结构的 GaN 电子速度随电场的变化[39,40]

6.3.2　Sentaurus 技术计算机辅助设计

解决 HEMT 器件物理的最常用方法之一是使用商业技术计算机辅助设计（TCAD）软件。在本文中，使用 Synopsys Sentaurus 来演示整个工艺流程。Sentaurus 有三个主要输入文件，分别表示几何/网格、器件物理和材料参数。为方便起见，在此我们将这些文件分别称为几何、物理和参数文件。

6.3.2.1　几何文件

几何文件中定义了器件结构。由于几何结构通常包括纳米尺度到毫米尺度的区域，因此为了减轻计算负担，通常以 2D 方式开展 TCAD 仿真。这种仿真基于（x，y）坐标系，其中$+y$ 方向是从器件表面指向衬底。但是用户也可以选择其他的统一坐标系（UGS），比如通过指定适当的关键字让 y 轴变为水平方向。图 6.14 展示了本章节仿真实例中 AlGaN/GaN HEMT 的示意图。

真实器件的栅源间距（L_{GS}）为 3μm、栅长（L_G）为 2μm、栅宽为 100μm、栅漏间距（L_{GD}）为 15μm，如图 6.14 所示。器件的其他材料层生长在 Si 衬底上，包括 10nm 的原位 SiN_x 钝化层、4nm 的 GaN 帽层、24nm 的 AlGaN 势垒层、514nm 的本征 GaN 层和 4.4μm 的 GaN 缓冲层。首先，利用 Cl_2/BCl_3 等离子体实现感应耦合等离子体反应离子刻蚀（ICP-RIE），使部分欧姆接触区域产生凹陷。然后，在接触上沉积 Ti/Al/Ni/Au（20/120/25/50nm）金属层。在 830℃的 N_2 环境中快速热退火（RTA）30s 使金属层合金化。接下来，为了限定有源区，使用基于 Cl_2/BCl_3 的 ICP-RIE 来形成台面，随后利用 ICP-化学气相淀积在 HEMT 结构上淀积 20nm 的 SiN_x 薄膜作为钝化层。为了改善绝缘层和相关界面的性能，在 500℃的 N_2 环境中 RTA 处理 5min。利用基于 SF_6 的 ICP-RIE 刻蚀 SiN_x 薄层形成肖特基栅极区域。最后，使用 Ni/Au（20/200nm）蒸发同时形成栅极接触和焊盘电极。

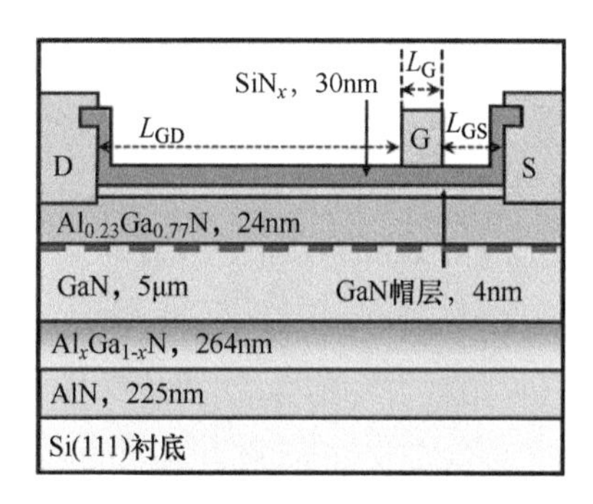

图 6.14　AlGaN/GaN 肖特基 HEMT 的截面示意图

作为 Sentaurus 的几何创建工具，Sentaurus Structure Editor（SDE）用于创建器件仿真结构。应当注意，可通过使用“sprocess”工具来模拟部分制造工艺流程；但是为了简单起见，这里使用“sde”。“sprocess”和“sde”工具的更多详细信息可在各自的用户指南中找到[41,42]。

使用脚本在几何文件中定义尺寸 L_{GD}、L_G 和 L_{GS}。下面给出一个示例。

代码摘录如下：

```
;————————————————————————————————————.
; Dimensional parameters.
;————————————————————————————————————.
(define tox_passivation 0.03)
(define tGaN_cap  0.0036)
(define NGaN_cap  1.1E15)
(define tAlGaN    0.024)
(define xAlGaN    0.25)
(define tGaN_channel  0.514)
(define Lgs  3)
(define Lgd  15)
(define Lg  2.0)
```

如果代码中定义了相关参数，那么其他点的坐标可以基于这些参数来定义。下面给出一个这样的示例。

代码摘录如下：

```
;————————————————————————————————.
; Derived parameters.
;————————————————————————————————————.
; Vertical coordinates.
(define Ytop 0.0)
(define Y0_ox_passivation Ytop)
(define Y0_GaN_cap (+ Y0_ox_passivation tox_passivation))
(define Y0_AlGaN_barrier (+ Y0_GaN_cap tGaN_cap))
(define Y0_GaN_channel (+ Y0_AlGaN_barrier tAlGaN))
(define Y0_GaN_buffer (+ Y0_GaN_channel tGaN_channel))
;————————————————————————————————————.
; Horizontal coordinates.
(define Xmin-0.05)
(define Xmax (+ Xmin Ls Lgs Lg Ldg Ld))
;————————————————————————————————————
```

一旦定义了所有相关点的 x 和 y 坐标，就可以逐层定义材料层。下面是一个示例：

代码摘录如下：

```
;——————————————————————————————————————————————.
; Build epi structure.
;——————————————————————————————————————————————.
; Passivation.
(sdegeo:create-rectangle.
(position Xmin Y0_ox_passivation 0) (position Xmax Y0_GaN_cap 0)
"Nitride" "ox_passivation".
)
(sdedr:define-refinement-size "Ref.ox_passivation" 99 0.0125 66 0.01)
 (sdedr:define-refinement-region     "Ref.ox_passivation"     "Ref.
ox_passivation" "ox_passivation")
 ; GaN cap.
 (sdegeo:create-rectangle (position Xmin Y0_GaN_cap 0) (position Xmax
Y0_AlGaN_barrier 0)
 "GaN" "GaN_cap").
 (sdedr:define-constant-profile                  "ndop_GaN_cap_const"
"ArsenicActiveConcentration" NGaN_cap)
 (sdedr:define-constant-profile-region           "ndop_GaN_cap_const"
"ndop_GaN_cap_const" "GaN_cap")
 ; AlGaN barrier.
 (sdegeo:create-rectangle.
 (position Xmin Y0_AlGaN_barrier 0) (position Xmax Y0_GaN_channel 0)
 "AlGaN" "AlGaN_barrier".
 )
 (sdedr:define-constant-profile            "ndop_AlGaN_barrier_const"
```

```
"ArsenicActiveConcentration" NAlGaN)
(sdedr:define-constant-profile-region    "ndop_AlGaN_barrier_const"
"ndop_AlGaN_barrier_const" "AlGaN_barrier")
(sdedr:define-constant-profile          "xmole_AlGaN_barrier_const"
"xMoleFraction" xAlGaN)
(sdedr:define-constant-profile-region   "xmole_AlGaN_barrier_const"
"xmole_AlGaN_barrier_const" "AlGaN_barrier")
(sdedr:define-refinement-size "Ref.AlGaN_barrier" 99 0.01 66 0.05)
(sdedr:define-refinement-region      "Ref.AlGaN_barrier"      "Ref.
AlGaN_barrier" "AlGaN_barrier")
;--------------------------------------------------------------------
```

应当注意，在该步骤中还定义了 AlGaN 层的摩尔组分。稍后会在参数文件中引用这个正确摩尔组分，以提取与之对应的 AlGaN 材料属性。几何文件中还需要限定各个层的掺杂浓度和相应的掺杂分布。在该示例中，假设每一层的掺杂浓度都是恒定的。当然，也可以定义不均匀的掺杂分布（例如，高斯分布）。读者应重视 Sentaurus Structure Editor 用户指南和 HTML 自学教程等资料，这些资料会详细说明上述程序的实现步骤。

构建 HEMT 结构的下一步是定义三个金属电极和“热电极”，这通常需要定义热边界条件。下面摘录一个示例。

代码摘录如下：

```
;--------------------------------------------------------------------.
; "Build" device.
(define    gt.metal    (sdegeo:create-rectangle    (position    Xgt.l
(- Y0_GaN_cap (+ tgt tgt_ext)) 0) (position Xgt.r Y0_GaN_cap 0)
"Gold" "tmp.gate".
))
; Define electrodes.
(sdegeo:define-contact-set "gate")
(sdegeo:set-current-contact-set "gate")
(sdegeo:set-contact-boundary-edges gt.metal)
(sdegeo:delete-region gt.metal)
; Define thermodes.
(sdegeo:insert-vertex (position 0 (+ Ycontact 0.1) 0))
(sdegeo:insert-vertex (position Xmax (+ Ycontact 0.1) 0))
(sdegeo:define-contact-set "thermal")
(sdegeo:set-current-contact-set "thermal")
(sdegeo:define-2d-contact  (find-edge-id  (position  0.0001  Ybot  0))
"thermal")
;--------------------------------------------------------------------
```

构建器件结构的最后一步是定义网格。建议根据器件物理特性，使用相对较细的网格元素来定义区域。例如，因为在靠近漏极一侧的栅极边缘附近的电场强度最高，因此谨慎的做法是在该位置周围设置最精细的网格元素。相反，如果在模型中包括衬底，则衬底可以具有较粗糙的元素以提高计算效率。下面给出了一段示例代码，它展示了如何定义细化区域和构建网格。

代码摘录如下：

```
;——————————————————————————————————————————.
; Left gate contact edge.
(sdedr:define-refinement-window "Pl.contact_l" "Rectangle".
    (position (- Xgt.l 0.02) Ytop 0) (position (+ Xgt.l 0.02)
(+ Y0_GaN_channel 0.005) 0))
(sdedr:define-refinement-size "Ref.contact_l" 0.005 99 0.001 66)
(sdedr:define-refinement-placement  "Ref.contact_l"  "Ref.con-
tact_l" "Pl.contact_l")
;——————————————————————————————————————————.
(sde:build-mesh  "snmesh"  "-AI  -y  500  -fit_interfaces"
"n@node@_msh")
;——————————————————————————————————————————
```

求解问题的物理尺度决定了网格所需的细化程度。通常需要通过开展网格收敛性研究来确定细化程度。用户可以从网格数量较低（例如，对于HEMT网格数据约为10000）的情况开始，逐渐细化网格以确认解决方案及其收敛的准确性。图6.15显示了当前情况下的网格敏感性研究。在一定的网格数量范围内（仿真区域中的元素总数为N）绘制外延区中的I_D-V_{DS}和器件峰值温升（ΔT_{peak}）。从图6.15中可以明显看出，网格数量对HEMT的漏极电流影响很小，但ΔT_{peak}的差异显著。不过当网格数量超过45000个时，结果不再受网格数量的影响。在本章的研究中，使用了更精细的包含54000个元素的网格。

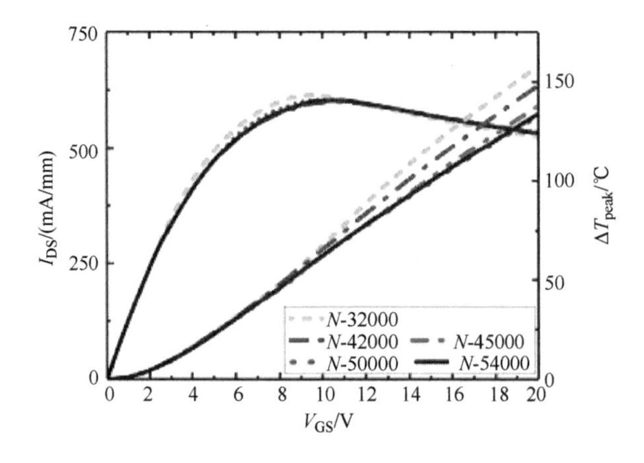

图6.15　网格收敛性研究显示了网格数量对仿真结果的影响。在网格数量的整个范围内（N=32000~54000），电流不随N变化，而温度随网格数量显著变化，直到网格数量细化到45000

6.3.2.2　物理和参数文件

准备好实体几何图形和网格后，用户就可以创建器件物理文件了。用户也可以同时很方便地设置参数文件，因为这两个文件是相互关联的。要做到这一点，必须了解

Sentaurus 中求解 HEMT 的电子输运控制方程。这些方程的简要描述将在下面给出。

泊松方程

$$\nabla \cdot (\varepsilon \nabla \varphi) = -q(p-n+N_D-N_A)-q_{PE}-\rho_{trap} \tag{6.27}$$

式中，ε 是材料的介电常数；q 是电子电荷量；φ 是静电动势；q_{PE}是净极化电荷；n 和 p 是电子和空穴密度；N_D 和 N_A 分别是电离施主和电离受主的浓度；ρ_{trap}是由于陷阱和固定电荷导致的体积电荷密度。极化感应电荷密度可以通过 6.3 节中讲述的步骤获得。掺杂浓度通常通过二次离子质谱法（SIMS）来测量，并已在前述的几何文件中定义。陷阱密度通常是未知的，但可以通过迭代来确定，以使模拟的器件特性与测量值相匹配。这个过程通常被称为仿真模型的“校准”，将在下一节中讨论。介电常数（ε）在参数文件中使用参数集 epsilon 来定义。例如，对于 GaN，介电常数可以按如下方式定义。

代码摘录（sdevice. par）如下：

```
Epsilon
{
epsilon=8.6
}
```

电子和空穴密度由相应的准费米势计算，并假设符合玻尔兹曼统计（默认）或费米统计。静电势 $\varphi(x,y)$ 通过求解式（6.27）来确定。

要调用费米统计选项，需要在器件物理文件的物理部分中包含关键字“Fermi”。为了计算精度，使用费米统计很重要，特别是当费米能级并非远低于导带能级时。

载流子连续性方程

下面将给出电子和空穴的载流子连续性方程的一般形式。

$$\nabla \cdot \overrightarrow{J_n} = qR_{net,n} + q\frac{\partial n}{\partial t} \tag{6.28}$$

$$-\nabla \cdot \overrightarrow{J_p} = qR_{net,p} + q\frac{\partial p}{\partial t} \tag{6.29}$$

式中，$R_{net,n}$和 $R_{net,p}$分别是电子和空穴的净复合率；$\overrightarrow{J_n}$和$\overrightarrow{J_p}$是电子和空穴的电流密度，其可以通过选择 3 种电热输运机制模型中的一种来进行计算。这三种模型包括漂移-扩散模型（默认）、热力学模型和流体动力学模型。

漂移扩散模型

漂移-扩散模型是电子传输的默认模型。在该模型中，电子电流密度由下式给出：

$$\overrightarrow{J_n} = \mu_n\left(n\nabla E_c - \frac{3}{2}nkT\nabla \ln m_n^*\right) + D_n(\nabla n - n\nabla \ln\gamma_n) \tag{6.30}$$

式中，前两项是与电场相关的漂移分量，最后两项是与载流子浓度和准费米能的梯度有关的扩散项。假设符合费米统计，γ_n 由下式给出：

$$\gamma_{\mathrm{n}}=\frac{3}{2}\mathrm{e}^{\left(-\frac{E_{\mathrm{F,n}}-E_{\mathrm{c}}}{kT}\right)} \tag{6.31}$$

式中，$E_{\mathrm{F,n}}$是准费米能；$E_{\mathrm{F,n}}/q$称为准费米势（Φ_{n}）。扩散系数（D_{n}）和μ_{n}的爱因斯坦关系由以下方程给出：

$$D_{\mathrm{n}}=\mu_{\mathrm{n}}kT \tag{6.32}$$

组合式（6.30）~式（6.32）和使用电子有效质量的定义（m_{n}^{*}），可以得到以下简化方程。

$$\overrightarrow{J_{\mathrm{n}}}=-nq\mu_{\mathrm{n}}\nabla\Phi_{\mathrm{n}} \tag{6.33}$$

类似地，空穴的电流密度方程如下：

$$\overrightarrow{J_{\mathrm{p}}}=-pq\mu_{\mathrm{p}}\nabla\Phi_{\mathrm{p}} \tag{6.34}$$

式中，μ_{p}和Φ_{p}分别是空穴迁移率和准费米势。为了得到准确的电流密度，精确地模拟材料的迁移率和禁带宽度至关重要。下面的例子给出了在参数文件中设置禁带宽度的方法。表6.2显示了AlN、GaN和$Al_{0.25}Ga_{0.75}N$的禁带宽度和电子亲和势。

代码摘录（sdevice. par）如下：

```
Bandgap
{* Eg=Eg0+alpha*Tpar^2/(beta+Tpar) - alpha*T^2/(beta+T)
 * Eg from properties in literature. Average value of experimental
data.
 * Elec aff. From [43,44]
 * Bgn2Chi is bandgap narrowing contribution to the conduction band
from dopants.
 *No data found for this. Default is 0.5.
 Chi0=3.4 # [eV].
 Bgn2Chi=0.500 # [1].
 Eg0=3.433 # [eV].
 alpha=7.700E-04 # [eV*K^-1].
 beta=6.000E+02 # [K].
 Tpar=300.0E+00 # [K].
 }
```

但是模拟载流子迁移率更为复杂，因为许多因素可以通过改变载流子-声子散射率来影响迁移率。例如，随着晶格温度的增加，载流子（对于HEMT，电子是主要载流子）-声子散射率将增加，从而导致迁移率下降。此外，晶格中包含的杂质原子也会增强载流子散射，进而导致迁移率下降。在适当情况下，计算迁移率还需要考虑载流子-表面声子散射。这些多重散射机制的组合共同作用导致了有效低场迁移率。

表6.2　AlN、GaN和$Al_{0.25}Ga_{0.75}N$的禁带宽度和电子亲和势

	AlN	GaN	$Al_{0.25}Ga_{0.75}N$	单位
E_{g}（300K）	6.13	3.433	4.11	eV
χ（300K）	1.9	3.4	3.025	eV

（续）

	AlN	GaN	$Al_{0.25}Ga_{0.75}N$	单位
Alpha	0.00179	0.00077	0.001025	$eV \cdot K^{-1}$
Beta	1462	600	815.5	eV

注：AlGaN 材料的特性是通过基于 Al 摩尔组分 x 的线性插值得到的[43,44]，而温度相关的禁带宽度是通过前述二次关系式计算得到的。

然而，正如本章前面所讨论的，在高电场条件下，电子速度并不随电场成比例变化。这种条件下的迁移率被称为高场迁移率。要合并低场和高场迁移率模型，需要在器件物理文件的物理部分中使用以下命令。

代码摘录（sdevice_des.cmd）如下：

```
Physics (Region="GaN_cap") {
Mobility (
DopingDep(Arora) Highfieldsaturation(GradQuasiFermi)
)
}
```

在上述定义中既考虑了电子和空穴迁移率的温度依赖性（默认开启），也考虑了其掺杂依赖性（在这种情况下为 Arora 模型）。定义中使用"Highfieldsaturation"这一关键词可以调用速度饱和模型，在该模型中，准费米势的梯度驱动着载流子运动。在数学上，迁移率与温度的关系可以表示为

$$\mu_1=\mu_0\left(\frac{T}{300}\right)^{-\alpha} \tag{6.35}$$

式中，μ_0 是 300K 温度下的低场迁移率；α 是迁移率的温度指数，α 典型值约为 2，因此迁移率随温度超线性降低。

依赖于掺杂的 Arora 模型可以表示为

$$\mu_d=\mu_{min}\left(\frac{T}{300}\right)^{-\alpha_1}+\frac{\mu_1}{1+\left(\dfrac{N_A+N_D}{N_0\left(\dfrac{T}{300}\right)^{-\alpha_N}}\right)^{\zeta\left(\frac{T}{300}\right)^{-\alpha_2}}} \tag{6.36}$$

式中，μ_{min}是最小迁移率；N_A 和 N_D 是受主和施主浓度；N_0 是参考掺杂密度；α_1、ζ、$-\alpha_2$ 和 α_N 是温度指数，这些参数的默认值可以在 Sentaurus 参数文件和用户手册中找到[45]。

通过使用场相关迁移率模型和速度饱和模型，可以将器件有源区中大电场的影响考虑在内。下面给出了一个典型的迁移率模型[45]：

$$\mu(F)=\frac{\mu_{low}}{\left(1+\left(\dfrac{\mu_{low}\cdot F_{hfs}}{v_{sat}}\right)^{\beta}\right)^{\frac{1}{\beta}}} \tag{6.37}$$

模型中的指数项也与温度有关。驱动场（F_{hfs}）由下式给出：

$$F_{hfs,n} = |\nabla \Phi_n| \tag{6.38}$$

饱和速度 v_{sat} 定义如下：

$$v_{sat} = v_{sat,0}\left(\frac{300}{T}\right)^{vsatexp} \tag{6.39}$$

下面给出了如何在参数文件中定义这些属性的一个示例。

代码摘录（sdevice. par）如下：

```
ConstantMobility:
{* mu_const=mumax*(T/T0)^-Exponent
*mobility for GaN buffer. Channel mobility will be higher
mumax=1215.0, 150.00 # [cm^2/(V*s)]
Exponent=2.0, 2.0 # [1]
}
HighFieldDependence:
{
Vsat_Formula=1, 1 # [1]
vsat0=2.0000E+07,0.600E+07
vsatexp=0.87, 0.52
}
```

要使用此模型求解温度，需要在器件物理文件的“Solve”命令中包含关键字“temperature”。

代码摘录（sdevice. par）如下：

```
 Solve {
   Coupled (Iterations=10,000 LinesearchDamping=1e-5) {Poisson}
   Coupled  (Iterations=10,000  LinesearchDamping=1e-5)  {Poisson
Electron Hole Temperature}
 NewCurrentFile="IdVgramp_Comp_".
   Transient(
   InitialTime=0  InitialStep=0.0004  Minstep=4e-06  MaxStep=0.04
FinalTime=0.04 Increment=2.0
 ) {Coupled {Poisson Electron Hole Temperature}.
 Plot(FilePrefix="Vd_Id0_n84" Time=(0,0.04) NoOverwrite).
 }
 }
 ************************
```

请注意，当调用温度求解器时，将求解以下方程：

$$\frac{\partial(c_L T)}{\partial x} + \nabla \cdot (-k_L \nabla T_L) = \frac{\partial(c_L T)}{\partial t} + \left(\frac{\vec{J}_n}{q} \cdot \nabla E_c\right) + \left(\frac{\vec{J}_p}{q} \cdot \nabla E_v\right) + \left(\frac{\partial W_n}{\partial t}\right)_{coll} + \left(\frac{\partial W_p}{\partial t}\right)_{coll} \tag{6.40}$$

式中，c_L和 k_L是晶格的比热和热导率；E_c 和 E_v 分别是导带和价带能量；最后两项表示通过电子-晶格碰撞的能量转移，因为 W_i 表示第 i 个载流子的能量密度（例如，$W_n = 3nkT_n/2$）。

热导率和比热需要在参数文件中定义。下面给出一个示例。

代码摘录（sdevice. par）如下：

```
 Material="GaN" {
 Kappa
 {*  Lattice  thermal  conductivity
   *  150*(T/300)^(-1.4)  data  was  fit  from  280  to  580  K
   Formula=1                   *  kappa()=kappa+kappa_b*T
+kappa_c*T^2         kappa=4.109 #  [W/(cm*K)]
   kappa_b=-0.01159  #  [W/(cm*K^2)]          kappa_c=9.61E-
006  #  [W/(cm*K^3)]
 }
 }
```

表 6.3 中所示的参数可以用于计算 Si、GaN 和 $Al_{0.25}Ga_{0.75}N$ 温度相关的热导率。

表 6.3　仿真中使用的材料的热导率[1]

	Si	GaN	$Al_{0.25}Ga_{0.75}N$	单位
K（300K）	1.5	1.5	0.088	W/(cm · K)
k	3.275	4.109	0.088	W/(cm · K)
k_b	-0.00726	-0.01159	0	$W/(cm \cdot K^2)$
k_c	4.68E-6	9.61E-6	0	$W/(cm \cdot K^3)$

流体动力学模型

在具有极高电场的器件中，电子从电场接收的能量高于从电子扩散到晶格的能量，因此电子能量平衡需要与晶格能量平衡分开计算。该模型的电流密度方程如下：

$$\text{电子}\ \overrightarrow{J_n}=\mu_n\left(n\nabla E_c-\frac{3}{2}nkT\nabla\ln m_n^*+kT_n\nabla n-nkT_n\nabla\ln\gamma_n+\lambda_n f_n^{td}\nabla T_n\right) \tag{6.41}$$

$$\text{空穴}\ \overrightarrow{J_p}=\mu_p\left(p\nabla E_c-\frac{3}{2}pkT\nabla\ln m_p^*+kT_p\nabla p-nkT_p\nabla\ln\gamma_p+\lambda_p f_p^{td}\nabla T_p\right) \tag{6.42}$$

式中，f_n^{td}是热扩散常数，默认值为零。应当注意，当扩散常数为零时，流体动力学模型和漂移扩散模型的电流密度方程是相同的。电子、空穴和晶格的温度分别表示为 T_n、T_p 和 T。这些温度通过下面的能量扩散方程组来求解。

$$\frac{\partial(c_L T)}{\partial x}+\nabla\cdot(-k_L\nabla T_L)=H_L+\xi_n\frac{W_n-W_{n0}}{\tau_{en}}+\xi_p\frac{W_p-W_{p0}}{\tau_{ep}} \tag{6.43}$$

$$\frac{\partial(W_{\mathrm{p}})}{\partial x}+\nabla\cdot(\overrightarrow{S_{\mathrm{p}}})=\left(\frac{\overrightarrow{J_{\mathrm{p}}}}{q}\cdot\nabla E_{\mathrm{v}}\right)-H_{\mathrm{p}}-\xi_{\mathrm{p}}\frac{W_{\mathrm{p}}-W_{\mathrm{p0}}}{\tau_{\mathrm{ep}}} \tag{6.44}$$

$$\frac{\partial(W_{\mathrm{n}})}{\partial x}+\nabla\cdot(\overrightarrow{S_{\mathrm{n}}})=\left(\frac{\overrightarrow{J_{\mathrm{n}}}}{q}\cdot\nabla E_{\mathrm{c}}\right)-H_{\mathrm{n}}-\xi_{\mathrm{n}}\frac{W_{\mathrm{n}}-W_{\mathrm{n0}}}{\tau_{\mathrm{en}}} \tag{6.45}$$

在能量传输方程组，即式（6.43）~式（6.45）中，H_{n}、H_{p} 和 H_{L} 是由于复合-再生过程导致的能量损失和增益项。通常情况下，这些参数项无关紧要，因为这些发热机制是默认关闭的。为了启用它们，需要在物理部分使用“RecGenHeat”关键字。变量 τ_{en} 和 τ_{ep} 分别是电子和空穴的能量弛豫时间。这些参数需要在参数文件中指定。能量流 S_{n} 和 S_{p} 是电流密度、载流子温度、准费米能和热扩散的函数。为了启用流体动力学模型[45]，需要在物理部分使用“Hydrodynamic”关键字。此外，在“Solve”部分的“Coupled”命令中包括“eTemperature”，可以计算电子温度和晶格温度。

代码摘录（sdevice_des.cmd）如下：

```
 Physics {Hydrodynamic}
 Solve   {
   Coupled (Iterations=10,000 LinesearchDamping=1e-5) {Poisson}
   Coupled  (Iterations=10,000  LinesearchDamping=1e-5)  {Poisson
Electron Hole Temperature}
 NewCurrentFile=“IdVgramp_Comp_”
   Transient(
   InitialTime=0  InitialStep=0.0004  Minstep=4e-06  MaxStep=0.04
FinalTime=0.04 Increment=2.0
 ) {Coupled {Poisson Electron Hole Temperature eTemperature}
 Plot(FilePrefix=“Vd_Id0_n84” Time=(0;0.04) NoOverwrite)
 }
 }
```

热力学模型

热力学模型认为温度梯度是电流的驱动力之一。通过在式（6.31）和式（6.32）中加入热电功率项可以实现该模型。在热力学中，热电功率被定义为每单位温差变化下的电压变化量[46]。用 P_{n} 和 P_{p} 分别表示电子和空穴的绝对热电功率，电流密度方程可以表示如下：

$$\overrightarrow{J_{\mathrm{n}}}=-nq\mu_{\mathrm{n}}(\nabla\Phi_{\mathrm{n}}+P_{\mathrm{n}}\nabla T) \tag{6.46}$$

$$\overrightarrow{J_{\mathrm{p}}}=-pq\mu_{\mathrm{p}}(\nabla\Phi_{\mathrm{p}}+P_{\mathrm{p}}\nabla T) \tag{6.47}$$

热力学模型适用于求解长有源区器件的温度相关特性，并假设载流子与晶格处于热平衡状态。但对于亚微米尺寸的器件，上述假设并不成立，因此仍需调用流体动力学模型。

热力学模型通过求解以下方程来获得晶格温度和产热分布：

$$\frac{\partial}{\partial t}(c_{\mathrm{L}}T)-\nabla\cdot(\kappa\nabla T)=-\nabla\cdot[(P_{\mathrm{n}}T+\Phi_{\mathrm{n}})\overrightarrow{J_{\mathrm{n}}}+(P_{\mathrm{p}}T+\Phi_{\mathrm{p}})\overrightarrow{J_{\mathrm{p}}}]-$$

$$\frac{1}{q}\left(E_{c}+\frac{3}{2}kT\right)(\nabla\cdot\overrightarrow{J_{n}}-qR_{\mathrm{net,n}})-$$
$$\frac{1}{q}\left(-E_{v}+\frac{3}{2}kT\right)(\nabla\cdot\overrightarrow{J_{p}}-qR_{\mathrm{net,p}})+\hbar\omega G^{\mathrm{opt}} \tag{6.48}$$

式中，$R_{\mathrm{net,n}}$和$R_{\mathrm{net,p}}$分别是电子和空穴净复合率；G^{opt}是频率为ω的光子的光产生率。为了启用该模型，需要在代码的全局物理部分使用关键字“Thermodynamic”。

代码摘录（sdevice_des. cmd）如下：

```
 Physics {Thermodynamic **Note: Thermodynamic and Hydrodynamic key-
words cannot be used **simultaneously.
 AnalyticTEP ****Note: This ensures that an analytic model is used in
to calculate the *thermoelectric power
 }
 *********************
```

求解部分

器件物理文件中的求解器部分用于定义要求解的方程、电学工作条件（例如，V_{DS}、V_{GS}的范围），并且还用于定义要在后处理期间绘制的图形。求解器部分也可以在准稳态模式或瞬态模式下完成对电学边界条件的扫描（例如，扫描漏极电压V_{DS}）。下面给出了准稳态模式下进行扫描的示例代码，绘图命令也同时给出。本章附录部分给出了瞬态模式下进行扫描的示例代码。

代码摘录如下：

```
Solve {
*- Creating initial guess:
  Coupled(Iterations=1000 LineSearchDamping=1e-4){Poisson}
  Coupled {Poisson Electron Hole}
  Quasistationary (
    Initialstep=0.001 Increment=1.2
    MaxStep=0.4 Minstep=1.e-4
    Goal {Name="gate" Voltage=1.0}
){Coupled {Poisson Electron Hole Temperature}}
  Save(FilePrefix="n@node@_Vg1")
  Load(FilePrefix="n@node@_Vg1")
  Coupled {Poisson Electron Hole Temperature}
  NewCurrentFile="IdVd_Vg1_"
  Quasistationary (
    Initialstep=2.5e-4 Increment=1.35
    Minstep=1.e-6 MaxStep=0.05
    Goal {Name="drain" Voltage=40.0}
    Plot {Range=(01) Intervals=5}
){Coupled {Poisson Electron Hole Temperature}
    CurrentPlot(Time=(Range=(0 1) Intervals=30))
}
}
**********
```

错误处理

在默认情况下，求解时的错误被汇总到名为 n" nodenumber" _des. err 的文件中。但是，结构编辑文件中的错误可能不会在错误文件中体现。为了在结构文件中找到错误的位置，需要打开名为 n" nodenumber" _dvs. log 的文件（例如，n31_dvs. log）。该文件结尾位置附件的几行中会显示 sde_dvs. cmd 文件中的错误位置。

“Math” 部分中定义的各种参数对处理收敛性错误非常有用。本章附录部分给出了适用于 AlGaN/GaN HEMT 的参数示例。这些参数的详细信息可在 sdevice 用户指南和求解器用户指南[45,47]中找到。

在本章节的仿真实例中，我们使用了热力学模型来确定器件温度相关的电学特性。为了实现这一目标，如 6. 3 节所述，需要将 2D 电热 TCAD 模型中获得的产热分布导入到 3D COMSOL 热学模型中，以确定传导方程中空间变化的热源项。但是需要先用实验结果校准电学模型。为了完成校准，需要在实验观察中提取相关电学和热学参数/特性。该过程将在下一小节中进行介绍。

6. 3. 3 校准程序

校准程序通过将仿真结果与实验数据进行比较来确保仿真方案（包括网格、物理、属性）正确无误。作为第一步，需要测量实际器件的电学输出特性。本章节实例中的 AlGaN/GaN HEMT 的 *I-V* 特性如图 6. 16 所示。校准过程的目标是使仿真的 *I-V* 特性与测量的数据一致。为此需要重申有几个电学参数是与温度相关的（例如，迁移率、禁带宽度），因为这对于确保 TCAD 模型能准确预测电子和热输运过程尤为重要。表 6. 2 列出了与 AlGaN/GaN 异质结构禁带相关的材料特性[43,44]。

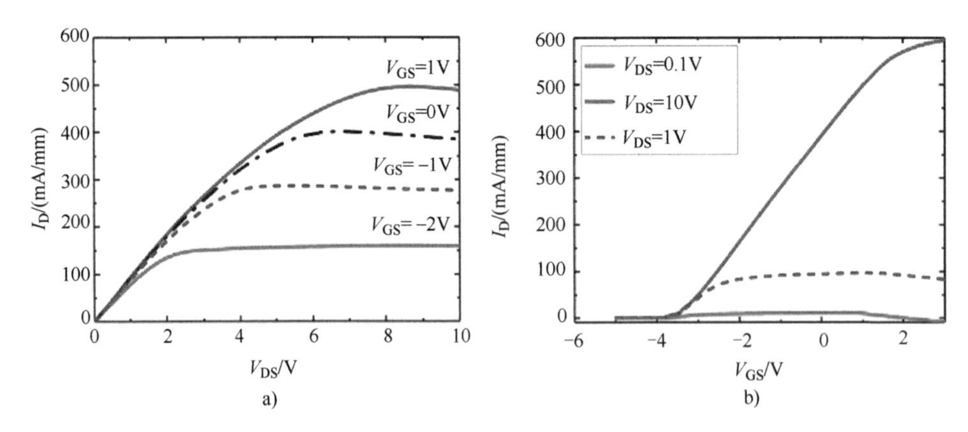

图 6. 16 测量的 *I-V* 特性：a）输出特性（I_D-V_{DS}）和 b）转移特性（I_D-V_{GS}）

在实际应用中，可以从器件制造团队处获得器件尺寸、材料堆叠信息、掺杂分布、2DEG 沟道密度和电子低场迁移率。本次仿真中使用的器件尺寸在几何描述部分进行了说明。在校准过程之前用户应该获取 2DEG 沟道迁移率和面电荷密度，因为这些参数既不能用作拟合参数，也不能从 *I-V* 特性中提取。为了测量这些参数，需要在具有 HEMT 的管芯上制造标准范德堡结构。在本章参考文献［48，49］中详细描述了测量 2DEG 密度和迁移率的过程。其中迁移率影响 HEMT 的饱和电流，而 2DEG 载流子密度对饱和电流和阈值电压都有影响。2DEG 迁移率的典型值范围在 1600~2000cm^2/（V·s）之间，2DEG 密度在 1×10^{13}~$1.7\times10^{13}cm^{-2}$之间[5,50,51]。当迁移率和 2DEG 密度在其各自范围内变化时，对应的 *I-V* 特性如图 6.17 所示。

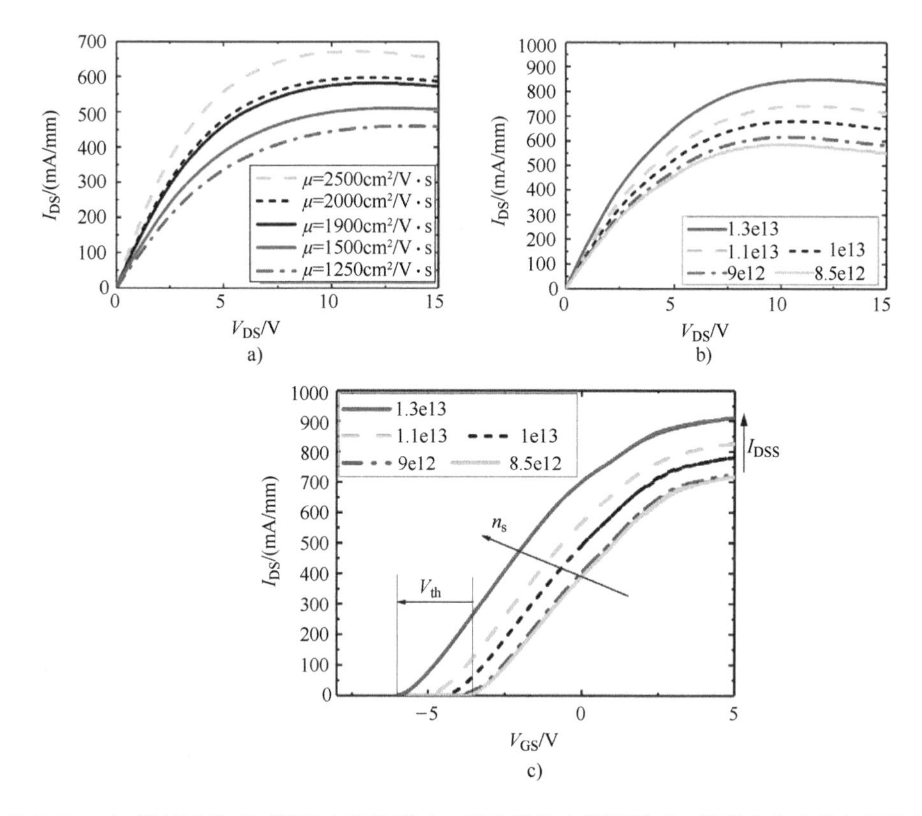

图 6.17　a）低场迁移率对漏极电流的影响。当沟道的电阻降低时，线性和饱和状态都受到迁移率变化的影响；b）输出特性；c）转移特性随 2DEG 密度的变化，随着 2DEG 密度的增加，漏极电流增加，阈值电压负漂

根据图 6.16b 所示的转移特性，可以确定阈值电压（V_{th}）为−3.45V，说明该器件是耗尽型 HEMT。如果已知势垒掺杂密度信息，并使用表 6.1 和表 6.2 中列出的材料特性，就可以根据式（6.13）确定肖特基势垒高度（ϕ_B）。此外，肖特基势垒高度也可以通过迭代获得，在 ϕ_B 的取值范围内进行迭代并与转移特性中得到的阈值电压进行拟合，以此确定肖特基势垒高度。根据图 6.18 所示的转移特性，随着肖特基势垒高度的

增加，可以看到阈值电压正向漂移。当阈值电压为-3.45V时，肖特基势垒高度为1.2V。需要注意的是，ϕ_B 也可以从电容-电压曲线和标准二极管方程中推导出来[45,52]。

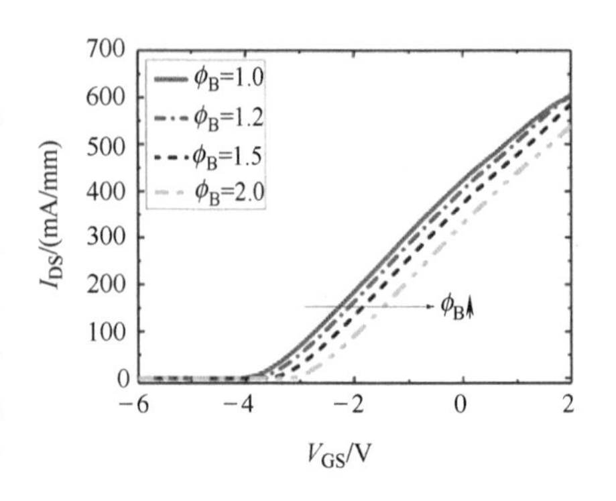

图6.18 阈值电压随肖特基势垒高度的变化

漏/源接触电阻 R_c 是影响 AlGaN/GaN HEMT 器件 I-V 特性的重要参数之一。图6.19a显示了 R_c 的变化对器件性能的影响。传输线模型（TLM）结构是确定HEMT的接触电阻和薄层电阻的实用工具。Schroeder[53]详细解释了使用矩形和圆形TLM结构测量接触电阻的方法。图6.19b中展示了TLM结构。在典型的TLM设计中，可以有5~10个具有相同宽度（Z）不同长度（L）的TLM结构。首先使用四探针法，在TLM结构上施加的不同的电压（V_{TLM}），测量流过每个TLM结构的电流（I_{TLM}）。在不同长度的TLM结构上重复开展上述测试，结果如图6.19c所示。根据欧姆定律，在每个 I_{TLM}-V_{TLM} 曲线上计算斜率的倒数，以此来获得跨TLM的总电阻。然后作图展示出总电阻值（R_{Tot}）和不同TLM长度的对应关系，如图6.19d所示。总电阻由漏极和源极的接触电阻以及载流沟道的薄层电阻组成。可以通过以下公式进行线性拟合：

$$R_{Tot}=mL+y_0 \tag{6.49}$$

式中，m 是直线的斜率；y_0 是 y 轴截距。在物理上，y 轴截距是TLM长度为零时的总电阻。这意味着薄层电阻（R_{sh}）分量不存在，且只有接触电阻对 y 轴截距值有贡献。假设漏极和源极的接触电阻（R_c）是相同的，则 y 轴截距 y_0 就是两倍的 R_c，因此接触电阻 R_c 可以由下式确定：

$$R_c=\frac{y_0}{2} \tag{6.50}$$

另一方面，薄层电阻可以从直线的斜率求出，即

$$R_{sh}=mZ \tag{6.51}$$

在定义相应电极的同时，可以通过使用命令“Resist”将测量的接触电阻值合并到模型中。该变量的单位为Ω·μm，通常称为转移电阻（R_T）。转移电阻由下式计算：

$$R_T=R_cZ \tag{6.52}$$

在文献中，接触电阻通常以比接触电阻率 ρ_c（$\Omega\cdot cm^2$）的形式表示，其通过将接触电阻与有效接触面积（A_c）相乘而获得。A_c 由以下公式表示：

$$A_c=L_TZ \tag{6.53}$$

式中，L_T 为传输长度。在物理上，它表示流过有效电流的电极长度，也就是具有有效

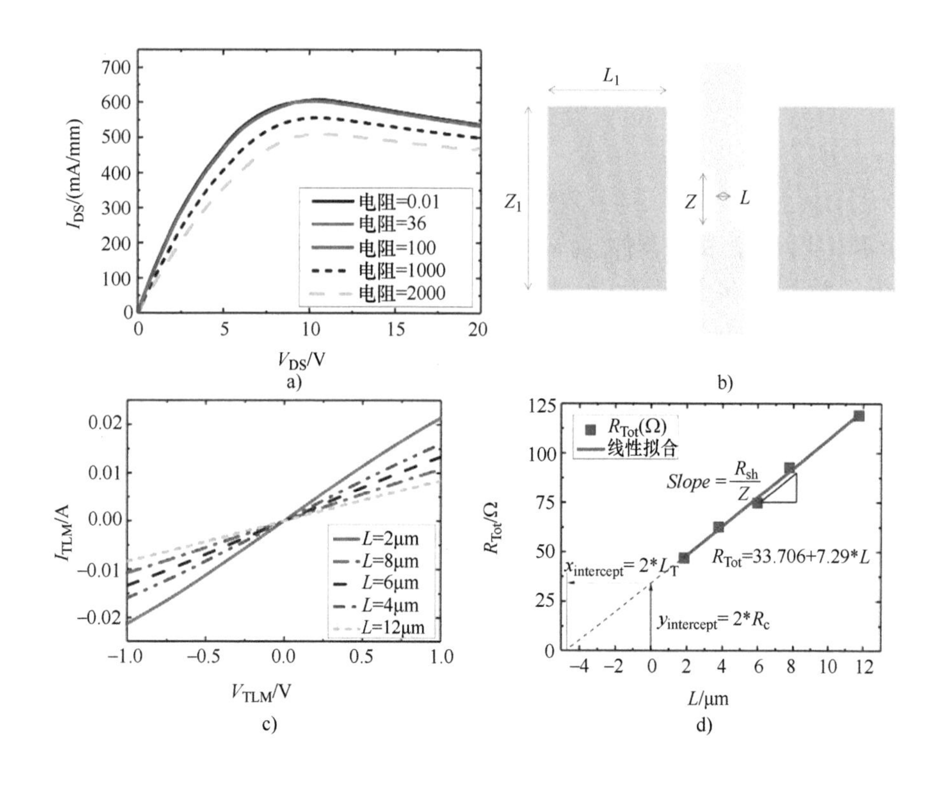

图 6.19　a）变化的“电阻”（即接触电阻）对漏极电流的影响；b）TLM 结构示意图；c）通过不同长度的 TLM 结构的电流，可以根据这些曲线的斜率的倒数来确定 TLM 结构的总电阻；d）TLM 的总电阻随 TLM 的长度而变化，y 轴截距为总接触电阻（$2R_c$），x 轴截距是传输长度的两倍（$2L_T$）

接触电阻的那部分电极长度。使用该定义，可以通过图 6.19d 所示的实验数据来测量 L_T。线性拟合的 x 轴截距表示总电阻为零时的 TLM 长度。由于 x 轴截距（x_0）在本质上是负的，所以它表示测量出的长度在电极内部。同样，考虑到漏极和源极两个电极，传输长度可以通过以下表达式获得：

$$L_T = x_0/2 \tag{6.54}$$

这里，x_0 可以由下面的公式表示：

$$x_0 = 2\frac{R_T}{R_{sh}} \tag{6.55}$$

这就可以推导出以下的通用关系：

$$L_T = \frac{R_T}{R_{sh}} \tag{6.56}$$

因此，可以通过以下任意关系式求出 ρ_c

$$\rho_c = R_c L_T Z \tag{6.57}$$

$$\rho_c = R_c \frac{R_T}{R_{sh}} Z$$

$$\rho_c = \frac{R_T^2}{R_{sh}}$$

对于本章实例中测试的器件，斜率为7.29Ω/μm，计算的y轴截距为33.7Ω。利用式（6.50），计算出接触电阻R_c为16.85Ω。薄层电阻可由式（6.51）得到，为332.0Ω/□。利用式（6.56），计算出转移长度为2.3μm。利用式（6.52）和式（6.57），传输电阻和比接触电阻率分别为768Ω·μm和约$1.77\times10^{-5}\Omega/cm^2$。

虽然该接触电阻在文献所报告的标称值范围内，但该范围的下限和上限相差三到四个数量级[54,55]。实际上，随着半导体材料禁带宽度的增加，制造低电阻的欧姆接触变得越来越具有挑战性。因此，将这种高欧姆接触电阻的热影响结合到器件建模中变得尤为重要。在欧姆接触处产生的焦耳热可以通过漏极接触两端的电压降（即Sentaurus中V_{outer}与V_{inner}之间的差）乘以漏极电流I_D来计算。在TCAD模型中不用考虑这部分焦耳热。但在3D有限元热建模阶段，漏极和源极电极处产生的焦耳热应该用一块代表传输长度的区域表示。

AlGaN/GaN HEMT一个吸引人的特征是GaN的高饱和速度（v_{sat}约为2×10^7cm/s），其几乎是Si饱和速度（v_{sat}约为1×10^7cm/s）的两倍[6,56]。由于很难对饱和速度进行准确评估，而且文献中已经报道了一系列数值，因此常将其用作拟合参数之一。图6.20a展示了v_{sat}的变化对HEMT的漏极饱和电流的影响。在本章节实例中，在300K的温度下，使用2×10^7cm/s作为v_{sat}的数值。但是，如式（6.39）所示，当指数项（v_{satexp}）为负时，饱和速度随温度降低。v_{satexp}对I_D-V_D特性饱和区的影响如图6.20b所示。然而，需要注意的是，如式（6.35）所示，在饱和状态下观察到的负微分电阻（NDR）也由迁移率的温度指数决定。在本章节实例中，令$v_{satexp}=0.87$，迁移率指数$\alpha=2.0$。

AlGaN/GaN异质结构外延生长在非天然衬底上。此外，通常通过反向掺杂来让GaN层成为半绝缘缓冲层。因此，在对AlGaN/GaN HEMT进行建模时，缺陷的影响是需要充分考虑的因素之一。本章参考文献［57］对GaN中的缺陷进行了详细研究，在此我们引用这篇文献，以便简要描述GaN中可能存在的缺陷及其相关能级。

据报道，C/Fe掺杂的半绝缘缓冲层、非故意掺杂的GaN沟道和n掺杂的AlGaN势垒层具有多个能级的受主和施主陷阱[57-60]。根据文献报道，受主能级（e^-陷阱）低于导带0.5eV、0.6eV、1.8eV、2.5eV和2.85eV[57]。氮空位通常充当施主陷阱（空穴陷阱），并且它们的能级范围覆盖$E_c-0.089$eV ~ $E_c-0.26$eV[57]。Tang等人在AlGaN导带最小值以下0.5eV处确定了电子陷阱的存在，这些陷阱存在于材料体内和AlGaN/GaN界面处[59,60]。据报道，AlGaN势垒层中的电子陷阱在导带边缘以下的激活能为

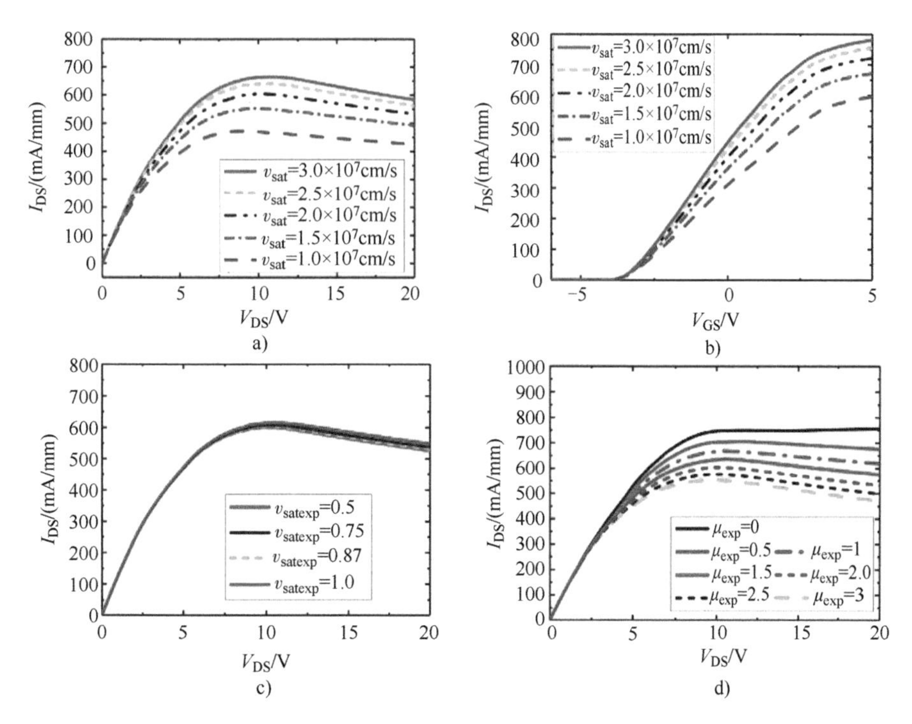

图6.20　变化a）V_{DS}和b）V_{GS}时，v_{sat}的变化对漏极电流的影响；c）v_{sat}的温度指数（v_{satexp}）对饱和区的I_D-V_D特性的影响；d）迁移率的温度指数（μ_{exp}）对负微分电阻的影响，从图中可以看出其对负微分电阻的影响比v_{satexp}大得多

0.69eV[61]。一般来说，很难确定这些不同陷阱的密度，通常要通过拟合得到。但是陷阱的微小变化会影响2DEG密度、阈值电压和漏极饱和电流。由于这种相互关系，建议在校准过程结束时，再对陷阱细节进行调整。这种调整应该放在其他前述变量调整完并确定了合理的数值之后。本章节实例中使用的陷阱密度和能级显示在本章附录的代码中。

图6.21显示了沟道和缓冲层陷阱密度对器件特性的影响。虽然沟道陷阱密度对漏极电流和阈值电压都有显著影响，但在所研究的陷阱密度范围内，缓冲层陷阱密度对器件特性的影响并不显著。AlGaN/GaN界面陷阱的密度和能级均对阈值电压和漏极电流有影响，如图6.21d所示。

图6.22展示了使用上述校准方案得到的HEMT输出和转移特性。作为对比，还给出了在相同工作偏压条件下获得的实验结果。如果仿真和实验的数据误差在可接受范围内，就可以开展2D TCAD模型和3D有限元热模型之间的耦合过程了（如6.2节所述）。但需要注意的是，之后还会使用“双向”耦合过程（基于3D热模型的内部温度场）来进一步比较和校正2D TCAD模型。

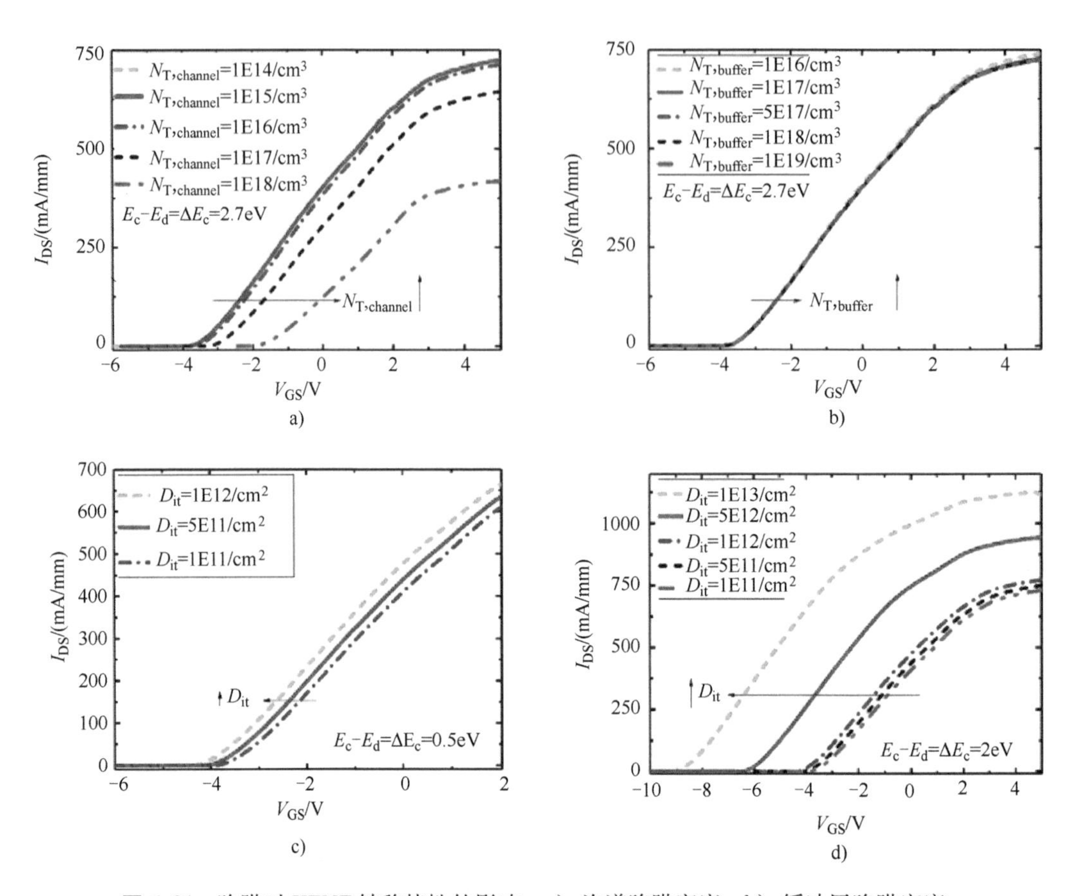

图 6.21 陷阱对 HEMT 转移特性的影响。a) 沟道陷阱密度；b) 缓冲层陷阱密度；c) $\Delta E_c=0.5\text{eV}$ 的界面陷阱密度；d) $\Delta E_c=2\text{eV}$ 的界面陷阱密度对转移特性的影响

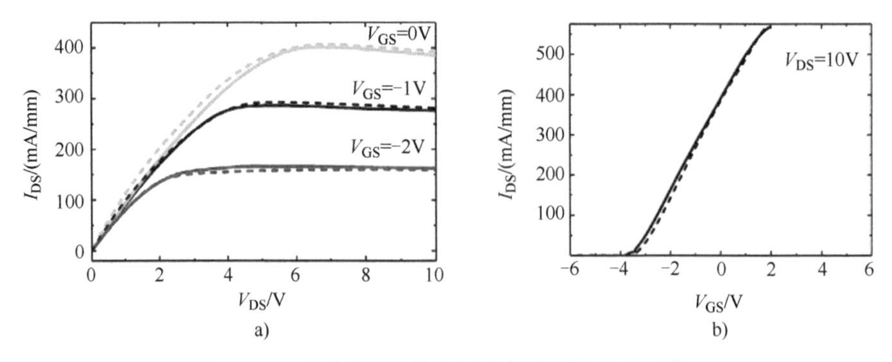

图 6.22 校准的 I-V 特性以及与实验数据的比较

6.4　三维有限元热学模型

6.4.1　器件描述

为了演示电热耦合过程并验证仿真结果，对具有对称栅源和栅漏间距的 AlGaN/GaN HEMT 开展了实验测试。选择该器件是为了更好地展示所谓的“偏压相关自热效应”。该 AlGaN/GaN 肖特基 HEMT 制造在 Si 基 GaN 外延结构上，其截面示意图如图 6.14 所示。外延结构由 Si（111）衬底上的 4.3μm GaN 沟道/缓冲层、20nm 未掺杂 $Al_{0.23}Ga_{0.77}N$ 势垒和 4nm 未掺杂 GaN 帽层组成。该器件栅长（L_G）2μm、栅宽 100μm、栅源间距（L_{GS}）和栅漏间距（L_{GD}）均为 3μm。通过电子束蒸发 Ti/Al/Ni/Au（20nm/100nm/25nm/50nm）金属叠层并在 800℃下快速热退火 30s 来形成欧姆接触。在欧姆工艺之后，使用感应耦合等离子体（ICP）蚀刻技术进行台面隔离。使用等离子体增强化学气相沉积（PECVD）技术沉积 20nm 的 SiO_2 钝化层，并蒸发 Ni/Au（20/200nm）用于制作肖特基栅极接触。

6.4.2　模型描述

使用 COMSOL Multiphysics 软件包建立 3D 有限元热学模型。为了提高计算效率，GaN 帽和 AlGaN 势垒层都包含在了 GaN 层中[10]。采用了基于物理的网格划分方案，以便可以将精细的网格元素放置在器件有源区附近和峰值发热位置周围。假设 3D 热学模型的底面保持 25℃的等温，这与基板温度控制在 25℃的实验条件一致。假设其他所有表面的自然对流传热系数为 $5W/m^2 \cdot K$。模型版图和热边界条件如图 6.23 所示。

6.4.3　电热耦合

6.4.3.1　从 2D 电学模型中导出 $\dot{q}(x,y)$

下一步是把从 2D Sentaurus 模型中导出产热分布 $\dot{q}(x,y)$（W/cm^3）转换为 3D 热通量分布，以便在 3D COMSOL 热模型中使用。作为过渡阶段，2D COMSOL 热学模型采用与 2D Sentaurus 电学模型相同的实体几何形状和网格。将 2D 电学模型的 $\dot{q}(x,y)$ 导入到 2D COMSOL 模型中进行计算，并把得到的 2D 温度场与 2D TCAD 模型的温度场进行比较。如果确认两个模型之间的误差在可接受范围内（例如，最大器件温度的差异在 1%~2%以内），就可以将体积产热 $\dot{q}(x,y)$ 沿着 HEMT 的深度方向积分，以将其转换为热通量分布。“GenProj” 是 COMSOL 中的一个命令，可用于实现这一过程。由于 HEMT 中的大部分产热发生在具有 2DEG 的 AlGaN/GaN 界面中，因此积分热通量实际上是沿着 AlGaN/GaN 界面的热通量 $q''(x,y_{int})$，其中 y_{int}是 AlGaN/GaN 界面处的深度。

6.4.3.2　将 $q''(x,y_{int},z)$ 导入 3D 热学模型

假设热通量沿着器件有源区的 z 方向（即沟道宽度方向）不变，就可以把 2D 热通

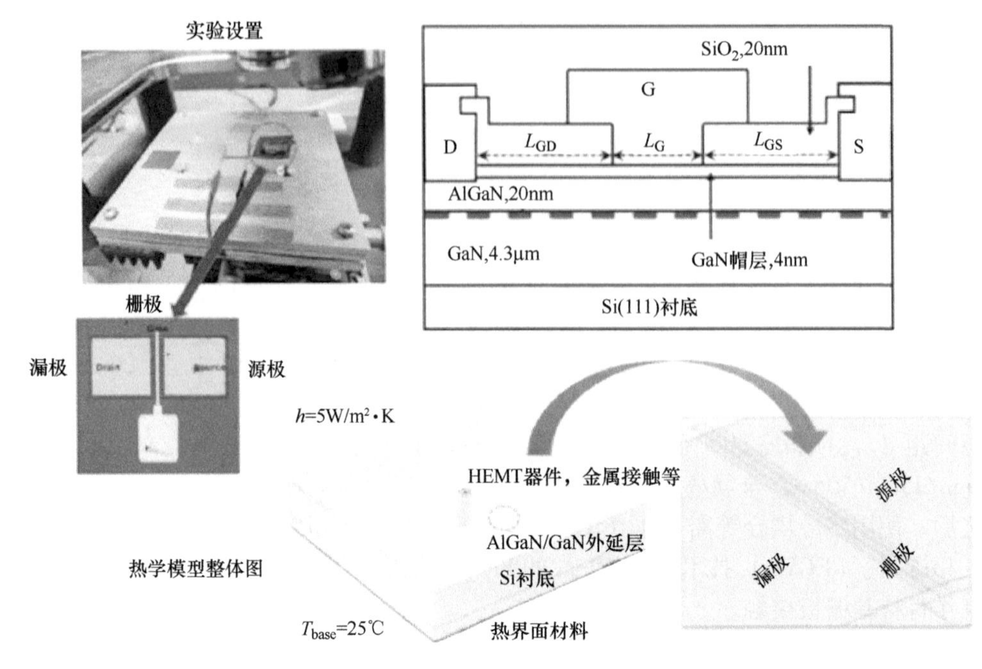

图 6.23　实验设置和器件模型版图

量 $q''(x,y_{int})$ 转换为 3D 热通量 $q''(x,y_{int},z)$。然后把该热通量添加到 3D HEMT 热学模型的沟道表面。应当注意，直到仿真流程的这一步，2D TCAD 模型预测出的温度仍然高于实际器件温度。例如，在本章实例中，功率密度为 5W/mm（V_{GS}为−1V 时），2D TCAD 模型预测的器件峰值温度比使用反射率热成像测量的实际温度（38℃）高约 10%（将在下一节中讨论）。3D 热学模型（在这一步中是单向耦合的）预测了 36.5℃ 的峰值温升。为了补偿 2D 和 3D 模型预测之间的差异，并最终提高耦合 3D 模型的精度，应通过使用之前提及的有效热导率（κ_{eff}）的概念来执行双向电热耦合。

κ_{eff}计算

之所以使用 2D 电学模型和 3D 热学模型的双向耦合是因为 2D TCAD 模型过高地估计了器件温度，因为 2D 假设仅对具有无限栅宽的 HEMT 有效。为了克服该缺陷，如前所述，可以在 2D 电学模型中使用校正因子增大热导率的数值，并校正所得到的温度场。然而，从定义中可以明显看出，该校正因子（用 η 去乘原始热导率值）是一个经验参数，并非拟合参数，因此我们需要注意估计它的方法，否则就会降低分析的严谨性。

假设两个模型的栅极和漏极之间的热通量均匀，通过比较 2D 模型的温度分布和 3D 热学模型沿沟道中心线的横截面温度场，可以得出该校正因子 η 的初始值。然后，使用该校正因子获得校正的热导率（图 6.9 中 $\kappa_{eff}=\eta\times\kappa_{original}$），再使用该校正的热导率得到校正的 2D 电学模型，从该模型中得到产热分布，最后再应用到 3D 学热模型中。通过整个耦合过程的迭代可以不断改进 η，直到在整个模拟区域内，2D 电学模型产生的温度分布与 3D 热学模型得到的横截面温度分布的误差在 3℃（<10%）以内。这使得最终的热学模型能够准确地预测在某一电学偏置条件下对应的器件自热效应。全耦合电热模型也会涵盖 Si 衬底和 GaN 缓冲层之间的边界热阻。

6.4.4　模型验证

通过比较仿真结果与实验测试的电学输出特性和沟道温升，可以验证全耦合电热模型的有效性。首先，将 HEMT I-V 特性的测量值与仿真值进行对比，结果如图 6.24a 所示。在图中所示的 V_{DS}和 V_{GS}范围内，两者的特性曲线具有极好的一致性。

然后，在恒定功率耗散水平但不同 V_{GS}和 V_{DS}的组合（导致不同的产热曲线）下仿真器件的自热行为，将结果与反射率热成像测量的温度进行对比。如图 6.24b 所示，当总功率耗散固定为 250mW 时，与全开条件（$V_{GS}=2.5V$，V_{DS}较低）相比，沟道部分夹断条件（$V_{GS}=-1V$，V_{DS}较高）下，热源更加集中在栅极靠漏极一侧。这也导致部分夹断条件下沟道温度比开启条件下约提高 25%，如图 6.24c 所示。仿真结果表明，在夹断条件下，栅极场板表面的峰值温升为 38℃，比沟道开启条件下的峰值温升高 10℃。

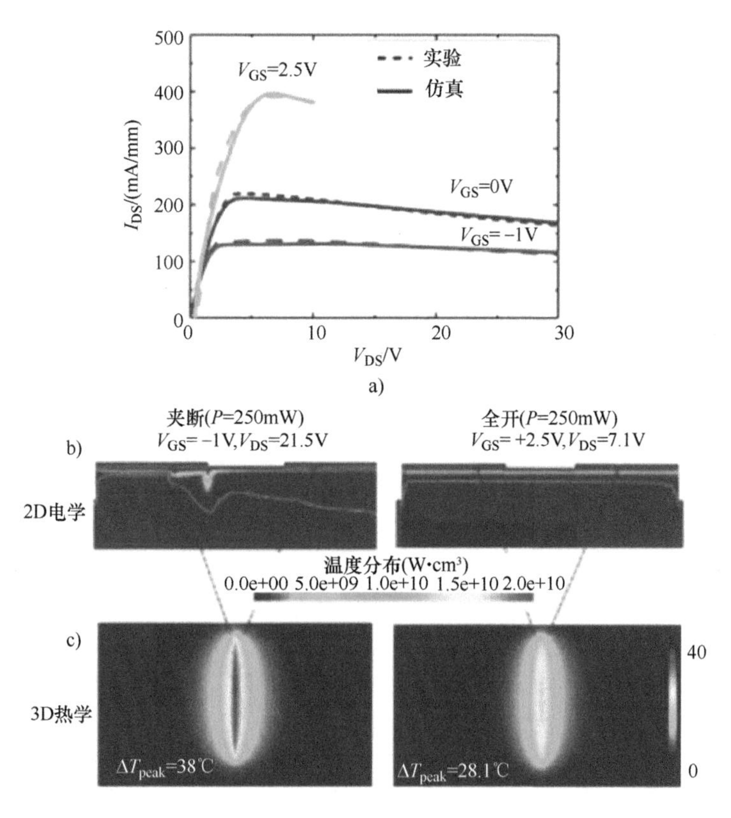

图 6.24　a）实验（实线）和仿真（虚线）的 I-V 特性对比；b）仿真的产热曲线；c）器件温度分布

如图 6.25a 所示，仿真出的栅极场板表面温度分布（在不同的偏置条件）与反射率热成像测试的结果显示出极好的一致性。如图 6.25b 所示，在沟道开启（V_{GS} = 2.5V）时，沟道峰值温升和栅金属峰值温升（约 28℃）之间只存在微小的差异。另一方面，在夹断条件（V_{GS} = −1V）下，沟道峰值温度比栅金属表面峰值温度高 20%。应当注意，利用光学手段探测沟道峰值温度时，光线会被栅极场板遮挡。上述结果表明使用耦合电热模型来预测器件的“电学感知”热响应十分有效。

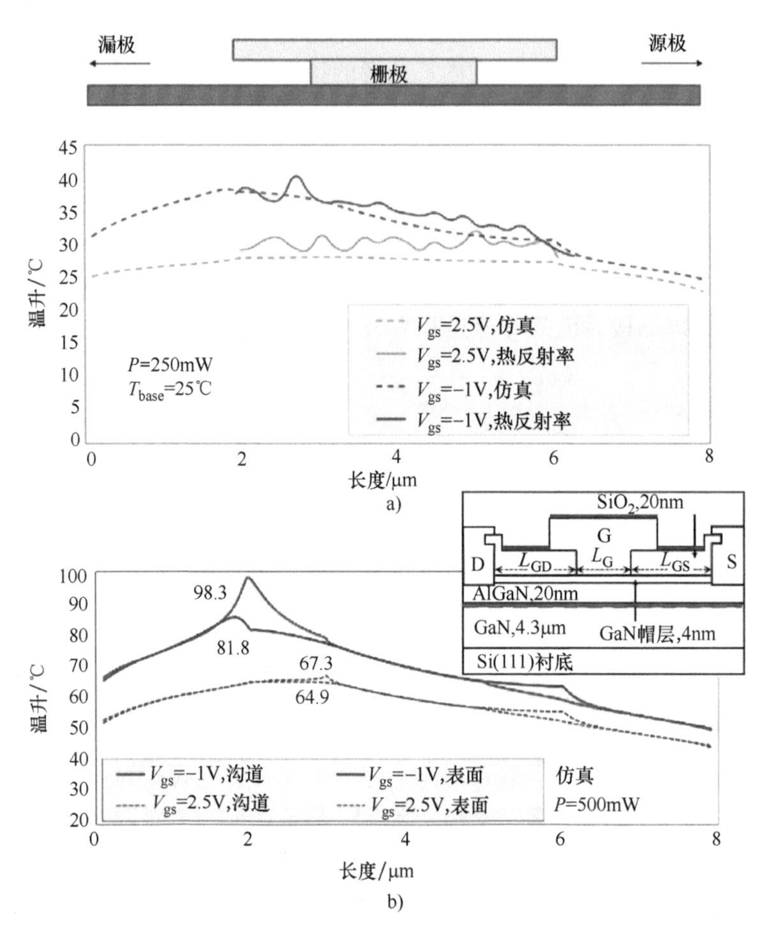

图 6.25　a）热反射率测量的栅金属表面温度与全耦合电热仿真获得的栅金属表面温度的对比；b）500mW 功率耗散水平的电热仿真结果，从中可以看出，器件峰值温度出现在栅极场板下方的 2DEG 沟道中，红色曲线表示 AlGaN/GaN 界面处的温度，蓝色曲线表示器件表面温度

为了说明与单向耦合建模方案[18,25,29,30]相比，使用全耦合电热建模方案的优势，比较了两种方法中使用的 2D 电学模型所预测的温度分布。图中以百分比的方式绘制了两种方法下 2D 电学模型所预测的温度相比于 3D 热学模型的差异。图 6.26a 显示了本章实例中开展的全耦合方法的误差分布图，图 6.26b 显示了单向耦合方法的误差分布

图[18,25,29,30]。对于单向耦合模型，在有源区中观察到峰值温度约有 20%的误差（当总功率耗散为 500mW 时）。而在全耦合电热模型中，该误差小于 9%。在较高的功率条件下，对于单向耦合方案，2D 电学模型和 3D 热学模型之间的差异会增大。这说明在高功率条件下，使用单向耦合方案对产热分布的预测可能更加不准确，因为它的推导中包含温度相关的电学性质和参数（例如载流子迁移率和禁带宽度等）。

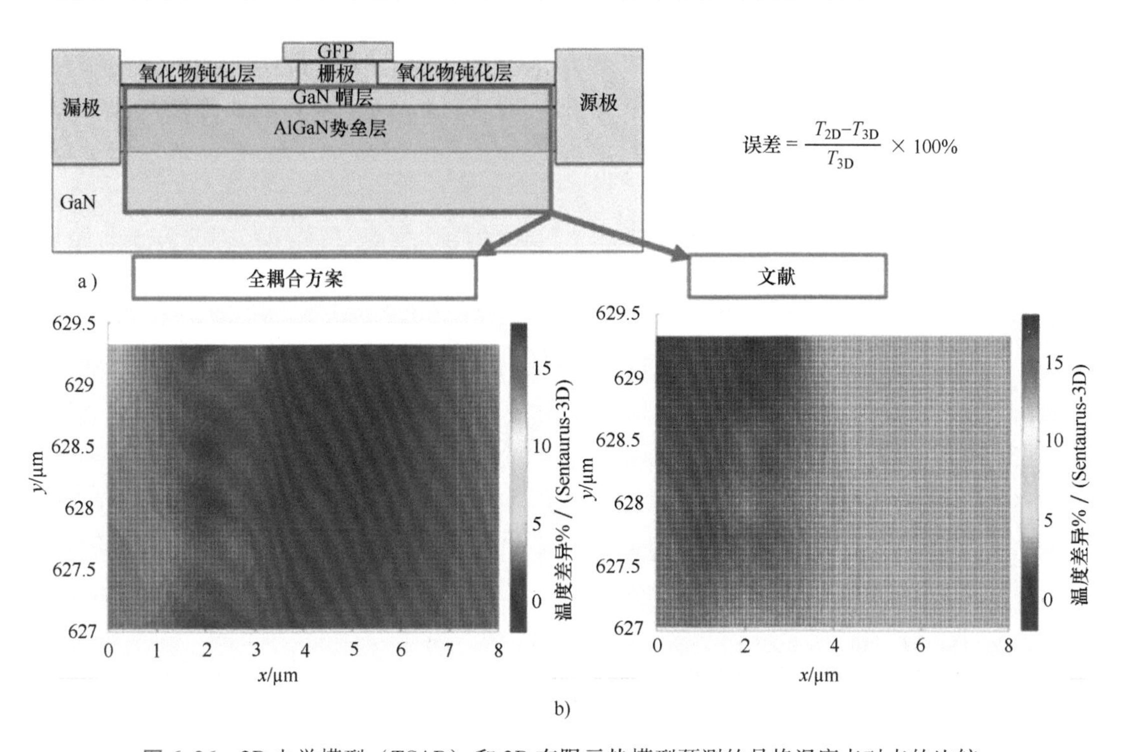

图 6.26 2D 电学模型（TCAD）和 3D 有限元热模型预测的晶格温度点对点的比较

对于温度加速寿命试验，正确估计器件峰值温度对于准确外推器件平均失效时间（MTTF）至关重要。在估算器件峰值温度时，像 2℃这种微小的误差都会导致 MTTF 出现两倍的变化[18]。因此，在仿真计算器件峰值温度时，应采用全耦合电热建模方案。对于先前案例研究中使用的器件，在 500mW 的功耗水平下，假设栅极和漏极边缘之间的热耗散均匀的简单热模型在估计器件峰值温度时产生了 29%的误差。单向耦合电热模型的误差为 2%（1.5℃）。然而，在较高的功耗水平下，这些差异逐渐增加，且这些差异和上述对可靠性评估的影响突出了使用全耦合电热模型方案的重要性。

6.5 小结

AlGaN/GaN HEMT 具备着革新高功率 RF 系统和功率转换器的潜力，因此成为半导体行业研究和发展的前沿。由于其特别适合应用在高功率密度领域，所以自热导致的性能下降和可靠性问题受到器件和系统工程师的特别关注。考虑到自热效应受到相互关联的电子和热输运过程控制，因此采用耦合电热模型来仿真自热效应十分必要，该模型能够精确地预测特定工作条件下的沟道温度分布。此外，为了保证2D电学模型能够准确预测产热分布，我们推荐使用双向耦合模型。该模型可以让3D热学模型输出更精确的沟道温度分布结果。但是应该注意的是，本章中介绍的建模方案没有考虑亚连续尺度效应。本章参考文献［10］说明了如何通过采用玻尔兹曼传输方程而非傅里叶热传导定律［即式（6.3)］来处理亚连续尺度热输运效应。

附录

结构文件代码

```
;————————————————————————————————————
; Some control parameters
;————————————————————————————————————
(define tox_passivation 0.03)
(define tGaN_cap  0.0036)
(define NGaN_cap  1.1E15)
;(define tAlGaN_spacer  0.002)
(define tAlGaN     0.024)
(define NAlGaN     1.1E16)
(define xAlGaN     0.25)
(define tGaN_channel  0.514)
(define NGaN_channel  1E15)
(define tGaN_buffer  4.4)
(define NGaN_buffer  1E18)
(define tbr 0.03)
(define tsub    246)
(define tsubl 625)
(define Lgs     3)
(define Ldg  15)
(define Lg     2.0)
(define Lg_ext_L  1.0)
(define Lg_ext_R  1.0)
(define tgt     0.02)
(define tgt_ext     0.22)
(define Ls     0.05)
(define Ld     0.05)
(define lmetal     99.95)
(define lsub    150)
;(define xsub (* (+ (/ tsub tsubl) 1) lmetal))
(define xsub 139.29)
```

```
;————————————————————————————————————————
; Derived parameters
;————————————————————————————————————————
; Vertical coordinates
(define Ytop 0.0)
(define Y0_ox_passivation Ytop)
(define Y0_GaN_cap (+ Y0_ox_passivation tox_passivation))
(define Y0_AlGaN_barrier (+ Y0_GaN_cap tGaN_cap))
(define Y0_GaN_channel (+ Y0_AlGaN_barrier tAlGaN))
(define Y0_GaN_buffer (+ Y0_GaN_channel tGaN_channel))
(define Y0_tbr (+ Y0_GaN_buffer tGaN_buffer))
(define Y0_Si_Ox_substrate (+ Y0_tbr tbr))
(define Ybot (+ Y0_Si_Ox_substrate tsub))
(define Ygt (- Y0_GaN_cap tgt))
(define Ygt_ext (- Ygt tgt_ext))
(define Ycontact (+ Ytop 0.20))
; Horizontal coordinates
(define Xmin -0.05)
(define Xmax (+ Xmin Ls Lgs Lg Ldg Ld))
(define Xdrn (+ Xmin Ld))
(define Xgt.l (+ Xdrn Ldg))
(define Xgt.r (+ Xgt.l Lg))
(define Xgt.lext (- Xgt.l Lg_ext_L))
(define Xgt.rext (+ Xgt.r Lg_ext_R))
(define Xsrc (+ Xgt.r Lgs))
(define xstart (- Xmin lmetal lsub))
(define xend (+ Xmax lmetal lsub))
;————————————————————————————————————————
; Build epi structure
;————————————————————————————————————————
; Passivation
(sdegeo:create-rectangle
(position Xmin Y0_ox_passivation 0) (position Xmax Y0_GaN_cap 0)
"Nitride" "ox_passivation"
)
(sdedr:define-refinement-size "Ref.ox_passivation" 99 0.0125 66
0.01)
(sdedr:define-refinement-region "Ref.ox_passivation" "Ref.
ox_passivation" "ox_passivation")
; GaN cap
(sdegeo:create-rectangle
(position Xmin Y0_GaN_cap 0) (position Xmax Y0_AlGaN_barrier 0)
"GaN" "GaN_cap"
)
(sdedr:define-constant-profile "ndop_GaN_cap_const"
"ArsenicActiveConcentration" NGaN_cap)
(sdedr:define-constant-profile-region "ndop_GaN_cap_const"
"ndop_GaN_cap_const" "GaN_cap")
; AlGaN barrier
```

```
(sdegeo:create-rectangle
(position Xmin Y0_AlGaN_barrier 0) (position Xmax Y0_GaN_channel
0)
"AlGaN" "AlGaN_barrier"
)
(sdedr:define-constant-profile        "ndop_AlGaN_barrier_const"
"ArsenicActiveConcentration" NAlGaN)
(sdedr:define-constant-profile-region  "ndop_AlGaN_barrier_const"
"ndop_AlGaN_barrier_const" "AlGaN_barrier")
(sdedr:define-constant-profile        "xmole_AlGaN_barrier_const"
"xMoleFraction" xAlGaN)
(sdedr:define-constant-profile-region "xmole_AlGaN_barrier_const"
"xmole_AlGaN_barrier_const" "AlGaN_barrier")
(sdedr:define-refinement-size "Ref.AlGaN_barrier" 99 0.01 66 0.05)
(sdedr:define-refinement-region     "Ref.AlGaN_barrier"     "Ref.
AlGaN_barrier" "AlGaN_barrier")
; GaN channel
(sdegeo:create-rectangle
(position Xmin Y0_GaN_channel 0) (position Xmax Y0_GaN_buffer 0)
"GaN" "GaN_channel"
)
(sdedr:define-constant-profile          "ndop_GaN_channel_const"
"ArsenicActiveConcentration" NGaN_channel)
(sdedr:define-constant-profile-region    "ndop_GaN_channel_const"
"ndop_GaN_channel_const" "GaN_channel")
; GaN buffer
(sdegeo:create-rectangle
(position Xmin Y0_GaN_buffer 0) (position Xmax Y0_Si_Ox_substrate
0)
"GaN" "GaN_buffer"
)
(sdedr:define-constant-profile            "ndop_GaN_buffer_const"
"ArsenicActiveConcentration" 1e15)
(sdedr:define-constant-profile-region     "ndop_GaN_buffer_const"
"ndop_GaN_buffer_const" "GaN_buffer")
(sdedr:define-refinement-size "Ref.GaN_buffer" 99 1 66 1)
(sdedr:define-refinement-region "Ref.GaN_buffer" "Ref.GaN_buffer"
"GaN_buffer")
(sdegeo:create-rectangle
(position (- Xmin lmetal) Y0_tbr 0) (position (+ Xmax lmetal)
Y0_Si_Ox_substrate 0)
"GaN" "TBR"
)
; Bulk_Block as Silicon di-oxide but with GaN Thermal conductivity
in parameter filr
(sdegeo:create-rectangle
(position xstart Y0_tbr 0) (position Xmin Ycontact 0)
"Oxide" "GaN_ins_L"
)
```

```
(sdegeo:create-rectangle
(position  (-  Xmin  lmetal)  Y0_tbr  0)  (position  xstart
Y0_Si_Ox_substrate 0)
"Oxide" "GaN_ins_L2"
)
; Bulk_Block as Silicon di-oxide but with Si Thermal conductivity
in parameter filr
;(sdegeo:create-rectangle
; (position xstart Y0_Si_Ox_substrate 0) (position xend Ybot 0)
(sdegeo:create-polygon (list (position xstart Y0_Si_Ox_substrate
0) (position (- 0 xsub) Ybot 0)(position xsub Ybot 0)(position xend
Y0_Si_Ox_substrate 0))
"Oxide" "Si_ins"
)
; Bulk_Block as Silicon di-oxide but with GaN Thermal conductivity
in parameter filr
(sdegeo:create-rectangle
(position xend Y0_tbr 0) (position Xmax Ycontact 0)
"Oxide" "GaN_ins_R"
)
(sdegeo:create-rectangle
(position  (+  Xmax  lmetal)  Y0_tbr  0)  (position  xend
Y0_Si_Ox_substrate 0)
"Oxide" "GaN_ins_R2"
)
;------------------------------------------------------------------
; "Build" device
;------------------------------------------------------------------
;(define Ycontact (+ Ytop 0.20))
(define drn.metal (sdegeo:create-rectangle
(position (- Xmin lmetal) Ytop 0) (position Xdrn Ycontact 0)
"Metal" "tmp.source"
))
(define src.metal (sdegeo:create-rectangle
(position Xsrc Ytop 0) (position (+ Xmax lmetal) Ycontact 0)
"Metal" "tmp.drain"
))
(define  gt.metal  (sdegeo:create-rectangle  (position  Xgt.l  (-
Y0_GaN_cap (+ tgt tgt_ext)) 0) (position Xgt.r Y0_GaN_cap 0)
"Gold" "tmp.gate"
))
; Define electrodes
(sdegeo:define-contact-set "source")
(sdegeo:set-current-contact-set "source")
(sdegeo:set-contact-boundary-edges src.metal)
(sdegeo:delete-region src.metal)
(sdegeo:define-contact-set "drain")
(sdegeo:set-current-contact-set "drain")
(sdegeo:set-contact-boundary-edges drn.metal)
```

```
(sdegeo:delete-region drn.metal)
(sdegeo:define-contact-set "gate")
(sdegeo:set-current-contact-set "gate")
(sdegeo:set-contact-boundary-edges gt.metal)
(sdegeo:delete-region gt.metal)
; Define thermodes
(sdegeo:insert-vertex (position 0 (+ Ycontact 0.1) 0))
(sdegeo:insert-vertex (position Xmax (+ Ycontact 0.1) 0))
(sdegeo:define-contact-set "thermal")
(sdegeo:set-current-contact-set "thermal")
(sdegeo:define-2d-contact (find-edge-id (position 0.0001 Ybot 0))
"thermal")
(sdegeo:define-2d-contact  (find-edge-id  (position  xstart  (-
Y0_Si_Ox_substrate 0.0001) 0)) "thermal")
(sdegeo:define-2d-contact  (find-edge-id  (position  xend  (-
Y0_Si_Ox_substrate 0.0001) 0)) "thermal")
;(sdegeo:define-2d-contact (find-edge-id (position (+ xstart (*
0.5 lmetal)) (+ tsub Ybot) 0)) "thermal")
;(sdegeo:define-2d-contact (find-edge-id (position (- xend (* 0.5
lmetal)) (+ tsub Ybot) 0)) "thermal")
(sdegeo:define-2d-contact (find-edge-id (position (- 0 xsub) Ybot
0)) "thermal")
(sdegeo:define-2d-contact (find-edge-id (position xsub Ybot 0))
"thermal")
(sdegeo:define-2d-contact (find-edge-id (position xend (- Y0_tbr
0.0001) 0)) "thermal")
(sdegeo:define-2d-contact (find-edge-id (position xstart (- Y0_tbr
0.0001) 0)) "thermal")
;(sdegeo:define-2d-contact (find-edge-id (position 0 (+ Ycontact
0.2) 0)) "thermal")
;(sdegeo:define-2d-contact  (find-edge-id  (position  Xmax  (+
Ycontact 0.2) 0)) "thermal")
(sdegeo:create-rectangle
(position Xgt.l (- Y0_GaN_cap (+ tgt tgt_ext)) 0) (position Xgt.r
Y0_GaN_cap 0)
"Oxide" "FalseGate"
)
;;————————————————————————————————————————————
;;2D Doping profiles
;;————————————————————————————————————————————
;;Doping to facilitate ohmic contacts
(sdedr:define-constant-profile                      "Ohmic"
"ArsenicActiveConcentration" 5E+20)
(sdedr:define-refinement-window "Pl.ohmic.d" "Rectangle"
    (position Xdrn Ytop 0) (position Xmin Ycontact 0))
(sdedr:define-constant-profile-placement  "Ohmic.d"  "Ohmic"  "Pl.
ohmic.d" 0.002)
(sdedr:define-refinement-window "Pl.ohmic.s" "Rectangle"
    (position Xmax Ytop 0) (position Xsrc Ycontact 0))
```

```
(sdedr:define-constant-profile-placement "Ohmic.s" "Ohmic" "Pl.
ohmic.s" 0.002)
;-----------------------------------------------------------------------
; Meshing
;-----------------------------------------------------------------------
; Global
(sdedr:define-refinement-window "Pl.global" "Rectangle"
    (position Xmin Ytop 0) (position Xmax Ybot 0))
(sdedr:define-refinement-size "Ref.global" (/ Xmax 4) (/ Ybot 4)
0.002 0.002)
(sdedr:define-refinement-placement "Ref.global" "Ref.global" "Pl.
global")
(sdedr:define-refinement-function     "Ref.global"      "Dopi-
ngConcentration" "MaxTransDiff" 1)
(sdedr:define-refinement-function "Ref.global" "MaxLenInt" "GaN"
"Oxide" 0.001 1.8)
(sdedr:define-refinement-function "Ref.global" "MaxLenInt" "GaN"
"AlGaN" 0.001 1.8 "DoubleSide")
(sdedr:define-refinement-function "Ref.global" "MaxLenInt" "GaN"
"Oxide" 0.01 2)
; Channel
(sdedr:define-refinement-window "Pl.channel" "Rectangle".
    (position Xgt.l Ytop 0) (position Xgt.r (+ Y0_GaN_channel 0.1)
0))
(sdedr:define-refinement-size "Ref.channel" (/ Lg 8) 99 0.004 66)
(sdedr:define-refinement-placement  "Ref.channel"  "Ref.channel"
"Pl.channel")
(sdedr:define-refinement-function "Ref.channel" "MaxLenInt" "GaN"
""0.0005 1.8)
; Electron spreading
(sdedr:define-refinement-window "Pl.eDensity" "Rectangle"
(position (- Xgt.l 0.6) Y0_GaN_cap 0) (position (+ Xgt.l 0.4) (+
Y0_GaN_channel 0.25) 0))
(sdedr:define-refinement-size "Ref.eDensity" 0.05 0.05 0.01 0.01)
(sdedr:define-refinement-placement "Ref.eDensity" "Ref.eDensity"
"Pl.eDensity")
; Electron spreading
(sdedr:define-refinement-window "Pl.gateedge" "Rectangle".
(position (- Xgt.l 0.1) 0 0) (position (+ Xgt.l 0.1) Y0_GaN_cap 0))
(sdedr:define-refinement-size  "Ref.gateedge"  0.001  0.001  0.0005
0.0005)
(sdedr:define-refinement-placement  "Ref.gateedge"  "Ref.gateedge"
"Pl.gateedge")
; Ungated drain
(sdedr:define-refinement-window "Pl.ungated.d" "Rectangle"
(position  Xgt.l  Y0_GaN_cap  0)  (position  Xdrn  (+  Y0_GaN_channel
0.4) 0))
(sdedr:define-refinement-size "Ref.ungated.d" (/ Ldg 16) 99 (/ Ldg
32) 66)
```

```
(sdedr:define-refinement-placement "Ref.ungated.d" "Ref.ungated.
d" "Pl.ungated.d")
; Ungated source
(sdedr:define-refinement-window "Pl.ungated.s" "Rectangle".
(position Xsrc Y0_GaN_cap 0) (position Xgt.r (+ Y0_GaN_channel
0.2) 0))
(sdedr:define-refinement-size "Ref.ungated.s" (/ Lgs 16) 99 (/ Lgs
32) 66)
(sdedr:define-refinement-placement "Ref.ungated.s" "Ref.ungated.
s" "Pl.ungated.s")
; Drain contact edge
(sdedr:define-refinement-window "Pl.drain_c" "Rectangle".
    (position (+ Xdrn 0.1) Ytop 0) (position (- Xdrn 0.06)
Y0_GaN_channel 0))
(sdedr:define-refinement-size "Ref.drain_c" 0.01 99 0.002 66)
(sdedr:define-refinement-placement "Ref.drain_c" "Ref.drain_c"
"Pl.drain_c")
(sdedr:define-refinement-window "Pl.drain_c.t" "Rectangle".
    (position (+ Xdrn 0.015) Y0_GaN_channel 0) (position Xmin (+
Ycontact 0.21) 0))
(sdedr:define-refinement-size "Ref.drain_c.t" 0.1 0.05 0.002
0.002)
(sdedr:define-refinement-placement "Ref.drain_c.t" "Ref.drain_c.
t" "Pl.drain_c.t")
(sdedr:define-refinement-window "Pl.drain_c.t2" "Rectangle".
    (position (+ Xdrn 0.005) Y0_GaN_channel 0) (position Xmin (+
Y0_GaN_channel 0.012) 0))
(sdedr:define-refinement-size "Ref.drain_c.t2" 0.001 0.002 0.0005
0.001)
(sdedr:define-refinement-placement "Ref.drain_c.t2" "Ref.drain_c.
t2" "Pl.drain_c.t2")
; Source contact edge
(sdedr:define-refinement-window "Pl.source_c" "Rectangle".
    (position (- Xsrc 0.04) Ytop 0) (position (+ Xsrc 0.04)
Y0_GaN_channel 0))
(sdedr:define-refinement-size "Ref.source_c" 0.04 99 0.004 66)
(sdedr:define-refinement-placement "Ref.source_c" "Ref.source_c"
"Pl.source_c")
(sdedr:define-refinement-window "Pl.source_c.t" "Rectangle".
    (position Xmax Y0_GaN_cap 0) (position (- Xsrc 0.015) (+
Ycontact 0.21) 0))
(sdedr:define-refinement-size "Ref.source_c.t" 0.1 0.05 0.002
0.002)
(sdedr:define-refinement-placement "Ref.source_c.t" "Ref.
source_c.t" "Pl.source_c.t")
(sdedr:define-refinement-window "Pl.source_c.t2" "Rectangle".
    (position Xsrc Y0_GaN_channel 0) (position Xmax (+ Y0_GaN_-
channel 0.012) 0))
```

```
(sdedr:define-refinement-size   "Ref.source_c.t2"   0.001   0.002
0.0005 0.001)
(sdedr:define-refinement-placement    "Ref.source_c.t2"    "Ref.
source_c.t2" "Pl.source_c.t2")
; Right gate contact edge.
(sdedr:define-refinement-window "Pl.contact_r" "Rectangle".
    (position (+ Xgt.r 0.02) Ytop 0) (position (- Xgt.r 0.024) (+
Y0_GaN_channel 0) 0))
(sdedr:define-refinement-size "Ref.contact_r" 0.004 99 0.002 66)
(sdedr:define-refinement-placement    "Ref.contact_r"    "Ref.con-
tact_r" "Pl.contact_r")
; Left gate contact edge
(sdedr:define-refinement-window "Pl.contact_l" "Rectangle".
    (position (- Xgt.l 0.02) Ytop 0) (position (+ Xgt.l 0.02) (+
Y0_GaN_channel 0.005) 0))
(sdedr:define-refinement-size "Ref.contact_l" 0.005 99 0.001 66)
(sdedr:define-refinement-placement    "Ref.contact_l"    "Ref.con-
tact_l" "Pl.contact_l")
;------------------------------------------------------------------
;(sde:build-mesh  "snmesh"  "-H  -AI  -y  500  -fit_interfaces  "
"n@node@")
;(sde:build-mesh  "snmesh"  "-AI  -y  500  -fit_interfaces  "
"n@node@_msh")
(sde:build-mesh  "snmesh"  "-AI  -y  500  -fit_interfaces"
"n@node@_msh")
;(sde:build-mesh "snmesh" "-u" "-c" "n@node@_msh")
;------------------------------------------------------------------
```

Device physics file code

```
File {
Grid="n1_msh.tdr"
Current="n84_des.plt"
Plot="n84_des.tdr"
Output="n84_des.log"
Parameter="pp84_des.par"
  PMIPATH="./pmi/"
}
Thermode {
{Name="thermal" Temperature=299.15
} *- T in C; surf res in (cm^3 * K / W)
}
Physics {
DefaultParametersFromFile
AreaFactor=1 *** A multiplier to the current output. Does not have
any impact on simulation
*For example, for gate width of 100μm, use Areafactor of 100 to get
current output in A, or use *Areafactor of 10^6 to get current output
in mA/mm
```

```
 EffectiveIntrinsicDensity (Nobandgapnarrowing)
 Fermi ***Switch on to use Fermi statistics instead of Boltzmann
statistics
 Thermionic
 Recombination
 (
 SRH
 )
 Aniso(poisson direction=(001))
 *Hydrodynamic
 Thermodynamic
 AnalyticTEP
 *RecGenHeat
 eBarrierTunneling "GateNLM"
 eBarrierTunneling "SourceNLM"
 eBarrierTunneling "DrainNLM"
 *Mobility(DopingDependence Highfieldsaturation)
 *************Mobilty is switched off globally to use the constant
(temperature dependent) model for "GaN_channel"********
   Piezoelectric_Polarization (strain)
 }
 ***************************************************************
****************************************************************
***************
 Physics (Region="GaN_cap") {
 *Mobility                                  (hHighFieldSaturation
eHighFieldSaturation(CarrierTempDrive) DopingDependence (Arora))
 Mobility  (DopingDep(Arora)  eHighfieldsaturation(GradQuasiFermi)
hHighfieldsaturation(GradQuasiFermi))
 Recombination
 (
 SRH ** Note: Shockley-Read-Hall Recombination
 Radiative
 )
 Traps (Acceptor Level Conc=9E+18 EnergyMid=-0.98 FromMidBandGap
 eXSection=1.0E-15 hXSection=1.0E-15 Add2TotalDoping)
 }
 ***************************************************************
***************************************************************
*****************
 Physics (Region="GaN_buffer") {
 Mobility (DopingDep(Arora) Highfieldsaturation(GradQuasiFermi))
 Recombination
 (
 SRH
 Radiative
 )
 Traps (Acceptor Level Conc=5E+17 EnergyMid=-0.98 FromMidBandGap.
 eXSection=1.0E-15 hXSection=1.0E-15 Add2TotalDoping)
 }
```

```
****************************************************************
****************************************************************
**************
Physics (Region="GaN_channel") {
Mobility              (eHighfieldsaturation(GradQuasiFermi)
hHighfieldsaturation(GradQuasiFermi)).
Recombination
(
SRH
Radiative
)
}
***************************************************************
****************************************************************
***************
Physics (Material="Oxide") {
Traps((Acceptor Level Conc=2.5e18 EnergyMid=0.45 FromMidBandGap))
Mobility  (DopingDep(Arora)  eHighfieldsaturation(GradQuasiFermi)
hHighfieldsaturation(GradQuasiFermi)Enormal)
*Mobility                              (hHighFieldSaturation
eHighFieldSaturation(CarrierTempDrive) DopingDependence (Arora))
}
****************************************************************
****************************************************************
***************************
Physics (Region="AlGaN_barrier") {
Mobility  (DopingDep(Arora)  eHighfieldsaturation(GradQuasiFermi)
hHighfieldsaturation(GradQuasiFermi) Enormal)
*Mobility                              (hHighFieldSaturation
eHighFieldSaturation(CarrierTempDrive) DopingDependence (Arora))
Recombination
(
SRH
Radiative
)
Traps    (Acceptor    Level    Conc=2.2e+18    EnergyMid=-0.98
FromMidBandGap
eXSection=1.0E-15 hXSection=1.0E-15 Add2TotalDoping)
}
****************************************************************
****************************************************************
***************************
Physics (RegionInterface="ox_passivation_lump_1/GaN_cap") {
  Piezoelectric_Polarization (strain activation=0)
  Traps (
      (Donor Level Conc=9e13 EnergyMid=1.5 FromMidBandGap))
  }
  Physics (RegionInterface="ox_passivation_lump_2/GaN_cap") {
```

```
  Piezoelectric_Polarization (strain activation=0)
  Traps (
    (Donor Level Conc=9e13 EnergyMid=1.5 FromMidBandGap))
}
Physics (RegionInterface="AlGaN_barrier/GaN_channel") {
  Piezoelectric_Polarization (strain activation=1.0)
Charge(Conc=0.8e12)
}
Physics (RegionInterface="AlGaN_barrier/GaN_cap") {
  Piezoelectric_Polarization (strain activation=1)
}
**************************************************************
Math {
  NonLocal "SourceNLM" (
    Electrode="source"
    Digits=4
    Length=12e-7
    EnergyResolution=1e-3
    Direction=(100) MaxAngle=1
    -EndPoint(Material="AlGaN")
  )
  NonLocal "DrainNLM" (
    Electrode="drain"
    Digits=4
    Length=12e-7
    EnergyResolution=1e-3
    Direction=(1 0 0) MaxAngle=1
    -EndPoint(Material="AlGaN")
)
  NonLocal "GateNLM" (
    Electrode="gate"
    Digits=4
    Length=12e-7
    EnergyResolution=1e-3
    Direction=(1 0 0) MaxAngle=1
    -EndPoint(Material="AlGaN")
  )
}
Math {
Number_of_Threads=maximum
ConstRefPot=4.6
Method=ILS(set=12)
ILSrc="
set (12) {
// User-defined set that has worked well for GaN simulations
 iterative(gmres(100), tolrel=1e-9, tolunprec=1e-4, tolabs=0,
maxit=200);
 preconditioning(ilut(1e-8,-1), left);
```

```
ordering(symmetric=nd, nonsymmetric=mpsilst);
options(compact=yes, linscale=0, refineresidual=10, verbose=0);
};"
Transient=BE
ExitOnFailure
Extrapolate
Iterations=50
DirectCurrentComputation
ErrRef(Electron)=1e5
ErrRef(Hole)=1e5
*ExtendedPrecision(128)
Digits=5
RHSMin=1e-8
  AvalDerivative
RhsMax=1e30
RefDens_eGradQuasiFermi_ElectricField=1e10
RefDens_hGradQuasiFermi_ElectricField=1e10
RelTermMinDensity=1e4 * cm^-3
RelTermMinDensityZero=1e8
}
Math {
AcceptNewtonParameter (
-RhsAndUpdateConvergence
* enable 'RHS OR Update' convergence
RhsMin=1e-5
* RHS converged if 'RHS<RhsMin'
UpdateScale=1e-2
* scale actual update error
)
}
Math{
-RelErrControl
Error(Electron)=1e-5
Error(Hole)=1e-5
}
Plot {
Electricfield/Vector
eCurrent/Vector hCurrent/Vector TotalCurrent/Vector
   EffectiveBandGap
SRH
eMobility hMobility
eQuasiFermi hQuasiFermi
eGradQuasiFermi hGradQuasiFermi
eEparallel
eVelocity hVelocity
DonorConcentration Acceptorconcentration
Doping SpaceCharge
ConductionBand ValenceBand
BandGap Affinity
```

```
xMoleFraction
PE_Polarization/vector
PE_Charge
eTrappedCharge hTrappedCharge
*eTemperature hTemperature
LatticeTemperature
eJouleHeat
hJouleHeat
JouleHeat
RecombinationHeat
ThomsonHeat
PeltierHeat
TotalHeat
lHeatFlux/vector
eInterfaceTrappedCharge hInterfaceTrappedCharge
NonLocal eBarrierTunneling hBarrierTunneling
}
CurrentPlot {
  PMIModel  (
    Name="EffectiveMobility"
    BoxMin=(1.0 0.04 0) BoxMax=(1.5 0.06 0) Width=0.5
    ChannelType=0
    )
  }
Electrode {
      {Name="gate" Voltage=(0 at 0, 2 at 0.04, 2 at 0.44) Schottky
Barrier=1.2}
       {Name="drain"  Voltage=(0  at  0,  0  at  0.04,  20  at  0.44)
Resist=36}
      {Name="source" Voltage=0 Resist=36}
}
Solve   {
  Coupled (Iterations=10,000 LinesearchDamping=1e-5) {Poisson}
  Coupled  (Iterations=10,000  LinesearchDamping=1e-5)  {Poisson
Electron Hole Temperature}
NewCurrentFile="IdVgramp_Comp_"
  Transient(
  InitialTime=0  InitialStep=0.0004  Minstep=4e-06  MaxStep=0.04
FinalTime=0.04 Increment=2.0
) {Coupled {Poisson Electron Hole Temperature}
Plot(FilePrefix="Vd_Id0_n84" Time=(0;0.04) NoOverwrite)
}
  Transient(
  InitialTime=0.04 InitialStep=0.004 Minstep=4e-06 MaxStep=0.04
FinalTime=0.44 Increment=2.0
  AcceptNewtonParameter  (Referencestep=5e-4)) {Coupled  {Poisson
Electron Hole Temperature}
Plot(FilePrefix="Vg2_Id0_n84"
```

```
Time=(0.06;0.08;0.1;0.12;0.13;
0.1306;0.14;0.156;0.158;0.16;0.18;0.1818;0.182;0.2;0.2092;0.21;
0.22;0.24;0.34;0.44;0.44) NoOverwrite)
 }
}
```

参考文献

[1] S. Karmalkar, U.K. Mishra, Enhancement of breakdown voltage in AlGaN/GaN high Electron mobility transistors using a field plate, IEEE Trans. Electron Devices 48 (8) (2001) 1515–1521, https://doi.org/10.1109/16.936500.

[2] J. Millan, P. Godignon, X. Perpina, A. Perez-Tomas, J. Rebollo, A survey of wide bandgap power semiconductor devices, IEEE Trans. Power Electron. 29 (5) (2014) 2155–2163, https://doi.org/10.1109/TPEL.2013.2268900.

[3] J. Millán, P. Godignon, X. Perpiñà, A. Pérez-Tomás, J. Rebollo, A survey of wide bandgap power semiconductor devices, IEEE Trans. Ind. Electron. 29 (5) (2014) 2155–2163, https://doi.org/10.1109/TPEL.2013.2268900.

[4] Y.C. Chou, D. Leung, I. Smorchkova, M. Wojtowicz, R. Grundbacher, L. Callejo, Q. Kan, R. Lai, P.H. Liu, D. Eng, A. Oki, Degradation of AlGaN/GaN HEMTs under elevated temperature lifetesting, Microelectron. Reliab. 44 (7) (2004) 1033–1038, https://doi.org/10.1016/j.microrel.2004.03.008.

[5] O. Ambacher, J. Smart, J.R. Shealy, N.G. Weimann, K. Chu, M. Murphy, W.J. Schaff, L.F. Eastman, R. Dimitrov, L. Wittmer, M. Stutzmann, W. Rieger, J. Hilsenbeck, Two-dimensional electron gases induced by spontaneous and piezoelectric polarization charges in N- and Ga-face AlGaN/GaN heterostructures, J. Appl. Phys. 85 (6) (1999) 3222, https://doi.org/10.1063/1.369664.

[6] R.J. Trew, G.L. Bilbro, W. Kuang, Y. Liu, H. Yin, Microwave AlGaN/GaN HFETs, IEEE Microw. Mag. 6 (1) (2005) 56–66, https://doi.org/10.1109/MMW.2005.1417998.

[7] S. Nuttinck, E. Gebara, J. Laskar, H.M. Harris, S. Member, Study of Self-heating effects, pulsed load—pull measurements on GaN HEMTs, Engineer 49 (12) (2001) 2413–2420.

[8] S.L. Delage, C. Dua, Wide band gap semiconductor reliability: status and trends, Microelectron. Reliab. (2003) 1705–1712, https://doi.org/10.1016/S0026-2714(03)00338-X.

[9] B. Chatterjee, J.S. Lundh, J. Dallas, H. Kim, S. Choi, Electro-thermal reliability study of gan high electron mobility transistors, in: Proceedings of the 16th InterSociety Conference on Thermal and Thermomechanical Phenomena in Electronic Systems, ITherm 2017, 2017, https://doi.org/10.1109/ITHERM.2017.7992627.

[10] B. Chatterjee, C. Dundar, T.E. Beechem, E. Heller, D. Kendig, H. Kim, N. Donmezer, S. Choi, Nanoscale electro-thermal interactions in AlGaN/GaN high electron mobility transistors, J. Appl. Phys. 2020 (2019), https://doi.org/10.1063/1.5123726, 044502.

[11] U.K. Mishra, AlGaN/GaN HEMTs: an overview of device operation and applications, IGARSS 2014 1 (2014) 1–5, https://doi.org/10.1007/s13398-014-0173-7.2.

[12] Y.-F. Wu, B.P. Keller, S. Keller, D. Kapolnek, P. Kozodoy, S.P. Denbaars, U.K. Mishra, High power AlGaN/GaN HEMTs for microwave applications, Solid State Electron. 41 (10) (1997) 1569–1574, https://doi.org/10.1016/S0038-1101(97)00106-8.

[13] I. Abid, R. Kabouche, C. Bougerol, J. Pernot, C. Masante, R. Comyn, Y. Cordier, F. Medjdoub, High lateral breakdown voltage in thin channel AlGaN/GaN high electron

mobility transistors on AlN/sapphire templates, Micromachines 10 (10) (2019), https://doi.org/10.3390/mi10100690.
[14] Y. Dora, A. Chakraborty, L. Mccarthy, S. Keller, S.P. Denbaars, U.K. Mishra, High breakdown voltage achieved on AlGaN/GaN HEMTs with integrated slant field plates, IEEE Electron Device Lett. 27 (9) (2006) 713–715, https://doi.org/10.1109/LED.2006.881020.
[15] A. Matulionis, Feature article: hot phonons in GaN channels for HEMTs, Phys. Status Solidi Appl. Mater. Sci. 203 (10) (2006) 2313–2325, https://doi.org/10.1002/pssa.200622101.
[16] U. Chowdhury, J.L. Jimenez, C. Lee, E. Beam, P. Saunier, T. Balistreri, S.Y. Park, T. Lee, J. Wang, M.J. Kim, J. Joh, J.A. del Alamo, TEM observation of crack- and pit-shaped defects in electrically degraded GaN HEMTs, IEEE Electron Device Lett. 29 (10) (2008) 1098–1100, https://doi.org/10.1109/LED.2008.2003073.
[17] S. Lee, R. Vetury, J.D. Brown, S.R. Gibb, W.Z. Cai, J. Sun, D.S. Green, J. Shealy, Reliability assessment of AlGaN/GaN HEMT technology on SiC for 48V applications, 2008 IEEE International Reliability Physics Symposium, IEEE, 2008, pp. 446–449. https://doi.org/10.1109/RELPHY.2008.4558926.
[18] E.R. Heller, Electro-thermal modeling of multifinger AlGaN/GaN HEMT device operation including thermal substrate effects, Microelectron. Reliab. 48 (2008) 45–50, https://doi.org/10.1016/j.microrel.2007.01.090.
[19] Z.J. Shen, I. Omura, Power semiconductor devices for hybrid, electric, and fuel cell vehicles, Proc. IEEE 95 (4) (2007) 778–789, https://doi.org/10.1109/JPROC.2006.890118.
[20] T. Kachi, GaN power device for automotive applications, in: 2014 Asia-Pacific Microwave Conference, 2014, pp. 923–925.
[21] M. Su, C. Chen, L. Chen, M. Esposto, S. Rajan, Challenges in the automotive application of GaN power switching devices, in: International Conference on Compound Semiconductor Manufacturing Technology (CS MANTECH 2012), vol. 27, 2012.
[22] T. Uesugi, T. Kachi, Which are the future GaN power devices for automotive applications, lateral structures or vertical structures? in: CS Mantech Tech. Dig, 2011, pp. 1–4.
[23] J. Lautner, B. Piepenbreier, High efficiency three-phase-inverter with 650 V GaN HEMTs, in: PCIM Europe 2016; International Exhibition and Conference for Power Electronics, Intelligent Motion, Renewable Energy and Energy Management, 2016, pp. 1–8.
[24] S. Chowdhury, Y. Wu, L. Shen, K. Smith, P. Smith, T. Kikkawa, J. Gritters, L. McCarthy, R. Lal, R. Barr, Z. Wang, U. Mishra, P. Parikh, 650 V highly reliable GaN HEMTs on Si substrates over multiple generations: matching silicon CMOS manufacturing metrics and process control, in: 2016 IEEE Compound Semiconductor Integrated Circuit Symposium (CSICS), 2016, pp. 1–4, https://doi.org/10.1109/CSICS.2016.7751008.
[25] S. Choi, E.R. Heller, D. Dorsey, R. Vetury, S. Graham, The impact of Bias conditions on Self-heating in AlGaN/GaN HEMTs, IEEE Trans. Electron Devices 60 (1) (2013) 159–162, https://doi.org/10.1109/TED.2012.2224115.
[26] Y. Wu, C.Y. Chen, J.A. Del Alamo, Activation energy of drain-current degradation in GaN HEMTs under high-power DC stress, Microelectron. Reliab. 54 (12) (2014) 2668–2674, https://doi.org/10.1016/j.microrel.2014.09.019.
[27] R. Aubry, J.C. Jacquet, J. Weaver, O. Durand, P. Dobson, G. Mills, M.A. di Forte-Poisson, S. Cassette, S.L. Delage, SThM temperature mapping and nonlinear thermal resistance evolution with Bias on AlGaN/GaN HEMT devices, IEEE Trans. Electron Devices 54 (3) (2007) 385–390, https://doi.org/10.1109/TED.2006.890380.
[28] A. Sarua, H. Ji, M. Kuball, M.J. Uren, T. Martin, K.P. Hilton, R.S. Balmer, A. Self-heating, A. Gan, Integrated micro-Raman/infrared thermography probe for monitoring of self-heating in AlGaN/GaN transistor structures, IEEE Trans. Electron Devices 53 (10) (2006) 2438–2447.

[29] E. Heller, S. Choi, D. Dorsey, R. Vetury, S. Graham, Electrical and structural dependence of operating temperature of AlGaN/GaN HEMTs, Microelectron. Reliab. 53 (6) (2013) 872–877, https://doi.org/10.1016/j.microrel.2013.03.004.

[30] J.P. Jones, M.R. Rosenberger, W.P. King, R. Vetury, E. Heller, D. Dorsey, S. Graham, Electro-thermo-mechanical transient modeling of stress development in AlGaN/GaN high electron mobility transistors (HEMTs), Fourteenth Intersociety Conference on Thermal and Thermomechanical Phenomena in Electronic Systems (ITherm), IEEE, 2014, pp. 959–965. https://doi.org/10.1109/ITHERM.2014.6892385.

[31] F.N. Donmezer, W. James, S. Graham, The thermal response of gallium nitride HFET devices grown on silicon and SiC substrates, ECS Trans. 41 (6) (2011) 13–30, https://doi.org/10.1149/1.3629950.

[32] B. Chatterjee, Y. Song, J.S. Lundh, Y. Zhang, Z. Xia, Z. Islam, J. Leach, C. McGray, P. Ranga, S. Krishnamoorthy, A. Haque, S. Rajan, S. Choi, Electro-thermal co-design of β-(AlxGa1-x)2O3/Ga2O3 modulation doped field effect transistors, Appl. Phys. Lett. 117 (15) (2020), https://doi.org/10.1063/5.0021275, 153501.

[33] M. Shur, B. Gelmont, M. Khan, a., Electron mobility in two-dimensional electron gas in AlGaN/GaN heterostructures and in bulk GaN, J. Electron. Mater. 25 (5) (1996) 777–785, https://doi.org/10.1007/BF02666636.

[34] O. Ambacher, Growth and applications of group III-nitrides, J. Phys. D. Appl. Phys. 31 (20) (1998) 2653–2710, https://doi.org/10.1088/0022-3727/31/20/001.

[35] M.L. Majewski, An analytical DC model for the modulation-doped field-effect transistor, IEEE Trans. Electron Devices 34 (9) (1987) 1902–1910.

[36] D. Delagebeaudeuf, N.T. Linh, Metal–(n) AlGaAs–GaAs two-dimensional electron gas FET, IEEE Trans. Electron Devices 29 (6) (1982) 955–960, https://doi.org/10.1109/T-ED.1982.20813.

[37] Rashmi, A. Kranti, S. Haldar, R.S. Gupta, An accurate charge control model for spontaneous and piezoelectric polarization dependent two-dimensional electron gas sheet charge density of lattice-mismatched AlGaN/GaN HEMTs, Solid State Electron. 46 (5) (2002) 621–630, https://doi.org/10.1016/S0038-1101(01)00332-X.

[38] H.Y. Wong, O. Penzin, N. Braga, R.V. Mickevicius, Quantum correction in AlGaN/GaN transistor simulations using modified local density approximation (MLDA), in: 2016 IEEE International Conference on Electron Devices and Solid-State Circuits (EDSSC), 2016, pp. 239–242, https://doi.org/10.1109/EDSSC.2016.7785252.

[39] J. Kolník, I.H. Oğuzman, K.F. Brennan, R. Wang, P.P. Ruden, Y. Wang, Electronic transport studies of bulk Zincblende and Wurtzite phases of GaN based on an ensemble Monte Carlo calculation including a full zone band structure, J. Appl. Phys. 78 (2) (1995) 1033–1038, https://doi.org/10.1063/1.360405.

[40] J.D. Albrecht, R.P. Wang, P.P. Ruden, M. Farahmand, K.F. Brennan, Electron transport characteristics of GaN for high temperature device modeling, J. Appl. Phys. 83 (9) (1998) 4777–4781, https://doi.org/10.1063/1.367269.

[41] K-, V. Sentaurus ™, Process User, 2015. No. June.

[42] Synopsys Inc, Sentaurus Structure User Guide—v.K-2015.06, 2015. No. June.

[43] V.M. Bermudez, Study of oxygen chemisorption on the GaN(0001)-(1x1) surface, J. Appl. Phys. 80 (2) (1996) 1190–1200, https://doi.org/10.1063/1.362924.

[44] S.P. Grabowski, M. Schneider, H. Nienhaus, W. Mönch, R. Dimitrov, O. Ambacher, M. Stutzmann, Electron affinity of AlxGa1-XN(0001) surfaces, Appl. Phys. Lett. 78 (17) (2001) 2503–2505, https://doi.org/10.1063/1.1367275.

[45] Sentaurus™ Device User Guide, 2015.

[46] H.B. Callen, Thermodyn Mics and an Introduction to Thermostatistics, second ed., Wiley, 1985.
[47] Solvers User Guide, 2015.
[48] Y. Turkulets, I. Shalish, Contactless method to measure 2DEG charge density and band structure in HEMT structures, IEEE J. Electron Devices Soc. 6 (May) (2018) 703–707, https://doi.org/10.1109/JEDS.2018.2841374.
[49] S. Acar, S.B. Lisesivdin, M. Kasap, S. Özçelik, E. Özbay, Determination of two-dimensional electron and hole gas carriers in AlGaN/GaN/AlN heterostructures grown by metal organic chemical vapor deposition, Thin Solid Films 516 (8) (2008) 2041–2044, https://doi.org/10.1016/j.tsf.2007.07.161.
[50] T. Mizutani, Y. Ohno, S. Kishimoto, K. Maezawa, A study on current collapse in AlGaN/GaN HEMTs induced by bias stress, IEEE Trans. Electron Devices 50 (10) (2003) 2015–2020, https://doi.org/10.1109/TED.2003.816549.
[51] U.K. Mishra, P. Parikh, Y.F. Wu, AlGaN/GaN HEMTs—an overview of device operation and applications, Proc. IEEE 90 (6) (2002) 1022–1031, https://doi.org/10.1109/JPROC.2002.1021567.
[52] A.K. Visvkarma, C. Sharma, R. Laishram, S. Kapoor, D.S. Rawal, S. Vinayak, M. Saxena, Comparative study of Au and Ni/Au gated AlGaN/GaN high electron mobility transistors, AIP Adv. 9 (12) (2019), https://doi.org/10.1063/1.5116356.
[53] D.K. Schroder, Semiconductor Material and Device Characterization, third ed., 2005, pp. 127–184, https://doi.org/10.1002/0471749095.
[54] D. Chen, L. Wan, J. Li, Z. Liu, G. Li, Ohmic contact to AlGaN/GaN HEMT with electrodes in contact with heterostructure interface, Solid State Electron. 151 (2019) 60–64, https://doi.org/10.1016/j.sse.2018.10.012.
[55] K.L. Wang, High performance AlGaN/GaN HEMT with improved Ohmic contacts, Electron. Lett. 34 (24) (1998) 2354–2356 (2).
[56] T.J. Flack, B.N. Pushpakaran, S.B. Bayne, GaN technology for power electronic applications: a review, J. Electron. Mater. 45 (6) (2016) 2673–2682, https://doi.org/10.1007/s11664-016-4435-3.
[57] M. Meneghini, G. Meneghesso, E. Znoni, Power GaN Devices, 2012, https://doi.org/10.1007/978-3-319-43199-4.
[58] S. Akiyama, M. Kondo, L. Wada, K. Horio, Analysis of breakdown voltage of field-plate AlGaN/GaN HEMTs as affected by buffer Layer's acceptor density, Jpn. J. Appl. Phys. 58 (6) (2019), https://doi.org/10.7567/1347-4065/ab1e8f.
[59] J. Yang, S. Cui, T.P. Ma, T.H. Hung, D. Nath, S. Krishnamoorthy, S. Rajan, A study of electrically active traps in AlGaN/GaN high electron mobility transistor, Appl. Phys. Lett. 103 (17) (2013), https://doi.org/10.1063/1.4826922.
[60] J. Yang, S. Cui, T.P. Ma, T.H. Hung, D. Nath, S. Krishnamoorthy, S. Rajan, Electron tunneling spectroscopy study of electrically active traps in AlGaN/GaN high electron mobility transistors, Appl. Phys. Lett. 103 (22) (2013), https://doi.org/10.1063/1.4834698.
[61] A.Y. Polyakov, I.H. Lee, Deep traps in GaN-based structures as affecting the performance of GaN devices, Mater. Sci. Eng. R. Rep. 94 (2015) 1–56, https://doi.org/10.1016/j.mser.2015.05.001.

第 7 章 氮化镓器件中热特性建模

M. G. Ancona
美国海军研究实验室，电子科学与技术部门

7.1 引言

根据高电子迁移率晶体管（High-electron mobility transistors，HEMT）的可靠性要求，应用于功率和 RF 器件的Ⅲ族氮化物材料的峰值工作温度需要保持在 250～300℃以下[1,2]。这反过来限制了 HEMT 可以承载的焦耳热，并且在室温、无脉冲作用的情况下，功率密度通常被限制为不超过 10W/mm[3]。因此，必须对工作状态下功率和 RF HEMT 的热现象进行建模和仿真，从而更好地了解特定设计的热限制，并获得评估改善热性能设计方法的策略。本章旨在概述用于进行上述热分析的连续方法，并以各种Ⅲ族氮化物 HEMT 器件的热仿真为例，阐述上述分析方法。基于Ⅲ族氮化物的大功率 LED，其工作过程中的热效应也相当重要，进而本章所述的技术同样适用于该领域[4]，但我们并没有拿出明确的案例进行讨论。

在非低温下，绝缘体和半导体中的热量几乎完全借助晶格振动（声子）进行传导，因此，从微观层面上来说，热传输现象是声子的统计和散射过程。这些物理特性的微观表述早已为人所知，并形成了玻尔兹曼热传输方程，且在某些情况下被用于进行 GaN 器件的分析和设计[5-7]。然而，由于高温、几何复杂性以及缺乏对实际器件中材料性质的了解（特别是与界面区域和多晶材料有关的性质），上述基于微观物理特性的分析方法无法对热传输过程进行定量预测。考虑到该方法的计算密集性，基于微观理论的方法在实际的Ⅲ族氮化物 HEMT 器件分析和设计中用处不大。因此，常采用更为简便的宏观替代方案。该理论由采用偏微分方式表达的热传输方程组成，源于连续热力学的熵方程加上两个材料响应（或本构）函数[8]。后两个方程表征了材料储存和传导热量的能力，每个方程都包含一个材料系数，即热容和热导率，分别量化了给定材料的特定局部响应。热导率是具有多个独立常数的二阶张量，根据晶体的对称性不同，独立常数最高可达 6 个。在上述的宏观方法中，界面特性由包含边界热阻（TBR）等附加材料参数的边界条件表征。此外，由于 GaN HEMT 较高的工作温度，这些材料参数中的任何一个都可能受温度影响，因此这在分析中有必要考虑这些参数。

热模型的另一个要素是对热源和热沉进行描述。主要的热沉通常是与有源或无源冷却器接触的衬底。另外，热沉还可以通过辐射或对流将热量传递至周围环境中。热模型中所有类型的热沉通常都用边界条件来处理。另一方面，热量几乎总是源于器件内部，与器件内部电流流动引起的焦耳热有关。通常实验中消耗的总功率（即电流电压）是已知的，主要的不确定性在于这些功率在器件哪里产生或累积[8,9]。如后文所述，这种功率分布有时是假定的，有时是计算的。

最后，由于各种材料的热膨胀系数不同，工作时发生的高温会导致 GaN HEMT 产生高热应力。这对于分析器件的故障和可靠性非常重要，高热应力也可能会影响器件的电学或光学特性。

基于前述内容，可以得到三个层次的宏观建模：

（ⅰ）热建模。在这种最简单的方法中，会假设欧姆热的空间（可能还有时间）分布，其分布通常集中在栅极靠近漏极一侧附近的沟道中。该模型中仅考虑了热模型，因此只需求解热方程。显然，这种方法中的误差在散热位置附近最大，也就是说在估算最高温度时会有最大的误差。尽管如此，由于这种方法简单、方便，纯热建模被广泛使用。

（ⅱ）电-热耦合建模。在这种方法中，通过求解电子输运方程，计算了欧姆热在空间（和可能的时间）上的分布[8,9]。通常，这需要以完全耦合的方式进行，因为温度对电子输运产生反馈。至于使用什么电子输运描述，最简单的选择是传统的扩散-漂移理论，它是一个连续理论，这意味着整个处理是完全宏观的。此外，这种也可以考虑高场输运[10]和量子限制[11]等效应。

（ⅲ）电-热-力耦合建模。在这种方法中，还要考虑机械自由度。最简单的方法是通过求解包含热膨胀项的连续线性压电方程[8]。该方法可以很容易地实现一个完全耦合模型，但通常可以对这些方程进行简化，特别是考虑到力学通常对热问题几乎没有影响。唯一不确定的是由于外延生长后在Ⅲ族氮化物器件内会产生巨大应力，因此常假设仅考虑线性压电效应已经足够。但是，为了简化起见，本书这里不再深入讨论此复杂性[12]。

在本章中，虽然对这三种应用于Ⅲ族氮化物 HEMT 仿真建模方法都进行了讨论，但重点放在前两种方法上。考虑到器件尺寸和器件与最终热沉的距离（如铜块），在这三种类型建模过程中，通常都需要将其看作三维（3D）模型。这种额外的复杂性通常是支持热建模方法的基础。

最后，应该提到的是，描述热性能的解析公式在实际应用中被广泛使用。这些公式中有许多是采用现象学的方法得到，其参数是从实验和/或详细的热仿真过程中被提取出来的，例如热阻或者是导通电阻这类和温度相关的定量参数[13]。然而，通过基尔霍夫变换可以得到更多基于物理学的结果。这也是一条重要途径，它提供了一种处理与热导率（由温度决定）非线性相关的传热学的方法[14-16]，在 7.2 节中将会对此方法进行简要描述。无论如何，这些面向工程的公式都依赖于详细的热模拟进行验证，因此通常仅用于了解变化趋并在器件设计时作为指南，并且不能用于推理超出基础热模拟范围外的结果。由于上述原因和篇幅的限制，我们不会在本章中进一步讨论这些面向工程的公式。

本章结构如下。在 7.2 节中，我们总结了具有普适性的控制方程。在讨论这些方程的应用时，由于机械效应通常是次要的，我们在后续章节（7.3 节中）讨论方程运用的过程中，主要聚焦在二维平面内的热效应和电热效应，主要讨论焦耳热的分布情况和只有热处理时产生的误差。7.4 节讨论的问题主要涉及三维空间内的热效应和电热效应模拟。7.5 节讨论了一种常见的研究策略，该策略是在设计 HEMT 器件的过程中引入金刚石来提高散热性能，进而使器件可以操作在更高的功率下。7.6 节简要介绍了电热应力耦合作用下的研究案例，其中重点是探究热应力的影响。最后，我们在 7.7 节中对本章进行总结。

7.2　线性热电弹性理论

包含电、应力和热现象的半导体连续性方程可以用微分形式表示如下[8]：

$$\frac{\mathrm{d}n}{\mathrm{d}t}=\nabla\cdot(n\boldsymbol{v}_n)\qquad \nabla\cdot\boldsymbol{D}=q(n-N_D)\qquad \boldsymbol{E}=-\nabla\psi \tag{7.1a}$$

（电荷守恒）　　　　　（静电）

$$\boldsymbol{E}_n=-\boldsymbol{E}-\nabla\phi_n\qquad \nabla\cdot\boldsymbol{\tau}=0 \tag{7.1b}$$

（电力守恒）　　　（晶格力守恒）

$$\phi_n=\frac{\partial(n\varepsilon_n)}{\partial n}\qquad \eta=-\frac{\partial\Psi}{\partial T}\qquad \rho T\frac{\mathrm{d}\eta}{\mathrm{d}t}+\nabla\cdot\boldsymbol{q}=qn\boldsymbol{E}_n\cdot\boldsymbol{v}_n \tag{7.1c}$$

（从能量守恒和熵方程）

$$\boldsymbol{D}=\boldsymbol{D}(\boldsymbol{E},\boldsymbol{S},T)\qquad \boldsymbol{\tau}=\boldsymbol{\tau}(\boldsymbol{E},\boldsymbol{S},T)\qquad \varepsilon_n=\varepsilon_n(nT)\qquad \Psi=\Psi(T)$$

$$\boldsymbol{E}_n=\boldsymbol{E}_n(\boldsymbol{v}_nT)\qquad \boldsymbol{q}=\boldsymbol{q}(\nabla T) \tag{7.1d}$$

（材料响应方程）

其中普通字体的量是标量，而粗体的量是向量或张量。变量 n、$\boldsymbol{v}_n$、ϕ_n、$\boldsymbol{E}_n$ 和 ε_n 与电子气有关，并且分别是其局域密度数、速度、化学势、阻力和储存的能量。与晶格相关的量 ρ、$\boldsymbol{\tau}$、$\boldsymbol{S}$、$\boldsymbol{\Psi}$、$\boldsymbol{\eta}$ 和 $\boldsymbol{q}$ 分别是其局部质量密度、机械应力、机械应变、储能、熵和热通量。

接下来将式（7.1d）中的材料响应函数选择为线性压电、扩散漂移电子输运和热传导的标准响应函数，有

$$\boldsymbol{D}=\boldsymbol{P}_0+e\boldsymbol{S}+\boldsymbol{\epsilon}_\mathrm{d}\boldsymbol{E}\qquad \boldsymbol{\tau}=\boldsymbol{\tau}_0+\boldsymbol{c}[\boldsymbol{S}-\boldsymbol{\alpha}(T-T_0)]-\boldsymbol{e}\boldsymbol{E}$$

$$\boldsymbol{\Psi}=c_{\mathrm{p}}T\left[1-\ln\left(\frac{T}{T_0}\right)\right] \tag{7.2a}$$

$$\varepsilon_n=kT\left[\ln\left(\frac{n}{n_i}\right)-1\right] \qquad \boldsymbol{E}_n=-\frac{\boldsymbol{v}_n}{\mu_n} \qquad \boldsymbol{q}=-\boldsymbol{\kappa}\nabla T \tag{7.2b}$$

式中，$\boldsymbol{\epsilon}_{\mathrm{d}}$、$c_{\mathrm{p}}$、$\boldsymbol{P}_0$、$\boldsymbol{e}$、$\boldsymbol{\tau}_0$、$\boldsymbol{c}$、$\boldsymbol{\alpha}$、$\boldsymbol{\kappa}$ 和 μ_n 是半导体的介电常数、比热容、自发极化、压电系数、内建应力、弹性常数、热膨胀系数、热导率和电子迁移率。（如果半导体中也存在空穴输运，则需要添加与上面给出的电子气的项和方程精确类似的项和方程。）通过定义 $\boldsymbol{J}_n\equiv n\boldsymbol{v}_n$ 并将式（7.2a）和式（7.2b）插入式（7.1a）~式（7.1c），可以得到以下偏微分方程：

$$\frac{\mathrm{d}n}{\mathrm{d}t}=\nabla\cdot\boldsymbol{J}_n \qquad \boldsymbol{J}_n=-n\,\mu_n\nabla\boldsymbol{\Psi}-D_n\nabla n \tag{7.3a}$$

$$\nabla\cdot(\boldsymbol{e}\boldsymbol{S})-\nabla\cdot(\boldsymbol{\epsilon}_{\mathrm{d}}\nabla\boldsymbol{\Psi})=q(n-N_{\mathrm{D}}) \tag{7.3b}$$

$$\nabla\cdot[\boldsymbol{c}[\boldsymbol{S}-\boldsymbol{\alpha}(T-T_0)]]+\nabla\cdot(\boldsymbol{e}\,\boldsymbol{\nabla}\boldsymbol{\Psi})=0 \qquad \boldsymbol{S}=\frac{1}{2}(\nabla\boldsymbol{u}+\boldsymbol{u}\nabla) \tag{7.3c}$$

$$\rho c_{\mathrm{p}}\frac{\mathrm{d}T}{\mathrm{d}t}-\nabla\cdot(\boldsymbol{\kappa}\,\nabla T)=\frac{q}{n\mu_n}\boldsymbol{J}_n\cdot\boldsymbol{J}_n \tag{7.3d}$$

式中，扩散常数 $D_n\equiv kT\mu_n\partial\phi_n/\partial_n$ 和 $\boldsymbol{u}$ 是机械位移矢量。式（7.3a）描述了电子在半导体中的扩散漂移输运过程，式（7.3b）和式（7.3c）是包含热应力的线性压电方程，式（7.3d）是热方程，方程右侧是与电子流相关的局部焦耳热。同时，应注意到如热电效应等现象，已经在推导这些方程的过程中被忽略。总之，这些方程适用于对半导体内部的电热力学（ETM）进行描述[8]。虽然绝缘体和金属也受到类似方程的支配，但它们的电学描述形式相对简单。现在，如果对热应力和应变不感兴趣，那么在普通半导体中，力学影响通常可以忽略。式（7.3c）和式（7.3b）中的第一项不需要考虑，系统方程简化为式（7.3a）、式（7.3b）和式（7.3d），它们构成了对于半导体内部的电热（ET）描述公式。对于像Ⅲ族氮化物这种压电半导体材料，机械应变很少能被忽略，因为通过压电效应诱导电荷（特别是外延层的应变可诱导在异质层中产生大量电荷）。然而通常情况下，在均匀的层状材料中，所有电荷仅出现在界面处，并且大部分与偏压无关。因此，只要在静电边界条件中包括这些界面电荷，就可以在电热描述中简单地只考虑力学效应。为了减轻计算负担，ET 和 ETM 模拟通常仅在有源区附近模拟输运过程，而机械和热变量则在整个晶圆的厚度上进行仿真（参见参考文献［8］完整讨论）。最后，如果力学可以忽略，并且可以提供式（7.3d）右侧焦耳热分布的近似表达式，则式（7.3d）将从式（7.3a）解耦为纯热描述，进而可以单独求解。这种方法在进行 3D 模拟时特别有价值，因为可以降低计算强度，特别是当包括半导体中的电自由度时，可在稳态条件下，将式（7.3d）简化为热式（7.3e）：

$$\nabla\cdot(\boldsymbol{\kappa}(T)\nabla T)=-Q \tag{7.3e}$$

式中，Q 是假定已知的局部焦耳热。$\boldsymbol{\kappa}$ 对温度的依赖性使得该方程是非线性的；然而，

如果 $\boldsymbol{\kappa}$ 是各向同性的（$\boldsymbol{\kappa}=\kappa \boldsymbol{I}$），则可以通过使用基尔霍夫变换[14]将变量从 T 改变为 θ 来进行线性化：

$$\theta = T_0 + \frac{1}{\boldsymbol{\kappa}(T_0)}\int_{T_0}^{T} \boldsymbol{\kappa}(b)\,\mathrm{d}b \tag{7.3f}$$

这意味着 $\nabla \cdot (\kappa(T)\nabla T)=\nabla \cdot (\kappa(T_0)\nabla\theta)$，式（7.3e）成为关于 θ 的线性微分方程。

式（7.3a）~式（7.3d）是描述器件材料内部电热应力物理效应的微分方程。当求解温度、电子密度、应力或其他场变量的这些方程时，为了获得描述界面对应物理学的一致的边界条件，需要提供一致的边界条件。与任何经典场论一样，这些边界条件是从式（7.1a）~式（7.1c）的积分版本中导出的，这种推导可以保证它们的一致性。为了简洁起见，我们只讨论热边界条件；电学和机械边界条件可以在标准参考文献中找到。主要的热边界条件包括：

$$T_1 = T_2 \boldsymbol{n} \cdot (\boldsymbol{q}_2 - \boldsymbol{q}_1) = 0 \tag{7.4a}$$

式中，$\boldsymbol{n}$ 是从界面的边 1 指向边 2 的法向量。令人感兴趣的一种特殊情况是，当一个非常薄的厚度 Δh 的层夹在两个更大的区域之间时。将式（7.4a）和式（7.2b）应用于此层即可得到：

$$\boldsymbol{n}_2 \cdot \boldsymbol{q}_2 = -\boldsymbol{n}_1 \cdot \boldsymbol{q}_1 = \frac{1}{R_{\mathrm{TBR}}}(T_2 - T_1) \tag{7.4b}$$

式中，$\boldsymbol{n}_2 \equiv -\boldsymbol{n}_1 \equiv \boldsymbol{n}$ 是层外法向量；T_1、T_2、$\boldsymbol{q}_1$ 和 $\boldsymbol{q}_2$ 是层两侧的温度和热通量；$R_{\mathrm{TBR}} \equiv \Delta h/\kappa_{\mathrm{h}}$ 是边界电阻，是描述该层的一个参数。在绝缘边界处，$\boldsymbol{n} \cdot \boldsymbol{q}=0$，而在理想的热沉处，$T=T_{\mathrm{sink}}$，其中 T_{sink} 是已知的。所有这些边界条件都是线性的，但在式（7.3f）中的基尔霍夫变换不一定保持线性，这代表了该方法的额外限制。

上述理论通过将边值问题公式化，然后几乎总是用数值方法来解决这些问题，从而应用于器件。对于本章中的示例，主要使用 COMSOL 的有限元模拟器[17]求解，在某些情况下，我们也使用 Silvaco 的 ATLAS 模拟器[18]。

7.3　Ⅲ族氮化物高电子迁移率晶体管的二维热模拟

在本节中，我们的主要目标是讨论纯热模拟在什么条件下可以作为一种合理近似。为此，我们使用 ETM 模拟来模拟Ⅲ族氮化物 HEMT 器件在各种工作条件下产生的焦耳热，然后再将用这种方法得到的温度场模拟结果与纯热模拟得到的温度场进行比较。应该注意的是，力学仅包含在 ETM 模拟中，作为获取均匀的Ⅲ族氮化物材料压电效应的一种方式，可以效仿前一节，使用带有适当界面电荷的简单 ET 描述。如前一节所述，使用 ETM 方法意味着我们也需要计算应力/应变场，但直到 7.6 节才明确考虑了应力/应变场。此外，为了减少 ETM 模拟的计算开销，我们在这里专注于二维模拟，并仅对器件有源区的热输运进行建模，同时对整个晶圆厚度上的机械应力和热自由度进行处理[8]。本节的模拟与本章参考文献［8］中的模拟非常相似；但是，传输模型已更新为本章参考文献［19］中使用的模型。

我们首先使用 ETM 描述来模拟图 7.1 所示的 AlGaN/GaN HEMT 器件结构。图中还显示了 ETM 的求解结果示例，包括①电子密度，②与焦耳加热相关的耗散功率密度和③在 $V_D=7.5V$ 和 $V_G=2V$，耗散功率约为 9W/mm 下器件的温度场分布情况。类似在不同 V_D 下的模拟结果可用来计算漏极特性和直流输入下的耗散功率，如图 7.2 所示。在大 V_D 条件下，器件温度升高将对电子迁移率和漏电流产生影响，从而引起了漏电流下降。图 7.3 展示了器件的峰值模拟温度和热阻（斜率）作为耗散功率的函数曲线（实线）。和预期一样，焦耳热（见图 7.1b）在栅极靠近漏极侧急剧增加，在这种情况下则建议采用纯热模型，其中假设 9W/mm 的耗散功率被均匀地分布在栅极临近漏极边缘的小区域内。通过这种方式得到的模拟结果中，峰值温度和热阻的变化曲线如图 7.3 中虚线所示，模拟过程中假定了两个不同的加热区域（这些区域均位于 GaN 表面，并以栅极靠近漏极边缘为中心）。

显然，纯热模拟获得的峰值温度与 ETM 模拟的结果明显不同。但有趣的是，在正确选择加热区域的情况下，当功率高于某一水平时，热阻相当一致。其原因是，只有当 $V_D>V_D^{sat}$ 时，功耗才集中在栅极的漏极边缘，此时热模拟的假设变得准确。由于只有在饱和时才会出现温度升高的问题，因此对于纯热模拟计算的温度误差，可以采用以下方式进行简单修正：当 $P<P_{sat}$ 时，使用 $T(P)\approx T_0+P\Delta T_{sat}/P_{sat}$，否则使用 $T(P)\approx \Delta T_{sat}+T_{therm}(P-P_{sat})$。其中 P_{sat} 和 ΔT_{sat} 分别是 $V_D=V_D^{sat}=V_G-V_T$ 时的功率耗散和温度升高量。如果可以从实验中获取 P_{sat}，那么峰值和平均温度可以通过使用上述公式进行纯热模拟来近似。在图 7.3 所示的情况下，ETM 模拟发现 $V_T\cong-4.1V$、$P_{sat}\cong3.75W/mm$、$\Delta T_{sat}\cong28℃$，上述近似公式的最大误差约为 5℃。

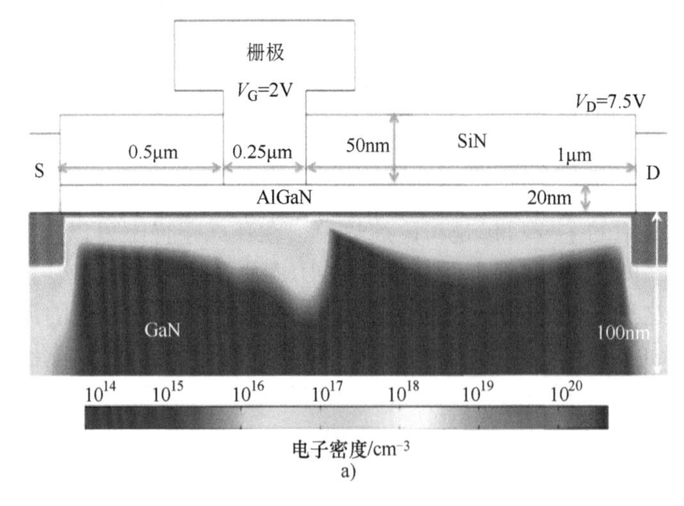

图 7.1　ETM 模拟的 a）电子密度，b）栅极的漏极边缘附近的功率密度，以及 c）在所示偏置条件下 GaN HEMT 的温度

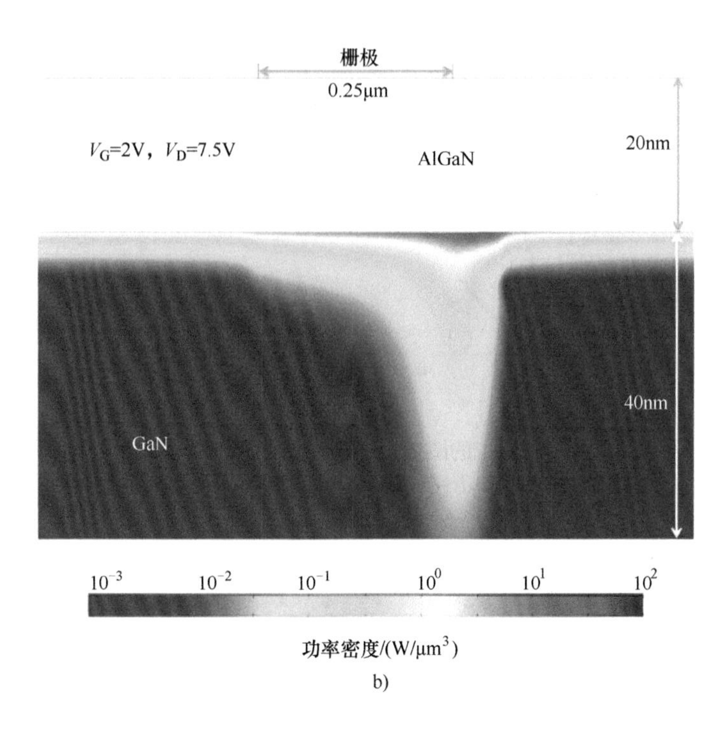

b)

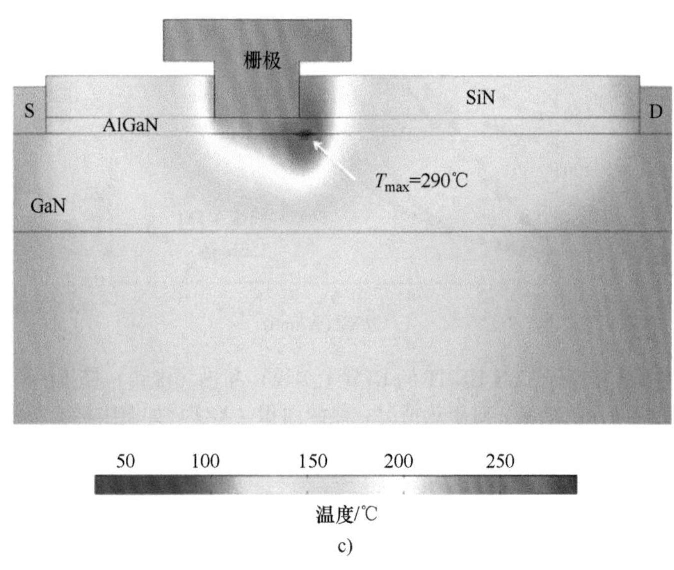

c)

图7.1　ETM模拟的a）电子密度，b）栅极的漏极边缘附近的功率密度，以及c）在所示偏置条件下GaN HEMT的温度（续）

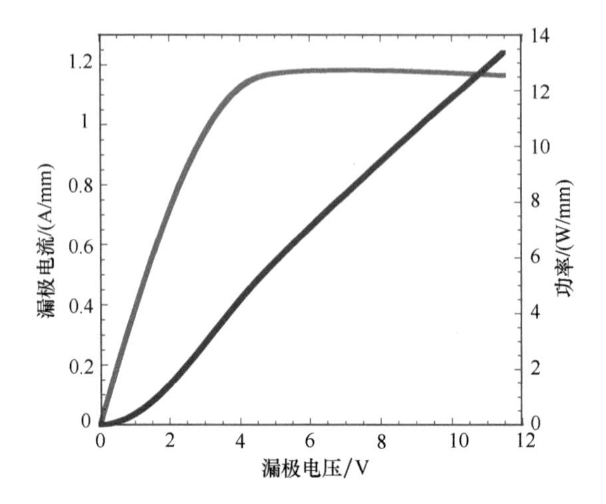

图 7.2　ETM 模拟的图 7.1 所示的传统 HEMT 的漏极电流（红色）和功耗（蓝色）与漏极电压的关系

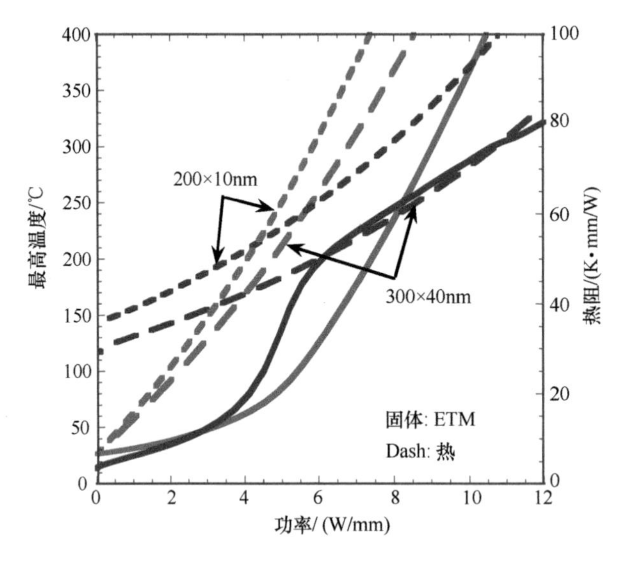

图 7.3　图 7.1 中所示 GaN HEMT 的 ETM（实线）和热（虚线）模拟的峰值温度和热阻的比较结果。对于热情况，热源面积（$X\times Y$）如图中标记所示

7.4　GaN HEMT 的二维与三维热模拟对比

因为功率/RF HEMT 器件通常比源极/漏极间距宽得多，所以在 2D 中进行电器件模拟通常是足够的。然而，当温度变得重要时，第二个标准开始起作用，即晶圆（或封装）的厚度与器件宽度的比值。因为晶圆厚度（甚至封装）通常与器件宽度一样大或更

大，所以在 z 轴方向上发生较大的热扩散是常见的。换句话说，当晶片厚度较大时，从热的角度来看，器件在考虑器件衬底深度的情况下，看起来更像是点源而不是线源。

为了说明这个问题，我们在保证其他方面相同的前提下，比较了在 2D 和 3D 中 GaN HEMT 的纯热模拟过程。在图 7.4 中，我们比较了两次模拟计算的最高温度，并将其作为衬底厚度和器件宽度（固定在 75μm）之间比值的函数。在进行这些模拟的过程中，保持与图 7.3 所对应的热模拟相同，假设耗散功率分布在栅极靠近漏极边缘的小区域中。模拟结果如图 7.4 所示，正如所预料的那样，当厚度/宽度比小于 1 时，2D 和 3D 的模拟结果基本保持一致（当比例很小时，两者的差异源于离散化误差和热扩散器模型中电极表示方法的不同）。3D 模拟仅微弱地依赖于衬底厚度的原因是，热阻由近器件区域决定，在该区域热阻升高的原因有：①有限的横向热扩散；②温度升高引起的热导率降低。

如图 7.4 所示，对于厚度超过器件宽度 2~4 倍的衬底，3D 热模拟变得越来越有必要。这在纯热仿真方案中处理起来更为简便，例如，可以直接调用 COMSOL[17] 中的有限元工具包，进而用于进行图 7.4 中所对应的纯热仿真。然而，如果希望执行 ET 或 ETM 模拟，则计算负担将显著增加，特别是因为电问题的网格要求比热（或机械）问题的网格要求精细得多。因为在“宽”器件的通常情况下，电气问题本质上仍然是 2D 的，所以一种先进的方式是将 2D 中的 ET 或 ETM 电气模拟耦合到 3D 热模拟中。这种模拟中产生的主要误差是：①在器件的宽度方向上由温度变化引起的电学行为的变化将难以捕捉[13]；②计算的热应力将会在第三个维度上产生误差。在忽略上述问题的前提下，我们在图 7.5 中展示了此类仿真的一种结果。

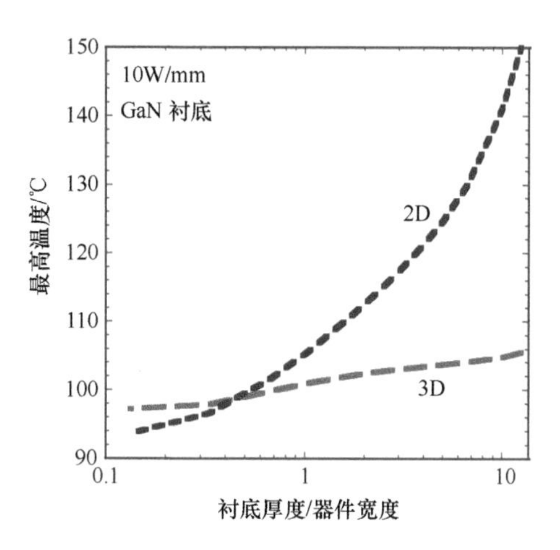

图 7.4　通过 2D 和 3D 纯热模拟计算的最高温度的比较。对于后者，器件宽度为 75μm

最后，我们还在本章参考文献［8］报道并使用的 ETM 仿真中注意到了一种较为粗略的方法，即在 2D 中进行 ET 或 ETM 仿真，然后使用一系列热阻来代表 3D 散热效应。这是在 ETM 模拟中使用的方法。

7.5　使用 CVD 金刚石改善散热

正如引言中所指出的，确保基于Ⅲ族氮化物基的 RF 和功率功率器件的性能的关键，是避免器件被过度加热，从而保证其可靠性。鉴于此，一个重要的工程目标是寻找改善器件散热性能的方法[2,3]。其中一种被广泛关注的方法是将金刚石作为散热材料，并尝试利用其导热性，特别是其单晶材料在室温下的高导热性来改善散热[20-22]。最简单的方法是在沉积接触金属之前，于器件正面（即器件顶部）采用 CVD 方式生长金刚石，制备的金刚石将用于散热并降低器件峰值温度。此方法较为简便，并且将高热导率材料置于最大焦耳加热区域附近，进而逐渐演变成为一种有吸引力的概念。然而，由于生长高质量的 CVD 金刚石薄层较为困难以及边界热阻的引入，该方法的成效较为有限[23,24]。此后针对这方面的研究仍然持续进行，并取得了一些研究进展[25,26]。

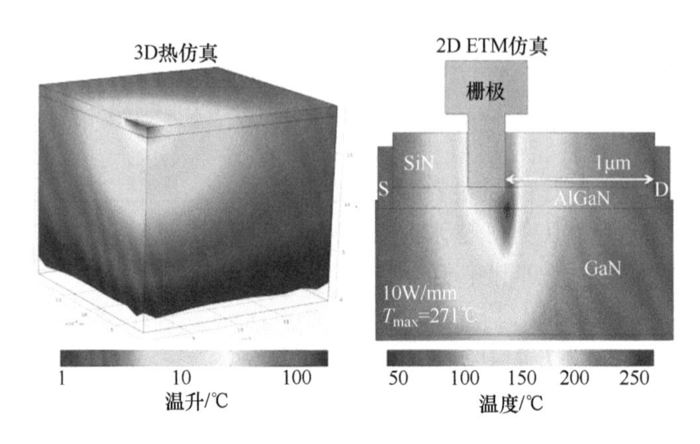

图 7.5　耦合 3D 热和 2D ETM 仿真的温度图，其中前者捕获了热沉的 3D 性质。偏压为 $V_D=8.25V$ 和 $V_G=2V$，栅宽 75μm，功耗为 10W/mm 的器件

利用 CVD 金刚石对 GaN HEMT 器件进行散热的另一种方法涉是采用所谓的“背面”工艺。在这种工艺中，衬底是金刚石。通常情况下，这是通过晶圆键合来实现的，从在 Si 衬底上生长Ⅲ族氮化物异质结构开始，从背面蚀刻掉 Si 和 AlGaN 成核层，然后在背面沉积中间层，并生长厚的 CVD 金刚石膜[27,28]。虽然这种金刚石基 GaN 的制备技术还未商业化[29,30]，但最近已经使得器件获得了显著的性能改进，例如，采用此技术的器件的最大直流功率可以达到 56W/mm[31]。后者可以获得高性能的关键要素是金刚石衬底和 GaN 输运层之间的中间层的专有制备工艺流程（通过 Element Six 技术[32]）。而采用诸如本章参考文献 [25, 26] 中报道的替代中间层，甚至可能获得更好的器件性能。在本节中，我们将专注于本章参考文献 [31] 中的金刚石基 GaN 器件进行模型构建。

CVD 金刚石在开始生长时仍然会形成低热导率区域，但随着金刚石厚度的增加，晶粒尺寸会随之增大，热导率也随之增加。此外，由于需要越过晶界，在侧向导电性方面，垂直导电性通常比横向导热性要大。为了获取这些行为，我们假设[25,33-35]

$$\kappa=\left[\kappa_0+(18-\kappa_0)\mathrm{erf}\left(\frac{z}{6\mu\mathrm{m}}\right)\right]\left(\frac{300\mathrm{K}}{T}\right)^{1.5}$$

式中，κ 是一个二阶张量，单位为 W/(cm · K)，假设其具有温度依赖性，并且 z 是与 GaN/中间层界面的距离，在该界面垂直方向的热导率为 κ_0 约为 3W/(cm · K)，在水平

方向上的热导率 κ_0 约为 1W/(cm·K)。同样，造成这些差异的主要原因是在垂直方向上存在晶粒和晶粒之间的界面。CVD 金刚石衬底的厚度为 120mm，并且由于其与器件宽度大小相似，因此采用 2D 模拟。最后，我们将与 GaN/金刚石界面和该界面上的中间层相关的热界面阻抗作为拟合参数进行处理。

令 TBR = 15K·m^2/GW，我们可以对漏极接触区域测量的平均温度进行拟合，如图 7.6 所示。因为测量时间短，所以可以使器件工作在高达 56W/mm 功率下。如果绘制模拟的最高温度（不容易通过实验确定）随温度的变化曲线，我们可以在图 7.7 中发现，当最高温度为 250℃时，最大可持续直流功率约为 25W/mm（这仍然是一个出色的值）。需要强调的是，图 7.7 中的拐点是由于从 10μm 长的漏极有源区中的耗散切换到集中在栅的漏极边缘发生的。在后一种情况下，最大温度上升得更为迅速，这一现象与我们在图 7.2 中观测到的结果一致。顾名思义，如果 L_{GD} 缩短得越多，就会使进入饱和状态的时间提前，则此时拐点处所对应的 V_D 将会更低（参见具有 L_{GD} = 1μm 的图 7.7）。其结果是，更大的 L_{GD} 有助于热性能的提升（以及防击穿性能的提升），并且在一定程度上是本章参考文献［31］中具有令人印象深刻的结果的原因之一。

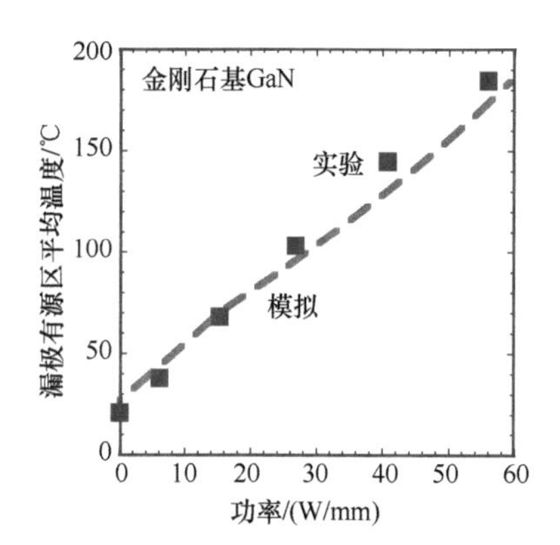

图 7.6　漏极有源区表面平均温度的实验与模拟比较，单一拟合参数夹层的 TBR 为 15K·m^2/GW

来源：M. J. Tadjer，T. J. Anderson，M. G. Ancona，P. E. Raad，P. Komarev，T. Bai，et al.，GaN-on-diamond HEMT technology with T_{avg} = 176℃ at $P_{DC,max}$ = 56W/mm measured by transient thermoreflectance imaging，IEEE Elect. Dev. Lett. 40（2019）881。

近年来，用于实现微拉曼测温[36]和高分辨率热反射率测量[37]的仪器逐渐问世，这些测量方法可为工作器件的温度分布提供更详细的实验表征。通常，这些表征数据采集于器件上表面，但同时也进行了横截面测量获取表征数据[38]。本章参考文献[31]中器件上表面热反射数据的示例如图 7.8（左侧）所示，作为最终的直流结果，我们将上表面实验温度图与三维仿真计算结果进行比较（见图 7.8 的右侧）。两者的对应关系相当合理，主要差异在于：①热反射测量不能给出金属的精确值；②热反射分辨率有限，因此（可能）错过了在仿真中看到温度在邻近栅极位置的急剧增加。

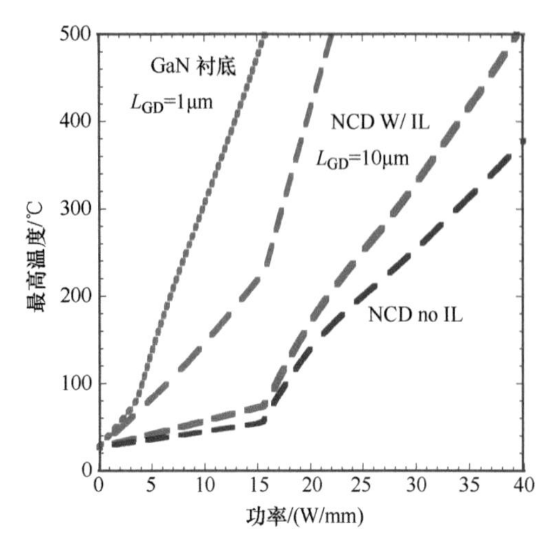

图 7.7 不同功率下多种组成的 125μm 厚衬底 HEMT 中最高温度的 2D ETM 模拟，还包括 L_{GD} 为 1μm 和 10μm 器件的比较

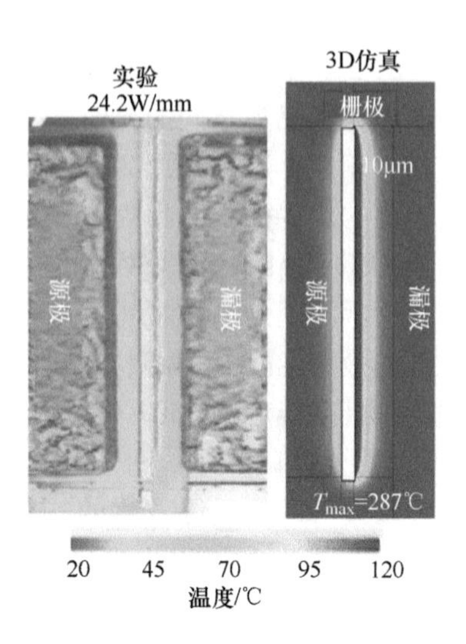

图 7.8 通过热反射测量的表面温度与通过 3D 热模拟计算的表面温度的比较

来源：M. J. Tadjer，T. J. Anderson，M. G. Ancona，P. E. Raad，P. Komarev，T. Bai，et al.，GaN-on-diamond HEMT technology with T_{avg} = 176℃ at $P_{DC,max}$ = 56W/mm measured by transient thermoreflectance imaging，IEEE Elect. Dev. Lett. 40（2019）881。

最后，我们来看一种瞬态情况，其中 HEMT 在半功率和全功率之间以 4ms 脉冲宽度和 50%的占空比进行脉冲调制（见图 7.9）。实验可以很好地与 3D 热模拟拟合，其

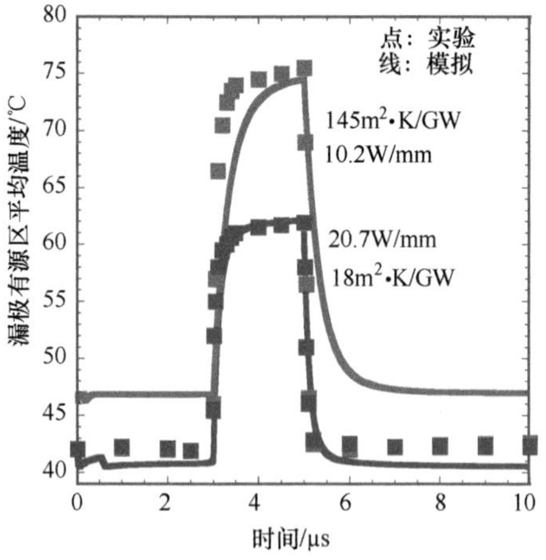

图 7.9 两个脉冲 HEMT 的瞬态 3D 模拟，一个是传统结构（红色），另一个是 CVD 金刚石衬底（蓝色）

来源：M. J. Tadjer，T. J. Anderson，M. G. Ancona，P. E. Raad，P. Komarev，T. Bai，et al.，GaN-on-diamond HEMT technology with T_{avg} = 176℃ at $P_{DC,max}$ = 56W/mm measured by transient thermoreflectance imaging，IEEE Elect. Dev. Lett. 40（2019）881。

边界热阻 TBR 的取值非常类似于图 7.6。模拟的上升/下降时间为 161ns，这与使用瞬态热反射[31]技术测得的结果非常相似[31]。

7.6　GaN HEMT 的电热力学模拟

本节总结的结果几乎完全来自于本章参考文献［8］，其使用数值器件仿真模拟评估了可能影响 GaN HEMT 可靠性的各种因素。本章参考文献［8］的一个主要目标是研究一种有趣的 HEMT 失效模式，即在加速寿命测试后，在器件故障的靠近漏极的栅极侧附近观察到裂纹[39,40]。具体而言，文献中提出这些裂纹可能是由偏压引起的压电应力引起的，该压电应力使 AlGaN 外延层中已经很高的应力水平超过损伤阈值。为了研究此问题和其他相关问题，文献中还报道了在直流条件下工作的 GaN HEMT 的各种电热力学模拟研究案例。

本章参考文献［8］中的第一个结果如图 7.10 所示，该图显示了在栅极靠近源极和漏极的边缘处，穿过 AlGaN 势垒的切线电场、总应力和压电应力的大小。如预期，漏极侧的应力值高于源极侧的应力值，前者达到超过 5GPa 的水平。最令人感兴趣的是，总应力不是简单的压电应力加上与外延相关的恒定内建应力，而似乎有进一步升高，特别是在势垒的栅极侧，并且在源极和漏极侧相当对称（与由漏极侧上增强的电场引起的压电应力不同）。对此的解释是，额外应力是由欧姆热以及 SiN、Au 和 AlGaN 的不同热膨胀过程产生的热应力，并且其集中在栅角处，如图 7.11 所示。在本章参考文献［8］中，还展示了降低此类热应力的策略，比如使用不同金属材料作为栅极或在

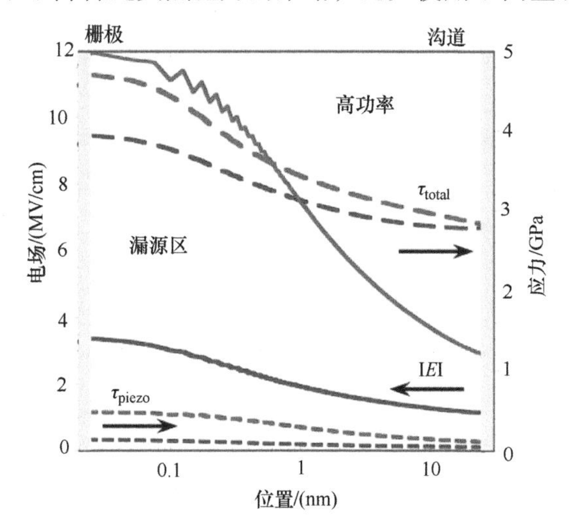

图 7.10　在栅极的源极和漏极端处沿着穿过 AlGaN 势垒的切线的电场、总应力和压电应力的大小

来源：M. G. Ancona, S. C. Binari, D. J. Meyer, Fully coupled thermoelectromechanical analysis of GaN high electron mobility transistor degradation, J. Appl. Phys. 111 (2012) 074504。

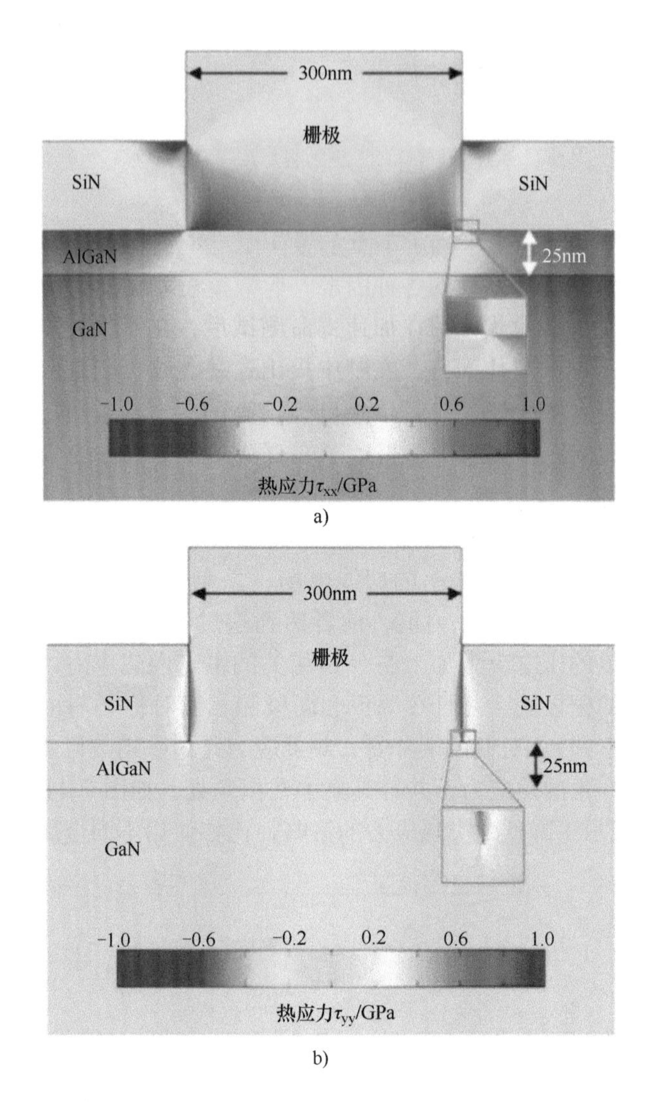

图 7.11 在高功率应力条件（$V_{DS}=20V$ 和 $V_{GS}=0V$）下，模拟 GaN HEMT 中热应力的 a）水平和 b）垂直分量。插图突出显示了栅极靠近漏极侧附近的复杂应力场

来源：M. G. Ancona, S. C. Binari, D. J. Meyer, Fully coupled thermoelectromechanical analysis of GaN high electron mobility transistor degradation, J. Appl. Phys. 111（2012）074504。

SiN 中引入压缩固有应力。

本章参考文献［8］中研究的另一个话题是断裂力学的一个标准问题，即一旦裂纹被引发，是否会扩展。为了解决这个问题，在漏极靠近栅极的一侧引入了一个小的“孔洞”，并对其周围的应力进行了计算。不出所料，峰值应力集中在“孔洞”的顶点（见图 7.12），从 4.6GPa 上升到 13GPa。这种增强的应力似乎很可能超过 AlGaN 的断裂强度，并且可以预期裂纹会快速传播并穿过势垒，该现象也已经在退化的 HEMT 器件中被观察到[39,40]。

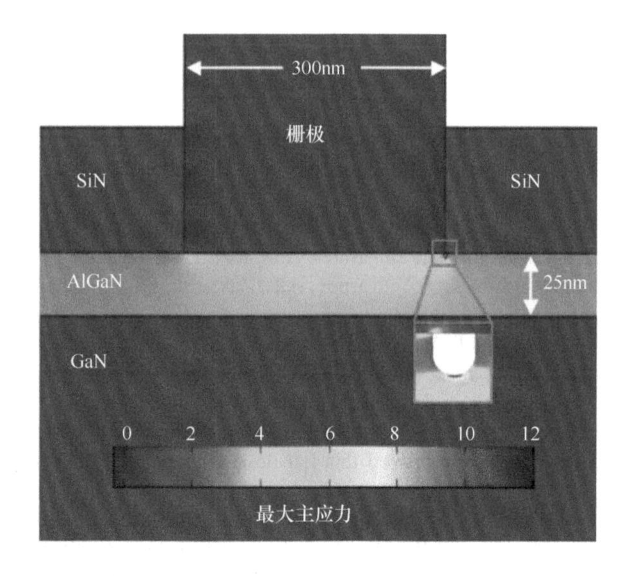

图 7.12　在栅极的漏极侧角处的 AlGaN 层中具有 2nm × 2nm“孔洞”是 GaN HEMT 中的模拟最大主应力所在处。峰值应力从 4.6GPa 提高到 13GPa 左右

来源：M. G. Ancona, S. C. Binari, D. J. Meyer, Fully coupled thermoelectromechanical analysis of GaN high electron mobility transistor degradation, J. Appl. Phys. 111 (2012) 074504。

7.7　小结

在本章中，我们概述了基于Ⅲ族氮化物的 HEMT 器件中针对器件热效应的建模和数值模拟研究。我们关注于宏观/连续方法，并详细讨论了与其相关的三种不同近似水平的偏微分方程，即纯热、ET 和 ETM 描述。在此之后，讨论并决定了哪种拟合方式最为合适，以及是否需要进行 2D 或 3D 模拟。最后，我们给出了这些模型的各种应用示例，例如使用 CVD 金刚石来改善散热或热应力对 HEMT 可靠性的影响。由于基于Ⅲ族氮化物的技术仍然是功率、RF 应用和 LED 中一个非常活跃的领域，然而热效应对这些器件的限制仍然是至关重要的，这意味着本章所关注并讨论的问题和建模方法在未来将一直非常重要。

致谢

作者感谢美国海军研究办公室的资金支持。

参考文献

[1] R.S. Pengelly, S.M. Wood, J.W. Milligan, S.T. Sheppard, W.L. Pribble, A review of GaN on SiC high electron-mobility power transistors and MMICs, IEEE Trans. Micro. Theory Tech. 60 (2012) 1764.

[2] A. Bar-Cohen, J.D. Albrecht, J.J. Maurer, Near-junction thermal management for wide bandgap devices, in: IEEE Compound Semiconductor Circuit Symposium (CSICS), 2011, pp. 1–5.

[3] J. Cho, Z. Li, M. Asheghi, K.E. Goodson, Near-junction thermal management: thermal conduction in gallium nitride composite substrates, Ann. Rev. Heat Transfer 18 (2015) 7.

[4] A.E. Chernyakov, K.A. Bulashevich, S.Y. Karpov, A.L. Zakgeim, Experimental and theoretical study of electrical, thermal, and optical characteristics of InGaN/GaN high-power flip-chip LEDs, Phys. Status Solidi A 210 (2013) 466.

[5] N. Donmezer, S. Graham, The impact of noncontinuum thermal transport on the temperature of AlGaN/GaN HEMTs, IEEE Trans. Elect. Dev. 61 (2014) 2041.

[6] Q. Hao, H. Zhao, Y. Xiao, M.B. Kronenfeld, Electrothermal studies of GaN-based high electron mobility transistors with improved thermal designs, Int. J. Heat Mass Transf. 116 (2018) 496.

[7] A.D. Latorre-Rey, K. Merrill, J.D. Albrecht, M. Saraniti, Assessment of self-heating effects under lateral scaling of GaN HEMTs, IEEE Trans. Elect. Dev. 66 (2019) 908.

[8] M.G. Ancona, S.C. Binari, D.J. Meyer, Fully coupled thermoelectromechanical analysis of GaN high electron mobility transistor degradation, J. Appl. Phys. 111 (2012), 074504.

[9] E. Heller, S. Choi, D. Dorsey, R. Vetury, S. Graham, Electrical and structural dependence of operating temperature of AlGaN/GaN HEMTs, Microelectron. Reliab. 53 (2013) 872.

[10] R. Cook, J. Frey, Two-dimensional numerical simulation of energy transport effects in Si and GaAs MESFETs, IEEE Trans. Elect. Dev. 29 (1982) 970.

[11] M.G. Ancona, Density-gradient theory: a macroscopic approach to quantum confinement and tunneling in semiconductor devices, J. Comput. Electron. 10 (2011) 65.

[12] M.G. Ancona, Nonlinear thermoelectroelastic analysis of III-N semiconductor devices, J. Elect. Dev. Soc. 5 (2017) 320.

[13] A.A. Al-Saman, Y. Pei, E.A. Ryndin, F. Lin, Accurate temperature estimation for each gate of GaN HEMT with n-gate fingers, IEEE Trans. Elect. Dev. 67 (2020) 3577.

[14] H.S. Carslaw, J.C. Jaeger, Conduction of Heat in Solids, second ed., Oxford Univ. Press, 1959 (Section I.1.6).

[15] F. Bonani, G. Ghione, On the application of the Kirchoff transformation to the steady-state thermal analysis of semiconductor devices with temperature-dependent and piecewise inhomogeneous thermal conductivity, Solid State Electron. 38 (1995) 1409.

[16] A. Darwish, A.J. Bayba, H.A. Hung, Channel temperature analysis of GaN HEMTs with nonlinear thermal conductivity, IEEE Trans. Electron Dev. 62 (2015) 840.

[17] http://www.comsol.com.

[18] http://www.silvaco.com.

[19] M.G. Ancona, J.P. Calame, D.J. Meyer, S. Rajan, B.P. Downey, Compositionally graded III-N HEMTs for improved linearity: a simulation study, IEEE Trans. Elect. Dev. 66 (2019) 2151.

[20] M. Seelmann-Eggebert, P. Meisen, F. Schaudel, P. Koidl, A. Vescan, H. Leier, Heat-spreading diamond films for GaN-based high-power transistor devices, Diam. Relat. Mater. 10 (2001) 744.

[21] F. Ejeckam, D. Francis, F. Faili, D. Twitchen, B. Bolliger, D. Babic, J. Felbinger, GaN-on-diamond: a brief history, in: Proceedings of Lester Eastman Conference on High Performance Devices, 2014, https://doi.org/10.1109/LEC.2014.6951556. and references therein.

[22] K.D. Chabak, J.K. Gillespie, V. Miller, A. Crespo, J. Roussos, M. Trejo, D.E. Walker, G. D. Via, G.H. Jessen, J. Wasserbauer, F. Faili, D.I. Babic, D. Francis, F. Ejeckam, Full-Wafer Characterization of AlGaN/GaN HEMTs on Free-Standing CVD Diamond Substrates, IEEE Electron Device Lett. 31 (2010) 99.

[23] M.J. Tadjer, T.J. Anderson, K.D. Hobart, T.I. Feygelson, J.D. Caldwell, C.R. Eddy Jr., F.J. Kub, J.E. Butler, B.B. Pate, J. Melngailis, Reduced self-heating in AlGaN/GaN HEMTs using Nanocrystalline diamond heat-spreading films, IEEE Electr. Dev. Lett. 33 (2012) 23.

[24] J. Felbinger, M.V.S. Chandra, Y. Sun, L.F. Eastman, J. Wasserbauer, F. Faili, D. Babic, D. Francis, F. Ejeckam, Comparison of GaN HEMTs on diamond and SiC substrates, IEEE Electr. Dev. Lett. 28 (2007) 948.

[25] L. Yates, J. Anderson, X. Gu, C. Lee, T. Bai, M. Mecklenburg, T. Aoki, M.S. Goorsky, M. Kuball, E.L. Piner, S. Graham, Low thermal boundary resistance interfaces for GaN-on-diamond devices, ACS Appl. Mater. Interfaces 10 (2018) 24309.

[26] D.E. Field, J.A. Cuenca, M. Smith, S.M. Fairclough, F.C.-P. Massabuau, J.W. Pomeroy, O. Williams, R.A. Oliver, I. Thayne, M. Kuball, Crystalline interlayers for reducing the effective thermal boundary resistance in GaN-on-diamond, ACS Appl. Mater. Interfaces 12 (2020) 54138.

[27] F. Mu, R. He, T. Suga, Room temperature GaN-diamond bonding for high-power GaN-on-diamond devices, Scr. Mater. 150 (2018) 148.

[28] J.W. Pomeroy, M. Bernardoni, D.C. Dumka, D.M. Fanning, M. Kuball, Low thermal resistance GaN-on-diamond transistors characterized by three-dimensional Raman thermography mapping, Appl. Phys. Lett. 104 (2014), 083513.

[29] D. Liu, D. Francis, F. Faili, C. Middleton, J. Anaya, J.W. Pomeroy, D.J. Twitchen, M. Kuball, Impact of diamond seeding on the microstructural properties and thermal stability of GaN-on-diamond wafers for high-power electronic devices, Scr. Mater. 128 (2017) 57.

[30] See. https://akashsystems.com/technology/.

[31] M.J. Tadjer, T.J. Anderson, M.G. Ancona, P.E. Raad, P. Komarev, T. Bai, J.C. Gallagher, A.D. Koehler, M.S. Goorsky, D.A. Francis, K.D. Hobart, F.J. Kub, GaN-on-diamond HEMT technology with T_{avg} = 176°C at $P_{DC,max}$ = 56W/mm measured by transient thermoreflectance imaging, IEEE Elect. Dev. Lett. 40 (2019) 881.

[32] https://www.e6.com.

[33] R.B. Simon, J. Anaya, F. Faili, R. Balmer, G.T. Williams, D.J. Twitchen, M. Kuball, Effect of grain size of polycrystalline diamond on its heat spreading properties, Appl. Phys. Express 9 (2016), 061302.

[34] J. Philip, P. Hess, T. Feygelson, J.E. Butler, S. Chattopadhyay, K.H. Chen, L.C. Chen, Elastic, mechanical, and thermal properties of nanocrystalline diamond films, J. Appl. Phys. 93 (2003) 2164.

[35] J. Anaya, S. Rossi, M. Alomari, E. Kohn, L. Tóth, B. Pécz, K.D. Hobart, T.J. Anderson, T. I. Feygelson, B.B. Pate, M. Kuball, Control of the in- plane thermal conductivity of ultra-thin nanocrystalline diamond films through the grain and grain boundary properties, Acta Mater. 103 (2016) 141.

[36] M. Kuball, S. Rajasingam, A. Sarua, M.J. Uren, T. Martin, B.T. Hughes, K.P. Hilton, R.S. Balmer, Measurement of temperature distribution in multifinger AlGaN/ GaN heterostructure, Appl. Phys. Lett. 82 (2003).
[37] G. Pavlidis, L. Yates, D. Kendig, C.-F. Lo, H. Marchand, B. Barabadi, S. Graham, Thermal performance of GaN/Si HEMTs using near-bandgap thermoreflectance imaging, IEEE Trans. Elect. Dev. 67 (2020) 822.
[38] G. Pavlidis, A.M. Hilton, J.L. Brown, E.R. Heller, S. Graham, Monitoring the joule heating profile of GaN/SiC high electron mobility transistors Vis cross-sectional thermal imaging, J. Appl. Phys. 128 (2020), 075705.
[39] U. Chowdhury, J.L. Jimenez, C. Lee, E. Beam, P. Saunier, T. Balistreri, S.-Y. Park, T. Lee, J. Wang, M.J. Kim, J. Joh, J.A. del Alamo, TEM observation of crack- and pit-shaped defects in electrically degraded GaN HEMTs, IEEE Elect. Dev. Lett. 29 (2008) 1098.
[40] P. Makaram, J. Joh, J.A. del Alamo, T. Palacios, C.V. Thompson, Evolution of structural defects associated with electrical degradation in AlGaN/GaN high electron mobility transistors, Appl. Phys. Lett. 96 (2010), 233509.

第 8 章 AlGaN/GaN HEMT 器件级建模仿真

Eric Heller
美国空军研究实验室

8.1 引言

器件特性的建模和仿真并不是一个新课题，自从 1947 年晶体管发明以来，人们一直在努力对测量到的器件特性进行建模[1]。基于场效应晶体管（FET）物理层次的研究至少可以追溯到 1925 年[2]，远早于半导体材料技术成熟到足以实现场效应晶体管的年代。随着计算量和问题复杂性的增加，基于器件物理（掺杂分布及空间电荷、载流子复合、隧道效应等）的仿真分析方法逐渐被有限元法（FEM）等计算方法取代。出现于 20 世纪 70 年代的器件级 FEM［或称为有限元分析（FEA）］是目前主流的器件级仿真工具，其通过离散化物理参数手段来仿真器件的输出特性（如输出端口的稳态或瞬态电压和电流）或器件内部特性（如温度分布、电场、电流密度以及在某些情况下的机械应力分布等）。

目前，通过许多开源代码的努力和大公司提供稳定且经过验证的有效软件，器件级 FEM 较为成熟。在传统材料（例如硅）中，其物理特性十分重要且广为人知，已经有许多相关研究工作进行了详细的阐述[3-5]，因此本章将不再赘述。此外，已经开展了大量 GaN 器件热特性建模[6]、解析建模[7,8]以及与热成像耦合[9-12]等的研究工作，但目前难有改进。因此，本章的目的是获取部分对分析研究“特殊情况”较重要的新物理特性，其产生的影响可能会使通常所做的近似无效，或者可能会导致利用传统半导体的典型方法求解时产生错误的结果。正如 Niels Bohr 博士所说，“专家是在一个狭小的技术领域里犯了所有可能犯的错误的人。”本着这种精神，作者希望转达本人所获得的一些“专业知识”！

GaN 技术受限于热，因此本章关注的重点是热技术领域，并同时简要探讨一些其他方面的问题（例如，高电场、高密度陷阱和深陷阱）。原子级建模对于计算“器件建模”的许多输入参数十分重要，这些参数将在后文定义（如能带结构、热导率和电子迁移率），但是超出了本章的讨论范围。本章讨论基于物理的有限元器件级建模，其是建立重要的纳米尺度材料特性（如电子迁移率、导热系数、导通带边缘和带结构、陷阱密度和特性、热电子寿命等）与相关条件函数关系的过程。在这一过程中需要表征重要的变量（例如，温度、电场、晶体质量、界面粗糙度等），并使用软件在合理构造的网格上离散化这些纳米级材料特性，以便求解相关的瞬态或稳态方程（例如，电子输运、热扩散率、量子限制、费米-狄拉克占有和泊松方程，有时还有热电子输运、薛定谔和空穴输运），最终获得输出端口处的相关电压/电流和相关的器件内部特性（例如，时间和空间变化的温度、电场、和电子密度）。

8.2 第一部分：新的或需强调的物理特性

GaN HEMT 是一类场效应晶体管，具有与传统场效应晶体管基本相同的物理特性。GaN HEMT 的载流子被限制在一层薄的“沟道”中，沟道非常接近栅极，但是被一些介质层隔开，并且穿过该沟道的载流子形成了器件的电流。当施加到栅极的电压足以排斥靠近栅极沟道中的载流子时，器件就可以实现关断。GaAs HEMT 是最接近 GaN HEMT 的类似器件：两者都具有纳米级厚度的沟道，其中载流子（通常是电子）通过半导体和电介质之间的导带差被限制在栅极侧，并且通常通过电场被限制在背面侧（尽管背势垒和非中心对称晶体极化可以帮助背面限制）。将 GaN HEMT 简单地视为 GaAs，并替换不同的热导率、功率密度等，这是第一个有用的近似[13]。

尽管如此，在器件建模中仍要考虑差异的存在，以获得最准确的结果。这里讨论了三个最相关的问题。GaN 比 GaAs 具有更强的压电极化和自发极化效应，GaN 通常生长在异质衬底上，非线性和耦合效应在 GaN 中起着更大的作用。图 8.1 展示了简单 AlGaN/GaN 器件的能带图（见黑色线和蓝色线），在 Ga 面生长方向的 GaN 上具有 25nm 未掺杂的 $Al_{0.25}Ga_{0.75}N$ 势垒，具有金属栅极（通常为具有 1.2eV 肖特基势垒高度的 Ni）。灰色的线是 AlGaAs/GaAs，虚线展示出了在栅极上施加-2V 的电压和升高的电场，当电压约为-4V 时该升高的电场将（对于所示的特定器件）耗尽沟道中的电子。第一差异（见图 8.1 中 1 处）是在 AlGaN（或 AlGaAs）势垒和 GaN（或 GaAs）的界面处，在这一特定结构中，自发极化和压电极化[14]足以产生面密度约为 0.9e13cm^{-2}的自由电子。如图所示该电荷来自于材料中缺乏的反转对称性，使得材料具有模拟面电荷效应的内部电场。由于 GaN HEMT 没有掺杂且其晶体排列顺序不会对迁移率产生影响，因此不存在随机电离的施主杂质散射带来的迁移率的下降问题。在异质结处薄层电荷的不平衡效应会吸引自由电子。相反，如图 8.1 中 2 处所示，AlGaAs/GaAs 具有较弱的自发极化和压电极化，并且电离施主（灰线中的凹陷）是界面处自由电子的主要来源。AlGaN 一般未掺杂，但是可以掺杂施主杂质获得更多电荷，或者可以进行负电荷（例如氟）的注入。这些在栅极刻蚀时有时会用来实现常关型器件。该电荷不会被冻结，但是极化效应具有轻微的温度依赖性[14]。破坏晶格的注入（例如，氮、质子）可以通过移除自由电子从而有效地改变界面的绝缘性。显然，例如沉积的金属或钝化层可以作为应变顶层在半导体中施加应变，从而改变局部电子密度。相关领域的 GaN 建模工作很早就开展过[15]。最后（见图 8.1 中的 3 处），可以选择异质结构背势垒来帮助将电子限制到界面，这可能会产生如俘获部分所述的结果。在存在背势垒的情况下，背势垒通常使用Ⅲ-Ⅴ族化合物来产生沟道下的极化效应以排斥电子，一种方法是采用较厚的背势垒层来产生单层的负电荷（其中平衡正电荷层太远而不起作用），另一种方法是使用较薄的Ⅲ-Ⅴ族化合物层来产生偶极电荷层（较近的负电荷沟道和更远的平衡正极层）。如果夹断特性很重要，则无论是否存在背势垒，精确的电热模型都不能简单地假设沟道下的 GaN 是本征的[16,17]。实际上，杂质将始终存在，并将建立背势垒。

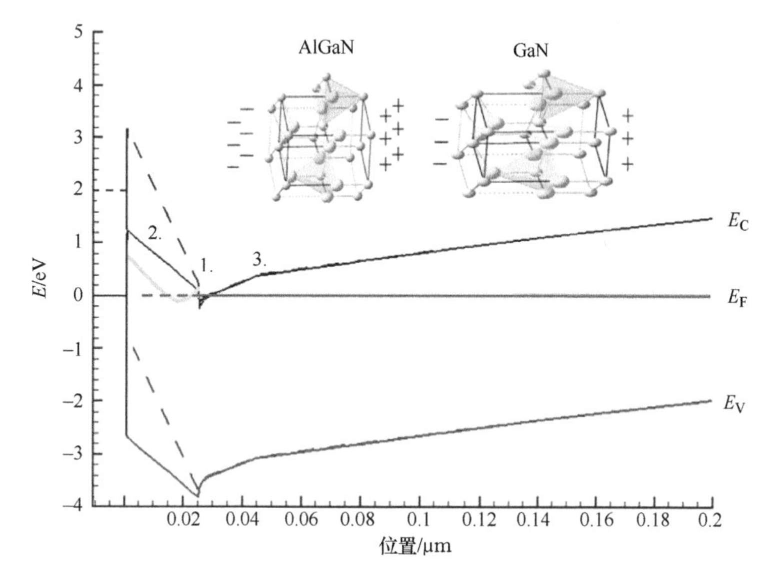

图 8.1　GaN 和 GaAs 能带差异的示意图。栅极金属位于 $x<0$ 处；AlGaN（或者 AlGaAs）位于 $0<x<0.025$ 处，GaN（或者 GaAs）位于 $x>0.025$ 处。处于简化的目的图中没有展示 x 约为 0 处的 1 nm 的 GaN 帽层以及在 AlGaN/GaN 界面约 0.025 处的插入层，但已经包含了器件模型中常用以及重要的部分。其中标示为 1~3 的部分将在文中进行讨论。为简单起见，未展示 GaAs 的价带

如上所述，压电极化和自发极化是在没有电离施主的情况下向沟道提供电子的有力方式。然而，正如机械应力引起电气变化一样，反之亦然。在一种称为“反向压电效应”或“逆压电效应”的效应中，偏置器件产生的电场将转化为机械应力。事实上，GaN 和 AlN 中的表面声学波（SAW）结构能够利用这种效应来过滤 RF 信号，并且在 HEMT 附近的 SAW 结构可以直接检测这些机械应力信号[18]。对于常见的 AlGaN/GaN HEMT 取向（Ga 面或“Ga 极性”c 轴）的样品，施加负栅压和正漏压会增加 AlGaN 势垒层的张应力，使其在 GPa 量级张应力的基础上继续增大。另外，对于非极性 a 面[19]

或极性 N 面的 AlGaN/GaN HEMT 也存在这种效应。在一些比较特定的情况下，使用“临界电压”（$V_{crit}=V_d-V_g$）这一参数可以将两个直流测试自由度（V_d，V_g）简化为一个，但这对于典型的 GaN HEMT 来说就过度简化了；典型的器件在夹断时可以承受比负栅极偏置大得多的正漏极偏置，并且（例如）$V_g=-6V$ 和 $V_d=+60V$ 在器件模型和实验上都与 $V_g=-66V$ 和 $V_d=0V$ 大不相同，尽管两者具有相同的 V_{crit}。幸运的是，我们可以通过多个热电力学软件包来量化相关器件环境中的应力[3,4,20,21]，以避免过度简化实际器件所带来的问题。大量证据表明，器件中极化特性也带来了不少现实问题[22-27]，例如，在室温或高温条件下，当器件施加高负栅极偏压和（或）正漏极偏压后，在器件栅极靠漏极一侧（最高电场位置）会出现点蚀、开槽和机械裂纹。使情况更复杂的是，许多学术论文都报道了氧化和腐蚀的证据，例如水电解产生的 OH^-、氧气和其他可能的来源[28-30]。不过，有证据表明这一效应在本质上是相当随机的，许多类似的参考文献都报道了其点状失效特性，这表明定量的分析需要理解裂纹/损伤起始的物理性质和纳米尺度上的薄弱位置。总之，逆压电效应可以通过一定程度建模获得一般趋势性结果[31]，但全面理解还需要更多的研究。

GaN 通常生长在异质衬底上。虽然 GaN 衬底确实存在，但是成本过高，并且已经证明对于 GaN HEMT 商业化是不必要的。从历史上看，大部分外延生长都是在蓝宝石衬底上进行的，但如今几乎完全是 Si（平均功率密度较低，但单位芯片面积的成本也较低）和 SiC。这提高了技术复杂性。GaN 外延生长通常为一到几微米厚，具有约 $10^8 cm^{-2}$的贯穿位错（TD）密度（包括韧型、螺旋位错及其混合结构）。这些位错密度值可能会出现偏差，并会随着 GaN 外延变厚而降低。这些缺陷有时在原子级建模就将直接引入（可能只模拟少量元胞中一个位错和伴随的机械应力），但在有限元中几乎没有涉及。通常，我们只对 TD 的平均效应（主要通过它们引入的点缺陷）进行建模；也常常仿真 TD 对低电场迁移率以及高 TD 密度下热导率的影响情况。不同深度下缺陷密度变化的过程是难以通过建模仿真的；一个可行的折中方案是在合理的范围内改变模型输入值（例如，GaN 性能退化的幅度），并查看模型输出是否合适，以实现更好的材料层面理解[17]。

除上述之外，通常在器件级建模工作中已经考虑了一些已知的效应，但在 GaN 中需得到高度重视并值得重新审视。与其他半导体材料相比，GaN 的材料优势（例如，更高的击穿电场、更大的工作温度范围和更高的电流密度）、耦合物理和非线性效应都发挥了更大的作用[11,12]。

1）GaN 和 SiC 的热导率随温度的变化分别为 $T^{-1.25}$或 $T^{-1.4}$[32]和 $T^{-1.49}$[33]（T 为开尔文温度），然而如 AuSn 共晶合金等常见金属的温度依赖性较低。在相关功率密度下，器件发热产生的温度很容易达到 100K，这就导致器件级热阻成为功率水平、环境或基板温度和器件构造的函数（例如，有源面积小于 SiC 厚度的小边缘尺寸器件，其热阻值中的较大比例是由 GaN 和 SiC 材料特性所决定的；而较大面积的芯片的热阻将更受金属和热沉的影响)。此外，实际上一些商业器件建模软件包的功能受限于输入参数的形式。例如当要求热导率为 $\kappa=AT^{B}$时，热导率的二次项拟合（$\kappa=A+BT+CT^{2}$）可能是“允许函数”。在图 8.2 显示了一个具体的例子，其中 GaN 热导率在两个不同的温度范围内拟合为多项式；可以看出，在有限的区域能获得较好的拟合关系，而在扩展范围（蓝色）上的拟合是有问题的，将最优拟合区域在一定扩展范围上应用时则偏差将加大。对于瞬态时间的器件可靠性物理建模过程中，器件温度范围可达数千摄氏度[34]。如果器件建模人员不将温度波动限制在具有正确定义的函数的范围内，将会给所有依赖模型数据的人带来困扰。需要注意的是，在不重新评估模型输入的情况下，增加任何物理量（不仅是温度）的幅度/范围都必须特别小心！这包括重新评估源数据本身在新函数范围内的准确性（例如，它是否仍然是幂指数规律?）以及映射到器件级软件的“允许函数”的准确性（如适用）。

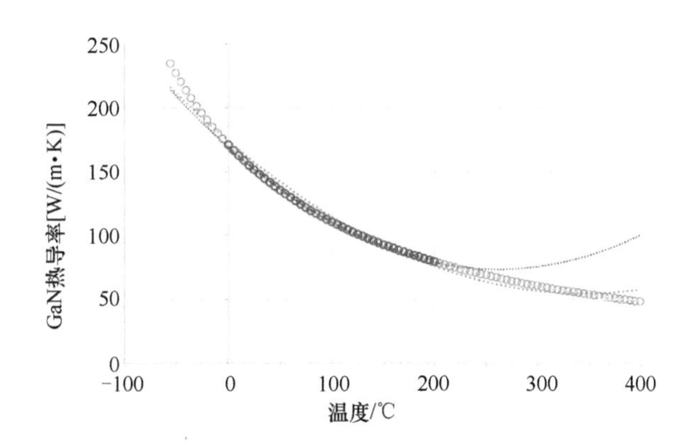

图 8.2 用二次函数拟合初始幂律函数的结果。红色和蓝色圆圈分别表示 0~200℃ 和-55~400℃范围内的 $T^{-1.4}$幂律表达式（T 为开尔文温度）。图中红色虚线表示适合 0~200 范围的最佳拟合二次函数在该有限范围内可以很好地拟合，但在扩展范围内则完全不适用（红色虚线与蓝色圆圈）。蓝色虚线与蓝色圆圈显示当拟合到更宽的范围时，最佳拟合二次函数的特性。虽然这是一个“显而易见”的问题，但也很容易突然出现

2）GaN 可以承受较高的 RF 过激励信号，如可以将 33dBm 的大信号输入栅极[35]。这将迫使驱动的函数成为非线性函数，因为栅极有时会被迫从夹断状态转变为正向偏置的栅极肖特基二极管状态。

3）高电场和高温同时存在时，一些退化物理特性如沟道热载流子效应（CHC）和时间相关介质击穿（TBBD）的速率是温度和电场的强函数。这些效应存在于 GaN 中[36]，相关完整和定量建模都需要耦合物理技术方法。

4）GaN 工艺仍处于不断成熟过程中，并且随着材料技术水平提升，性能也将得到更大的提升（例如，更高的温度、更接近击穿的更高电场），器件建模人员应为这些不可忽略的偏差所做的假设进行重新评估。

8.3 第二部分：老化建模

在 GaN HEMT 中具有多种退化机制，从扩散到电介质击穿、点蚀和腐蚀、钝化开裂等。决定老化动力学的应力（或加速条件）是晶格温度、电场、电子密度、电子温度、杂质 X（例如水）的密度等[22-31]。这些因素中一些是在成熟工艺的仍然会存在的，但是有一些是 GaN HEMT 和通常用于接触金属和钝化层材料（Au、Ni 等）所固有的，因此将在相关材料和材料界面与相关应力源存在的任何地方持续存在。多物理场老化动力学的关键输入参数包括纳米尺度的局部晶格温度、电场、电子密度、电子温度以及机械应力和应变。所有这些都可以通过适当的器件模型提取，并应用于局部老化动力学。其中局部性质（例如，迁移率）随时间变化和电子输运的影响和局部应力源分布之间可以相互耦合。

这种完全耦合的多物理方法在很大程度上超出了讨论的范围。然而，作为一个限于热学方面的简明示例，图 8.3 概述了局部热老化的后果。如果 GaN 器件在热加速寿命测试（T-ALT）中工作在非常高的温度下，则可以跟踪多个参数（I_{dq}，$I_{d,max}$，RF 增益，G_m），并且据报道在固定偏压下的退化速率遵循 Arrhenius 关系[36]。由于测量量是器件平均的结果，这意味着器件平均的退化速率可表示为 $e^{(-E_a/k_bT)}$，其中 E_a 是在纳米尺度上发生的退化过程的激活能，并影响测得的电学特性，T 是开尔文温度，k_b 是玻尔兹曼常数。由于温度较高的中心退化得更快，最初均匀的晶体管变得“空心化”。通常（但不总是），T-ALT 会进行栅极偏置调整，以保持感兴趣的参数恒定（在器件平均的意义上）。在这种情况下，温度较高的中心仍将倾向于“空心化”，但温度较低的边

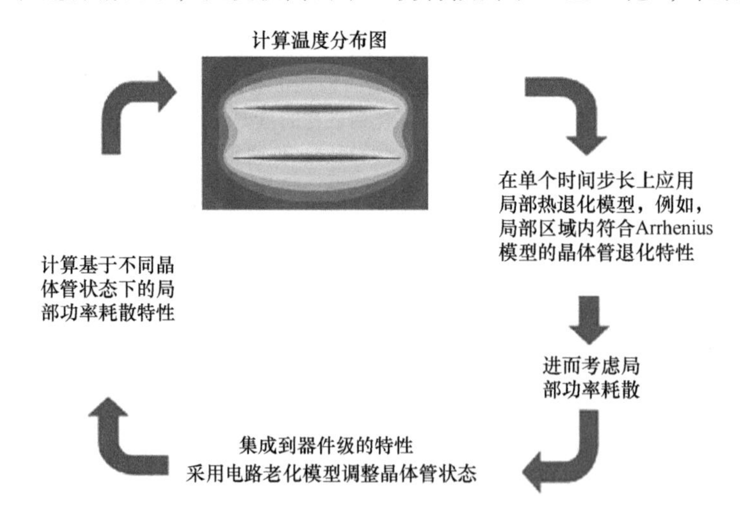

图 8.3　一种模拟热老化的可行方法示意图。可以从初始未老化的器件计算（顶部）热分布，并如图所示进行迭代。本章参考文献［37］中提供了一个概念性八指器件的示例

缘将补偿这一变化。这是在进一步假设沟道长度（通常为几微米）远小于沟道宽度（通常为几十到几百微米）的情况下进行的探索。在这种情况下，退化区域周围的电流拥挤效应很小，通过器件平均测量来量化局部作用的退化物理现象，可以直接对温度曲线如何演变，以及激活能和外推寿命产生多少误差进行建模[37]。

8.4 第三部分：其他重要注意事项

构建 GaN HEMT 模型时需要考虑的重要因素包括以下内容：

8.4.1 维度和对称性

GaN 和 SiC 在机械、热和电特性方面都具有一定的各向异性。更重要的是，晶体具有不同的结构和不同的对称性。一些物理现象，如沟道中的物理现象是二维的，而热方面却是三维的。

这使得构建 SiC 基 GaN HEMT 的精确模型变得非常复杂。即使假设属性是各向同性的，热方面的建模仍然是三维的。根据需要，可以使用各向异性性质的加权平均值[38]或最不利情况（例如，最低电导率方向）来进行简化。通常，GaN 厚度和沟道长度都是几微米或更小，并且远小于栅极到栅极的间距（插指之间的间隔）和沟道宽度。在这种情况下，温度可以近似地认为沿以热负载中心为圆心的半圆等值面分布，该半圆一般比沟道大，但比栅极间距小[7]。如图 8.4 所示，其中三维热模型中每个橙色圆圈的外部界限定义了半圆形等温曲线。对于给定的功率（W），可以获得温度上升与环境条件的关系，以获得热阻（K/W），并且通过改变环境温度和功率，获得热阻与这些因素的关系。通常，但不总是，研究人员仅关注最热的位置，并提取中间插指中心位置的半圆数据。这可以用作沟道的二维电热模型的温度相关的边界条件函数。当热量还来不及到达边界时，这种方法非常适合稳态热仿真或非常快的瞬态仿真。虽然忽略热导率的温度相关性非常具有吸引力，但必须避免，因为在合理的功率密度下，这可能导致温度误差超过 50K，并且误差会近似为温升的二次方[12]。

更常见的二维/三维混合方法是定义 GaN 底部的温度分布。然而，该边界条件的温度将随着器件的偏置状态、沿沟道的位置以及上述提到的温度依赖性而发生显著的变化。如果需要得到瞬态电偏置下的精确温度分布，那么电热模型必须以三维的方式仿真并考虑热沉的影响（尽管部分器件建模软件允许在不需要时关闭求解的电气部分从而加快求解速度）。另一种值得考虑的方法是三维热建模，其不用求解半导体传输方程，而是通过在热模型中合理放置热负载来近似（下一节将详细介绍）。

在上述所有情况下，根据芯片的形状、热负荷的位置以及是否存在可能破坏对称性的其他因素，可以通过利用反射平面来仿真芯片的一半甚至$\frac{1}{4}$。通常，仿真速度随着节点数的 1.5 次幂而增加，因此节点数缩小了 2 倍或 4 倍，仿真速度将分别加快 3 倍或 8 倍。

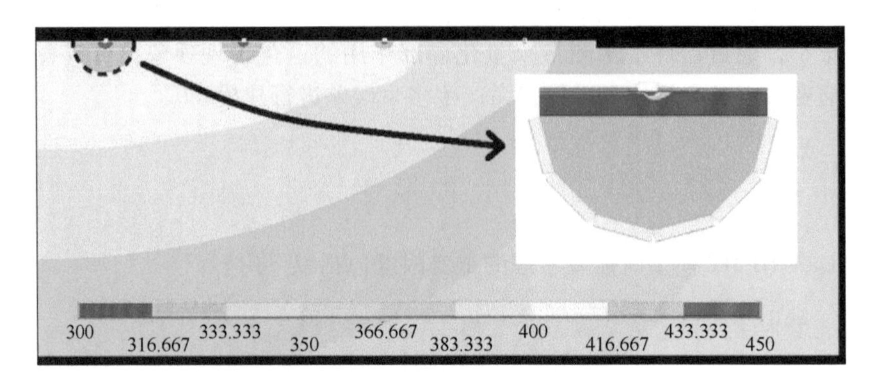

图 8.4 典型的三维热建模结果，此处为四指模型，代表具有反射平面对称性的八指器件。可以对功率负载和环境温度的矩阵进行三维建模，并将结果提炼为二维电热模型的半圆上简单地与温度相关的热边界条件，误差在几个百分点内

8.4.2 偏压依赖性

开启与关断沟道的温度分布可能看起来非常不同。在一种情况下，峰值温度的差异约为 15K 或 8%，因此仅考虑功率的热阻函数将具有类似的最大误差（这听起来不大，但在 Arrhenius 模型中可能会导致退化速率发生巨大变化）[37]。大多数误差可以通过简单地防止沟道开启来避免，因为其加热剖面是完全不同的[9]。由于我们一般选择在沟道完全开启的条件下去测量温度，因此在使用热成像校准建模时必须十分小心。因为在低漏极偏置下可以达到较高的功率耗散，并且开启沟道不太容易受到非受控振荡反馈的影响，这种现象有时被称为“振铃”。

器件电热模型是在相关电学环境中求解电子传输方程［例如漂移扩散（DD）方程或其他更优模型］，因此热负载的位置/分布/大小作为解的一部分“顺便得到”。简而言之，局部电场耗尽沟道的区域将形成“耗尽区”并具有更高的热负载。图 8.5 说明了这一点；如果晶体管通过栅极偏置保持在几乎关断的状态，当漏极偏置增加时，存在于漏极侧的栅极和场板边缘之间的多个耗尽区将穿通（图中展示出了栅极场板和源极连接的场板）。最左边的一个的耗尽区首先穿通，当偏压增加到足以（粗略地近似）使垂直位电位移矢量（电场×介电常数）耗尽沟道时，随后的几个耗尽区也随之穿通。此外，沟道和欧姆接触贡献的热可以近似为 I^2R（注意 R 随温度变化）。

在热点中，各种光学声子、声学声子、高能“热”电子等并不一定处于相同的有效“温度”下，从而导致 Arrhenius 退化动力学的“温度”定义可能会失效，尤其是在最高电场和最高功率条件下。虽然这里没有考虑弹道扩散声子传输效应，但考虑这种效应的仿真可以增加对该热点理解的准确性，并且可以与热点附近以外的漂移扩散器件模型合并[39]。随着动力学模型的发展，更好地理解“热”能量来源对分析热退化至关重要，这种方法也将变得更有价值。

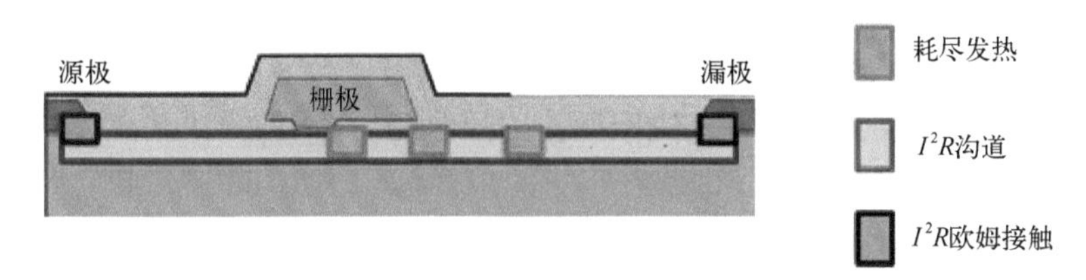

图 8.5　热建模中热载荷的良好近似

在正确考虑了与偏压相关的热负载时，三维纯热器件建模（其中热载荷不是求解的，而是输入到模型中）可以是一种可靠的方法。当然，准确性取决于模型预测出的偏差范围。

在这两种情况下，器件的热阻可以认为是来自两个不同的来源：耗尽区发热和沟道/欧姆发热，如图 8.5 所示。通过将其视为两个不同的源，可以获得更精确的热阻函数，如图 8.6 所示，相同的电热温度峰值适用于较宽范围的漏极电压、电流和环境温度。这一点很重要，因为对一些需要快速进行温度估计的情形建立查找表远比运行热模型或电热模型更实用。

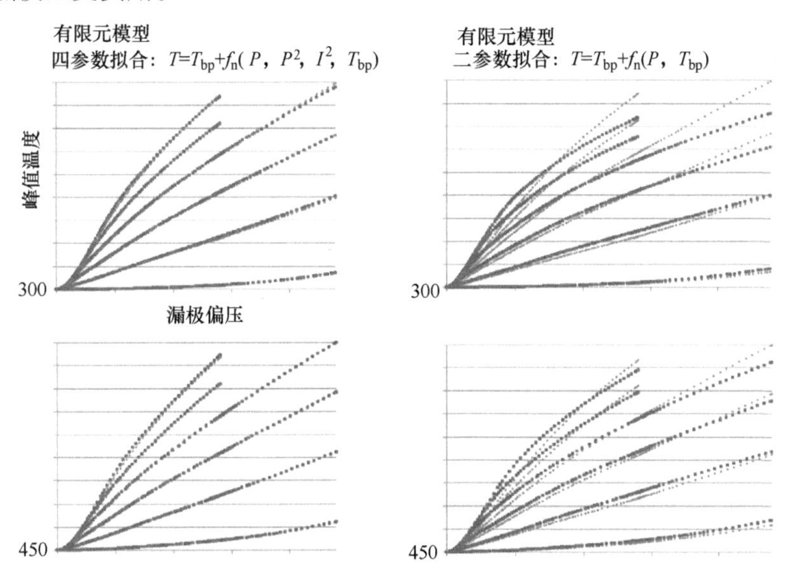

图 8.6　热阻方程在包含非线性项（左侧）的情况下比不包含非线性项（右侧）的情况下更适合电热有限元模型（蓝色两侧）。拟合采用最小二乘法，并按点间距的比例加权。当点间距变化很大时，适当的加权是很重要的，这在该数据集中有所展现，在用自适应时间步长建模时也很常见。纵轴以 50K 为增量，横轴以 10V 为增量。环境（底板）温度变化范围是 300（顶部）~450K

8.4.3 正确求解问题

研究人员并不是总需要得到峰值温度，有时需要失效区域的温度（用于退化或老化动力学研究）。这一温度可能存在于欧姆金属或栅极金属处，或者在沟道内。对于 Arrhenius 关系，提取的激活能将取决于所使用的温度，特别是温度依赖性大的情形。

当与热成像技术相结合时，即使在很小的采样体积内也可以看到剧烈的温度变化，例如光学技术的衍射限制采样区域内就会出现这一现象（不包括那些使用纳米粒子的采样区域），因此可能需要在采样区域内平均建模数据。由于 GaN 功率密度（W/mm）约是 GaAs 的 10 倍，但热导率高 2~3 倍，所以热梯度将大 3~5 倍，忽略采样尺寸效应将引入更大的误差。

8.5 第四部分：其他仿真提示与技巧

8.5.1 合理的网格划分

虽然通常在仿真中需要注意避免高长宽比的网格，但物理问题本身可能具有非常高的长宽比，例如二维电子气只有几纳米厚，而从源极到漏极通常为几微米。只要稍加注意，如图 8.7 所示的“方块”网格在非常高的长宽比下也可以表现得很好。对图 8.7 所示的仿真网格进行重新划分，以更细的 2 倍网格或者长宽比更接近 1∶1 的网格重新运行仿真可以发现，所得到的 *I-V* 特性差异不到 1%（热差异更小）。一般来说，使用尽量粗糙的网格来精确的仿真是非常明智的。在重要物理量（如沟道中的电子密度）快速变化的位置，可以在前期投入时间来细化网格，在没有需求细化网格的位置将网格粗化，使得时间安排更为合理。

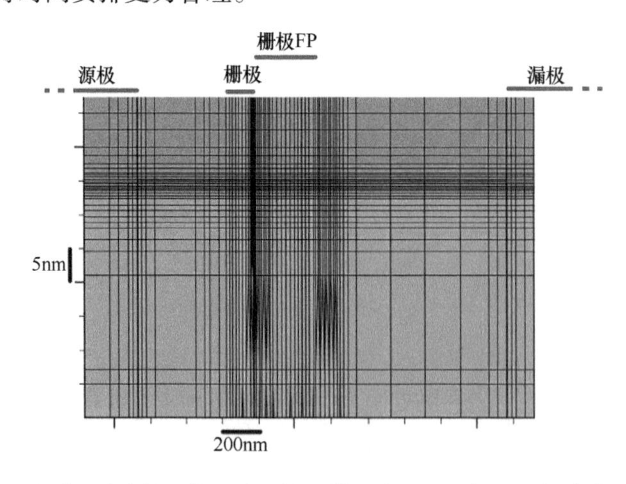

图 8.7 沟道区域中的网格，该网格的精细度已经足够用于解决典型问题。注意某些地方的大长宽比和大网格尺寸

AlGaN/GaN 的界面可能是一个难点。例如，其低场迁移率从 AlGaN 中的 200cm^2/(V·s) 增大到 GaN 中的 1600cm^2/(V·s)。根据软件的结构，可以将 GaN 中的最顶层元素的迁移率设置为混合型。虽然这种界面的近似在物理上可能合理，但是可能出现的问题是沟道有效迁移率是第一层元素厚度的函数。根据软件的不同，有多种方法可以解决这个问题，例如在界面上设置专门的规则。但最好不要改变网格划分，因为这会使得研究几何变化变得困难或不可能。

尖锐的拐角可能是另一个问题，尤其是当峰值电场很重要时，例如在栅极覆盖区的漏极拐角处，其中预期有大约几纳米的半径。一些软件允许圆角，但无论如何，网格应足够精细以支持必要的目标，如泄漏电流或击穿的模拟仿真。

电流从沟道进入欧姆接触可能是一个问题，这一过程中存在从具有高电子密度的沟道到金属的转变，并且可能存在低载流子密度的夹点，这取决于如何设置该区域。这也可能出现意想不到的结果，例如会出现整流或依赖于温度的特性。建议使用零欧电阻与沟道直接相连（并通过绘制高电流下的电压降进行验证），并根据测量结果单独设置接触电阻，例如 TLM 测试。在器件建模软件中明确规定的情况下，如果使用上述方法，I^2R 产生的热量可能会被忽略，并且不会作为热负载产生热注入[13]；因此这可能需要在网格化仿真中放置一小部分电阻材料来表示接触电阻。

8.5.2　收敛性

宽禁带半导体的电学仿真是比较困难的。成功收敛的方法将因所使用的软件而异，但这里将给出一些通用的指南。首先，考虑室温下预期载流子的密度。对于硅，本征材料的载流子密度约为 $10^{10}cm^{-3}$；而对于 GaN，本征材料估计为 $10^{-10}cm^{-3}$。GaN 的这一数值没有意义，但可以影响仿真中的陷阱占有率。当仿真失败时，查看有限元残差图十分有用，在运行稳态仿真时，存在陷阱但没有载流子填充陷阱的位置收敛较慢，而运行瞬态仿真时需要定义初始状态的陷阱占用率。作者发现引入一定的掺杂（例如，10^5cm^{-3}）可以显著改善收敛性。无论如何，由于来自衬底的穿透位错和有意的杂质（已经使用了 C 和 Fe），使得 GaN 在禁带中具有大量的陷阱状态，并且总是存在一定量的陷阱状态[16]。由于缺少认识，初级建模者可能会尝试将其设置为零，但并不建议这样做。最后，当开始仿真时，如果收敛问题仍然存在，则尝试非常高的环境温度（例如 600K）和/或将衬底界面附近的 GaN 接地到源（仅用于故障排除目的）。

尽管载流子散射的距离远小于感兴趣的空间特征长度，但 DD 输运模型的仿真结果与“热电子模型”（如在陷阱存在的情况下的流体力学输运模型）的仿真结果可能差异巨大。在高电场下，许多电子具有电子伏级的能量[40]，而且由于散射导致了大部分电子运动方向与电场方向不同，进而导致一些热电子会离开沟道并填充 GaN 和 AlGaN 中的深陷阱（至少在模型中存在这种陷阱需要被填充的地方）。而 DD 模型在很大程度上缺乏这种效应，使得收敛性和电学特性将有所不同。一旦被填充，电子会与晶格热平衡，并且可能需要非常长的时间（可能是数年）才能逃逸具有深能级的电子和空穴陷阱[41]。

虽然模型验证受到了在 GaN 中测得的众多陷阱的制约[43]，但实验中观察到，应用更大的电压和射频信号似乎会促使深层俘获效应发生[42]。

8.6 小结

器件级的 FEM 仿真技术较为成熟，并有许多开源成果，也有大公司提供稳定且经过验证的软件。对于刚接触 GaN 的建模者来说，值得花时间去理解这些“特性情况”，在这些情况下新的物理现象很重要，这些效应会使通常所做的近似无效，或者可能导致适用于传统半导体的典型方法产生错误的结果。当输入参数超出其有效区域（例如，依赖于温度的热导率）时，有必要重视突然出现的误差。另外，需要格外小心一些可能会影响输出结果的不常见的特性（例如，宽禁带和极小的本征载流子密度，以及压电极化掺杂）。

通过适当谨慎的处理，可以放心使用 FEM。

参考文献

[1] W. Shockley, The theory of p-n junctions in semiconductors and p-n junction transistors, Bell Syst. Tech. J. 28 (3) (1949) 435–489.
[2] J.E. Lilienfeld, US 1745175A, Method and apparatus for controlling electric current, filed October 8, 1926 (Priority CA272437TA·1925-10-22).
[3] Silvaco, Inc, Silvaco ATLAS Device Simulation Framework, [Online]. Available: http://www.silvaco.com/products/device_simulation/atlas.html.
[4] Synopsys, Inc, Sentaurus Device: An Advanced Multidimensional (1D/2D/3D) Device Simulator, [Online]. Available: http://www.synopsys.com/Tools/TCAD/DeviceSimulation/Pages/SentaurusDevice.aspx.
[5] S.M. Sze, M.K. Lee, Semiconductor Devices, Physics and Technology, Wiley, 2013.
[6] K.R. Bagnall, Device-Level Thermal Analysis of GaN-Based Electronics, M. S. Thesis, Massachusetts Institute of Technology, 2013.
[7] A.M. Darwish, A.J. Bayba, H.A. Hung, Thermal resistance calculation of AlGaN–GaN devices, IEEE Trans. Microw. Theory Tech. 52 (2004) 2611.
[8] A.M. Darwish, H. Alfred Hung, Improving thermal reliability of FETs and MMICs, IEEE Trans. Device Mater. Reliab. 11 (1) (2011) 164–170.
[9] S. Choi, et al., The impact of Bias conditions on self-heating in AlGaN/GaN HEMTs, IEEE Trans. Electron Devices 60 (1) (2013) 159–162.
[10] B.K. Schwitter, et al., Impact of bias and device structure on gate junction temperature in AlGaN/GaN-on-Si HEMTs, IEEE Trans. Device Mater. Reliab. 61 (5) (2014) 1327–1334.
[11] M. Kuball, et al., Measurement of temperature distribution in multifinger AlGaN/GaN heterostructure field-effect transistors using micro-Raman spectroscopy, Appl. Phys. Lett. 82 (1) (2003) 124–126.

[12] M. Kuball, J.W. Pomeroy, A review of Raman thermography for electronic and optoelectronic device measurement with submicron spatial and nanosecond temporal resolution, IEEE Trans. Device Mater. Reliab. 16 (4) (2016) 667–684.
[13] T. Yamamura, A. Kazutaka Takagi, Difference of thermal design between GaN and GaAs, in: CS MANTECH Conference, May 16–19, Palm Springs, California, USA, 2011.
[14] O. Ambacher, J. Majewski, C. Miskys, A. Link, M. Hermann, M. Eickhoff, M. Stutzmann, F. Bernardini, V. Fiorentini, V. Tilak, B. Schaff, L.F. Eastman, Pyroelectric properties of Al(in)GaN/GaN hetero- and quantum well structures, J. Phys. Condens. Matter 14 (13) (2002) 3399–3434.
[15] Nelson, M.A. Mastro, et al., Simulation on the effect of non-uniform strain from the passivation layer on AlGaN/GaN HEMT, Microelectron. J. 36 (2005) 705–711.
[16] M.J. Uren, et al., Buffer design to minimize current collapse in GaN/AlGaN HFETs, IEEE Trans. Electron Devices 59 (12) (2012) 3327–3333.
[17] E.R. Heller, R. Vetury, D.S. Green, Development of a versatile physics-based finite-element model of an AlGaN/GaN HEMT capable of accommodating process and epitaxy variations and calibrated using multiple DC parameters, IEEE Trans. Electron Devices 58 (4) (2011) 1091–1096.
[18] Shao, et al., Emission and detection of surface acoustic waves by AlGaN/GaN high electron mobility transistors, Appl. Phys. Lett. 99 (2011), 243507.
[19] Y. Jung, et al., Post-annealing behavior of Ni/Au Schottky contact on non-polar a-plane GaN, Thin Solid Films 518 (2010) 5810–5812.
[20] N. Braga, R. Mickevicius, V.S. Rao, W. Fichtner, R. Gaska, Non-uniform stress effects in GaN based heterojunction field effect transistors, in: IEEE Compound Semiconductor Integrated Circuit Symposium, 2005, https://doi.org/10.1109/CSICS.2005.1531791.
[21] M.G. Ancona, S.C. Binari, D.J. Meyer, Fully coupled thermoelectromechanical analysis of GaN high electron mobility transistor degradation, J. Appl. Phys. 111 (7) (2012), 074504.
[22] P. Ivo, et al., New degradation mechanism observed for AlGaN/GaN HEMTs with sub 100 nm scale unpassivated regions around the gate periphery, Microelectron. Reliab. 54 (2014) 1288–1292.
[23] C. Zeng, et al., Investigation of abrupt degradation of drain current caused by under-gate crack in AlGaN/GaN high electron mobility transistors during high temperature operation stress, J. Appl. Phys. 118 (2015), 124511.
[24] D. Marcon, et al., Reliability analysis of permanent degradations on AlGaN/GaN HEMTs, IEEE Trans. Electron Devices 60 (10) (2013) 3132–3141.
[25] Zanoni, et al., AlGaN/GaN-based HEMTs failure physics and reliability: mechanisms affecting gate edge and schottky junction, IEEE Trans. Electron Devices 60 (10) (2013) 3119–3131.
[26] C. Zeng, et al., Reliability investigations of AlGaN/GaN HEMTs based on on-state electroluminescence characterization, IEEE Trans. Device Mater. Reliab. 15 (1) (2015) 69–75.
[27] Li, et al., Spatial distribution of structural degradation under high-power stress in AlGaN/GaN high electron mobility transistors, Appl. Phys. Lett. 100 (2012), 172109.
[28] U.K. Mishra, et al., Reliability of AlGaN/GaN HEMTs; an overview of the results generated under the ONR DRIFT program, Proc. IEEE IRPS (2012) 2C.1.1–2C.1.6.
[29] F. Gao, et al., Impact of water-assisted electrochemical reactions on the OFF-state degradation of AlGaN/GaN HEMTs, IEEE Trans. Electron Devices 61 (2) (2014) 437–444.
[30] Y. Lu, et al., Normally off Al_2O_3–AlGaN/GaN MIS-HEMT with transparent gate electrode for gate degradation investigation, IEEE Trans. Electron Devices 62 (3) (2015) 821–827.
[31] J. Joh, J.A. del Alamo, Critical voltage for electrical degradation of GaN high-electron mobility transistors, IEEE Trans. Electron Devices 29 (4) (2008) 287–289.

[32] M. Kuball, J.W. Pomeroy, R. Simms, G.J. Riedel, H.F. Ji, A. Sarua, et al., Thermal properties and reliability of GaN microelectronics: Sub-micron spatial and nanosecond time resolution thermography, in: IEEE Compound Semiconductor Integrated Circuit Symposium—IEEE CSIC Symposium, Technology Digest, 2007, pp. 135–138.

[33] E.A. Burgemeister, W. von Muench, E. Pettenpaul, Thermal conductivity and electrical properties of 6H silicon carbide, J. Appl. Phys. 50 (1979) 5790.

[34] J.A. McPherson, P.J. Kowal, G.K. Pandey, T. Paul Chow, W. Ji, A.A. Woodworth, Heavy ion transport modeling for single-event burnout in SiC-based power devices, IEEE Trans. Nucl. Sci. 99 (2018) 1, https://doi.org/10.1109/TNS.2018.2880865.

[35] O. Axelsson, N. Billstrom, N. Rorsman, M. Thorsell, Impact of trapping effect on the recovery time of GaN based low noise amplifiers, IEEE Microw. Wirel. Compon. Lett. 26 (1) (2016) 31–33.

[36] B.M. Paine, et al., Lifetesting GaN HEMTs with multiple degradation mechanisms, IEEE Trans. Device Mater. Reliab. 15 (4) (2015) 486–494.

[37] E.R. Heller, Simulation of life testing procedures for estimating long-term degradation and lifetime of AlGaN/GaN HEMTs, IEEE Trans. Electron Devices 55 (10) (2008) 2554–2561.

[38] S.-i. Nakamura, H. Kumagai, T. Kimoto, H. Matsunami, Anisotropy in breakdown field of 4H–SiC, Appl. Phys. Lett. 80 (2002) 3355, https://doi.org/10.1063/1.1477271.

[39] N. Donmezer, S. Graham, The impact of noncontinuum thermal transport on the temperature of AlGaN/GaN HFETs, IEEE Trans. Electron Devices 61 (2014) 2041–2048.

[40] Y.S. Puzyrev, T. Roy, M. Beck, B.R. Tuttle, R.D. Schrimpf, D.M. Fleetwood, S.T. Pantelides, Dehydrogenation of defects and hot-electron degradation in GaN high-electron-mobility transistors, J. Appl. Phys. 109 (2011), 034501.

[41] Z. Fang, B. Claflin, D.C. Look, D.S. Green, R. Vetury, Deep traps in AlGaN/GaN heterostructures studied by deep level transient spectroscopy: effect of carbon concentration in GaN buffer layers, J. Appl. Phys. 108 (6) (2010) 63706.

[42] O. Mitrofanov, M. Manfra, Mechanisms of gate lag in GaN/AlGaN/GaN high electron mobility transistors, Superlattice. Microst. 34 (1–2) (2003) 33–53.

[43] D. Bisi, Characterization of Charge Trapping Phenomena in GaN-Based HEMTs, Thesis, University of Padua in Italy, 2015. https://www.semanticscholar.org/paper/Characterization-of-Charge-Trapping-Phenomena-in-Bisi/fa724b8aad4f090e01503551a95b24f3dc367f4c.

第 9 章 基于电学法的热表征技术——栅电阻测温法

Georges Pavlidis①②，Brian Foley①，Samuel Graham①
① 美国乔治亚理工学院 George · W. Woodruff 机械工程学院
② 美国国家标准与技术研究所物理测量实验室纳米光谱组

9.1 引言

栅电阻测温法（GRT）是一种获取 GaN 晶体管中栅金属平均温度的表征技术。顾名思义，这种电学方法是利用测量栅金属在加热过程中的电阻变化来表征温度的[1,2]。由于许多电学特性与温度相关[3]，因此在以往的文献[4-8]中报道过几种不同的电学测温方法。总体来说，每种方法都可以表征晶体管不同区域的空间平均温度[9]。例如，Kuzmik 的方法[5]可以表征源栅区域的平均温度，而 McAllister 的方法[6]可以表征源漏区域的平均温度。然而，由于 GaN HEMT 中复杂的焦耳产热分布，单个器件上的温度梯度可高达 60℃[10]。因此，用电学方法表征的平均温度会受到位置和区域等因素的影响。考虑到器件中的最高温度通常在栅极覆盖区域附近，因此 GRT 被认为是评估 GaN HEMT 峰值温度最合适的电学方法之一。除了它的位置优势外，GRT 还不易受到陷阱效应或电流崩塌的影响。电流崩塌可能在高电压下发生，并影响温度测量的精度[8,11]。

与其他电学方法相比，采用 GRT 的另一个优点是其能够进行原位测量。对于其他直流电学方法，如 *I-V* 扫描，必须暂时让器件断电才能进行测量[7]。与之相反，GRT 可以在器件工作期间实现原位温度的监测。为了减少其他直流测试方法的采集时间，采用脉冲 *I-V* 测量技术可将测量时间缩短至亚微秒级别[7]。但是这些方法仍然会产生和快速切换及泄漏电流相关的误差。

除了电学方法，研究人员还开发了一系列测量 GaN 电子器件温度的光学测温技术，包括红外热成像[12-15]、拉曼测温[16-19]和瞬态热反射成像[20-23]。虽然这些光学技术具有更高的空间分辨率，可以捕捉横向温度梯度，但是光学遮挡物（如场板）会限制这些技术测量热点附近温度的能力，同时这些光学测温技术还需要使用纳米级别的传感器[24,25]。此外，GRT 也不需要对器件的封装进行任何改动，而大多数光学技术需要移除器件封装的盖板后才能对器件有源区进行测量。最后，测量沟道温度时所使用的波长可能会限制光学技术的使用。例如，当使用红外热成像时，GaN 层对红外光是透明的，因此会导致预测出的沟道温度偏低[26,27]。而对于热反射成像，次能带间隙激发源的存在可能会导致估计出的 GaN 沟道温度严重偏低[28]。

总体而言，GRT 通过监测栅极端到端电阻来估计 HEMT 的沟道温升，并在测温方面显示出巨大的潜力[29]。使用四探针法测量出的栅金属电阻与温度呈强烈的线性关系[1]。前期研究中，在直流偏置下使用栅电阻测温法（GRT）测量了单指 Si 基 AlGaN/GaN-HEMT[30] 以及 GaAs PHEMT[31,32] 的温度。有研究人员认为，当沟道上存在较大的温度梯度时，GRT 往往会低估结温[33]。但是前期研究已经揭示了偏置条件和器件几何形状对沟道峰值温度估计值精度的影响。例如，改变漏极偏压可以影响电场分布，从而改变局部焦耳产热区域。而延长栅极宽度则会在器件内产生更大的温度梯度[34,35]。

本章将总结分析在不同偏置条件下实现 GRT 的不同方法和配置，深入研究了 GRT 的准确性，并明确了它所捕捉到的温升来源。除了能够在无须断电的情况下测量器件温度以外，该技术还具有瞬时监测沟道温度的潜力[36]，因此可以用于表征器件的瞬态热动力学。GRT 同时适用于直流和脉冲偏置，从而保证了它在稳态和瞬态条件下都可以对器件进行精确的热表征。本章还重点使用其他实验方法（拉曼）和数值模拟验证了该技术的准确性。此外，本章对不同工作模式下的测量误差进行了量化分析。同时，本章还强调了使用时域或频域中的瞬态 GRT 方法来精确提取瞬态热参数的重要性。

9.2 稳态分析

在最初研究阶段，GRT 方法测量的是晶体管栅金属的稳态温度[1]。这种测量基于四探针法，其中使用了单独的电极来精确记录电压和电流，如图 9.1a 所示。GRT 器件版图设计的关键是在栅极的另一端添加金属线以实现栅极双端测试结构。这种结构可以实现两种配置条件下的电阻测量：电流驱动（提供探测电流并测量栅金属上的电压差）或电压驱动（在测量电流的同时保持栅宽电压恒定）。大多数研究都使用无源示波器来监测栅极上的电压降。然而，一些研究使用主动差分探头实现了更高的灵敏度[37]。其他研究表明，可以在栅极附近沉积额外的金属焊盘作为温度传感器[38-40]。

与以前开发的电学技术类似，GRT 由两个不同的阶段组成：校准和测量。校准过程（见图 9.1b）通常和控温阶段一起完成，并用于提取电阻温度系数（TCR）。测量阶段将使用该 TCR，以便将电学测量值转换为温度值。下面总结了电流和电压两种配置条件下的测量结果，并讨论了与测量相关的潜在不确定度。

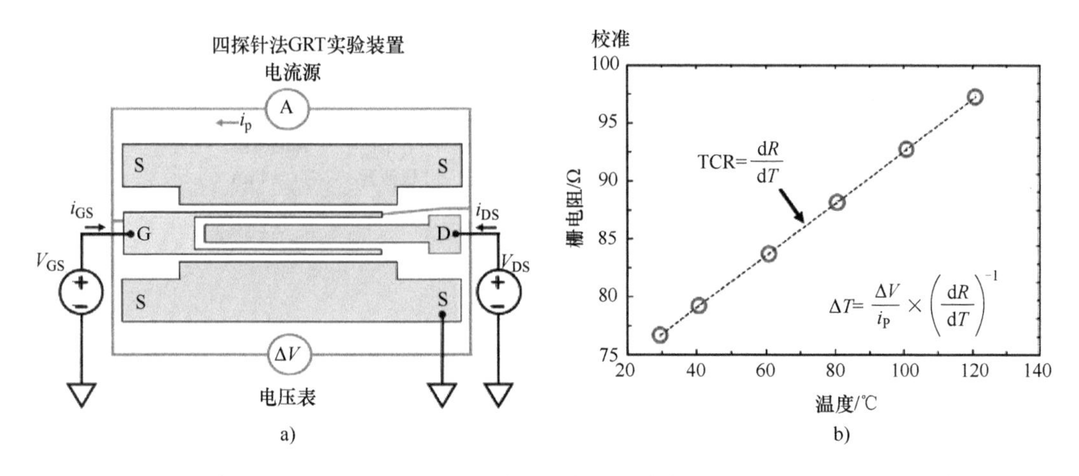

图 9.1　a）进行栅电阻测温法（GRT）的一般实验装置。该装置利用四探针来测量单个栅极指上的栅极电阻。利用电阻温度系数（TCR）将电阻转换为温度；b）通过线性拟合电阻与温度的关系数据来提取 TCR，所述电阻与温度的关系数据通过控温阶段的校准来获得。误差棒表示了使用95%置信区间的栅极电阻标准差

9.2.1　电流驱动

在这种配置下，通常使用高精度电流源来提供流过栅金属的探测电流 i_p，并通过随时测量栅金属上的电压降来提取栅金属电阻。由于碰撞电离[31]，探测电流的大小可能会干扰栅极泄漏电流，从而影响 GRT 的精度。当热电子与沟道中的原子碰撞产生空穴（正电荷移动到陷阱位置）时，会发生碰撞电离效应[41]。这种现象通常是由高栅-漏电场和高二维电子气（2DEG）浓度的共同引起。如果用于 GRT 测量的探测电流 i_p 与泄漏电流的方向相同，那么所测量的栅极电压降（ΔV）将会偏高，并因此导致错误的沟道温度测量值。当在变化的功耗下测量栅极温度时，忽略该效应的可能性非常高。在这种情况下，沟道温度的突然升高可能会被错误地归因于温度相关的热导率或显著的局部加热，而非栅极泄漏电流（见图 9.2 中所示的示例）。为了最大限度地减少与碰撞电离相关的误差，可以增大探测电流（1~8.5mA），以降低栅极泄漏电流占总电流的百分比。

然而，使用高探测电流也可能改变栅宽方向上的电流分布[42]。在器件工作期间使用非常大的探测电流将导致栅极宽度方向上出现很大的电势差。这种栅极上额外的电压降会导致栅极的一端比另一端更负（见图 9.3a），进而影响沟道两端的电场分布，不均匀的电流分布最终将改变散热路径。为了证实高探测电流会改变焦耳热分布，研究人员开展了红外热成像研究，以监测 GaN/SiC HEMT 上的温度分布[42]。研究表明，当增加探测电流时，温度曲线会发生显著变化。如图 9.3b 所示，热点从中心偏移，表示沟道的一端比另一端开启的更多。

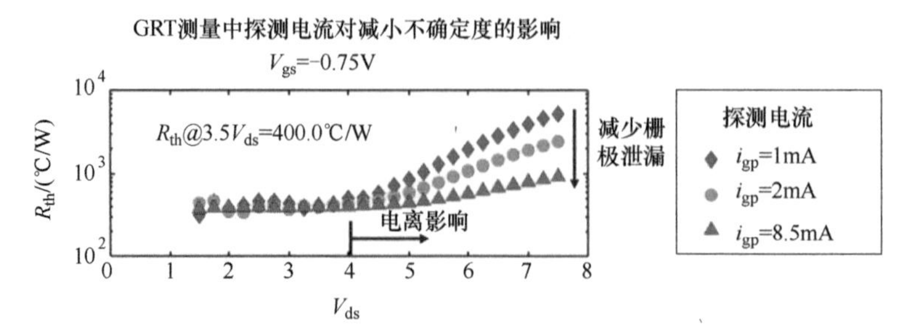

图 9.2 对于给定的栅极电压 V_{gs}，测量的热阻（R_{th}）相对于漏极偏压 V_{ds}的关系图。使用了三种不同的探测电流值 i_{gp}。结果表明当超过 V_{ds}的临界值后 R_{th}会急剧上升。对于较低的 i_{gp}值，该效应会更加显著，但 V_{ds}的临界值保持一致，说明达到该临界值时，由于碰撞电离而引起栅极泄漏电流的显著增加

来源：B. K. Schwitter，A. E. Parker，A. P. Fattorini，S. J. Mahon，M. C. Heimlich，Study of gate junction temperature in GaAs pHEMTs using gate metal resistance thermometry，IEEE Trans. Electron Devices 60（10）（2013）3358-3364。

另一种方案是使用差分探头来监测栅极端到端的电压降，这种方法也可以尽量抑制栅极泄漏电流的影响。与无源探头相比，有源差分探头可以放大检测到的信号并降低电容负载，以实现更高的信号保真度。为了减少直流栅极泄漏电效应，可以在施加完夹断条件下的栅极和漏极偏置后，将差分探头复位到零。这意味着在功耗最小时将电势差读数置零。然而，由于栅极泄漏电流随偏置条件而变化[29]，因此每次测量时必须重新校准差分探头，以避免产生误差（不这样做可能导致 5~7℃的温度误差[42]）。

为了避免不断重新校准，可以使用交变栅极探测电流 I_{ac}。前期研究表明，使用交流（AC）测量 GaAs PHEMT[43]和 GaN HEMT[37]中的栅极电阻是可行的。该方法的本质是测量正向探测电流下和反向电流下的电压差。这种电压差可以用 GRT 差分探头测量，而不需要校准到零探头电流状态。为了确保高精度，正向和反向电流必须具有完全相同的幅值。

9.2.2 电压驱动

提供恒定的探测电压而非电流，也是一种测量栅极端对端电阻的方法。使用这种方法，不仅可以高精度测量电流，还可以很方便地计算泄漏电流[9]。可以通过监测流入/流出每个栅极端的电流来估计泄漏电流。如果 V_{ds}和 V_{gs}偏置显著大于栅极两端的电压（栅极电压由探测电压控制），则可以认为 HEMT 是几何对称的。利用这种对称性，可以假设泄漏电流平均分布到每个栅极端，从而很方便地计算出泄漏电流[29]。

为了在该过程下进行校准，需要在给定的电压范围内扫描探测电压，并在不同的基板温度下获取电流电压曲线的斜率，进而从斜率中提取电阻。为了避免任何自热和电场干扰，探测电压应限制在几十毫伏，如图 9.4 所示。校准完成后，在栅极端对端

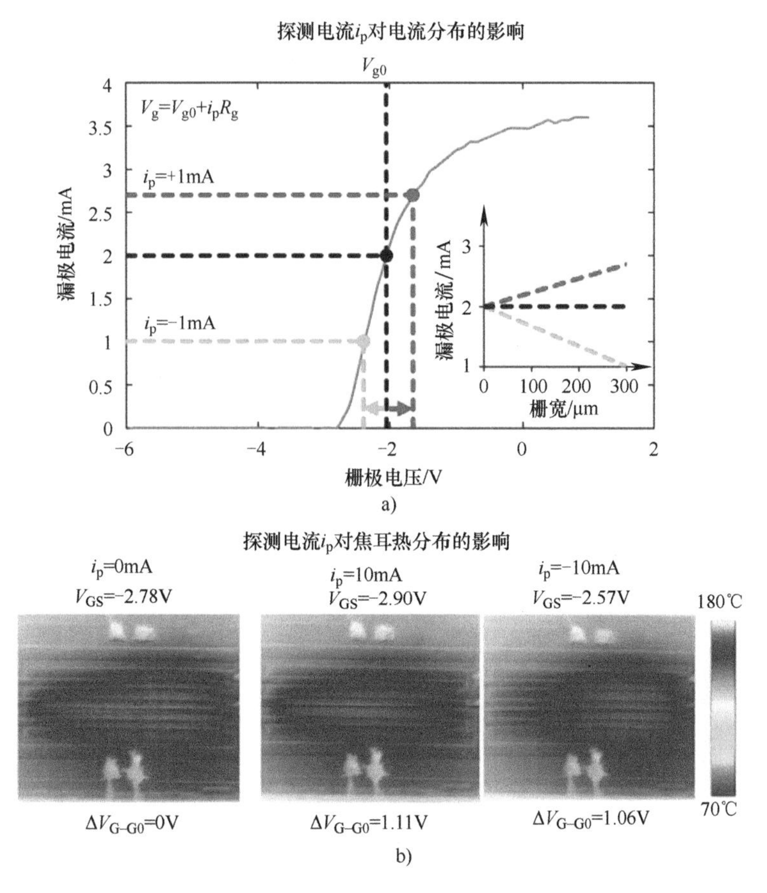

图 9.3　a）探测电流的大小和方向对漏极电流 I_{ds} 的影响，插图中显示了施加探测电流时沿栅极的 I_{ds} 分布；b）探测电流 i_p 对总体热分布的影响。6 个 1000μm GRT 器件的偏置功率为 0.8W/mm

来源：G. Pavlidis, Assessing the Performance and Reliability of GaN Based Electronics via Optical and Electrical Methods, Georgia Institute of Technology, 2018。

焊盘上施加固定的探测电压并开展温度测量。Paine 等人[29]研究了在不同极性下实现所测电阻之间的收敛性所需的最小探测电压（见图 9.4b）。如前所述，当采用交流探测电流时，对在两个不同极性下测量的电阻值进行平均可以消除由电压偏移引起的误差。

9.2.3　电阻温度系数

通过 GRT 估计出的温度准确性在很大程度上取决于提取出的 TCR 的准确性。TCR 的潜在误差主要来源于样品与温控基板的不良热接触或者 TCR 的漂移。为了确保在校准期间以恒定的温度均匀地加热栅极金属，应该给出足够的时间以允许器件达到稳定状态。可以通过在延长的加热时间内监测栅极金属的瞬态温度来验证器件是否达到稳

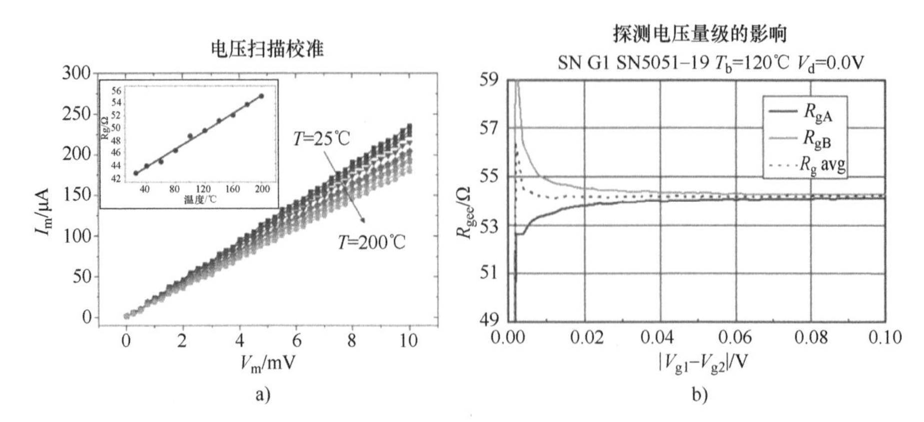

图 9.4　a）电阻传感器（栅极金属）的温度校准，其中 V_m-I_m 曲线的斜率表示每个温度下的电阻，其插图为传感器电阻随温度的变化；b）在两个电流方向下测量的端到端栅极电阻 R_{gee} 及其平均值。改变探测电压以确定收敛所需的最小电压

a）来源：V. Sodan et al. , Experimental benchmarking of electrical methods and muRaman spectroscopy for channel temperature detection in AlGaN/GaN HEMTs, IEEE Trans. Electron Devices 63（6）（2016）2321-2327。

b）来源：B. M. Paine, T. Rust, E. A. Moore, T. Rust III, E. A. Moore, Measurement of temperature in GaN HEMTs by gate end-to-end resistance, IEEE Trans. Electron Devices 63（2）（2016）1-8。

定。此外，为了改善基板和器件之间的热接触，可以使用热界面材料并对器件施加一个小接触力。

Paine 等人[29]报道了在施加器件偏置后几个小时内发生的 TCR 漂移现象。他们认为栅金属中的微结构变化导致了 TCR 值的变化，包括栅极中的微裂纹或接缝。据推测，半导体或介质层附近的电接触状态或陷阱占据变化等情况也有可能引起其他潜在的误差。因此，为了避免漂移误差，需要每隔几小时重新校准一次。

当对比封装器件和晶圆上的 TCR 值测量值时，发现 TCR 也不一致（见图 9.5）。有研究对晶圆和封装器件的 TCR 进行了提取，并进行了广泛的分析[37]。结果表明，虽然同一块晶圆上的器件 TCR 保持一致，但当器件封装后，TCR 变化显著（最大差异为 15%）。出自同一块晶圆的封装器件 TCR 甚至也不一样。最初研究人员认为这种差异的潜在原因是封装和热台之间较大的接触热阻，这一热阻导致在校准期间栅极金属处的温度较低。但是由于封装器件在室温下的栅电阻已经不同，因此该理论并不成立。探针接触电阻的影响也被排除，因为据估计这部分误差只占总电阻的 1%，并且在进行四探针测量时也已经被校正。该研究提出，TCR 的变化可能是由于封装过程中栅极金属的化学变化所致。具体点说，就是在切割和衬底减薄之后用于去除光刻胶的溶剂可能已经与栅金属发生了化学反应，并导致了 TCR 的变化。因此，为了精准测试实验中出现的任何变化，必须开展多次 TCR 校准以排除相关误差。

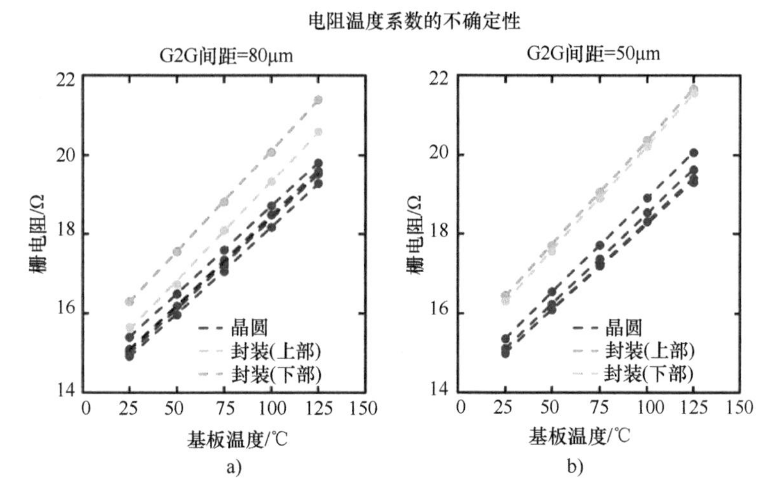

图 9.5　不同栅-栅（G2G）间距的 GaN/Si HEMT 的 TCR 对比。在封装器件和晶圆器件上均测量栅极电阻

来源：G. Pavlidis, S. Som, J. Barrett, W. Struble, S. Graham, The impact of temperature on GaN/Si HEMTs under RF operation using gate resistance thermometry, IEEE Trans. Electron Devices 66（1）（2019）330-336。

9.2.4　确定热阻

通过稳态 GRT 分析可以提取出一个关键参数——垂直堆叠热阻。这一参数非常重要，因为其可以用于验证某个结构是否具有低热阻，从而为保证从热点到衬底的有效热传导。该参数通常以℃/W 为单位，定义为沟道温升（参考基准温度）与输入功耗之比。随着功率密度的增加，许多材料特性和物理现象会导致热阻增加。这包括 GaN 电子器件中薄膜材料与温度相关的热导率以及界面热阻（TBR）。虽然平均沟道温度提供了对器件性能和热阻的有效估计，但峰值沟道温升的测试能更准确地评估器件的热特性并预测寿命及其可靠性。

在高漏极偏压条件下，GaN HEMT 中的热点倾向于在栅极附近形成，使得 GRT 成为估计峰值温度的最合适的电学技术。相关电学测温技术的对比研究（见图 9.6）证实了 GRT 的优势，其测量值更加接近峰值沟道温度[9]。在该研究中，GRT 温度与局部拉曼温度测量结果非常一致，而其他电学技术（在沟道上进行空间平均）明显低估了峰值沟道温度。另一项研究也表明，相比于拉曼测量的峰值沟道温度，其他电学技术的估计值均偏低[33]。

在对 GaN/Si HEMT 的热研究中[37]，研究人员已经证明了 GRT 检测热阻微小变化的灵敏度。在该研究中，当栅极间距从 50μm 增加到 80μm 时，使用 GRT 发现了由于有效的热扩散而导致的热阻降低。但是这一趋势仅适用于在晶圆上测量的器件，封装器件的现象恰好相反，80μm 栅-栅间距器件的温度高于 50μm 栅-栅间距的器件。在进一步检查封装工艺后，测得 80μm 栅极间距器件的芯片粘接厚度增加了 40%。因此，热阻意外变化的主要原因是芯片粘接厚度的差异。这项研究的结果说明了 GRT 的准确性，也说明 GRT 有能力测量因材料层变化而导致的热阻变化。

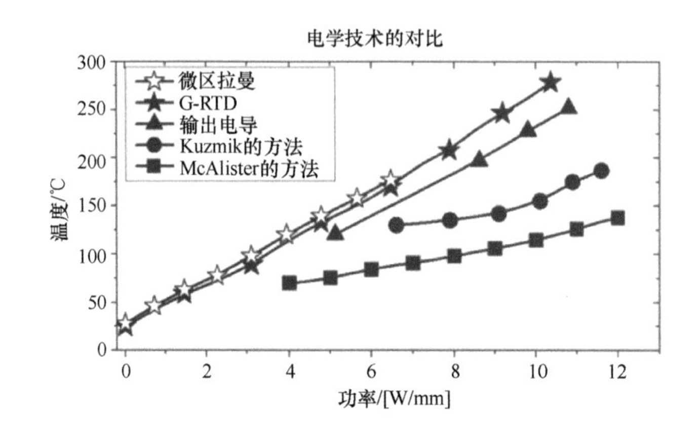

图 9.6　稳态热特性技术与栅极电阻测温法测量的温度比较

来源：V. Sodan et al., Experimental benchmarking of electrical methods and mu-Raman spectroscopy for channel temperature detection in AlGaN/GaN HEMTs, IEEE Trans. Electron Devices 63 (6) (2016) 2321-2327。

当然，器件的峰值温度并不总是位于栅极附近，因此 GRT 方法可能会低估器件中的热阻[44]。此外，温度梯度沿栅宽方向过大也会导致峰值温度的估计值偏低。一项研究表明，当栅宽从 370μm 延长到 1000μm 时，温度梯度（从栅极中心到边缘）从 16℃ 增加到了 30℃[45]。这时使用 GRT 测得的温度值就会比使用拉曼法测得的器件中心温度值低 11%。

9.3　瞬态分析

尽管稳态方法能够准确量化器件的热性能，如热阻和功率密度的相关性，但仍需要进行瞬态分析，以便深入地了解 GaN 基电子器件的动态性能。HEMT 等器件通常偏置在脉冲或 RF 工作状态，这会在微秒到纳秒的时间尺度上引起较大的温度波动[46]。此外，在脉冲模式工作期间，诸如陷阱俘获等现象变得更加显著，并表现出了严重的温度依赖性[47,48]。俘获瞬态温度为可以获得器件在最大功耗时的峰值温度（其可能比通过稳态技术俘获的平均温度高一个数量级）。瞬态上升和衰减曲线可用于提取热时间常数等特性，并应用于高级有限元电热模型中[49]，以便更准确地预测器件的寿命和可靠性[50]。此外，瞬态温度测量还可以协助研制人员开发非线性器件模型，从而实现

FET 器件优化和版图设计。

除了使用 GRT 之外，其他电学技术也可以用来监测 GaN HEMT 中的瞬态温度，例如监测漏极电流的变化[36]。但是，如何分解瞬态漏极电流与俘获效应是一大难题。此外，还可以通过光学技术来进行瞬态测量，如拉曼测温法[51]和瞬态热反射成像[22,52]。为了获得纳米空间分辨率，还可以通过扫描焦耳膨胀显微镜（SJEM）测量表面膨胀来推断瞬态温度[53]。尽管这些光学技术提供了比 GRT 更大的空间分辨率，但是它们的时间分辨率很有限。例如，瞬态热反射图像的时间分辨率由最小 LED 脉冲宽度决定，该最小 LED 脉冲宽度可以是 50ns 量级。由于 GRT 是一种靠近热源的电子技术，因此它可以实现纳秒级的分辨率，这对于高频工作的器件更加理想。总之，研究人员已经开展了时域和频域中的 GaN HEMT 瞬态热特性研究。后面的章节将说明的瞬态栅电阻测温法（tGRT）同时具备在时域和频域中测温的能力。

9.3.1　时域特性

对于大多数 tGRT 测量，通常使用与示波器同步的脉冲 *I-V* 仪器对晶体管进行偏置，以监测栅极金属上的电压降（见图 9.7a）。为了使栅极偏置的影响最小化，在 GRT 测量中，栅极电压通常保持恒定，而漏极偏压以给定的时间周期和占空比波动。这是因为如果对栅极施加脉冲信号，会导致栅极泄漏电流的显著上升，进而造成 GRT 信号的扰动[42]。测量中其他需要改变的设置可能包括增加一个栅极串联电阻，将电阻与栅极焊盘串联，可以为潜在的 RF 测量提供隔离[30]。

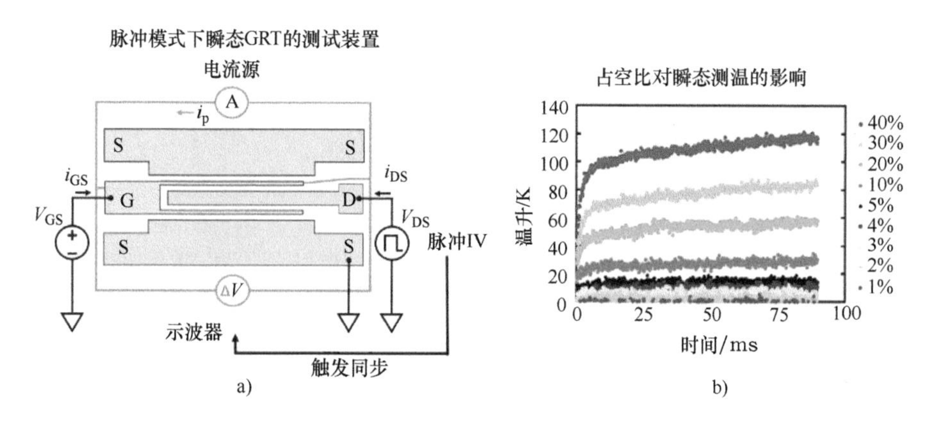

图 9.7　a）使用脉冲 *I-V* 进行瞬态 GRT 测量的实验装置；b）在 3W/mm 的功率密度下不同占空比对应的瞬态器件温度

来源：G. Pavlidis, Assessing the Performance and Reliability of GaN Based Electronics via Optical and Electrical Methods, Georgia Institute of Technology, 2018。

与许多基于光学的瞬态测量相比，tGRT 的另一个优点是能够进行原位测量。为了在较短的时间间隔内捕获到足够的拉曼峰或热反射信号，需要在给定的时间延迟内对多个脉冲上的信号进行平均。虽然在测量纳秒级的温度变化时，也需要对 GRT 测量值进行平均，但有报道表明，在微秒[54]和毫秒级[42]可以无须平均即可成功实现原位监测。例如，占空比对瞬态栅极温度的影响如图 9.7b 所示。这些结果可用于测量器件的“伪阶跃”响应，并提取与其相关的多个时间常数[51]。

为了在脉冲工作模式下获得更高的时间分辨率并捕获温度上升和下降的全过程，可以在多个脉冲上对 tGRT 的测量值进行平均。对于给定的脉冲漏极和栅极偏置，有报道指出温度上升的时间会在数百纳秒量级[52]。而其他一些研究表明，主动差分探头可以将时间分辨率提高到纳秒级[55]。为了在求平均值时捕捉到栅极温度的上升和下降过程，占空比应保持在 30%以下，以避免器件级别的热量积累，如图 9.7b 所示。图 9.8a 给出了一个使用 tGRT 来监测 GaN/SiC HEMT 中温度上升和下降的例子。

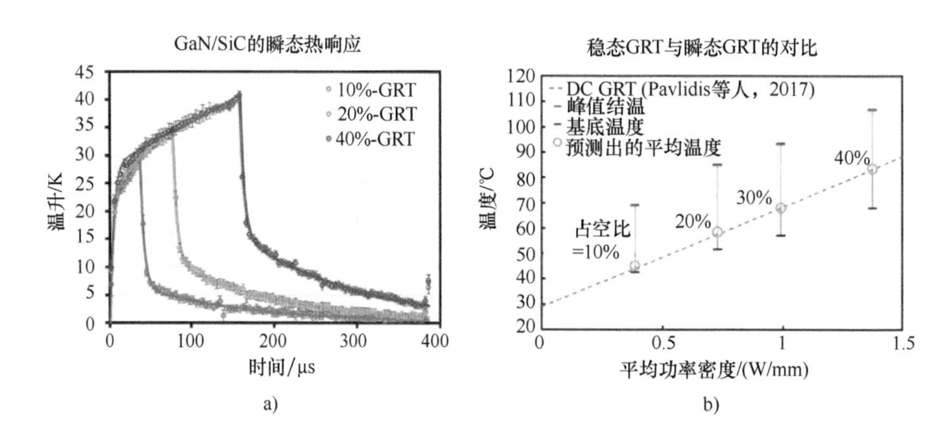

图 9.8 a) GaN HEMT 在不同占空比下的瞬态热响应，误差棒表示使用 95%置信区间的 GRT 估计温度的标准误差；b) GRT 测量的绝对基准温度和峰值温度，占空比从 10%变化到 40%，时间周期为 400μs

a) 来源：G. Pavlidis, Assessing the Performance and Reliability of GaN Based Electronics via Optical and Electrical Methods, Georgia Institute of Technology, 2018。

b) 来源：G. Pavlidis, D. Kendig, E. R. Heller, S. Graham, Transient thermal characterization of AlGaN/GaN HEMTs under pulsed biasing, IEEE Trans. Electron Devices 65 (5) (2018) 1753-1758。

对于大多数测温技术，瞬态温升以无漏极偏置下的基底温度为参考基准。尽管研究人员试图通过限制占空比来尽可能地减少热积累，但如果在求平均的过程中多施加了几个脉冲，器件上还是会保留一些热量。因此，在这种情况下，器件在几个脉冲之后才会达到动态平衡状态。但是由于热量积累，作为参考的基底温度也会比测量开始时高。为了量化这种参考基底温度的增加值，必须在施加任何偏置之前先测量基底温度。与其他技术相比，GRT 可以通过在测量开始时测量绝对电阻来快速轻松地计算温升，而无须每次测量基底温度。有研究将瞬态温升转换为绝对温度值，并将这个温度与直流偏置下稳态 GRT 测量出的温度进行比较（见图 9.8b）。结果发现，当直接比较单个脉冲下[52]的栅金属平均温度时，两种技术之间显示出了很强的一致性。这些结果表明，稳态 GRT 可以用来估计脉冲偏压下的峰值温度和近似最高温度。

9.3.2 灵敏度分析

虽然稳态分析有潜力估计脉冲偏置下的峰值温升，但这种技术不能提取用于表征器件瞬态热动力学的热时间常数。有研究报道了 tGRT 相对于稳态方法的优点，并剖析了包括栅间距或栅指数量在内的器件设计和几何结构变化对热特性的影响。

有研究小组证明，当栅极间距从 80μm 减少到 50μm 时，tGRT 能够监测到 GaN/Si HEMT 中的温度增加[37]。但对于器件封装导致的热效应，tGRT 却并不敏感。比如由于芯片粘接厚度的变化，一些较长栅间距的器件在稳态条件下温度会更高，但是 tGRT 却很难监测到这种变化。这种现象的原因主要是热渗透深度的影响，而热渗透深度取决于脉冲偏置的频率。该研究的结果表明，可以通过调整脉冲偏置的频率来探测器件材料层中不同区域的热特性。

通过 tGRT 分析，还发现了由于栅指增加而产生的热耦合效应[56]。将单栅器件（100μm 栅宽）的瞬态温度与八指器件的中心栅极温度进行比较，可以发现两个器件的栅极温度在加热 10μs 后开始不同。考虑到高级电热模型可以精确仿真多指器件中的热耦合效应，因此可以使用 tGRT 的结果来验证该电热模型。在 10μs 之前，外延层中的每条沟道加热过程都是独立的，单指器件和多指器件之间没有差别。但经过较长的时间后，热量耗散到沟道之外和相邻沟道处，从而对栅极温升产生了显著影响。总的来说，这项研究的结果突出了 tGRT 具有通用性，它可以用于区分固有的热响应和热耦合效应。

9.3.3 频域

评估 GaN 电子器件中动态温度的另一种方法是监测频域中的栅极电阻。Cutivet 等人报道了在频域首次开展 GRT 测量（fGRT）的过程[57]。实验装置如图 9.9a 所示，其中栅指上施加了探测电流，同时漏极上施加了与频率相关的偏置。可以使用脉冲 *I-V* 系统（如前面针对 tGRT 所讨论的）或函数发生器产生的正弦脉冲来施加漏极偏置。fGRT 的关键组件是锁相放大器，用于测量栅极上的电压降并过滤其他电学噪声。增加锁相放大器（LIA）可以让用户在施加固定频率偏置时提高 GRT 测量的信噪比。为了获得器件的全热阶跃响应，需要让漏极偏置在多个频率下扫描，通常范围在 1Hz～100kHz 之间（最近研究报道的最大频率为 2MHz[59,60]）。这种方法与 3-ω 方法相比最关键的区别在于 fGRT 技术使用栅金属作为传感器，而非导通电阻[61]。

虽然在测量中使用与漏极偏置频率同步的 LIA 很有效，但也可以通过向栅极施加很小的交流电压来实现 fGRT。具体实现方法为通过 T 形直流偏置器/隔直器耦合栅极小信号偏置并使用 LIA 来检测栅极电阻，如图 9.9b 所示。为了验证该方法的准确性，将这种新方法的测量结果与稳态 GRT 的测量结果进行比较，如图 9.10a 所示。两种技术之间呈现出了良好一致性，而且 fGRT 能够将探测电流降低 100 倍，显著降低了与沿栅宽方向的栅极偏置梯度相关的不确定性。此外，fGRT 的测量装置最大限度地降低了栅极偏置偏移，并将锁相设备与器件偏置连接完全隔离。除了测量单个器件的栅电阻外，fGRT 的超高灵敏度使该技术具备研究同一芯片或子基座上不同器件之间热串扰的潜力。其潜在应用可能包括研究异质系统中互连的热效应[15,62]。

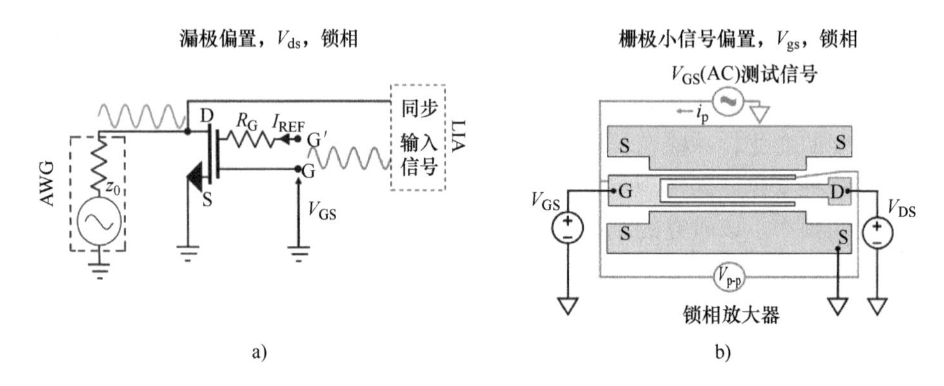

图 9.9　a）在 Si 基 GaN HEMT 开展 fGRT 的实验装置，使用任意波形发生器（AWG）控制功耗，并使用锁相放大器（LIA）测量栅-栅电压变化 $\Delta V_{GG}(f)$[58]；
b）fGRT 的替代方法，使用任意波形发生器在栅极提供小信号偏置

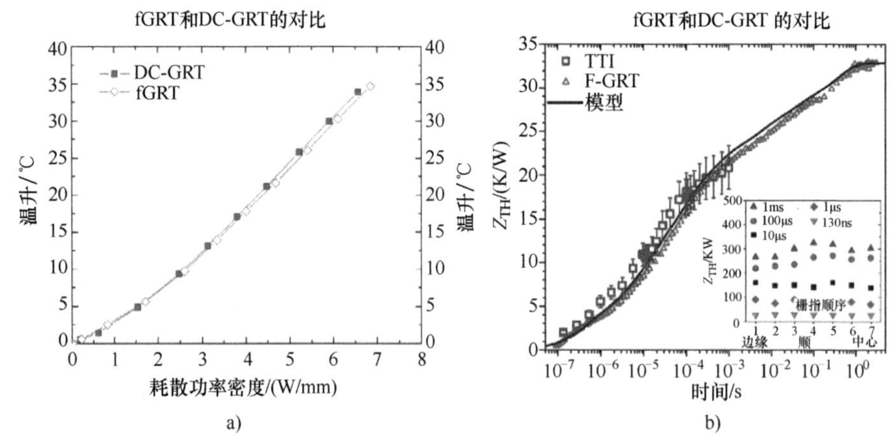

图 9.10　a）通过经典直流方法和新型栅极驱动 fGRT 方法测得的 GaN HEMT 温升的对比；
b）通过 fGRT 测得并转换为时域的热阻与瞬态热反射成像（TTI）测得的热阻的对比。
误差棒表示实验测量的热反射系数传播的不确定度，其空间标准差为±12%

b）来源：A. Cutivet et al.，Scalable modeling of transient self-heating of GaN highelectron-mobility transistors based on experimental measurements，IEEE Trans. Electron Devices 66（5）（2019），2139-2145。

大多数 fGRT 实验使用的是正弦偏置，该正弦偏置与 tGRT 中使用的阶跃脉冲偏置形成对比。使用正弦耗散功率可以避免与阶跃脉冲相关的许多不确定性。例如，锁定到单一频率可确保理想的耗散功率阶跃，其中耗散功率阶跃的上升时间可忽略不计。上升时间的最小化可以转化为其他优势，例如可以防止大型设备中的振铃效应。此外，较短的上升时间可以尽可能地抑制瞬态漏极电流降低（也称为功率下降），这种现象通常发生在阶跃脉冲偏置下。通常，在频域中测量电参数可以实现较高的信噪比，因此只需要很小的耗散功率幅度。然而，fGRT 的缺点是不能进行原位瞬态测量。由于栅极电阻是在离散的频率下测量的，因此需要进行插值来完全构建由 tGRT 捕获的瞬态曲线。

开展 fGRT 测量的另一个优点是有效地减少了先前在瞬态 GRT 测量中观察到的栅漏耦合效应[58]。当在高频下开展测量时，该效应需要重点关注，因为高频下该耦合效应对栅电阻的影响已经明显大于热量的影响。对于 100Hz~100kHz 范围，可以通过记录两次测量值来校正耦合效应，这两次测量的探测电流极性相反但幅度相同。对于大于 100kHz 的频率，通过使用交流探头电流，可以将这种影响降至最低，这一点已在 9.2.1 节中详细讨论。此外，当在频域中测量时，发现栅极偏置对栅极泄漏电流的影响不太显著。

与 tGRT 类似，测量瞬态特性主要是为了提取器件的热时间常数，以便验证在高级数值模型中所使用的热阻抗是否正确。之前较为深入的研究表明，每一个数量级的时间范围内至少需要一个时间常数才能精确模拟器件的瞬态热响应[46]。由于 GaN 电子器件中存在多个材料薄层，所以时间常数的范围非常大，从 1ns 到几毫秒不等。这么广的时间范围通常无法使用单独一种测试技术来完全捕获，而是需要结合来自多种实验技术的结果。考虑到 fGRT 具有在相当广的频域上进行扫描的能力，因此在频域中开展 GRT 测试能够解决这一难题。例如，将利用 fGRT 测量的 Si 基 GaN HEMT 热阻与图 9.10b 中 TTI 测量的热阻进行比较，发现 TTI 测量最大的时间常数为 1ms，而 fGRT 的时间常数可以扩展到 1s。覆盖大范围频率的能力使得 fGRT 适合于检测在不同时间尺度上发生的多个热效应。这包括栅极附近的局部自热、多指器件中的热串扰以及热沉的效率。

9.4　射频工作条件

已有研究表明，对于好几种测温技术而言，在 RF 工作状态下监测沟道温度相当困难，并且成本极高[63]。因此大多数预测器件的平均无故障时间（MTTF）的可靠性试验（如加速寿命测试）都是在直流偏置下进行的。然而，如前所述，焦耳热分布曲线十分复杂且依赖于偏压。与直流工作状态相比，在射频条件下工作可能导致峰值温度的幅度和出现的位置都不一样（有研究预测过两种工作模式之间的差异[50]）。因此，为了将 GaN 基电子器件充分发展到高频微波行业，需要一种精确的温度测量技术来估计 RF 工作下的结温。获得这种能力可以更深入地了解 RF 工作下的服役退化机制，并可进一步明确其与在直流工作状态下的退化机制是否相似。

对于 GaN HEMT 而言，以往文献中仅有少数几次报道了在 RF 工作状态下使用 GRT 的可行性[55,64]。当 HEMT 在连续波（CW）模式工作时，大部分测量都对栅极温度进行了时间平均[37]。这样做可以量化器件几何结构和环境因素（例如栅极间距、功率附加效率（PAE）和基板温度）对 RF 热性能的影响。一项研究比较了具有两种不同栅极间距的 GaN/Si HEMT 在 RF 工作状态下的热特性差异[37]（见图 9.11）。研究人员还通过改变基板温度研究了其对热性能的影响。这些特定的测量结果证实，延长栅极间距降低了 RF 工作下的栅极温度。此外，观察到 PAE 随着 GRT 测得总温度的增加而线性降低（图 9.11a）。这种准线性关系是可以预测的，因此突出了在 RF 工作下使用 GRT 的潜力。

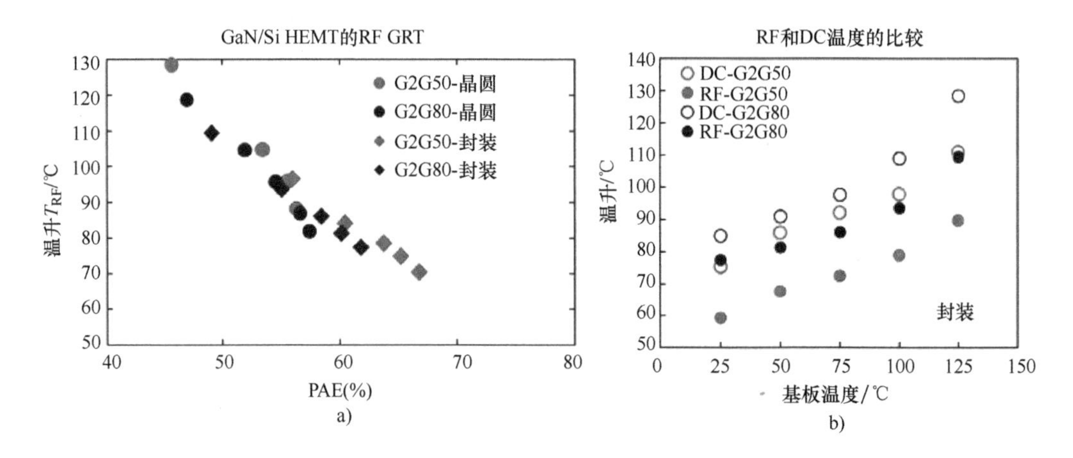

图 9.11 a）栅-栅（G2G）间距为 50μm 和 80μm 的 GaN/Si HEMT 在不同 PAE 下 RF 热性能；b）在 25~125℃范围内的不同基板温度下，RF 工作状态与直流稳态偏置下测得的结温比较

来源：G. Pavlidis, S. Som, J. Barrett, W. Struble, S. Graham, The impact of temperature on GaN/Si HEMTs under RF operation using gate resistance thermometry, IEEE Trans. Electron Devices 66（1）（2019）330-336。

由于在稳态和射频条件下都能进行 GRT 测量，因此现在可以直接比较器件在直流和射频条件下的热性能。图 9.11b 所示给出了两种工作模式下栅极温度的直接比较。为了准确比较这两种工作模式，必须正确计算平均功耗。虽然直流工作模式下的平均功耗易于计算，但 RF 平均功耗的计算相对复杂，其是通过从直流功耗中减去净增益 RF 功率来得到的[23]。总的来说，在两种工作模式下，温度都随功率密度的增加而线性增加。然而，在所有测量结果中，RF 工作状态似乎导致了更低的栅极温度。这种温度的降低表明，与直流工作模式相比，在 RF 工作模式下，GaN HEMT 的温度分布确实存在差异。相反，RF 工作下的拉曼温度测量显示两种模式之间的沟道温度差异很小[23]。两次测量之间的差异可能是由于两次实验之间的漏极偏压的大小不同而导致的。拉曼测量是在 25V 的漏极偏压下进行的，而 RF GRT 测量是在 50V 的漏极偏压下进行的。根据数值研究[50]，随着漏极偏压的增加，两种工作模式之间的差异变得更加显著。总之，RF GRT 提供了一种快速可靠的解决方案来比较 GaN HEMT 在 CW 工作模式下的热性能。该技术的最新发展将允许研究人员开展更多研究，以便更好地了解 RF 服役退化机制。

9.5 小结

结温测量技术是有效提高宽禁带电子器件性能和可靠性的关键。多年来，研究人员已经开发了多种测温技术，以提供更精确的解决方案来应对这一挑战。与其他测温技术相比，GRT 提供了一种低成本的可靠方法来评估器件温度。由于热点通常形成在栅极附近，因此 GRT 通常能够直接测量器件中的最高温度。这种能力对于研究 GaN HEMT 中的退化机制非常必要，并为如何降低这些器件中的热阻提供了指导。经过研究，GRT 可以同时在稳态和瞬态下提供稳定的解决方案，使用该方法可以获得包括热阻和时间常数在内的各种特性参数。虽然研究人员已经对该技术开展了广泛的研究以便精确测量工作期间的器件温度，但 GRT 仍有进一步发展的潜力，未来其可以用作传感器来检测与器件性能相关的附加特性。基于该技术在频域应用的最新发展，未来技术发展趋势可能包括同时使用栅极作为加热器或传感器来评估单层薄膜材料的热导或界面热阻。

参考文献

[1] D.B. Estreich, DC technique for determining GaAs MESFET thermal resistance, IEEE Trans. Compon. Packag. Manuf. Technol. 12 (4) (1989) 675–679, https://doi.org/10.1109/33.49032.
[2] L.T. Su, K.E. Goodson, D.A. Antoniadis, M.I. Flik, J.E. Chung, Measurement and modeling of self-heating effects in SOI nMOSFETs, in: Tech. Dig.—Int. Electron Devices Meet, IEDM, 1992, pp. 357–360, https://doi.org/10.1109/IEDM.1992.307377. vol. 1992-Decem, no. 1.
[3] J.A. del Alamo, J. Joh, GaN HEMT reliability, Microelectron. Reliab. 49 (9–11) (2009) 1200–1206, https://doi.org/10.1016/j.microrel.2009.07.003.
[4] R. Gaska, A. Osinsky, J.W. Yang, M.S. Shur, Self-heating in high-power AlGaN-GaN HFETs, IEEE Electron Device Lett. 19 (3) (1998) 89–91.
[5] J. Kuzmík, et al., Determination of channel temperature in AlGaN/GaN HEMTs grown on sapphire and silicon substrates using DC characterization method, IEEE Trans. Electron Devices 49 (8) (2002) 1496–1498, https://doi.org/10.1109/TED.2002.801430.
[6] S.P. McAlister, J.A. Bardwell, S. Haffouz, H. Tang, Self-heating and the temperature dependence of the dc characteristics of GaN heterostructure field effect transistors, J. Vac. Sci. Technol. A Vac. Surf. Films 24 (3) (2006) 624–628, https://doi.org/10.1116/1.2172921.
[7] J. Joh, J.A. Del Alamo, U. Chowdhury, T.-M.M. Chou, H.-Q.Q. Tserng, J.L. Jimenez, Measurement of channel temperature in GaN high-electron mobility transistors, IEEE Trans. Electron Devices 56 (12) (2009) 2895–2901, https://doi.org/10.1109/TED.2009.2032614.
[8] H. Oprins, S. Stoffels, M. Baelmans, I. De Wolf, Influence of field-plate configuration on power dissipation and temperature profiles in AlGaN/GaN on silicon HEMTs, IEEE Trans. Electron Devices 62 (8) (2015) 2416–2422.

[9] V. Sodan, et al., Experimental benchmarking of electrical methods and mu-Raman spectroscopy for channel temperature detection in AlGaN/GaN HEMTs, IEEE Trans. Electron Devices 63 (6) (2016) 2321–2327, https://doi.org/10.1109/Ted.2016.2550203.
[10] E.R. Heller, A. Crespo, Electro-thermal modeling of multifinger AlGaN/GaN HEMT device operation including thermal substrate effects, Microelectron. Reliab. 48 (1) (2008) 45–50, https://doi.org/10.1016/j.microrel.2007.01.090.
[11] S.C. Binari, et al., Trapping effects and microwave power performance in AlGaN/GaN HEMTs, IEEE Trans. Electron Devices 48 (3) (2001) 465–471.
[12] S.A. Merryman, R.M. Nelms, Diagnostic technique for power systems utilizing infrared thermal imaging, IEEE Trans. Ind. Electron. 42 (6) (1995) 615–628, https://doi.org/10.1109/41.475502.
[13] Y. Li, Calculation and error analysis of temperatore measurement using thermal imager [J], Infrared Technol. 4 (1999) 5.
[14] M. Vollmer, K.-P. Möllmann, Infrared Thermal Imaging: Fundamentals, Research and Applications, John Wiley & Sons, 2010.
[15] T.R. Harris, et al., Thermal raman and IR measurement of heterogeneous integration stacks, in: 2016 15th IEEE Intersociety Conference on Thermal and Thermomechanical Phenomena in Electronic Systems (ITherm), 2016, pp. 1505–1510.
[16] M. Kuball, et al., Measurement of temperature in active high-power AlGaN/GaN HFETs using Raman spectroscopy, IEEE Electron Device Lett. 23 (1) (2002) 7–9, https://doi.org/10.1109/55.974795.
[17] T. Beechem, S. Graham, S.P. Kearney, L.M. Phinney, J.R. Serrano, Invited article: simultaneous mapping of temperature and stress in microdevices using micro-Raman spectroscopy, Rev. Sci. Instrum. 78 (6) (2007) 61301, https://doi.org/10.1063/1.2738946.
[18] S. Choi, E.R. Heller, D. Dorsey, R. Vetury, S. Graham, The impact of bias conditions on self-heating in AlGaN/GaN HEMTs, IEEE Trans. Electron Devices 60 (1) (2013) 159–162, https://doi.org/10.1109/TED.2012.2224115.
[19] M. Nazari, B.L. Hancock, E.L. Piner, M.W. Holtz, Self-heating profile in an AlGaN/GaN heterojunction field-effect transistor studied by ultraviolet and visible micro-Raman spectroscopy, IEEE Trans. Electron Devices 62 (5) (2015) 1467–1472, https://doi.org/10.1109/TED.2015.2414718.
[20] V. Quintard, G. Deboy, S. Dilhaire, D. Lewis, T. Phan, W. Claeys, Laser beam thermography of circuits in the particular case of passivated semiconductors, Microelectron. Eng. 31 (1–4) (1996) 291–298.
[21] D. Fournier, G. Tessier, S. Hole, Quantitative thermal imaging by synchronous thermoreflectance with optimized illumination wavelengths ´, Appl. Phys. Lett. 78 (16) (2001) 2267–2269, https://doi.org/10.1063/1.1363696.
[22] K. Maize, et al., High resolution thermal characterization and simulation of power AlGaN/GaN HEMTs using micro-Raman thermography and 800 picosecond transient thermoreflectance imaging, in: 2014 IEEE Compound Semiconductor Integrated Circuit Symposium (CSICs), 2014, pp. 1–8, https://doi.org/10.1109/CSICS.2014.6978561.
[23] L. Baczkowski, et al., Thermal characterization using optical methods of AlGaN/GaN HEMTs on SiC substrate in RF operating conditions, IEEE Trans. Electron Devices 62 (12) (2015) 3992–3998, https://doi.org/10.1109/TED.2015.2493204.
[24] R.B. Simon, J.W. Pomeroy, M. Kuball, Diamond micro-Raman thermometers for accurate gate temperature measurements, Appl. Phys. Lett. 104 (21) (2014), https://doi.org/10.1063/1.4879849, 213503.
[25] G. Pavlidis, D. Mele, T. Cheng, F. Medjdoub, S. Graham, The thermal effects of substrate removal on GaN HEMTs using Raman Thermometry, in: Proc. 15th Intersoc. Conf.

Therm. Thermomechanical Phenom. Electron. Syst. ITherm 2016, 2016, pp. 1255–1260, https://doi.org/10.1109/ITHERM.2016.7517691.
[26] A. Sarua, et al., Integrated micro-Raman/infrared thermography probe for monitoring of self-heating in AlGaN/GaN transistor structures, IEEE Trans. Electron Devices 53 (10) (2006) 2438–2447, https://doi.org/10.1109/TED.2006.882274.
[27] D.S. Green, et al., GaN HEMT thermal behavior and implications for reliability testing and analysis, Phys. Status Solidi 5 (6) (2008) 2026–2029, https://doi.org/10.1002/pssc.200778722.
[28] G. Pavlidis, et al., Thermal performance of GaN/Si HEMTs using near-bandgap thermoreflectance imaging, IEEE Trans. Electron Devices 67 (3) (2020) 822–827, https://doi.org/10.1109/TED.2020.2964408.
[29] B.M. Paine, T. Rust, E.A. Moore, T. Rust III, E.A. Moore, Measurement of temperature in GaN HEMTs by gate end-to-end resistance, IEEE Trans. Electron Devices 63 (2) (2016) 1–8, https://doi.org/10.1109/TED.2015.2510610.
[30] B.K. Schwitter, A.E. Parker, S.J. Mahon, A.P. Fattorini, M.C. Heimlich, Impact of bias and device structure on gate junction temperature in AlGaN/GaN-on-Si HEMTs, IEEE Trans. Electron Devices 61 (5) (2014) 1327–1334, https://doi.org/10.1109/TED.2014.2311660.
[31] B.K. Schwitter, A.E. Parker, A.P. Fattorini, S.J. Mahon, M.C. Heimlich, Study of gate junction temperature in GaAs pHEMTs using gate metal resistance thermometry, IEEE Trans. Electron Devices 60 (10) (2013) 3358–3364, https://doi.org/10.1109/TED.2013.2278704.
[32] B.K. Schwitter, et al., Parameter extractions for a GaAs pHEMT thermal model using a TFR-heated test structure, IEEE Trans. Electron Devices 62 (3) (2015) 795–801, https://doi.org/10.1109/TED.2014.2388201.
[33] R.J.T. Simms, J.W. Pomeroy, M.J. Uren, T. Martin, M. Kuball, Channel temperature determination in high-power AlGaN/GaN HFETs using electrical methods and Raman spectroscopy, IEEE Trans. Electron Devices 55 (2) (2008) 478–482, https://doi.org/10.1109/TED.2007.913005.
[34] S. Martin-Horcajo, et al., Impact of device geometry at different ambient temperatures on the self-heating of GaN-based HEMTs, Semicond. Sci. Technol. 29 (11) (2014), 115013.
[35] A. Wang, L. Zeng, W. Wang, Three-dimensional steady and transient fully coupled electro-thermal simulation of AlGaN/GaN high electron mobility transistors: effects of lateral heat dissipation and thermal crosstalk between gate fingers, AIP Adv. 7 (9) (2017) 95304.
[36] J. Kuzmik, et al., Transient thermal characterization of AlGaN/GaN HEMTs grown on silicon, IEEE Trans. Electron Devices 52 (8) (2005) 1698–1705, https://doi.org/10.1109/TED.2005.852172.
[37] G. Pavlidis, S. Som, J. Barrett, W. Struble, S. Graham, The impact of temperature on GaN/Si HEMTs under RF operation using gate resistance thermometry, IEEE Trans. Electron Devices 66 (1) (2019) 330–336, https://doi.org/10.1109/TED.2018.2876207.
[38] M. Rousseau, A. Soltani, J.C. De Jaeger, Efficient physical-thermal model for thermal effects in AlGaN/GaN high electron mobility transistors, Appl. Phys. Lett. 101 (12) (2012), 122101.
[39] O. Arenas, et al., Integration of micro resistance thermometer detectors in AlGaN/GaN devices, IEEE J. Electron Devices Soc. 2 (6) (2014) 145–148.
[40] O. Arenas, et al., Electrothermal mapping of AlGaN/GaN HEMTs using microresistance thermometer detectors, IEEE Electron Device Lett. 36 (2) (2015) 111–113, https://doi.org/10.1109/Led.2014.2379213.

[41] B. Brar, K. Boutros, R.E. DeWames, V. Tilak, R. Shealy, L. Eastman, Impact ionization in high performance AlGaN/GaN HEMTs, in: Proceedings IEEE Lester Eastman Conference on High Performance Devices, 2002, pp. 487–491, https://doi.org/10.1109/lechpd.2002.1146791.

[42] G. Pavlidis, Assessing the Performance and Reliability of GaN Based Electronics via Optical and Electrical Methods, Georgia Institute of Technology, 2018.

[43] B.K. Schwitter, M.C. Heimlich, A.P. Fattorini, J. Tarazi, Steady state and transient thermal analyses of GaAs pHEMT devices, in: WAMICON 2012 IEEE Wireless & Microwave Technology Conference, 2012, pp. 1–7.

[44] G. Pavlidis, A.M. Hilton, J.L. Brown, E.R. Heller, S. Graham, Monitoring the joule heating profile of GaN/SiC high electron mobility transistors via cross-sectional thermal imaging, J. Appl. Phys. 128 (7) (2020) 75705, https://doi.org/10.1063/5.0014407.

[45] G. Pavlidis, S. Pavlidis, E.R. Heller, E.A. Moore, R. Vetury, S. Graham, Characterization of AlGaN/GaN HEMTs using gate resistance thermometry, IEEE Trans. Electron Devices 64 (1) (2017) 78–83, https://doi.org/10.1109/Ted.2016.2625264.

[46] K.R. Bagnall, E.N. Wang, Theory of thermal time constants in GaN high-electron-mobility transistors, in: IEEE Trans. Components, Packag. Manuf. Technol, 2017.

[47] O. Mitrofanov, M. Manfra, Poole-Frenkel electron emission from the traps in AlGaN/GaN transistors, J. Appl. Phys. 95 (11) (2004) 6414–6419, https://doi.org/10.1063/1.1719264.

[48] M. Meneghini, et al., Temperature-dependent dynamic $R_{\mathrm {\mathrm {{\scriptstyle ON}}}}$ in GaN-Based MIS-HEMTs: role of surface traps and buffer leakage, IEEE Trans. Electron Devices 62 (3) (2015) 782–787, https://doi.org/10.1109/TED.2014.2386391.

[49] J.P. Jones, E. Heller, D. Dorsey, S. Graham, Transient stress characterization of AlGaN/GaN HEMTs due to electrical and thermal effects, Microelectron. Reliab. 55 (12) (2015) 2634–2639, https://doi.org/10.1016/j.microrel.2015.08.019.

[50] J.W. Pomeroy, M.J. Uren, B. Lambert, M. Kuball, Operating channel temperature in GaN HEMTs: DC versus RF accelerated life testing, Microelectron. Reliab. 55 (12) (2015) 2505–2510, https://doi.org/10.1016/j.microrel.2015.09.025.

[51] K.R. Bagnall, O.I. Saadat, S. Joglekar, T. Palacios, E.N. Wang, Experimental characterization of the thermal time constants of GaN HEMTs via Micro-Raman thermometry, IEEE Trans. Electron Devices 64 (5) (2017) 2121–2128, https://doi.org/10.1109/Ted.2017.2679978.

[52] G. Pavlidis, D. Kendig, E.R. Heller, S. Graham, Transient thermal characterization of AlGaN/GaN HEMTs under pulsed biasing, IEEE Trans. Electron Devices 65 (5) (2018) 1753–1758, https://doi.org/10.1109/TED.2018.2818621.

[53] M.R. Rosenberger, J.P. Jones, E.R. Heller, S. Graham, W.P. King, Nanometer-scale strain measurements in AlGaN/GaN high-electron mobility transistors during pulsed operation, IEEE Trans. Electron Devices 63 (7) (2016) 2742–2748, https://doi.org/10.1109/Ted.2016.2566926.

[54] B.K. Schwitter, A.E. Parker, S.J. Mahon, M.C. Heimlich, Transient gate resistance thermometry demonstrated on GaAs and GaN FET, in: 2016 IEEE MTT-S International Microwave Symposium (IMS), 2016, pp. 1–4, https://doi.org/10.1109/MWSYM.2016.7540035.

[55] G. Pavlidis, S. Som, J. Barrett, W. Struble, J. Atherton, S. Graham, Gate resistance thermometry for GaN/Si HEMTs under RF operation, in: CS Mantech: International Conference on Compound Semiconductor Manufacturing Technology, 2018.

[56] B.K. Schwitter, A.E. Parker, S.J. Mahon, M.C. Heimlich, Characterisation of GaAs pHEMT transient thermal response, in: 2018 13th European Microwave Integrated Circuits Conference (EuMIC), 2018, pp. 218–221.
[57] A. Cutivet, et al., Thermal impedance extraction from electrical measurements for double-ended gate transistors, Phys. Status Solidi C 14 (11) (2017) 1700225.
[58] A. Cutivet, et al., Characterization of dynamic self-heating in GaN HEMTs using gate resistance measurement, IEEE Electron Device Lett. 38 (2) (2016) 240–243.
[59] A. Cutivet, et al., Thermal transient extraction for GaN HEMTs by frequency-resolved gate resistance thermometry with sub-100 ns time resolution, Phys. Status Solidi 216 (1) (2019) 1800503, https://doi.org/10.1002/pssa.201800503.
[60] A. Cutivet, et al., Scalable modeling of transient self-heating of GaN high-Electron-mobility transistors based on experimental measurements, IEEE Trans. Electron Devices 66 (5) (2019) 2139–2145, https://doi.org/10.1109/TED.2019.2906943.
[61] M. Avcu, Measurement of the thermal impedance of GaN HEMTs using 'the 3ω method, in: 18th International Workshop on THERMal INvestigation of ICs and Systems, 2012, pp. 1–4.
[62] T.R. Harris, et al., Thermal simulation of heterogeneous GaN/InP/silicon 3DIC stacks, in: 2015 International 3D Systems Integration Conference (3DIC), 2015, pp. TS10.2.1–TS10.2.4.
[63] L.L. Baczkowski, et al., Temperature measurements in RF operating conditions of AlGaN/GaN HEMTs using IR microscopy and Raman spectroscopy, in: 2015 10th European Microwave Integrated Circuits Conference (EuMIC), vol. 5, 2015, pp. 152–155, https://doi.org/10.1109/EuMIC.2015.7345091. no. 12.
[64] F. Cozette, et al., Resistive nickel temperature sensor integrated into short-gate length AlGaN/GaN HEMT dedicated to RF applications, IEEE Electron Device Lett. 39 (10) (2018) 1560–1563.

第10章

超晶格梯形场效应晶体管的热特性

Callum Middleton①, Josephine Chang②, Codie Mishler②, Robert Howell②, Martin Kuball①

① 英国布里斯托尔大学装置热学与可靠性中心（CDTR）

② 英国诺斯罗普格鲁曼任务系统

10.1 超晶格梯形场效应晶体管

近年来，基于二维电子气（2DEG）超晶格的高频射频开关和放大器引起了研究人员的极大兴趣[1-6]。通过堆叠多个2DEG层，可以提高电荷密度，从而改善电流密度、功率密度、跨导、接入电阻和频率性能。然而，如何有效地控制这种高密度电荷堆积仍然是超晶格器件的主要挑战。超晶格梯形场效应晶体管（SLCFET）是一种基于AlGaN/GaN异质结构的射频器件，可以在半绝缘SiC晶片上进行制备。通过覆盖在梯形有效区域上方的三维栅极，借助侧向收紧机制，可以实现对电荷的精确控制。

在SLCFET中，超晶格结构可以将片电阻降低到70Ω/□，而单个AlGaN/GaN异质结的典型片电阻为300Ω/□。为了形成超晶格结构，沟槽被刻蚀在超晶格的源极和漏极之间，类似于城墙的顶部。三维栅极穿过这些刻蚀的沟槽，贯穿超晶格结构。部分栅极与梯状结构的侧壁相邻，使得栅电场可以从侧壁施加。图10.1展示了单个梯状结构的剖面图，显示了一系列堆叠的2DEG。当器件通电时，2DEG充当导电通路。栅极电极位于梯状结构的顶部和侧壁，通过完全耗尽梯状结构侧壁上的2DEG，实现器件的关闭。通过采用共形栅极电介质来减轻栅极漏电，采用共形金属堆栈形成了三维栅极结构。

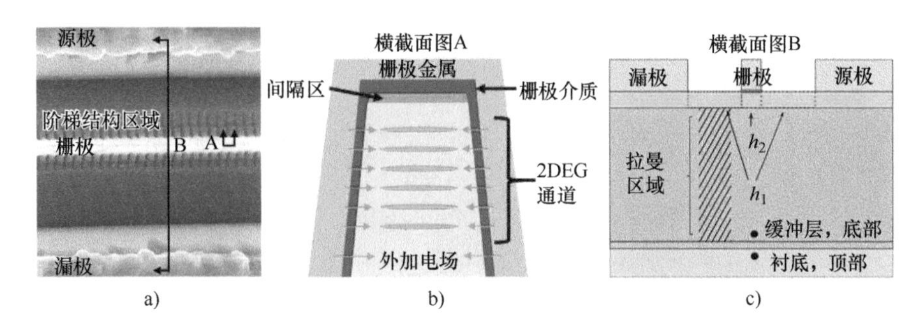

图 10.1　a）SLCFET 的扫描电子显微镜图像，其中包括源极和漏极区域，以及覆盖在阶梯状通道区域上方的栅极金属；b）一个 SLCFET 阶梯结构的横截面图，阶梯结构中包含一系列叠加的二维电子气层（绿色），这些层在平面内导电，栅极金属（橙色）覆盖在阶梯结构的顶部和侧壁上，栅极介质层（红色）减轻了栅极和超晶格中形成的二维电子气层之间的漏电。从阶梯结构的侧壁开始，通过一个间隔层（浅蓝色）确保只有侧壁栅极控制，从叠加的二维电子气层中排除电荷；c）穿过源极、栅极和漏极的 SLCFET 截面，显示了拉曼测量的位置以及考虑的两个热沉积位置 h_1 和 h_2

来源：Northrop Grumman Corporation。

10.2　SLCFET 中的热输运

超晶格中的电导和热导均具有各向异性，横向电导较高，纵向电导较低。为了管理 SLCFET 结构中固有的高功率密度，需要一条纵向散热路径。使用 Silvaco ATLAS 进行三维漂移扩散模拟，并使用 ANSYS 进行热学有限元模拟。ANSYS 模拟结果显示，梯形栅极导体被用作热分流器，它能够将热量从器件中传导至下方更导热的缓冲层，从而绕过超晶格结构（见图 10.2）。

在图 10.1c 中，使用 Silvaco ATLAS 模型对电流-电压特性进行了校准，并利用该模型计算了 h_1 区域和 h_2 区域中电场强度的比值。这个比值用于确定在使用 ANSYS 进行的三维有限元模拟中的热沉积分布[7]。为了在保持精度的同时减少模拟时间，在器件中心周围的感兴趣区域定义了几个纳米级的梯形通道，并设置了穿孔的梯形栅极，而在器件的边缘则使用了简化的非梯形结构以及覆盖的平面栅极。

我们采用栅极电阻测温法（GRT）测量 SLCFET 器件栅极的平均温度，并使用显微拉曼热成像法测量了与 SLCFET 器件相邻的缓冲层温度。利用这些数据，我们对三维有限元模型（图 10.2）进行了校准，以推断出器件内的峰值通道温度[8]。

10.2.1　SLCFET 上的栅极电阻热成像

图 10.3 显示了采用 GRT 测量 SLCFET。该器件与梯形栅极有接触的节点，可以通

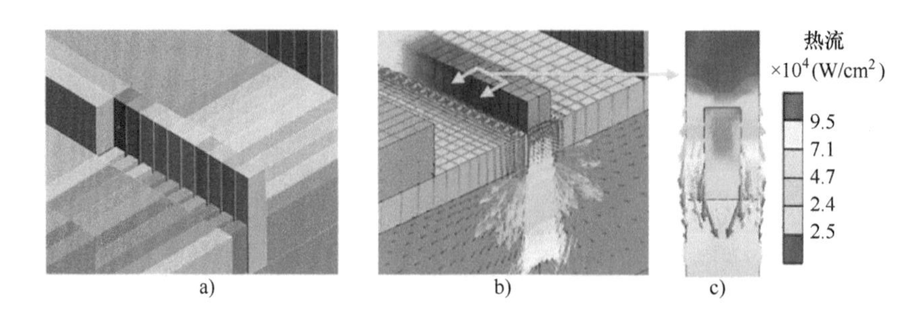

图 10.2 a）在 ANSYS 中建立的三维有限元模型，用于模拟 SLCFET 结构内的热传递过程，感兴趣区域位于设备中心周围，由纳米级的齿形通道定义，而设备边缘则采用简化的无齿形结构，以减少模拟时间；b）热模拟的结果，展示了热量流向缓冲层的过程；c）在 $V_{DS}=1V$，$V_{GS}=0V$ 条件下，单个梯形结构内部和周围热流的横截面视图，显示了将梯形栅极结构作为热分流器，可以把大部分热量传递到缓冲层中去

来源：University of Bristol。

过 Kelvin 四点测量方法监测栅极电阻。当漏极-源极施加电压 V_{DS}时，直流功耗升高导致器件温度上升时，通常会有小于 10μA 的电流通过 F+和 F-节点，会在 S+和 S-节点上测量到 1~2mV 的电压降[9]。

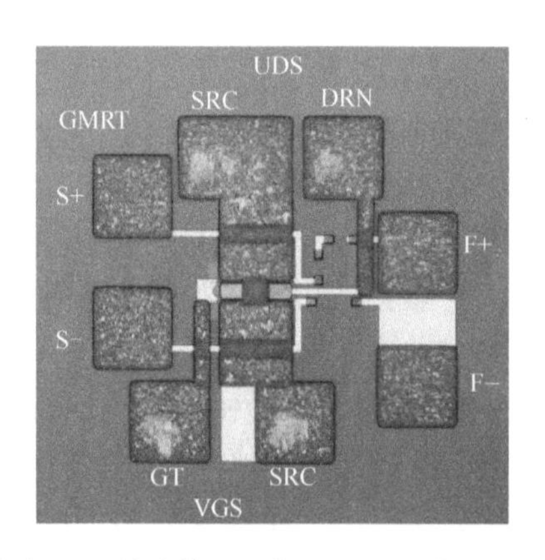

图 10.3 用于栅极电阻热成像的器件的光学图像。在该器件中，源极（SRC）接地，漏极（DRN）施加电压以产生 SLCFET 器件内的直流功耗。同时，通过 F+和 F-节点提供电流，并在 S+和 S-节点上测量电压，进行栅极电阻的四点 Kelvin 测量，其中栅极电压保持在 0V 附近

来源：Northrop Grumman Corporation。

首先，我们提高夹持温度的同时监测芯片表面温度和 Kelvin 栅极电阻，将栅极电阻的变化校准为统一的栅极温度变化。但是，我们预测在 SLCFET 器件中产生的功耗会导致栅极温度的非均匀增加。虽然梯形栅极上的某些部分会受到 SLCFET 内部局部焦耳

热的影响，但互连部分不会产生局部加热。通过采用简化的热仿真模型，考虑了非均匀加热情况，从而建立了在 SLCFET 功耗过程中测得的栅极电阻变化与有源部分中的栅极金属温升之间的相关性。栅极电阻测试结果（见图 10.4）显示，在功耗为 10W/mm 时，有源区域内的栅极金属温升可达到 200℃以上。此处的功耗是通过全源/漏宽度而不是有源梯形宽度来归一化的。

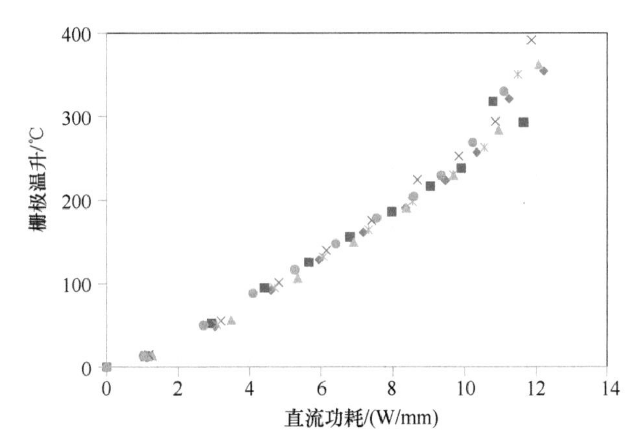

图 10.4 采用栅极电阻热成像法测量的在多个 SLCFET 器件上栅极金属温升与直流功耗之间的关系。栅极金属温升的参考背面温度为 25℃，而直流功耗以 SLCFET 的源/漏宽度进行了归一化（而有源梯形宽度）。图中呈现了来自 5 个不同器件的数据，每个器件使用了不同的标记形状/颜色

来源：Northrop Grumman Corporation。

10.2.2 SLCFET 上的拉曼热成像

在显微拉曼热成像中，使用了 Renishaw InVia Raman 系统，其横向空间分辨率约为 0.4μm[10]。采用低于 GaN 带隙的 Ar^+488nm 激光对图 10.3C 中的区域进行平均温度的探测。设备中的温升使用式（10.1）进行计算。

$$\Delta\omega = \omega_0 - \frac{A}{\exp(B\hbar\omega/k_b T) - 1} \tag{10.1}$$

式中，$\Delta\omega$ 表示光子频率偏移量；ω_0 表示 0K 时的光子频率；$\hbar$ 表示约化普朗克常数；k_b 表示玻尔兹曼常数；T 表示温度；A 和 B 是拟合参数[11]。关于显微拉曼热成像更详细解释已经在之前的出版物中发表过[12]。图 10.4 显示了从 SLCFET 器件中测量的拉曼光谱，其中 V_{GS}为 0V，而 V_{DS}在 0~3V 之间变化。使用 E_2(high) 拉曼峰确定缓冲层的平均温度。值得注意的是，A_1(LO) 模式因光子和等离子体耦合导致的展宽变长而无法使用。

基于在归一化（源/漏宽度而非有源城堡形宽度）的直流功耗下，拉曼 E_2(high) 峰随着芯片边缘温升的位移，可提取得到缓冲层温度如图 10.5 所示。将上述拉曼热成

像结果导入到3D ANSYS热力学模型中，并调整缓冲层导热系数及界面层导热系数以拟合测量值。所得的拉曼模拟数据叠加在图10.6中的拉曼测量数据中。结果可见，当调整缓冲层和界面层热导率为46.3W/(m·K)时，所得的热力学模型结果与测量值匹配，且与此前文献中报道的AlGaN热导率及GaN/SiC界面热阻值相吻合[13,14]。

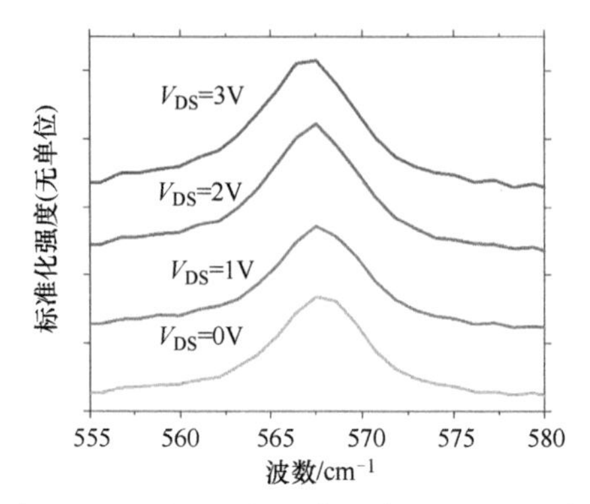

图10.5 V_{GS}为0V，V_{DS}从0V变化到3V的SLCFET器件的拉曼光谱。使用E_2(high)峰来确定器件的温度

来源：C. Middleton, S. Dalcanale, J. W. Pomeroy, M. J. Uren, J. Chang, J. Parke, et al., Thermal transport in superlattice castellated field effect transistors, IEEE Electron Dev. Lett. 40 (9) (2019) 1374-1377。

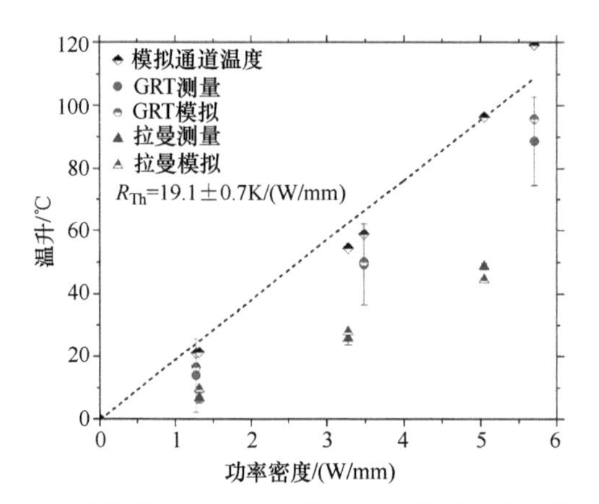

图10.6 相较于芯片边缘温度，SLCFET器件温度的测量值和模拟值均随直流功耗密度的上升而上升。请注意，功率密度是相对于源/漏区宽度而不仅仅是有源梯形宽度来进行归一化的。拉曼数据代表缓冲区的温度，而GRT数据反映的是栅极金属的平均温度。在对拉曼和GRT数据点进行拟合后，从经过校准的3D热有限元ANSYS模型中提取了峰值通道温度，并绘制了图形，然后使用线性外推（虚线）来提取热阻

来源：C. Middleton, S. Dalcanale, J. W. Pomeroy, M. J. Uren, J. Chang, J. Parke, et al., Thermal transport in superlattice castellated field effect transistors, IEEE Electron Dev. Lett. 40 (9) (2019) 1374-1377。

通过将热模型与拉曼和 GRT 测量结果进行匹配，我们可以提取从器件有源区到支架路径上的总热阻值 R_{Th}。在图 10.6 中，R_{Th}的值为 19.1K/(W/mm)，与测量和模拟结果非常吻合。这个值略高于之前报道的平面 GaN-on-SiC 器件的 14K/(W/mm)[10]。考虑到 SLCFET 器件中 AlGaN 的低热导率，这是一个相当不错的结果。我们注意到，将功率密度通过源/漏极宽度归一化时，SLCFET 中的局部功率密度约为传统平面器件下的等效功率密度的两倍。峰值器件温度出现在器件内部，要么位于栅极下方（在饱和区域），要么位于靠近栅极的漏极接入区域（在线性区域），这取决于偏置条件。然而，通过实验验证这种情况仍然比较困难，因为目前的热成像技术的空间分辨率还不够高。但是，可以通过模拟结果来近似估计。图 10.6 中的黑色数据点显示了经过校准的有限元模型对与芯片边缘相关的峰值器件温升（ΔT_C）的预测结果。

10.3　降低 SLCFET 的峰值温度

高温会影响器件性能。如图 10.7 所示，当静态偏置从 2.2W/mm 升高到 6.6W/mm 时，直流功耗导致器件温度升高，此时脉冲电流密度会下降 15%~30%。

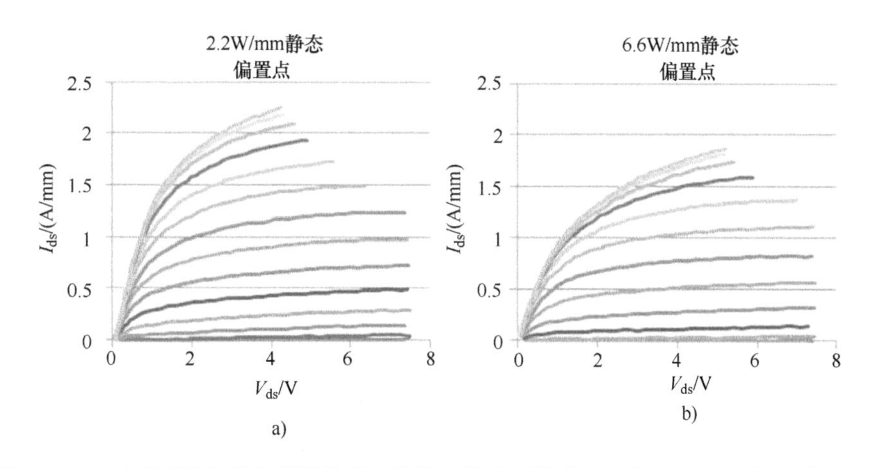

图 10.7　一个 SLCFET 放大器的脉冲电流输出特性（脉宽 PW 为 100ns）。当 V_G 从 1V 逐步增加到 12V（每次增加 1V）时，静态偏置从 a）V_G = −8V，V_D = 5V，P_{DC} = 2.2W/mm 变为 b）V_G = −3V，V_D = 5V，P_{DC} = 6.6W/mm，由于自热效应，脉冲电流减小

来源：Northrop Grumman Corporation。

降低 SLCFET 器件的工作温度可以增强其功率处理能力。根据图 10.2c 中的模拟结果，相比于超晶格材料，单个梯形结构以及周围的区域通过栅极将近两倍的热量传递到缓冲层。这解释了为什么 SLCFET 的热阻与标准的 GaN-on-SiC HEMT 相差不大。若将金属栅极替换为超晶格材料，ΔT_C 将会增加 23%，这说明城堡形结构在 SLCFET 的热管理中起着重要的作用。因此，优化梯形结构设计和材料选择可以帮助降低器件的工作温度，提升其功率处理能力。

减小栅极绝缘层厚度是进一步降低 R_{Th} 的一种方法，因为栅极绝缘层增加了栅极和缓冲层之间的热阻。另一种方法是优化缓冲层的热导率。根据本研究中测量的 SLCFET 器件，在功耗为 5.7W/mm 的条件下，有限元模拟显示 AlGaN 缓冲层对 ΔT_C 的贡献占 47%。在相同条件下，使用热阻为 $16m^2 \cdot K/GW$ 的 GaN/SiC 缓冲层代替 AlGaN，模拟结果显示 ΔT_C 降低了 19%。此外，模拟预测在将 SiC 衬底替换为多晶金刚石的情况下（使用来自文献的 1500W/(m · K) 的热导率，并保持热阻为 $16m^2 \cdot K/GW$），在 5.7W/mm 的功耗下，ΔT_C 降低了 14%。此外，金属栅极可以被金刚石层替代或覆盖，从而提供进一步的热效益。这些优化措施可以进一步降低 SLCFET 器件的热阻，提高其功率处理能力。详细的信息可以参考表 10.1。

表 10.1 在 SLCFET 中，以 5.7W/mm 功耗的情况下，相对于芯片边缘，在中心轴上不同位置（见 10-3c）处的模拟温升 ΔT

器件布置	栅极温度/℃	缓冲层底部温度/℃	衬底顶部温度/℃
电流	95	41	25
GaN 缓冲层	72	34	24
金刚石衬底	77	20	5

注：每个位置之间的温度差显示了中间层对整体热阻的贡献。

来源：C. Middleton, S. Dalcanale, J. W. Pomeroy, M. J. Uren, J. Chang, J. Parke, et al., Thermal transport in superlattice castellated field effect transistors, IEEE Electron Dev. Lett. 40 (9) (2019) 1374-1377。

10.4 小结

SLCFET 是一种新型器件，具备卓越的射频开关和放大性能。然而，由于其独特的三维拓扑，使得热量主要集中在纳米级超晶格梯形结构中，因此对该器件内部的热输运进行深入了解显得尤为重要。通过结合栅极电阻热成像、显微拉曼热成像和有限元分析等方法，确定了 SLCFET 的热阻为 19.1±0.7K/(W/mm)。这一结果对于进一步优化和提升 SLCFET 的热管理能力具有重要意义。

通过建模研究发现，在 SLCFET 器件中，构建梯形金属栅极是保持低热阻的关键。尽管其热阻略高于已发表的传统平面式 GaN-on-SiC 器件数值，但仍然具有较好的性能。模拟预测显示，通过减薄栅极绝缘层、将 AlGaN 缓冲层替换为 GaN，或者将 SiC 基片迁移到多晶金刚石基片或金刚石覆盖层，可以进一步改善 SLCFET 器件的热阻情况。这些改进措施有望提升器件的热管理能力。

参考文献

[1] R.S. Howell, E.J. Stewart, R. Freitag, J. Parke, B. Nechay, H. Cramer, M. King, et al. (Eds.), The super-lattice castellated field effect transistor (SLCFET): A novel high performance transistor topology ideal for RF switching, in: 2014 IEEE International Electron Devices Meeting, IEEE, 2014, pp. 11–15.

[2] K. Shinohara, et al., GaN-based multi-channel transistors with lateral gate for linear and efficient millimeter-wave power amplifiers, in: 2019 IEEE MTT-S International Microwave Symposium (IMS), Boston, MA, USA, 2019, pp. 1133–1135.

[3] J. Chang, S. Afroz, K. Nagamatsu, K. Frey, S. Saluru, J. Merkel, S. Taylor, E. Stewart, S. Gupta, R. Howell, The super-lattice castellated field-effect transistor: a high-power, high-performance RF amplifier, IEEE Electron Device Lett. 40 (7) (2019) 1048–1051.

[4] K.A. Nagamatsu, B. Novak, A. Drechsler, J. Chang, D. Dawson, R. Freitag, K. Frey, et al. (Eds.), Second generation SLCFET amplifier: improved F T/F MAX and noise performance, in: 2019 IEEE BiCMOS and Compound semiconductor Integrated Circuits and Technology Symposium (BCICTS), IEEE, 2019, pp. 1–4.

[5] Y.-K. Chen, T.-H. Chang, A. Sivananthan, Advanced mm-wave power electronics (invited talk), in: In 2019 IEEE BiCMOS and Compound semiconductor Integrated Circuits and Technology Symposium (BCICTS), IEEE, 2019, pp. 1–4.

[6] C. Erine, J. Ma, G. Santoruvo, E. Matioli, Multi-Channel AlGaN/GaN in-plane-gate field-effect transistors, IEEE Electron Device Lett. 41 (3) (2020) 321–324.

[7] ANSYS 18.1, Academic Release, 2017.

[8] C. Middleton, S. Dalcanale, J.W. Pomeroy, M.J. Uren, J. Chang, J. Parke, I. Wathuthanthri, K. Nagamatsu, S. Saluru, S. Gupta, R. Howell, M., Kuball thermal transport in Superlattice castellated field effect transistors, IEEE Electron Dev. Lett. 40 (9) (2019) 1374–1377.

[9] G. Pavlidis, S. Pavlidis, E.R. Heller, E.A. Moore, R. Vetury, S. Graham, Characterization of AlGaN/GaN HEMTs using gate resistance thermometry, IEEE Trans. Electron Devices 64 (1) (2017) 78–83.

[10] J.W. Pomeroy, M. Bernardoni, D.C. Dumka, D.M. Fanning, M. Kuball, Low thermal resistance GaN-on-diamond transistors characterized by three-dimensional Raman thermography mapping, Appl. Phys. Lett. 104 (8) (2014) 83513.

[11] J.B. Cui, K. Amtmann, J. Ristein, L. Ley, Noncontact temperature measurements of diamond by Raman scattering spectroscopy, J. Appl. Phys. 83 (12) (1998) 7929–7933.

[12] M. Kuball, J.W. Pomeroy, A review of Raman thermography for electronic and Opto-electronic device measurement with sub-micron spatial and nanosecond temporal resolution, IEEE Trans. Dev Mat. Rel. 16 (4) (2016) 667–684.

[13] W. Liu, A.A. Balandin, Thermal conduction in AlxGa1-xN alloys and thin films, J. Appl. Phys. 97 (7) (2005), 073710–1/6.

[14] A. Manoi, J.W. Pomeroy, N. Killat, M. Kuball, Benchmarking of thermal boundary resistance in AlGaN/GaN HEMTs on SiC substrates: implications of the nucleation layer microstructure, IEEE Electron Device Lett. 31 (12) (2010) 1395–1397.

第 11 章

用于氮化镓器件高分辨率热成像的瞬态热反射率法

Peter E. Raad[①], Pavel L. Komarov[②], Travis L. Sandy[②]
① 美国南方卫理公会大学机械工程系
② 美国 TMX 科学股份有限公司

11.1 引言

显而易见，当今社会对电子产品的需求永无止境。电子产品充斥着我们的生活，可用于穿戴、交流学习及工作，甚至用于娱乐。当然，科技对人类来说并不是什么新鲜事。如今，人类和机器之间的联系已变得永久和无处不在。而且，因为没有电子设备就难以构成任何机器，所以电子设备将会一直存在。它们的体积将进一步缩小，功能将会更加强大，同时也变得更不可或缺；我们敢说，甚至将会与我们“人类”融为一体。然而，根据热力学物理定律，任何运动或流动的物体都不可能避免产生热量。在半导体器件中，源于电子流动产生的热量必须耗散掉，而且随着器件功率越大，散热需求越大。不做好散热会导致器件内部温度升高，如果不加以检测和管理，会加速器件老化，甚至导致器件失效。自此以后，情况只会进一步恶化。分层、高堆叠、混合信号模式操作、新材料、超薄沉积、空间应用的抗辐射加固、恶劣环境操作、嵌入式系统的生物限制，以及各种技术与性能需求，已经并将继续挑战电子器件和系统的设计和制造技术。因此，对于当前的固体物理学来说，热壁技术是不可避免的。

这本书聚焦于宽带隙材料技术。基于 GaN 和 SiC 等宽带隙材料的电力电子器件具有高效、低开关损耗开关等优点，可以最大限度地减少以热的形式损失的能量，有利于实现电力的高效传输。这些材料使功率晶体管可被用于数据中心的电源（例如，那些被建造在北极用于降温的电源）、便携式计算机电源（对于随时随地都需要充电的人）、智能手机（应用在设备的射频端）、电动汽车逆变器以及在不久的将来会进入电子产品从未涉及的领域（应用在喷气发动机内）。随着电子器件在这些和其他重要的新兴领域中的广泛应用，电子器件的温度测量变得比以往任何时候都更加重要。新型宽带隙材料一方面可以使器件在比硅基器件更高的温度下正常工作，从而放宽了热限制，但过高的功率水平又会加剧热问题。事实上，它们可以在更高的温度下工作只会自然地导致我们“加大功率”，以便我们从用这些材料制造的和将要制造的器件中获得更多性能。

因此，考虑到热是一个实际的问题，且温度是热的主要指标，因此需要特别关注器件的热表征。但热表征技术是一个古老的领域，我们早就有了热电偶之类的东西可以用于测温。为什么在此前沿出版物中要有关于热表征的章节呢？在我们上面列出的挑战清单中存在的两个关键问题，就我们目前的发展目标而言，它们将继续伴随着电子产品的发展并会被反复提起。这两个关键问题是特征尺寸和堆叠。前者对表征能力提出了要求，要求其精度的提高要与特征尺寸的缩小程度相当，而后者则让我们思考如何测量我们不可触及的嵌入器件内部区域的温度。在过去的 25 年里，本章主要作者所在团队的工作一直专注于解决这些令人头疼的问题。本章将回顾了我们团队开发的技术以及介绍了基于这些技术获得的结果。虽然看起来已经取得了很大的成就，但我们希望年轻的读者能够确信，虽然土地可能已经被耕种，一些早期的种子可能已经发芽，但这里所包含的方法和想法可以为那些耐心、严谨和有决心的人提供更多的帮助并获得更多成果。

11.2　方法与背后的物理学

11.2.1　温度和热

温度是基本的测量量之一，如长度、时间、质量和电流。因此，温度不能从任何更基本的物理量中推导出来，并且温度是热传递的主要指标。事实上，后者被定义为两个物体之间的能量转移，仅仅是因为它们的温度差异。就像我们不能指望不测量长度就能知道面积或体积一样，我们也不能指望不测量温度就能了解热传递。温度测量受热力学第零定律的支配，该定律实质上指出，为了使仪器能够测量一个物体的温度，必须引入第三个物体。换句话说，直接测量温度是不可能的。测量仪器必须根据其他一些物理特性进行校准。基本的玻璃温度计，充满了随温度膨胀的液体，“测量”与温度计的球管热接触的物体的温度，只是因为有人已经在玻璃上画了刻度，将液体体积的变化与相应的温度上升联系了起来。玻璃“刻度”的过程就是一种校准。因此，当我们使用温度计时，不是直接测量物体的温度，而是通过观察到的液体膨胀来测量，该液体膨胀通过校准过程与已知温度相关联。

由于温度必须通过不同的物理学方法来获得，因此随着时间的推移，已经开发出数十种方法也就不足为奇了。2000 年的一篇综述文章已经列出了 32 种不同的方法[1]，这还不包括更新的和更重要的方法，如扫描热显微镜（Scanning Thermal Microscopy，STHM）、近场光学显微镜（Near-field Optical Microscopy，NSOM）和热反射热成像（Thermoreflectance Thermography，TRTG），而后者正是本章的主题。广义上讲，测量方法可以根据仪器是否与被测样品（或器件）发生物理接触、测量仪器对样品的侵入性或影响程度，以及该方法是否为非破坏性的或导致被测样品发生不可逆变化来分类。此外，所有的方法自然都有优点和缺点，不仅包括基本的，如范围、精度、灵敏度和分辨率，而且包括实用的，如测量快速瞬变的能力、一次测量单个点或一次测量整个视场的能力，当然还有成本和易用性。因此，细心的实验者必须对最适合手头任务的方法做出正确的选择。

25 年前，当面临这些选择时，我们选择了热反射（thermoreflectance，TR）方法，该方法在当时鲜为人知，并且尚未被开发用于测量温度。这一选择正是基于这样一种预期，即 TR 方法将提供一种非接触、非破坏性和非侵入性的光学方法，该方法可以提供深亚微米空间分辨率和纳秒时间分辨率，并且能够处理构成电子器件的各种材料，从电介质到半导体和金属。虽然技术和工程问题仍有待确定和解决，但热反射物理学提供了一条非常好的应用之路。我们对前景和挑战的直觉都被证明是正确的。

11.2.2 反射率热成像

11.2.2.1 热反射物理学

热反射的基本物理学是光学领域不可或缺的一部分，并且早已为人所知[2]。入射到材料上的光束能量通过反射、吸收和透射且满足守恒定律。这些成分的百分比取决于光的波长和材料。事实证明，材料表面温度的变化改变了入射光的反射分量的大小。通常来讲，反射光幅度的变化可以是正的或负的，这意味着温度的增加可以导致作为总入射光的一部分反射光的增强或衰减。对于给定材料表面温度的变化和来自其表面反射率的最终变化之间的关系，可以通过热反射系数表示为一阶关系，定义如下：

$$C_{\mathrm{TR}}=\frac{1}{T_2-T_1}\cdot\frac{R_2-R_1}{R_1}=\frac{1}{\Delta T}\frac{\Delta R}{R} \tag{11.1}$$

式中，R 是反射率；T 是温度；下标 1 和 2 分别表示初始状态和最终状态。如前所述，与任何温度测量方法一样，TR 需要校准并且式（11.1）提供了入射光波长 λ 来确定给定待测表面的 C_{TR} 系数。可以通过在两个不同的设定温度 T_1 和 T_2 下对待测的表面进行成像并捕获相应的 R_1 和 R_2 场来获得 C_{TR} 场。TRTG 方法在本质上是明显不同的，因为它处理的是两个热力学状态之间的差异。这使该方法有利于“锁相”热现象，从而检测由测试样品中的热变化引起的参考状态的变化。“锁相”方法的一个已知好处是，它们明显降低了测量不确定度[3]。

通常，热反射系数 C_{TR} 取决于被测材料、所用光的波长以及目标表面和光传感器之间的光路[4]。图 11.1 描述了四种不同金属的 C_{TR} 在宽光波长范围内的变化，这不仅证明了 C_{TR} 的量级非常小（大约为万分之一），而且还证明了它可以是正的或负的（或零）。因此，光波长扫描在确定应当用于执行给定 TRTG 实验的单色光的最佳波长方面非常有用。相比于裸露材料的测量，钝化的电子器件测量引入了另一个问题。

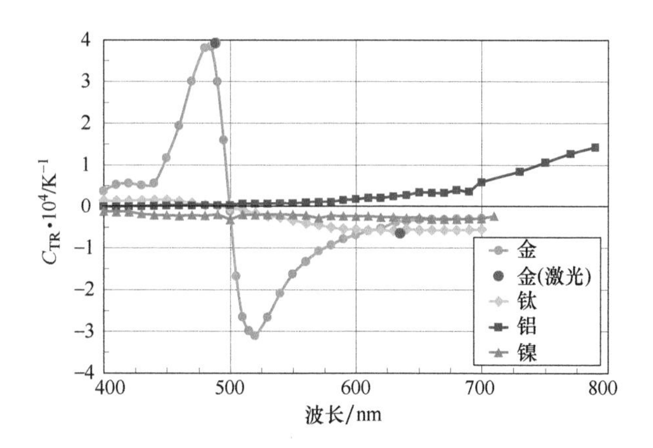

图 11.1　C_{TR}对材料和光波长的依赖性。两个“激光”数据点是选用 488nm 氩离子激光器和 635nm 氦氖激光器获得的，其余数据是用商用单色仪（HORIBA OBB 可调 PowerArcIlluminator）获得的

图 11.2 中给出了光波长对沉积了透明界面层的厚多晶硅层测试的影响。Fabry-Perot 干涉效应的存在是显而易见的，这反过来强调了 C_{TR}不仅应视为是一个材料属性，而且还应是正在进行实验的函数的重要性。这种认识强调了“逐像素”校准的绝对重要性。仅仅使用感兴趣区域上的平均 C_{TR}可以在所得到的温度图中产生显著的误差。因此，在我们的所有工作中，无论是在这里还是其他地方，$\Delta R/R$ 场总是在逐个像素的基础上与相应的 C_{TR}场对齐并除以相应的 C_{TR}场，以产生待测区域的精确温度图。

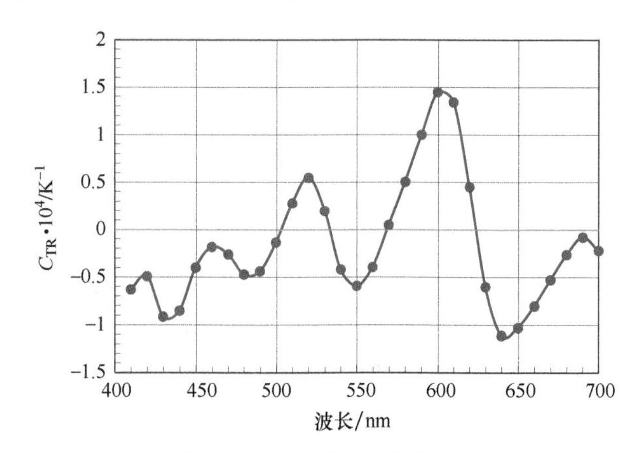

图 11.2　由于透明二氧化硅钝化层的存在，多晶硅的 C_{TR}调制

11.2.2.2　测试成功的条件

反射率热成像测量的成功取决于两个必要条件。第一个条件是表面必须具有足够的反射性，以便能够在测量传感器上捕获足够的光。粗糙表面、漫射表面和非平面表

面都会减少传感器上捕获的光的幅度，从而显著降低给定测量的信噪比（Signal to Noise Ratio，SNR）。有人可能会问，多少粗糙才算过大？出于光学 TR 测量的目的，希望将平均表面粗糙度保持在光波长的$\frac{1}{5}$或$\frac{1}{10}$左右。但是，即使表面是完全反射的，仍然必须注意第二个必要条件，即在入射波长（λ）下表面必须是热反射的。例如，从图 11.1 中可以明显看出，用 $\lambda=500$nm 绘制裸金表面温度将产生忽略不计的 TR 响应，即使金表面是完全反射的。然而，在任一方向上仅将 λ 移动 15nm 将使 C_{TR}的幅度最大（即 TR 响应），并因此使 SNR 最大化。然后如图 11.1 和图 11.2 所示，TR 研究的第一步是进行波长扫描，以确定测试材料的一个或多个最佳光波长。当几个波长都表现出很强的信号时，应该倾向于最小的 λ，因为它也将给出最高的有效光学分辨率。然而，当视场包括不同的材料时，如果该 λ 恰好也有利于另一种感兴趣的材料时，则为一种材料选择良好但次优的波长可能是有利的。

最后需要指出的是，TR 方法的微分性质使其对边缘高度敏感；因为众所周知，导数在尖锐边缘周围被放大。对于那些从热显微镜的积分方法（如红外和拉曼）转到 TR 的人来说，这一点尤其重要。在 TR 中，边缘对于对准是必不可少的，但不能产生有用的温度信息。当然，边缘在所有测量光学技术中都存在，但在积分方法中，固有的平均往往会模糊边缘效应，因此当边缘效应存在时，它们对观察来说并不明显。

作者和他们的同事已经成功地使用本章中介绍的方法来探索和理解一系列具有挑战性的热问题，包括氮化铝薄膜的热输运[5]、发射激光器的热行为[6]、AlGaN 势垒对 GaN HEMT 器件的影响[7]、从 SiC 到金刚石的各种外延层对 GaN HEMT 性能的影响[8-12]、氧化镓（Ga_2O_3）肖特基势垒二极管的热行为[13,14]、由氧化铌（NbO_x）制成的负微分电阻器件中的电流局部化和再分布[15-17]、交流电热流的热响应[18]，以及用于 VLSI 和 ULSI 技术的散热器和 BEOL 互连设计的热性能[19,20]。这些研究及其结果不在此重复，感兴趣的读者可以在所提供的参考文献中找到详细信息。

11.2.2.3 基本方法

基本上如式（11.1）所示，TRTG 需要将两个反射图像场相减，无论是在温度已知时的校准，还是在内部电场驱动下测试温度分布。测试的两个状态不一定是“开”和“关”，也可以是“低”和“高”。不管怎样，必须将“热”图像与“冷”图像相关联。现在，成像通常需要收集从光源反射或发射到传感器上的光子，就我们的目的而言，传感器可以是单色 CCD 或 CMOS 相机，然后将相机传感器的像素上捕获的光转换为数字化强度图像。给定 TR 的低灵敏度，即 C_{TR}的小值（回顾图 11.1），使用具有高量子效率、低暗噪声和高数字化比特深度的相机是有利的，当然，更高的分辨率和更小的像素尺寸也是理想的。实验者必须尝试优化几个理想的指标，相机传感器技术在各个方面都在不断改进对 TRTG 来说是有利的。

获得 TR 图像要求从感兴趣的被测器件（DUT）的表面反射单色光。相机传感器捕捉到的光线强度应在动态范围的中间，以避免图像曝光不足或曝光过度。本章中显示的结果采用的是 16 位相机，中间强度默认值是 40000。接下来的都是基本的拍摄。为了在传感器上收集必要的光照强度，光源必须足够强，并且 DUT 的表面必须具有足够的反射性（回想一下，后者是 TRTG 成功的两个必要条件中的第一个）。控制照相机快门可以获得稳定的高亮度图像。然而，快门具有最小激活速度的限制，因此如果需要关注瞬态变化时，不能使用相机快门。相反，必须打开快门，并且只有在所需的光照水平到达传感器之后才能关闭快门。对于从事夜间摄影或频闪摄像的人来说，这并不奇怪[21]。接下来的问题是如何足够快地调制光源以捕捉快速瞬态。显然，普通的灯泡，如单色仪中的灯泡，是无法胜任的。与相机传感器技术的快速发展一样，LED 技术的巨大进步也给 TR 带来了巨大的好处。目前，以 100ns 的脉冲宽度“闪烁”LED 是可能的，并且未来几年有望进一步提升。TR 可以在两种时间模式下执行，即准稳态和瞬态。在任何一种情况下，为了减少随机噪声和相机噪声，通常收集并平均几个图像。

TRTG 的另一个重要方面是提供了一个可用于形成 $\Delta R/R$ 场的场选择。如前所述，$\Delta R/R=(R_2-R_1)/R_1$，因此这为 R_1 提供了一个选择。该选择是重要的，因为电子器件具有热质量，因此工作中的器件需要时间来达到与其环境的热平衡。为了防止器件过热，必须将其放置在热卡盘上，并且根据器件是在小晶片芯片上还是固定在大金属夹具上，达到平衡的时间将相应地变化。除了所考虑的器件类型及其物理质量外，还需要考虑是否只对区域的短时间或长时间温度行为感兴趣。因此，根据感兴趣的物理特性是稳态还是瞬态，以及采集是同步还是异步，存在四种可能性。由于彼此相减以产生 $\Delta R/R$ 场的反射率场在时间上的接近性，同步采集具有比异步采集产生更低不确定性的优点。然而，同步采集不太适合于晶片或夹具中的热能累积而经历缓慢温度漂移的器件。最后，由于冷图像和热图像之间的时间间隔，与异步采集相关的更高的不确定性使得精确的重新对准绝对必要。这就是为什么我们从建立的第一个测量系统开始就追求并实施硬件中的纳米定位和计算图像分析以及原始数据后处理中的对准。

如前所述，TRTG 需要获取校准场 $(C_{\mathrm{TR}})_{ij}$ 和激活场 $(\Delta R/R)_{ij}$，其中 (i,j) 指的是像素位置，TR 数据是位置相关的。事实上，图 11.1 和图 11.2 中的结果清楚地表明，即使不透明材料在视场内是一致相同的（这在实践中是不可能的），顶部钝化层中的厚度变化也将在 C_{TR} 场中产生不能被忽略的变化。因此，正确的 TRTG 要求在使用以下公式逐个像素提取温度变化场之前，将两个图像场对齐：

$$\Delta T_{ij}=\frac{1}{C_{\mathrm{TR}ij}}\left(\frac{\Delta R}{R}\right)_{ij} \tag{11.2}$$

由于式（11.2）右侧的两个图像场将从收集和平均几个图像中获得，所以可以量化数据的不确定性，并决定显示哪些像素和屏蔽哪些像素。当然，也可以基于其他因素进行屏蔽，例如温度范围和感兴趣的区域。

接下来，我们将介绍一个测量示例，以帮助理解TRTG方法并讨论它的一些具体方面。[㊀]图11.3展示了TRTG实验所采用的在硅（Si）衬底上制备的氮化镓高电子迁移率晶体管（GaN HEMT[㊁]），该器件通过调制漏极电压来激活，同时栅极保持在固定电压并且源极接地。数据采集是在同步模式下进行的，当热质量足够小以使器件的温度在每次激活和相应的图像采集后返回到卡盘的恒定温度。使用的物镜为50倍，400万像素相机处于2×2bin模式，产生1024×1024像素的图像分辨率，每个像素代表器件上0.138μm的物理点。

回想一下成功进行TR测量的两个必要条件，即表面必须同时具有反射性和热反射性。视场中主要存在三个材料表面：GaN、光滑金属（金）焊盘和包围结区的两个粗糙金属触点。金属栅指略微延伸超过75μm的有源器件宽度，并将上部漏极-栅极区与下部源极-栅极区分开，后者略短。为了满足两个必要条件中的第一个，选择高于GaN带隙的365nm波长，以使GaN不透明，并因此确保映射的温度是GaN沟道表面的温度，而不是一些模糊的深度积分光学响应。金属焊盘对这种近UV波长具有明显的反射性，但是它们的热反射率受到影响，而且适合于GaN表面的光的强度容易过度暴露焊盘表面。粗糙垫既不具有足够的反射性也不具有足够的热反射性，因此尽管它们有利于对准和聚焦，但从这些表面几乎不能获得有用的热信息。从图11.3b和c中可以明显观察到，其中大范围的绿色表示在校准和激活中接近零的TR响应。这通过图11.3d中所见的掩膜图进一步证实，其中基于计算的测量不确定度和用户选择的截止值来遮盖光学上曝光不足的粗糙焊盘和过曝的接触焊盘。

11.2.2.4 热膨胀的挑战

如11.2.2.2节末尾所述，任何微分方法（如TRTG）的固有挑战之一是对物理边缘的高度敏感性，这往往会错误地产生较大的$\Delta R/R$值。因此，减去TR中的未对齐场会产生人为的边缘和相关的错误，这在积分方法中并不明显。在图像采集期间，即使很小的平面偏移也会破坏热图像，并且当感兴趣的区域与结区域一样窄时，无用信息和好的测试结果之间的差异在于保持源（器件）和图像（传感器）之间的一一对应的能力。当器件工作时，尤其是在处理功率器件时，热膨胀是不可避免的。但是，在校准期间器件是不工作的，移动也是不可避免的，因为当温度从基础温度升高10℃或20℃时，器件和其上固定器件的卡盘将沿着所有三个轴经历微米级的移动。因此，处理对于在工作和校准期间由热膨胀引起的移动的技术是必不可少的，即使后者比前者更容易。

在校准过程中，允许由被测器件和热卡盘组成的系统有足够的时间达到热平衡。重新聚焦和重新对准相机视场中的器件的成像程序在技术上很简单，但考虑到TRTG对

㊀ 这项工作中的所有测量都是用TMX Scientific T°成像仪X12-100进行的，配备了以下模块：校准CP300、瞬态TP200和照明MWL112。所有的热处理和分析都是用TMX Scientific T°Pixel进行的。

㊁ 这项工作中测量的所有GaN HEMT器件都是由海军研究实验室（NRL）的Marko Tadjer博士提供。主要作者对Tadjer博士和NRL深表感谢。本作品中的任何错误、观点和结论由主要作者全权负责。

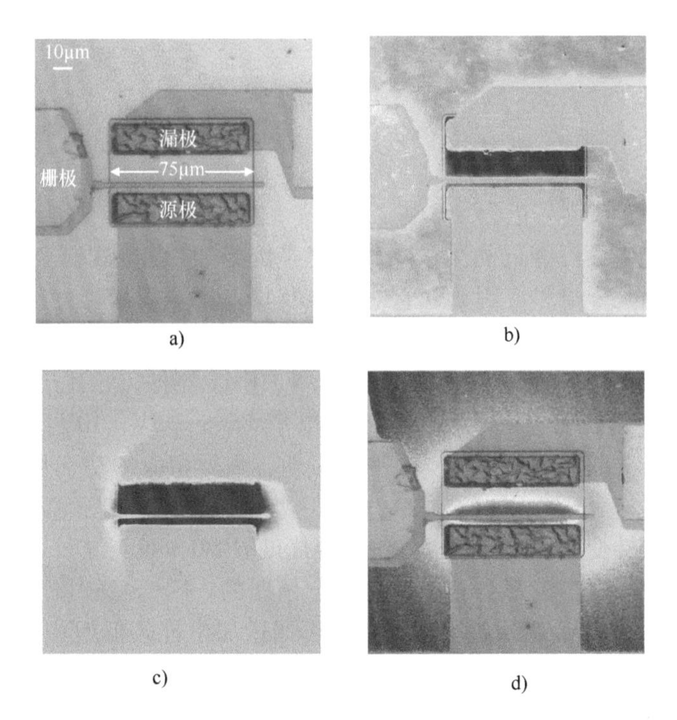

图 11.3　TRTG 的组成原始场：a）测试中的 GaN HEMT 器件的光强度（R）图像（由 NRL 提供）；b）校准获得的 C_{TR} 场；c）激活 $\Delta R/R$；d）在不确定性水平高于预期的情况下屏蔽像素所产生的绝对温升 ΔT。图 a 灰度范围为［0，64，000］，图 b~d 的 RGB 温标分别为［14，14℃］、［500，500℃］、［20，110℃］。图像分辨率为 1024×1024 像素，物镜为 50 倍，LED 光波长：365nm。本章中的所有图像和相关计算结果都是原始的，即没有任何平滑

边缘的敏感性，聚焦的分辨率必须在所用物镜的焦深范围内；对于 100 倍物镜（OL），焦深通常约为 1μm，而横向对准的精度必须在一个像素的分数范围内。鉴于 A100X OL 系统的像素分辨率约为 35nm，纳米级定位成为一项要求，因此一直是我们团队甚至最早的系统的一个组成部分。在激活过程中，热膨胀更具挑战性，可分为周期运动和漂移两大类。当装置在低状态和高状态之间被调制时，发生周期性运动，而漂移是运动的累积，这是由于在重复的功率偏移期间器件（以及潜在的卡盘）中能量的积累。通过最初允许系统学习运动，然后在每次图像采集之前使用纳米定位器来重新定位器件，可以在测量期间减轻周期性运动。这显然会减慢测量过程，但不会过度减慢。另一方面，漂移运动不一定是可重复的，因此在同步实验期间不能被减轻。然而，在收集了所有的实验数据之后，可以通过使用计算成像技术来处理这两种类型的运动。处理漂移的直接方法是使用同步 TRTG，由此允许器件达到热平衡，然后在所有三个轴中的纳米级重新对准之后获取“热”图像。要付出的代价是成像噪声的增加，因为“冷”和“热”图像现在相隔几十秒，而在同步模式中，每对“冷”和“热”图像将在几百毫秒内被捕获。

11.3 结果

11.3.1 同步稳态采集

同步采集能产生尽可能低的测量噪声，这是因为通过相减以产生 $\Delta R/R$ 场的两个图像的收集仅相隔几十毫秒。因此，它对于涉及具有小热质量器件的大多数情况是理想的选择，并且通常是为了了解被测器件或搜索最佳光波长（如果未知）而进行第一种类型的测量。图 11.4 中测量对象为 Si 基 GaN HEMT 器件，相比于图 11.3，其漏极-栅极结更短；此外，在漏极电压为四个不同电平 $V_{DS}=\{5V、10V、15V、20V\}$ 下激活，同时栅极部分关断（$V_{GS}=-1V$）且源极接地。测得相应的功率水平分别为 93mW、181mW、277mW 和 358mW。如所预期的，在这些相对较低的功率水平下，两个区域的平均温度随功率线性变化，且具有极好的拟合优度 $R^2>0.999$。

表面加热信号呈现半球形分布，这是符合预期的，因为从栅极下方的矩形源产生的热量试图横向耗散到 GaN 外延层中，并向下通过导电性较低但相对较大的 Si 衬底。温度是热传递的主要指标，因此这些温度图为器件设计人员和终端用户提供了重要的定量数据和定性见解。正如之前对这些类型的测试结构进行的类似研究，能够直接观察 AlGaN 势垒[7]和各种高热导率外延层[8-12]对 GaN HEMT 性能的影响一样，对商用 GaN HEMT 和 Si LDMOS 功率器件的测量能够评估其质量并推动新设计的开发，识别意外故障点，揭示制造中的变化，甚至跟踪老化行为。例如，图 11.4 中的热分布图表示在栅极右侧周围和台面边缘以外存在电流泄漏。即使在高端商业器件中，TRTG 也观察到了这种意想不到的热路径，最初令设计人员感到困惑，但随后导致了设计和/或制造的关键改进；如果不是高分辨率成像可以提供局部分辨力，这种改进将永远不会发生。当然，全局电学测量是很实用的，但不能提供像温度成像那样的局部的器件工作数据。

除了计算感兴趣区域内的平均值之外，像素精确数据的可用性使得研究特定位置（例如栅极金属附近）的温度行为成为可能。例如，据报道在高功率水平下工作的 GaN HEMT 器件中，峰值温度的位置倾向于从漏极-栅极边缘向漏极接触稍微偏移[22]。例如，在图 11.4 中相同的四个激活功率水平下，局部热数据以穿过沟道温度轨迹的形式在图 11.5 中展示。即使在金属栅极的边缘损失了一些像素，并且栅极金属本身的温度数据精度较低，仍然可以收集到宝贵的局部信息。通过使用更高的放大率，甚至可以通过实验跟踪温度峰值的任何变化或其他重要的局部行为[11]。金属栅极上的温度分布可以通过用可见光波长重复测量而极大地改善，在该可见光波长下，金表现出了比其在近 UV 波长下更强的 TR 响应，选择该近 UV 波长是为了优化 GaN 的 TR 响应并使其不透明。当然，这种方法将产生两个最终的温度图，然后必须将其组合成单个合成图，该合成图将表示在两个不同波长的光下获得的最佳场。

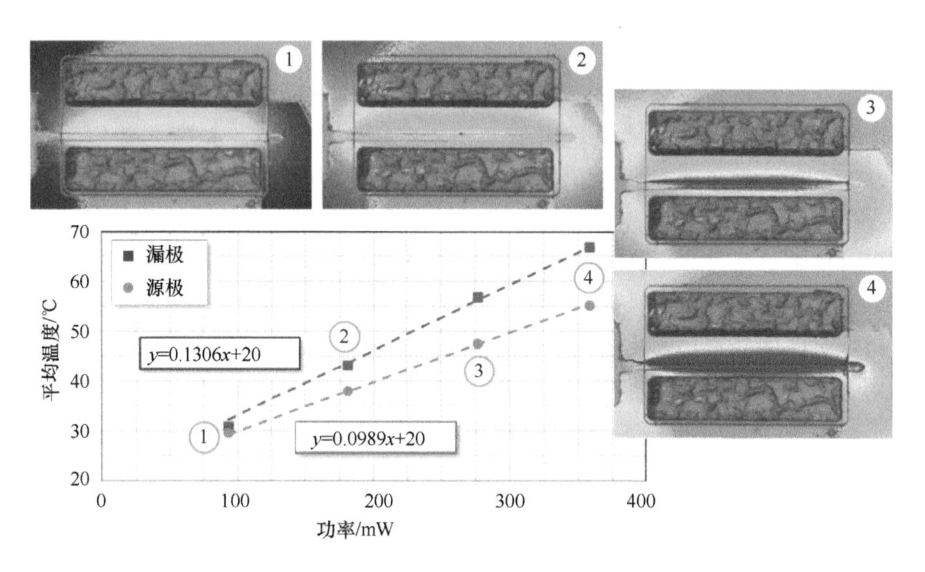

图 11.4　在 V_{GS} = -1V 和 V_{DS} = 5V、10V、15V 和 20V 的准稳态模式下，通过同步采集获得的 GaN HEMT 绝对平均温度场。在有源沟道区周围裁剪了温度图。用于计算平均温度的大约 7000 个像素的两个矩形区域位于栅极的两侧，并且具有与栅极-源极结相等的尺寸。RGB 温标为［20，60℃］，所有其他设置与图 11.3 一致

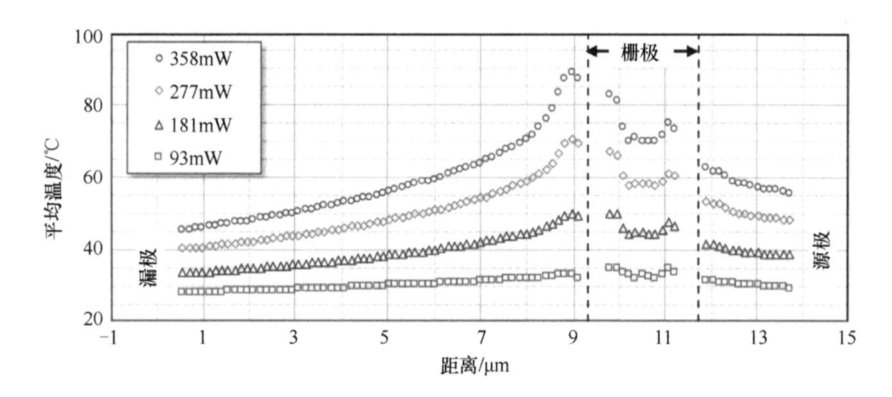

图 11.5　在通道 75μm 宽度的中点处，通道长度上的绝对温度切割扫描。不确定性分析排除了金属边缘的数据点，该不确定性分析考虑了 CTR 和 $\Delta R/R$ 场中的组合不确定性，从而在视场中产生一个逐像素的整体不确定性场

11.3.2　同步瞬态采集

如 11.2.2.3 节所述，捕捉快速瞬变需要改变视角，从使用相机的快门来控制图像的精确采集，到使用光本身作为主要驱动器。由于照相机快门不能在亚微秒时间帧内被控制，因此在图像采集的持续时间内保持打开，并且在器件的激活周期内的特定时

间，使用规定持续时间和精确定时的闪光来照亮待测器件的表面。这确保了从设备表面反射并返回到相机传感器的光，能够代表器件在其激活周期内的特定时间点的热图像。当然，单次捕获不足以填充相机上的像素的阱深度，因此必须在选定的非常具体的时间点上反复、同步地对器件和光线进行脉冲，直到摄像机的传感器捕捉到足够的照明，得到在器件周期内的规定时间点的热图像。然后，利用光脉冲相对于激活脉冲的一系列时移重复该过程，以产生所需数量的热图，以表示待测器件的瞬态响应。

图 11.6a~i 展示出了在该瞬态实验中获得的 19 个温度图中的 9 个。图 11.6j 列出了漏极和源极区域的平均瞬态温度，以及用于激活 GaN HEMT 的方波脉冲，即 1ms 的周期、30%的占空比和 30%的相移，后者仅仅是为了将曲线的更感兴趣的部分定位在图的中心。19 个时间点分布不均匀，以确保热响应的上升和衰减部分具有更高的分辨率。在工作周期结束时，时间上的小偏移是明显的，由此温度的衰减发生在 $t=0.6$ms 时，此时器件应该仍处于活动状态。该人为偏移源于照明脉冲宽度，其被设置为器件激活周期的 2%。因此，器件自加热似乎在 0.59ms 标记处停止，而不是在 0.6ms 标记处停止。因此，每个时间点都应被视为超过指定位置 2%（或在此特定情况下为 0.02ms）的光的“刀刃”；例如，在 0.59ms 处绘制的温度平均值将是器件热响应在 0.59~0.61ms 之间的积分。

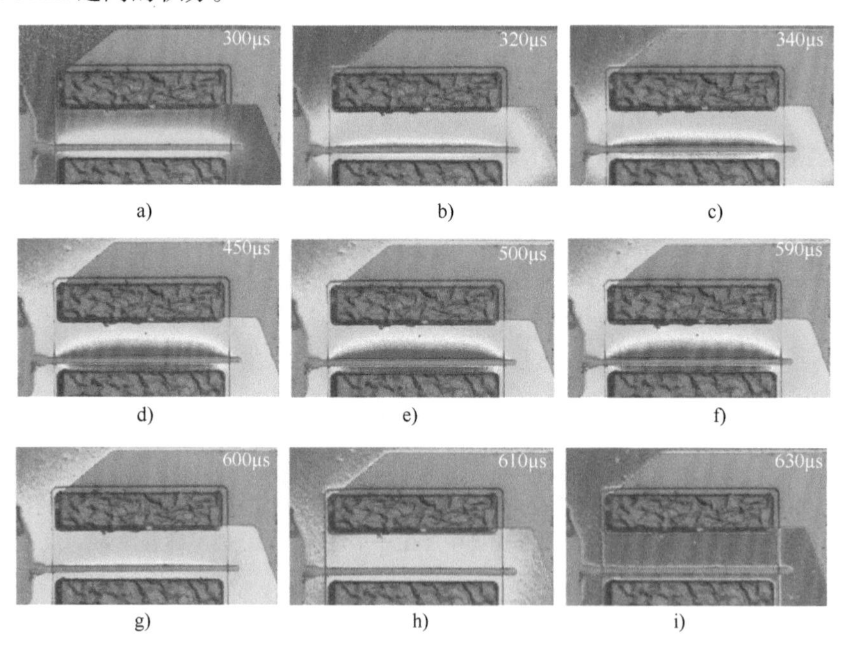

图 11.6 GaN HEMT 的同步瞬态 TRTG 实验结果，脉冲周期为 1ms，占空比为 30%，相移为 30%。漏极在 0~15V 之间调制，而源极接地，栅极设置为 $V_{GS}=-1$V。a)~i）为器件周期内指示时间的温度图，已在活动通道区域周围裁剪图像，RGB 温标为［20，110℃］

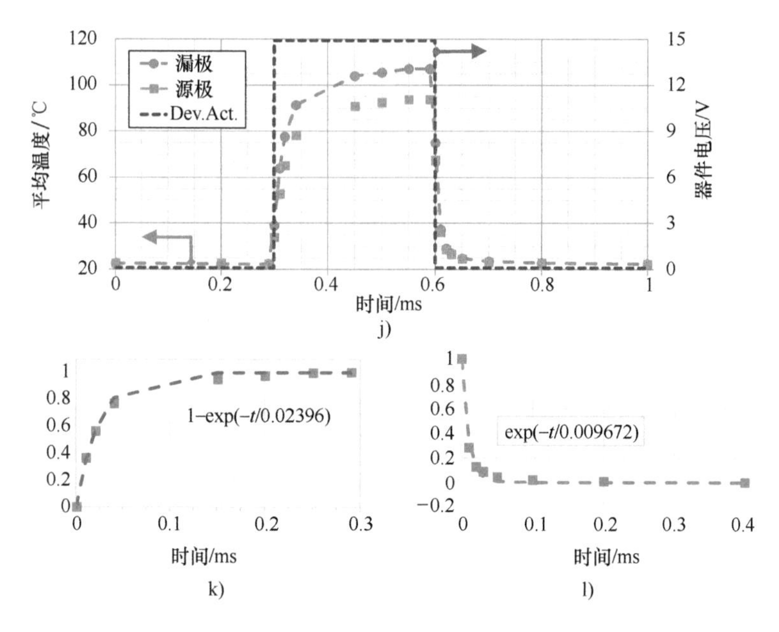

图 11.6　GaN HEMT 的同步瞬态 TRTG 实验结果，脉冲周期为 1ms，占空比为 30%，相移为 30%。漏极在 0~15V 之间调制，而源极接地，栅极设置为 V_{GS}=−1V。
j）栅极两侧的两个 525×18 像素矩形区域内的绝对平均瞬态温度；
k）和 l）为具有指数曲线拟合的上升和衰减响应。物镜为 50 倍，像素大小为 0.138μm，LED 波长为 365nm（续）

当然，照明脉冲宽度可以缩短到所使用的 LED 的响应极限，但这是以必须增加在每个时间点累积在照相机传感器上的脉冲和相应图像的数量为代价的。显然，这是一个权衡的问题，最好留给实验者自己去判断。此外，应该提到的是，LED 技术本身正在快速发展，因此更亮和更快的 LED 将会改善瞬态 TRTG。

瞬态响应曲线以及上升和衰减部分的曲线拟合表明，该器件具有非常小的热质量，并且其冷却比加热更快。这种观察到的行为表明 GaN 台面和下面的 Si 衬底之间存在低热障。它还表明，与台面材料的有效热导率相比，台面材料的有效热容（在 OFA 脉冲的加热阶段应该占主导地位）较低。结果，接近 24μs 上升时间常数是约为 10μs 衰减时间常数的两倍（见图 11.6k 和图 11.6l）。

11.3.3　异步瞬态采集

不管是出于对能量利用的考虑还是出于操作目的，高功率器件通常以规定的短工作周期在脉冲模式下工作。先前描述的同步获取，即使在瞬态模式下，也可能无法模拟某些器件的连续操作。因此，器件永远不会完全关闭的异步采集方法将更好地匹配器件实际操作行为。异步方法还可以更好地解决具有较大热质量器件的测量，其中在器件本身或安装该器件的固定装置能够与测量系统和环境达到热平衡之前，可能需要几十秒甚至几分钟的时间。这方面的一个例子可能是安装在金属测试夹具中的 RF 设备，其中每个功率脉冲增加的能量在下一个脉冲出现之前没有被冷却系统完全去除。在这种情况下，每对打开和关闭图像可能属于器件初始瞬态“预热”响应的不同部分。因此，更好的方法是在收集任何热图像之前，允许器件在脉冲模式下工作，直到其与测量系统达到平衡。达到平衡的能量积累将导致偏移基础温度，现在较小的温度偏移将叠加在该基础温度上。较短的器件脉冲周期将导致偏移的基础温度增加以及较小的交变温度增加。

图 11.7 中的结果展示了在 Ga_2O_3 衬底上制备的肖特基势垒器件（SBD）的这种类型的行为。在 0.1ms 和 5ms 的两个显著不同的周期内捕获 SBD 的瞬态响应。在每次瞬态采集之前使用 60s 的初始预热时间，以使器件达到热平衡。该时间比 SBD 的热质量所需的时间长得多，以确保整个测量系统达到热平衡。氧化镓的极低热导率使得器件的上升和衰减时间约为 200ms（图 11.7d 和 e），这比先前讨论的 GaN 器件高一个数量级（参见图 11.6k 和 l）。同样如所预期的，衰减时间比上升时间稍长，因为前者由 Ga_2O_3

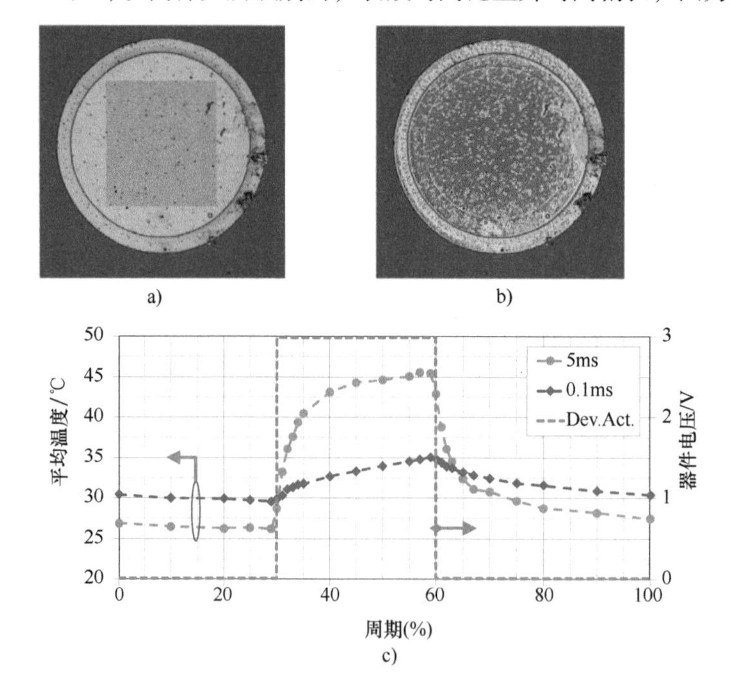

图 11.7　周期为 0.1ms 和 5ms、占空比为 30%、相移为 30%的 Ga_2O_3 肖特基器件的异步瞬态 TRTG 实验结果。晶片的底部接地，而顶部金属在 0~3V 之间调制。a）SBD 的金圆形焊盘的顶视图，100μm，显示叠加的平均区域；b）$t=2.59$ms 内的温度图（5ms 周期内的峰值）；c）顶部金焊盘中心的绝对平均瞬态 460×505 像素矩形区域

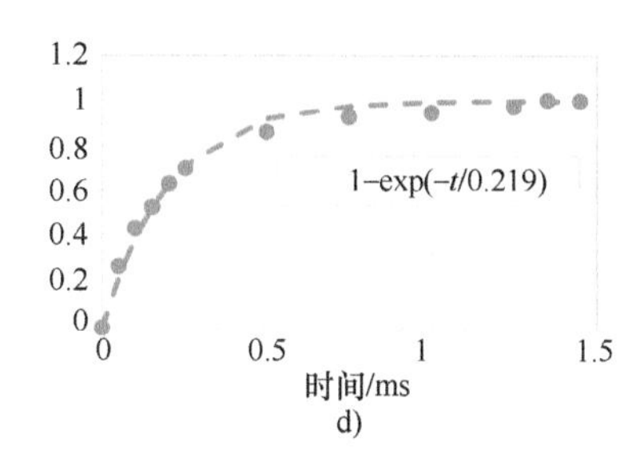

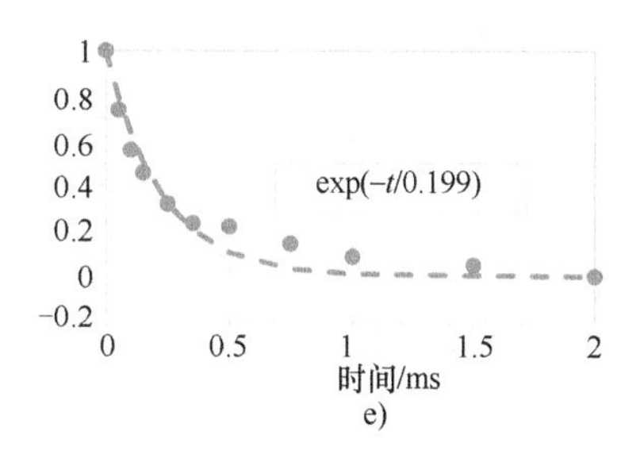

图 11.7　周期为 0.1ms 和 5ms、占空比为 30%、相移为 30%的 Ga_2O_3 肖特基器件的异步瞬态 TRTG 实验结果。晶片的底部接地，而顶部金属在 0~3V 之间调制。d）和 e）上升和衰减响应及其指数曲线拟合。物镜为 50 倍，像素尺寸为 0.138μm，LED 波长为 470nm（续）

的热阻率支配，而后者由顶部金区域的高得多的热扩散率辅助。正如预期的那样，金的表面温度相当均匀（图 11.7b），中值约为 46℃，平均区域上的温度范围为 5.5℃（图 11.7a 中的 DUT 图像上以浅紫色显示）。短得多的 0.1ms 周期使偏移基准温度增加约 5℃，同时使器件经历的瞬态峰值降低约 20℃。正如所料，更短的激活周期将进一步降低器件将经历的温度偏移。

11.3.4　热反射响应的非线性

虽然对于涉及有限温度漂移的情况，许多材料的 TR 系数（C_{TR}），应该为恒定的，但是在 GaN HEMT 器件高功率激活中产生的高温使得温升与反射率变化之间产生了非线性行为。在这种大范围温度变化的情况下，C_{TR} 系数应被认为是温度的函数，其值应在研究中预期的范围内的几个温度水平上测量。以 GaN HEMT 器件为例，研究了其 C_{TR} 与 ΔT 之间的关系。例如，在 20℃ 的基础温度和 40℃、50℃、60℃、70℃、80℃和 90℃的高温之间获得了 6 个 C_{TR} 图。对于每个 ΔT，在漏极侧计算平均 C_{TR}，如图 11.8 中虚线区域所示。图 11.9 中数据表示 ΔT 高达 80℃时的线性行为。为了恢复沟道区域的温度，可以应用以下关系式：

图 11.8　代表性 GaN HEMT 器件的 C_{TR} 图。漏极沟道中虚线矩形表示计算 C_{TR} 平均值的区域

$$\Delta T=\frac{1}{C_{TR}}\frac{\Delta R}{R}=\frac{1}{a\Delta T+b}\frac{\Delta R}{R} \qquad (11.3)$$

$$a\Delta T^2+b\Delta T=\Delta R/R \qquad (11.4)$$

式中，$a=0.0294$ 和 $b=13.35$ 是线性系数，通过拟合 C_{TR} 测量值获得（参见本章参考文献［9］了解更多细节）。在较高温度下，C_{TR} 的下降会导致测量温度的升高，而使用在较低温度下从校准实验中获得的 C_{TR} 的恒定值，则会低估温度的升高。然后，这种类型的分析将有可能在较高的功率水平下校正平均温度值，如图 11.4 所示。

通常，C_{TR} 对 ΔT 的依赖性可能比上面讨论的线性函数更复杂，并且在这种情况下，$\Delta R/R$ 图全面的逐像素校准需要知道每个像素（i，j）处的 $C_{TRij}=f(\Delta T)$。事实上，以图 11.6 为例，如果热图要适当修正，ΔT 和 $\Delta R/R$ 之间似于式（11.4）的关系，必须在图像中感兴趣的每个像素处产生。显然，这将是一项不平凡的任务。因此，为了使 TR 测量更实用，C_{TR} 对温度的依赖性可以作为 DUT 上感兴趣材料的平均值来获得，并在所研究的特定器件的预期有限温升内，通过更简单的函数来近似，类似于这里所演示的。

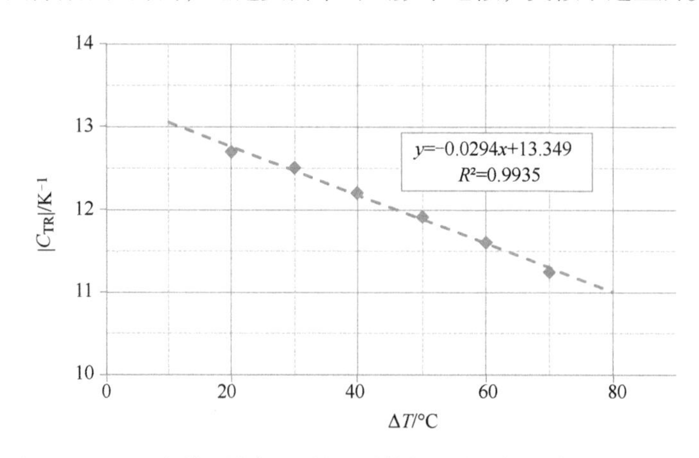

图 11.9　在 GaN HEMT 沟道区域中 C_{TR} 的绝对值与温升之间的线性关系。在 365nm 处，GaN 的 C_{TR} 较强且为负值，在测试温度范围内的变化约为 9%

11.4　小结

开尔文勋爵（Lord Kelvin）的两句话很适合用来结束这次对 TR 热成像世界的短暂探索。首先，当他说“当你面对一个困难时，你是在面对一个发现”，他是最肯定的，即使在不自觉中，他描述了我们的团队迄今为止花费了超过 25 年的时间将热反射物理学发展成一种可靠的、强大的、精确的和商业用途的测量工具。全世界对电子产品永不满足的渴望，以及电力、热量和可靠性之间牢不可破的不利联系，意味着通过发现来改进的工作也是永无止境的。这让我们想到了 Kelvin 勋爵的第二句格言：“如果你不能测量它，你就不能改进它。”我们可以在这句 19 世纪的引语中加入计算，这肯定会更准确地描述推动我们探索的动力。如果说有什么不同的话，那就是挑战已经进入了一个新的层面。有了三维堆叠，问题将从“如果你不能测量它”变成“如果你不能在物理上或光学上接触它，你将如何测量它?”长期以来，我们一直相信，在等待“温度全息”的同时，必须将计算和测量结合起来，以测量我们无法看到或接触的内容[11,23-25]。目前，虽然仍在不断发展，但基于 TR 的计量学为电子产品中使用的最广泛的材料提供了最高的空间和时间分辨率，从金属到半导体，无论是否有电介质钝化。因此，无论是在学术上还是在商业上，这都是一个值得认真关注的领域。

致谢

本章所述的工作是近三十年来在 TR 热成像领域取得进展的成果，如果没有许多人的贡献和支持是不可能实现的。虽然感谢每一个人也许是不可能的，但至少要努力做到这一点，这也是 PER 的职责所在。因此，除了目前的共同作者外，感谢所有过去和现在的学生、同事和支持者，特别包括 Jim Wilson、Mihai Burzo、Johannareimer、Archana Venugopal、Bob Doering、Tim Rost、Assaad El-Helou、Dong Seup Lee 和 Yubo Cui。此外，还要深切缅怀 Don Price 和 AVI Bar-Cohen。

参考文献

[1] P.R.N. Childs, J.R. Greenwood, C.A. Long, Review of temperature measurement, Rev. Sci. Instrum. 71 (8) (2000) 2959–2978.

[2] M. Farzaneh, K. Maize, D. Lüerßen, J.A. Summers, P.M. Mayer, P.E. Raad, K.P. Pipe, A. Shakouri, J.A. Hudgings, R. Ram, CCD-based thermoreflectance microscopy: principles and applications, J. Phys. D. Appl. Phys. 42 (2009) 143001–143021.

[3] M.G. Burzo, P.L. Komarov, P.E. Raad, Non-contact transient temperature mapping of active electronic devices using the thermoreflectance method, IEEE Trans. Compon. Packag. Technol. 28 (2005) 637–643.

[4] P.E. Raad, P.L. Komarov, M.G. Burzo, Thermal characterization of embedded electronic features by an integrated system of CCD thermography and self-adaptive numerical modeling, Microelectron. J. 39 (2008) 1008–1015.

[5] T. Lee, M.G. Burzo, P.L. Komarov, P.E. Raad, M.J. Kim, Direct observation of heat transport in plural AlN films using thermal imaging and transient thermal reflectance method, Electrochem. Solid-State Lett. 14 (2011) H184, https://doi.org/10.1149/1.3543896.

[6] P.E. Raad, P.L. Komarov, M.A. Bettiati, Thermoreflectance temperature measurements for optically emitting devices, Microelectron. J. 45 (2014) 515–520.

[7] M.J. Tadjer, P.E. Raad, P.L. Komarov, K.D. Hobart, T.I. Feygelson, A.D. Koehler, T.J. Anderson, A. Nath, B. Pate, F.J. Kub, Electrothermal evaluation of AlGaN/GaN membrane high electron mobility transistors by transient thermoreflectance, IEEE J. Electron Devices Soc. 6 (2018) 922–930.

[8] M.J. Tadjer, T.J. Anderson, M.G. Ancona, P.E. Raad, P. Komarov, T. Bai, J.C. Gallagher, M.S. Goorsky, D.A. Francis, K.D. Hobart, F.J. Kub, GaN-on-diamond HEMT technology with T_{AVG} = 176°C at $P_{DC,\ max}$ = 56 W/mm measured by transient thermoreflectance imaging, IEEE Electron Device Lett. 40 (6) (2019) 881–884.

[9] A. El Helou, P.L. Komarov, M.J. Tadjer, T.J. Anderson, D.A. Francis, T.I. Feygelson,

B. Pate, K.D. Hobart, P.E. Raad, High-resolution thermoreflectance imaging investigation of self-heating in AlGaN/GaN HEMTs on Si, SiC, and diamond substrates, IEEE Trans. Electron Devices 67 (12) (2020). 5145-5120.
[10] J. Bremer, D.Y. Chen, A. Malko, M. Madel, N. Rorsman, S.E. Gunnarsson, K. Andersson, T.M.J. Nilsson, P.E. Raad, P.L. Komarov, T.L. Sandy, M. Thorsell, Electric-based thermal characterization of GaN technologies affected by trapping effects, IEEE Trans. Electron Devices 67 (5) (2020) 1952–1958.
[11] A. El Helou, Y. Cui, M.J. Tadjer, T.J. Anderson, D.A. Francis, T.I. Feygelson, B. Pate, K. D. Hobart, P.E. Raad, Full thermal characterization of AlGaN/GaN HEMTs on silicon, 4H-silicon carbide, and diamond using a reverse modeling approach, IOP Semicond. Sci. Technol. 36 (1) (2021), 014008.
[12] Y. Cui, A. El Helou, P.E. Raad, Coupled experimental and numerical investigation of high-voltage GaN HEMTs, ECS Trans. 89 (5) (2019) 11–16.
[13] P.E. Raad, P.L. Komarov, M.J. Tadjer, J. Yang, F. Ren, S.J. Pearton, A. Kuramata, Thermoreflectance temperature mapping of Ga_2O_3 Schottky barrier diodes, ECS Trans. 89 (5) (2019) 3–7.
[14] J. Yang, C. Fares, P.H. Carey IV, M. Xian, F. Ren, M.J. Tadjer, Y.-T. Chen, Y.-T. Liao, C.-W. Chang, J. Lin, R. Sharma, M.E. Law, P.E. Raad, P.L. Komarov, D.J. Smith, A. Kuramata, S.J. Pearton, Comparison of high voltage, vertical geometry Ga_2O_3 rectifiers with GaN and SiC, ECS Trans. 92 (7) (2019) 15–24.
[15] S.K. Nandi, S.K. Nath, A.E. Helou, S. Li, X. Liu, P.E. Raad, R.G. Elliman, Current localization and redistribution as the basis of discontinuous current controlled negative differential resistance in NbO_x, Adv. Funct. Mater. 29 (2019) 8.
[16] S.K. Nandi, S.K. Nath, A.E. El-Helou, S. Li, T. Ratcliff, M. Uenuma, P.E. Raad, R.G. Elliman, Electric field- and current-induced electroforming modes in NbOx, ACS Appl. Mater. Interfaces 12 (7) (2020) 8422–8428.
[17] S.K. Nath, S.K. Nandi, A. El-Helou, X. Liu, S. Li, T. Ratcliff, P.E. Raad, R.G. Elliman, Schottky-barrier-induced asymmetry in the negative-differential-resistance response of $Nb/NbO_x/Pt$ cross-point devices, Phys. Rev. Appl. 13 (6) (2020), 064024.
[18] A. Koklu, A. El Helou, P.E. Raad, A. Beskok, Characterization of temperature rise in alternating current electrothermal flow using thermoreflectance method, Anal. Chem. 91 (19) (2019) 12492–12500.
[19] A. El Helou, A. Venugopal, P.E. Raad, Standardized heat spreader design for passive cooling of interconnects in the BEOL of ICs, IEEE Trans. Compon. Packag. Manuf. Technol. 10 (6) (2020) 1010–1019.
[20] A. El Helou, A. Venugopal, P.E. Raad, Compact 3D thermal model for VLSI and ULSI interconnect network reliability verification, IEEE Trans. Device Mater. Reliab. 21 (2) (2021) 240–251.
[21] H. Edgerton, The Edgerton Digital Collections (EDC) Project, MIT, 2021. *http://edgerton-digital-collections.org*.
[22] E. Heller, S. Choi, D. Dorsey, R. Vetury, S. Graham, Electrical and structural dependence of operating temperature of AlGaN/GaN HEMTs, Microelectron. Reliab. 53 (2013) 872–877.
[23] P.E. Raad, P.L. Komarov, M.G. Burzo, An integrated experimental and computational system for the thermal characterization of complex three-dimensional submicron electronic devices, IEEE Trans. Compon. Packag. Technol. 30 (2007) 597–603.
[24] P.E. Raad, Keeping Moore's law alive, Electron. Cool. 16 (2010) 14–18.
[25] P.E. Raad, Thermography Measurement System for Conducting Thermal Characterization of Integrated Circuits, US Patent 7,444,260, October 28, 2008.

第 12 章

热匹配 QST 衬底技术

Vladimir Odnoblyudov, Ozgur Aktas, Cem Basceri
美国 Qromis 股份有限公司

12.1 引言

对高质量、大直径和低成本的氮化镓（GaN）衬底的迫切需求是推动异质衬底上 GaN 外延技术发展的主要原因[1]。

在异质外延的生长过程中或生长结束后从生长温度下降到室温的冷却期间，外延层和衬底之间的晶格失配和热膨胀系数（CTE）的差异会导致外延片内产生缺陷。图 12.1 显示了 GaN 与各种常用衬底及 AlN 之间的晶格和热失配[2]。

	Si	SiC	Al_2O_3	AlN	GaN
晶格常数/Å	5.43	3.08	4.76	3.11	3.19
晶格失配/%	−16.9	3.5	16.1	2.4	--
热膨胀系数/10^{-6}K	3.59	4.3	7.3	4.15	5.59
热膨胀失配/%	55	30	−23	34	--

图 12.1　Si、SiC、Al_2O_3、AlN 和 GaN 的晶体参数说明了在 Si、SiC 和 Al_2O_3 上外延 GaN 所面临的困难

目前，已经开发了用于在这些异质衬底上外延 GaN 的各种缓冲层结构和生长方法。尽管存在大的晶格失配，但这些缓冲层仍能够使 GaN 外延层正常生长，并将缺陷密度控制在 10^{10} ~ 10^8cm^2 之间的范围内。大量研究结果表明，随着外延层厚度的增加，异质外延 GaN 层中的缺陷密度将会降低。然而，热膨胀系数失配仍然是限制在各种异质衬底上可生长 GaN 外延层最大厚度（以及晶体质量）的关键。对于功率器件（横向和垂直），需要外延生长较厚的 GaN 层，以实现所需的电压阻断能力。但是，在 SiC 和蓝宝石上无法实现具有良好质量的厚 GaN 层外延生长。对于 Si 衬底 GaN 异质外延，实现了在 6in Si（111）衬底上生长 5μm 厚的 GaN 外延层，可用于制备具有 650V 工作电压的器件。然而，晶圆破裂仍然是一个关键问题，当以 R_{on}×C_{OSS} 和 R_{on}×E_{OSS} 来作为评定依据时，器件的性能仍有所落后。在 8in Si 衬底上可实现的 GaN 外延层厚度不足 3μm，会

限制器件的工作电压到 200V 以下。尽管在某些情况下（如蓝宝石上的功率 HEMT），厚度较小的 GaN 层也可用于制备功率器件，但外延薄膜的有限质量限制了器件的性能和可靠性[1,2]。

QST 技术综合其内部晶圆材料与 GaN 匹配以及表层 Si（111）外延生长的优势，解决了热膨胀系数失配的问题。QST 的 Si（111）表面可以使用成熟的 Si 基 GaN 外延方法，同时热膨胀系数匹配能够生长厚 GaN 层并利于优化缓冲层以降低缺陷密度[3-9]。

在本章中，我们将详细介绍 QST 晶圆的构造。12.2 节介绍了在 QST 衬底上外延 GaN 层的方法和 GaN 层特性；12.3 节介绍了在 QST 衬底上制备的器件的测试结果。

12.2 QST 结构

标准 QST 的结构如图 12.2 所示。该结构包含 CTE 匹配的中心部分，该部分被几个保护介质膜覆盖。这些保护膜可确保 QST 晶圆与现代制造工具的兼容性和清洁度要求。

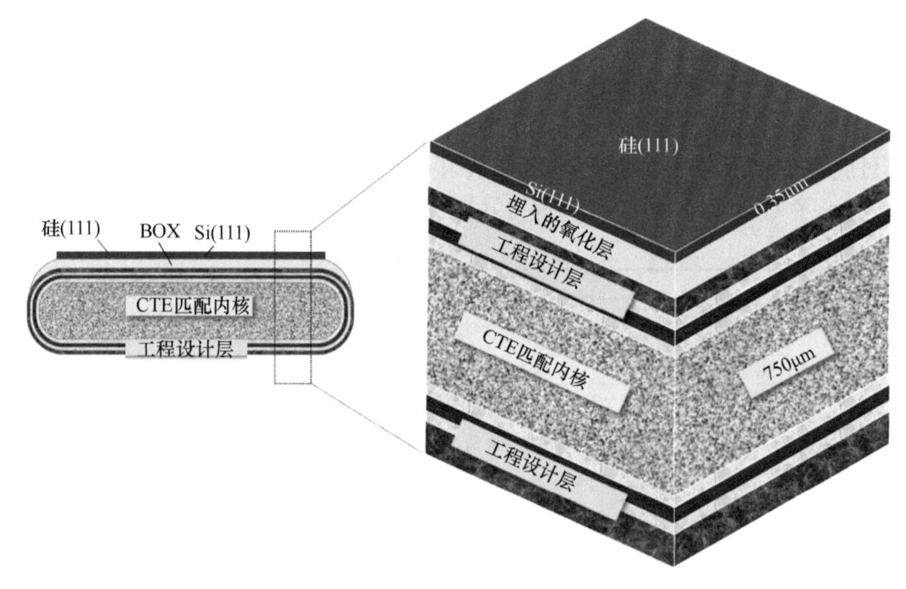

图 12.2 QST 晶圆的结构

最后，QST 晶圆被一介质层覆盖，该介质层产生光滑且可键合的表面，Si（111）层将会被键合到该表面。该 Si（111）表面是可进行外延生长的，并且能够直接应用成熟的 Si 基 GaN 外延技术。QST 晶圆顶部表面附近的 SEM 横截面如图 12.3 所示，图中给出了 QST 晶圆的结构。

CTE 匹配内核部分的主要是多晶 AlN 陶瓷，其采用了各种辅助材料和制造工艺进行设计，以产生在大温度范围内与 GaN 热膨胀系数匹配的热膨胀系数。图 12.4 显示了

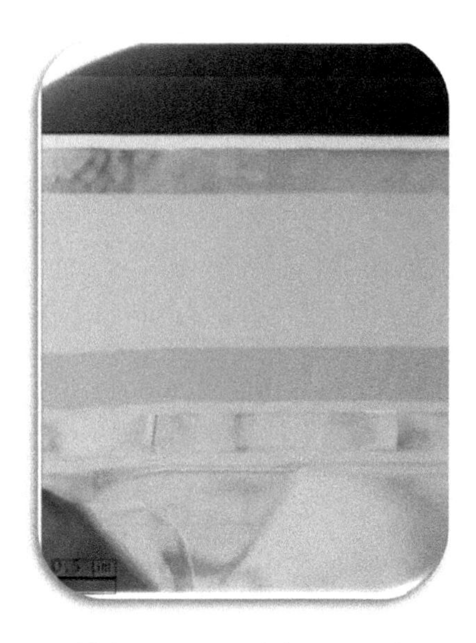

图 12.3　QST 顶部的 SEM 横截面，显示了底部的 AlN 陶瓷和顶部的 Si（111）层。从图中可以看到在它们之间有各种涂层

CST 材料和各种常见异质衬底的 CTE。从图 12.4 可以看出，QST 材料提供了与 GaN 最好的 CTE 匹配。

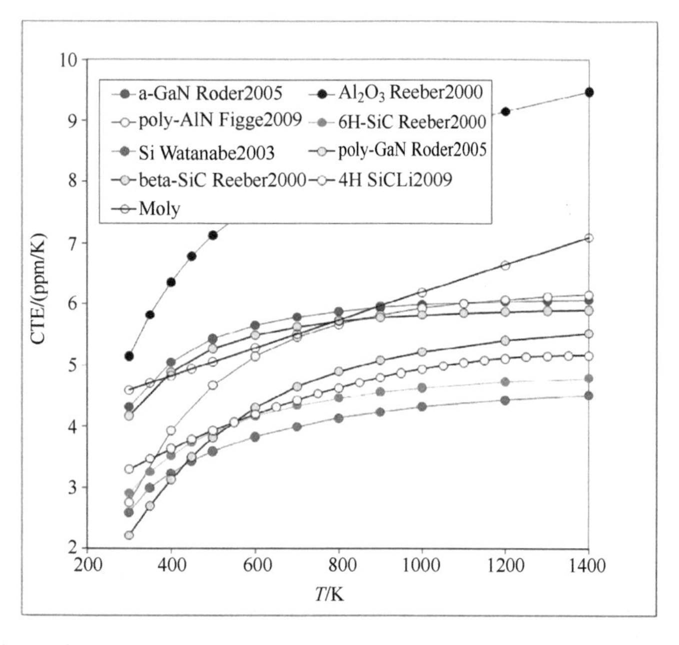

图 12.4　各种 GaN 衬底的热膨胀系数与温度的关系，包括作为 QST 晶圆主要部分的多晶 AlN

图 12.5 显示了一个 8in QST 晶圆的图片。QST 晶圆是在一个 8in 的制备厂中生产的，其成本和规模需要用来支持大批量生产需求。

图 12.5　8in QST 晶圆

12.3　QST 热导率和 QST 堆的热阻

图 12.6 显示了可用于制备 QST 的各种 AlN 陶瓷的热导率。目前常用的 QST 产品采用的是 AlN170 型陶瓷，与 Si 晶圆相比，其具备更高的热导率。下一节将给出的结果表明，与 Si 相比，在 QST 上可以生长的高质量厚 GaN 的高热导率和 QST 核心部分的高热导率共同作用下，产生了明显的热特性优势。

此外，标准 QST 结构的三维（3D）热仿真表明，仿真中 QST 核心部分的大温降，证明 QST 上的功率器件受益于 QST 核心部分的高导热性，如图 12.7 所示。该热仿真还表明，通过优化设计的 QST 核心部分和包覆层，可以进一步优化 GaN-on-QST RF 电子器件的性能，从而可以被用来根据需求提供高热性能平台。

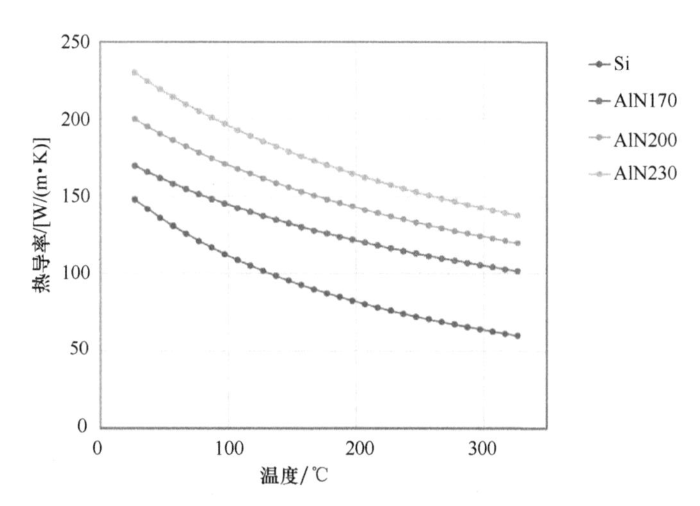

图 12.6　各种 AlN 陶瓷混合物的热导率与温度的关系

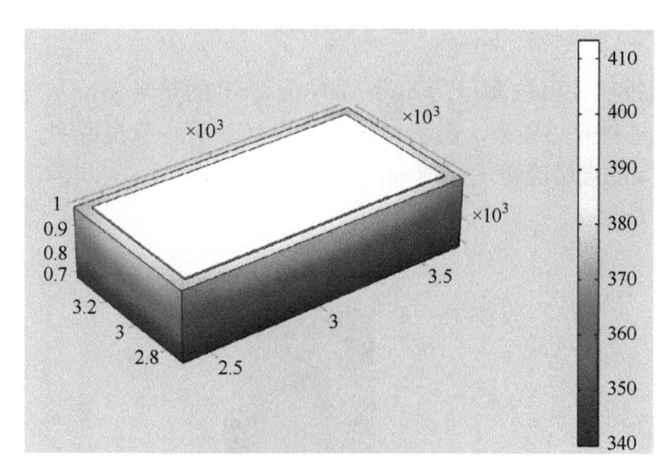

图 12.7　3D 仿真几何图形

12.4　QST 上的 GaN 外延

QST 的 Si（111）外延表面使得能够使用先进的 Si 基 GaN 外延技术生长 GaN-on-QST。此外，CTE 匹配缓解了适应热失配应变，并可通过进一步优化缓冲层以改善外延层质量。最后，可以在 QST 上生长厚外延层，从而能够进一步降低缺陷密度。利用 QST 提供的这些特性，我们已经展示了在 QST 上外延质量极好的厚 GaN 外延层，图 12.8 所示为 16μm GaN-on-QST 外延层的 X 射线截面。

热导率是一个与功率器件相关的材料质量度量，其随着缺陷密度的降低而提高。

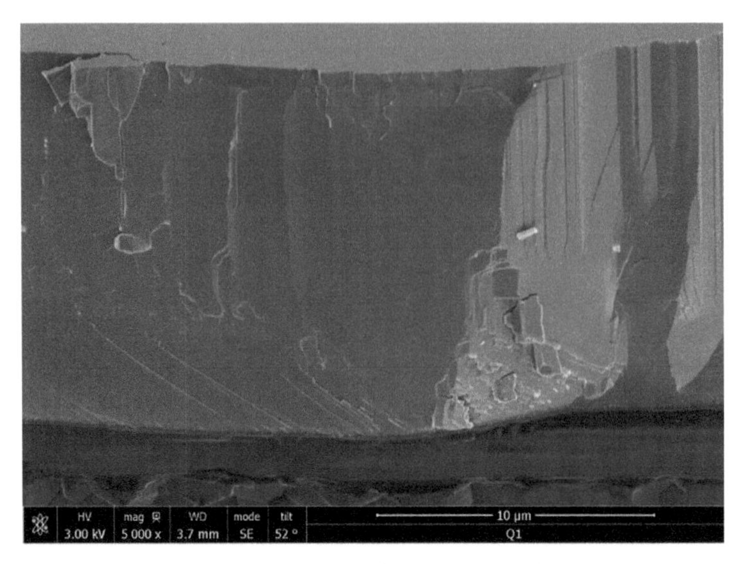

图 12.8　16μm GaN 外延层的 SEM 截面

图 12.9 显示了通过热反射法测量的 5μm GaN-on-QST 的热导率。从图中可以看出，热导率接近 GaN 体材料的热导率，表明材料质量良好。下一节将说明，GaN-on-QST 外延层的这种高导热特性直接改善了 GaN-on-QST 器件的热响应。

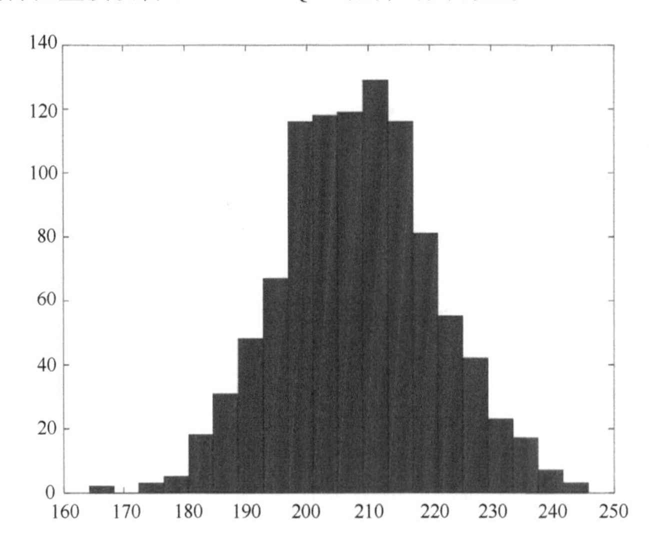

图 12.9　5μm GaN-on-QST 热导率的块状图，图中表明 GaN-on-QST 薄膜质量良好（由美国佐治亚理工学院 Sam Graham 教授等人提供）

表 12.1 中的 XRD 数据提供了关于 GaN-on-QST 层质量的进一步信息。从表中可以看出，5μm GaN-on-QST 外延层实现了 300 arcsec（002）和 370 arcsec（102）的非常好

的 XRD FWHM，并且随着 GaN 外延厚度的增加，外延层的质量将进一步提高。这些显著的结果主要得益于 QST 与 GaN 的良好 CTE 匹配减少了应变并提高了 GaN 外延层的质量。在没有 CTE 匹配的情况下，常见的观察结果是在一定厚度之后 GaN XRD FWHM 的质量下降。然而，对于 QST，XRD FHWM 随着厚度的增加而改善。此表中展示的 30μm GaN-on-QST 的 XRD FWHM 也是 QST 能够实现极高质量和非常厚的 GaN-on-QST 外延层的另一个显著证据，该外延层适用于垂直器件。

表 12.1　不同厚度 GaN-on-QST 外延层的 XRD 摇摆曲线的 FWHM 值

外延层厚度/μm	X 射线 FWHM（002）/arcsec	X 射线 FWHM（102）/arcsec
5	300	370
7.6	288	360
16	182	325
18	147	211
30	140	155

表 12.2 提供了具有不同缓冲厚度的 GaN-on-QST 中 2DEG 结构的霍尔特性数据，这些不同厚度缓冲层的 GaN-on-QST 目标是用作满足功率开关的一系列阻断电压范围。从表中可以看出，对于所有厚度，都表现出非常好的 2DEG 质量。

表 12.2　GaN-on-QST 的 2DEG 参数与外延层厚度和目标阻断能力

阻断能力/V	GaN 外延层厚度/μm	2DEG 层密度/cm^{-2}	迁移率/[cm^2/(V·s)]	薄层电阻/(Ω/□)
200	3	1.0E13	1300	480
650	6.5	5.3E12	1860	630
650	6.5	1.1E13	1587	370
1200	10	7E12	1500	400

GaN-on-QST 外延层的电压阻断能力也通过使用图 12.10 所示的结构来表征，以及在去除 2DEG 层和与 Si 层的电接触之后，通过放置在蚀刻表面上的焊盘进行垂直电流阻断测试。如图 12.11 所示，对于 15μm 的外延层厚度，在晶片上均匀地实现了 1800V 的阻断电压。

这些结果证明了 GaN-on-QST 的卓越品质和该技术对高压功率器件的适用性。

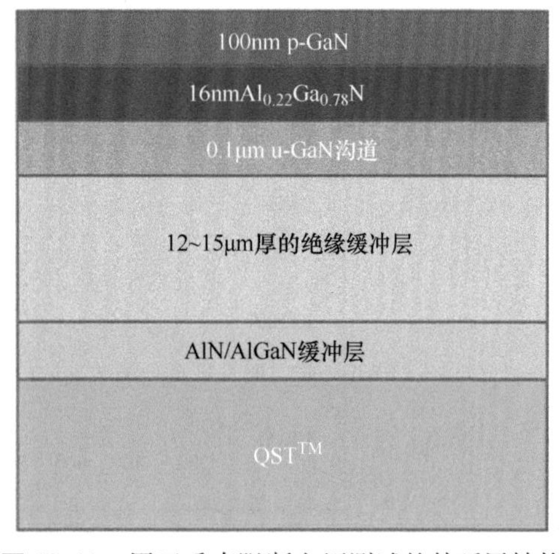

图 12.10　用于垂直阻断电压测试的外延层结构

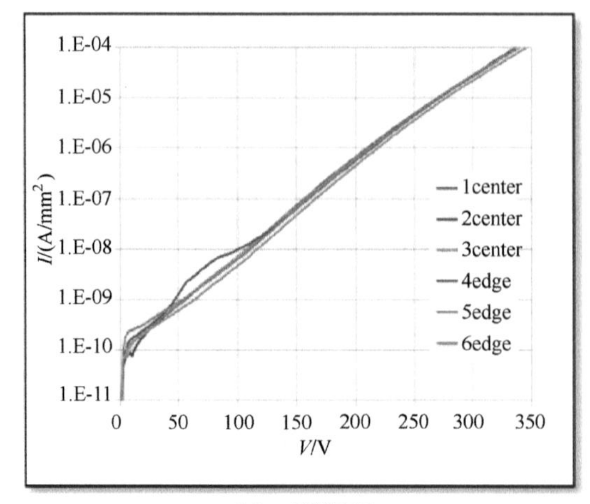

2.5μm厚缓冲层

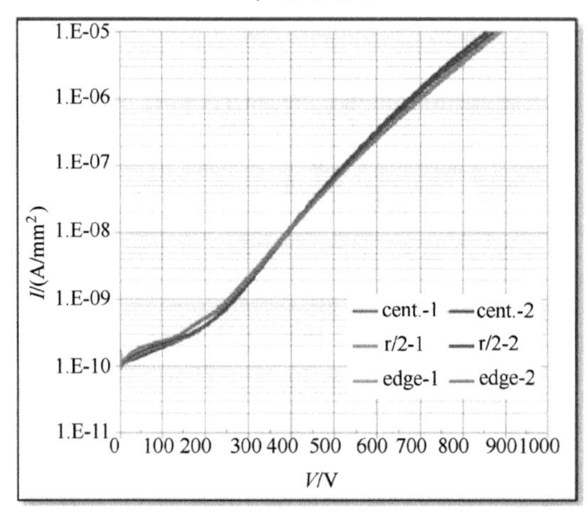

6.5μm厚缓冲层

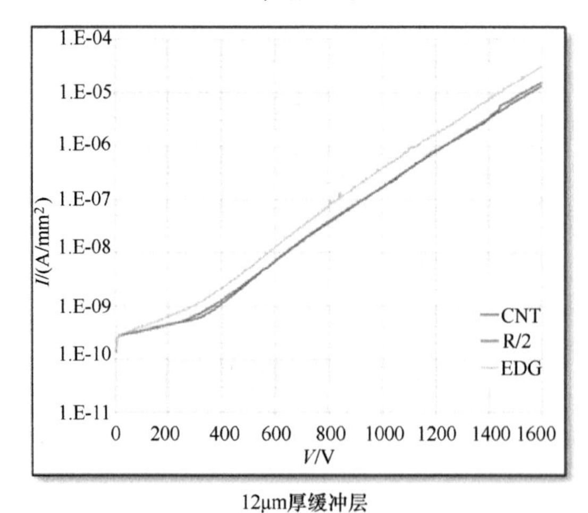

12μm厚缓冲层

图 12.11　在 8in 晶片不同位置上的垂直阻断能力与缓冲层厚度的关系

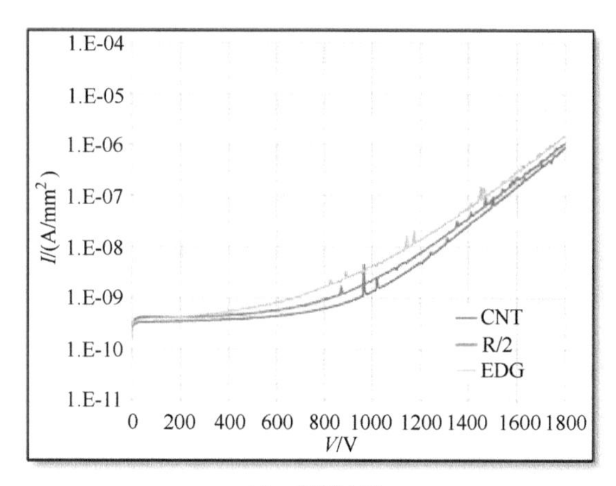

15μm厚缓冲层

图 12.11　在 8in 晶片不同位置上的垂直阻断能力与缓冲层厚度的关系（续）

12.5　功率器件

功率转换器件是功率转换系统的关键组件，其必须满足严格的性能、可靠性和成本等要求。系统级约束要求功率转换子系统针对成本、可靠性、效率、电磁兼容性、尺寸和重量进行优化。这些相互冲突的优化目标使得有必要将功率器件作为系统组件来考虑和评估。

从系统级的角度来看，半导体材料的热阻率，以及更一般用于制造和封装器件的材料系统部件的热阻率，是关键参数。尽管材料的击穿场强和迁移率通常被用于比较半导体的性能潜力，但材料系统可实现的热阻对最终功能和可实现的性能有很大影响。

目前，已经使用同质外延 Si 和最近的同质外延 SiC 制造了典型的功率器件。低缺陷密度和良好质量的单晶 Si 和 SiC 衬底的可获得性导致了简单的后端制造过程，该后端制造过程包括晶片的减薄以降低热阻，以及通过在铜合金板上焊接的方式进行封装。除了 TO220、TO247 以及各种 PQFN 和芯片级封装等常用功率封装外，最高功率的硅器件还采用了支持双面冷却的封装方法。

对于 GaN 和其他需要异质外延的材料，由于两个原因，封装工艺变得更加复杂：

1）材料系统现在结合了非天然基底和各种界面，这些都引入了热阻。

2）管理由晶格和热膨胀系数失配的异质外延应力的需要，延伸到了晶片减薄和封装。

利用 GaN-on-QST，很大程度上将消除由于 CTE 失配导致应力的不足，并且晶片可以容易地减薄到 100μm 或更薄，甚至衬底可以被去除以完全消除衬底和电介质层的热阻。此外，AlN 芯陶瓷的绝缘性质使得散热器能够与高压电源电隔离。因此，通过提供高热导率、低应力和高绝缘衬底，QST使得有机会改善GaN HEMT器件性能，从而可以实现如BFOM所预测器件的全部本征性能。

表12.3列出了代表Si、SiC和GaN功率器件技术的三种最新器件的数据手册规格。表12.3还给出了与功率开关转换器相关的品质因数（根据所列数据手册数值进行计算获得）。从表12.3中，我们可以得出以下结论：

1）GaN器件具有最佳（最低）$R_{on}C_g$ 和 $R_{on}Q_g$ 性能。

2）Si具有最好的 $R_{on}C_{oss}$。

3）Si和GaN技术的 $R_{on}E_{oss}$数值相似。

4）GaN器件具有最好的 $R_{on}Q_{oss}$，并且在这方面比Si好得多。

表12.3　同类最佳器件的器件指标比较

	硅MOS	SiC MOS	GaN场效应晶体管
型号	IPL60R105P7	C3M0060065D	IGO60R070D1
击穿电压 V_B	600	650	600
最大脉冲电流 I_{pulse}	100	53	60
最大值工作电流 I_{DSmax}/A	33	35	31
导通电阻 $R_{DS(on)}$/mΩ	105	60	70
输入电容 C_{iss}/pF	1952	1020	380
栅电荷 Q_g/nC	45	46	5.8
输出电容 C_{oss}/pF	33	80	72
开关损耗 E_{oss}/μJ	5	15	6.4
$R_{on}C_{iss}$/(Ω·pF)	204.9	61.2	26.6
$R_{on}C_{oss}$/(Ω·pF)	3465	4800	5040
$R_{on}E_{oss}$/(mΩ·μJ)	525	900	448
$R_{on}Q_g$/(mΩ·nC)	4725	2760	406
$R_{on}Q_{oss}$/(mΩ·C)，近似值	25000	4000	3000

虽然由于GaN HEMT是横向型而Si和SiC器件是纵向型器件，使比较变得复杂，但是仍然可以分析影响上述参数的主要因素。除其他因素外，栅极电容与由栅极长度和栅极宽度的乘积确定的栅极面积有关。并且，至少在与优化的器件结构相关的参数的一定范围内，输出电容和输出电荷与器件有源面积成比例。

显然，当比较 $R_{on}C_{oss}$和 $R_{on}E_{oss}$时，没有观察到从Baliga的FOM预期的GaN和SiC器件的优越性质。虽然SiC器件可能被优化到其极限，但该观察结果表明，如果可以通过减小栅极-漏极间距、优化外延层结构和减小热阻来减小器件面积，则GaN器件的性能还有改进的空间。QST提供了一种热性能平台，能够在大面积衬底上生长高质量的厚外延层，并提供高性能和大规模 GaN 功率器件所需的成本、规模和性能要求。

下面，我们提供的结果将表明：

1）GaN-on-QST HEMT 提供最先进的性能。

2）GaN-on-QST 通过简单的衬底移除来支持纵向器件。

下面的这些结果将表明，GaN-on-QST 的能力将使 GaN 技术的下一步发展成为可能，该技术将提供高性能功率器件，能够满足电力电子行业新的高质量应用（如太阳能逆变器和汽车电机驱动器）的性能、成本和规模要求。

12.5.1　QST 上的横向功率器件

Qromis 已与 IMEC 合作，验证 QST 平台用于横向功率器件的能力。只需稍作修改，IMEC 最先进的 p-GaN 栅极、*E*-mode GaN-on-SOI 晶体管工艺可以被用于制造 GaN-on-QST。

IMEC 用于生产 p-GaN 栅 HEMT 的外延层是在 Aixtron MOCVD 系统中使用 Aixtron G5+C 行星式反应器在 200mm（8in）GaN-on-QST 晶片上生长。外延层结构由 5μm 的缓冲层、GaN 沟道、AlGaN 势垒和 p-GaN 帽。在 QST 外延片上开发了一种（Al）GaN 缓冲层，通过漏电和色散测量，该缓冲层可在 650V 电压下工作。图 12.12 显示了该缓冲层的垂直泄漏，表明该缓冲层在 25℃时满足 1μA/mm 的规格，在 150℃时满足 10μA/mm 的规格（最高到 700V）。

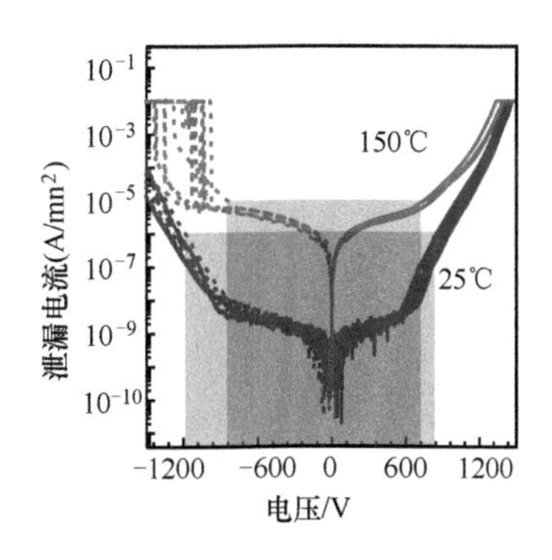

图 12.12　在 25℃和 150℃时，在 200mm GaN-on-QST 衬底上生长的 5.6μm 厚缓冲层的垂直缓冲层泄漏电流

来源：K. Geens et al., 650V p-GaN Gate Power HEMTs on 200mm Engineered Substrates, 2019 IEEE 7th Workshop on Wide Bandgap Power Devices and Applications (WiPDA), 2019, pp. 292-296。

图 12.13 显示了在 25℃和 150℃时，该缓冲层在 650V/10s 背栅应力下的 RTLM 退化速率落在±10%范围内。基于该数据，该缓冲层在高达 150℃条件下具有 650V 的工作电压。

通过蚀刻外延层，并穿过外延层向下到 Si 外延生长表面的通孔来建立背面接触。设计

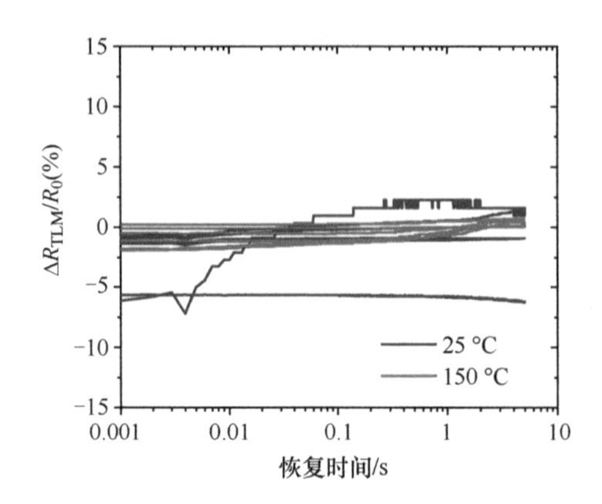

图 12.13 在 25℃和 150℃时，在 Si（111）层上的 650V/10s 背栅应力之后，GaN-on-QST 衬底的缓冲分散的瞬态波形

来源：K. Geens，et al.，650V p-GaN Gate Power HEMTs on 200mm Engineered Substrates，2019 IEEE 7th Workshop on Wide Bandgap Power Devices and Applications（WiPDA），2019，pp. 292-296。

p-GaN 帽以确保 *E*-mode 操作，并且通过 p-GaN 帽的选择性 ICP-RIE 蚀刻来定义 p-GaN 栅极。图 12.14 显示了此处报告器件的显微照片，其中栅极宽度为 36mm，栅极长度为 1.5μm，栅极到漏极间距为 16μm。

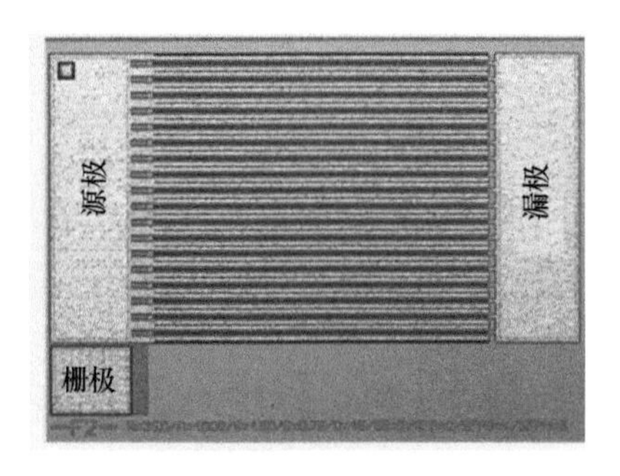

图 12.14 在 QST 衬底上的 36mm p-GaN 栅 HEMT 器件的显微镜图像

来源：K. Geens，et al.，650V p-GaN Gate Power HEMTs on 200mm Engineered Substrates，2019 IEEE 7th Workshop on Wide Bandgap Power Devices and Applications（WiPDA），2019，pp. 292-296。

在图 12.15 中，比较了分别在 200mm GaN-on-QST 衬底上和在 200mm Si 基 GaN 衬底上制造的 p-GaN 栅极 HEMT 功率晶体管的输出特性和转移特性，证明了导通电阻和转移特性的匹配性能。器件的导通电阻为 15Ω · mm，栅击穿电压大于 10V，阈值电压为 2.9V（10μA/mm）。

如图 12.16 所示，器件在 150℃下具有远低于 1μA/mm 的关态漏极泄漏电流，且在硬击穿之前，至少 200V 的裕度。

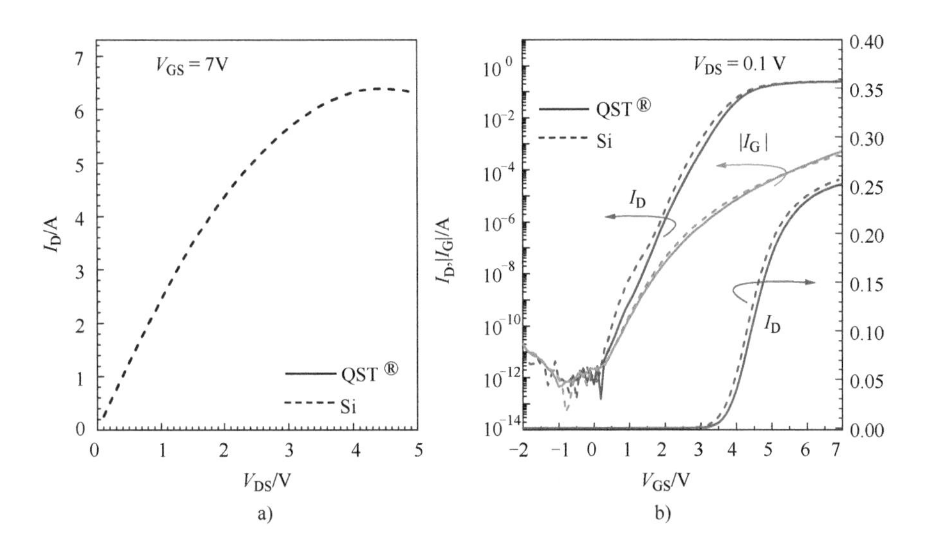

图 12. 15　在 200mm Si 基 GaN 和 GaN-on-QST 衬底上制造的 p-GaN 栅功率 HEMT 的 a）输出特性和 b）转移特性的比较

来源：K. Geens, et al., 650V p-GaN Gate Power HEMTs on 200mm Engineered Substrates, 2019 IEEE 7th Workshop on Wide Bandgap Power Devices and Applications (WiPDA), 2019, pp. 292-296。

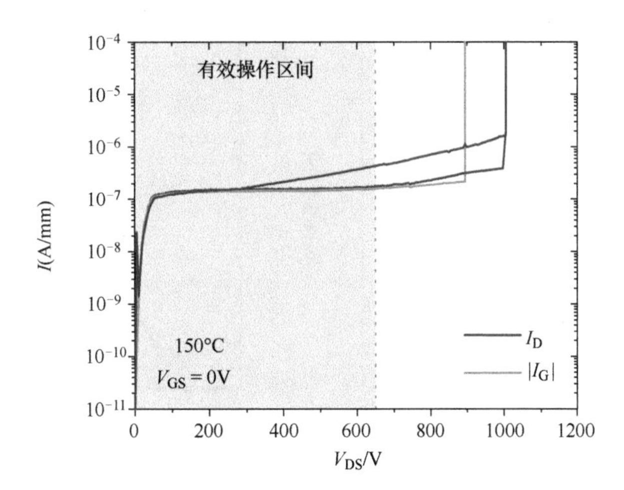

图 12. 16　在 150℃下，在 200mm GaN-on-QST 衬底上的 36mm p-GaN 栅功率 HEMT 的关态泄漏特性（V_{GS} = 0V），其中 Si（111）层接地，测量直到硬击穿，显示至 650V 工作电压至少还有 200V 的裕量

来源：K. Geens, et al., 650V p-GaN Gate Power HEMTs on 200mm Engineered Substrates, 2019 IEEE 7th Workshop on Wide Bandgap Power Devices and Applications (WiPDA), 2019, pp. 292-296。

所制备的功率 HEMT 的 *C-V* 特性如图 12. 17 所示，图中显示了 GaN HEMT 具有预期的优异栅极电容特性。

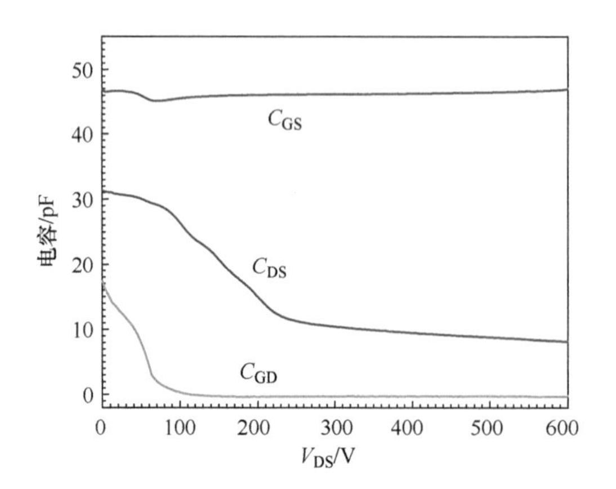

图 12.17 25℃时，在 200mm GaN-on-QST 上制备的 36mm p-GaN 栅功率 HEMT 的 C-V 特性

来源：K. Geens, et al., 650V p-GaN Gate Power HEMTs on 200mm Engineered Substrates," 2019 IEEE 7th Workshop on Wide Bandgap Power Devices and Applications (WiPDA), 2019, pp. 292-296。

在单个器件上进行高温反向偏压（HTRB，见图 12.18）和高温栅极偏置（HTGB，见图 12.19）的应力测试表明，器件可以承受两种高温应力，而晶体管特性只有很小的变化。

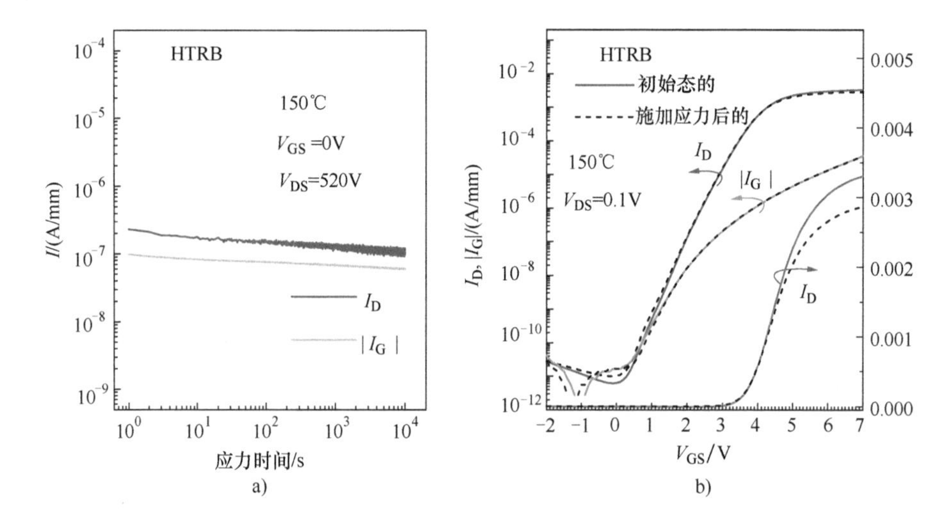

图 12.18 a）在 HTRB 应力下，200mm GaN-on-QST 衬底上的 36mm p-GaN 栅功率 HEMT 的漏极和栅极泄漏电流；b）在 150℃下，在 HTRB 应力前后的栅极和漏极电流的比较

来源：K. Geens, et al., 650V p-GaN Gate Power HEMTs on 200mm Engineered Substrates, 2019 IEEE 7th Workshop on Wide Bandgap Power Devices and Applications (WiPDA), 2019, pp. 292-296。

总的来说，这种 CMOS 兼容技术在 600V 的应用领域（如电动机驱动）非常有前景，因为可以同时满足晶片规模和缓冲层厚度。此外，我们已经看到，在硅衬底上，

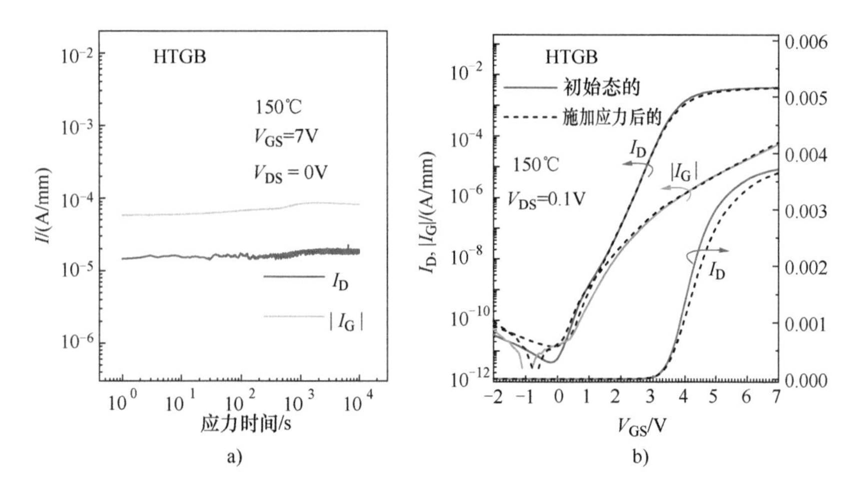

图 12.19　a）在 HTGB 应力下，200mm GaN-on-QST 衬底上的 36mm p-GaN 栅功率 HEMT 的漏极和栅极泄漏电流；b）在 150℃下，在 HTRB 应力前后的栅极和漏极电流的比较

来源：K. Geens, et al., 650V p-GaN Gate Power HEMTs on 200mm Engineered Substrates, 2019 IEEE 7th Workshop on Wide Bandgap Power Devices and Applications（WiPDA），2019，pp. 292-296。

可以生长的缓冲层厚度是有限的。QST 衬底的应用克服了该限制，同时使得在 SEMI 标准衬底厚度上的处理成为可能，并且这与增加的衬底尺寸相结合。

12.5.2　QST 上的垂直功率器件

通过金属有机化学气相沉积（MOCVD）在 150mm QST 衬底上生长 GaN 外延层。这些外延层由 2μm GaN 成核层、1.3μm n^+ GaN：Si 接触层（$N_d = 5\times10^{18}\text{cm}^{-3}$）和 12.3μm n-GaN 漂移层（$N_d<1\times10^{16}\text{cm}^{-3}$）组成。

如图 12.20 所示，150mm 晶片（见图 12.21）切割成 10mm×10mm 的样品，并通过电子束蒸发和剥离来沉积 Ni/Au（200/2000nm）肖特基接触。然后将样品倒置并用蜡固定在载体晶片上。将样品浸入化学蚀刻试剂中以底切并将样品从 QST 衬底上剥离。然后，用 45% KOH 溶液腐蚀 GaN 过渡层。之后，再电镀 30μm 的 Cu 之前沉积 Cr/Au（5/100nm）种子层。最后，通过将样品浸泡在二甲苯中除去蜡，完成垂直精馏过程。

用顶部肖特基金属上的阳极和晶片试样背面上电镀 Cu 的阴极进行电学表征。使用 Keithley 4200A-SCS 参数分析仪来表征导通特性，而使用 Keithley 237 高压源测量单元来表征击穿特性。GaN 薄膜是坚固的，并且容易承受探测，在表征过程中不会破裂。

如图 12.22b 所示，肖特基势垒二极管的正向导通特性显示出了高开关比，理想因子 n 约为 2。该结果来自 250μm 直径的点，其代表了整个样品中的器件。

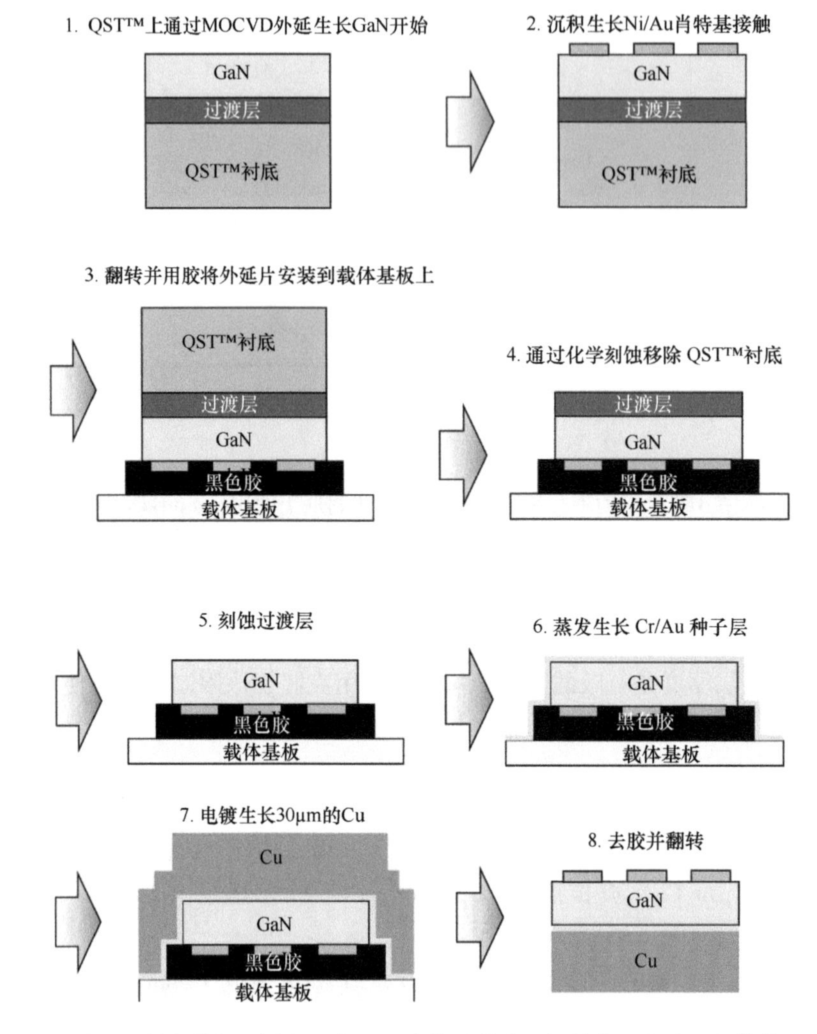

图 12.20　从工程衬底获得无衬底垂直 GaN 肖特基势垒二极管的工艺流程的横截面示意图

来源：A. D. Koehler，L. E. Luna，M. J. Tadjer，O. Aktas，T. J. Anderson，K. D. Hobart，F. J. Kub，Fabrication of True Vertical GaN Schottky Diodes from 150mm Engineered Substrates，CS Mantech Conf. Digest 14.9，2018。

肖特基势垒二极管的反向击穿特性显示出了 782V 的大击穿电压（V_{BR}）（见图 12.22a）。然而，该肖特基势垒二极管没有设计结终端或表面钝化。击穿测量在真空探针台中进行。

在大面积（150mm）衬底制造真正垂直的 GaN 肖特基势垒二极管已被报道。先生长 GaN 外延层，并在工程衬底上制造二极管，然后，移除基板，并形成阴极。正向和反向 *I-V* 特性显示了该技术支持具有相对较厚外延层（>10μm）的低成本、高均匀性垂直 GaN 器件的潜力。

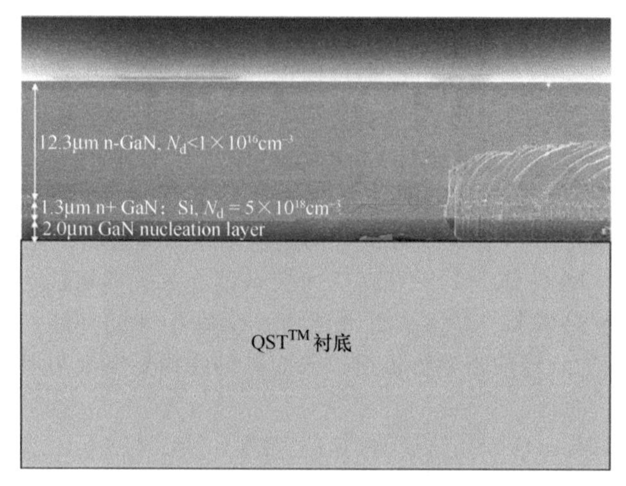

图 12.21 在 QST 衬底上生长的用于制备垂直二极管的外延层的扫描电子显微镜截面

来源：A. D. Koehler, L. E. Luna, M. J. Tadjer, O. Aktas, T. J. Anderson, K. D. Hobart, F. J. Kub, Fabrication of True Vertical GaN Schottky Diodes from 150mm Engineered Substrates, CS Mantech Conf. Digest 14.9, 2018。

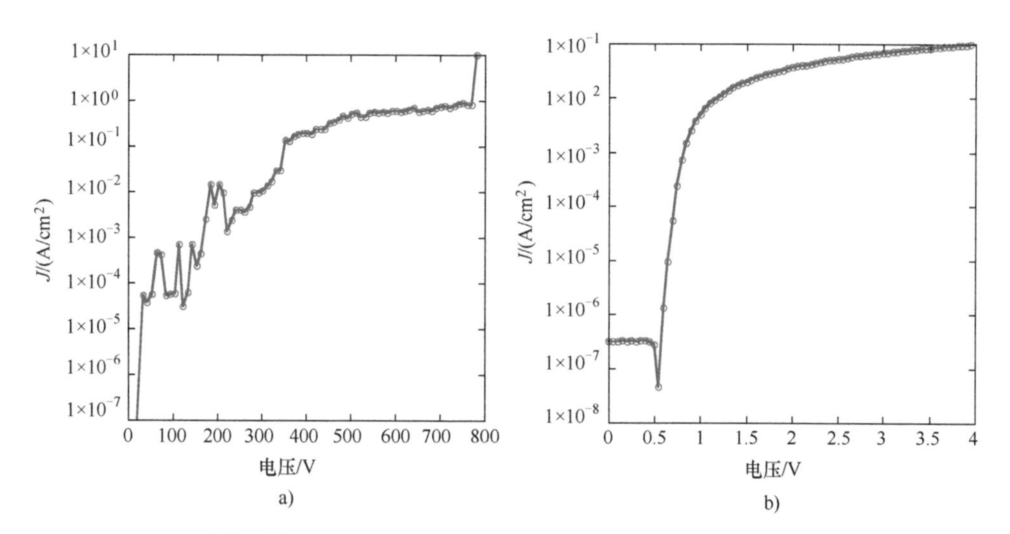

图 12.22 a）肖特基势垒二极管的正向导通特性；b）肖特基势垒二极管的反向击穿特性

来源：A. D. Koehler, L. E. Luna, M. J. Tadjer, O. Aktas, T. J. Anderson, K. D. Hobart, F. J. Kub, Fabrication of True Vertical GaN Schottky Diodes from 150mm Engineered Substrates, CS Mantech Conf. Digest 14.9, 2018。

12.6 射频器件

GaNRF 器件的先进性能使得 GaN-RF-HEMT 成为军用射频前端应用中的主导技术，在这些应用中，成本的要求较低，相比性能和体积的考虑是次要的。随着 GaN 器件越来越多地用于民用，其在用于低成本、高性能、大规模和高集成度的 GaN-HEMT 前端的吸引力也越来越大。这些需求可以通过使用 8in QST 平台制造基于 GaN-HEMT 的晶体管、功率放大器和 MMIC 来满足。

尽管 QST 核心具有高度绝缘性，但 Si（111）生长层的存在呈现出与在 Si 基 GaN RF 电子器件中观察到的相同的界面导电性问题。QST 的关键优点是该 Si（111）层非常薄（约 0.5μm），并且可以被设计为高电阻，从而使整个结构变为高电阻，因此在与 HR Si 晶片一起应用时并不存在任何技术难点及成本问题。基于 8in 的 QST 平台能够以 Si 基 GaN 成本水平提供接近或优于 SiC 基 GaN 的性能。此外，QST 提供了生长厚 GaN 层的能力，这使得能够将衬底表面处的任何导电层与 HEMT 器件 2DEG 有源区分离。

Si 基 GaN 和 GaN-on-QST 晶体管的小信号特性如图 12.23 所示。尽管 QST 上的晶体管是在基于功率器件优化缓冲层上制造的，但两种器件都具备相当的性能，表明 QST 技术具有良好的 RF 能力。

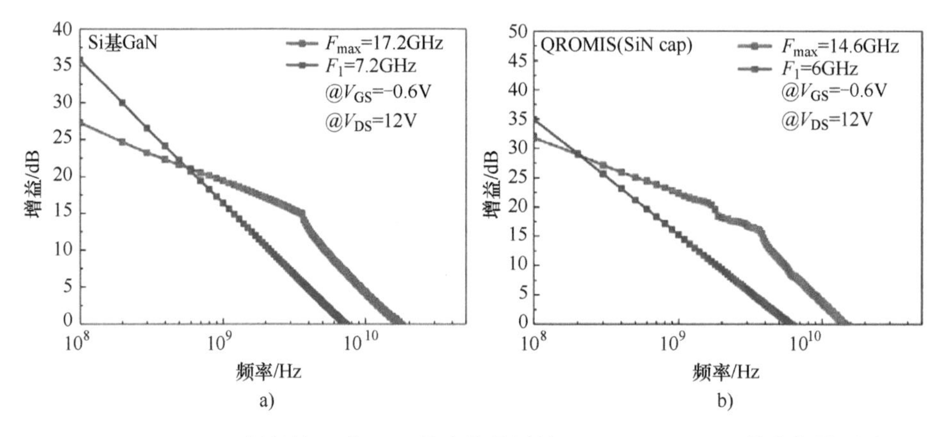

图 12.23 a）1μm 栅长的 Si 基 GaN 的小信号测量；b）GaN-on-QST 的小信号测量。结果表明 QST 晶体管的性能与 Si 类似

热阻是决定射频晶体管性能的重要因素。对于相对较低的功率水平，RF 晶体管仅由几个栅指组成，因此与大面积功率晶体管上主要的一维热传输本质相比，呈现出不同的沟道热分布。由于插指的数量较少，外延层中热量的横向扩散将热量分布在比栅极区域更大的有效区域上，并降低了 QST 的界面和工程包裹层的热阻的影响。因此，厚 GaN 层的高导热性和 QST 核心的高导热性有助于为 GaN-on-QST 产生与 Si 基 GaN 相比更低的热阻，图 12.24~图 12.26 是来自两个独立研究小组的数据。图 12.26 中的结果清楚地证明了 GaN-on-QST 外延层中热的横向扩散的改善。

图 12.27 显示了一个在 GaN-on-QST 上制备的具有 L_G = 25μm 和 W_G = 100μm 的 RF 器件的详细 *I-V* 和 RF 特性。该器件表现出了非常好的 *I-V* 特性和 RF 特性，其相当于类

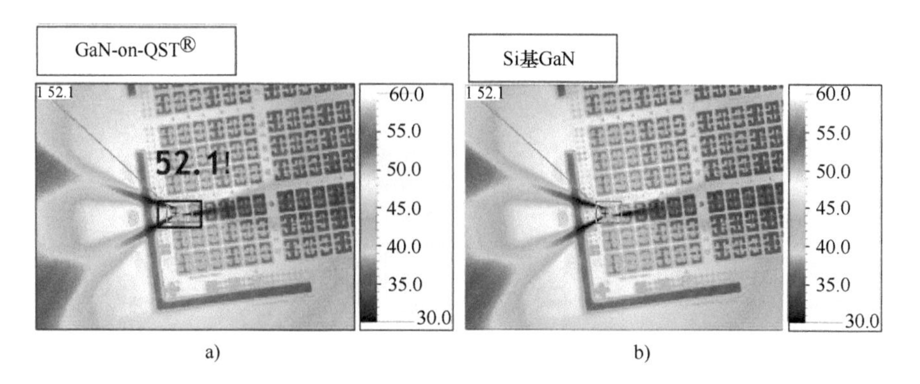

图 12.24　电流密度为 500mA/mm 时，a）GaN-on-QST 与 b）Si 基 GaN 上 RF 晶体管的稳态热性能

来源：C. R. Huang et al., Monolithically Integrated GaN Power and RF ICs on 150mm Poly-AlN for Envelope Tracking Power Amplifier Applications, CS Mantech Conf. Digest, May 2021。

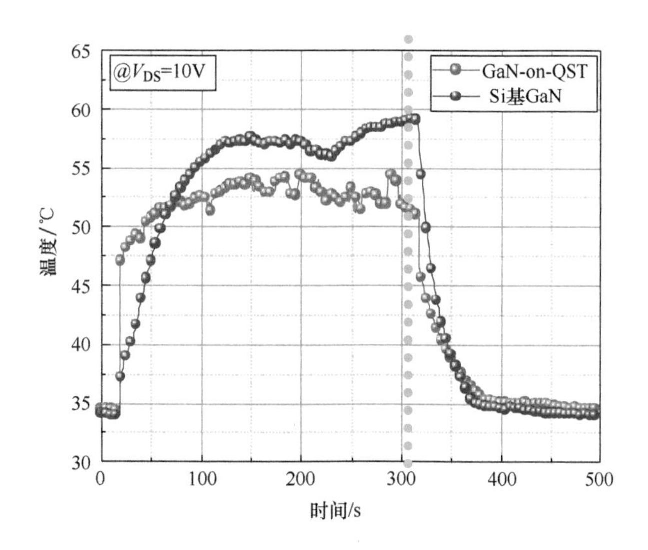

图 12.25　电流密度为 500mA/mm 时，GaN-on-QST 与 Si 基 GaN 上 RF 晶体管的瞬态热性能

来源：C. R. Huang et al., Monolithically Integrated GaN Power and RF ICs on 150mm Poly-AlN for Envelope Tracking Power Amplifier Applications, CS Mantech Conf. Digest, May 2021。

似的 Si 基 GaN 晶体管的特性。使用 RF 探针在 GaN-on-QST 晶片上测试的 RF 器件在 28V 和 3.5GHz 下具有饱和 P_{out} = 26dBm（400mW），最大输出达到 4W/mm。

用于 GaN-RF 电子器件的 8in QST 平台的优势源于在 QST 上生长高质量且均匀的外延层和 HEMT 结构的能力，源于薄 Si 外延层起始层的有限 RF 损耗，源于利用厚外延层将有源区推离热界面的热优势，以及易于移除以进一步提高性能的高导热衬底。

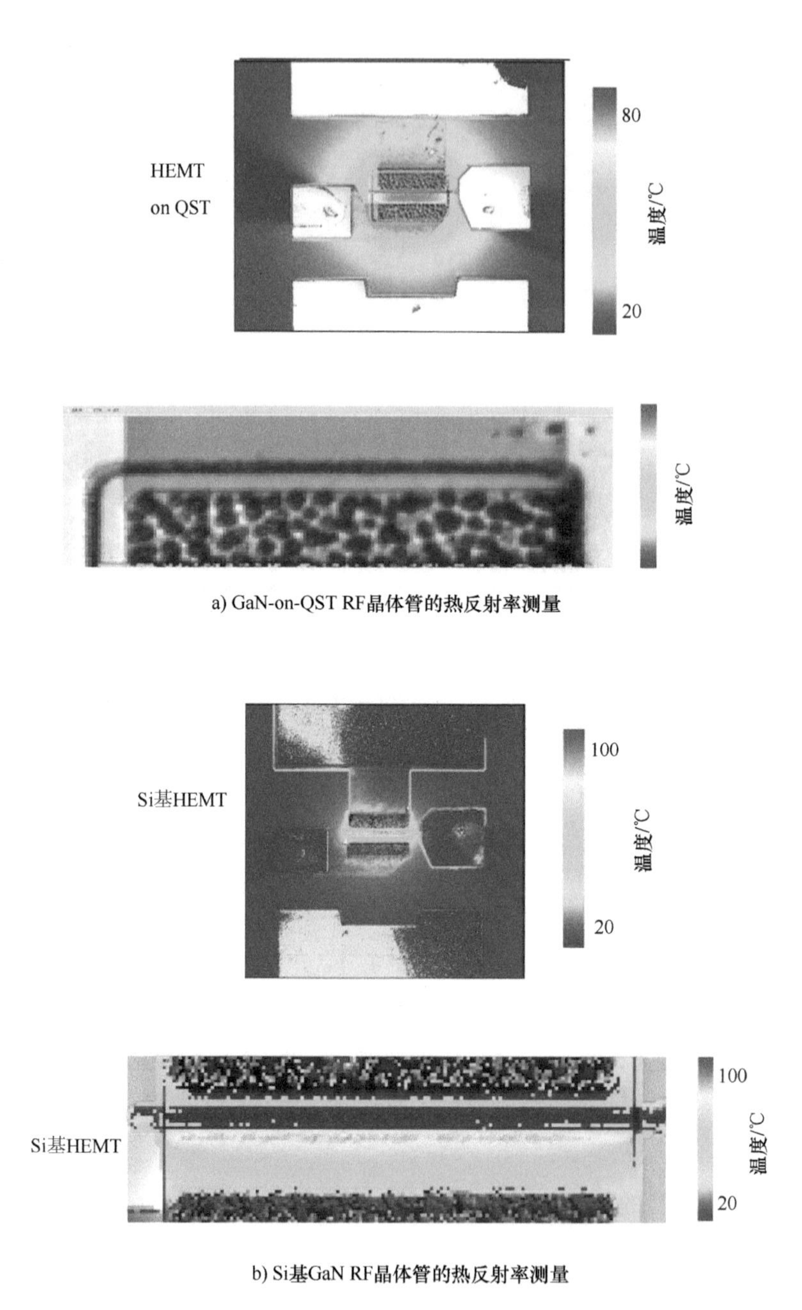

a) GaN-on-QST RF晶体管的热反射率测量

b) Si基GaN RF晶体管的热反射率测量

图 12.26　GaN-on-QST RF 晶体管的热反射测量

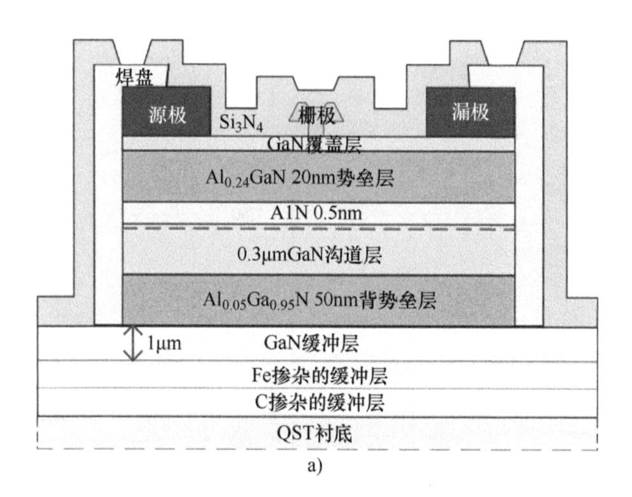

a)

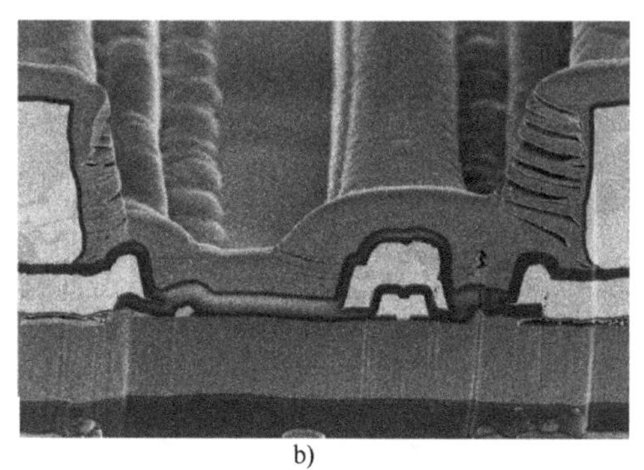

b)

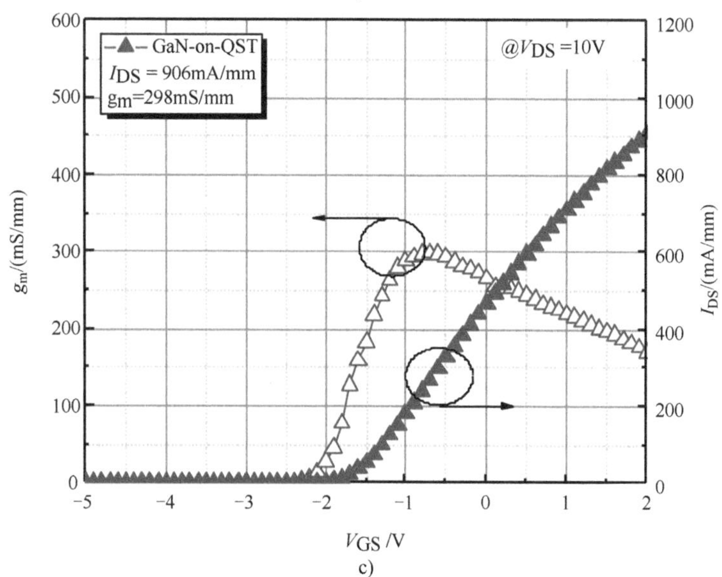

c)

图 12.27　a）用于在 QST 上验证 RF 性能的 GaN 晶体管的结构；b）基于 QST 的 HEMT 晶体管的 SEM 截面；c）GaN-on-QST RF 晶体管的传输特性；

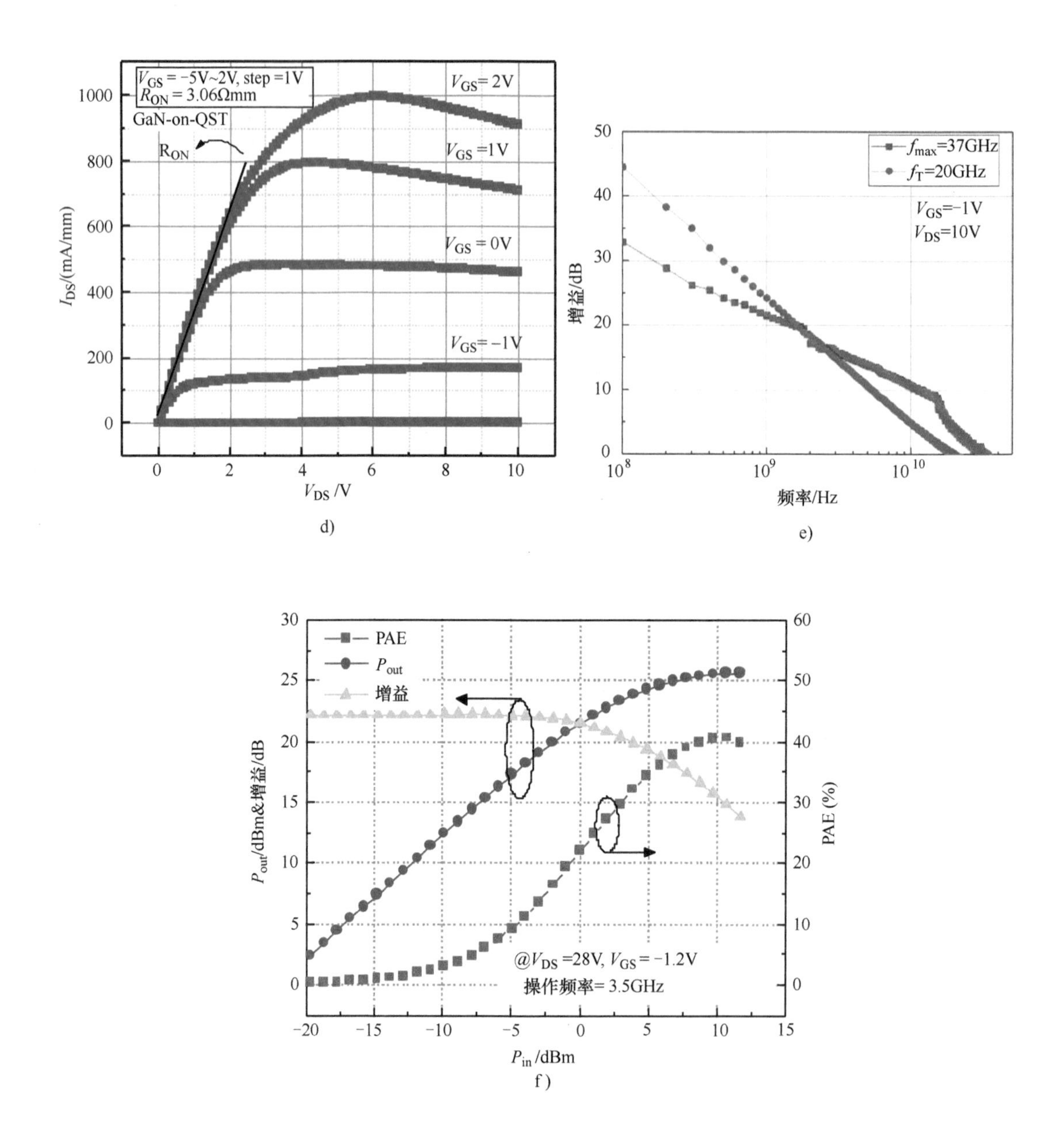

图 12.27 d）GaN-on-QST RF 晶体管的输出特性；e）GaN-on-QST RF 晶体管的增益特性；f）GaN-on-QST RF 晶体管的负载牵引功率特性（续）

致谢

我们衷心感谢 Hsien-Chin Chiu 教授、Chong-Rong Huang 教授、Chia-Hao Liu 教授、Hsiang-Chun Wang 教授和 Chao-Wei Chiu 教授对在克莱蒙特研究生大学（Claremont Graduate University，CGU）的 Hsien-Chin Chiu 教授团队工作所做出的贡献。

我们感谢 Karl Hobart 博士、Travis Anderson 博士和 Andrew Koehler 博士对美国海军研究实验室（United States Naval Research Laboratory，NRL）工作的贡献。

我们也非常感谢 Karen Geens 博士、Stefan Decoutere 博士、Ming Zhao 博士、Wei Guo 博士、Dirk Wellekens、Niels Posthuma 博士、Xiangdong Li 博士对微电子研究中心（Interuniversity Microelectronics Centre，IMEC）工作的贡献和支持，以及 Dirk Fahle 博士和 Michael Heuken 教授对 Aixtron 工作的贡献和支持。

参考文献

[1] P. Parikh, Y. Wu, L. Shen, Commercialization of high 600V GaN-on-silicon power devices, in: H. Okumura, H. Harima, T. Kimoto, M. Yoshimoto, H. Watanabe, T. Hatayama, Y. Sano (Eds.), Silicon Carbide and Related Materials 2013, Pts 1 and 2, 778–780, 2014, pp. 1174–1179.

[2] Y. Ni, et al., Effect of AlN/GaN superlattice buffer on the strain state in GaN-on-Si(111) system, Jpn. J. Appl. Phys. 54 (1) (2015) 015505, https://doi.org/10.7567/JJAP.54.015505.

[3] V. Odnoblyudov, C. Basceri, O. Aktas, 200mm GaN power—technology status on QST® platform, in: Presented at the ICNS-13, 2019.

[4] T.J. Anderson, et al., Electrothermal evaluation of thick GaN epitaxial layers and AlGaN/GaN high-electron-mobility transistors on large-area engineered substrates, Appl. Phys. Express 10 (12) (2017), https://doi.org/10.7567/APEX.10.126501.

[5] T.J. Anderson, et al., Lateral GaN JFET devices on 200 mm engineered substrates for power switching applications, in: 2018 IEEE 6TH Workshop on Wide Bandgap Power Devices and Applications (WIPDA), 2018, pp. 14–17.

[6] T.J. Anderson, et al., Lateral GaN JFET devices on large area engineered substrates, ECS J. Solid State Sci. Technol. 8 (12) (2019) Q226–Q229, https://doi.org/10.1149/2.0091912jss.

[7] X. Li, et al., Demonstration of GaN integrated half-bridge with on-chip drivers on 200-mm engineered substrates, IEEE Electron Device Lett. 40 (9) (2019) 1499–1502, https://doi.org/10.1109/LED.2019.2929417.

[8] A. Zubair, J. Perozek, J. Niroula, O. Aktas, V. Odnoblyudov, T. Palacios, First Demonstration of GaN Vertical Power FinFETs on Engineered Substrate, IEEE, 2020. 2020 Device Research Conference.

[9] X. Li, et al., Integration of 650 V GaN power ICs on 200 mm engineered substrates, IEEE Trans. Semicond. Manuf. 33 (4) (2020) 534–538, https://doi.org/10.1109/TSM.2020.3017703.

第13章

用于电子器件散热的低应力纳米金刚石薄膜

Tatyana I. Feygelson、Marko J. Tadjer、Karl D. Hobart、Travis J. Anderson 和 Bradford B. Pate

美国海军研究实验室

13.1 引言

本章综述了美国海军研究实验室（United States Naval Research Laboratory，NRL）制备纳米金刚石（Nanocrystalline diamond，NCD）所用的化学气相沉积（CVD）工艺方法，该工艺的重点在于尽可能地减小薄膜应力并提高晶圆级 NCD 薄膜的均匀性。由于单晶金刚石极高的热导率［>2000W/(m·K)］，人们长期以来一直希望将金刚石应用到热管理技术中。相比之下，将纳米金刚石集成到电子器件的工艺制造工序中是一个相对较新的概念。在 NRL，金刚石生长是一个研究了三十多年的课题，直到 2005 年前后，随着 NCD 沉积工艺和材料质量水平的进步，纳米金刚石的热应用才变得可行[1-5]。NRL 开发的 NCD 制造工艺包括衬底籽晶技术，该技术实现了均匀和保形的涂层，初始成核密度高达 $10^{12}cm^{-2}$[1]。基于该工艺，NRL 最终研发出了具有优异物理和机械性能、高 sp^3/sp^2 比率、高一致性和与下层衬底强粘附性的光学质量 NCD 薄膜。与此同时，由于二十多年前人们就发现 GaN 电子器件中存在自热效应[6-8]，因此 GaN 晶体管的热管理一直是一个已知的限制因素。但将这两种材料结合并用于器件热管理的概念是否能够实现将取决于能否在Ⅲ族氮化物表面上进行金刚石的 CVD 生长且不对 GaN 器件造成损伤。

在相关的研究范围内，在 GaN 上沉积 NCD 的早期方法包括降低 NCD 生长温度以抑制 GaN 分解、减少 NCD 热应力并保持器件完整性。然而，由于氢基等离子体 CVD 工艺的恶劣环境，仍然需要保护性的介质阻挡层来防止 GaN 被蚀刻和脱氮。早在 2001 年，Seelmann-Eggebert 就利用这种方法研制出了具有金刚石帽层的 GaN 高电子迁移率晶体管（HEMT）[9]。在他的工作中，NCD 薄膜的生长温度为 500℃，其生长在经 SiN 钝化的完整 GaN HEMT 上，虽然这种方法成功制备了 NCD/GaN HEMT，但低质量的 NCD 和 NCD/SiN/GaN 界面较高的界面热阻降低了器件效率。考虑到上述方法的缺点，

NRL 的研究人员重新设计了器件制备工艺，并引入了“先金刚石后栅极”技术[10]。在沉积栅极金属之前生长 NCD 薄膜，既可以将 NCD 生长温度提高到标称值（700~750℃），以提高金刚石的质量，又可以降低阻挡介质的厚度[11]。即使没有完全消除由 SiO_2 或 SiN 构成的介质阻挡层，但这种方法显著提高了 NCD 薄膜的热导率，最大限度地降低了Ⅲ族氮化物外延层的界面热阻，并在 2010 年首次实现了通过器件表面进行散热的技术[12]。NRL 在 2005—2014 年期间开展了广泛的研究，并发表了大量的文献，这些成果对成功整合 NCD 与Ⅲ族氮化物 HEMT 有很大帮助[10-22]。自 2012 年以来，NRL 的 NCD 研究为理解纳米金刚石薄膜生长初始阶段的机制以及其对材料热导率的影响做出了重大贡献[23-31]。作为 NCD 金刚石器件集成领域的专家，NRL 团队受邀参与美国国防高级研究计划局（DARPA）的金刚石循环赛计划，旨在实现晶圆级器件集成 NCD MP-CVD 沉积工艺的优化。在本章中，我们将分享其重要的研究成果，包括在尽可能减小 NCD 薄膜中的残余应力的同时显著改善 3in 晶圆上 NCD 厚度的均匀性。

13.2 纳米金刚石化学气相沉积

金刚石生长的 CVD 工艺已经在许多基础出版物中进行了广泛的研究和总结。最值得注意的是，Gruen（1999 年）[32]、Butler 和 Sumant（2008 年）[2]、Butler 等人（2009 年）[5]、和 Williams（2011 年）[33]对纳米金刚石的 CVD 进行了全面综述。这些作者深入研究了各种形式的金刚石（多晶、纳米晶、超纳米晶和单晶金刚石薄膜）CVD 的详细情况，同时他们也着重介绍了金刚石的物理和机械性能，指出每种特定阶段的应用都受到材料晶粒尺寸和均匀性的显著影响。由于是多晶和柱状结构，因此纳米金刚石薄膜具有各向异性，但其优异的物理和机械性能、低表面粗糙度（1~20nm rms）、小晶粒尺寸（10~100nm）以及在三维结构上高度共形生长的倾向，使得 NCD 受到了基础和应用研究的关注。在 NRL，研究人员已经在许多功能性衬底（Si、SiC、SiO_2、AlN、AlGaN 和 GaN）上生长出了 NCD 薄膜。这些成果的实现离不开研究人员对 NCD 制备过程中几个关键方面的详细检查。在下文中，我们将讨论①衬底处理，②引晶步骤，③MP-CVD 参数，和④薄膜应力的优化（见图 13.1）。这些步骤中的每一步都有助于提升 NCD 的质量、薄膜的均匀性和对特定应用的适用性。

13.2.1 衬底表面预处理

衬底表面预处理是实现高成核密度、高籽晶分布均匀性和最终薄膜高粘附性的第一个关键步骤。衬底表面预处理的目的是形成有助于金刚石致密均匀成核的表面化学状态。首先，我们必须关注纳米量级上的衬底表面清洁度以及所需化学表面终端的均匀性。在 NRL，衬底表面预处理的程序取决于所涉及的材料，以及是单一材料还是复合材料。例如，使用 3in Si 晶片（厚度为 500μm 和 200μm）作为本工作中的衬底，则

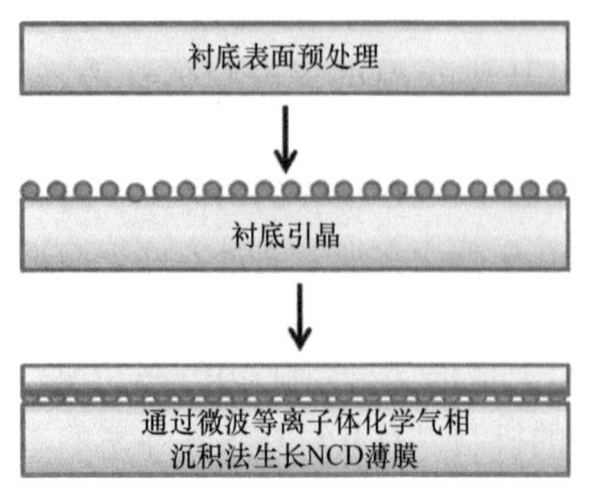

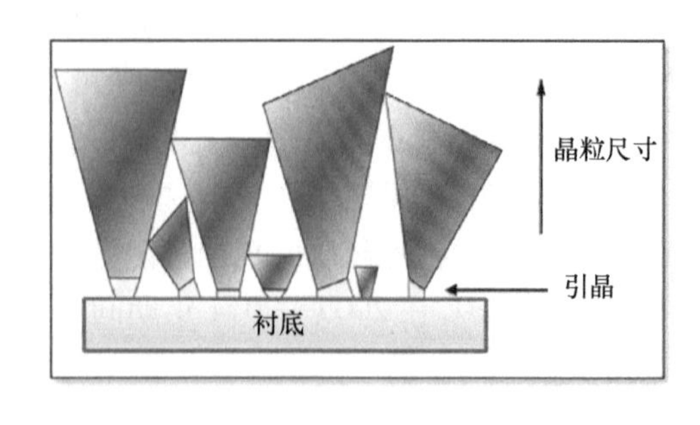

图 13.1 纳米金刚石的生长工序和所制备的柱状结构薄膜[34]

表面处理的程序包括标准清洗步骤（SC-1），该步骤是半导体制造业中 RCA 晶圆清洗工艺的常见部分。在 SC-1 处理期间，会以非常慢的速率除去天然氧化硅薄层以及存在的颗粒和化学杂质，并再生出新的洁净氧化物。

本研究中的所有衬底均在 40℃ 下的 $NH_4OH : H_2O_2 : H_2O = 1 : 1 : 5$ 混合液中进行了 10min 的超声波 SC-1 清洗，然后用去离子（DI）水进行了水浴/冲洗和兆频超声波 DI 水的喷嘴喷雾清洗。该工序在不改变或不损坏衬底表面的情况下实现了化学和颗粒杂质的去除，并使 Si 表面处于亲水状态，在 10Å 天然 SiO_2 层的表面上保留了 Si-O-Si 和 Si-OH 键。

13.2.2 爆轰纳米金刚石引晶工艺

在异质衬底上沉积连续的、高质量的 NCD 薄膜需要在具有高空间均匀性的高密度位置处成核。在过去的 30 年中，人们已经尝试了大量的引晶方法来增加甲烷和氢前驱体的粘附系数，以及抑制在金刚石 CVD 期间衬底表面上形成的非金刚石碳。正如 Williams[33] 所综述的，大多数成核方法需要引入一定程度的表面粗糙度，然后利用一个碳化物层/含碳层来成核，或两者都有。这种方法本身具有很强的破坏性，也很有可能会增加衬底/NCD 的界面热阻，因此这些引晶方法并不适用于微纳电子器件的薄膜成核。但是，爆轰纳米金刚石（DND）的出现和 DND 提纯技术的进步使我们克服了上述大部分问题。纳米金刚石制备，特别是通过爆轰方法，本身就是一门迷人的科学技术，并引发了对这些纳米结构特性（如产量、尺寸、密度、杂质等）的大量研究[35,36]。整个 DND 籽晶制备工艺的详细描述超出了本章的范围，但我们仍建议读者可以参阅上述的参考资料。

根据 Butler 和 Sumant[2] 的描述，Rotter 于 2000 年首次尝试将微米级金刚石悬浮液中的衬底超声处理工艺替换为在 DND 粉末悬浮液中进行，从而实现了 NCD 成核。Rotter 的 DND 成核工序还包括衬底预成核步骤，即引晶前在微波等离子体中使衬底表面碳饱和，从而形成很薄的非晶层[37-39]。该等离子体步骤已经在使用微米级金刚石颗粒悬浮液的早期研究中得到应用。虽然这种技术可以防止过多的碳扩散到衬底中，降低 CVD 生长初期金刚石籽晶等离子体蚀刻的程度，并且通常对某些类型的材料和衬底非常有益，但 NCD 和电子器件结构之间的非晶夹层普遍会增加 NCD/衬底边界热阻并降低 NCD 薄膜的粘附性，这成为该技术的一大弊端。

NRL 改进了 NCD 的成核工序，引入了 DND 粉末预处理步骤，并调整了籽晶悬浮液的制备工艺。上述这些改进，加上一开始对衬底表面的预处理，提高了纳米金刚石籽晶的分布均匀性，成核密度也增加到 10^{12}个/cm^2 以上，并实现了无孔隙的衬底/NCD 界面。对大多数衬底材料来说，有了这种致密的 DND 成核层，就没有必要实现初始碳饱和了。这种生长要求的放宽导致成核密度从小于 10^{10} cm^{-2} 增加到大于 10^{12} cm^{-2}，图 13.2 给出了两种 NCD 薄膜的成核界面（右侧）和生长表面的扫描电子显微镜图[1]。

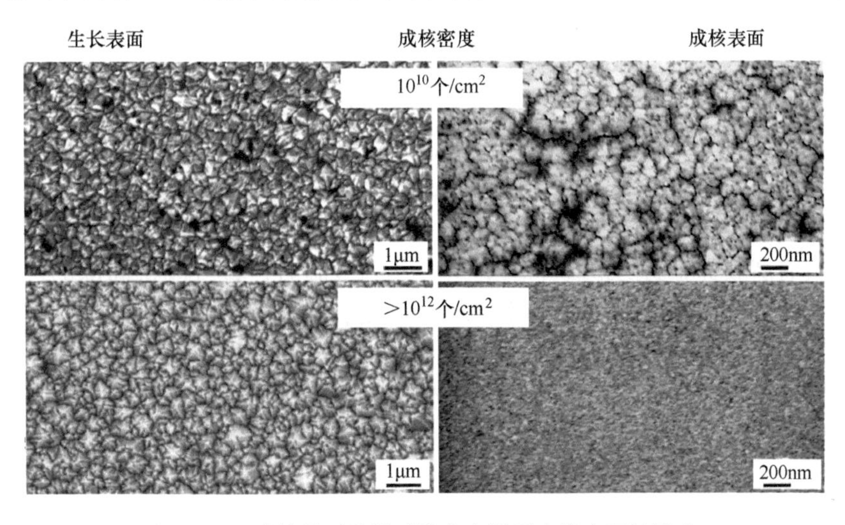

图 13.2 成核界面质量对纳米金刚石生长表面的影响

来源：T. I. Feygelson，J. E. Butler，S. Chattopadhyay，K. H. Chen，L. C. Chen，Elastic，mechanical，and thermal properties of nanocrystalline diamond films，2003。

Butler 和 Sumant 曾研究过 NRL 使用的基于 DND 的引晶工艺，Bai 等人最近又对其进行了回顾，他们使用 NRL 生长的 NCD 薄膜来研究纳米金刚石籽晶尺寸对 NCD CVD 生长速率、晶粒尺寸和所得薄膜热导率的影响[31]。虽然在这项工作中，Bai 比较了不同尺寸和来源的纳米金刚石籽晶，但根据几乎所有的相关报道，对于使用 MP-CVD 方法生长的 NCD 薄膜，NRL 用作籽晶材料的 DND 粉末必须达到以下质量等级：平均一次颗粒尺寸为 4nm 且纯度高于 98%。每个 DND 颗粒都具有高度有序的金刚石核心，其石墨外壳或无定形碳表面上存在着以功能团为结尾的悬挂键[40]。酮、羧基、内酯和羟基基团连接在悬挂键上，使颗粒保持稳定。根据制造商提供的信息，DND 具有令人难以置信的高比表面积（SSA），其数值达到了 300~400m^2/g，并且倾向于形成尺寸超过 100nm 的超紧密团聚体。可以利用多种技术手段将这些团聚体分解为 3~5nm 的单个颗粒，并形成具有表面单终端的 DND[40,41]。NRL 使用的工艺还包括在纯化的氢气中对 DND 粉末进行长时间的分步热退火，这可以去除 H_2O，并将 C=O 还原为 C-O-H，还能形成额外的 C-H 基团。这种在较高温度或较长氢化时间下进行的热退火还可以将羟基（OH）基团完全去除。为了制备籽晶溶液，可以通过高强度的超声处理将氢化的 DND 分散在乙醇中，由此可以得到单分散的纳米金刚石胶体，这种胶体含有带正电荷的纳米颗粒并具备优异的长期稳定性。作为 DND 氢化的结果，颗粒在水和乙醇中的 Zeta 电势（其大小是胶体系统中电势稳定性的标示）会分别增加到大于+65mV 和大于+45mV。注意，如果 Zeta 电势大于+30mV 或是小于-30mV，则认为胶体悬浮液是稳定的。

NRL 用于 NCD 生长的标准引晶工序还包括以下几个步骤：首先在基于乙醇的籽晶溶液中对衬底进行低功率超声处理，然后在乙醇中对衬底进行超声清洗以去除未粘附的颗粒，最后在旋转工具中进行喷雾冲洗/干燥。NRL 对超声处理过程进行了优化，从而保证籽晶溶液一直维持在单分散状态，此时颗粒就会持续地向带相反电荷的衬底表面移动，并通过静电吸引力附着在衬底表面。这一过程不同于机械磨损，其并不会对衬底造成损伤[42]。由于与水相比，乙醇的表面张力较低，因此 NRL 选择乙醇作为籽晶溶液的基液。这种性质在籽晶成型的最后阶段（喷雾-漂洗和干燥步骤）变得非常重要，因为具有高表面张力的液体干燥到最后几滴液滴时，其可能将局部的颗粒从衬底表面拉出，形成分散的微小 DND 颗粒，从而扰乱籽晶的分布均匀性。

经过改进后，DND 在溶液中和衬底上的分布情况如图 13.3 所示。从图中可以看出，在相同的生长条件下沉积在硅衬底上的两种 NCD 薄膜的金刚石晶粒尺寸和织构均匀性都存在差异，虽然两者是在相同的超声处理条件下用相同类型的 DND 粉末成核的，但在 DND 预处理中浸泡衬底的籽晶溶液不同：一种溶液使用氢处理的 DND 粉末，而另一种使用未处理的 DND 粉末。

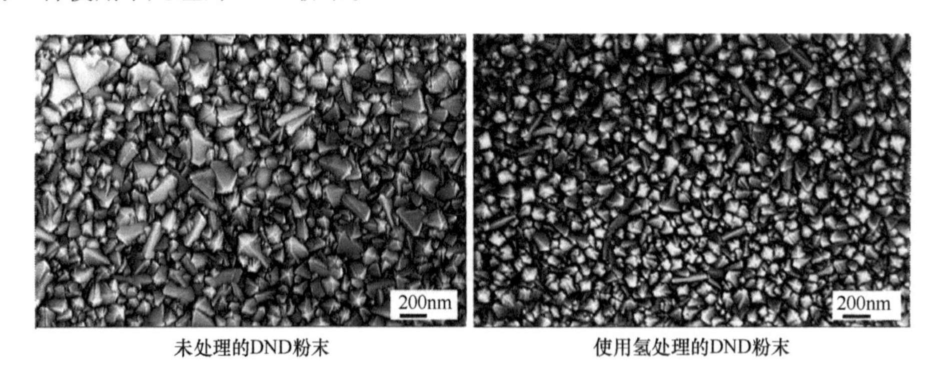

图 13.3　350nm NCD 薄膜织构的 SEM 分析：爆轰纳米金刚石（DND）粉末使用氢处理对纳米金刚石薄膜织构均匀性的影响

衬底表面与纳米金刚石颗粒之间的静电相互作用使得衬底上的成核密度高、纳米颗粒分布均匀，并最终使 NCD 薄膜整体的晶粒尺寸均匀性更好。如图 13.6 所示，本章的后半部分会详细描述 DND 籽晶密度能直接影响 NCD 薄膜的热导率。从图中可以看出，对于相似厚度的 NCD 薄膜，改进的引晶工艺使了热导率提高了约 20%。

13.2.3　纳米金刚石化学气相沉积

可以使用多种 CVD 方法实现 NCD 的生长，包括热丝 CVD（HF CVD）、微波等离子体辅助 CVD（MP-CVD）、DC 辉光放电和电子回旋共振；然而，由于许多实际原因，MP-CVD 是其中最常用的[2,33]。NRL 使用的 MP-CVD 方法已被世界各地的商业金刚石制造商和研究中心广泛接受并成为无污染金刚石生长的标准方法。合成 NCD 的最常见化学物质包括稀释在氢气（H_2）中的甲烷（CH_4）前驱体，其中 CH_4 与 H_2 的比例在确定所得材料的结构、光学、电学和机械性质中起关键作用。NCD 晶粒尺寸、sp^2/sp^3 键价比、杨氏模量、热导率和体缺陷分布均受生长条件的影响[1,43,44]。金刚石生长的化学过程十分复杂，经过几十年的理论和实验研究才发展到我们目前的理解水平[5]。简而言之，我们通过将碳从碳氢化合物前驱体中转移到金刚石晶格中来实现 NCD 的生长。在微波等离子体中产生的氢原子与源烃（在我们的工艺中为 CH_4）反应，产生包含活性含碳自由基的烃类混合物。CVD 工艺的效率取决于高温等离子体中氢原子的丰富度和各种烃相之间转移氢的化学反应的数量。对于顶级质量的 NCD，CH_4/H_2 混合比非常小，例如，Butler 称混合比为 0.3%时，生长出的 NCD 实现了小于 0.1%的 sp^2 成键和大于 1000GPa 的杨氏模量，其表面粗糙度和晶粒尺寸也相对较小但仍然与厚度相关[1]。在低甲烷浓度下，金刚石的二次成核和孪晶过程受到抑制，在前面所述的引晶过程中，沉积在具有随机晶向衬底上的 DND 金刚石籽晶就会严格地遵循竞争生长方式实现 NCD 的生长。金刚石生长的初始阶段（称为聚结阶段）包括单个金刚石晶核在种晶层中的三维生长，最终形成连续的 NCD 薄膜。在此阶段，DND 种晶会发生轻微蚀刻，但在适当的生长条件下，仅含有 sp^2 碳键的外部非金刚石外壳会被蚀刻，而高度有序的 sp^3 金刚石核心会成为 NCD 外延生长的基础。聚结阶段之后，只会保留具有良好晶向的微晶，并随着时间的推移形成具有多晶结构和明确柱状结构的薄膜[34]。随着 NCD 表面粗糙度和晶粒尺寸沿生长方向的演变，晶粒尺寸为 NCD 薄膜厚度的 12%~15%。NRL 生长 NCD 薄膜时所用的生长温度典型值为 400~800℃，压强典型值为 5~30Torr，等离子体功率典型值为 600~2500W，具体取值将取决于生长反应器系统、衬底材料和所需的特定金刚石薄膜的性质。如图 13.4 所示，可以通过激光反射率来原位测量总膜厚 h，并通过以下公式进行计算：

$$h=N\times d \tag{13.1}$$

式中，N 是在生长期间测量的干涉条纹的数量（对于图 13.4 中所示生长时间约 10h 的情况，$N=7.4$）；d 是校准系数，其单位为每个条纹的厚度，其值取决于入射激光波长（$\lambda=677\text{nm}$）、金刚石折射率（$n=2.41$），内入射角（$\theta=4.6°$），且使用式（13.2）计算。

$$d=\frac{\lambda}{2n\cos(\theta)} \tag{13.2}$$

应当注意，通常对于纳米晶体薄膜，由于薄膜表面粗化，反射信号会因晶粒取向的不同而减小，最终导致干涉条纹的幅度会随着薄膜厚度的增加而减小，如图 13.3 所示。

NCD 薄膜的生长速率可以由反射率测量来确定（见图 13.4）。正如 Butler 和 Sumant 所解释的那样，NCD 薄膜的最终性质可以因生长条件的不同而产生很大变化。例如，对于充当 GaN 器件热管理层的金刚石薄膜，当生长参数为 750℃、7～9Torr、1000W 微波功率、CH_4/H_2 比率为 0.3% 时，可实现良好的 GaN 器件电热性能。Anderson 等人[19]对此进行了总结，其描述了覆盖有 0.5μm NCD 膜的 HEMT 的电气性能得到了优化（例如，击穿电压、关态漏极泄漏电流、最大输出电流、动态导通电阻）。表 13.1 给出了在上述条件下生长的 NCD 薄膜的特性[1,2,43,44]。

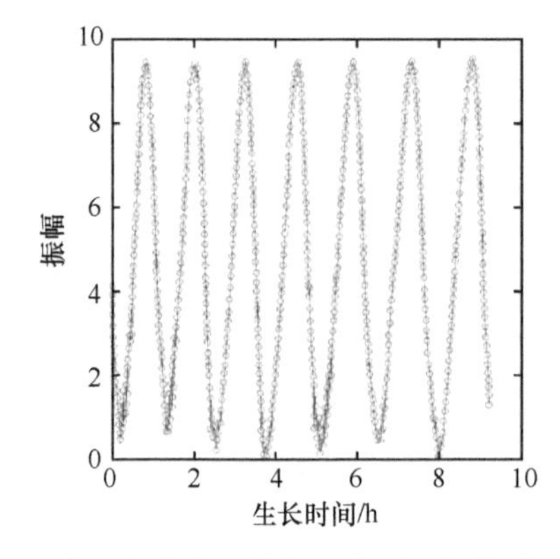

图 13.4　使用 677nm 波长的激光反射率原位测量的薄膜厚度随生长时间变化

NCD 许多重要的性能参数可以根据其生长条件进行调整。我们展示了薄层电阻（见图 13.5a）和空穴浓度（见图 13.5b）与乙硼烷（B_2H_6）流量的关系，以及热导率与薄膜厚度的关系（见图 13.6）。这些数据允许人们根据器件需求来确定 NCD 的性能要求。

在图 13.7 的拉曼光谱中，sp^3 金刚石在 $1332cm^{-1}$ 处存在一个显著的声子模，这来源于由金刚石晶格构成的互穿面心立方（FCC）晶格的振动[47]。但从该光谱中没有观测到 $1580cm^{-1}$ 附近的 G 峰，说明在该 NCD 薄膜中不存在 sp^2 碳键[2,47]。Ferrari 和 Robertson 发现与反式聚乙炔相关的声子模出现在 $1150cm^{-1}$ 附近，但这通常出现在晶粒尺寸非常小的 NCD 薄膜中，在我们制备的薄膜中这种现象基本上都被抑制了[48,49]。不过在这种情况下，我们可以观察到 $1450\sim1500cm^{-1}$ 附近会出现较宽的拉曼峰，其也与反式-$(CH)_x$ 的存在有关。$520cm^{-1}$ 附近的尖峰是硅横向光学（TO）声子模；而

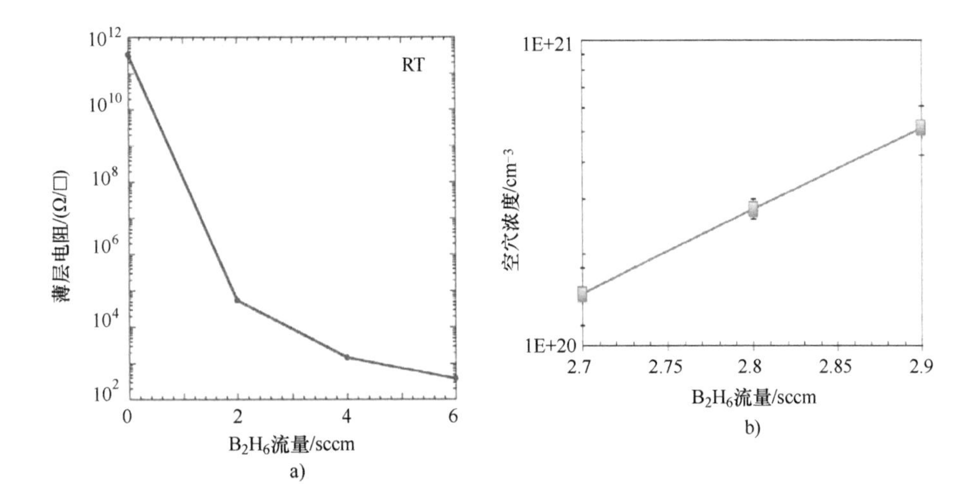

图 13.5 a）纳米金刚石薄膜的薄层电阻与乙硼烷（B_2H_6）流量的关系。根据本章参考文献［46］中表 1 的数据重新绘制而成[46]；b）生长在 SiO_2/Si 上的硼掺杂 NCD 薄膜中平均空穴浓度与 B_2H_6 流量的函数关系，使用霍尔技术在具有欧姆接触 Ti/Au 的范德堡结构上测量。误差线是 4in 4H-SiC 晶片的平均数据

来源：S. Afroz，B. Novak，K. Nagamatsu，K. Frey，P. Shea，R. Howell，Diamond superjunction（SJ）process development：super-lattice power amplifier with diamond enhanced superjunction（SPADES），2019 IEEE BiCMOS Compd. Semicond. Integr. Circuits Technol. Symp. BCICTS 2019.（2019）。

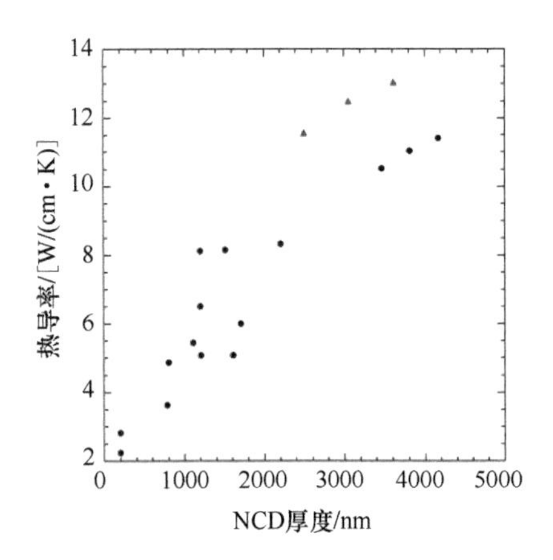

图 13.6 纳米金刚石的热导率与薄膜厚度的关系。图中突出显示了改进的引晶工艺（$>10^{12}cm^{-2}$ DND 籽晶密度）对热导率的影响（红色三角形）。该图中的部分数据来自本章参考文献［1］中的热扩散率图

$980cm^{-1}$附近较宽、强度较低的峰是次级 Si 的拉曼模[2,11]。800nm 以上的背景发光则来源于 NCD 薄膜中与晶界和其他非 sp^3 碳键相关的缺陷。

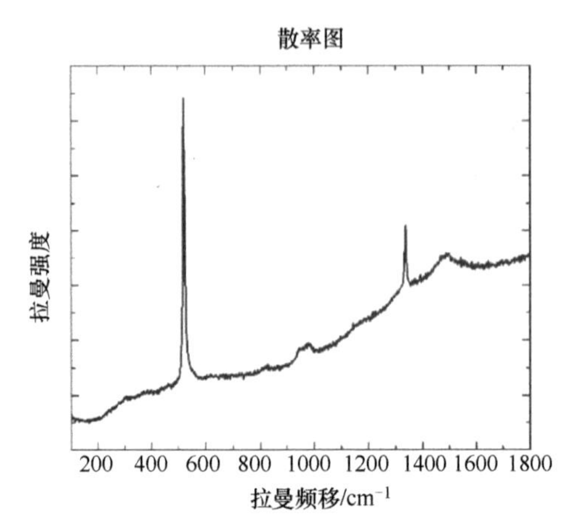

图 13.7　纳米金刚石的典型拉曼光谱

表 13.1　MP-CVD 纳米金刚石的相关性质总结

NCD 性质	值	备注
成键特性	<0.1% sp^2 [2]	低浓度 CH_4 化学反应
密度/(kg/m^3)	3510[2]	
杨氏模量/GPa	1120[2]	
宏观摩擦系数	0.02~0.05[2]	
表面粗糙度/nm	5~25[2]	厚度相关
晶粒度/nm	5~100[2]	厚度相关
声速/(m/s)	17980[2]	
热导率/[W/(m·K)]	1370[2]	厚度和晶粒大小相关（参见图 13.5a）
薄膜应力/MPa	-100~300[2]	可控的
	4.6	在本工作中测量的最低值
沉积温度/℃	450~950[2]	最常见的值是 600-800
	750	本工作
紫外-可见光透射	半透明	参见图 13.4 和本章参考文献［45］
薄层电阻，未掺杂/(Ω/□)	$>10^{13}$ [2]	在没有硼的反应器中生长
薄层电阻，非故意掺硼/(Ω/□)	3.3×10^{11}	Ti/Au 接触，室温
薄层电阻，p^+B 掺杂/(Ω/□)	379	Ti/Au 接触，室温

13.3 纳米金刚石薄膜的应力优化

通常，沉积薄膜表现出一定量的本征应力，这取决于许多因素。其中，最重要的是 CVD 沉积条件、衬底的性质以及晶格和热失配。薄膜（在这种情况下为 NCD）中的总应力是由结构缺陷（点、线、晶界等）引起的本征应力和由衬底与薄膜之间的热膨胀系数（CTE）差异而导致的热应力的总和。众所周知，当通过微波等离子体 CVD 沉积时，NCD 表现出显著的本征应力，并且 Windischmann 等人对其进行了广泛的表征，表明由于 CTE 失配的影响，热应力在所有温度下都是压缩的，而本征应力高度依赖于生长条件，特别是温度和等离子体中的甲烷/氢的比例[50,51]。图 13.8 显示了测量的本征应力和总应力与生长温度和甲烷百分数的关系[50]。

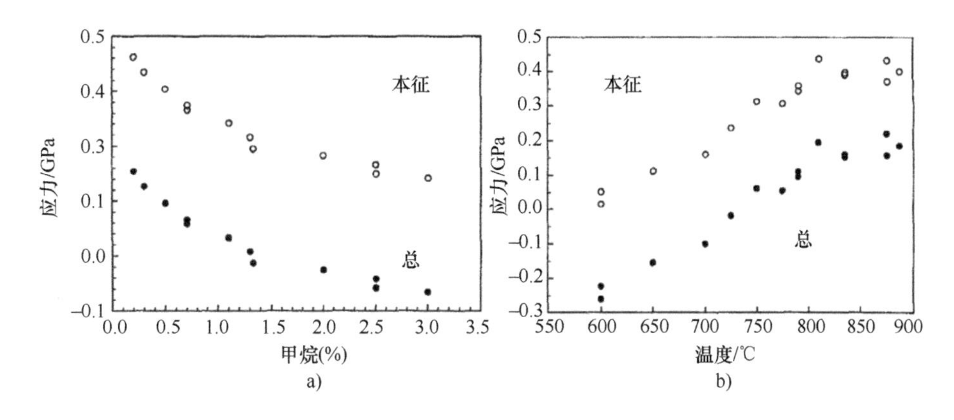

图 13.8 金刚石薄膜中的总应力和本征应力与甲烷百分数和沉积温度的关系

来源：H. Windischmann, G. F. Epps, Y. Cong, R. W. Collins, Intrinsic stress in diamond films prepared by microwave plasma CVD, J. Appl. Phys. 69 (1998) 2231。

此外，人们经常观察到在较大的 NCD 衬底上存在热梯度。氢等离子体对衬底的不均匀加热不仅在整个样品上产生本征应力和热应力的梯度，而且会导致金刚石晶面相对生长速率的变化，并最终在整个样品上产生薄膜晶向和 NCD 厚度的变化。多个牛顿环的出现证实了 NCD 薄膜厚度的不均匀性。解决 NCD 薄膜应力的第一步应该是消除热梯度，并在整个衬底上实现 NCD 薄膜的均匀性。依靠 CVD 反应器系统，对于特定尺寸的衬底，通过仔细考虑等离子体大小和形状、反应室和衬底夹持装置几何形状之间的关系，这个问题可以得到解决。在 NRL 的某个特定反应器中，为 5kW IPLAS CVD 反应器（见图 13.9）设计并制造了一个可容纳 3in 晶圆的特殊晶圆夹持装置。这一夹持装置改善了等离子体与衬底的耦合，并在不损害材料热学质量的情况下降低了 NCD 薄膜的总应力。

图 13.9　本工作中 NCD 生长实验所用的定制 3in 衬底夹持装置
（在 3in Si 晶圆上利用金刚石淀积 1μm 的 NCD 薄膜之后）

本工作中，在厚度为 200~500μm、直径为 2~4in 的 Si 衬底上共进行了 35 次 NCD 生长。整个样品组中的生长温度均保持恒定在 750℃，薄膜厚度均约为 1μm。布里斯托尔大学（Kuball 小组）对一些最早生长物进行的拉曼光谱分析证实，在 $1150cm^{-1}$ 和 $1500cm^{-1}$ 处不存在反式 - $(CH)_x$ 峰[23]。此外，在这些薄膜中没有检测到 sp^2 碳键（即石墨）的明显特征。Anaya 等人报道了这些薄膜详细热性能与晶粒尺寸之间的关系[23]。

在生长温度和引晶工艺固定的情况下，微波功率、腔室压强和 CH_4/H_2 比例是控制 NCD 生长，进而影响本征应力和厚度均匀性的三个工艺条件。我们将厚度均匀性定义为膜厚在总厚度 10%以内的晶圆面积百分比，测量时会排除晶圆边缘 5mm 宽度范围内的区域。在该定义参数范围内，NCD 的生长速率为 70~210nm/h。

使用修正的 Stoney 方程[52]可以计算出 NCD 薄膜中的应力为

$$\sigma=\frac{E\,t_{Si}^2}{(1-\nu)6R\,t_{NCD}} \tag{13.3}$$

式中，E 是杨氏模量（硅为 130[51]）；ν 是泊松比（硅为 0.28[53]）；R 是测量的晶圆曲率半径；t_{Si} 是 Si 衬底的厚度；t_{NCD} 是 NCD 薄膜的厚度。

为确认应力方向，使用由氢氟酸、硝酸和乙酸（$HF/HNO_3/CH_3COOH$ 或者 HNA）组成的各向同性湿法蚀刻溶液在所选的晶圆中心蚀刻直径为几毫米的 NCD 膜。图 13.10 显示了从压缩薄膜和拉伸薄膜中蚀刻出的 NCD 薄膜的光学图像，以及在薄膜蚀刻之前各自 NCD/Si 晶圆的曲率半径。如图所示，NCD 薄膜在压应力下产生了特征性屈曲。而在张应力下，没有观察到 NCD 薄膜出现开裂现象。

表 13.2 显示了在上述设置下 10 片 3in 晶圆的工艺条件，以及厚度均匀性和使用式（13.3）计算的应力。样品 1~5 生长在 500μm 厚的硅衬底上，而样品 6~10 使用 200μm 厚的硅衬底。各种工艺条件产生的应力和厚度均匀性大致分为四类：厚度均匀性低且应力超过±0.1GPa（样品 1~3），厚度均匀性优异但应力仍高于±0.1GPa（样品 4、5），牺牲厚度均匀性换取极低应力（样品 6、7），以及厚度均匀性优异、应力也很低的晶圆（样品 8~10）。

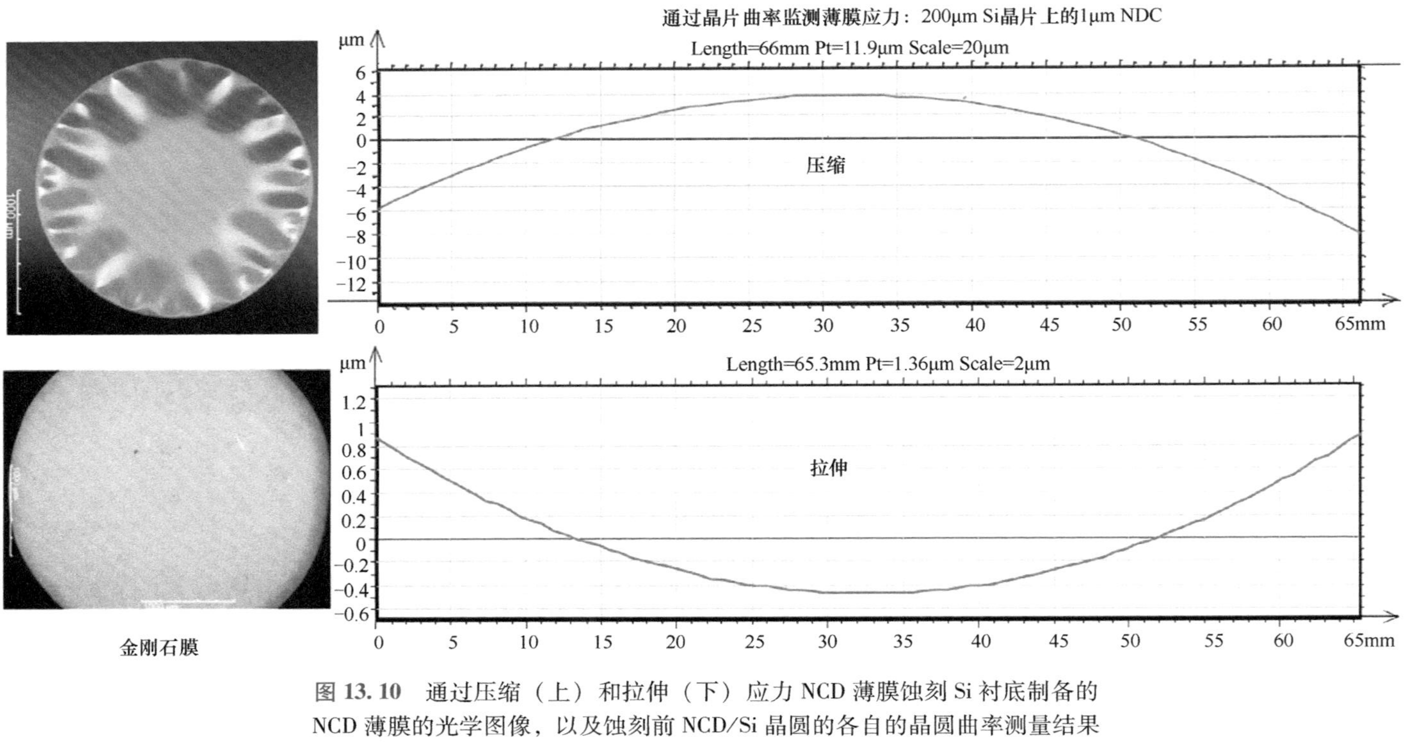

图 13.10　通过压缩（上）和拉伸（下）应力 NCD 薄膜蚀刻 Si 衬底制备的 NCD 薄膜的光学图像，以及蚀刻前 NCD/Si 晶圆的各自的晶圆曲率测量结果

表 13.2　约 1μm 厚的 NCD 薄膜的 MP-CVD 生长条件（功率、压强、H_2 和 CH_4 流量），及相应的厚度均匀性和测量出的晶片应力（负号表示压应力，正号表示张应力）

样品	MW 功率/W	压强/Torr	H_2 流量/(mL/min)	CH_4流量/(mL/min)	NCD 厚度/μm	厚度均匀度（%）	应力/GPa
1	1000	7.0	300	1.5	1.06	49.50	-0.1113
2	1000	6.0	300	2.0	1.12	53.54	-0.2174
3	1000	8.0	300	1.5	1.01	52.18	0.1106
4	1500	8.3	220	2.2	1.00	100.00	-0.1476
5	1100	8.0	280	2.8	1.02	100.00	-0.5073
6	1000	9.0	350	3	1.19	62.84	-0.03569
7	1000	7.0	300	1.5	1.09	51.67	0.0028
8	1500	9.3	300	3	1.00	100.00	-0.083
9	1400	7.0	220	3	1.02	100.00	-0.0444
10	1500	8.3	220	3	1.02	100.00	-0.0835

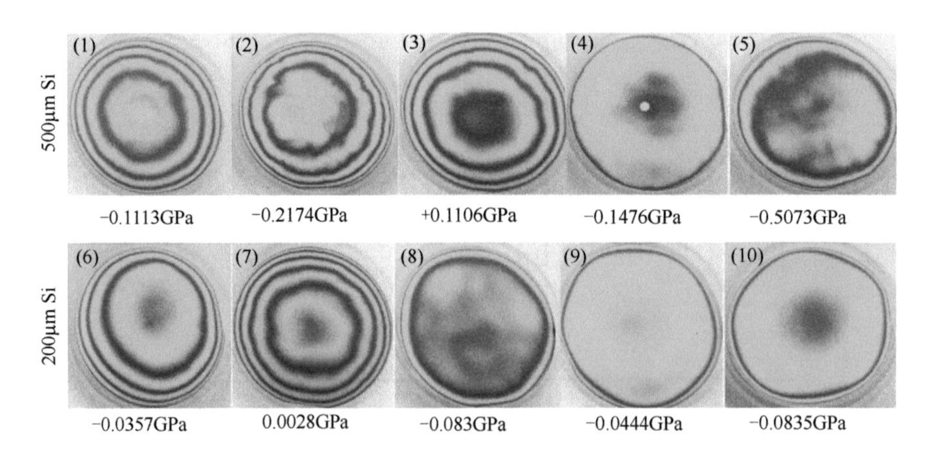

图 13.11　样品 1~10（见表 13.2）的单色光图像：所有衬底尺寸均为 3in，样品 1~5 的 Si 衬底厚度为 500μm，样品 6~10 的 Si 衬底厚度为 200μm，所有样品均覆盖有约 1μm 厚的 NCD。图中显示出不同样品之间应力和厚度均匀性水平存在显著的差异。注意样品 1 和 4 的金刚石膜由背面衬底蚀刻形成

图 13.11 为表 13.2 中每个晶圆的单色光图像，在应力低和厚度均匀性好的晶圆中没有明显的厚度条纹。其中晶圆 9 最为突出，其具有 100%的厚度均匀性和-44MPa 的低张应力。样品 9 的生长条件为 750℃，1400W，7.0Torr，3/220mL/min CH_4/H_2，生

长速率为 129nm/h。为了提高晶体质量（消除二次成核和孪晶的可能性），对 NCD 生长工艺进行了调整，并在类似条件下进行了 7 次额外的生长，这些额外生长中改变了 CH_4/H_2 的比例，如表 13.3 和图 13.12 所示。此外，还在样品 13 和 17 上测试了腔室压强轻微变化的影响。

表 13.3 约 1μm 厚 NCD 薄膜的 MP-CVD 生长条件（功率、压强、H_2 和 CH_4 流量），及相应的厚度均匀性和测量出的晶圆应力（负号表示压应力，正号表示张应力）

样品	MW 功率/W	压强/Torr	H_2 流量 /(mL/min)	CH_4流量 /(mL/min)	NCD 厚度 /μm	厚度均匀度（%）	应力/GPA
9（来自表 13.2）	1400	7.0	220	3	1.02	100	-0.0444
11	1400	7	400	2.7	1.03	95	0.0110
12	1400	7	300	1.5	1.00	100	0.0199
13	1400	9	300	1.5	1.03	100	0.0487
14	1400	7	300	1.5	1.04	100	0.0523
15	1400	7	300	1.5	1.00	100	0.0659
16	1400	7	300	1.5	1.01	100	0.0856
17	1400	9	300	1.5	1.03	100	0.0958

注：表 13.2 中的样品 9 供参考。

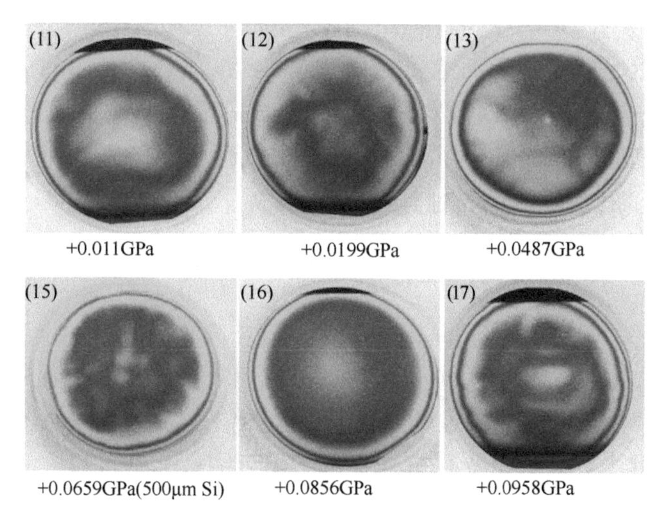

图 13.12 样品 11~17 的单色光图像（在发表时无法获得样品 14 的图像），所有样品均覆盖有约 1μm 厚的 NCD，所有样品均显示出低应力和极好的厚度均匀性。样品 15 的硅衬底厚度为 500μm，其他样品的硅衬底厚度为 200μm

13.4 小结

在将材料集成到电子器件中时，需要在整个晶圆上具备足够高的目标质量和性质均匀性。本章中，我们证实了在适当的沉积预处理和生长条件下，热性能优异的 NCD 薄膜可以在大型衬底上实现均匀生长并具有低应力。本章重点描述了 NCD 薄膜制备的三个关键方面：衬底制备、引晶过程和 MP-CVD 参数，并提供了一种在 3in 晶圆上获得低应力和高材料均匀性 NCD 薄膜的可行途径。高密度等离子体与晶圆的有效耦合对于实现晶圆级的均匀性至关重要，为了实现这种有效耦合，我们定制设计和制造了钼晶圆夹持装置。我们还通过改变反应室内压强和 CH_4/H_2 比例，优化了 NCD 的生长工艺，并实现了 750℃下的沉积。虽然应力和均匀性需要进一步优化，但优化过程既不能损害 sp^3NCD 薄膜的质量，也不能损害其未来与 GaN 器件集成的能力。基于这种约束条件，沉积温度必须保持恒定，CH_4/H_2 比例也要维持在 0.5%左右。根据我们的测量结果，对于特定反应器（具有 4in 衬底夹持装置的 5kW IPLAS），通过调节生长条件和适当设计样品卡盘，可以生产具有极低总应力、晶圆级厚度均匀性和优异热性能的 NCD 薄膜。这些结果证明了 NCD 与电子器件的晶圆级集成是可行的。实际上，本研究中生长的样品已经使得许多研究实验室能够开展关于 NCD 热学和机械性能的大量基础研究。在这些实验室中，每个 NCD 晶圆都经过测试结构处理，从而实现了对其热学和结构性能的表征[23-25,28-31]。在 NCD 与 GaN 基晶体管集成的早期研究中，我们开发了 NCD 沉积工艺，该工艺可以保护 GaN 表面免受热分解或高密度氢等离子体的损害。目前的工作重点在于 NCD 与 GaN 基 HEMT 器件的晶圆级集成。根据报道，即使 0.5μm 厚的 NCD 覆盖层也可以降低器件的峰值工作温度并提高电气性能。而另一种可以制造新型器件的途径是 NCD 的选区沉积（通过蚀刻或掩模剥离）。

致谢

作者衷心感谢已故的 Avram Bar-Cohen 博士在美国国防部高级研究计划局（DARPA）项目“用于电学热管理的金刚石薄膜热输运”中发挥的领导作用。Adamas 纳米技术公司（北卡罗来纳州罗利市）提供了爆轰纳米金刚石粉末。晶圆曲率测量所用的白光干涉仪由 NRL 的 Kathryn Wahl 博士维护。Eugene Imhoff 博士和 Geoffrey Foster 博士协助制作了测试结构。James Gallagher 博士和 Andrew Koehler 博士完成了霍尔效应表征。在 NRL 纳米科学研究所（华盛顿特区）和 NIST 纳米科学技术中心（马里兰州盖瑟斯堡）完成了测试结构的制作。感谢 James E. Butler 博士对 NRL 纳米金刚石生长发展的开创性贡献。美国海军研究实验室的相关研究工作得到了美国海军研究办公室和国防高级研究计划局的支持。

参考文献

[1] J. Philip, P. Hess, T.I. Feygelson, J.E. Butler, S. Chattopadhyay, K.H. Chen, L.C. Chen, Elastic, mechanical, and thermal properties of nanocrystalline diamond films, J. Appl. Phys. (2003), https://doi.org/10.1063/1.1537465.

[2] J.E. Butler, A.V. Sumant, The CVD of nanodiamond materials, Chem. Vap. Depos. 14 (2008) 145–160, https://doi.org/10.1002/CVDE.200700037.

[3] F.G. Celii, P.E. Pehrsson, H.-t. Wang, J.E. Butler, Infrared detection of gaseous species during the filament-assisted growth of diamond, Appl. Phys. Lett. 52 (1998) 2043, https://doi.org/10.1063/1.99575.

[4] F.G. Celii, J.E. Butler, Diamond chemical vapor deposition, Annu. Rev. Phys. Chem. 42 (2000) 643–684. *www.annualreviews.org*. accessed August 12, 2021.

[5] J.E. Butler, Y.A. Mankelevich, A. Cheesman, J. Ma, M.N.R. Ashfold, Understanding the chemical vapor deposition of diamond: recent progress, J. Phys. Condens. Matter 21 (2009), https://doi.org/10.1088/0953-8984/21/36/364201, 364201.

[6] R. Gaska, A. Osinsky, J.W. Yang, M.S. Shur, Self-heating in high-power AlGaN-GaN HFET's, IEEE Electron Device Lett. 19 (1998) 89–91, https://doi.org/10.1109/55.661174.

[7] Y.F. Wu, B.P. Keller, S. Keller, D. Kapolnek, P. Kozodoy, S.P. Denbaars, U.K. Mishra, High power AlGaN/GaN HEMTs for microwave applications, Solid State Electron. 41 (1997) 1569–1574, https://doi.org/10.1016/S0038-1101(97)00106-8.

[8] J.D. Albrecht, AlGaN/GaN heterostructure field-effect transistor model including thermal effects, IEEE Trans. Electron Devices 47 (2000) 2031–2036, https://doi.org/10.1109/16.877163.

[9] M. Seelmann-Eggebert, P. Meisen, F. Schaudel, P. Koidl, A. Vescan, H. Leier, Heat-spreading diamond films for GaN-based high-power transistor devices, Diam. Relat. Mater. 10 (2001) 744–749, https://doi.org/10.1016/S0925-9635(00)00562-8.

[10] K.D. Hobart, F.J. Kub, Gate after Diamond Transistor, 8039301, 2008.

[11] M.J. Tadjer, T.J. Anderson, K.D. Hobart, T.I. Feygelson, J.D. Caldwell, C.R. Eddy, F.J. Kub, J.E. Butler, B. Pate, J. Melngailis, Reduced self-heating in AlGaN/GaN HEMTs using nanocrystalline diamond heat-spreading films, IEEE Electron Device Lett. 33 (2012) 23–25, https://doi.org/10.1109/LED.2011.2171031.

[12] M.J. Tadjer, T.J. Anderson, K.D. Hobart, T.I. Feygelson, M.A. Mastro, J.D. Caldwell, J.K. Hite, C.R. Eddy, F.J. Kub, J.E. Butler, J. Melngailis, Reduced self-heating in AlGaN/GaN HEMTs using nanocrystalline diamond heat spreading films, in: Device Res. Conf.—Conf. Dig. DRC, 2010, pp. 125–126, https://doi.org/10.1109/DRC.2010.5551873.

[13] C.R. Eddy, T.J. Anderson, A.D. Koehler, N. Nepal, D.J. Meyer, M.J. Tadjer, R. Baranyai, J.W. Pomeroy, M. Kuball, T.I. Feygelson, B.B. Pate, M.A. Mastro, J.K. Hite, M.G. Ancona, F.J. Kub, K.D. Hobart, GaN power transistors with integrated thermal management, ECS Trans. 58 (2013) 279, https://doi.org/10.1149/05804.0279ECST.

[14] T.J. Anderson, A.D. Koehler, K.D. Hobart, M.J. Tadjer, T.I. Feygelson, J.K. Hite, B.B. Pate, F.J. Kub, C.R. Eddy, Nanocrystalline diamond-gated AlGaN/GaN HEMT, IEEE Electron Device Lett. 34 (2013) 1382–1384, https://doi.org/10.1109/LED.2013.2282968.

[15] D.J. Meyer, T.I. Feygelson, T.J. Anderson, J.A. Roussos, M.J. Tadjer, B.P. Downey, D.S. Katzer, B.B. Pate, M.G. Ancona, A.D. Koehler, K.D. Hobart, C.R. Eddy, Large-signal RF performance of nanocrystalline diamond coated AlGaN/GaN high electron mobility transistors, IEEE Electron Device Lett. 35 (2014) 1013–1015, https://doi.org/10.1109/LED.2014.2345631.

[16] T.J. Anderson, K.D. Hobart, M.J. Tadjer, A.D. Koehler, T.I. Feygelson, B.B. Pate, J.K. Hite, F.J. Kub, C.R. Eddy, Advances in diamond integration for thermal management in GaN power HEMTs, ECS Trans. 64 (2014) 185, https://doi.org/10.1149/06407.0185ECST.

[17] M.J. Tadjer, T.J. Anderson, T.I. Feygelson, K.D. Hobart, J.K. Hite, A.D. Koehler, V.D. Wheeler, B.B. Pate, C.R. Eddy, F.J. Kub, Nanocrystalline diamond capped AlGaN/GaN high electron mobility transistors via a sacrificial gate process, Phys. Status Solidi 213 (2016) 893–897, https://doi.org/10.1002/PSSA.201532570.

[18] T.J. Anderson, K.D. Hobart, M.J. Tadjer, A.D. Koehler, T.I. Feygelson, B.B. Pate, J.K. Hite, F.J. Kub, C.R. Eddy, Nanocrystalline diamond for near junction heat spreading in GaN power HEMTs, ECS Trans. 61 (2014) 45 (Invited) https://doi.org/10.1149/06104.0045ECST.

[19] T.J. Anderson, K.D. Hobart, M.J. Tadjer, A.D. Koehler, E.A. Imhoff, J.K. Hite, T.I. Feygelson, B.B. Pate, C.R. Eddy, F.J. Kub, Nanocrystalline diamond integration with III-nitride HEMTs, ECS J. Solid State Sci. Technol. 6 (2016) Q3036, https://doi.org/10.1149/2.0071702JSS.

[20] A. Wang, M.J. Tadjer, T.J. Anderson, R. Baranyai, J.W. Pomeroy, T.I. Feygelson, K.D. Hobart, B.B. Pate, F. Calle, M. Kuball, Impact of intrinsic stress in diamond capping layers on the electrical behavior of AlGaN/GaN HEMTs, IEEE Trans. Electron Devices 60 (2013) 3149–3156, https://doi.org/10.1109/TED.2013.2275031.

[21] T.J. Anderson, K.D. Hobart, M.J. Tadjer, T.I. Feygelson, E.A. Imhoff, D.J. Meyer, D.S. Katzer, J.K. Hite, F.J. Kub, B.B. Pate, S.C. Binari, C.R. Eddy, Improved GaN-based HEMT performance by nanocrystalline diamond capping, in: Device Res. Conf. - Conf. Dig. DRC, 2012, pp. 155–156, https://doi.org/10.1109/DRC.2012.6256985.

[22] M.J. Tadjer, T.J. Anderson, T.I. Feygelson, K.D. Hobart, M. Ancona, A.D. Koehler, J.K. Hite, V.D. Wheeler, B.B. Pate, F.J. Kub, C.R. Eddy, Electrothermal performance optimization of III-nitride HEMTs capped with nanocrystalline diamond, ECS Trans. (2016), https://doi.org/10.1149/07205.0003ecst (Invited).

[23] J. Anaya, S. Rossi, M. Alomari, E. Kohn, L. Tóth, B. Pécz, K.D. Hobart, T.J. Anderson, T. I. Feygelson, B.B. Pate, M. Kuball, Control of the in-plane thermal conductivity of ultra-thin nanocrystalline diamond films through the grain and grain boundary properties, Acta Mater. 103 (2016) 141–152, https://doi.org/10.1016/J.ACTAMAT.2015.09.045.

[24] A. Sood, J. Cho, K.D. Hobart, T.I. Feygelson, B.B. Pate, M. Asheghi, D.G. Cahill, K.E. Goodson, Anisotropic and inhomogeneous thermal conduction in suspended thin-film polycrystalline diamond, J. Appl. Phys. 119 (2016), https://doi.org/10.1063/1.4948335, 175103.

[25] J. Anaya, T. Bai, Y. Wang, C. Li, M. Goorsky, T.L. Bougher, L. Yates, Z. Cheng, S. Graham, K.D. Hobart, T.I. Feygelson, M.J. Tadjer, T.J. Anderson, B.B. Pate, M. Kuball, Simultaneous determination of the lattice thermal conductivity and grain/grain thermal resistance in polycrystalline diamond, Acta Mater. 139 (2017) 215–225, https://doi.org/10.1016/J.ACTAMAT.2017.08.007.

[26] E. Bozorg-Grayeli, A. Sood, M. Asheghi, V. Gambin, R. Sandhu, T.I. Feygelson, B.B. Pate, K. Hobart, K.E. Goodson, Thermal conduction inhomogeneity of nanocrystalline

diamond films by dual-side thermoreflectance, Appl. Phys. Lett. 102 (2013), https://doi.org/10.1063/1.4796168, 111907.
[27] Z. Cheng, T. Bai, J. Shi, T. Feng, Y. Wang, M. Mecklenburg, C. Li, K.D. Hobart, T.I. Feygelson, M.J. Tadjer, B.B. Pate, B.M. Foley, L. Yates, S.T. Pantelides, B.A. Cola, M. Goorsky, S. Graham, Tunable thermal energy transport across diamond membranes and diamond–Si interfaces by nanoscale graphoepitaxy, ACS Appl. Mater. Interfaces 11 (2019) 18517–18527, https://doi.org/10.1021/ACSAMI.9B02234.
[28] B. Squires, B.L. Hancock, M. Nazari, J. Anderson, K.D. Hobart, T.I. Feygelson, M.J. Tadjer, B.B. Pate, T.J. Anderson, E.L. Piner, M.W. Holtz, Hexagonal boron nitride particles for determining the thermal conductivity of diamond films based on near-ultraviolet micro-Raman mapping, J. Phys. D. Appl. Phys. 50 (2017), https://doi.org/10.1088/1361-6463/AA6F44, 24LT01.
[29] M. Nazari, B.L. Hancock, J. Anderson, K.D. Hobart, T.I. Feygelson, M.J. Tadjer, B.B. Pate, T.J. Anderson, E.L. Piner, M.W. Holtz, Optical characterization and thermal properties of CVD diamond films for integration with power electronics, Solid State Electron. 136 (2017) 12–17, https://doi.org/10.1016/J.SSE.2017.06.025.
[30] N.J. Hines, L. Yates, B.M. Foley, Z. Cheng, T.L. Bougher, M.S. Goorsky, K.D. Hobart, T. I. Feygelson, M.J. Tadjer, S. Graham, Steady-state methods for measuring in-plane thermal conductivity of thin films for heat spreading applications, Rev. Sci. Instrum. 92 (2021), https://doi.org/10.1063/5.0039966, 044907.
[31] T. Bai, Y. Wang, T.I. Feygelson, M.J. Tadjer, K.D. Hobart, N.J. Hines, L. Yates, S. Graham, J. Anaya, M. Kuball, M.S. Goorsky, Diamond seed size and the impact on chemical vapor deposition diamond thin film properties, ECS J. Solid State Sci. Technol. 9 (2020), https://doi.org/10.1149/2162-8777/AB96D8, 053002.
[32] D.M. Gruen, Nanocrystalline diamond films 1, Annu. Rev. Mater. Sci. 29 (1999) 211–259. *www.annualreviews.org*. accessed August 11, 2021.
[33] O.A. Williams, Nanocrystalline diamond, Diam. Relat. Mater. 20 (2011) 621–640, https://doi.org/10.1016/J.DIAMOND.2011.02.015.
[34] A. Van Der Drift, Evolutionary selection, a principle governing growth orientation in vapour-deposited layers, Philips Res. Rep. 22 (1967) 267–288.
[35] V. Danilenko, O.A. Shenderova, Chapter 5—Advances in synthesis of nanodiamond particles, BT, in: Ultananocrystalline Diamond, second ed., 2012, pp. 133–164. http://www.sciencedirect.com/science/article/pii/B9781437734652000050. accessed August 12, 2021.
[36] O.A. Shenderova, D.M. Gruen, Ultrananocrystalline Diamond: Synthesis, Properties and Applications, second ed., 2012, pp. 1–558, https://doi.org/10.1016/C2010-0-67069-6. Ultrananocrystalline Diam. Synth. Prop. Appl. Second Ed.
[37] S.Z. Rotter, J.C. Madaleno, Diamond CVD by a combined plasma pretreatment and seeding procedure, Chem. Vap. Depos. 15 (2009) 209–216, https://doi.org/10.1002/CVDE.200806745.
[38] A.V. Sumant, P.U.P.A. Gilbert, D.S. Grierson, A.R. Konicek, M. Abrecht, J.E. Butler, T. Feygelson, S.S. Rotter, R.W. Carpick, Surface composition, bonding, and morphology in the nucleation and growth of ultra-thin, high quality nanocrystalline diamond films, Diam. Relat. Mater. 16 (2007) 718–724, https://doi.org/10.1016/J.DIAMOND.2006.12.011.
[39] R. Shima Edelstein, I. Gouzman, M. Folman, A. Hoffman, S. Rotter, Surface carbon saturation as a means of CVD diamond nucleation enhancement, Diam. Relat. Mater. 8 (1999) 139–145, https://doi.org/10.1016/S0925-9635(98)00261-1.
[40] V.N. Mochalin, O. Shenderova, D. Ho, Y. Gogotsi, The properties and applications of nanodiamonds, Nat. Nanotechnol. 7 (2012) 11–23.

[41] O.A. Williams, J. Hees, C. Dieker, W. Jager, L. Kirste, C.E. Nebel, Size-dependent reactivity of diamond nanoparticles, ACS Nano 4 (8) (2010) 4824–4830, https://doi.org/10.1021/nn100748k.

[42] M. Tadjer, Nanocrystalline Diamond Thin Film Integration in AlGaN/GaN High electron Mobility Transistors and 4H-SiC Heterojunction Diodes, https://drum.lib.umd.edu/handle/1903/10378 (2010). Accessed August 12, 2021.

[43] P. Achatz, J.A. Garrido, M. Stutzmann, O.A. Williams, D.M. Gruen, A. Kromka, D. Steinmüller, Optical properties of nanocrystalline diamond thin films, Appl. Phys. Lett. (2006), https://doi.org/10.1063/1.2183366.

[44] M. Bevilacqua, N. Tumilty, C. Mitra, H. Ye, T. Feygelson, J.E. Butler, R.B. Jackman, Nanocrystalline diamond as an electronic material: an impedance spectroscopic and Hall effect measurement study, J. Appl. Phys. 107 (2010), https://doi.org/10.1063/1.3291118, 033716.

[45] Z. Remes, A. Choukourov, J. Stuchlik, J. Potmesil, M. Vanecek, Nanocrystalline diamond surface functionalization in radio frequency plasma, Diam. Relat. Mater. 15 (2006) 745–748, https://doi.org/10.1016/J.DIAMOND.2005.10.043.

[46] M.J. Tadjer, T.J. Anderson, K.D. Hobart, T.I. Feygelson, J.E. Butler, F.J. Kub, Comparative study of ohmic contact metallizations to nanocrystalline diamond films, Mater. Sci. Forum 645–648 (2010) 733–735, https://doi.org/10.4028/WWW.SCIENTIFIC.NET/MSF.645-648.733.

[47] S. Prawer, R.J. Nemanich, Raman spectroscopy of diamond and doped diamond, Philos. Trans. R. Soc. London. Ser. A Math. Phys. Eng. Sci. 362 (2004) 2537–2565, https://doi.org/10.1098/RSTA.2004.1451.

[48] A.C. Ferrari, J. Robertson, Origin of the 1150 cm-1 Raman mode in nanocrystalline diamond, Phys. Rev. B 63 (2001), https://doi.org/10.1103/PhysRevB.63.121405, 121405.

[49] R. Pfeiffer, H. Kuzmany, P. Knoll, S. Bokova, N. Salk, B. Günther, Evidence for trans-polyacetylene in nano-crystalline diamond films, Diam. Relat. Mater. 12 (2003) 268–271, https://doi.org/10.1016/S0925-9635(02)00336-9.

[50] H. Windischmann, G.F. Epps, Y. Cong, R.W. Collins, Intrinsic stress in diamond films prepared by microwave plasma CVD, J. Appl. Phys. 69 (1998) 2231, https://doi.org/10.1063/1.348701.

[51] N. Woehrl, V. Buck, Influence of hydrogen on the residual stress in nanocrystalline diamond films, Diam. Relat. Mater. 16 (2007) 748–752, https://doi.org/10.1016/J.DIAMOND.2006.11.059.

[52] G.G. Stoney, The tension of metallic films deposited by electrolysis, Proc. R. Soc. London. Ser. A Contain. Pap. Math. Phys. Charact. 82 (1909) 172–175, https://doi.org/10.1098/RSPA.1909.0021.

[53] L. Gan, B. Ben-Nissan, A. Ben-David, Modelling and finite element analysis of ultra-microhardness indentation of thin films, Thin Solid Films 290–291 (1996) 362–366, https://doi.org/10.1016/S0040-6090(96)08972-9.

第 14 章

金刚石基氮化镓材料及器件技术综述

Daniel Francis①和 Martin Kuball②

① 美国加利福尼亚州旧金山阿卡什系统公司

② 英国布里斯托尔大学设备热成像和可靠性中心（CDTR）

14.1 引言

射频（RF）和功率氮化镓器件多年来一直推动着 RF 和功率行业的发展[1]。原因在于该材料体系可实现高电子迁移率和高击穿电压。但是在高功率应用中，器件仍然受到热输运的限制。即使使用碳化硅（SiC）作为衬底，情况也是如此[2,3]。由于金刚石的热导率高达 SiC 的 6 倍，因此，在高功率密度应用时，研究人员提出采用金刚石基 GaN 替代 SiC 基 GaN。这种技术能有效改善散热，并带来多种多样的应用价值，如增加器件功率或寿命，甚至改善器件的线性度。但如何实现良好散热且可商业化的金刚石基 GaN 技术的问题一直存在。

14.2 为什么选择金刚石基氮化镓

GaN 是一种高功率半导体，但器件性能受到热的限制，这一事实推动了金刚石基 GaN 的发展。自然的解决方案是将 GaN 与金刚石配对，因为金刚石在所有体材料中具有最高的热导率。商用 GaN 器件通常以 5~10W/mm 的功率密度运行；转化成热密度就是 $10GW/m^2$，这比典型的硅 LDMOS 高出 10 倍[4]。研究金刚石基 GaN 的目标是构建一种有效的散热结构，从而允许 GaN 以理论上可实现的功率密度运行，该功率密度可能超过 50W/mm[5]。

如果散热能力得到改善，高电子迁移率晶体管（HEMT），特别是 AlGaN/GaN HEMT 将会获得极大的收益。AlGaN/GaN 异质结具有高电荷密度和击穿电压，可以用来制作超大功率晶体管。此外，沟道电子的高饱和速度使得这些器件可以在高频下运行[2]。虽然已经有文献报道了使用 GaN 制作出了超高功率和频率的晶体管，但这些器件的典型功率附加效率（PAE）都在 50%~60%的范围内。也就是说，相当大的一部分电功率以热量的形式耗散，因此器件的热管理仍然是一个尚未得到充分解决的主要问题。

虽然使用金刚石基 GaN 来解决散热问题的方案相当明智，但要使其成为一种特定材料体系，它还需要能够在商业市场上进行竞争。散热的有益效果不能被器件制造的复杂性或原材料的稀缺性或制造工艺的高成本所抵消。鉴于这一目标，我们寻求一种既能解决散热问题，又能保持 GaN 电气特性的金刚石基 GaN 制造方法，这种方法可以创造一种机械性能坚固的材料，并可以以适当的规模和价格制成相关器件。简而言之，金刚石基 GaN 必须同时解决热、电、机械和制造问题。

在本章中，我们讨论了金刚石基 GaN 材料的理想热性能，以及制备金刚石基 GaN 的基本方法。鉴于直接金刚石合成法（Direct-Diamond-Formation，DDF）[6,7]是目前最广泛和最先进的制造金刚石基 GaN 的方法[8]，因此我们对 DDF 方法开展了深入调研，包括两种材料集成过程中的设计、制造、晶圆级表征和超过 100 只晶圆的工艺一致性等内容。随后我们讨论了金刚石基 GaN 的热学性质以及结构优化方法，最后我们详细介绍了金刚石基 GaN 晶圆的电学和力学特性。

目前业界对金刚石基 GaN 的期待相当之高。因为热导率极高的金刚石是 GaN HEMT 的最佳散热介质，可以将热量从 GaN 器件散发到金刚石衬底的背面，再扩散到金属热沉或微流体组件中去（见图 14.1）。作为已知具有最高热导率（T_C）的体材料（bulk material），最高纯度的金刚石在低温下的热导率远超 40000W/(m·K)，在室温下热导率也可以高于 3000W/(m·K)；这些值大约比 GaN 器件中最先进的 SiC 衬底的热导率高 6 倍，因此使用金刚石来替代 SiC 衬底成为革新 GaN 器件热管理技术的明确途径。简单地说，可以认为使用金刚石衬底后器件热阻可以降低 6 倍［单位为℃/(W/mm)］。

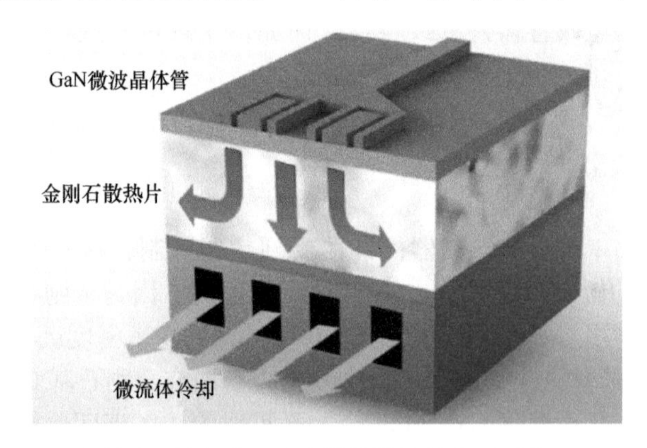

图 14.1　在所示组件的背面具有散热结构的金刚石基 GaN HEMT，该散热结构可以是被动式的也可以是主动式的（例如使用微流体）

目前，散热限制让 GaN HEMT 必须降额运行，以保证器件工作期间的可靠性和工作线性度[9]。更好的线性度可以增加基站等现有系统中的数据吞吐量。在太空中，散热与系统重量和功率重量直接相关。在军事系统中，衡量标准已经变成对 SWAP（尺寸、重量和功率）的综合评估，也说明实现最佳性能的系统要平衡三者之间的关系。通过减少对空间中的额外冷却的需求，可以增加线性度和相应的带宽，或者减少重量，从而显著降低系统成本，并增加可靠性。目前已经针对 GaN 开展了多种散热技术的研究，而金刚石是其中的关键。

为了实现最佳的器件级散热，在 GaN HEMT 中使用金刚石衬底时需要考虑两个重要问题：晶圆级材料堆叠以及该堆叠如何与器件架构相互作用[10]。最佳的晶圆级散热需要考虑多种影响因素，其中最显而易见的是所有材料层的热导率，其他因素还包括，整个金刚石衬底上 T_C 的变化情况[11]以及 GaN 与金刚石之间的边界热阻（TBR）。TBR 的影响因素包括材料之间的声子失配，为了实现两种材料牢固界面所需的中间层的性质，以及界面附近存在的微结构/缺陷[12]。

为了实现最佳的器件级散热，我们需要考虑热量从器件有源区传播到金刚石衬底背面的过程。具体来说，热量从靠近栅指的 GaN 器件顶部开始传播，通过 GaN 层——同时考虑横向热扩散，再经过 GaN/金刚石界面进入并通过金刚石衬底。如果在 GaN 和金刚石之间存在较大的 TBR，则希望 GaN 层能厚一些，以便在热量到达 GaN/金刚石界面之前进行辅助横向热扩散，而对于较低的 TBR，考虑到金刚石通常具有比 GaN 高得多的热导率，并且在界面上不存在热传递的瓶颈，较薄的 GaN 层将具有优势。

栅极附近散热能力的提升可以极大改善多指器件的性能。与 SiC 基 GaN 相比，在金刚石基 GaN 晶体管中，各个栅极附近散热能力的有效提升允许设计人员可以减小多指功率晶体管中栅极之间的横向间距。通过减小栅指间距，虽然器件的线性功率密度（W/mm）不变，但面功率密度（W/mm^2）会显著增加，而且由于漏极电压不变，这种变化对 RF 增益没有影响。在这种情况下，假设金刚石和 SiC 的热导率都取典型值，并且考虑到典型器件中使用的金刚石的平均热导率约为 1200W/(m · K)[12]，那么金刚石基 GaN 器件的射频功率可以达到 SiC 基 GaN 器件的 3 倍。从另一个角度讲，减小热阻本身就允许 HEMT 在更高的漏极电压下工作，因此在相同的沟道温度下，器件的线性功率密度（W/mm）也会更高。但调高工作漏极电压需要对器件结构进行修改，以控制更大电场的影响，从而实现等效可靠性。这种修改可能会导致 RF 增益小幅下降。但在功率（W）和减少电容方面的净收益为 1.5~2 倍。换句话说，即使在没有任何主动冷却解决方案（如微流体）的情况下，使用金刚石衬底后器件的面功率密度共提高了 6 倍。

为了更详细和定量地评估金刚石带来的好处，使用多指晶体管器件的三维有限元（FE）热模型很有必要。我们将构建一个如下尺寸的基准器件模型：器件尺寸为 125μm×300μm，其中 125μm 是栅指宽度，总芯片尺寸为 3mm×3mm。使用该标准尺寸的器件来比较不同衬底器件的热性能。在该模型中，改变栅指的总数以保持均匀的指-指间距，即栅指数量是变量；假设功率密度固定为 5W/mm，并在栅指的漏极一侧耗散[13]。假设金刚石的有效热导率为 1200W/(m · K)。均匀热导率的金刚石衬底可以通过晶圆键合来实现，但当在 GaN 上生长金刚石时，GaN/金刚石界面附近的热导率最低（低至 10W/(m · K) 左右），其原因是在引晶过程中金刚石晶粒开始时的尺寸较小但在生长的过程中不断增加[14-16]。1200W/(m·K) 对应的是金刚石衬底的平均热导率[12]。我们认为金刚石基 GaN 中 GaN 层的厚度为 1μm[17]，SiC 基 GaN 的典型 GaN 层厚度为 1.8μm，衬底厚度为 100μm。假设 TBR 值为 $2.5\times10^{-8}m^2\cdot K/W$，这一数值在商用 SiC 基 GaN 器件[18]或测量出的金刚石基 GaN 器件[19,20]中很常见。

通过有限元仿真可以得到金刚石基 GaN 在散热方面的优势，结果如图 14.2 所示。减弱的热串扰效应允许器件栅指排布得更加紧密。栅指数为 16 个（栅间距为 20μm）且总功耗为 10W 时，SiC 基 GaN 器件温升达到了 175℃，这是器件工作的保守结温极限。而金刚石基 GaN 器件如果要达到相同的温升，栅指总数可以增加到 32 个，从而让功耗增加了 2 倍。在这种高功率耗散下，CuW 封装有限的散热能力对金刚石基 GaN 器件模型的总热阻有显著影响，如图 14.3 所示。也就是说，封装的影响变得尤为重要。但可以通过改进管芯粘接工艺实现对封装散热能力的进一步提升。在仿真中我们假定使用 AuSn 焊料实现管芯粘接，但是实际中也可以选择其他焊料，比如，基于纳米银的芯片粘接工艺可以实现高达 200W/m·K 的热导率提升，远超 AuSn 的 50~60W/(m·K) 的热导率；此外，替换掉常用的 CuW 封装基板也是改进散热能力的一种方式，比如可以使用金刚石或银-金刚石复合材料——CuW 的热导率为 150~350W/(m·K)，而银-金刚石复合材料的热导率达到了 800W/(m·K)[21]。图 14.3 还展示了使用额外的金刚石散热片或更厚的金刚石基板所获得的结果。对于功耗为 27W 的金刚石基 GaN 器件，栅指的数量还可以进一步增加到 44，相比于等效的 SiC 基 GaN 器件，总功耗实现了 3 倍的提升[22]。这显然低于前面推导出的 6 倍功率提升，其主要是因为前面的推导中忽略了材料体系许多详细的物理限制，仅采用了最简单的假设。当然也依然存在一

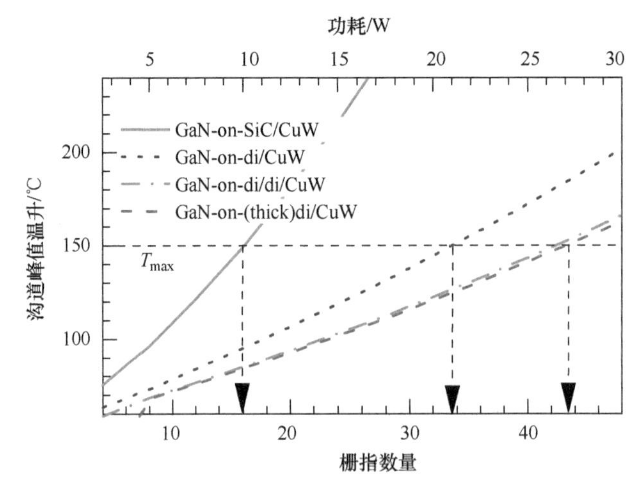

图 14.2　仿真得到的 GaN HEMT 峰值温升与栅指数量的关系。假设功率密度固定为 5W/mm，器件尺寸固定为 300μm×125μm，将金刚石基 GaN 与 SiC 基 GaN 进行了对比

来源：J. W. Pomeroy and M. Kuball, Optimizing GaN-on-Diamond Transistor Geometry for Maximum Output Power Proceedings of CSICS, 2014。

些改进的空间，例如可以通过改进界面、金刚石的质量等来进一步提升金刚石基 GaN 器件的功率。此外，GaN 到金刚石界面处的 TBR 与 GaN 层厚度存在依赖关系，可以通过选择最优的 GaN 层厚度来进一步提升散热能力，如图 14.4 所示。但是金刚石基 GaN 的 TBR 典型值在 $(2\sim3)\times10^{-8}m^2\cdot K/W$ 的区间内[19]，这意味着减薄 GaN 层通常不会让散热能力显著提高，最近的实验也证实了这一点[23]，但是最近的研究中也实现了低至 $1.5\times10^{-8}m^2\cdot K/W$ 的 TBR 值[24]，这也说明金刚石基 GaN 材料的热阻具备进一步提高的潜力。

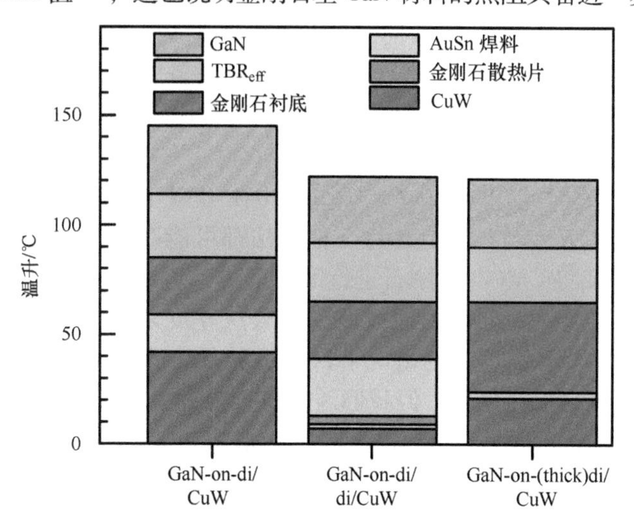

图 14.3 功率耗散为 20W 的 32×125μm、栅极间距为 10μm 的金刚石基 GaN 晶体管的模拟温升。图中展示了直接安装在 CuW 上、额外的金刚石散热片或较厚（300μm）的金刚石衬底对热阻的不同影响

来源：J. W. Pomeroy and M. Kuball, Optimizing GaN-on-Diamond Transistor Geometry for Maximum Output Power Proceedings of CSICS，2014。

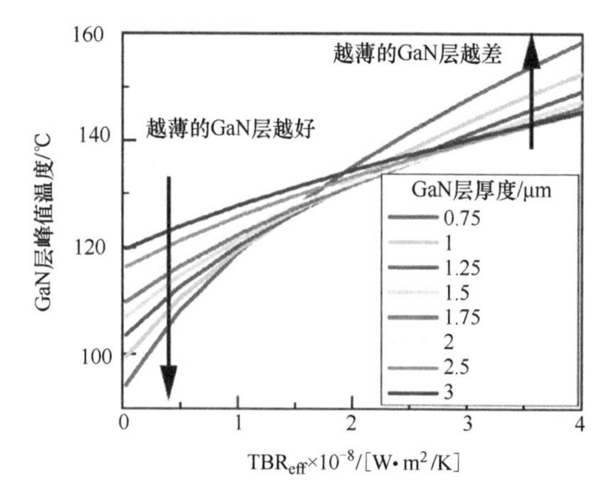

图 14.4 功率耗散密度为 10 W/mm（总功耗 4 W）的 4×100μm、35μm 栅极间距的金刚石基 GaN 晶体管的有限元热仿真结果。图中展示示了峰值沟道温度与 TBR 和 GaN 层厚度的函数关系

来源：J. W. Pomeroy，R. B. Simon，C. Middleton，M. Kuball，Transient thermoreflectance wafer mapping for process control and development：GaN-on-Diamond，2017 IEEE Compound Semiconductor Integrated Circuit Symposium（CSICS）。

14.3 制备金刚石基 GaN 的方法

14.3.1 金刚石基 GaN 的所有制备方法

从原理上说，制备金刚石基 GaN 就是寻求一种使 GaN HEMT 材料与金刚石衬底尽可能紧密热接触的方法。在实际中，有许多制备这种结构的方法。在本节中，我们将回顾所有可能的制备方法，以及它们各自的结构和制备的可行性，然后将这些结构上器件的热特性与理想金刚石基 GaN 结构的热特性进行比较。

目前制备金刚石基 GaN 的衬底有四种广泛使用的方法：①在单晶金刚石衬底上直接生长 GaN；②GaN 与金刚石衬底的键合；③在 GaN 背面直接合成金刚石：DDF；④在 GaN 正面直接合成金刚石。上述每一种方法都可能存在变化，例如，对于在金刚石上直接生长 GaN 或将 GaN 与金刚石进行键合来说，这些方法已经在完整器件或部分结构的器件上进行了尝试，同时也通过改变粘合层厚度来进行改进。在本节中，我们主要将方法分为四类，并在适当的情况下讨论每种方法的优点。虽然 GaN 和金刚石的形成过程都属于晶体生长的范畴，但我们还是将合成和生长作为不同的术语进行区分，以简化表述、避免混淆并区分 GaN 和金刚石的形成过程。在方法①和②中，当提到“生长”时，我们指的是 GaN 的单晶生长；而在方法③和④中，当讨论“合成”时，我们指的是在非金刚石衬底上形成多晶金刚石的过程。

14.3.2 金刚石基 GaN 单晶的直接生长

将 GaN 直接生长在单晶金刚石上是一种制备金刚石基 GaN 薄膜的有效方法，如图 14.5 和图 14.6 所示。因为 GaN 可以有效地生长在许多不同的晶格衬底上，例如蓝宝石、碳化硅和硅，因此这种方法十分具备可行性。然而，在不同晶格的衬底上生长 GaN 的主要问题是晶格失配和热膨胀失配导致的综合影响[25]。相对于晶格失配仅为 3%的碳化硅，金刚石的晶格失配高达 10%。然而更大的问题在于热膨胀系数的差异。金刚石和硅的热膨胀系数都比 GaN 低，这会导致在室温下 GaN 处于拉应力状态。类似于在硅上生长 GaN，生长金刚石基 GaN 也会在室温下产生拉应力，可能导致 GaN 开裂[26]。这个问题可以通过在硅和金刚石上生长 AlGaN 过渡层来解决，AlGaN 过渡层能够控制 GaN 的应力。但是由于 GaN 和金刚石之间的晶格常数和热膨胀系数的失配非常大，因此实现这种结构相当困难。

据我们所知，最早在金刚石上生长 GaN 的研究可以追溯到 2003 年[27,28]，而基于该结构的第一款器件报道于 2010 年[29-31]。该器件通过氨源 MBE 在单晶金刚石衬底上实现了 GaN 的生长，其中一款器件生长在 3mm×3mm（111）的单晶金刚石衬底上。在电学性能方面，该器件表现出众，在高达 10GHz 的频率下实现了高达 800mA/mm 的电流密度。相比于之前在（111）金刚石上生长的 GaN，这是晶体形态学方面的重大进展。

图 14.5　使用 HVPE 在基板上淀积 GaN 层的 SEM 图片，该基板包括一层（110）晶向单晶金刚石衬底和覆盖在上面的 GaN 薄膜，该 GaN 薄膜使用 MOCVD 形成。a）为 GaN 层概貌；b）突出显示了六角形柱状结构在更均匀背景下的详细图像

来源：Thin Solid Films 443（2003）9-13。

但是，该结构仍需要在金刚石和 GaN 之间增加较厚的 AlGaN 过渡层，这对于热传导十分不利，因为 AlGaN 的热导率相对较低。这将增加 GaN 和金刚石之间的等效界面热阻（TBR）。考虑到主要的热阻在 AlGaN 过渡层中，最终导致这些器件的热性能与 Si 基 GaN 相差不大。

14.3.3　GaN 与金刚石键合

将 GaN 键合到金刚石上是制备金刚石基 GaN 的一种可行方法[32,33]。此方法的结构是将 GaN HEMT 置于顶层，金刚石则置于 GaN 外延层的底部。这种方法有几个变体。器件既可以在键合前或键合后制备，但通常会选择先制备器件，因为键合区域通常较小，而且键合界面可能难以承受与器件制备相关的温度变化和其他加工步骤的影响。这种先制备器件再键合的方法首先由 BAE 公司成功实现[34]。

假设采用先制备器件的方法，则需要首先按标准工艺流程制备器件，然后将完全制备好的器件翻转到临时衬底上，再去除原始生长衬底，最后键合到金刚石衬底上。这种键合最好在低温下进行，以避免高温处理过程中可能对器件造成损害（如损伤肖特基栅接触等）。

随着成本更低、表面粗糙度更小、直径更大的金刚石衬底逐渐面世，这种金刚石

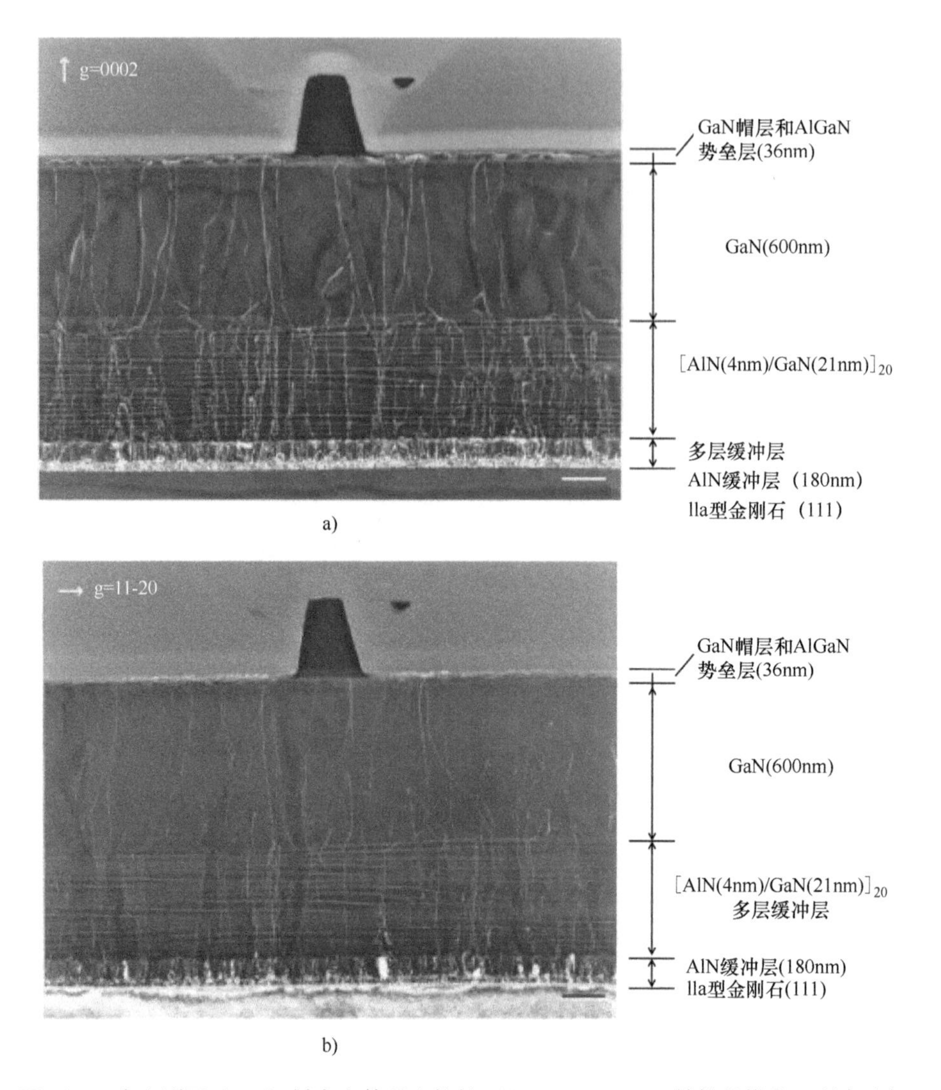

图 14.6 在金刚石（111）衬底上外延生长的 AlGaN/GaN HEMT 结构的横截面弱束暗场 TEM 图像。a）g-vector = 0001；b）g-vector = 1120

来源：K. Hirama，Y. Taniyasu，and M. Kasu，Epitaxial growth of AlGaN/GaN high-electron mobility transistor structure on diamond（111）surface，Jpn. J. Appl. Phys. 51（2012）090114。

基 GaN 的制备方法变得更为重要。目前，表面粗糙度在 0.1nm 左右、直径大于 1in 的金刚石仍然很少，且成本较高。未来的发展应该会让这种制备方法变得越来越可行。

这种制备方法的优势在于可以制备出完全成型的金刚石基 GaN 器件。此外，如果界面 TBR 可以低至 $17m^2 \cdot K/GW$[35]，同时考虑到金刚石的热导率高且均匀，那么这种方法制备的器件会非常接近理想的金刚石基 GaN 结构[34]。不过仍然存在两方面的挑战：一方面，如果使用单晶金刚石衬底，其成本较高且晶圆尺寸不够大；另一方面，如果使用多晶 6in 或 8in 金刚石晶圆，晶圆的表面粗糙度几乎不可能满足可靠无气泡键合的要求。

14.3.4 在 GaN 背面直接合成金刚石：直接金刚石合成（DDF）技术

考虑到键合困难且大直径的单晶金刚石衬底难以获得，因此需要寻找一种更易制备金刚石的方案。直接合成金刚石技术满足了研究人员的需求，成为一种替代键合的方法。这种方法在 21 世纪初首次被研究，但最初的结果显示合成过程对 GaN 晶体造成了损伤[36-38]。

这种方法最终被证明是可行的，因为 GaN 对温度的稳定性比金刚石合成温度要高得多。虽然其他Ⅲ/V 族材料（如 GaAs 或 InP）的熔点很低，但 GaN 的熔点在 2000℃以上，且生长温度在 900（通过分子束外延，MBE）~1050℃（金属有机化学气相沉积，MOCVD）之间。因此在 GaN 衬底上生长金刚石完全可行，因为对于高质量的金刚石来说，其最佳生长温度在 700~900℃之间。假设如果适当地对 GaN 进行密封，则它可以承受金刚石生长时的温度[6]。前期在 GaN 上没有成功地生长出金刚石，其原因并不是因为温度，而是由于金刚石合成过程中化学性质的不稳定。早期在 GaN 上直接合成金刚石的结果如图 14.7 所示，表明合成过程对 GaN 晶体造成了损伤。我们推测这种损伤不是由热稳定性导致的，而是由化学稳定性引起的。解决方案是用一层性质稳定的材料保护 GaN，以便金刚石可以附着在上面。我们选择了氮化硅（Si_3N_4）来作为这种保护层和引晶层[6]，当然其他材料也可以用作引晶层，比如硅、碳化硅或氮化铝。这种技术最初由 Group4 Labs 开发，后来在 Element6 实验室发展起来，现在由 Akash、RFHIC 和布里斯托尔大学继续研究，他们为许多研究团队[19,23,39-47]和从事类似工作的研究人员[48,49]提供了金刚石基 GaN 材料和器件的合作。图 14.8 展示了使用直接合成金刚石方法制备出的样品示例。

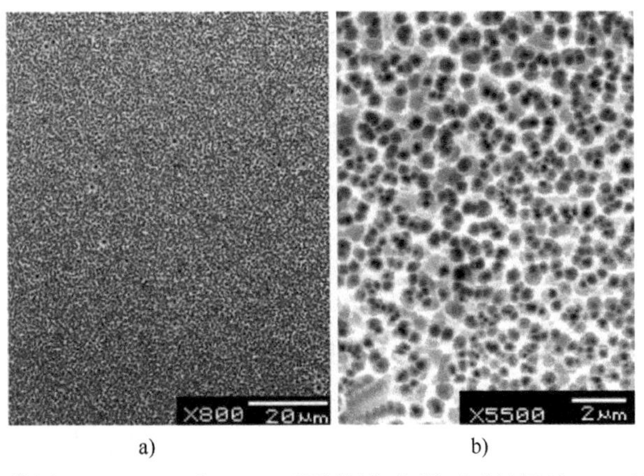

图 14.7　使用 1%CH_4/H_2 和 13mm 丝距制备金刚石后拍摄的 SEM 显微照片，a）和 b）分别对应低倍镜和高倍镜下的图像，凹坑来源于 GaN 的分解

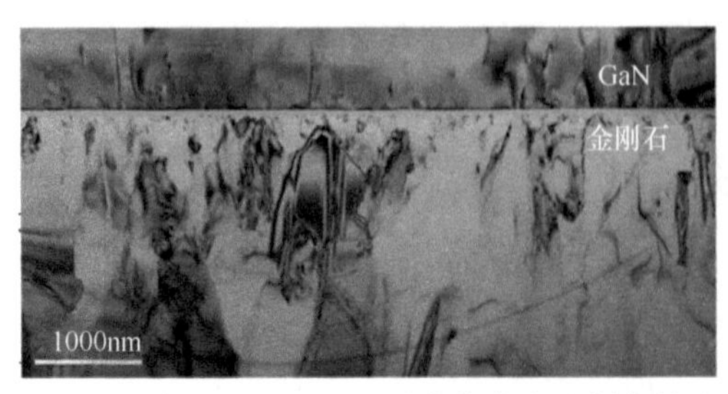

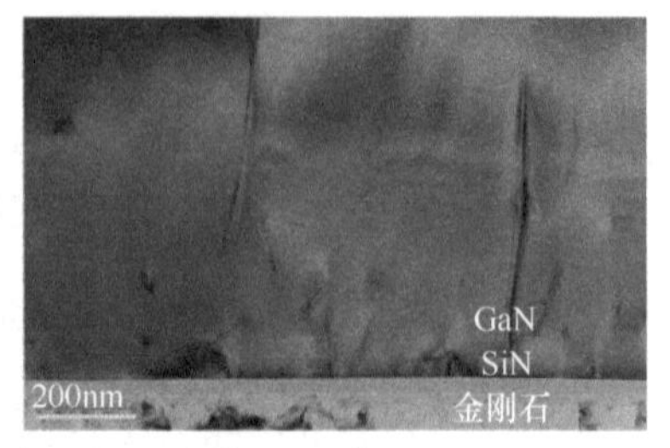

图 14.8 通过直接合成法制备的金刚石基 GaN 的 TEM 截面

在这种金刚石基 GaN 的设计中，氮化硅层的热导率通常远低于 GaN 或金刚石，因此这层氮化硅会成为阻挡散热的屏障。在理想结构中，该层厚度应该减小到零，但实际中，目前该层典型厚度在 5~30nm 之间[18]。不过研究人员正在研究去除 SiN 层或用另一种更高热导率的晶体材料代替它的方法，也有研究人员用 SiO_2 和 AlN 等来替代 SiN 作为中间层。虽然存在上述问题，但我们依然认为这是目前制造金刚石基 GaN 的最有前途的方法，并将在 14.4 节中详细讨论。除了粘附层的低导热率之外，金刚石在早期生长阶段的热导率也不如体材料高。结构模型考虑了这些差异的热影响。不过虽然存在这两个散热的屏障（低热导率的粘附层和早期生长的金刚石），但 TBR_{eff} 仍然可以低于 $10m^2 \cdot K/GW$，这与 $7m^2 \cdot K/GW$ 理论扩散失配模型的散热极限相当[18]。

14.3.5 在 GaN 正面直接合成金刚石

制造金刚石基 GaN 的最后一种方法是在 GaN 正面合成金刚石。原则上，这是一种非常有吸引力的方法。金刚石可以比任何其他方法更接近半导体的热点。金刚石位于 GaN 表面之上，与热点仅仅相隔一定厚度的钝化层[37,50,51]。在该工艺中，金刚石在器件制造工艺中的某一阶段被沉积在器件表面，沉积的方式可以是选择性区域沉积或其他的图案化方式。这种方法可以让金刚石尽可能地靠近热点，同时与标准的晶圆和器件加工工艺兼容，具有很大的优势。不过这种工艺仍然存在一些问题，因为表面形成的金刚石通常非常薄，所以热导率相比于体材料更低，这就导致散热效果很有限。实验结果表明，这种工艺对热性能只有轻微的改进。

14.4 可制造性

为了使金刚石基 GaN 成功打入 GaN 市场，必须实现量产，同时还要保证每个晶圆和不同晶圆之间的器件性能具有一致性并且具有良好的使用寿命[52,53]。目前，我们认为制造金刚石基 GaN 的最可行的方法是直接金刚石合成（DDF）技术。本节将详细讨论 DDF，包括制备金刚石基 GaN 的过程、工艺过程中测量的指标以及数百个晶圆的测试结果。

换句话说，为了实现大规模制造，金刚石基 GaN 相关的工艺问题必须得到解决，

不仅需要在 $1cm^2$ 的范围内得到解决，而且需要在整个晶圆上都得到解决。进一步地说，不仅需要在单个晶圆上实现工艺稳定，而且需要在规模化的生产中实现可重复性。因此，从一开始，我们就将金刚石基 GaN 工艺的鲁棒性设计得很高，使其不受材料变化（例如晶圆翘曲和表面缺陷）的影响，以获得尽可能高的产量，并且在成本可控的条件下实现比 GaN/SiC 更好的热性能。例如，为了实现高量产，我们设计了 GaN 与临时载体的键合工艺。该工艺使用了较厚的玻璃粘合剂，即使表面粗糙度达到几个微米，也能有效粘接晶圆。这个表面粗糙度比标准扩散键合工艺的表面粗糙度要求高了四个数量级，后者需要将表面粗糙度控制在 0.0001μm 量级。类似地，其他工艺步骤也都是以高产量为设计目标，这样才能实现批量化生产。

但是读者应该了解，即使上述工艺设计是为了实现量产，但是使用这种工艺后金刚石基 GaN 的产量也基本维持在每年数百到几千个晶圆，而非每年批产数百万个晶圆。不过按照目前金刚石基 GaN 的市场规模，也不太需要开发实现每年上百万个晶圆产量的工艺。

直接合成（DS）金刚石基 GaN 的制备方法使用硅基 GaN HEMT 作为起始材料，如图 14.9 所示。该工艺大体遵循以下步骤：将生长在<111>硅上的 GaN HEMT 键合到临时载体上，然后去除原始衬底并生长金刚石代替<111>衬底，最后将金刚石基 GaN 从临时载体晶圆上取下。本节的其余部分将详细讨论该工艺所具备的鲁棒性、可制造性和所满足的必要电热性能。

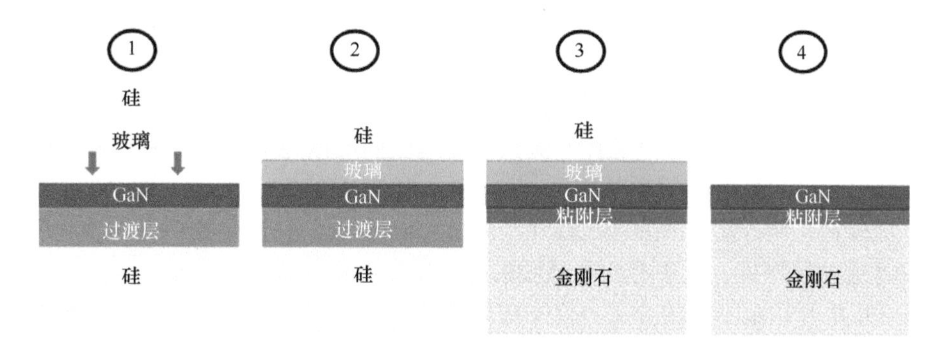

图 14.9　金刚石基 GaN 直接合成工艺

直接金刚石合成（DDF）工艺的详细步骤如下。首先，在 GaN/硅晶圆上生长保护层。因为原始的 HEMT 层（通常为 AlGaN 层）上仅覆盖这一层厚度为 5Å 的 GaN 帽层，无法对 GaN 层表面提供保护，因此必须首先生长保护层。这层保护层最重要的组成部分是 SiN，SiN 可以钝化 GaN 表面从而在随后的工艺步骤中对 GaN 表面提供保护。这层保护层会一直存在，直到金刚石基 GaN 完成形成并准备开始器件工艺时才会被去除。我们之所以选择 LPCVD SiN 作为保护层，是因为它足够坚硬，可以经受硅载体移除过程的考验。此外，它还可以批量沉积在晶圆上，可以在不损坏底层外延的情况下被去除。

然后使用定制的旋涂（spin-on）玻璃将表面受保护的 GaN 晶圆键合到硅载体晶圆

上。这种键合必须足够稳定，以免在随后的金刚石合成过程中出现损坏。键合过程中我们需要将 GaN 晶圆放在旋涂的定制玻璃上，这种玻璃的熔点高于金刚石合成温度，厚度为几微米。这种玻璃键合层可以容纳 GaN 晶片表面上方高达 5μm 的点缺陷，因此即使在键合条件没那么理想的情况下也可以实现高量产。

到这个步骤为止，我们已经得到了两片键合好的晶圆，其中 GaN/硅晶圆中具有完整的 AlGaN/GaN HEMT 结构，而另一片晶圆是附着在其上方的临时硅载体晶圆。下一步就可以开始去除原始的硅衬底了。由于载体晶圆的材料也是硅，因此键合后两片晶圆之间几乎完全没有翘曲，可以用正常的晶圆减薄方法去除原始硅衬底。综合运用研磨、抛光和干法蚀刻来去除原始硅衬底。对硅衬底的刻蚀终止于 GaN 层背面。图 14.10 就展示了一个 4in 的翻转外延晶圆。

图 14.10　硅衬底去除后翻转 EPI

去除原始硅衬底后，AlGaN 过渡层就会暴露出来。在 Si 上生长 GaN 时，这些过渡层能够缓解 Si 和 GaN 的晶格和热膨胀系数失配。这些过渡层的热导率通常在 15W/(m·K) 左右[54]。由于过渡层面向 GaN 的镓面，因此它们可以通过干法或湿法刻蚀来去除。在本章的例子中，我们去除了所有过渡层，仅保留 750nm 厚的 GaN 缓冲层。在本章其他部分已经讨论过，器件的热性能将取决于 GaN 缓冲层的厚度。因此，对于可制造性而言，必须对最终的缓冲层厚度进行良好的控制。此外，刻蚀掉过渡层后暴露出的 GaN 表面可能具有潜在的电活性。因此，对过渡层的刻蚀必须止于 GaN 缓冲层，以免在 GaN 表面留下电活性缺陷或陷阱，进而影响金刚石基 GaN 的 RF 特性。图 14.11 展示了在约 200 个连续晶圆上测得的最终 GaN 缓冲层厚度，其中有四个晶圆的缓冲层厚度格外薄或格外厚。

下一步是开始金刚石的合成。首先在翻转的 GaN 外延硅片表面添加一层 SiN，并在 SiN 上使用纳米晶体金刚石[55]作为籽晶生长金刚石。SiN 是非晶材料，热导率在 1~3W/(m·K) 之间，在金刚石生长的早期阶段，它起到保护 GaN 的作用。这种钝化非常必要，因为在金刚石合成的早期阶段，氢原子会腐蚀暴露的 GaN。SiN 还可以很方便地用于沉积纳米晶金刚石籽晶，因为它可以促进早期金刚石成核层的粘附，所以我们也将这层 SiN 称为成核层或粘附层。虽然这层 SiN 可以方便有效地实现金刚石基 GaN 的工艺一致性，但它也是 GaN 和金刚石之间的主要散热屏障。GaN 缓冲层厚度和 SiN 粘附厚度与热阻的关系模型如图 14.12 所示。在这里，SiN 厚度作为中间变量可以代表 TBR。显然，SiN 厚度是最重要的参数，可以使热阻最小化。图 14.12 说明了热边界（SiN 或 TBR，后者在 14.4 节中详细讨论）的功能效应。从定性的角度，这些结果表明，最佳性能是通过最小化 SiN 层厚度和优化 GaN 层厚度来实现的。但在实际中，热

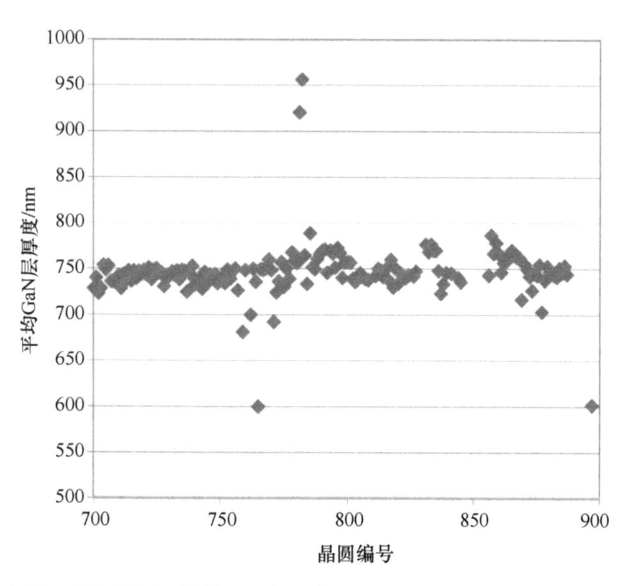

图 14.11　通过光学反射测量法测量的去除过渡层后的 200 个金刚石上 GaN 晶片的 GaN 厚度

阻不是唯一需要优化的重要参数，保持性能均匀和可重复性也同样重要。均匀意味着 SiN 层足够厚以便承受金刚石生长早期阶段的任何刻蚀，进而保证连续的金刚石涂层具有稳定的热性能。为了在晶圆之间和整个晶圆上实现均匀和可重复的器件热性能，我们选择了 750nm 的 GaN 缓冲层厚度和 25nm 的 SiN 粘附层厚度。使用我们材料的合作公司在文献中基本都选用了这些厚度数值。

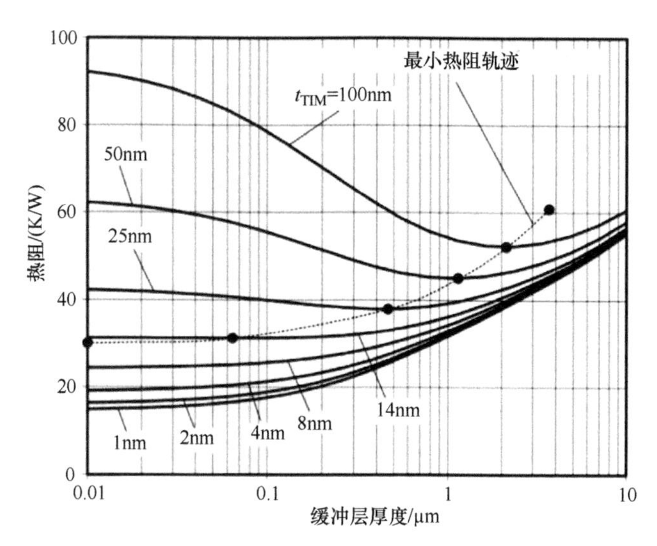

图 14.12　基于内部建模得到的不同缓冲层和 SiN 厚度对热阻的影响。
假设金刚石 T_C 为 1600W/(m·K)

可以通过热丝化学气相沉积（HFCVD）或微波化学气相沉积（MWCVD）来实现金刚石的合成。虽然原则上 HFCVD 可以合成更高热导率的金刚石，但我们通常使用 MWCVD，因为它在生长金刚石方面兼顾速度和热导率。我们测得使用 MWCVD 合成的金刚石热导率大于 1500W/(m · K)[49]。

虽然实现金刚石的高热导率很重要，但保证金刚石生长早期阶段的稳定性更为重要。金刚石生长早期阶段的热导率将在热测量部分进行讨论。稳定性体现在可制造性和机械性能，两者都很关键。金刚石基 GaN 一旦形成，就必须经受得住制造过程的极限温度应力和器件工作期间的温度梯度应力。考虑到这些极端情况，在金刚石生长的早期阶段必须能够在 GaN 和金刚石之间实现机械性能良好和散热良好的界面。为了克服金刚石不能在非金刚石衬底上成核的缺点，我们使用在超声过程中沉积的纳米金刚石籽晶来生长金刚石。金刚石生长在这些 5～30nm 的金刚石籽晶上，密度可以达到 10^{10}～10^{11} 晶粒/cm^2，这也是整个金刚石薄膜中晶粒密度最高的位置。图 14.13 展示了高密度的纳米金刚石籽晶图像（该图像拍摄于短期金刚石生长之后，此时可以更好地观测金刚石籽晶的密度）。

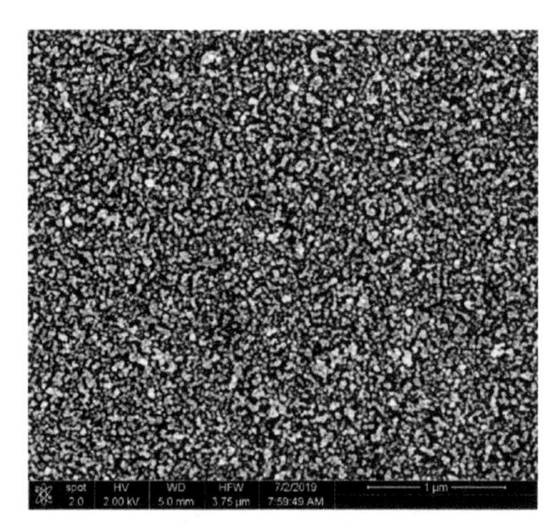

图 14.13　在 GaN 上用籽晶生长金刚石的示例。图中展示了纳米金刚石籽晶密度。发光的是金刚石籽晶，黑色背景是氮化镓背面

为了实现高量产和成本可控的金刚石基 GaN 衬底，金刚石的合成过程十分关键。在生长金刚石的过程中，我们需要平衡性能指标和成本指标，性能指标包括导热性、翘曲度和均匀性等，而成本受生长速度、产量和投入原材料成本的影响。为了实现性能指标，我们需要制造性能均匀、热性能良好的晶圆，以便加工成器件。而性能均匀意味着生长出的金刚石厚度、热导率和晶粒尺寸在单个晶圆和不同晶圆之间都是均匀的。为了获得良好的均匀性，控制反应器中金刚石的合成温度和气体流量非常重要。

生长期间晶圆上的温度差异将导致金刚石厚度、热导率和晶圆翘曲的差异。使用我们当前的工艺，测量的热导率变化率通常小于 5%，但是金刚石厚度变化率通常大于 10%。

为了达到成本指标，我们必须将晶圆的成本控制在相对低的水平。晶圆的成本取决于金刚石生长速率、最终厚度和晶圆产量。生长速率是生长 1μm 金刚石所需要的时间，最终厚度是金刚石晶圆的总平均厚度，而为了实现高产量，我们需要保证作为起始材料的翻转 GaN 衬底不被损坏。为了降低成本，需要使用尽可能高的金刚石生长速率，并使用最少的后处理工艺使金刚石尽可能薄。目前我们生长的金刚石厚度普遍大于 120μm，但未来需要将其进一步减薄，以便与诸如微带线设计等 HEMT 器件的设计相兼容。图 14. 14 展示了金刚石基 GaN 晶圆的厚度分布图。

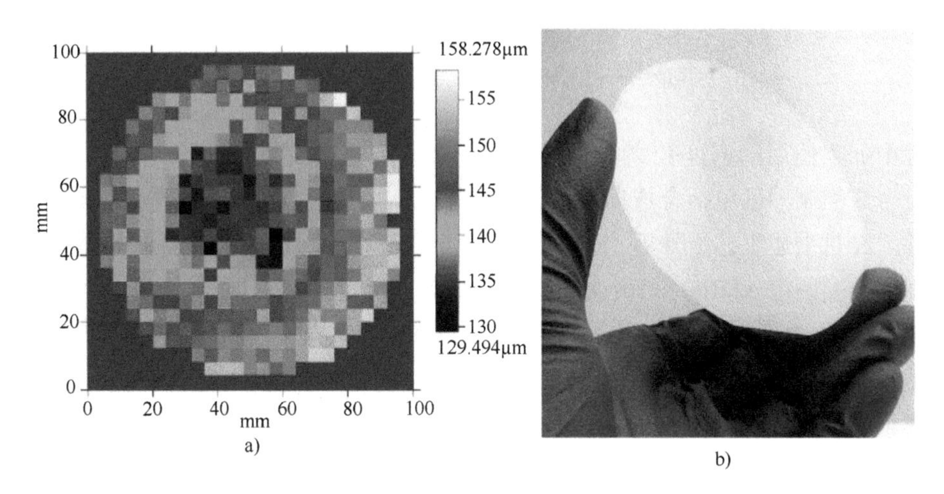

图 14. 14　a）金刚石基 GaN 晶圆的厚度图，中心厚度为 130μm；b）4in 金刚石基 GaN 晶圆中心厚度为 200μm

在合成金刚石后，金刚石表面的 RMS 粗糙度普遍大于 10μm。通常使用轻度抛光将表面粗糙度降低到 1μm RMS 的量级。轻度抛光遵循标准的金刚石研磨工艺，其中金刚石砂粒用于去除大部分金刚石生长表面的颗粒物，留下光滑的金刚石背面，为背面加工做好准备。

图 14. 15 为金刚石背面的共焦图像。图 14. 15a 是金刚石生长后的图像，14. 15b 是抛光后的图像。所生长的晶圆中金刚石的晶粒尺寸在 10~40μm 量级。右侧的彩色共焦显微镜图像中，蓝色代表最凹陷的位置，黄色代表最凸起的位置。图中的表面高度差小于 0. 5μm。

金刚石的晶圆产量取决于多种因素。有些是固有的设计因素，有些则可以通过仔细控制金刚石合成条件加以改变。设计因素包括氮化硅粘附层也厚度和引晶方式。氮化硅粘附层越薄，性能越好，但过薄的粘附层也可能导致整个晶圆的均匀性下降；引

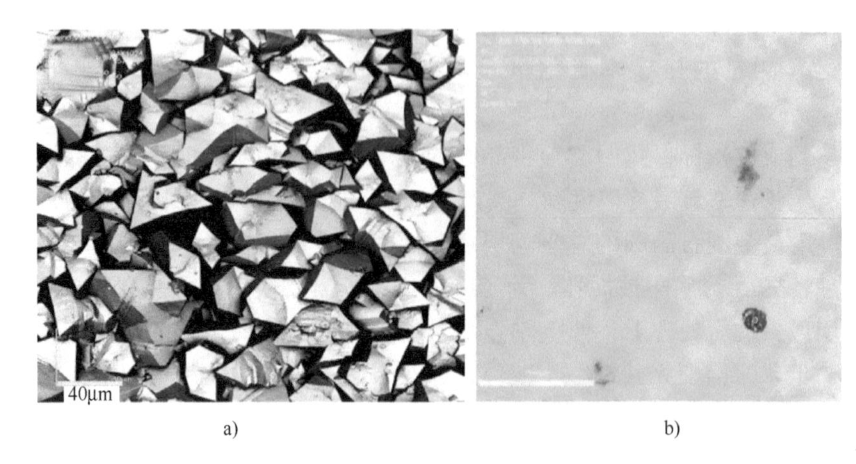

a)　　　　b)

图 14.15　a）生长出的金刚石的共焦显微镜图像；b）抛光后的金刚石，其金刚石基 GaN 背面的线粗糙度为 1μm RMS

晶过程中如果使用的密度较高的籽晶，则在合成步骤中可以实现金刚石的均匀成核。金刚石合成控制因素包括合成期间晶圆上的温度均匀性、反应器中气流的绝对温度和均匀性。经过上述工艺步骤后，就可以得到可用于器件制造的金刚石基 GaN 晶圆。完全处理后的晶圆由 AFRL（美国空军研究实验室）负责进行表征[56]。图 14.16a 展示了器件制备完成后的 4in 金刚石基 GaN 晶圆。图中整个 4in 晶圆上的所有器件均已制备完成。图 14.16b 展示了晶圆上的器件具有良好的性能均匀性。14.6 节将对其电学性能进行更详细的讨论。

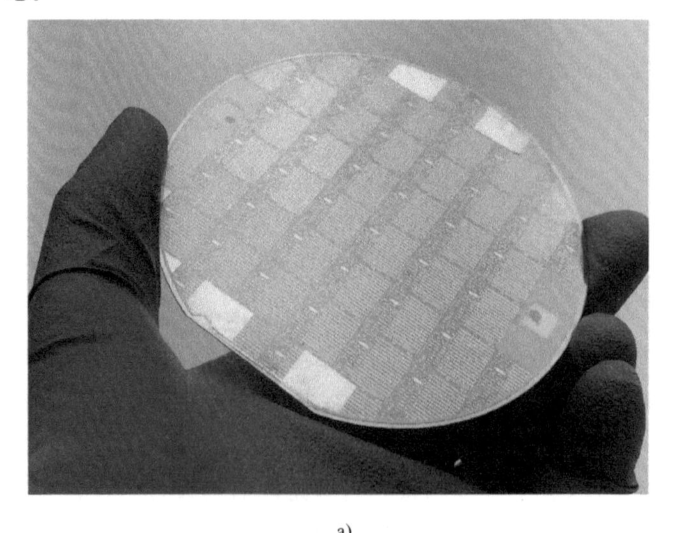

a)

图 14.16　a）器件制备后的 4in 金刚石基 GaN 晶圆图像

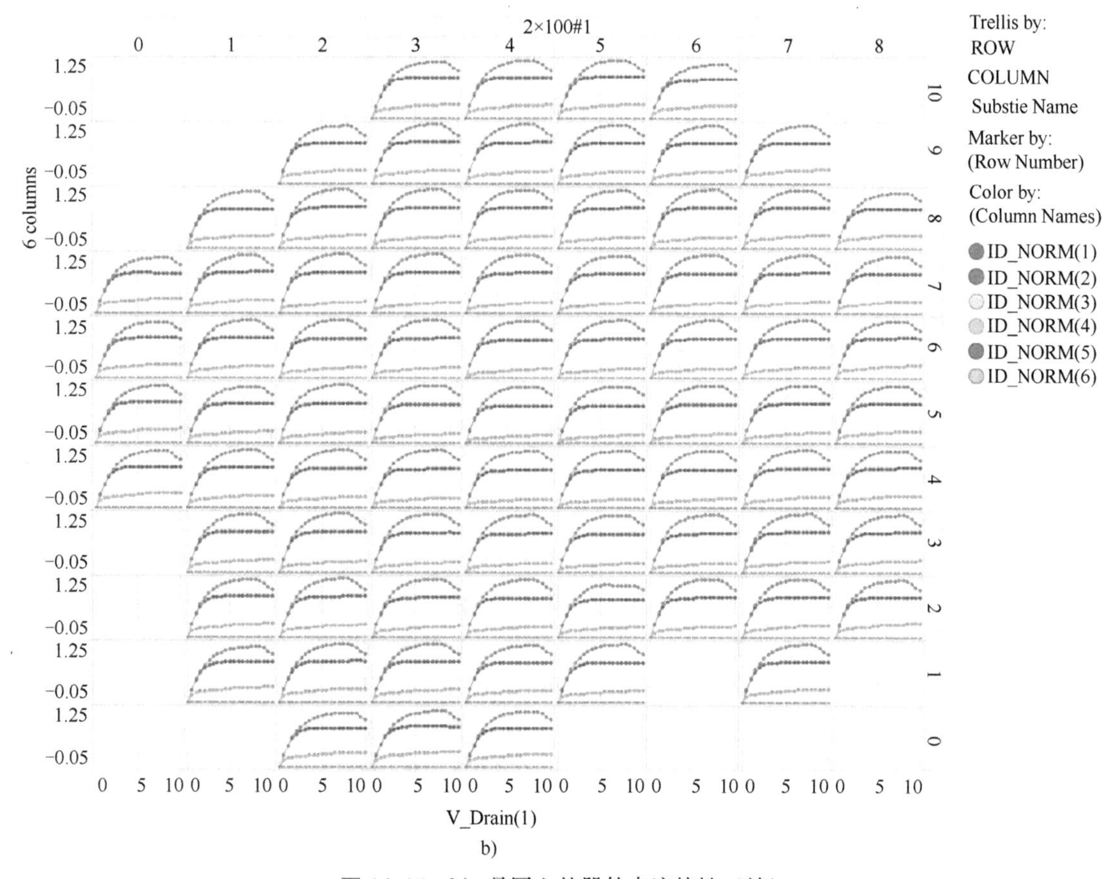

b)

图 14.16　b）晶圆上的器件直流特性（续）

14.5　热特性和应力特性

在本节中，我们将对金刚石基 GaN 材料和器件的热特性进行详细分析。讨论涉及以下几个方面：①实际器件中金刚石的热导率；②GaN 和金刚石之间的热阻；③金刚石基 GaN 器件的最终器件温度，众所周知，这一温度最终会影响器件的性能和可靠性。

目前有三种实验技术最适合用来分析材料和器件的热特性，分别为拉曼热成像[57]、瞬态热反射（TTR）[12]和时域热反射（TDTR）[44]。拉曼热成像技术是一种基于激光的显微温度测量技术，激光通过显微镜物镜聚焦到目标区域上，再通过同一个透镜收集散射出的拉曼光谱。在器件上按顺序逐点移动聚焦的激光光斑，可以获得每个位置的拉曼频率偏移量，进而换算为温度值，便可以得到整个器件的温度分布图像。该技术还存在很多变体，例如，可以在器件表面上沉积纳米颗粒来测量器件的表面温度[58]。TTR 是一种重点关注材料热特性的分析技术。其原理是将一束时间长度通常为纳秒的激光束照射到材料顶部，这束激光可以被材料直接吸收（例如 GaN 可以直接吸收上述带隙激光器的激光束），也可以被材料顶部沉积的金属换能器吸收，从而导致材料表面温度上升。温度上升后，使用探测激光测量顶部材料的反射率，进而推导出材料层中的热导率和 TBR。TDTR 通常使用比 TTR 更短的激光脉冲，时间为皮秒甚至更短，并利用反射信号中的强度、相位和异相分量来提取热导率。

因为实际金刚石基 GaN 中使用的金刚石是生长出来的，所以其热特性与之前提到过的体金刚石不同。具体来说，在早期生长阶段，金刚石的晶粒要小很多，因此热导率比体金刚石低。研究人员广泛研究了金刚石在 GaN 上成核时的性质。研究发现，在生长早期，金刚石的晶粒很小，热导率也很低，但随着生长过程中晶粒尺寸的增加，生长出的金刚石的热特性最终会达到体金刚石的水平。亚微米金刚石薄膜的拉曼热成像显示，由于晶粒边界处的声子散射以及晶粒之间的热阻[16]，初始金刚石的热导率可低至 10W/(m·K) 量级[11]，时域热反射（TDTR）测量[59,60]也证实了这一结果。但该热导率会沿着生长方向不断增加。为了证实这一点，研究人员对金刚石薄膜进行抛光，得到了一个楔形金刚石衬底，衬底上的金刚石晶粒尺寸会沿着楔形的抛光面变化，利用 3Ω 测量技术就可以很有效地获得热导率的深度分布[61,62]。图 14.17 展示了测量得到的和文献中仿真得到的金刚石热导率随晶粒尺寸的变化情况。根据测量结果，可以得到如下结论：当金刚石薄膜厚度为 0.1μm 时，热导率在 10W/(m·K) 量级，厚度为1~5μm 时，热导率升高到 100W/(m·K) 量级，而当厚度大于 10μm 时，热导率会高于 1000W/(m·K)。厚度为 100μm 的整个金刚石薄膜的平均热导率在 1500~1600W/(m·K) 之间。

接下来需要考虑的问题是金刚石薄膜和 GaN 之间的热阻有多大。金刚石是通过籽晶生长在 SiN 层上的，而 SiN 的热导率在 1W/(m·K) 量级，这比金刚石和 GaN 低得多，SiN 层附近的缺陷结构也会导致界面处的热阻增加。此外，如果这层 SiN 越厚，所谓的有效边界热阻（TBR_{eff}）也会越大。图 14.18 展示了 TBR_{eff} 与 SiN 层厚度的函数关系，其中 TBR_{eff} 的数据考虑了 SiN 热导率、两种材料之间的声子转移以及界面附近的缺陷结构。插入层材料不同，对应的 TBR_{eff} 值也不一样，例如，有文献报道，当使用 AlN 作为插入层时，TBR_{eff} 值会比 SiN 低，可以达到 10~15m^2·K/GW[24]。对于功耗为 10W/mm 的器件，如果 TBR_{eff} 增加 10m^2·K/GW，那么其峰值栅极温度将增加 22℃。

最后，需要对整个器件的热特性进行评估。如前所述，拉曼热成像通常是比较有效的技术手段。前期研究发现，如果不去除 AlGaN 应变释放层，即使与 Si 基 GaN 相比，金刚石基 GaN 结构也毫无优势，因为 AlGaN 应变释放层的热导率量级仅为 10W/(m·K)，而且其厚度高达几微米，导致其成为一层“热量阻挡层”[10]。然而，一旦去除该应变释放层，让 GaN 与金刚石“直接”接触（经由引晶层），则金刚石基 GaN 结构的优势变得十分明显，如图 14.19 所示。图中对比了布局相同的器件的拉曼测温结果，其中一个制备在金刚石基 GaN 结构上，另一个制备在 SiC 基 GaN 结构上。拉曼热成像技术可以测量亚微米尺度上 GaN 层的平均温度，将这些数据导入到热学仿真模型

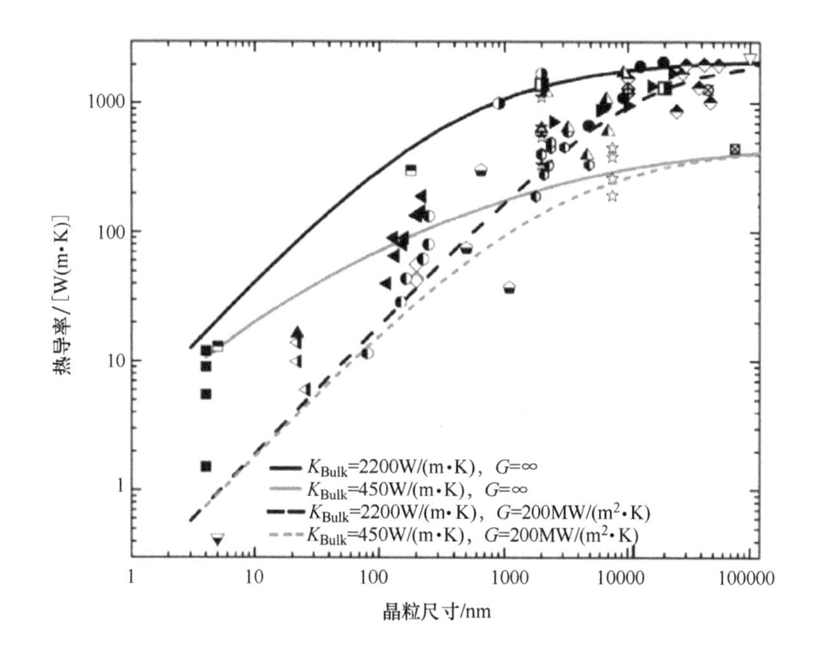

图 14.17　文献中金刚石热导率与沿金刚石薄膜纵向分布的晶粒尺寸的函数关系；图中实线为假设晶粒导热系数 G 为∞时的仿真数据，其中黑色实线代表天然金刚石，灰色实线代表低质量金刚石（等效 C 空位浓度为 2500ppm），虚线数据为 $G=200\text{MW}/(\text{m}^2\cdot\text{K})$

来源：J. Anaya, S. Rossi, M. Alomari, E. Kohn, L. Toth, B. Pecz, K. D. Hobart, T. J. Anderson, T. I. Feygelson, B. B. Pate, and M. Kuball, Control of the in-plane thermal conductivity of ultra-thin nanocrystalline diamond films through the grain and grain boundary properties, Acta Mater. 103, 141-152 (2016)。

中就可以仿真出峰值沟道温度。在布局相同的情况下，金刚石基 GaN 结构可将沟道温度降低 40%[12]。如前所述，较窄的栅极间距将充分发挥金刚石衬底的优势，从而可以将功率面密度提高 3 倍，例如，可以将栅极间距从这里使用的 34μm 减小到 14μm[45,63]。研究人员还制备了 GaN 层厚度不同的器件[23]，如图 14.20 所示。从图可以看出，通过减薄 GaN 层厚度，拉曼法测得的热阻得到了一定的改善，但是考虑到拉曼热成像测量的温度是 GaN 层的平均温度，所以实际热阻的改善并不显著。其原因可以从图 14.21 中明显看出。图 14.21 展示了在不同功率密度和不同 GaN 层厚度下器件温升与 TBR_{eff} 的函数关系。从图可以发现，虽然较薄的 GaN 层可以让器件更接近金刚石衬底，但目前金刚石基 GaN 中的 TBR_{eff} 非常高，以至于减薄 GaN 层所带来的益处被完全抵消。在当前如此高的 TBR_{eff} 水平下，反而较厚的 GaN 层可以在热量到达金刚石衬底之前提供良好的横向热扩散。随着 GaN-金刚石界面的进一步改善，可以预见减薄 GaN 层必将是进一步降低热阻的有效手段，但还需要考虑的是，如果 GaN 层太薄，由于声子散射，GaN 的热导率将会降低[64]。改善 GaN 与金刚石界面的途径包括使用较薄的 SiN 层或者使用其他材料的引晶层，例如前述的 AlN 层。

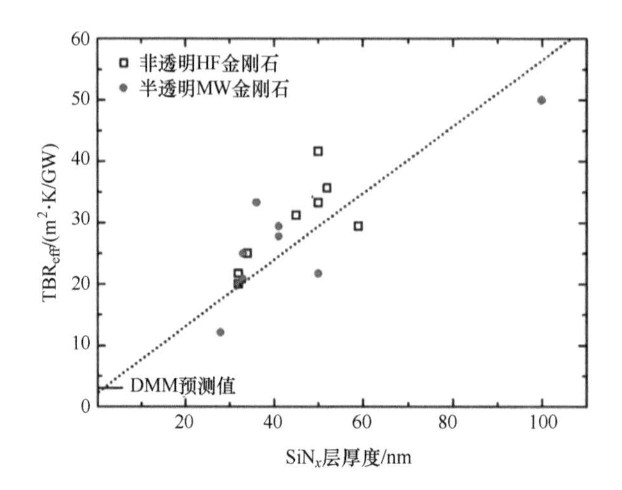

图 14.18　GaN 到金刚石界面的有效边界热阻（TBR_{eff}）与 SiN 层厚度之间的函数关系，以及扩散失配模型（DMM）预测出的界面热阻最低时对应的 SiN 层厚度

来源：H. Sun，R. B. Simon，J. W. Pomeroy，D. Francis，F. Faili，D. J. Twitchen，and M. Kuball，"Reducing GaN-on-diamond interfacial thermal resistance for high power transistor applications"，Appl. Phys. Lett. 106，111906-1-5（2015）。

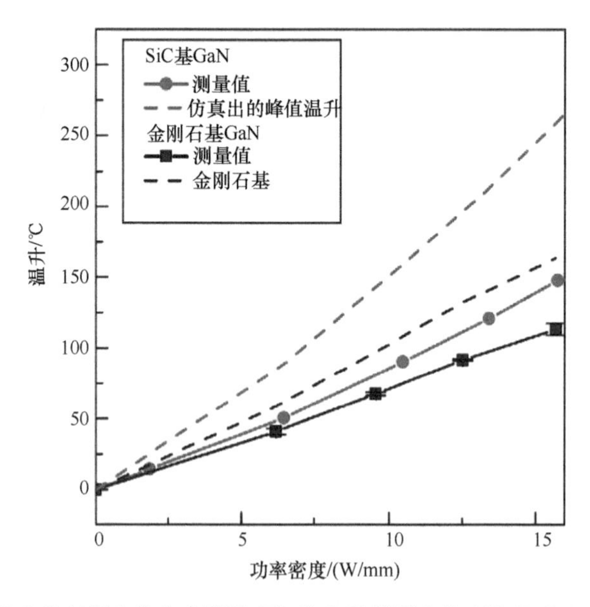

图 14.19　金刚石基 GaN 晶圆和作为参照的 SiC 基 GaN 晶圆上的 AlGaN/GaN HEMT 中 GaN 层的拉曼测温结果，测量的位置在 T 型栅的漏极一侧，距离 T 型栅帽层边缘的横向距离为 0.5μm。两个器件的栅指数量都是 2，栅宽均为 100μm，栅极间距均为 34μm。基于热学模型，可以根据测得的温度推导出峰值沟道温度。

来源：J. W. Pomeroy，M. Bernardoni，D. C. Dumka，D. M. Fanning，and M. Kuball，Low thermal resistance GaN-on-diamond transistors characterized by three dimensional Raman thermography mapping，Appl. Phys. Lett. 104，083513（2014）。

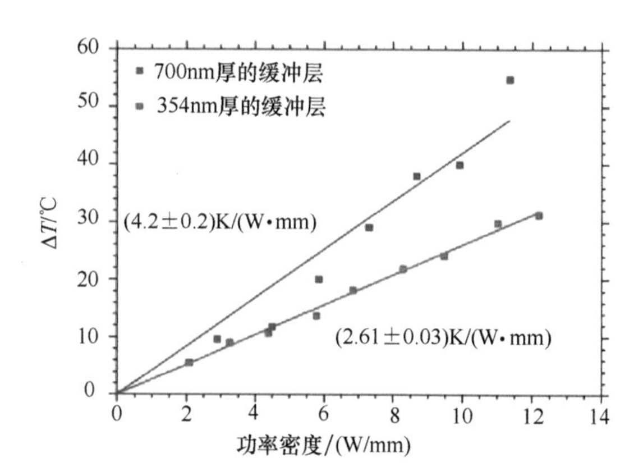

图 14.20　GaN 缓冲层厚 700nm 的器件和 GaN 缓冲层厚 354nm 的器件的温度测量结果，测温位置在栅极边缘 2μm 处

来源：Callum Middleton, Hareesh Chandrasekar, Manikant Singh, James W. Pomeroy, Michael J. Uren, Daniel Francis, and Martin Kuball, "Impact of thinning the GaN buffer and interface layer on thermal and electrical performance in GaN-on-diamond electronic devices", Applied Physics Express 12, 024003 (2019)。

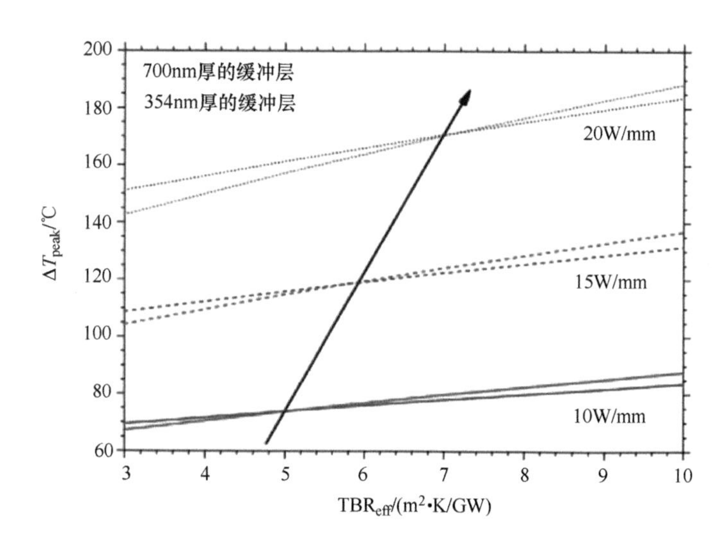

图 14.21　具有两种缓冲层厚度的器件的仿真峰值温度与边界热阻（TBR_{eff}）的关系。理想的缓冲厚度取决于 TBR_{eff}。带箭头的线是 GaN 缓冲层厚度对沟道温度影响效果的分界线。箭头右侧，较薄的 GaN 缓冲层会导致沟道温度升高

来源：Callum Middleton, Hareesh Chandrasekar, Manikant Singh, James W. Pomeroy, Michael J. Uren, Daniel Francis, and Martin Kuball, "Impact of thinning the GaN buffer and interface layer on thermal and electrical performance in GaN-on-diamond electronic devices", Applied Physics Express 12, 024003 (2019)。

14.6 电气和机械特性

前面几节中我们已经讨论了金刚石基 GaN 的制备过程以及热特能，而本节我们将关注材料的电学和力学特性。当表征电学性质时，我们需要考虑三个方面的内容：①二维电子气（2DEG）的薄层电阻，我们希望其在外延转移到金刚石的过程中保持不变；②GaN 缓冲层的缺陷密度或电学性能的变化；③GaN 与金刚石界面处的各种陷阱或额外电荷。为了评估电学性能，我们开展了非接触薄层电阻测试和汞探针 CV 测试。在表征机械性能时，我们将评估金刚石与 GaN 之间键合的完整性，以确保其足够坚固，能够承受热循环、制造应力和与器件工作状态相关的局部热应力。为了评估界面的性质，特别是其粘附能，我们使用了纳米压痕技术。

使用非接触式 Lehighton 系统可以测试薄层电阻。非破坏性薄层电阻测试的原理是在 2DEG 中产生涡流以吸收 RF 功率。样品放置在两个 RF 线圈之间，一个是发射器，另一个是接收器。RF 信号的衰减水平与样品的薄层电阻成正比[65]。将金刚石基 GaN 晶圆的薄层电阻与 GaN/Si 晶圆（也就是衬底转移之前的原始 GaN 外延片）的薄层电阻进行比较。薄层电阻分布图的变化表征了在外延翻转和/或直接合成工艺期间材料特性的变化。这种变化很可能是有问题的，应尽量减少或消除。导致这种变化的两个潜在原因是外延损坏和外延转移不成功。两个原因互不相关。其中外延转移不成功是机械性的，很容易发现，但是外延损坏则会导致 2DEG 的变化，进而影响器件性能。图 14.22 比较了生长在硅衬底上的 GaN 层的薄层电阻和转移到金刚石衬底上的相同 GaN 层的薄层电阻。根据该晶圆的测试结果可以发现，从外延层转移到金刚石衬底之前到外延层转移到金刚石衬底之后，薄层电阻在统计上没有发生显著变化。这表明转移过程没有引起可测量的外延层薄层电阻变化。

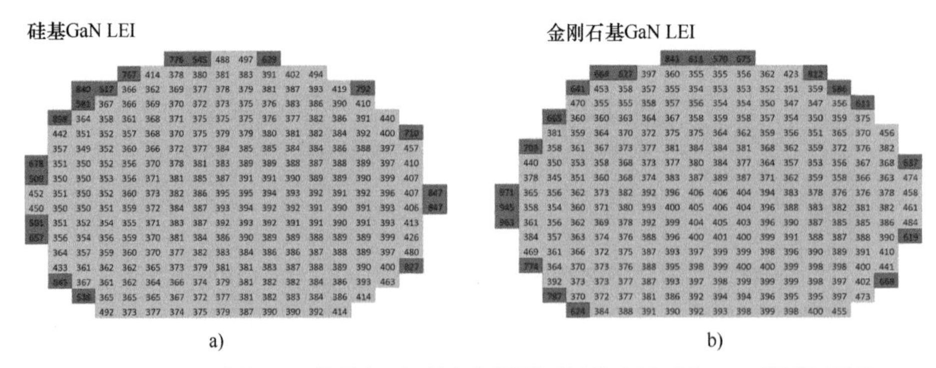

图 14.22 a）硅基 GaN 晶圆和 b）具备相同外延层的金刚石基 GaN 晶圆相同的 LEI 分布图。在金刚石衬底转移过程中，平均薄层电阻变化小于 1%

虽然上述单一测试的结果非常好，但我们更需要关注晶圆的平均值。图 14.23 展示了大约 100 个晶圆的平均薄层电阻。从数据中可以明显看出，GaN/Si 的薄层电阻有时高于金刚石基 GaN，但有时又会低于金刚石基 GaN。我们尚不清楚为何转移到金刚石上后 GaN 薄层电阻会下降，但我们认为测量工具的漂移造成了这种薄层电阻的偶然下降。平均而言，与衬底转移（从硅衬底转移到金刚石衬底）相关的薄层电阻变化小于 5%。这表明即使衬底转移对薄层电阻有影响，这种影响也很小，只会对薄层电阻造成轻微的退化。

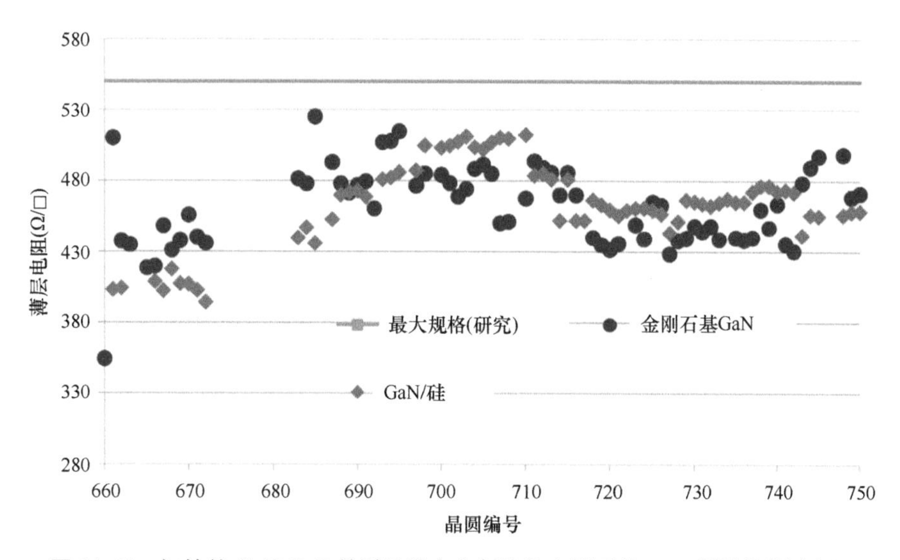

图 14.23　初始的 Si 基 GaN 晶圆以及由此制造的金刚石基 GaN 晶圆的薄层电阻

电容电压（CV）特性是用于比较金刚石基 GaN 与主衬底上 GaN 的重要电学指标。通过电容电压测试，可以得到不同 GaN 结构深度处的电荷密度，以及缓冲层中的缺陷和可能由衬底转移（从硅到金刚石）导致的 GaN 材料中的额外电流通道。我们利用汞探针开展了电容电压（CV）测试，在测试过程中，通过改变两个表面接触电极上的电压，可以将半导体耗尽到不同的深度。平带电容（高反向偏压下的电容）是 GaN 缓冲层和界面层电荷/掺杂情况的重要标志，利用平带电容，我们可以表征出 GaN 和主界面处的陷阱和/或掺杂情况[66]。对于金刚石基 GaN 来说，测得平带电容，就可以得到 GaN 缓冲层和 GaN 到金刚石界面的陷阱和/或掺杂情况。

在这里，我们比较了三种结构的平带电容。分别为硅基 GaN、碳化硅基 GaN 和金刚石基 GaN。硅基 GaN 是金刚石基 GaN 的起始材料，其平带电容约为 25pF。这明显高于碳化硅基 GaN，后者平带电容通常为 2pF。产生这种差异的原因在于硅衬底和 GaN 之间存在一层过渡层。过渡层中的位错密度很高，导致耗尽层无法扩展到硅衬底中。早期的金刚石基 GaN 没有去除过渡层[9]，它们的平带电容与原始的硅基 GaN 一致。

这种具有过渡层的金刚石基 GaN 结构的高平带电容受到了研究人员的特别关注，

其原因有两个：第一，界面电荷可以影响 HEMT 的电学性能，更为重要的是，通过金刚石合成技术制备的金刚石基 GaN 结构可能在 GaN 缓冲层中产生电活性缺陷；第二，这种高平带电容可以作为我们未能去除低热导率过渡层的标志。GaN 缓冲层中的缺陷不仅影响 HEMT 的 RF 性能，也会影响其长期可靠性。此外，过渡层中的低热导率材料也会阻碍热量从有源区耗散。2011 年，我们开发了一种新技术，可以有选择性地去除 GaN 缓冲层上的过渡层。在去除过渡层之后，平带电容从 25pF 下降到了 2pF，也就是从和硅基 GaN 一个数量级下降到了和碳化硅基 GaN 一个数量级。图 14. 24a 展示了衬底转移（从硅到金刚石）前后完全相同的 GaN 结构的电容变化情况，其中转移后的金刚石衬底是使用直接合成工艺制备的。图 14. 24b 展示了具有类似平带电容的碳化硅基 GaN 结构的电容电压测试结果。从图中可以看出，转移到金刚石衬底后 GaN 结构的平带电容可以实现较低的水平，这说明直接合成工艺不会显著增加 GaN 缓冲层中的缺陷密度，也就是说，金刚石基 GaN 的缓冲层缺陷密度与生长在碳化硅上的 GaN 的缺陷密度保持在同一水平。

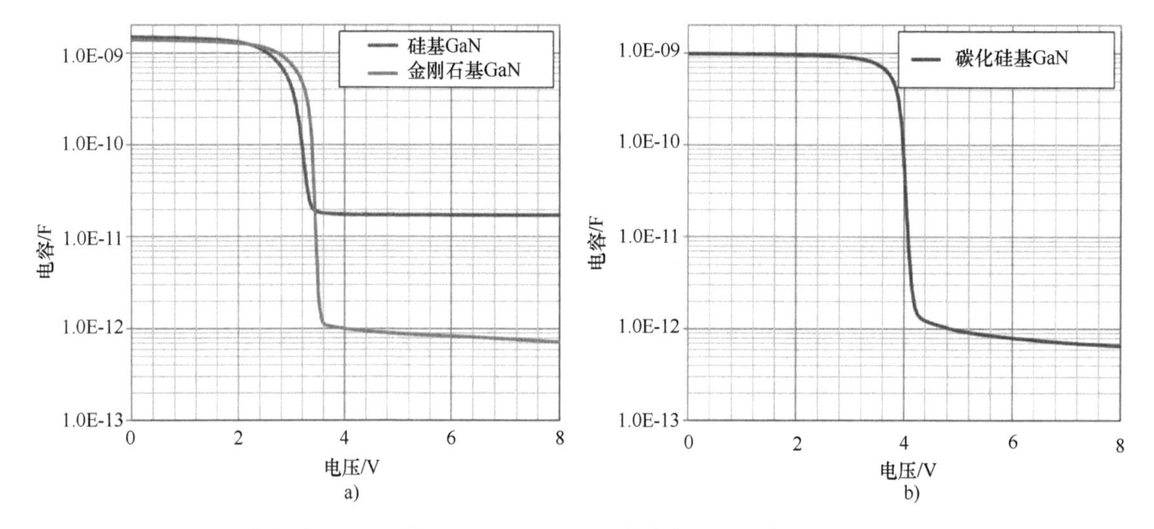

图 14. 24 a）转移到金刚石之前的硅基 GaN 和通过直接合成工艺转移到金刚石之后的相同 GaN 结构的电容电压（CV）特性测量结果；b）用于对比的 SiC 基 GaN 晶圆的 CV 测试结果

图 14. 25 对硅基 GaN 和衬底转移后的金刚石基 GaN 进行了深入对比。图中展示了衬底转移前后面电荷密度与 GaN 外延层深度的函数关系。从图中可以看出，在深度为 1μm 以下时，衬底转移前后 GaN 外延中的面电荷密度基本保持不变，这个深度也对应着 GaN 缓冲层背面的位置。该图比较了硅基 GaN 与衬底转移后金刚石基 GaN 的面电荷密度，对于硅基 GaN，由于 CV 测试时耗尽层无法通过 GaN/过渡层/硅界面，因此硅基 GaN 上的最大耗尽深度在 2μm 以下，也就是过渡层对应的位置。而对于金刚石基 GaN，一开始面电荷密度的曲线与硅基 GaN 相似，但当深度到达 GaN 缓冲层背面处时，曲线

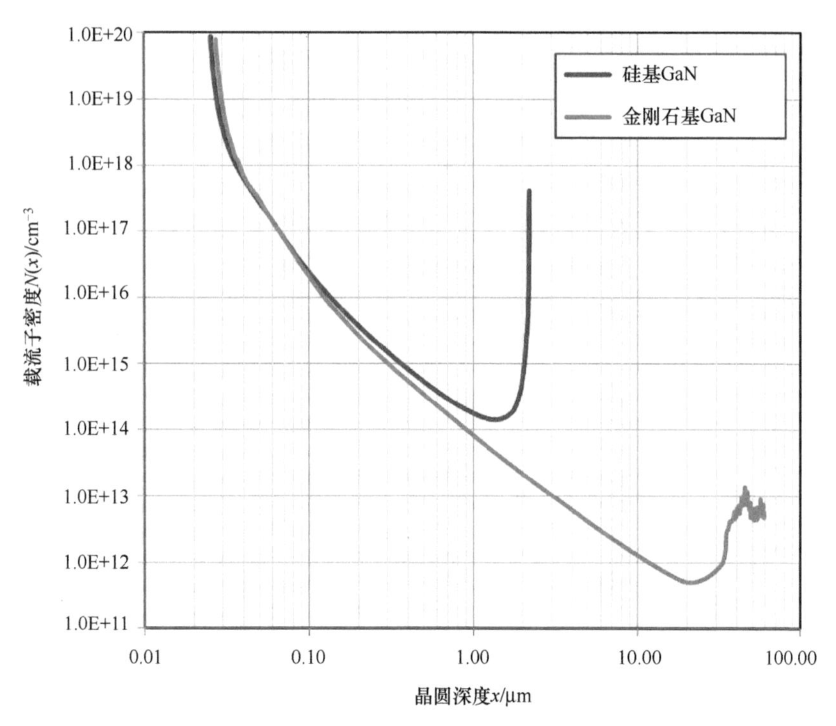

图 14.25　衬底转移前后面电荷密度与 GaN 外延层深度的函数关系

开始出现明显差异。可以发现，随着深度继续增加，测量时产生的耗尽层继续扩展，并通过 GaN/金刚石界面，耗尽了金刚石内部的载流子。这就导致了金刚石基 GaN 结构的最大耗尽深度超过了 10μm。也就是说，耗尽层能通过 GaN 缓冲层、GaN 与金刚石的界面进入金刚石内部。图 14.25 中的结果表明，GaN/金刚石界面不具有额外的陷阱或缺陷，因此不会形成可能影响 HEMT RF 性能的次级沟道。通过去除缓冲层，我们证明了直接合成工艺不仅不会产生缓冲层缺陷，而且还可以消除了绝大多数 GaN/金刚石界面陷阱，同时也消除了 GaN-金刚石结构中最大的散热屏障。

另一个需要考虑的问题是材料中的应力/应变控制。GaN 和金刚石具有非常不同的热膨胀系数，因此可以预见 GaN 中会发生应力/应变。尽管它通常太小而不会对实际器件性能产生显著影响，但其也会影响制造工艺，例如在制造期间会造成 GaN 的潜在破裂。

在制造金刚石基 GaN 的过程中，GaN 被置于高温下，这使得 GaN 受到不同程度的应力。Yonenaga[67] 发现 GaN 的屈服强度随着温度的升高而降低[67]。由于这个原因，在整个衬底转移过程中控制 GaN 中的应力十分重要。整个过程中最大的温度偏移（如本章制造部分所示）发生在第一次键合到临时载体的过程中。可以通过将 GaN 键合到与生长衬底 CTE 相匹配的载体上来控制该应力，这样 GaN 就不会受到比外延生长工艺期间更大的应力了。外延转移工艺的另一个复杂之处在于，生长在硅上的 GaN 具有固有的应力梯度[68]。在相关研究中，Hancock 等人测量了我们通过 DDF 工艺生产的样品，发现 GaN 表面具有 1GPa 量级的内建应力。虽然这种水平的应力在室温下不会损坏外延层，但如 Yonenaga 所发现的，在更高的温度下该应力可能会损坏外延层。为了解决这个问题，在整个 GaN 外延转移过程中 GaN 的表面必须保持压缩状态。

虽然我们可以在整个外延转移过程中控制应力，但最容易累积的应力却是最终晶圆的内建应力。研究人员利用拉曼光谱连续跟踪了数年内金刚石基 GaN 内建应力的变化，如图 14.26 所示。从图中可以发现，改变制造工艺可以使 GaN 中的应力最小化[69]。

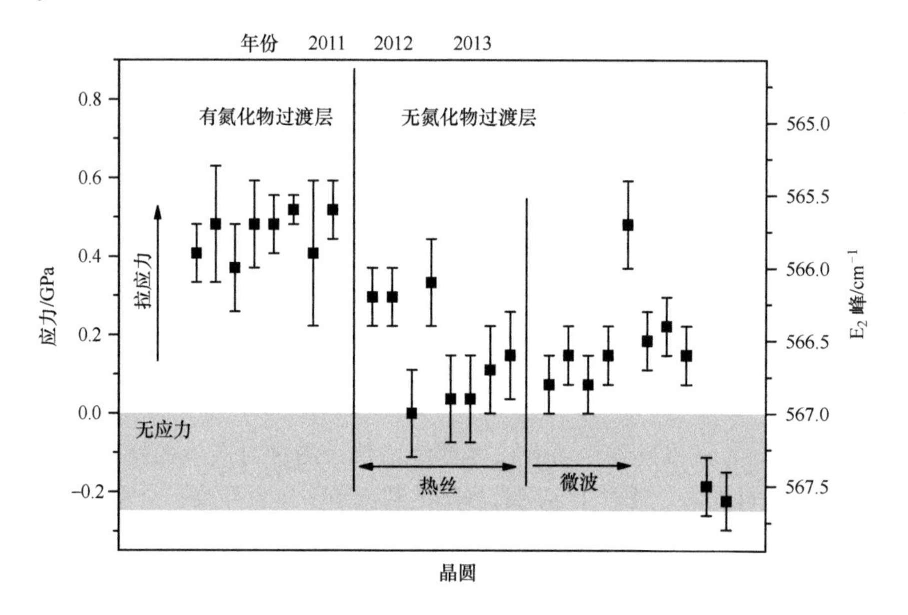

图 14.26 连续几代产品中金刚石基 GaN 内部应力的演化情况。应力通过拉曼光谱测量的 E_2 峰来获得，数据涵盖金刚石生长工艺不同的金刚石基 GaN 结构和有/无 AlGaN 过渡层的金刚石基 GaN 结构；灰色区域表示无应力 GaN。对于金刚石生长工艺不同的金刚石基 GaN 结构和有/无 AlGaN 过渡层的金刚石基 GaN 结构，使用拉曼光谱测量了金刚石基 GaN 的内部应力

来源：H. Sun, D. Liu, J. W. Pomeroy, D. Francis, F. Faili, D. J. Twitchen, and M Kuball: GaNon-diamond: robust mechanical and thermal properties. Proceedings of CSMantech。

考虑到 GaN 和金刚石之间机械性能差异很大，热膨胀系数也不匹配，人们自然而然地会关心：这种材料系统稳定吗？或者这种材料系统是否存在分层风险呢？通常评估材料机械稳定性有种最简单的方法，叫作“透明胶带测试法”。具体来说，就是把透明胶带粘贴到材料顶面，然后再撕下来，观察材料是否容易剥落，但这种仅适用于弱键合的界面。另一种方法则是用剃须刀片切割材料，观察是否能把两层材料分开。但

这些方法都不能对界面断裂韧性的大小进行真正的定量评估。而纳米压痕技术可以有效评估界面强度，并且已经在金刚石基 GaN 材料系统中得到了应用[69]。其使用纳米压痕器在金刚石基 GaN 材料的顶面形成压痕，破坏金刚石基 GaN 界面键并产生鼓包（见图 14.27），通过测量鼓包的直径和高度就可以定量评估破坏此界面需要的能量值，其详细步骤参见本章参考文献［70］。最近几代材料的界面韧性，即所谓的 G_{Ic}，据报道为 0.6~0.9J/m²。虽然该韧性低于 Si 基 GaN，后者界面韧性大于 2.96J/m²，但其与生长在 GaAs 上的 SiN_x 的界面韧性相当，后者界面韧性为 0.76~2.59J/m²[70]。因此，在当前这种材料技术水平下，生产的材料已经满足大多数应用条件的要求。如果需要韧性更高的材料，可以通过调整界面微观结构、偏转裂缝和桥接裂缝来实现。目前还尚不清楚有什么方法可以提高 GaN-金刚石的界面韧性，但使用 AlN 中间层[24]等方法应该具有一定潜力。

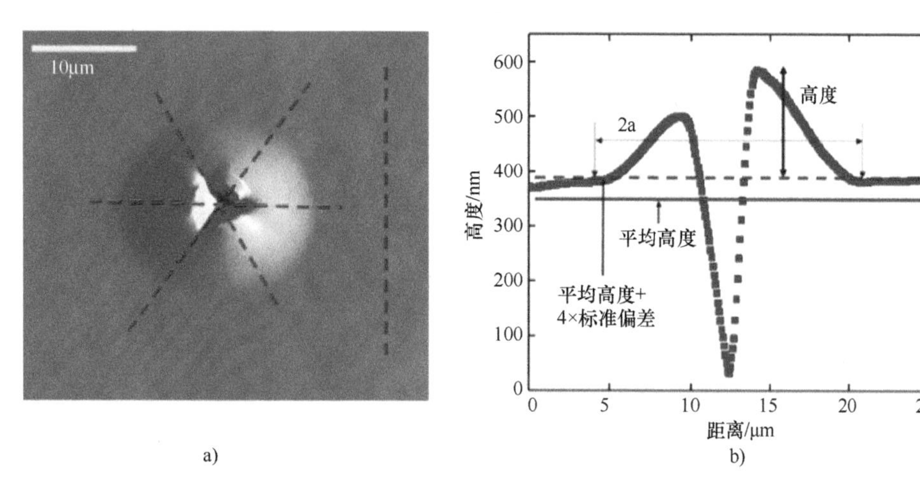

图 14.27　使用纳米压痕技术测定 GaN-金刚石界面韧性的实例。图中可以看到由纳米压痕器产生的金刚石基 GaN 中的鼓包：a）AFM 图像；b）鼓包横向距离与截面高度的函数关系，利用该函数关系可以测定界面韧性 G_{Ic}

来源：D. Liu，S. Fabes，B. Li，D. Francis，R. Ritchie，and M. Kuball “Characterization of the interfacial toughness in a novel “GaN-on-diamond” material for highpower RF devices”，ACS Appl. Electron. Mater. 2019，1，354-369。

如本章开头所述，金刚石基 GaN 正在不断发展，有望在卫星通信[71]等高功率密度应用中替代 SiC 基 GaN。为此我们需要评估高功率金刚石基 GaN 器件的射频性能。被测器件的栅间距为 15~20μm，八指器件的栅宽为 65μm。金刚石基 GaN 器件的结温比同等的 SiC 基 GaN 器件低 70℃。因此，当等效的 SiC 基 GaN 器件只能在脉冲模式下工作时，我们可以在连续波（CW）模式下测试金刚石基 GaN 器件。定性地说，结温越低，晶体管直流参数越好：I_{max} 和 G_m 越高，也意味着输出功率、增益和效率越高。测试结果已经证实了上述推论。通过在 20GHz 下测量一款最先进的 0.15μm 栅长的金刚石基 GaN 器件，我们发现 8×65μm 的器件在 20GHz 下的功率附加效率为 60.5%，功率密度为 5.9W/mm，增益为 7.9dB，漏极偏压为 24V。相应的 20GHz 下的增益压缩、功率和效率曲线如图 14.28 所示。

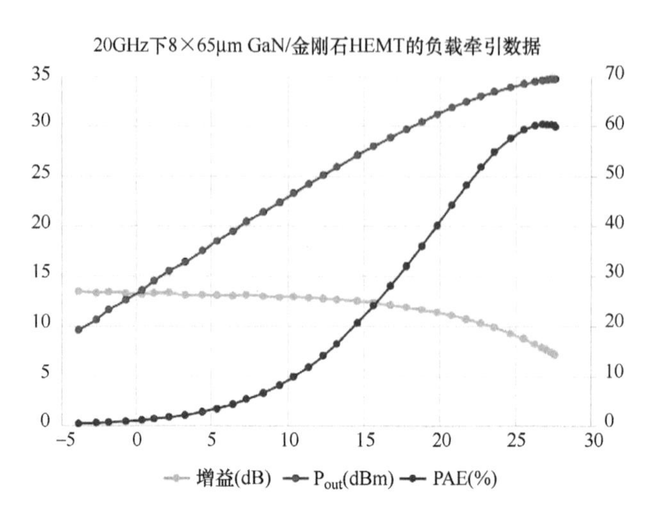

图 14.28　金刚石基 GaN 器件的负载牵引特性

14.7　小结

本章总结了金刚石基 GaN 材料及其器件的潜力、挑战和最新进展。由于 GaN 和金刚石的材料性质不同，特别是热膨胀系数存在差异，因此控制样品中应力和应变对于这种新材料体系的成功至关重要。此外，也要关注 GaN-金刚石等界面问题，以及在材料制造过程中将原始的 Si 基 GaN 晶圆翻转到载片上进行处理的工艺过程。测试结果表明，这种新技术可以实现优异的器件性能，并为射频器件应用提供了巨大的潜力。

参考文献

[1] http://www.semiconductor-today.com/news_items/2020/may/yole-190520.shtml. http://www.semiconductor-today.com/features/PDF/semiconductor-today-february-2018-RF-GaN.pdf.

[2] L. Arivazhagan, et al., Self-heating analysis of GaN-HEMT for various ambient temperature and substrate thickness, in: 5th International Conference on Devices, Circuits and Systems (ICDCS), Coimbatore, India, 2020, 2020, pp. 267–270.

[3] G. Brocero, et al., Innovative submicron thermal characterization method for AlGaN/GaN power HEMTs with hyperspectral thermoreflectance imaging, in: IEEE Compound Semiconductor Integrated Circuit Symposium (CSICS), Miami, FL, 2017, 2017, pp. 1–4.

[4] https://www.rfwireless-world.com/Terminology/Difference-between-GaN-and-LDMOS.html.

[5] M.J. Tadjer, T.J. Anderson, M.G. Ancona, P.E. Raad, P. Komarov, T. Bai, J.C. Gallagher, A.D. Koehler, M.S. Goorsky, D.A. Francis, K.D. Hobart, F.J. Kub, GaN-on-diamond HEMT technology with TAVG = 176°C at PDC,max = 56 W/mm measured by transient thermoreflectance imaging, IEEE Electron Device Lett. 40 (6) (2019) 881–884, https://doi.org/10.1109/LED.2019.2909289.

[6] D. Francis, F. Ejeckam, J. Wasserbauer, D. Babic, Semiconductor Devices Having Gallium Nitride Epilayers on Diamond Substrates, US Patent US67141105P, April 13, 2005.

[7] First GaN-on-diamond transistor announced by Group4 Labs, Emcore, and AFRL, in: Semiconductor Today, Wafer maker: Group4 Labs, Inc, Aug 2, 2006.

[8] F. Ejeckam, D. Francis, F. Faili, D.J. Twitchen, B. Bolliger, J. Felbinger, D. Babic, S2-T1: GaN-on-diamond: a brief history, in: Lester Eastman Conference on High Performance Devices (LEC), August 5-7, 2014, https://doi.org/10.1109/LEC.2014.6951556. INSPEC Accession Number: 14775316.

[9] C. Chandrakanth, T. Paul, S. Garg, S. Koul, R. Jyoti, 50W C-band GaN MMIC power amplifier design, in: IEEE MTT-S International Microwave and RF Conference (IMARC), Mumbai, India, 2019, 2019, pp. 1–4.

[10] J. Pomeroy, M. Bernardoni, A. Sarua, A. Manoi, D.C. Dumka, D.M. Fanning, M. Kuball, Achieving the best thermal performance for GaN-on-diamond, in: 35th IEEE Compound Semiconductor IC Symposium (CSICS) Oct 13-16, 2013. Monterey, CA, Section H.4.

[11] J. Anaya, S. Rossi, M. Alomari, E. Kohn, T. Toth, B. Pecz, M. Kuball, Thermal conductivity of ultrathin nano-crystalline diamond films determined by Raman thermography assisted by silicon nanowires, Appl. Phys. Lett. 106 (2015). 223101-1 – 5.

[12] J.W. Pomeroy, M. Bernardoni, D.C. Dumka, D.M. Fanning, M. Kuball, Low thermal resistance GaN-on-diamond transistors characterized by three dimensional Raman thermography mapping, Appl. Phys. Lett. 104 (2014), 083513.

[13] J.W. Pomeroy, M. Kuball, Optimizing GaN-on-Diamond Transistor Geometry for Maximum Output Power Proceedings of CSICS, 2014.

[14] R.B. Simon, J. Anaya, F. Faili, R. Balmer, G.T. Williams, D.J. Twitchen, M. Kuball, Effect of grain size of polycrystalline diamond on its heat spreading properties, Appl. Phys. Express 9 (2016). 061302-1 – 4.

[15] D. Spiteri, J. Anaya, M. Kuball, The effects of grain size and grain boundary characteristics on the thermal conductivity of nanocrystalline diamond, J. Appl. Phys. 119 (2016). 085102-1 – 7.

[16] J. Anaya, S. Rossi, M. Alomari, E. Kohn, L. Toth, B. Pecz, K.D. Hobart, T.J. Anderson, T. I. Feygelson, B.B. Pate, M. Kuball, Control of the in-plane thermal conductivity of ultra-thin nanocrystalline diamond films through the grain and grain boundary properties, Acta Mater. 103 (2016) 141–152.

[17] D.C. Dumka, T.M. Chou, J.L. Jimenez, D.M. Fanning, D. Francis, F. Faili, F. Ejeckam, M. Bernardoni, J.W. Pomeroy, M. Kuball, Electrical and thermal performance of AlGaN/GaN HEMTs on diamond substrate for RF applications, in: 35th IEEE Compound Semiconductor IC Symposium (CSICS) Oct 13-16, 2013. Monterey, CA, Section F.4.

[18] A. Manoi, J.W. Pomeroy, N. Killat, M. Kuball, Benchmarking of thermal boundary resistance in AlGaN/GaN HEMTs on SiC substrates: implications of the nucleation layer microstructure, IEEE Electron Device Lett. 31 (2010) 1395–1397.

[19] H. Sun, R.B. Simon, J.W. Pomeroy, D. Francis, F. Faili, D.J. Twitchen, M. Kuball, Reducing GaN-on-diamond interfacial thermal resistance for high power transistor applications, Appl. Phys. Lett. 106 (2015). 111906-1 – 5.

[20] L. Yates, J. Anderson, X. Gu, C. Lee, T.Y. Bai, M. Mecklenburg, T. Aoki, M.S. Goorsky, M. Kuball, E.L. Piner, S. Graham, Low thermal boundary resistance interfaces for GaN-on-diamond devices, ACS Appl. Mater. Interfaces 10 (2018) 24302–24309.

[21] M. Faqir, T. Batten, T. Mrotzek, S. Knippscheer, M. Massiot, M. Buchta, H. Blanck, S. Rochette, O. Vendier, M. Kuball, Improved thermal management for GaN power electronics: silver diamond composite packages, Microelectron. Reliab. 52 (2012) 3022–3025.

[22] D. Altman, et al., Analysis and characterization of thermal transport in GaN HEMTs on Diamond substrates, in: Fourteenth Intersociety Conference on Thermal and Thermomechanical Phenomena in Electronic Systems (ITherm), Orlando, FL, 2014, pp. 1199–1205, https://doi.org/10.1109/ITHERM.2014.6892416.

[23] J.W. Pomeroy, R.B. Simon, C. Middleton, M. Kuball, Transient thermoreflectance wafer mapping for process control and development: GaN-on-Diamond, in: IEEE Compound Semiconductor Integrated Circuit Symposium (CSICS), 2017.

[24] S. Mandal, C. Yuan, F. Massabuau, J.W. Pomeroy, J. Cuenca, H. Bland, E. Thomas, D. Wallis, T. Batten, D. Morgan, R. Oliver, M. Kuball, O.A. Williams, Thick, adherent diamond films on AlN with low thermal barrier resistance, ACS Appl. Mater. Interfaces 11 (2019) 40826–40834.

[25] K. Wan, A.A. Porporati, G. Feng, H. Yang, G. Pezzotti, Biaxial stress dependence of the lectrostimulated near-band-gap spectrum of GaN epitaxial film grown on 0001... sapphire substrate, Appl. Phys. Lett. 88 (2006) 251910.

[26] H. Ishikawa, G. Zhao, N. Nakada, T. Egawa, T. Jimbo, M. Umeno, GaN on Si substrate with AlGaN/AlN intermediate layer, Jpn. J. Appl. Phys. 38 (Part 2, 5A) (1999) L492–L494.

[27] H. Sun, R. Simon, J. Pomeroy, et al., GaN growth on single-crystal diamond substrates by metalorganic chemical vapour deposition and hydride vapour deposition, Thin Solid Films 443 (2003) 9–13.

[28] A. Dussaigne, M. Malinverni, D. Martin, A. Castiglia, N. Grandjean, GaN grown on (111) single crystal diamond substrate by molecular beam epitaxy, J. Cryst. Growth 311 (2009) 4539–4542.

[29] H. Kazuyuki, T. Yoshitaka, K. Makoto, AlGaN/GaN high-electron mobility transistors with low thermal resistance grown on single-crystal diamond 111... substrates by metalorganic vapor-phase epitaxy, Appl. Phys. Lett. 98 (2011), 162112.

[30] M. Alomari, A. Dussaigne, D. Martin, N. Grandjean, C. Gaquière, E. Kohn, AlGaN/GaN HEMT on (111) single crystalline diamond, Electron. Lett. 46 (4) (2010).

[31] K. Hirama, Y. Taniyasu, M. Kasu, Epitaxial growth of AlGaN/GaN high-electron mobility transistor structure on diamond (111) surface, Jpn. J. Appl. Phys. 51 (2012), 090114.

[32] M. Fengwen, R. He, T. Suga, Room temperature GaN-diamond bonding for high-power GaN-on-diamond devices, Scr. Mater. 150 (2018) 148–151.

[33] P.H. Chen, C.L. Lin, Y.K. Liu, T.Y. Chung, C. Liu, Diamond heat spreader layer for high-power thin-GaN light-emitting diodes, IEEE Photon. Technol. Lett. 20 (10) (2008) 845–847.

[34] P. Chao, et al., Low-temperature bonded GaN-on-diamond HEMTs With 11 W/mm output power at 10 GHz, IEEE Trans. Electron Devices 62 (11) (2015) 3658–3664.

[35] C.T. Creamer, K.K. Chu, A. Kassinos, P.C. Chao, T. Yurovchak, B. Schmanski, S. Martin-Horcajo, J. Anaya, J.W. Pomeroy, M. Kuball, S. Graham, J.B.D. Via, C. McGray, R. Kallaher, M. Goorsky, Characterization and thermal modeling of low temperature bonded gallium nitride on diamond devices, in: Proceedings of GOMAC, 2017.

[36] P.W. May, et al., Deposition of CVD diamond onto GaN, Diamond Relat. Mater. 15 (2006) 526–530.

[37] M. Seelmann-Eggebert, P. Meisen, F. Schaudel, P. Koidl, A. Vescan, H. Leier, Heat-spreading diamond films for GaN-based high-power transistor devices, Diamond Relat. Mater. 10 (3–7) (2001) 744–749.
[38] M. Oba, T. Sugino, Oriented growth of diamond on (0001) surface of hexagonal GaN, Diamond Relat. Mater. 10 (3–7) (2001) 1343–1346.
[39] J.G. Felbinger, M.V.S. Chandra, Y. Sun, L.F. Eastman, J. Wasserbauer, F. Faili, D. Babic, D. Francis, F. Ejeckam, Comparison of GaN HEMTs on diamond and SiC substrates, IEEE Electron Device Lett. 28 (11) (2007).
[40] G.H. Jessen, J.K. Gillespie, G.D. Via, A. Crespo, D. Langley, J. Wasserbauer, F. Faili, D. Francis, D. Babic, F. Ejeckam, S. Guo, I. Eliashevich, AlGaN/GaN HEMT on diamond technology demonstration, in: Proc. IEEE Compound Semicond. Integr. Circuit Symp. Tech. Dig., San Antonio, TX, 2006, pp. 271–274.
[41] D. Francis, J. Wasserbauer, F. Faili, D. Babic, F. Ejeckam, W. Hong, P. Specht, E.R. Weber, GaN HEMT epilayers on diamond substrates: Recent progress, in: Proc. CS MAN-TECH, Austin, TX, May 14–17, 2007, pp. 133–136.
[42] D.C. Dumka, P. Saunier, AlGaN/GaN HEMTs on diamond substrate, in: 65th DRC Device Res. Conf, vol. 25, 2007, pp. 31–32. Dumka, D. C.; Francis, D.; Chou, T. M.; Ejeckam, F.; Faili, F. AlGaN/GaN HEMTs on diamond substrate with over 7 W/mm output power density at 10 GHz. Electron. Lett. 2013, 49, 1298 – 1299.
[43] D. Francis, F. Faili, D. Babić, F. Ejeckam, A. Nurmikko, H. Maris, Formation and characterization of 4-in. GaN-on-diamond substrates, Diamond Relat. Mater. 19 (2) (2010) 229–233.
[44] J. Cho, et al., Improved thermal interfaces of GaN–diamond composite substrates for HEMT applications, IEEE Trans. Compon. Packag. Manuf. Technol. 3 (1) (2013) 79–85.
[45] D. Altman, M. Tyhach, J. McClymonds, S. Kim, S. Graham, J. Cho, K. Goodson, D. Francis, F. Faili, F. Ejeckam, et al., Analysis and characterization of thermal transport in GaN HEMTs on Diamond substrates, in: IEEE Intersociety Conference on Thermal and Thermomechanical Phenomena in Electronic Systems (ITherm), 2014, 2014, pp. 1199–1205.
[46] J.W. Pomeroy, R.B. Simon, H. Sun, D. Francis, F. Faili, D.J. Twitchen, M. Kuball, Contactless thermal boundary resistance measurement of GaN-on-diamond wafers, IEEE Electron Device Lett. 35 (10) (2014) 1007–1009.
[47] D. Liu, S. Fabes, B.-S. Li, D. Francis, R.O. Ritchie, M. Kuball, Characterization of the interfacial toughness in a novel "GaN-on-Diamond" material for high-power RF devices, ACS Appl. Electron. Mater. 1 (3) (2019) 354–369.
[48] T. Izak, O. Babchenko, V. Jirásek, G. Vanko, M. Vojs, A. Kromka, Influence of diamond CVD growth conditions and interlayer material on diamond/GaN interface, Mater. Sci. Forum 821–823 (2015) 982–985, https://doi.org/10.4028/www.scientific.net/msf.821-823.982.
[49] L. Yates, et al., Characterization of the thermal conductivity of CVD diamond for GaN-on-diamond devices, in: IEEE Compound Semiconductor Integrated Circuit Symposium (CSICS), Austin, TX, 2016, 2016, pp. 1–4, https://doi.org/10.1109/CSICS.2016.7751032.
[50] M.J. Tadjer, Nanocrystalline Diamond Thin Film Integration in ALGaN/GaN High Electron Mobility Transistors and 4H-SiC Heterojunction Diodes, Dissertation University of Maryland, 2010.
[51] M. Alomari, M. Dipalo, S. Rossi, M.-A. Diforte-Poisson, S. Delage, F. Carlin, N. Grandjean, C. Gaquiere, L. Toth, B. Pecz, E. Kohn, Diamond overgrown InAlN/GaN HEMT, Diamond Relat. Mater. 20 (4) (2011) 604–608.

[52] D.I. Babic, Q. Diduck, C.S. Khandavalli, D. Francis, F.N. Faili, F. Ejeckam, 175,000 device-hours operation of AlGaN/GaN HEMTs on diamond at 200C channel temperature, in: MIPRO, 2013. May 20-24, 2013 Opatija, Croatia.

[53] F. Ejeckam, D. Babic, F. Faili, D. Francis, F. Lowe, Q. Diduck, C. Khandavalli, D. Twitchen, B. Bolliger, 3,000+ hours continuous operation of GaN-on-diamond HEMTs at 350C channel temperature, in: Semiconductor Thermal Measurement and Management Symposium (SEMI-THERM), 2014 30th Annual, March 9-13, 2014.

[54] J. Cho, et al., Thermal characterization of GaN-on-diamond substrates for HEMT applications, in: 13th InterSociety Conference on Thermal and Thermomechanical Phenomena in Electronic Systems, San Diego, CA, 2012, pp. 435–439.

[55] O. Shenderova, G. McGuire, Seeding slurries based on detonation nanodiamond in DMSO, Diamond Relat. Mater. 19 (2–3) (2010) 260–267.

[56] G.D. Via, J.G. Felbinger, J. Blevins, K. Chabak, G. Jessen, J. Gillespie, R. Fitch, A. Crespo, K. Sutherlin, B. Poling, S. Tetlak, R. Gilbert, T. Cooper, R. Baranyai, J.W. Pomeroy, M. Kuball, J.J. Maurer, A. Bar-Cohen, Wafer-scale GaN HEMT performance enhancement by diamond substrate integration, in: 10th International Conference on Nitride Semiconductors, ICNS-10, August 25-30, 2013. Washington DC, USA.

[57] M. Kuball, J.W. Pomeroy, A review of Raman thermography for electronic and optoelectronic device measurement with sub-micron spatial and nanosecond temporal resolution, IEEE Trans. Device Mater. Reliab. 16 (2016) 667–684.

[58] R.B. Simon, J.W. Pomeroy, M. Kuball, Diamond micro-Raman thermometers for accurate gate temperature measurements, Appl. Phys. Lett. 104 (2014), 213503.

[59] J. Anaya, T. Bai, Y. Wang, C. Li, M. Goorsky, T.L. Bougher, L. Yates, Z. Cheng, S. Graham, K.D. Hobart, T.I. Feygelson, M.J. Tadjer, T.J. Anderson, B.B. Pate, M. Kuball, Simultaneous determination of the lattice thermal conductivity and grain/grain thermal resistance in polycrystalline diamond, Acta Mater. 139 (2017) 215–225.

[60] A. Sood, J. Cho, K.D. Hobart, T.I. Feygelson, B.B. Pate, M. Asheghi, D.G. Cahill, K.E. Goodson, Anisotropic and inhomogeneous thermal conduction in suspended thin-film polycrystalline diamond, J. Appl. Phys. 119 (2016), 175103.

[61] R.B. Simon, J. Anaya, F. Faili, R. Balmer, G.T. Williams, D.J. Twitchen, M. Kuball, Effect of grain size of polycrystalline diamond on its heat spreading properties, Appl. Phys. Express 9 (6) (2016) 061302.

[62] M.A. Angadi, T. Watanabe, A. Bodapati, X.C. Xiao, O. Auciello, J.A. Carlisle, J.A. Eastman, P. Keblinski, P.K. Schelling, S.R. Phillpot, Thermal transport and grain boundary conductance in ultrananocrystalline diamond thin films, J. Appl. Phys. 99 (2006), 114301.

[63] unpublished – note, Dan, the latest data we got on your device we would like to write up as regular journal paper, to be discussed; Reference unpublished data.

[64] E. Ziade, J. Yang, G. Brummer, D. Nothern, T. Moustakas, A.J. Schmidt, Thickness dependent thermal conductivity of gallium nitride, Appl. Phys. Lett. 110 (2017), 031903.

[65] . *http://lehighton.com/app_notes/RPI_application_note.pdf.*

[66] U.K. Mishra, L. Shen, T.E. Kazior, Y.F. Wu, GaN-based RF power devices and amplifiers, Proc. IEEE 96 (2) (2008) 287–305.

[67] I. Yonenaga, Hardness, yield strength, and dislocation velocity in elemental and compound semiconductors, Mater. Trans. 46 (9) (2005) 1979–1985.

[68] B.L. Hancock, M. Nazari, J. Anderson, E. Piner, F. Faili, S. Oh, D. Twitchen, S. Graham, M. Holtz, Ultraviolet micro-Raman spectroscopy stress mapping of a 75-mm GaN-on-diamond wafer, Appl. Phys. Lett. 108 (21) (2016) 211901.

[69] H. Sun, D. Liu, J.W. Pomeroy, D. Francis, F. Faili, D.J. Twitchen, M. Kuball, GaN-on-diamond: robust mechanical and thermal properties, in: Proceedings of CSMantech, 2016.

[70] H. Xie, H. Huang, Characterization of the interfacial strength SiNx/GaAs film/substrate systems using energy balance in nanoindentation, J. Mater. Res. 28 (2013) 3137–3145. M. Lu, and H. Huang, Determination of the energy release rate in the interfacial delamination of silicon nitride film on gallium arsenidesubstrate via nanoindentation. J. Mater. Res. 29, 801 – 810 (2014).
[71] F. Ejeckam, T. Mitchell, K. Kong, P. Saunier, Ultra-cool GaN on diamond power amplifiers for SATCOM, Microw. J. 61 (2018). Diamond Anniversary Issue + Semiconductors & Packaging. 6th Edition.

第 15 章

金刚石与氮化镓的三维集成

Edwin L. Piner 和 Mark W. Holtz
美国得克萨斯州立大学材料科学、工程和商业化及物理系

15.1 引言

AlGaN/GaN HEMT 已被证明在功率调节、微波放大器和发射器等功率电子应用中具有商业化可行性。这些器件可以在高漏极电压下工作且器件的单位功率输出电容较低，从而有利于实现高功率密度和高峰值效率[1,2]。此外，因为Ⅲ族氮化物具有高击穿电压，所以期望基于宽禁带和超宽禁带材料的器件能够在其他半导体无法工作的条件下工作。

考虑到对电子器件尺寸更加小型化的普遍期望，以及对 GaN HEMT 器件在恒定面积上增加功率处理能力的需求，必须增加功率密度。增加的功率密度会导致器件发生自热效应，从而导致器件过早失效。热管理是器件非常重要的领域（见第 1 章），因为它是器件性能和可靠性的主要限制因素[3]。据报道，GaN HEMT 的射频功率密度高达 40W/mm，直流功率密度超过 7W/mm[4]。然而，商用 HEMT 器件的射频中功率密度仅有 5~7W/mm，这是为了防止因长时间过度自热而导致器件失效[5]（在任何器件技术的长期应用中，较高的峰值温度都必然会缩短失效时间）。由于可靠性随温度升高而呈指数下降，实际应用中 HEMT 器件的最高工作温度低于 200℃。

自热效应和对基于传统衬底材料（Si、SiC）被动冷却技术的依赖继续限制了 GaN HEMT 技术的能力，使其不能充分发挥潜力。为了缩小预期功率密度与当前实际功率密度之间的差距，有必要继续开发新的热管理技术。

15.2 AlGaN HEMT 器件的自热效应及其热限制

当 HEMT 工作时，会在图 15.1a 所示的栅电极附近有源层的二维电子气（2DEG）中产生过多的热[6]。这种过多的热量必须有效地消散，以维持所需的性能并防止器件发生失效。这些过多的热量从有源区的有效耗散取决于衬底材料和器件几何形状。为

了有效地散热，需要更高热导率的衬底和过渡层材料。然而，在选择衬底时，热导率并不是要考虑的唯一因素。还必须考虑许多其他因素，包括热膨胀系数（CTE）、晶格失配、边界热阻（TBR）、电阻率和总成本。热膨胀系数的不匹配应在热应力不会导致材料退化的范围内。缓冲层用于最小化晶格失配和 CTE 失配，并降低残余应力。然而，所有这些层都会产生 TBR，这在当前的器件结构中是不可避免的。在典型的 AlGaN/GaN HEMT 结构中使用的具有低导热性和高 TBR 的材料会阻碍热流并导致器件发生自热效应。图 15.1b 展示出了对于两种不同输入功率密度，典型的 AlGaN/GaN 异质结构的层内温升变化。这里，输入功率密度被计算为输入功率［即漏极电流和漏极到源极电压的乘积（$I_{DS}V_{DS}$）］与沟道长度的比率。从图 15.1b 中可以清楚地看到，GaN 缓冲区（最靠近热点的 2DEG）与其他区域相比具有最高的温升。

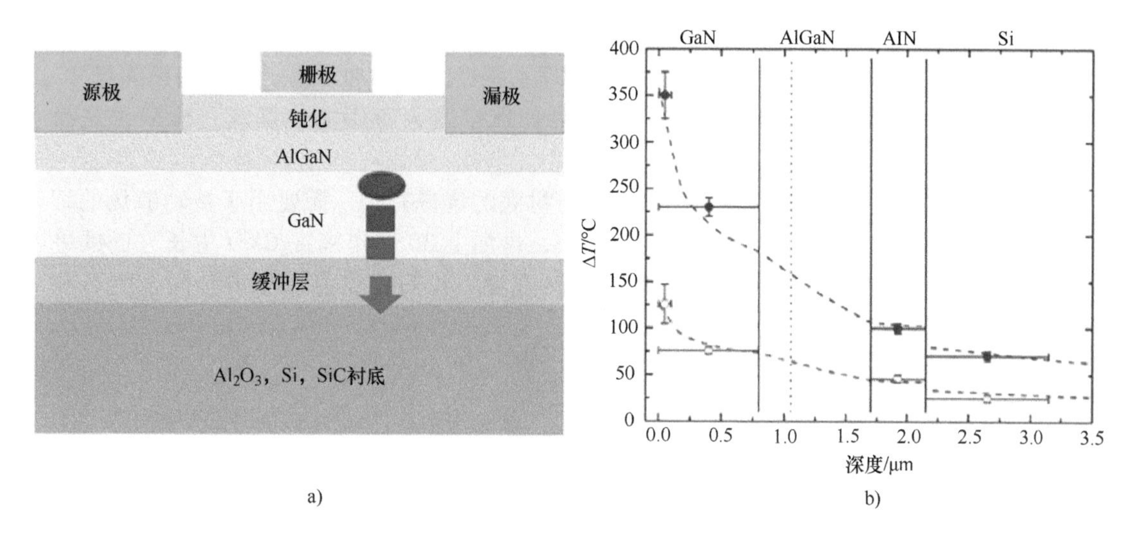

图 15.1　a）AlGaN/GaN HEMT 的热路径示意图；b）从拉曼测试获得的在两个不同输入功率下AlGaN/GaN异质结构的不同部分中的温升，虚线是来自有限元模拟仿真

图 a）来源：K. D. Malcolm，Characterization of the Thermal Properties of Chemical Vapor Deposition Grown Diamond Films for Electronics Cooling，Georgia Institute of Technology，2016。

图 b）来源：M. Nazari，B. L. Hancock，E. L. Piner，M. W. Holtz，Self-heating profile in an AlGaN/GaN heterojunction field-effect transistor studied by ultraviolet and visible micro-Raman spectroscopy，IEEE Trans. Electron Devices 62（5）（2015）1467-1472。

除了 GaN 的热导率之外，这种行为的主要原因之一是 GaN 和随后的过渡层之间的 TBR。此外，随着输入功率的增加，自热效应将更加严重，这对于先进的 HEMT 器件设计来说是一个很大的缺点。值得注意的是，AlGaN/GaN HEMT 中的自热效应引起的温升高度依赖于层堆叠几何形状、组合方式、TBR 和衬底材料。不同的研究小组已经报道了关于自热效应引起的温升的各种结果。据报道，对于生长在 Si 衬底上的 AlGaN/GaN HEMT，在输入功率为 2.8W/mm 时，温升高达 300℃[7]。此外也有报道指出，对于 SiC 衬底的器件，栅极区下的最大温升可达 192℃[8]。在 AlGaN/GaN HEMT 中，GaN 层的厚度对于自热效应引起的温升也是至关重要的。Hodges 等人发现 150nm GaN 缓冲层的温升可高达 190℃[9]，并得出结论，其原因是薄 GaN 的不良热导率［60W/(m·K)］。由于自热效应引起的沟道温度升高直接影响漏极电流（I_{DS}）。

在功率放大器中，漏极电流的减小降低了输出功率，进而降低了功率附加效率(PAE)。通过在 Si 和 SiC 上生长的 AlGaN/GaN HEMT 之间的比较研究中发现，与 SiC 基器件相比，Si 基器件中 20μs 长脉冲（工作时间）的 I_{DS} 降低了 100mA/mm[10]。在 Hilt 等人的另一项研究中[11]，发现在直流工作状态下，与基于 GaN/SiC 的器件相比，基于 GaN/Si 的器件中的 I_{DS} 的降低甚至超过 100mA/mm。这些结果说明了衬底对 AlGaN/GaN HEMT 自热效应和整体可靠性的影响。

大多数现有的 GaN HEMT 技术都利用 Si 和 SiC 衬底以满足高功率应用，采用被动冷却，确保器件可靠运行。然而，被动热管理系统极大地增加了电子系统的整体尺寸、重量和功耗（SWaP），并且使得它们对于诸如航空航天应用的便携式目标来说是昂贵的。

考虑到限制 GaN HEMT 热管理的因素与衬底的选择有关，需要用于被动散热的替代材料。鉴于金刚石具有已知的最高热导率，再加上 30 多年来在 CVD 生长方面的进展，金刚石成为 HEMT 中被动热管理的必然选择。我们现在将注意力转向金刚石和 GaN 的集成。

15.3 在多晶 CVD 金刚石上生长Ⅲ族氮化物的挑战

自 2000 年初以来，世界各地的研究人员一直在努力减轻 AlGaN/GaN HEMT 的自热效应。关于 GaN 与金刚石的集成，2006 年 Jessen 等人[12]首先展示了在金刚石衬底上工作的 AlGaN/GaN HEMT，其中 HEMT 和 CVD 金刚石分别生长，然后采用晶圆键合进行粘接。该技术研究为未来探索在多晶 CVD 金刚石衬底上生产 GaN 基器件提供了一条途径[13]。由于 GaN/金刚石晶圆在高功率应用中的出色器件性能，美国国防部高级研究计划局（DARPA）启动了两项循环赛计划，分别命名为近结热输运（NJTT，于 2010 年启动）和芯片内/芯片间增强冷却（ICECool，于 2012 年启动）。这些计划探索了通过在有源晶体管结附近集成高导热性金刚石来开发被动冷却方法[13]。这些项目的建模和实验研究结果表明，金刚石衬底上的 HEMT 可以实现 3 倍以上的区域散热而不显著增加工作温度。CVD 金刚石沉积工艺允许研究人员使用高热导率金刚石［高达 2000W/(m·K)］作为 GaN HEMT 的热沉和散热器。图 15.2 比较了金刚石晶圆上的 GaN HEMT 和 Si 上的 GaN HEMT 的红外成像。在前者中观察到的较低的总温升，证明了期望的热管理的改善。

通过分别生长 AlGaN/GaN 和金刚石，然后将它们结合在一起，因此在 GaN HEMT

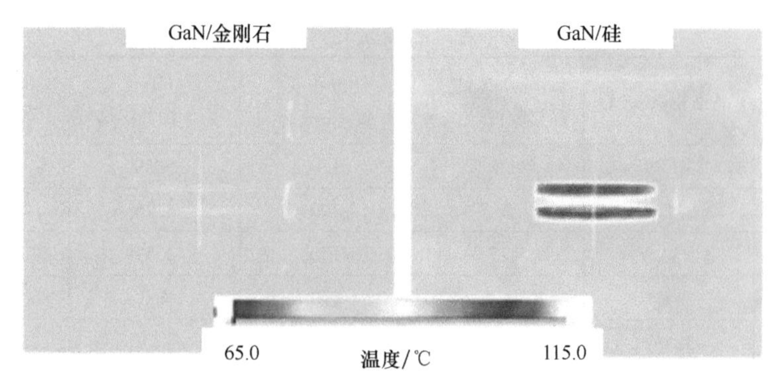

图 15.2　金刚石衬底（左）和硅衬底（右）上的 AlGaN/GaN HEMT 在工作期间的红外热特征[13]

中结合金刚石的方法需要电介质粘合层[12]。实验和仿真结果证实，金刚石基 GaN 集成平台可通过降低热阻并从而提高功率密度，使得其在 RF 应用中的性能明显优于 SiC 基 GaN。图 15.3 显示了与 SiC 基 GaN[13,14]相比，对于给定的沟道温度，金刚石基 GaN 的 RF 功率密度（W/mm）提高了 3.6 倍。

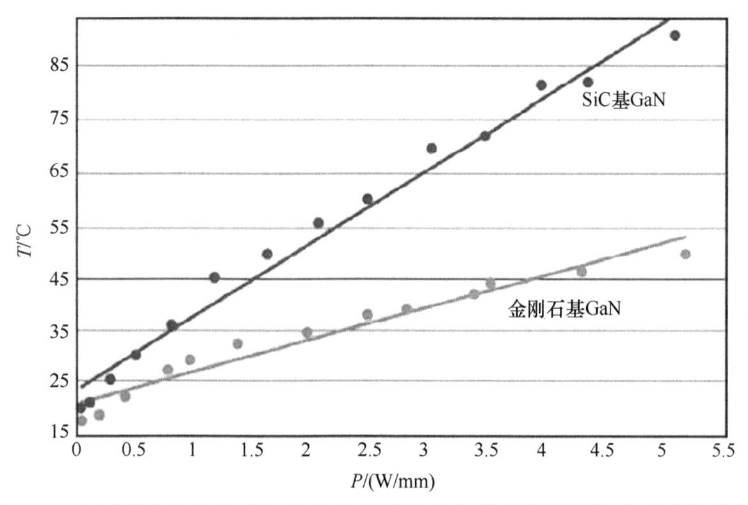

图 15.3　金刚石基 GaN 和 SiC 基 GaN HEMT 的沟道峰值温度与功率密度的关系

来源：After J. G. Felbinger, M. V. S. Chandra, Y. Sun, L. F. Eastman, J. Wasserbauer, F. Faili, et al., Comparison of GaN HEMTs on diamond and SiC substrates, IEEE Electron Device Lett. 28 (11) (2007) 948-950。

虽然这些最初的证明是非常有希望的，但在材料集成的挑战中，Ⅲ族氮化物具有纤锌矿晶体结构，与金刚石的立方结构截然不同。CVD 金刚石通常还具有多晶形态，这使得在其上直接生长单晶、高器件质量的Ⅲ族氮化物异质结构具有挑战性。Ⅲ族氮化物半导体的生长通常需要晶体衬底，因此处理材料之间的 CTE 失配成为集成中的另一个因素。所有这些因素结合在一起，从根本上限制了Ⅲ族氮化物在金刚石上的直接生长。表 15.1 显示了用于 GaN 生长的可能衬底材料的各种参数。

表 15.1 GaN-金刚石集成关键材料的性能[1,3]

衬底	晶格常数 a/Å	与 GaN 的晶格失配（%）	κ_L /[W/(m·K)]	CTE /($\times10^{-6}K^{-1}$)	与 GaN 热膨胀系数失配（%）
GaN	3.189	0	130	5.59	0
AlN	3.112	2.5	290	4.15	26
Si（111）	$5.430/\sqrt{2}$	17	150	3.59	53
6H-SiC	3.08	3.5	490	4.3	23
金刚石	3.567	11	800~2000	1.5	73

从表中可以清楚地看出，即使对于单晶金刚石，生长 GaN 中最显著的挑战依然是晶格失配和 CTE 失配。在金刚石和 GaN 之间的晶格失配约为 11%的情况下，GaN 在该衬底上的生长预计需要缓冲结构，否则生长的材料质量将会较差。此外，在生长后的冷却过程中，大的 CTE 失配会在外延层中引起强的拉伸应变[15]。因此可能会形成裂纹，从而阻碍 HEMT 器件的制备和工作。

尽管存在上述复杂情况，仍有利用由 AlN 和 AlGaN 组成的缓冲层结构在（111）取向的单晶金刚石上生长 GaN HEMT 的报道[16]。据报道，该方法生长的 GaN 的裂纹密度很大[16]，说明了 CTE 失配在该方法中起着显著的作用。GaN 具有比金刚石更高的 CTE，因此在生长后的冷却过程中会在 GaN 中引起较强的拉伸应变。Van Dreumel 等[17] 报道了在纳米晶体金刚石上的生长 GaN，其发现 GaN 主要是多晶，但是具有沿着［0002］取向的优选取向。图 15.4 示出了直接生长在纳米晶体金刚石上的 GaN 的横截面。

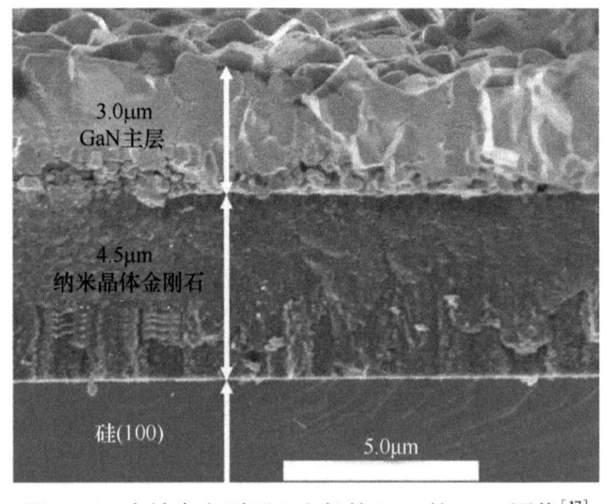

图 15.4 在纳米金刚石上生长的 GaN 的 SEM 图像[17]

15.4 在 GaN 上直接生长金刚石面临的挑战

典型的 CVD 金刚石生长是从纳米尺度的籽晶开始的复杂过程。然而，许多籽晶倾向于不垂直生长或不会形成金刚石。这些“不成功”的籽晶可以形成 sp^2 键合碳或类金刚石碳[18]。与金刚石相比，这些材料具有低导热性，会显著地阻碍热流。因此，该初始金刚石层是控制 CVD 金刚石热导率的最重要因素之一。已发表了的文献中有许多关于多晶金刚石首先生长的 1μm 平面内热输运的不一致结果，数值范围从 10 到几百 W/(m·K)[19]。Nazari 等人[20] 报道了在平均颗粒尺寸小于 20nm 的 GaN/金刚石界面处，金刚石中含有 10%的无序碳或类金刚石碳（DLC），如图 15.5 所示。紫外显微拉曼研究（见图 15.5a）被用于产生无序碳体积分数的曲线图（见图 15.5b）。该结果已由 TEM 分析验证，从中可以看出在金刚石籽晶区域增加的无序碳分数。尽管尚未清楚地了解 GaN/金刚石界面处的薄成核层的热输运，但很明显，由该层引起的热阻抗是实现金刚石基 GaN 器件全部潜力的重大挑战[19-21]。

通过实验和仿真已经确定，阻碍金刚石基 GaN HEMT 有效散热的关键因素是各层之间界面的热阻（见第 4 章），即 GaN/过渡层（TL）或 GaN/电介质和 GaN/金刚石等界面[22-25]。该热阻表示为 GaN 层和衬底之间界面处的“有效边界热阻”（TBReff）[23]。图 15.6 显示了主要由 GaN/电介质/金刚石界面引起的金刚石基 GaN HEMT 中的 TBReff 效应。图 15.6 所示的 AlGaN/金刚石基 GaN HEMT 没有栅极结构，测试时在其源漏极间施加 40V 偏压的温升实验模拟结果。在插图中还展示出了具有器件各层厚度的结构示意面。

当在 GaN HEMT 集成金刚石用于热管理时，要考虑的最后一个因素是接近发生自热效应的区域。在上述每一种方法中，金刚石位于距离 HEMT 中发生自热效应的 2DEG 相当远的位置。当考虑上述每个因素并且金刚石尽可能接近 2DEG 区域时，金刚石与 GaN 的集成将具有最大的益处。一种方法是在平面 HEMT 上生长金刚石（见第 14 章）。我们在此回顾的第二种方法，即金刚石和 GaN 的三维（横向和垂直）集成。

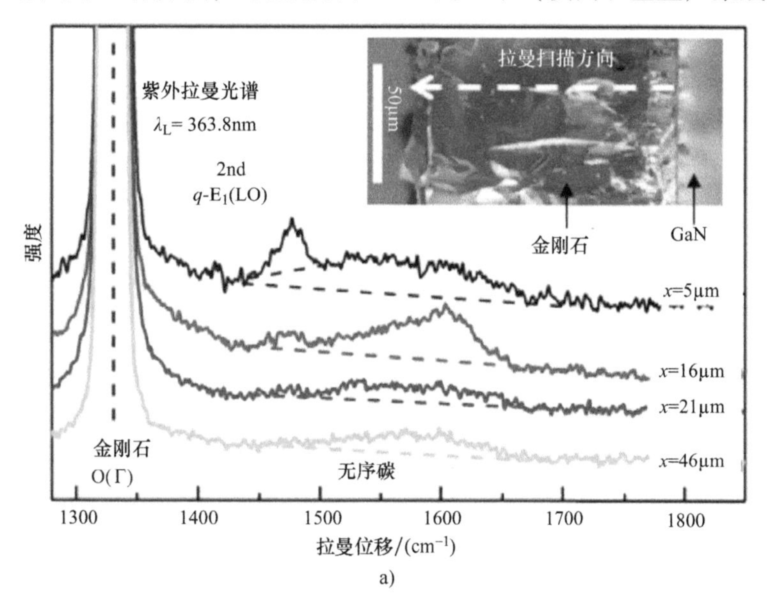

图 15.5　a）在距 GaN/金刚石界面不同距离处获得的紫外显微拉曼光谱，插图为 SEM 横截面，虚线箭头表示线扫描的方向

来源：M. Nazari，B. L. Hancock，J. Anderson，A. Savage，E. L. Piner，S. Graham，et al.，Near-ultraviolet micro-Raman study of diamond grown on GaN，Appl. Phys. Lett. 108（3）（2016）31901。

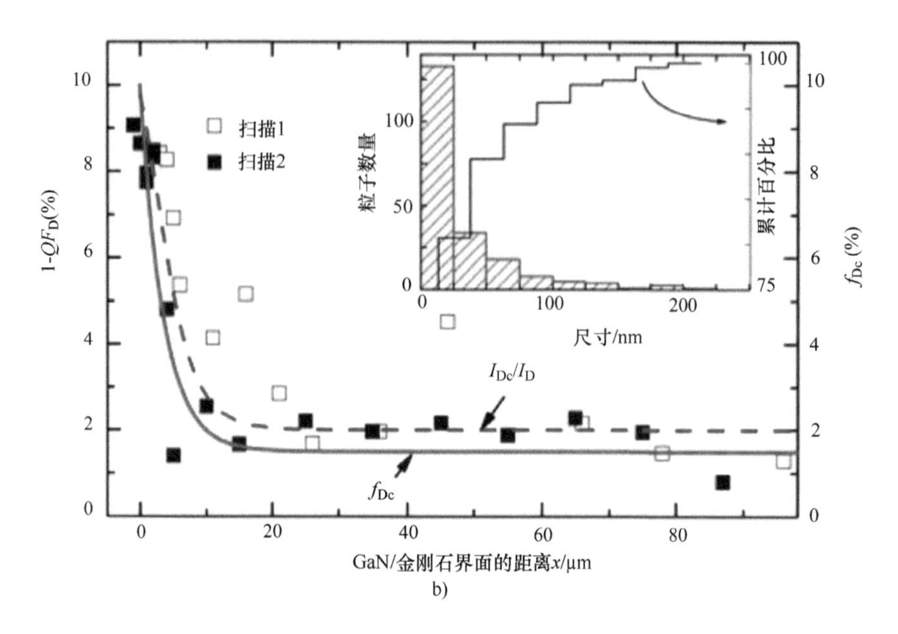

图 15.5 b）非金刚石碳分数（左轴）和相关的无序碳（DC）体积分数（f_{DC}，右轴）与距 GaN/金刚石界面距离的关系（续）

来源：M. Nazari, B. L. Hancock, J. Anderson, A. Savage, E. L. Piner, S. Graham, et al., Near-ultraviolet micro-Raman study of diamond grown on GaN, Appl. Phys. Lett. 108 (3) (2016) 31901。

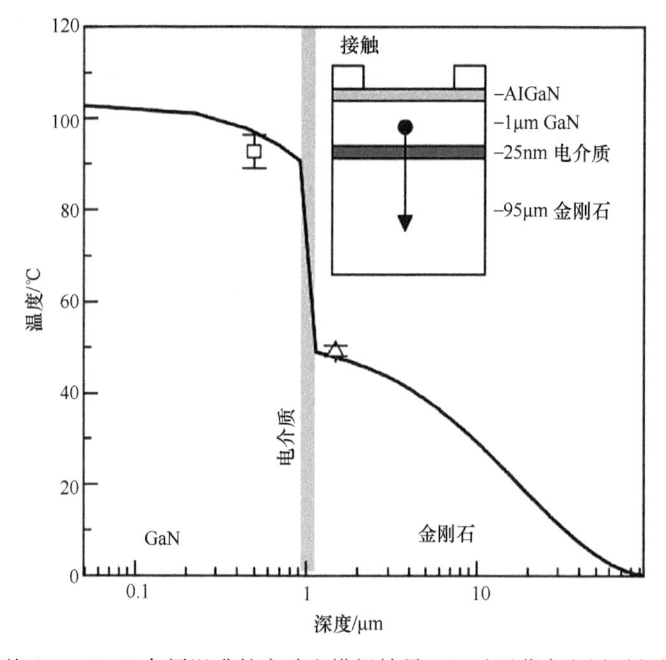

图 15.6 金刚石基 GaN HEMT 各层温升的实验和模拟结果，显示了薄介电层引起的 TBReff 效应[22]

15.5 GaN-金刚石直接集成

GaN 和金刚石的直接三维集成利用了材料生长中的三种不同的先进方法，即 Si（或其他衬底）上的Ⅲ族氮化物生长、CVD 金刚石的选择性沉积和横向外延（ELO）。一种可能的工艺路线如图 15.7 所示。由于Ⅲ族氮化物在硅上的 MOCVD 生长已经很成熟[26]，我们将在本章的剩余部分描述金刚石在不同衬底（包括 GaN）上的选择性区域生长、GaN ELO 的简要概述以及应用 GaN ELO 生长与选择性区域金刚石集成的最新进展。

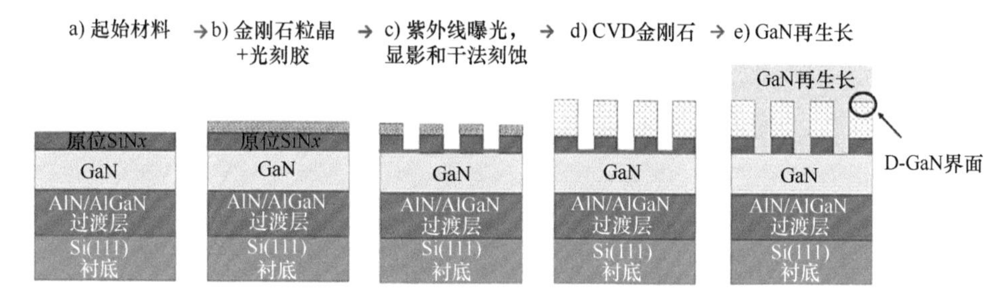

图 15.7　在 CVD 金刚石上生长 GaN 的制备步骤

15.5.1　金刚石的选择性沉积

有两种途径可以在普通衬底上获得图形化的金刚石。第一种方法是地毯式沉积，然后进行图形化。已经证明可以使用低温等离子体增强 CVD（PECVD）进行金刚石沉积，同时使用氧等离子体蚀刻和硬掩模进行图形化[27]。然而，据报道，在金刚石 CVD 过程中会对Ⅲ族氮化物的表面造成损伤，并难以形成金刚石图形[28,29]。该损伤难以控制，并且可能破坏 HEMT 叠层中的薄势垒层和 GaN 层。由于 2DEG 沟道距离 AlGaN/GaN HEMT 晶圆表面仅为 15~30nm[30,31]，因此需要选择性沉积金刚石的替代方法。

第二种方法是依赖于图形化引晶的选择性区域金刚石沉积。Masood 等人[32]首先报道了基于光刻的 CVD 金刚石的选择性沉积，最近报道了关于在硅衬底上的生长[33-35]。对于 HEMT 晶片的这种情况，一种选择性引晶工艺如图 15.8 所示，详细描述见 Ahmed 等人的报道[36]。金刚石引晶从图中的步骤 3 开始。该工艺对于不受抗蚀剂化学或金刚石沉积工艺不利影响的任何衬底或介电保护层是通用和可行的。人们也发现显影后干法刻蚀提高了选择性，并能在金刚石生长后产生清晰的图形。在我们的工作中，在双电源等离子体室中的 CF_4 和 O_2 进行有效的干法刻蚀。

在 GaN 上沉积金刚石的其他主要问题是金刚石 CVD 过程中的热分解和刻蚀[37,38]。当使用 HFCVD[37]和 PECVD[39]时，在 GaN 上直接生长金刚石中观察到显著的表面损伤/蚀刻。在使用微波 PECVD 的情况下，等离子体中原子氢的存在是刻蚀的原因。对于 HFCVD，由于热丝温度和高能氢原子的同时影响，刻蚀效应更加严重。

尽管 GaN 的标准熔点约为 2500℃，由于在 HFCVD 工艺中有过多的高能氢原子，使得 GaN 的刻蚀/分解发生在 750~800℃[40]。GaN 的分解可以在氢的存在下通过逆 GaN 合成反应或 NH_3 重整发生[41]。

$$GaN(s)+\frac{3}{2}H_2(v)\rightarrow Ga(l)+NH_3(v) \tag{15.1}$$

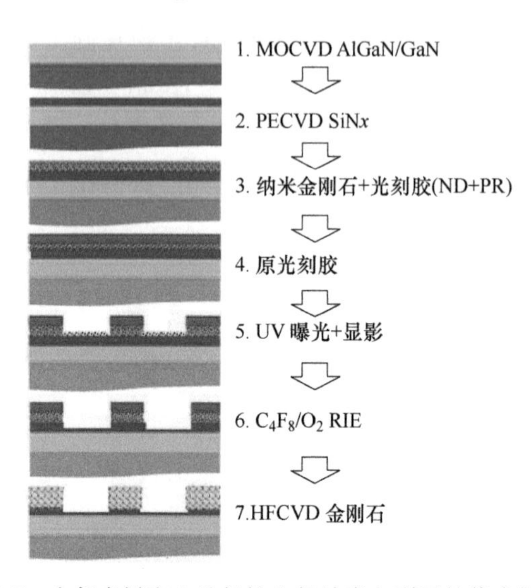

图 15.8　在任意衬底上选择性生长纳米金刚石的代表性工艺

或者，GaN 可以在副产物处于气相的高温下发生升华。Mastro 等人[42]报道了 Ga 极性 GaN 在 800℃以上的温度下通过以下独立反应的这种现象：

$$GaN(s)\rightarrow Ga(v)+\frac{1}{2}N_2(v) \tag{15.2a}$$

$$GaN(s)+H_2(v)\rightarrow GaH(v)+\frac{1}{2}N_2(v)+\frac{1}{2}H_2(v) \tag{15.2b}$$

$$3H_2(v)+N_2(v)\rightarrow 2NH_3(v) \tag{15.2c}$$

在 GaN 上生长金刚石时，减少损伤的另一种潜在方法是使用较高的甲烷浓度[37]。通常，较高的甲烷浓度会导致较高的生长速率，由于可利用的甲基自由基的增加，使得表面被覆盖更快[43]。然而，当甲烷浓度增加时，非金刚石碳（NDC）百分比也会增加[43]。据报道，就 NDC（或 sp^3/sp^2 键合）而言，当 1%~3%的甲烷与氢气一起使用时，生长金刚石的质量最好[44]。因此，在金刚石沉积期间需要电介质来保护下面的Ⅲ族氮化物层[27]。Al_2O_3、SiO_x 和 SiN_x 等电介质被研究用来作为Ⅲ族氮化物的保护层[27]。PECVD 生长的 SiN_x 是保护 GaN 的一个很好的选择，因为 Si-N 键离解能（439kJ/mol[45]）远大于 Ga-N 键的热致分解焓（379kJ/mol）。使用保护性电介质层的一个缺点是它们的导热性差，并且附加的 TBR 妨碍了所需的有效热扩散进入沉积的金刚石[22,46]。因此，保护层应尽可能薄，以充分发挥金刚石的高导热性的优势[22]。

对通过 MOCVD 生长在 Si(111) 晶圆上的 AlGaN/GaN 晶圆上进行 CVD 金刚石条的选择性沉积。AlGaN/GaN HEMT 结构如图 15.8 所示，同时给出了具有 SiN_x 保护层的区域选择性金刚石生长的路线。在 PECVD 系统中使用氨和硅烷沉积 SiN_x，或者在 MOCVD 反应器将其原位沉积到Ⅲ族氮化物中[38]。

图 15.9 显示了选择性和各种尺寸特征的 SEM 图像。图 15.9a 显示了不同尺寸(1~5μm) 的金刚石线，而图 15.9b 显示出了具有 3μm Ⅲ族氮化物表面窗口的 5μm 金刚石指状物。具有圆形形状的窗口也被成功地研制，15.9c 显示了直径为 2.4μm 的圆形窗口，可以分辨的连续形状的最小金刚石尺寸为 630~880nm，如图 15.9d 所示。图 15.10a展示出了 AlGaN/GaN HEMT 结构上的金刚石的示意图，图 15.10b 给出了 1.5μm 金刚石生长后的横截面 STEM 图像。其中插图显示，由于原位 MOCVD 生长的 SiN_x 层[38]提供的保护，所有 HEMT 器件层都是完整的，并且在 CVD 金刚石沉积期间没有退化。

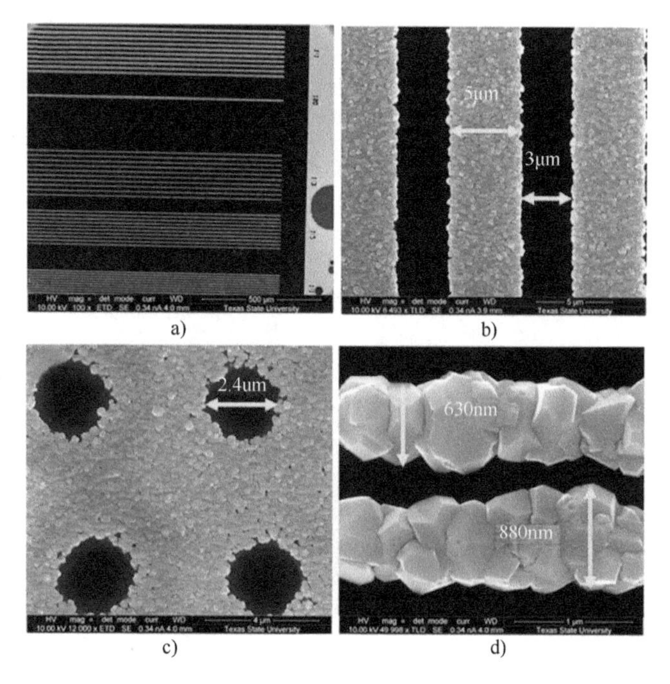

图 15.9 在 GaN 上生长的金刚石的优异选择性的代表性 SEM 图像。a）具有各种宽度的金刚石线；b）具有 3μm 间隙的 5μm 金刚石线的选择性；c）具有 2.4μm 直径开口的金刚石涂覆区域；d）实现的最小邻接金刚石特征尺寸

图 15.10c 和 d 是在 HEMT 暴露的区域上沉积金刚石之前和之后拍摄的 AFM 图像。从图中可以看出 AFM 图像的物理外观是相同的，表明暴露区域的 GaN 在金刚石沉积期

间没有表面损伤。通过高分辨 X 射线衍射（HRXRD）和相对标准偏差（RSM）的数据还可证实，在 HFCVD 金刚石生长过程中，AlGaN 势垒层得到了充分保护[38]。最值得注意的是，电容电压测量结果显示 2DEG 在金刚石生长后完好无损，这也说明该方法使 HEMT 完好无损。

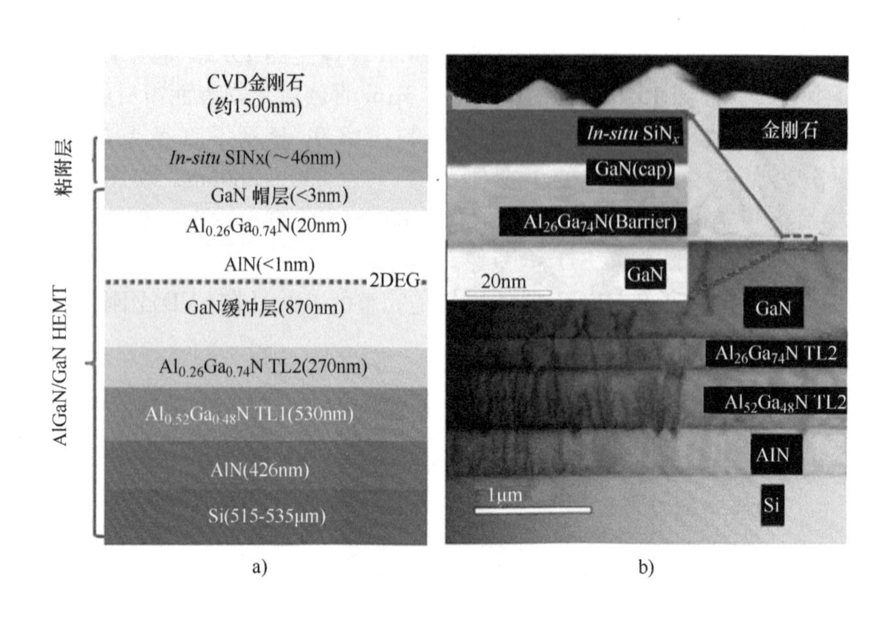

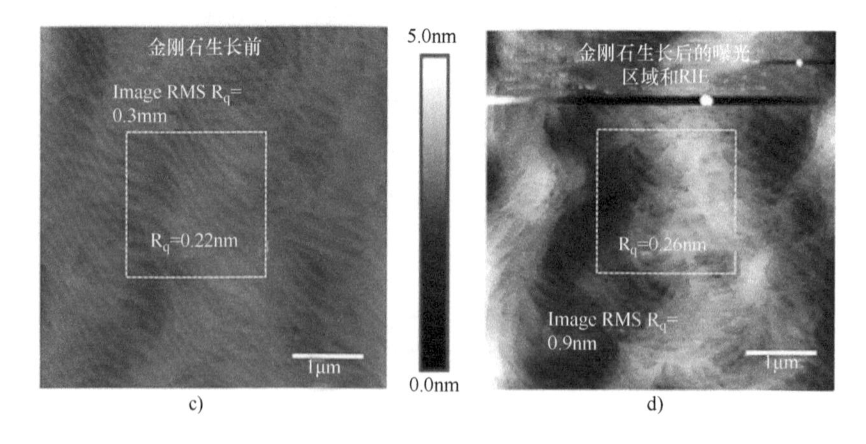

图 15.10 a）具有 MOCVD 原位生长的 SiN_x 作为介电粘附层的 AlGaN/GaN HEMT 上的金刚石结构示意图（未按比例绘制）；b）金刚石生长后的结构的亮场 STEM 图像（插图表示金刚石生长后原位 SiN_x/GaN（cap）/AlGaN（势垒）/GaN 界面区域）；c）表面处理和金刚石沉积前的代表性 AFM 图像；d）在金刚石沉积和 SF_6 反应离子刻蚀之后暴露区域拍摄的 AFM 图像

15.5.2　GaN 横向外延生长（ELO）

当 GaN 衬底通过一些介质（通常为 SiO_2 或 SiN_x）作为硬掩模进行图形化，并随后返回到 GaN MOCVD 系统时，将在非掩模区域上进行选择性生长。当随后生长的 GaN 厚度超过掩模的厚度时，在一定的生长条件下，垂直生长伴随着横向外延。因为穿透位错主要垂直形成并且可能不会转移到横向区中，所以该横向外延生长工艺将在掩模区上产生非常高质量的 GaN。

压力、温度和Ⅴ/Ⅲ气相比对 SiO_2 或 SiN_x 上 GaN 的 ELO 的影响已在本章参考文献［47-53］中得到了很好的证明。ELO GaN 的生长速率主要由生长期间表面上存在的反应物的浓度决定[51]。进入反应器的 TMGa（Ⅲ）和 NH_3（Ⅴ）通量分别决定镓和氮的表面结合。通常，在任何给定的压力下，较高的Ⅴ/Ⅲ比率导致较慢的垂直生长，得到非常平滑且高质量的 GaN 晶体，而较低的值导致快速的垂直生长[52]。

图 15.11 所示的金刚石上 ELO GaN SEM 图像显示了 MOCVD 腔室条件对 GaN 横向生长的影响[54]。所有样品的条纹取向都沿着 $[1\bar{1}00]$ 方向，与 $(11\bar{2}2)$ 晶面（锥形 sdewall 的面）相比，在较低压力下沿着 $(11\bar{2}0)$ 晶面（条纹的垂直侧壁）增强的横向生长有更快的生长速率。当温度升高时，沿 $(11\bar{2}0)$ 的横向生长速率进一步增加。对于任何给定的温度，沿<0001>方向的垂直生长随着压力的增加而增加，这是由于镓和氮反应物在边界层内的停留时间增加[51]。

在较低的温度和较高的压力下，沿（0001）面的生长受到抑制，这是热力学上不利于逐层形成的结果，因为在这些条件下，Ga 原子的表面迁移减少[49,51]，并且有利于增加 $\{11\bar{2}2\}$ 面的形成。相反，对于高温和低压，Ga 原子的表面迁移增加，导致平滑的（0001）面的形成，$\{11\bar{2}2\}$ 平面被 $\{11\bar{2}0\}$ 平面取代，$\{11\bar{2}2\}$ 平面不稳定性是由于沿着这个面的表面氮原子变得不稳定。增加Ⅴ/Ⅲ比率的效果显示在图 15.11 中最右边的面板中，横向生长速率随着Ⅴ/Ⅲ比率的增加而增加，增加的横向生长是由于在较高温度下侧面附近增加的氮反应物浓度（高Ⅴ/Ⅲ）[53]。

根据 Hiramatsu 等人[47]提出的 ELO GaN 生长模型，建立了介质材料上的 ELO GaN 沿着 Ga 面 ELO GaN 的各个面的生长速率的依赖性，如图 15.11 的底部面板所示。Kapolnek 等人[53]和 Beaumont 等人[49]也报道了类似的结果。Ahmed 等人展示的模型还解释了 ELO GaN 对金刚石的生长速率依赖性[54]。该模型表明，降低压力、增加生长温度或增加Ⅴ/Ⅲ气体摩尔比会导致沿横向结晶 $\{11\bar{2}0\}$ 面的生长速率增加。可选择地，当温度或Ⅴ/Ⅲ比降低或压力增加时，观察到了沿<0001>具有 $\{11\bar{2}2\}$ 晶面的生长速率增加。

15.5.3　金刚石条纹上 GaN 的 ELO

图 15.12 显示了在 $P=100\text{Torr}$、$T=1030℃$ 和Ⅴ/Ⅲ = 7880 的金刚石掩模上生长的

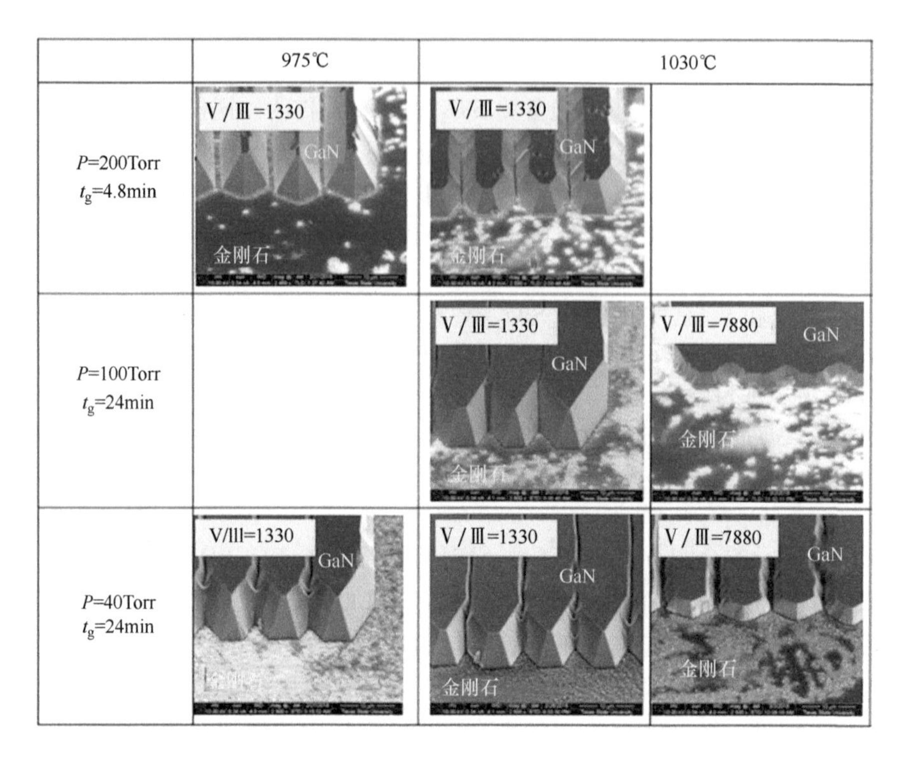

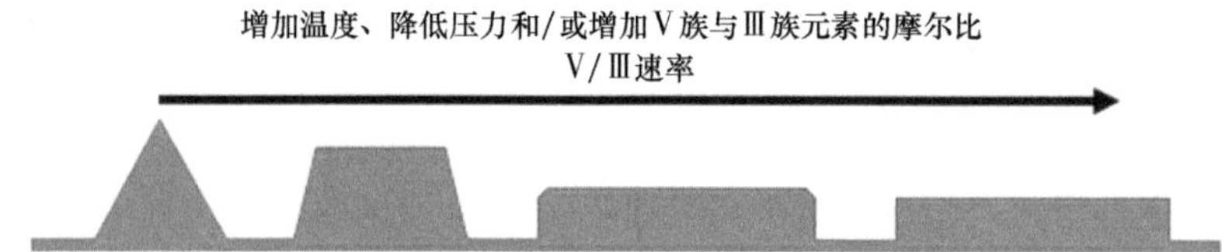

图 15.11　SEM 图像显示了温度、压力和Ⅴ/Ⅲ族元素的摩尔比对沿［11二00］取向的晶柄的 GaN 横向生长的影响，并说明了 Ga 面 ELO GaN 的取向相关生长速率

来源：K. Hiramatsu，K. Nishiyama，A. Motogaito，H. Miyake，Y. Iyechika，T. Maeda，Recent progress in selective area growth and epitaxial lateral overgrowth of III-nitrides：effects of reactor pressure in MOVPE growth，Phys. Stat. Sol. 17672（61）（1999）72-714；R. Ahmed，A. Siddique，J. Anderson，C. Gautam，M. Holtz，E. Piner，Integration of GaN and diamond using epitaxial lateral overgrowth，ACS Appl. Mater. Interfaces，12（35）（2020）39397-39404。

ELO GaN 的代表性 SEM 图像。图 15.12a 中观察到在具有不同宽度的金刚石条之间的 2μm GaN 间隙中的 GaN 的接合，其放大图如图 15.12b 所示。在这两个平面中，膜下的金刚石条纹在图的垂直方向上。图 15.12c 中显示出了来自具有 5μm 金刚石条纹的 5μm GaN 间隙的类似图像，其放大图如图 15.12d 所示；在这两个平面中，金刚石条纹在图中是横向的，在图 15.12c 中用虚线表示，说明了标称位置。当 GaN 的两个横向生长面合并时，会形成明显的针孔/空隙[55]。在某些几何形状中观察到的裂纹是由于将晶圆从生长温度冷却到室温所引起的增强的热应力导致的。GaN 和金刚石的 CTE 失配被认为是在这些 ELO 区域中出现这种热应力和裂纹[56]的主要原因。

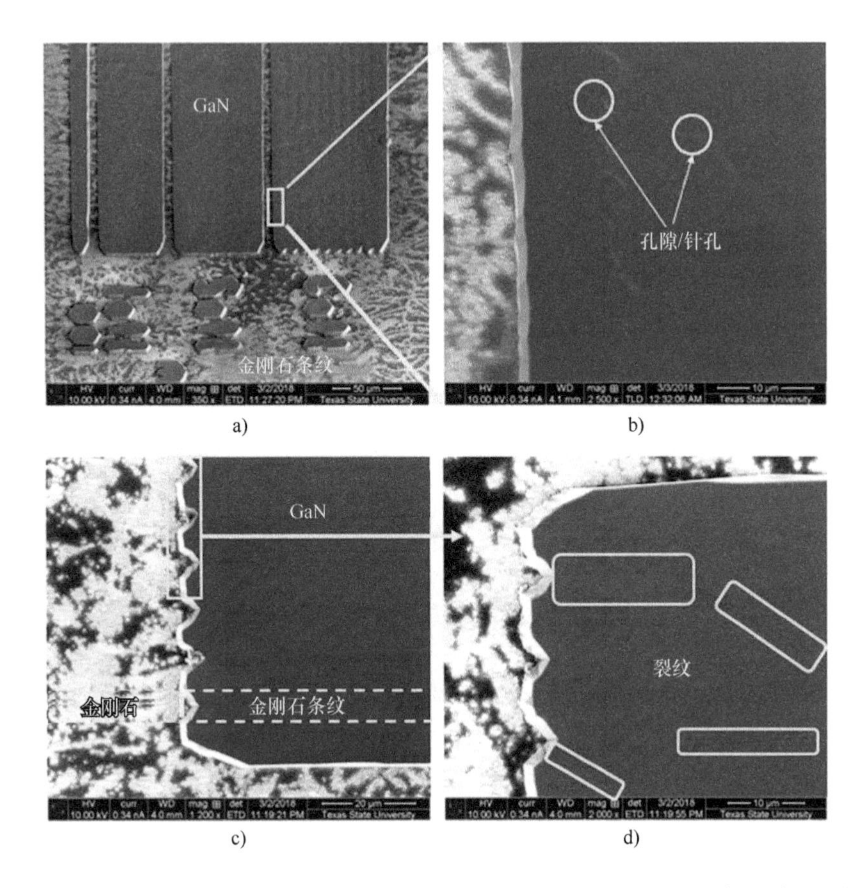

图 15.12　SEM 图像显示了在 P=100Torr、T=1030℃和Ⅴ/Ⅲ=7880 下 ELO 的各种特征的完全接合。a）不同宽度金刚石线之间的 2μm GaN 空隙条纹面板；b）图 a 中显示 ELO 表面上的空隙/针孔的加框区域的放大版本；c）5μm 金刚石到 5μm GaN 空隙上的完全接合；d）图 c 的放大视图，其中在 ELO 区域上可见裂纹。图像是在距离晶片中心约 30mm 处拍摄

为了分析 ELO GaN 在金刚石条上的接合，收集了在沿着<$1\bar{1}00$>方向的金刚石条之间的 5μm 半倾斜 GaN 空隙的 SEM 图像。图 15.13a 展示出了金刚石条纹之间的 5μm 半倾斜 GaN 空隙的完全 GaN 接合。裂纹可能发生在生长于 Si（111）上的较厚的 GaN(>3μm)上，但在图 15.13 中所示的区域中未观察到。这种结构中的应力是 GaN、金刚石和硅的 CTE 不匹配的结果[56,57]。

图 15.13b 所示横截面（对应于图 15.13a 中的虚线矩形）表示 GaN 和金刚石之间

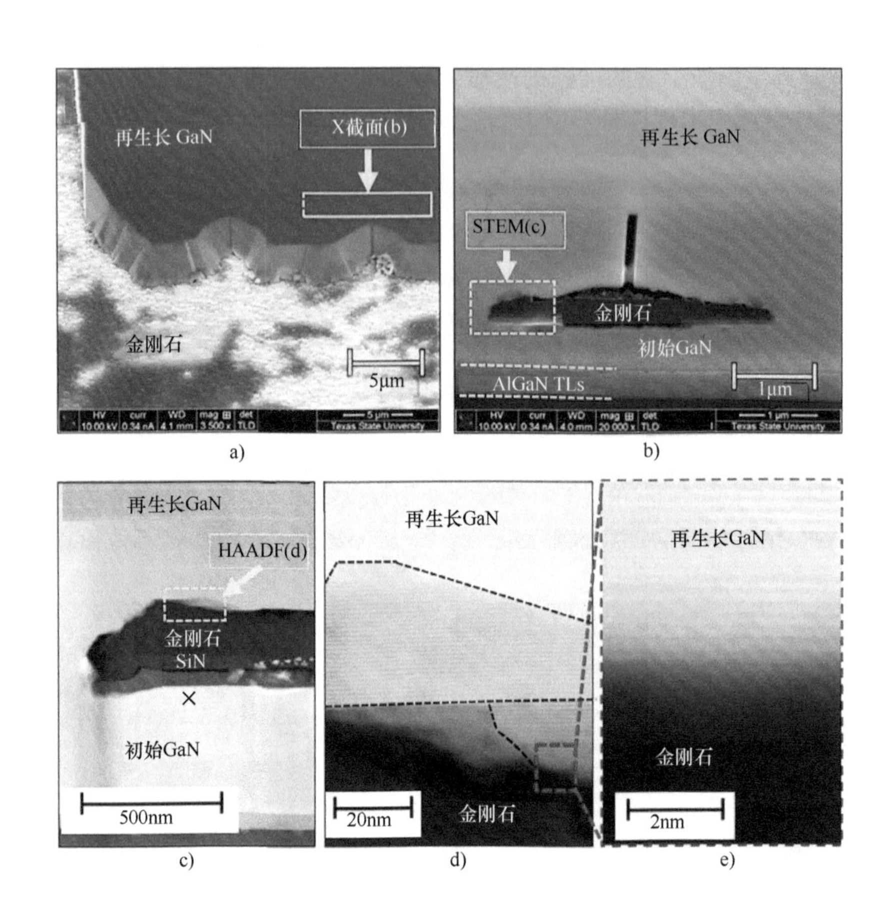

图 15.13 a）金刚石上的 ELO GaN 的倾斜 SEM 图像，图中显示从晶片 DELO-G（在 $P=100\text{Torr}$、$T=1030℃$ 和 V/Ⅲ = 7880 下生长）收集的沿<$1\bar{1}00$>取向的金刚石条纹之间的 5μm 半倾斜 GaN 间隙上的完全接合；b）取自晶片 DELO-G 的完全接合 ELO 区域的 FIB 横截面 SEM 图像；c）再生长 GaN-金刚石界面的 HAADF STEM 图像；d）GaN-金刚石界面的 HAADF STEM 图像；e）GaN-金刚石界面的高分辨率亮场图像，图中显示了直接位于金刚石上方的结晶 GaN[54]

的空隙和粗糙结构界面。然而，在横向生长开始的区域，存在直接的 GaN-金刚石接触。图 15.13b 还显示，直到垂直生长达到 1μm，相邻横向生长的 GaN 面才合并。正如几个研究团队[49,58,59]所报道的，即使使用光滑的介质掩模，掩模上的接缝对于 ELO GaN 也是不可避免的，金刚石条纹中心上方也会出现不规则的空隙。由于金刚石粗糙度（RMS>30nm）较大，这是可以预期的。正如所预期的，当在较窄的金刚石条纹上方生长时，获得了改善的界面。在下面讨论中，我们将回到 ELO GaN 和金刚石之间接触的证据。

图 15.13b 中虚线矩形的等效区域的 STEM 数据如图 15.13c 所示。尽管多晶金刚石表面粗糙，但 ELO GaN 和金刚石之间的界面是局部光滑的。在图 15.13c 中，展示出了初始 GaN、SiN_x 电介质保护层和再生长的 GaN 层。通过亮场（BF）TEM 成像观察到，初始 GaN 和 ELO GaN 之间的比较证实了，在 ELO 中获得了金刚石上的位错密度的预期减少，如图 15.16 所示，并在下文讨论。

图 15.13d 给出了图 15.13c 中方框区域的高角度环形暗场（HAADF）分析图，并且显示 GaN 是完全结晶的。在 GaN 中观察到的结构（用虚线表示）不是多晶晶粒，而是与另一个金刚石多晶重叠的结果。对 HAADF 图像（未给出）的详细分析表明，图 15.13d 中的条纹可能是由金刚石和 GaN 晶体结构的重叠产生的莫尔条纹图案。这样的条纹在图像的上部是不可见的，其仅由结晶 GaN 组成。相关数据表明，结晶 GaN 共形地包覆金刚石，并且金刚石的粗糙度不是优化 GaN 生长的主要问题。

图 15.13d 中突出显示的界面区域的高分辨率 BF STEM 成像如图 15.13e 所示。图 15.13e 显示出了部分再生长的 GaN 在金刚石上成核并遵循金刚石颗粒轮廓。虽然成核的 GaN 主要沿<0001>方向生长，但由于粗糙的金刚石和取向分布，在 GaN-金刚石界面的可见结构是 GaN 尖峰与一些金刚石尖峰重叠的结果。图 15.13e 的傅里叶变换表明在局部区域中形成了单晶 GaN。因此，多晶金刚石上的 GaN 生长是横向生长和 GaN 在金刚石上直接成核的结果。直接生长在金刚石上的 GaN 可快速形成单晶材料[54]。

从图 15.13a 所示 ELO 区域和图 5.13b 所示金刚石涂覆区域收集的 GaN ELO-金刚石晶片的 HRXRD 如图 15.14 所示。在 HRXRD 图案上没有多晶峰，这证实了在过生长区域上形成了（0001）取向的 GaN。GaN（0002）周围的 HRXRD 摇摆曲线如图 15.14c 所示［在约 43.9°附近的金刚石（111）峰由于其小的衍射量而不可见］。在 ELO 和金刚石涂层区域，GaN（0002）峰的半高宽（FWHM）分别为 520arcsec 和 580arcsec。应当注意，ELO 之后的摇摆曲线是来自所有 GaN 区域（初始 GaN、垂直再生长的 GaN 和由于 XRD 斑点尺寸和 X 射线穿透深度的 ELO GaN）的衍射的卷积。因此，ELO 之后的 GaN，降低的 FWHM 是这些区域的组合结果，表明在 ELO GaN 区域中比 520arcsec 所指示的更大的晶体质量改进。ELO GaN 具有较低的 FWHM，这也表明更好的结晶度和降低的缺陷密度，这通常可以在介质掩模材料上的 ELO GaN 中观察到[55,60]。

ELO GaN 的质量由拉曼测量结果进一步证实，如图 15.15 所示。图中光谱（a）和（b）分别表示在 ELO 区域和金刚石覆盖区域上收集的拉曼光谱。如拉曼光谱（a）所示，分别在能量 520.6cm^{-1}、567.5cm^{-1}、650.3cm^{-1}、733.5cm^{-1} 观察到的 Si O（Γ）、GaN（E_2^2）、AlN（E_2^2）和 GaN A_1（LO）等声子的清晰拉曼峰。在从金刚石覆盖 GaN 区域收集的拉曼光谱中，在 1333.5cm^{-1} 处可见尖锐的金刚石 O（Γ）拉曼峰，在 1450~

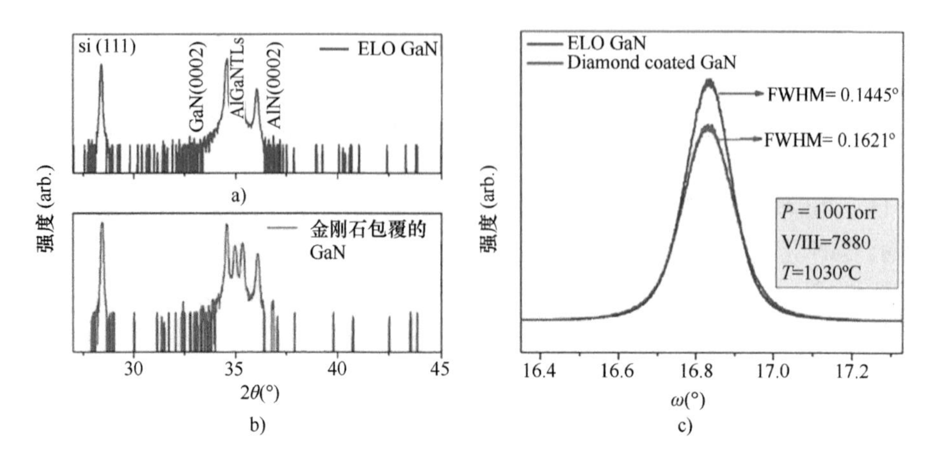

图 15.14 在 $P=100$ Torr、$T=1030$℃和Ⅴ/Ⅲ=7880 条件下生长的晶圆的 HRXRD，取自 a）完全接合的 ELO GaN，b）金刚石涂覆的 GaN 区域，和 c）GaN（0002）平面反射的摇摆曲线。从 100mm 晶圆中心 30mm 区域收集的数据

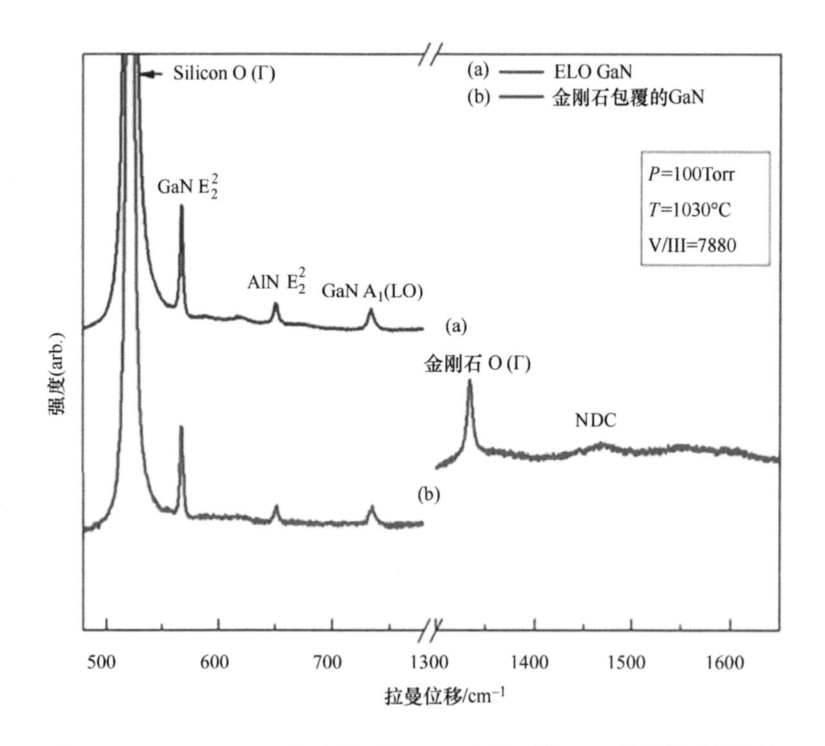

图 15.15 在 $P=100$Torr、$T=1030$℃和Ⅴ/Ⅲ=7880 条件下的 ELO 晶圆的可见拉曼（532nm）光谱。从（a）完全接合的 ELO GaN 和（b）金刚石覆盖 GaN 区域收集的光谱

1600cm^{-1}处可见宽的非金刚石碳（NDC）峰，以及在532nm激光激发下来自金刚石[61]的增强荧光背景。Ⅲ族氮化物的峰位置没有因为ELO GaN的生长而产生的偏移。发现GaN(E_2^2)拉曼峰的位置在金刚石覆盖层区域为566.45±0.1cm^{-1}，在ELO区域为565.7±0.1cm^{-1}。根据$\sigma_{xx}=\Delta\omega/k_R$，与金刚石覆盖层区域相比，ELO区域上GaN（$E_2^2$）拉曼峰的0.75±0.1cm^{-1}红移对应于ELO GaN中~0.22GPa的双轴张应力（σ_{xx}）增加，其中$\Delta\omega$是GaN（E_2^2）峰值的拉曼位移，k_R为拉曼应力因子（3.4±0.3cm^{-1}/GPa[62]）。在两个区域之间的拉曼光谱中，其他显著差异是，由于厚度较高，GaN峰的相对强度较高。在ELO区域观察到的拉曼光谱表明由于较高的厚度和GaN与硅之间的CTE失配而导致GaN中的张应力增加。

图15.16a将来自ELO区域的两个亮场STEM图像拼接在一起，以突出原始GaN和ELO GaN之间的位错密度差异。比较ELO GaN和原始GaN上的穿透位错密度，在金刚石条纹下200nm处，ELO GaN（10^{7}cm^{-2}）的穿透位错密度比原始GaN（10^{9}cm^{-2}）低两个数量级。类似于图15.13，图15.16a还显示了具有断续间隙的粗糙金刚石-GaN界面（注意，间隙下方的材料在FIB期间比其周围区域被研磨得更多，因为没有材料来阻挡离子束）。金刚石上方的间隙是由于ELO GaN横向生长并围绕金刚石刻面的顶部而形成的，但而不是垂直向下。如前所述，GaN在其与金刚石的界面处是局部单晶的，并且沿<0001>方向取向（见图15.13e），远离界面，在ELO区域中可以观察到具有低缺陷密度的单晶GaN。

选区电子衍射（SAED）数据是从图15.16a中红色圆圈突出显示的ELO GaN区域收集的，如图15.16b所示。斑点图案指示在<0001>方向上取向的高质量单晶GaN。另一方面，从与多晶金刚石的界面收集的SAED图案包含GaN<0001>取向的多次反射，这归因于GaN晶体在多晶金刚石晶面上成核时的旋转。然后，该初始GaN被生长快得多的ELO GaN覆盖，从而在整个金刚石条上形成单晶材料。

据我们所知，我们在多晶金刚石上使用晶体GaN的ELO的研究是首次报道[54]。该方法利用了通过MOCVD在GaN/Si晶片上的CVD金刚石选择性区域沉积和ELO的不同能力。从热管理的角度来看，一个重要的结果是金刚石-GaN界面没有中间层或界面层，从而直接接触。通过改变Ⅴ/Ⅲ比率、压力和温度来实现成功的MOCVD ELO生长的条件，并且发现较高的温度、较高的Ⅴ/Ⅲ比率和适度低的压力导致横向生长的GaN的最佳横向覆盖和合并。当条纹形掩模开口沿[$1\bar{1}00$]方向取向时，实现了最高的横向生长和完全合并。生长的GaN-金刚石界面表现出了纳米GaN在多晶金刚石上非常缓慢的成核，但高质量单晶GaN的ELO生长迅速超过了它。HRXRD和TEM数据表明，与底层初始GaN相比，生长的ELO GaN具有改善的晶体质量。

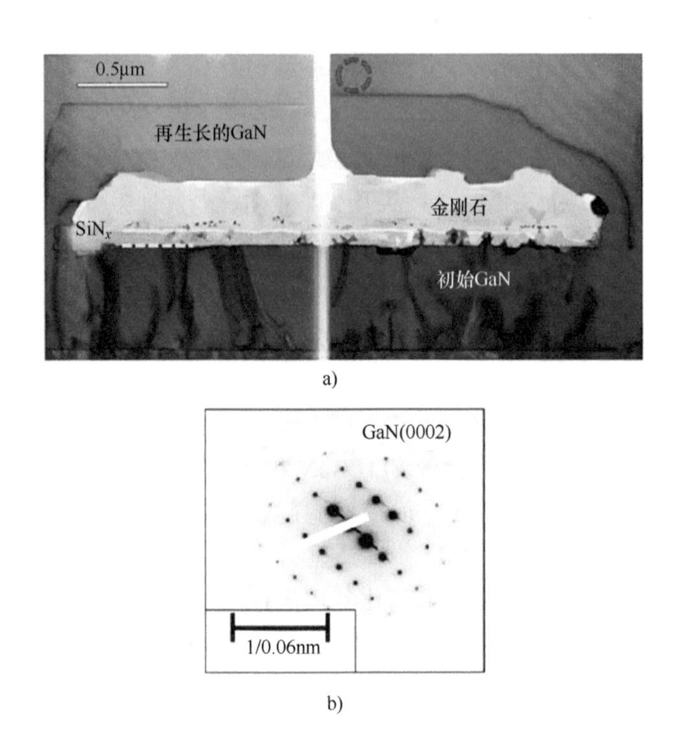

图 15.16 a）拼接的亮场图像显示了完整菱形条纹上的 ELO GaN；b）从 ELO 区域收集的结晶 GaN（0002）平面的 SAED 图案（为清楚起见，用倒置对比）

来源：R. Ahmed，A. Siddique，J. Anderson，C. Gautam，M. Holtz，E. Piner，Integration of GaN and diamond using epitaxial lateral overgrowth，ACS Appl. Mater. Interfaces 12（35）（2020）39397-39404。

15.6 小结

最近报道了三种用于Ⅲ族氮化物半导体异质结构与金刚石的平面集成的工艺路线。它们分别是金刚石晶圆与 GaN 晶圆键合、在金刚石上直接生长 GaN 和在 GaN 上直接生长金刚石。这些方法中的每一种都有其自身的优点和缺点。在用于热管理直接集成的众多关键因素中，多晶金刚石和 GaN 之间的结合是关键因素之一。特别地，需要快速横向生长和聚结，以使低质量金刚石或其他形式的固体碳的存在最小化。这一点已经在早期的工作中得到了证明，未来需要努力扩展该研究，并将其充分用于热集成。

集成这些不同材料的第四种方法源于一种更复杂的三维选择性生长方法。到目前为止，这种方法已经利用了金刚石在 GaN/Si 衬底上的选择性区域沉积。一种为金刚石生长提供籽晶的创新方法（使用分散在常规光致抗蚀剂中的纳米金刚石）使得在后续通过 HFCVD 生长时金刚石的图形化是可行的。一旦建立了图形化的金刚石，就可采用 GaN 的 ELO 生长来覆盖金刚石，在该工艺步骤中起到保护掩模电介质的作用。金刚石掩模对 GaN 开口尺寸和掩模取向在 GaN 横向生长动力学中起着重要作用。当条纹形掩模开口沿着［11-00］取向时，已经实现了最高的横向生长速率和完全的接合。过生长的 GaN-金刚石界面显示了 GaN 和金刚石之间的键合以及某些区域的不规则空洞。过生长的 GaN 沿着（0001）面取向，并且表现出了比初始 GaN 更好的晶体质量。为了使该方法更接近于制造，所需的另一个要素是沉积更厚、具更高导热性的金刚石，该金刚石与用作 ELO 掩模的图形化材料直接接触，并且制造 HEMT 以及其他基于 GaN 的器件。

致谢

作者希望感谢小组成员 Raju Ahmed、Anwar Siddique、Jon Anderson、Mohammed Nazari、B. Logan Hancock、Jeff Simpson 和 Chhabindra Gautam，我们也感谢 Chris Engdahl 的许多讨论和贡献。

DARPA、美国陆军研究办公室和美国国家科学基金会为本项的研究提供了资金支持。

参考文献

[1] R. Quay, Gallium Nitride Electronics, vol. 96, Springer Science & Business Media, 2008.
[2] G. Meneghesso, G. Verzellesi, F. Danesin, F. Rampazzo, F. Zanon, A. Tazzoli, M. Meneghini, E. Zanoni, Reliability of GaN high-electron-mobility transistors: state of the art and perspectives, IEEE Trans. Device Mater. Reliab. 8 (2) (2008) 332–343.
[3] K.D. Malcolm, Characterization of the Thermal Properties of Chemical Vapor Deposition Grown Diamond Films for Electronics Cooling, Georgia Institute of Technology, 2016.
[4] Y.-F. Wu, M. Moore, A. Saxler, T. Wisleder, P. Parikh, 40-W/mm double field-plated GaN HEMTs, in: 2006 64th Device Research Conference, 2006, pp. 151–152.
[5] D. Liu, H. Sun, J.W. Pomeroy, D. Francis, F. Faili, D.J. Twitchen, M. Kuball, GaN-on-diamond electronic device reliability: mechanical and thermo-mechanical integrity, Appl. Phys. Lett. 107 (25) (2015).
[6] M. Nazari, B.L. Hancock, E.L. Piner, M.W. Holtz, Self-heating profile in an AlGaN/GaN heterojunction field-effect transistor studied by ultraviolet and visible micro-Raman spectroscopy, IEEE Trans. Electron Devices 62 (5) (2015) 1467–1472.
[7] T. Beechem, A. Christensen, D.S. Green, S. Graham, Assessment of stress contributions in GaN high electron mobility transistors of differing substrates using Raman spectroscopy, J. Appl. Phys. 106 (11) (2009), 114509.
[8] O. Arenas, É. Al Alam, V. Aimez, A. Jaouad, H. Maher, R. Arès, F. Boone, Electrothermal mapping of AlGaN GaN HEMTS using microresistance thermometer detectors, IEEE Electron Device Lett. 36 (2) (2015) 111–113.

[9] C. Hodges, J.A. Calvo, S. Stoffels, D. Marcon, M. Kuball, AlGaN/GaN field effect transistors for power electronics—effect of finite GaN layer thickness on thermal characteristics, Appl. Phys. Lett. 103 (20) (2013), 202108.
[10] R. Zhytnytska, J. Böcker, H. Just, O. Hilt, E. Bahat-Treidel, S. Dieckerhoff, J. Würfl, G. Tränkle, Thermal characterization of AlGaN/GaN HEMTs on Si and n-SiC substrates, in: Tech. Univ. Berlin, Power Electron. Res. Gr, 2015.
[11] O. Hilt, E. Bahat-Treidel, A. Knauer, F. Brunner, R. Zhytnytska, J. Würfl, High-voltage normally OFF GaN power transistors on SiC and Si substrates, MRS Bull. 40 (5) (2015) 418–424.
[12] G.H. Jessen, J.K. Gillespie, G.D. Via, A. Crespo, D. Langley, J. Wasserbauer, F. Faili, D. Francis, D. Babic, F. Ejeckam, S. Guo, I. Eliashevich, AlGaN/GaN HEMT on diamond technology demonstration, in: 2006 IEEE Compound Semiconductor Integrated Circuit Symposium, 2006, pp. 271–274.
[13] J.D. Blevins, G.D. Via, K. Sutherlin, S. Tetlak, B. Poling, R. Gilbert, B. Moore, J. Hoelscher, B. Stumpff, A. Bar-Cohen, J.J. Maurer, A. Kane, Recent progress in GaN-on-diamond device technology, in: Proc. CS MANTECH Conf, 2014, pp. 105–108.
[14] J.G. Felbinger, M.V.S. Chandra, Y. Sun, L.F. Eastman, J. Wasserbauer, F. Faili, D. Babic, D. Francis, F. Ejeckam, Comparison of GaN HEMTs on diamond and SiC substrates, IEEE Electron Device Lett. 28 (11) (2007) 948–950.
[15] A. Dussaigne, M. Malinverni, D. Martin, A. Castiglia, N. Grandjean, GaN grown on (111) single crystal diamond substrate by molecular beam epitaxy, J. Cryst. Growth 311 (21) (2009) 4539–4542.
[16] K. Hirama, M. Kasu, Y. Taniyasu, Growth and device properties of AlGaN/GaN high-electron mobility transistors on a diamond substrate, Jpn. J. Appl. Phys. 51 (1S) (2012) 01AG09.
[17] G.W.G. van Dreumel, J.G. Buijnsters, T. Bohnen, J.J. Ter Meulen, P.R. Hageman, W.J.P. van Enckevort, E. Vlieg, Growth of GaN on nano-crystalline diamond substrates, Diamond Relat. Mater. 18 (5) (2009) 1043–1047.
[18] M.N.R. Ashfold, P.W. May, C.A. Rego, N.M. Everitt, Thin film diamond by chemical vapour deposition methods, Chem. Soc. Rev. 23 (1) (1994) 21.
[19] J. Anaya, S. Rossi, M. Alomari, E. Kohn, L. Tóth, B. Pécz, K.D. Hobart, T.J. Anderson, T. I. Feygelson, B.B. Pate, M. Kuball, Control of the in-plane thermal conductivity of ultra-thin nanocrystalline diamond films through the grain and grain boundary properties, Acta Mater. 103 (2016) 141–152.
[20] M. Nazari, B.L. Hancock, J. Anderson, A. Savage, E.L. Piner, S. Graham, F. Faili, S. Oh, D. Francis, D. Twitchen, M. Holtz, Near-ultraviolet micro-Raman study of diamond grown on GaN, Appl. Phys. Lett. 108 (3) (2016) 31901.
[21] M.N. Touzelbaev, K.E. Goodson, Impact of nucleation density on thermal resistance near diamond-substrate boundaries, J. Thermophys. Heat Transf. 11 (4) (1997) 506–512.
[22] J.W. Pomeroy, M. Bernardoni, D.C. Dumka, D.M. Fanning, M. Kuball, Low thermal resistance GaN-on-diamond transistors characterized by three-dimensional Raman thermography mapping, Appl. Phys. Lett. 104 (8) (2014).
[23] H. Sun, R.B. Simon, J.W. Pomeroy, D. Francis, F. Faili, D.J. Twitchen, M. Kuball, Reducing GaN-on-diamond interfacial thermal resistance for high power transistor applications, Appl. Phys. Lett. 106 (11) (2015), 111906.
[24] A. Sarua, H. Ji, K.P. Hilton, D.J. Wallis, M.J. Uren, T. Martin, M. Kuball, Thermal boundary resistance between GaN and substrate in AlGaN/GaN electronic devices, IEEE Trans. Electron Devices 54 (12) (2007) 3152–3158.

[25] A. Manoi, J.W. Pomeroy, N. Killat, M. Kuball, Benchmarking of thermal boundary resistance in AlGaN/GaN HEMTs on SiC substrates: implications of the nucleation layer microstructure, IEEE Electron Device Lett. 31 (12) (2010) 1395–1397.
[26] S. Singhal, T. Li, A. Chaudhari, A.W. Hanson, R. Therrien, J.W. Johnson, W. Nagy, J. Marquart, P. Rajagopal, J.C. Roberts, E.L. Piner, I.C. Kizilyalli, K.J. Linthicum, Reliability of large periphery GaN-on-Si HFETs, Microelectron. Reliab. 46 (8) (2006) 1247–1253.
[27] T.J. Anderson, K.D. Hobart, M.J. Tadjer, A.D. Koehler, E.A. Imhoff, J.K. Hite, T.I. Feygelson, B.B. Pate, C.R. Eddy, F.J. Kub, Nanocrystalline diamond integration with III-nitride HEMTs, ECS J. Solid State Sci. Technol. 6 (2) (2017) Q3036–Q3039.
[28] M.J. Tadjer, T.J. Anderson, K.D. Hobart, T.I. Feygelson, J.D. Caldwell, C.R. Eddy, F.J. Kub, J.E. Butler, B. Pate, J. Melngailis, Reduced self-heating in AlGaN/GaN HEMTs using nanocrystalline diamond heat-spreading films, IEEE Electron Device Lett. 33 (1) (2012) 23–25.
[29] T.J. Anderson, K.D. Hobart, M.J. Tadjer, A.D. Koehler, T.I. Feygelson, J.K. Hite, B.B. Pate, F.J. Kub, C.R. Eddy, Nanocrystalline diamond for near junction heat spreading in GaN power HEMTs, in: Tech. Dig.IEEE Compd. Semicond. Integr. Circuit Symp. CSIC, 2013, pp. 8–11.
[30] U.K. Mishra, P. Parikh, Y.F. Wu, Y. Morimoto, Y. Kondo, H. Kataoka, Y. Honda, R. Kozu, J. Sakamoto, J. Nakano, T. Origuchi, T. Yoshimura, M. Okita, AlGaN/GaN HEMTs—an overview of device operation and applications, Proc. IEEE 90 (6) (2002) 1022–1031.
[31] O. Ambacher, B. Foutz, J. Smart, J.R. Shealy, N.G. Weimann, K. Chu, M. Murphy, A.J. Sierakowski, W.J. Schaff, L.F. Eastman, Two dimensional electron gases induced by spontaneous and piezoelectric polarization in undoped and doped AlGaN/GaN heterostructures, J. Appl. Phys. 87 (1) (2000) 334–344.
[32] A. Masood, M. Aslam, M.A. Tamor, T.J. Potter, Techniques for patterning of CVD diamond films on non-diamond substrates, J. Electrochem. Soc. 138 (11) (1991) L67–L68.
[33] V. Jirásek, T. Ižák, M. Varga, O. Babchenko, A. Kromka, Investigation of residual stress in structured diamond films grown on silicon, Thin Solid Films 589 (2015) 857–863.
[34] R. Ahmed, M. Nazari, B.L. Hancock, J. Simpson, C. Engdahl, E.L. Piner, M.W. Holtz, Ultraviolet micro-Raman stress map of polycrystalline diamond grown selectively on silicon substrates using chemical vapor deposition, Appl. Phys. Lett. 112 (18) (2018), 181907.
[35] R. Ahmed, A. Siddique, R. Saha, J. Anderson, C. Engdahl, M. Holtz, E. Piner, Effect of precursor stoichiometry on morphology, phase purity and texture formation of hot filament CVD diamond films grown on Si (100) substrate, J. Mater. Sci. Mater. Electron. 31 (11) (2020) 8597–8606.
[36] R. Ahmed, A. Siddique, J. Anderson, C. Engdahl, M. Holtz, E.L. Piner, Selective area deposition of hot filament CVD diamond on 100 mm MOCVD grown AlGaN/GaN wafers, Cryst. Growth Des. 19 (2) (2019) 672–677.
[37] P.W. May, H.Y. Tsai, W.N. Wang, J.A. Smith, Deposition of CVD diamond onto GaN, Diamond Relat. Mater. 15 (4–8) (2006) 526–530.
[38] A. Siddique, R. Ahmed, J. Anderson, M. Nazari, L. Yates, S. Graham, M. Holtz, E.L. Piner, Structure and Interface analysis of diamond on an AlGaN/GaN HEMT utilizing an *in-situ* SiN_x interlayer grown by MOCVD, ACS Appl. Electron. Mater. 1 (8) (2019) 1387–1399.
[39] T. Izak, O. Babchenko, V. Jirásek, G. Vanko, M. Vallo, M. Vojs, A. Kromka, Selective area deposition of diamond films on AlGaN/GaN heterostructures, Phys. Status Solidi 251 (12) (2014) 2574–2580.

[40] A. Koukitu, M. Mayumi, Y. Kumagai, Surface polarity dependence of decomposition and growth of GaN studied using in situ gravimetric monitoring, J. Cryst. Growth 246 (3–4) (2002) 230–236.

[41] D.D. Koleske, A.E. Wickenden, R.L. Henry, J.C. Culbertson, M.E. Twigg, GaN decomposition in H_2 and N_2 at MOVPE temperatures and pressures, J. Cryst. Growth 223 (4) (2001) 466–483.

[42] M.A. Mastro, O.M. Kryliouk, T.J. Anderson, A. Davydov, A. Shapiro, Influence of polarity on GaN thermal stability, J. Cryst. Growth 274 (1–2) (2005) 38–46.

[43] M. Ali, M. Ürgen, Surface morphology, growth rate and quality of diamond films synthesized in hot filament CVD system under various methane concentrations, Appl. Surf. Sci. 257 (20) (2011) 8420–8426.

[44] P.W. May, Diamond thin films: a 21st-century material, Philos. Trans. Royal Soc. A 358 (1766) (2000) 473–495.

[45] J.G. Speight, Lange's Handbook of Chemistry, vol. 1, McGraw-Hill New York, 2005.

[46] Y. Zhou, R. Ramaneti, J. Anaya, S. Korneychuk, J. Derluyn, H. Sun, J. Pomeroy, J. Verbeeck, K. Haenen, M. Kuball, Thermal characterization of polycrystalline diamond thin film heat spreaders grown on GaN HEMTs, Appl. Phys. Lett. 111 (4) (2017).

[47] K. Hiramatsu, K. Nishiyama, A. Motogaito, H. Miyake, Y. Iyechika, T. Maeda, Recent progress in selective area growth and epitaxial lateral overgrowth of III-nitrides: effects of reactor pressure in MOVPE growth, Phys. Status Solidi 17672 (61) (1999) 72–714.

[48] Y. Kato, S. Kitamura, K. Hiramatsu, N. Sawaki, Selective growth of wurtzite GaN and AlxGa1-xN on GaN/sapphire substrates by metalorganic vapor phase epitaxy, J. Cryst. Growth 144 (3–4) (1994) 133–140.

[49] B. Beaumont, P. Vennégués, P. Gibart, Epitaxial lateral overgrowth of GaN, Phys. Status Solidi 43 (1) (2001) 1–43.

[50] D. Kapolnek, R.D. Underwood, B.P. Keller, S. Keller, S.P. Denbaars, U.K. Mishra, Selective area epitaxy of GaN for electron field emission devices, J. Cryst. Growth 170 (1–4) (1997) 340–343.

[51] D.D. Koleske, A.E. Wickenden, R.L. Henry, W.J. DeSisto, R.J. Gorman, Growth model for GaN with comparison to structural, optical, and electrical properties, J. Appl. Phys. 84 (4) (1998) 1998–2010.

[52] O. Ambacher, Growth and applications of group III-nitrides, J. Phys. D Appl. Phys. 31 (20) (1998) 2653.

[53] D. Kapolnek, S. Keller, R. Vetury, R.D. Underwood, P. Kozodoy, S.P. Den Baars, U.K. Mishra, Anisotropic epitaxial lateral growth in GaN selective area epitaxy, Appl. Phys. Lett. 71 (9) (1997) 1204–1206.

[54] R. Ahmed, A. Siddique, J. Anderson, C. Gautam, M. Holtz, E. Piner, Integration of GaN and diamond using epitaxial lateral overgrowth, ACS Appl. Mater. Interfaces 12 (35) (2020) 39397–39404.

[55] K. Hiramatsu, K. Nishiyama, M. Onishi, H. Mizutani, M. Narukawa, A. Motogaito, H. Miyake, Y. Iyechika, T. Maeda, Fabrication and characterization of low defect density GaN using facet-controlled epitaxial lateral overgrowth (FACELO), J. Cryst. Growth 221 (1–4) (2000) 316–326.

[56] B.L. Hancock, M. Nazari, J. Anderson, E. Piner, F. Faili, S. Oh, D. Francis, D. Twitchen, S. Graham, M.W. Holtz, Ultraviolet and visible micro-Raman and micro-photoluminescence spectroscopy investigations of stress on a 75-mm GaN-on-diamond wafer, Phys. Status Solidi (C) Curr. Top. Solid State Phys. 14 (8) (2017).

[57] C. Ramkumar, T. Prokofyeva, M. Seon, M. Holtz, K. Choi, J. Yun, S.A. Nikishin, H. Temkin, Micro-Raman scattering from hexagonal GaN, AlN, and $Al_xGa_{1-x}N$ grown on (111) oriented silicon: stress mapping of cracks, in: MRS Online Proc. Libr. Arch, 2001, p. 693.
[58] B. Kim, K. Lee, S. Jang, J. Jhin, S. Lee, J. Baek, Y. Yu, J. Lee, D. Byun, Epitaxial lateral overgrowth of GaN on Si(111) substrates using high-dose, N+ ion implantation, Chem. Vap. Depos. 16 (2010) 80–84.
[59] K. Hiramatsu, A. Motogaito, H. Miyake, Crystalline and optical properties of ELO GaN by HVPE using tungsten mask, IEICE Trans. Electron. E83-C (2000) 620–625.
[60] C. He, W. Zhao, K. Zhang, L. He, H. Wu, N. Liu, S. Zhang, X. Liu, Z. Chen, High-quality GaN epilayers achieved by facet-controlled epitaxial lateral overgrowth on sputtered AlN/PSS templates, ACS Appl. Mater. Interfaces 9 (49) (2017) 43386–43392.
[61] R.W. Bormett, S.A. Asher, R.E. Witowski, W.D. Partlow, R. Lizewski, F. Pettit, Ultraviolet Raman spectroscopy characterizes chemical vapor deposition diamond film growth and oxidation, J. Appl. Phys. 77 (11) (1995) 5916–5923.
[62] I. Ahmad, M. Holtz, N.N. Faleev, H. Temkin, Dependence of the stress–temperature coefficient on dislocation density in epitaxial GaN grown on α-Al_2O_3 and 6H-SiC substrates, J. Appl. Phys. 95 (4) (2004) 1692–1697.

第 16 章 基于室温键合形成的高导热半导体界面

Zhe Cheng① 和 Samuel Graham②
① 材料科学与工程系，美国伊利诺伊大学厄巴纳分校
② 乔治·伍德拉夫机械工程学院，美国佐治亚理工学院

16.1 引言

GaN 材料在功率和射频（Radio-Frequency，PF）电子学，特别是在高功率和高频电子器件的应用方面具有巨大潜力[1,2]。基于 GaN 高电子迁移率晶体管（High Electron Mobility Transistors，HEMT）所带来的技术创新，推动了国防、基础能源设施、自动驾驶/无线充电车辆和无线通信等领域的发展[2-4]，从而实现了对于小体积、响应快和能效高的电子器件的运用[2,3]。隔绝一定电压所需的 GaN 基器件数量比 Si 基的少 10 倍，有利于实现小尺寸的器件。GaN 基器件的开关速度是 Si 基器件的 10 倍，因此在自动驾驶汽车行业等需要快速响应器件的行业中具有广阔的应用前景[2]。另外，在功率器件电子电路中，部分输入的电能会以热损耗的形式被浪费掉，据统计，这些浪费掉的电能占全球电能总量的 5%~10%，而 GaN 技术将有助于减少这类能源损耗[5]。

对于 GaN HEMT 器件，开关状态切换的过程中会有较大的栅压变化，该过程中往往会产生大量的焦耳热，引起器件局部温度显著升高，最终导致器件稳定性降低、性能衰减，以及使用寿命缩短[6]。在通常情况下，GaN HEMT 在工作时的局部热通量可以达到太阳表面热通量的 10 倍以上[7]。值得注意的是，沟道温度与器件寿命息息相关。以 SiC 和 GaN 相结合的 SiC 基 GaN 类器件为例，器件的沟道温度被有效降低了 25K，可将器件寿命提高 10 倍[8]。可见对半导体器件而言，器件材料和界面处热特性的表征，以及适当的热管理都至关重要。

将 GaN 或者其他宽/超宽禁带半导体器件集成在 SiC 或者金刚石这类高导热性衬底表面，是目前较为典型的释放器件内部热量的方式。器件和衬底之间的边界导热系数（Thermal Boundary Conductance，TBC）是实现合适且有效地热管理的关键，这是因为界面热阻在器件总热阻中的占比较大，甚至是总热阻的主要部分。因此，深入理解器件和衬底之间的 TBC，对了解基础热学以及实际应用都很重要。

本章将对借助室温键合技术（表面活化键合技术）进行键合的导热型半导体进行简要综述，同时，还对 GaN 和 Ga_2O_3 基器件在高导热衬底表面的集成工艺和技术进行了介绍。另外，本章还对 GaN 体材料和 GaN 薄膜的导热性进行了分析总结。

16.2　热测试技术

常用的热测试手段和技术包括时域热反射（Time-Domain Thermoreflectance，TDTR）技术、3ω 法、频域热反射（Frequency-Domain Thermoreflectance，FDTR）技术、激光闪光技术和稳态热流法。时域热反射技术已广泛用于表征块体材料、微纳薄膜和界面中的热输运特性[6,9,10]。在时域热反射的基础上进行改进，固定延迟时间，改变调制频率，进而开发出了频域热反射测试手段[11]。至于其他测试手段，则很少用于测试 TBC 值。

时域热反射技术是一种基于超快激光的光泵浦-探测技术。在测试过程中，一束飞秒脉冲激光被分成泵浦光和探测光。进一步借助电光调制器（Electro-Optical Modulator，EOM）对泵浦光进行斩波，使得激光束可以对待测样品表面进行周期性地加热。样品表面通常镀有一层金属（比如 Al）作为传感层。探测光束通过热反射来监测样品表面的温度变化。通过移动机械平台，可使探测光束在照射样品的过程中被延迟一定的时间，从而使样品表面被泵浦光加热后，探测光需要延迟一段时间后才能探测到样品表面的温度。测试信号在经过光电二极管和锁相放大器获取之后，与已有的分析传热模型进行比对，从而拟合出被测样品的热参数。上述提及的各种测试手段均可用于测量热导率。但是对于获取被测样品的 TBC 而言，时域热反射技术是最为有效的测试手段。在相关文献报道中，大多数 TBC 值都是借助时域热反射技术测量得到的[12-14]。

16.3　GaN 块体材料和薄膜的热导率

表 16.1 中汇总了室温下 GaN 块体材料本征热导率的模拟计算值和实际测量值。1973 年 Slack 在对 GaN 材料的热导率进行模拟计算后，提出其热导率的预估值为 170W/(m·K)，然而在 1977 年的第一次实际测量结果显示 GaN 材料的热导率为 130W/(m·K)，这一数值低于之前的预估值。随着密度泛函理论（Density-Function-Theory，DFT）的发展，近期又从理论上对 GaN 材料的本征热导率进行了理论计算[16]。之前进行的理论计算在求解玻尔兹曼输运方程的过程中，只考虑了三声子散射机制。最近，在基于四声子散射机制的理论计算发展起来后，对于 GaN 单晶热导率的模拟计算变得更加准确，其热导率的理论计算值也从原来的 240W/(m·K) 降低到了 230W/(m·K)[15,16]。通过理论计算还得到了一个有趣的发现，镓同位素散射在声子散射中的占比非常大，这限制了 GaN 材料的导热能力。在一个不含镓同位素的 GaN 材料中，其热导率的计算值在只

考虑三声子散射机制的情况下可以达到393W/(m·K)，在同时考虑三声子和四声子散射机制的情况下可以达到372W/(m·K)[15,16]。Zheng等人在对不含镓同位素的GaN进行热导率的实际测试后发现，实测值仅仅比理论值高出了15%[19]。然而，难以获得高纯度且不含镓同位素的GaN材料，始终是获取具有高导热率的GaN所面临的巨大挑战[19]。同时，这也是一个有意思且值得进一步探究的话题，那就是同位素纯化后的GaN显著提高了GaN基电子器件的散热性能，但是从理论上讲，同位素的组成并不影响GaN的电学性质。

表16.1 GaN块体材料在室温条件下的热导率汇总

参考文献	年份	热导率/[W/(m·K)]	技术/方法
Yang[15]	2019	230（372同位素）	第一性原理（三声子和四声子）
Lindsay[16]	2012	240（393同位素）	第一性原理（三声子）
Slack[17]	1973	170	估计
Li[18]	2020	216	时域热反射
Zheng[[19]	2019	195	时域热反射
Rounds[20]	2018	224/211/196/164	3ω
Paskov[21]	2017	245	3ω
Jezowski[22]	2015	269	稳态热流
Simon[23]	2014	162/205/225	3ω
Shibata[24]	2007	252	激光闪光
Mion[25]	2006	230	3ω
Jezowski[26]	2003	160/188/226	稳态热流
Slack[27]	2002	227	稳态热流
Sichel[28]	1977	130	稳态热流

在几十年前，Sichel等人利用稳态热流技术对GaN块体材料的热导率进行实验测量[28]。随着测量技术和GaN生长技术的发展，不同的热导率数值被报道出来[18-27]。由于杂质、位错和空位等结构缺陷的影响，大多数报道的热导率实测数值都低于230W/(m·K)[18]。也有高于230W/(m·K)的报道，但是这大多都是由于测试过程不够准确所带来的测量结果[19]。不同的生长技术和不同的生长条件导致GaN材料的质量也不同，对应的热导率也不同。由于GaN电子器件的重要性，将制备过程中与生长技术和生长条件相关的参数与GaN的导热能力相关联进行研究，仍然有较大的研究空间。针对掺杂密度和缺陷密度等结构缺陷如何影响GaN块体材料的热导率的问题，仍需进行进一步研究[29]。

与GaN块体材料相比，以各种微纳结构构成器件的GaN的热导率则显著降低[29,32,42]。GaN 器件预计比基于体 GaN 热导率估计的器件更热。图 16.1 中展示了器件中 GaN 热导率与薄膜厚度之间的相对关系[18,29-41]。我们发现随着 GaN 层厚度的增加，热导率展现出强烈的尺寸效应。在膜厚达到微米级时，GaN 薄膜的热导率接近块体状态下的数值。在块体材料中，声子-声子散射是决定室温下声子平均自由程的主要机制。而在薄膜中，薄膜边界是引起声子散射的附加散射源，进而限制了声子在薄膜中的平均自由程。由于声子平均自由程越短，材料的热导率越低，因此薄膜越薄，声子平均自由程越短，响应薄膜的热导率也就越低。GaN 薄膜不仅相对比其块体状态热导率更低，同时由于在器件制备的过程中引入了大量界面，界面之间又会存在边界热阻，这也进一步影响了 GaN 基器件的散热性能。

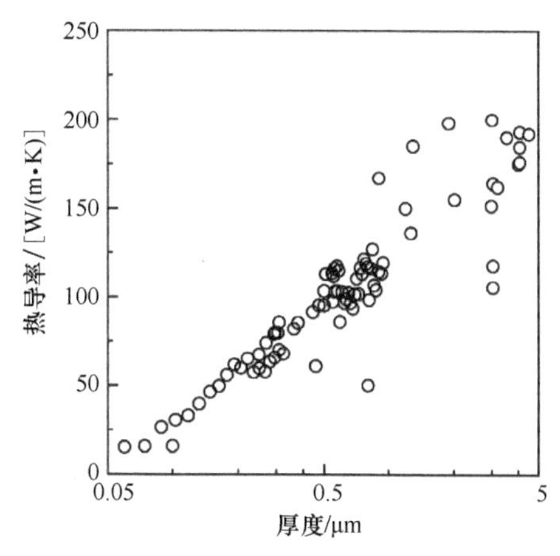

图 16.1　不同厚度 GaN 薄膜热导率实测值综述[18,29-41]

16.4　GaN-SiC 和 GaN-金刚石界面 TBC 的综述

SiC 单晶的热导率为 380W/(m · K)，金刚石单晶的热导率则大于2000W/(m · K)，都远高于 GaN 的热导率[31]。在将 GaN 基功率电子器件异质集成在 SiC 和金刚石表面后[1,31,42,43]，需要同时考虑并且权衡高导热衬底带来的优异导热性以及异质集成所带来的界面热阻。GaN-SiC 界面热阻和 GaN-金刚石界面热阻，占热点到热沉之间总热阻的绝大部分[44]。这为在界面处获得较高 TBC 值带来了挑战。

图 16.2 汇总了 GaN-SiC 和 GaN-金刚石界面的 TBC 值的实验测量值[31,34,35,42-53]。目前已有大量研究工作用于改善器件界面处的热传输特性。比如将 GaN 层直接使用外延生长技术生长在 SiC 表面，也可以先在 SiC 表面生长一层 AlN 过渡层，再进行 GaN 层的生长。这期间，由于晶格失配问题，直接在 SiC 表面生长的 GaN 层往往质量较差，通过引入 AlN 过渡层虽然可以提高 GaN 层的质量，但是也在该过程中引入了额外的界面热阻。近期的研究工作表明，借助表面活化键合技术，在室温下将 GaN 和 SiC 进行键合，可在获得 TBC 值的同时获得高质量的 GaN 膜层[42]。退火后，GaN-SiC 界面处的 TBC 值可以达到 229MW/(m^2 · K)，几乎与直接在 SiC 表面生长 GaN 后获得的 GaN-SiC 界面的 TBC 值相同[42,43]。

由于 GaN 和金刚石之间存在较大的晶格失配，因此无法在金刚石表面直接生长高质量的 GaN。因此可在生长有 AlN 保护层的 GaN 表面借助化学气相沉积（CVD）制备一层金刚石多晶层[52]。但是，保护层的引入增加了额外的界面热阻，与此同时，界面附近的金刚石往往是金刚石纳米晶[54]，因此存在较强的声子-晶界散射和声子缺陷散射，相比金刚石单晶，金刚石纳米晶的导热系数显著降低，仅为几十 W/(m·K)[1,55]。在金刚石膜层中，晶体尺寸随着化学气相沉积过程的进行而逐渐增大，但是即使膜层厚度已经达到了几十微米[6]，晶体的尺寸仍然无法达到几十微米。因此如何在制备高热导单晶金刚石的同时，确保其和 GaN 结合后的界面处具有较高的 TBC 值，始终是一个难以解决的技术难题。近期研究工作表明，将 GaN 和单晶金刚石进行表面活化键合可以解决这一问题[31]。高导热的单晶金刚石可以在室温下借助表面活化技术和 GaN 集成在一起，与此同时，还可有效降低界面处的残余应力。通过这种方式获得了有相关报道以来最高的 GaN-金刚石界面的 TBC 值[31]。GaN-金刚石界面的高 TBC 值以及金刚石单晶的高热导率已经达到了大多数散热材料的性能上限。但是 GaN 和金刚石的这种键合技术需要涉及大尺寸晶圆抛光，以及与单晶金刚石的键合，因此仍需对这一加工工艺进行深入研究，并实现规模化生产。

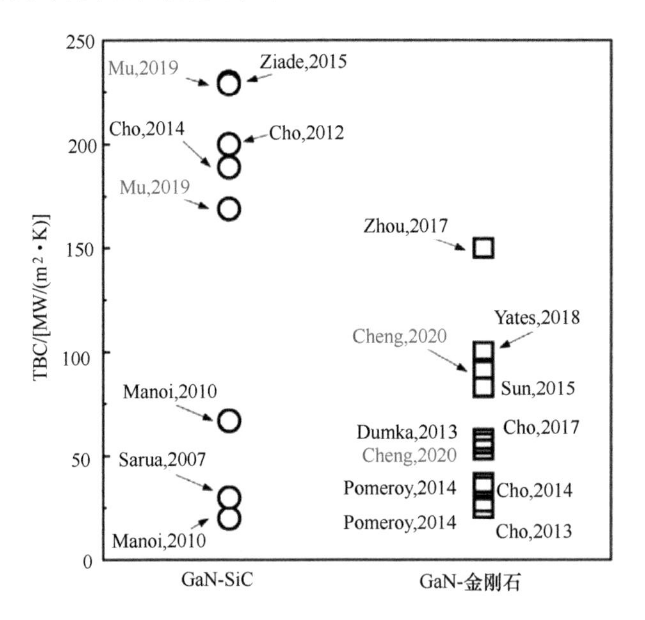

图 16.2 GaN 制备在 SiC 衬底[34,35,42,43,45,46]和金刚石衬底[31,44,47-53]表面后 GaN 与相应衬底间界面的 TBC 数值汇总图（采用表面活化键合技术获得的键合界面的 TBC 值用红色字体进行标记）

16.5 表面活化键合技术

表面活化键合是一种可以在室温下实现晶圆级键合的新型键合方法[30,31]。在键合之前，需要在待键合表面进行化学-机械抛光处理，从而获得原子级平整的表面（均方粗糙度<1nm）。这是因为表面粗糙度较大或者含有灰尘时会导致键合界面出现未键合区域或者空隙。图 16.3 展示了 GaN 膜层和 SiC 衬底进行键合的过程。其中，将制备在蓝宝石衬底上的 GaN 进行抛光，之后和 SiC 衬底一起转移至超高真空的真空腔体中（5×10^{-6}Pa）。之后使用 Ar 离子束清除表面污染物和氧化层，达到活化待键合表面的效果。在该过程中，由于 SiC 表面含有大量的 C 元素，因此常通过在 Ar 离子源中增加 Si 源的方式形成 Ar 和 Si 的混合离子束。含 Si 的 Ar 离子束处理之后，会在键合界面处引入 Si 元素，由此可以促进 GaN 和 SiC 界面形成较强的键合。Ar 离子束的加速电压和电流分别为 1.2kV 和 400mA，而含 Si 的 Ar 离子束的加速电压和电流则分别为 1.0kV 和 100mA。表面活化后，通常会在表面产生大量悬挂键。以 5MPa 的压力在室温下将两个被活化过的衬底压在一起并保持 300s 后，可以在接触界面形成共价键，并将两衬底键合在一起。最后使用波长为 248nm 的激光束剥离蓝宝石衬底后，SiC 衬底表面留下了厚约 2μm 且与 SiC 良好键合的 GaN 膜层。

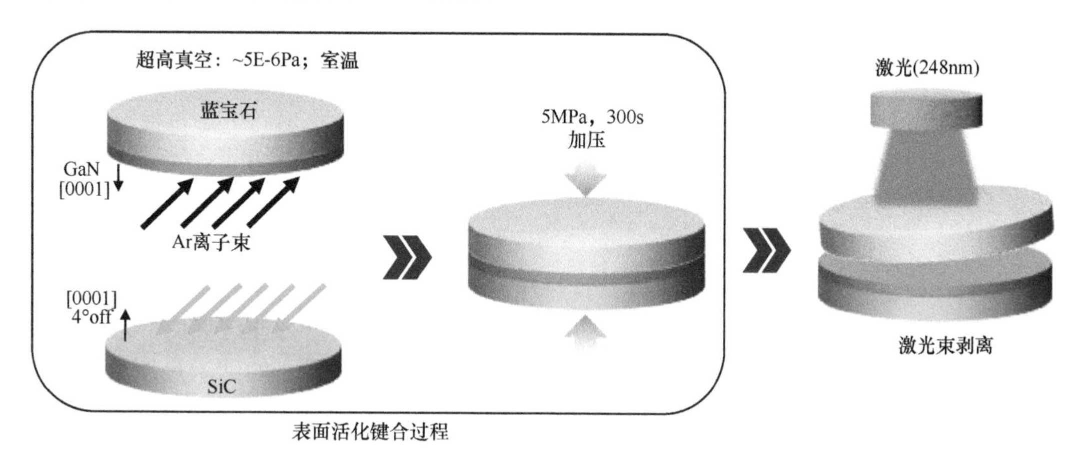

图 16.3　GaN 与 SiC 进行表面活化键合过程的示意图[30]

来源：F. Mu, et al., High thermal boundary conductance across bonded heterogeneous GaN-SiC interfaces, ACS Appl. Mater. Interfaces 11（36）（2019）33428-33434。

GaN 可以在不借助任何中间层的条件下直接与 SiC 良好键合在一起，但却难以直接键合在金刚石衬底表面，这是由于 Ga 元素无法和 C 元素之间形成共价键，进而使两者之间的直接键合存在化学层面的挑战。要将 GaN 键合在单晶金刚石表面，就需要对传统的表面活化键合技术进行改进。图 16.4 中展示了三种不同键合技术，其中图 16.4a 对应于传统表面活化键合技术；图 16.4b 对应于使用含 Si 的 Ar 离子束进行的常规表面活化键合技术；图 16.4c 对应于通过沉积 Si 改进的表面活化键合技术，Si 元素可以和 C 元素形成强共价键，因此在界面处添加 Si 元素之后有助于获得稳固且均匀的 GaN-金刚石键合界面。使用含 Si 的 Ar 离子束可以在界面处产生薄 Si 层，而使用溅射技术形成的 Si 层则远厚于前者。

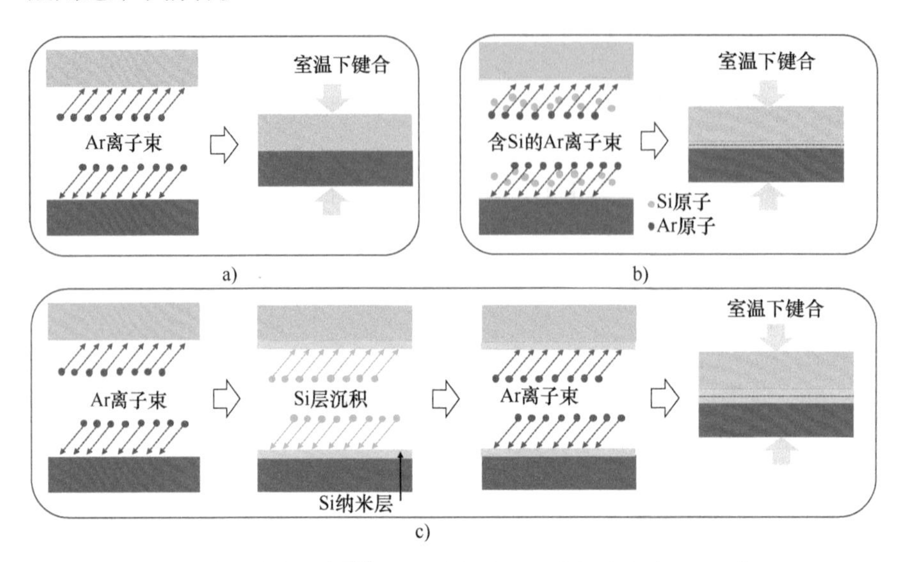

图 16.4　不同表面活化键合技术的比较[31]：a）常规表面活化键合技术；b）使用含 Si 的 Ar 离子束进行的常规表面活化键合技术；c）含有 Si 溅射层的改进型表面活化键合技术

来源：Z. Cheng，F. Mu，L. Yates，T. Suga，S. Graham，Interfacial thermal conductance across room-temperature-bonded GaN/diamond interfaces for GaN-on diamond devices，ACS Appl. Mater. Interfaces 12（2020）8376-8384。

β-Ga_2O_3 是一种超宽带隙半导体，其热导率远低于 GaN[56]。高导热衬底可以促进 β-Ga_2O_3 基器件的热扩散。但是 β-Ga_2O_3 难以在异质衬底表面进行外延生长。因此，智能剥离技术有望用于剥离纳米尺度的 β-Ga_2O_3 单晶薄膜。高质量的纳米尺度 β-Ga_2O_3 薄膜能进一步用于制备高热耗散性能的 β-Ga_2O_3 器件[57]。

图 16.5 中详细展示了智能剥离 β-Ga_2O_3 单晶薄膜在与 SiC 衬底进行键合的过程[57]。β-Ga_2O_3 和 SiC 晶圆在抛光之后的表面粗糙度可以达到约 0.3nm。室温下在 β-Ga_2O_3 晶圆中注入 H^+离子（能量 35keV；剂量约为 $1\times10^{17}cm^{-2}$），该过程中保持 7°倾角进行离子注入，这是为了将离子注入过程中所产生的沟道效应降至最低，注入的氢离子累积在 β-Ga_2O_3 层中距膜层表面 200~400nm 深的位置。然后在 β-Ga_2O_3 表面沉积 Al_2O_3 用于表面活化键合，从而可确保键合均匀，并避免在富含缺陷的界面处发生电击穿[57]。SiC 层的表面活化过程中，在 Ar 离子源中增加 Si 源后可产生 Si-Ar 离子混合物，Si 离子的引入有助于防止 SiC 的表面碳化。同时，Ar 离子可以破坏 Al_2O_3 和 SiC 表面的化学键从而产生悬挂键，将两个衬底压在一起后，可在界面处形成共价键。该过程中使用的含 Si 的 Ar 离子源具有 1.0kV 和 100mA 的电压和电流，活化过程中的腔体压力为 0.4Pa[57]。

为了从 β-Ga_2O_3 衬底表面剥离出 β-Ga_2O_3 薄层，需要将键合后的衬底加热至

450℃。该过程中形成的氢气可以使 β-Ga_2O_3 厚衬底发生分裂，进而产生一层厚度小于 400nm 的薄层 β-Ga_2O_3。此时，转移至 SiC 表面的 β-Ga_2O_3 具有粗糙的表面，再通过化学-机械抛光技术对表面粗糙度较大的 β-Ga_2O_3 层进行抛光后，可以获得光滑平整的表面。β-Ga_2O_3 薄膜的厚度也可借助抛光工艺从 300nm 左右降低并控制在 100nm 以下。

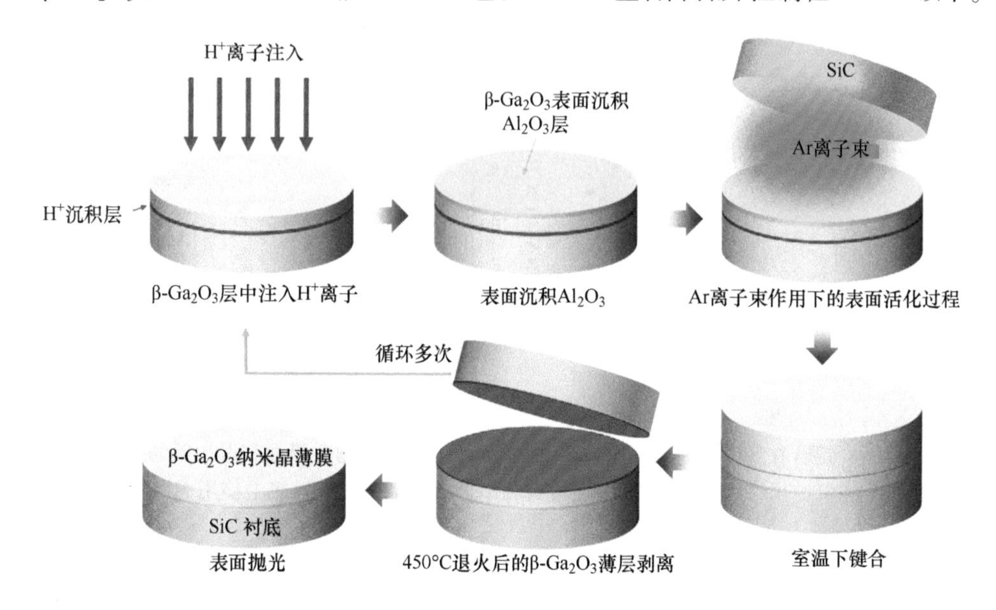

图 16.5　β-Ga_2O_3 单晶薄膜与 SiC 衬底进行键合的示意图[57]。对 β-Ga_2O_3 衬底进行 H^+ 离子注入后，在其表面沉积一层 Al_2O_3；然后，在室温下将 Al_2O_3 镀在 β-Ga_2O_3 衬底表面并与 4H-SiC 衬底进行键合；之后加热至 450℃，β-Ga_2O_3 单晶薄层被剥离出来并成功转移至 SiC 衬底表面；最后在化学-机械抛光处理后完成整个键合过程，该过程中剩余的 β-Ga_2O_3 晶片还可以重复使用

来源：Z. Cheng，et al.，Thermal transport across ion-cut monocrystalline β-Ga_2O_3 thin films and bonded β-Ga_2O_3-SiC interfaces，ACS Appl. Mater. Interfaces 12（40）（2020）44943-44951。

16.6　键合界面处的热导

在本章前述内容中，键合界面的热特性通常使用 TDTR 技术进行测试。低调制频率（2.2MHz 或者 3.6MHz）经常被用于获得较高的热穿透深度，从而在沿器件的纵向深度上获得较高的 TBC 测试灵敏度。图 16.6a 为键合在 SiC 衬底表面的 GaN 器件的照片[30]，其中蓝宝石衬底已经借助激光剥离技术从 GaN 层表面移除。可将 2μm 厚的 GaN 层抛光成更薄的薄膜以用于外延生长。抛光并减薄 GaN 层也是为了优化 TDTR 测试。测试过程中在 GaN 膜层表面选取多个采样点进行测试，之后更换不同厚度 GaN 薄膜重复测试过程。测试前将每一片待测样品置于 N_2 氛围下，在 1273K 温度下进行退火。测量已键合并经过退火的样品的 TBC 值随 GaN 层厚度的变化，结果如图 16.6b 所示[30]。外延生长的 GaN-SiC 界面处的 TBC 值随膜厚的变化曲线也绘制于图 16.6b[33,43]。

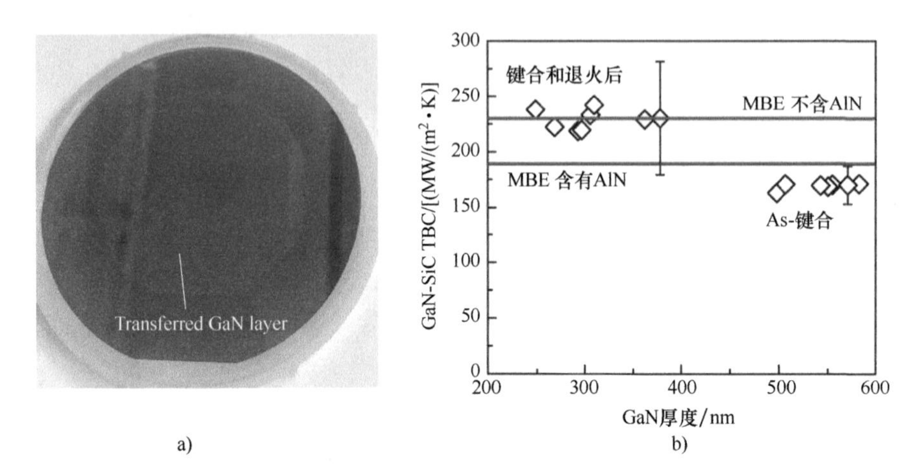

图 16.6 a）键合在 SiC 衬底表面的 GaN 晶片；b）GaN-SiC 键合界面和退火后的键合界面的 TBC 测量结果[30]，测试过程中在含有和不含 AlN 层的 SiC 衬底上使用 MBE 技术生长 GaN 层后制备的样品的 TBC 测试结果[33,43]

来源：F. Mu, et al., High thermal boundary conductance across bonded heterogeneous GaN-SiC interfaces, ACS Appl. Mater. Interfaces 11（36）（2019）33428-33434。

结果显示 TBC 值与 GaN 膜厚无关。键合器件 GaN-SiC 界面的 TBC 值低于外延生长器件 GaN-SiC 界面的 TBC 值，该结果与器件中是否含有 AlN 过渡层无关。但对于键合器件而言，高温（1273K）热退火的方式可以有效提高 GaN-SiC 界面处的热导能力，并使测得的 TBC 值接近外延生长获得的 GaN-SiC 界面（不含有 AlN 过渡层）。键合界面移除了在靠近成核界面处低质量的 GaN，并获得了较高的 TBC 值，从而促进了 GaN 基电子器件的热耗散能力。

为理解高温退火提升界面热导的原因，我们借助透射电子显微镜（Transmission Electron Microscopy，TEM）在其扫描模式下对退火前、后的键合截面进行了表征，结果如图 16.7 所示（图 16.7a 和图 16.7b 分别为键合截面的亮场视图和环形暗场视图；图 16.7d和图 16.7c 分别为退火后的键合截面的亮场视图和环形暗场视图）。从 STEM 图中可以发现，离子注入使得界面处存在一个 3nm 厚的无规膜层。经过高温退火后，这个无规膜层逐渐结晶，而结晶结构相比无序结构具有更强的导热能力。因此，无规层的结构在高温热退火过程中的有序转变，正是热退火可以提高器件键合界面热导率的原因（见图 16.8）。

为深入理解键合界面热导率在退火过程中的提升效应，我们使用电子能量损失谱对界面处的能量分布情况进行了研究。退火前，无规层中的主要组成物质是 SiC。退火

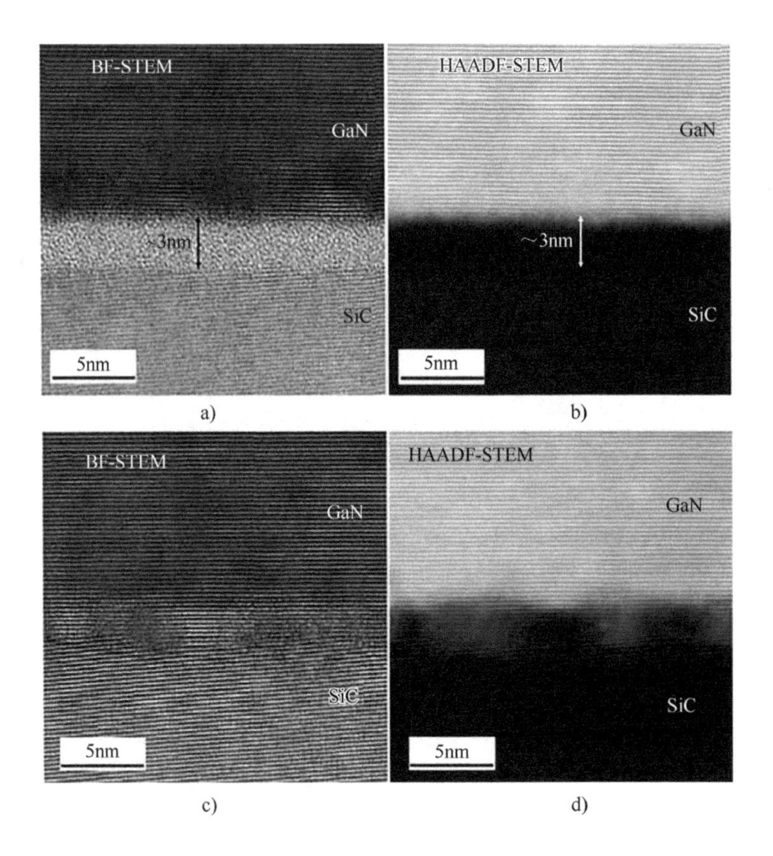

图 16.7 退火过程对 GaN-SiC 键合界面的影响，GaN-SiC 界面在室温状态下和 1273K 高温下退火后的高分辨透射电子显微镜扫描模式（STEM）成像图：a）GaN-SiC 键合界面处的明场图；b）GaN-SiC 键合界面的高角度环形暗场图；c）退火后 GaN-SiC 键合界面在退火后的明场图；d）退火 GaN-SiC 界面的高角度环形暗场图[30]

来源：F. Mu, et al., High thermal boundary conductance across bonded heterogeneous GaN-SiC interfaces, ACS Appl. Mater. Interfaces 11（36）（2019）33428-33434。

后，导致了 Ga、N、Si 和 C 元素在键合界面处的扩散。对于未经退火的 GaN-SiC 界面，Ar 被限制在键合界面处，且多分布在靠近 SiC 一侧。退火之后，Ar 元素重新分布且聚集成团簇，此时键合界面处基本不含有 Ar。尽管仍需进一步深入研究上述过程中的机理，但是这种 Ar 元素在退火过程中的再分布行为确实也会影响键合界面处的 TBC 值。

对于当下的金刚石基 GaN 器件而言，首先将 GaN 器件制备于硅衬底表面。刻蚀硅衬底后，在 GaN 表面沉积 AlN 保护膜，之后再在 GaN 表面借助 MOCVD 技术沉积一层金刚石薄膜[6,52,53,58]。然而，成核界面处的金刚石多以纳米晶的形式存在，其热导率远低于金刚石块体（通常情况下低几个数量级）。此外，虽然 AlN 保护层可以在沉积金刚石的过程中有效保护 GaN，使其免受等离子体污染，但是 AlN 保护层也引入了额外的热阻[52,53]。与需要在高温下进行的传统键合技术不同，表面活化键合技术可以在室温下将 GaN 和金刚石进行键合，这也避免了器件膜层在从高温降至室温的过程中产生热应力。

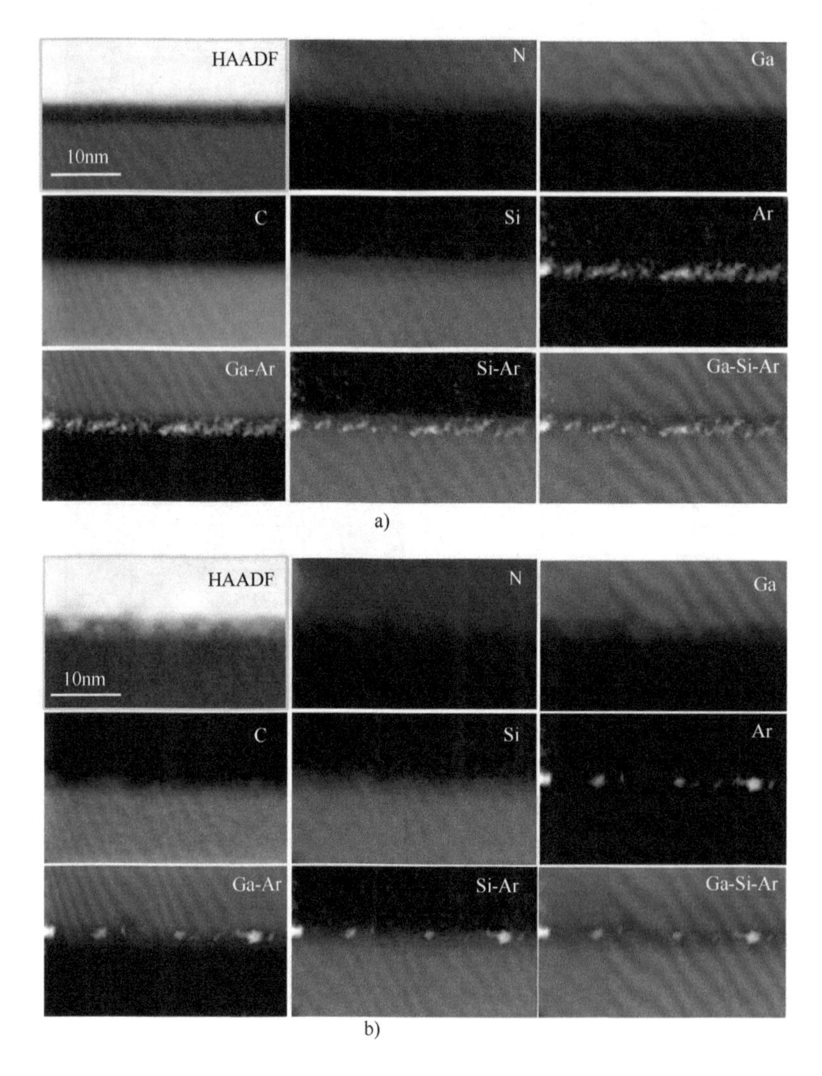

图 16.8　在 N_2 氛围下退火前、后 GaN-SiC 键合界面的电子能量损失谱：a）在室温下和 b）在 1273K 下退火后，N（红色）、Ga（紫色）、C（蓝色）、Si（粉色）和 Ar（白色）元素在界面处的分布情况[30]

来源：F. Mu，et al.，High thermal boundary conductance across bonded heterogeneous GaN-SiC interfaces，ACS Appl. Mater. Interfaces 11（36）（2019）33428-33434。

图 16. 9a 展示了沉积有 Si 的 GaN 和金刚石键合处的截面图。其中，键合界面的每一侧都沉积 5nm 左右的 Si。由于表面活化过程中涉及离子注入，因此使得界面处出现了 3nm 厚的金刚石非晶层。图 16. 9b 展示了经过含 Si 的 Ar 离子束处理之后，形成的 GaN 和金刚石键合界面的截面表征图。界面处仅出现了薄约 4nm 的 Si 层，较薄的界面有利于热传导过程。如图 16. 9c 所示，含 Si 的 Ar 离子束处理后，得到的 GaN 和金刚石键合界面的 TBC 值为 $90MW/(m^2 \cdot K)$，这是已经测得的键合在金刚石表面的 GaN 器件的最高 TBC 值，该数值也远高于沉积在 Si 衬底表面的 GaN 器件的 TBC 值[31]。TBC 值较弱的温度依赖性也在图 16. 9c 的测试结果中体现出来了，该现象可归因于界面结构较为复杂。

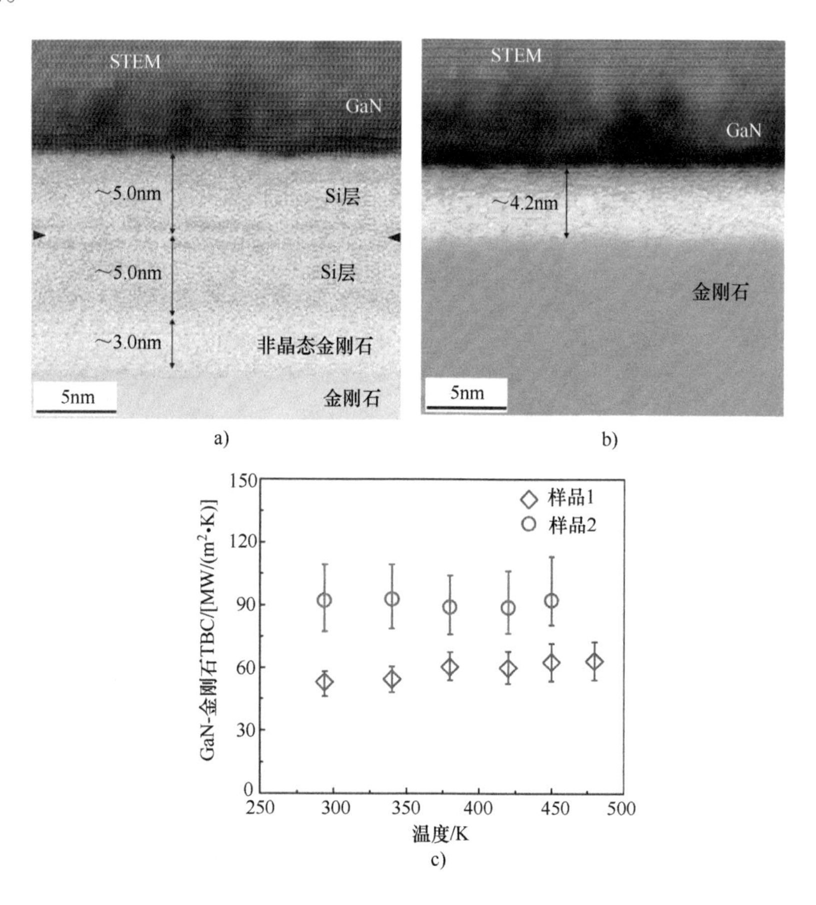

图 16. 9　a）沉积有 Si 膜层的 GaN 和金刚石键合层的 STEM 截面表征图（对应于图 c 中的样品 1）；b）被含 Si 的 Ar 离子束处理后得到 GaN 和金刚石键合层的 STEM 截面表征图（对应于图 c 中的样品 2）；c）两种键合方式的 GaN 与金刚石键合界面的 TBC 测量结果[31]

来源：Z. Cheng，F. Mu，L. Yates，T. Suga，S. Graham，Interfacial thermal conductance across room-temperature-bonded GaN/diamond interfaces for GaN-on diamond devices，ACS Appl. Mater. Interfaces 12（2020）8376-8384。

与目前已有的在金刚石表面制备的 GaN 器件相比，通过表面活化键合技术将 GaN 器件层直接键合至单晶金刚石表面，可以使高热导率的金刚石靠近热源。单晶金刚石的热导率比纳米晶金刚石高几个数量级。此外，GaN 与金刚石在室温下的直接键合过程，避免了高热应力的出现，从而获得了较高的 TBC 值，这也避免了应力导致的晶片弯曲[4,7,60,61]。GaN 与单晶金刚石的室温键合技术有可能为制备兼具优异热学和机械性质的 GaN 器件提供了一种新途径。

为了评估 GaN 和衬底界面的 TBC 值如何影响器件温度，我们构建了一个传热模型，在沟道全通状态下，对 GaN 层为 800nm 且具有十栅指结构的器件进行其峰值温度的模拟分析[31]。模型结构及其具体尺寸如图 16.10a 所示。所使用的功率密度为 10W/mm，热源宽 4μm、长 500μm，相邻指栅之间的间距为 50μm。经计算，SiC 和金刚石的热导率分别为 380W/(m·K) 和 2000W/(m·K)[19,63]。

图 16.10b 为 GaN 和衬底界面的 TBC 值对器件峰值温度的影响[31]。在所研究的 TBC 范围内，制备在金刚石衬底表面的 GaN 器件的峰值温度远低于制备在 SiC 衬底表面的 GaN 器件。GaN 和金刚石键合界面处的 TBC 测量值在图中用灰色圆圈进行标记。GaN 和金刚石键合界面的峰值温度在 TBC 值趋于无穷大的情况下接近于其最低值。若此时进一步增大 TBC 值，峰值温度的降低则极为有限。

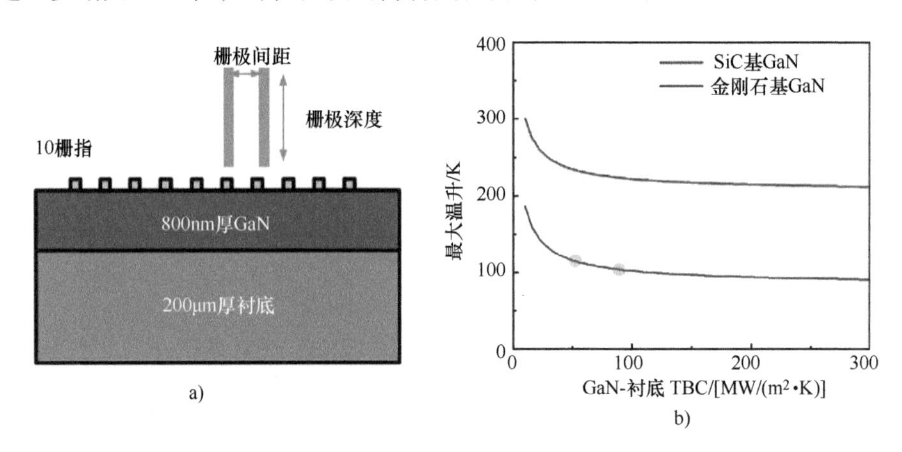

图 16.10 a）不同衬度表面制备的十栅指结构 GaN 器件的结构示意图，其中 GaN 层厚度为 800nm，工作过程中使用的功率密度为 10W/mm[62]；b）不同衬底和 GaN 之间的 TBC 最大温度模拟计算结果[31]

来源：Z. Cheng，F. Mu，L. Yates，T. Suga，S. Graham，Interfacial thermal conductance across room-temperature-bonded GaN/diamond interfaces for GaN-on diamond devices，ACS Appl. Mater. Interfaces 12（2020）8376-8384。

另外，表面活化键合技术还可以在结合智能剥离技术的条件下，将 β-Ga_2O_3 衬底和 SiC 衬底进行键合[57]。图 16.11a 所示为 2in β-Ga_2O_3 晶片与 4in 4H-SiC 晶片键合之后的结果[57]。Al_2O_3 层增加在键合界面处，从而在直接键合两种衬底的过程中确保了均匀键合[64]，图中几乎未观测到未键合区域。

图 16.11b 中展示了 β-Ga_2O_3-SiC 界面 TBC 的测量结果，并与基于 Landauer 方法[57]计算的 β-Ga_2O_3-SiC、β-Ga_2O_3-Al_2O_3 和 Al_2O_3-SiC 界面的 TBC 值进行了对比[57]。β-Ga_2O_3、Al_2O_3 和 SiC 的声子色散关系可以根据第一性原理进行模拟计算。声子传递过程基于扩散失配模型进行模拟[14,65]。我们在此举例了几例研究案例，样品 1 和样品 2 具有 30nm 厚的 Al_2O_3 中间层，样品 3 和样品 4 具有 10nm 厚的 Al_2O_3 中间层。样品 1 和样品 3 中只进行键合，但是样品 2 和样品 4 中在键合后还在 1073K 的高温下进行了热退火。如图 16.11b 所示，具有 Al_2O_3 厚中间层的键合界面，其 TBC 值较大，这是因为 Al_2O_3 中间层引入了额外的热阻[57]。TBC 的部分测量值显示退火过程的影响几乎微乎其微，这是由于界面结构较为复杂。β-Ga_2O_3-Al_2O_3-SiC 界面 TBC 值的获取，可以通过对 β-Ga_2O-Al_2O_3 界面热阻与 Al_2O_3-SiC 界面热阻进行加和来实现。总体而言，实验测量的 TBC 值和模拟计算得到的 TBC 值良好吻合，这意味着形成了高质量的键合界面。TBC 值受限于材料本身的声子特性，而非键合质量。室温表面活化键合技术为高导热、低应力的晶圆级半导体集成电路的制备打开了新的大门，这将进一步影响电子器件热管理技术的应用，特别是在电力电子领域的应用。此外，这种键合技术提供了一种将半导体膜层制备在其无法直接生长的衬底表面的新方法，并对界面热传输领域的相关基础研究工作提供了额外的平台。Ar 离子增加了界面结构的无序性，但是这种无序结构会在热退火后发生有序转变。这种现象可以被视作一种有利的工具去调控界面处的导热性，并对界面热传导过程中的局部振动模式和局部结构进行了解。

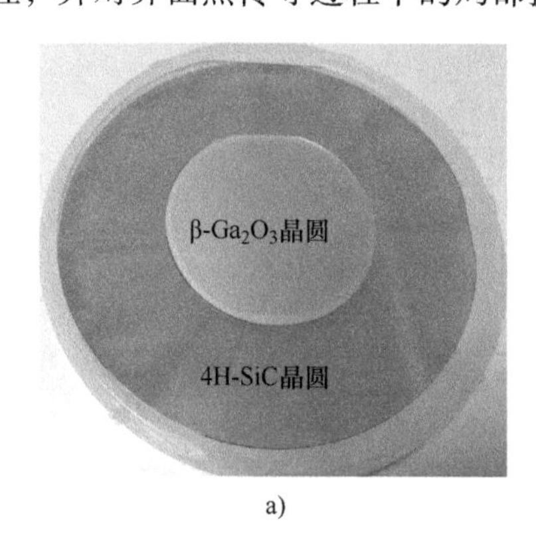

a)

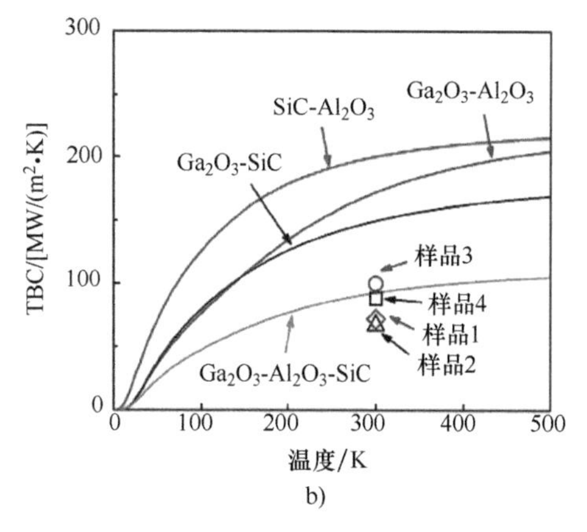

b)

图 16.11 a）2in β-Ga_2O_3 晶片与 4in 4H-SiC 晶片进行表面活化键合后的照片；b）四种不同样品中 β-Ga_2O_3-SiC 键合界面的 TBC 测试结果，其中样品 1 和样品 2 具有 30nm 的 Al_2O_3 中间层，而样品 3 和样品 4 具有 10nm 的 Al_2O_3 中间层，样品 1 和样品 3 只进行了键合过程，而样品 2 和样品 4 在键合后还在 1073K 高温下进行了退火

来源：Z. Cheng，et al.，Thermal transport across ion-cut monocrystalline β-Ga_2O_3 thin films and bonded β-Ga_2O_3-SiC interfaces，ACS Appl. Mater. Interfaces 12（40）（2020）44943-44951。

致谢

感谢美国海军研究院 MURI 计划（审批号：N00014-18-1-2429）和美国空军研究院 MURI 计划（审批号：FA9550-18-1-0479）的支持。

参考文献

[1] L. Yates, et al., Compound Semiconductor Integrated Circuit Symposium (CSICS), IEEE, 2016, pp. 1–4.
[2] H. Amano, et al., The 2018 GaN power electronics roadmap, J. Phys. D Appl. Phys. 51 (2018), 163001.
[3] J. Tsao, et al., Ultrawide—bandgap semiconductors: research opportunities and challenges, Adv. Electron. Mater. 4 (2018) 1600501.
[4] D. Francis, et al., Formation and characterization of 4-inch GaN-on-diamond substrates, Diamond Relat. Mater. 19 (2010) 229–233.
[5] B. Lu, D. Piedra, T. Palacios, The Eighth International Conference on Advanced Semiconductor Devices and Microsystems, IEEE, 2010, pp. 105–110.
[6] Z. Cheng, et al., Probing growth-induced anisotropic thermal transport in high-quality CVD diamond membranes by multi-frequency and multi-spot-size time-domain thermoreflectance, ACS Appl. Mater. Interfaces (2018).
[7] F. Faili, N.L. Palmer, S. Oh, D.J. Twitchen, ITherm, Orlando, Florida, US, 2017.
[8] C. Suckling, D. Nguyen, ARMMS Conference of RF and Microwave Society, 2012.
[9] D.G. Cahill, Analysis of heat flow in layered structures for time-domain thermoreflectance, Rev. Sci. Instrum. 75 (2004) 5119–5122.
[10] A.J. Schmidt, Pump-probe thermoreflectance, Annu. Rev. Heat Transf. 16 (2013).
[11] A.J. Schmidt, R. Cheaito, M. Chiesa, A frequency-domain thermoreflectance method for the characterization of thermal properties, Rev. Sci. Instrum. 80 (2009), 094901.
[12] J.T. Gaskins, et al., Thermal boundary conductance across heteroepitaxial ZnO/GaN interfaces: assessment of the phonon gas model, Nano Lett. 18 (2018) 7469–7477.
[13] Z. Cheng, et al., Thermal conductance across β-Ga2O3-diamond van der Waals heterogeneous interfaces, APL Mater. 7 (2019), 031118.
[14] Z. Cheng, et al., Thermal conductance across harmonic-matched epitaxial Al-sapphire heterointerfaces, Commun. Phys. 3 (2020) 1–8.
[15] X. Yang, T. Feng, J. Li, X. Ruan, Stronger role of four-phonon scattering than three-phonon scattering in thermal conductivity of III-V semiconductors at room temperature, Phys. Rev. B 100 (2019), 245203.
[16] L. Lindsay, D. Broido, T. Reinecke, Thermal conductivity and large isotope effect in GaN from first principles, Phys. Rev. Lett. 109 (2012), 095901.
[17] G.A. Slack, Nonmetallic crystals with high thermal conductivity, J. Phys. Chem. Solid 34 (1973) 321–335.
[18] H. Li, et al., GaN thermal transport limited by the interplay of dislocations and size effects, Phys. Rev. B 102 (2020), 014313.
[19] Q. Zheng, et al., Thermal conductivity of GaN, GaN 71, and SiC from 150 K to 850 K, Phys. Rev. Mater. 3 (2019), 014601.

[20] R. Rounds, et al., Thermal conductivity of GaN single crystals: influence of impurities incorporated in different growth processes, J. Appl. Phys. 124 (2018), 105106.
[21] P. Paskov, M. Slomski, J. Leach, J. Muth, T. Paskova, Effect of Si doping on the thermal conductivity of bulk GaN at elevated temperatures–theory and experiment, AIP Adv. 7 (2017), 095302.
[22] A. Jeżowski, et al., Thermal conductivity of heavily doped bulk crystals GaN: O. Free carriers contribution, Mater. Res. Express 2 (2015), 085902.
[23] R.B. Simon, J. Anaya, M. Kuball, Thermal conductivity of bulk GaN—effects of oxygen, magnesium doping, and strain field compensation, Appl. Phys. Lett. 105 (2014), 202105.
[24] H. Shibata, et al., High thermal conductivity of gallium nitride (GaN) crystals grown by HVPE process, Mater. Trans. 48 (2007) 2782–2786.
[25] C. Mion, J. Muth, E. Preble, D. Hanser, Accurate dependence of gallium nitride thermal conductivity on dislocation density, Appl. Phys. Lett. 89 (2006), 092123.
[26] A. Jeżowski, et al., Thermal conductivity of GaN crystals in 4.2–300 K range, Solid State Commun. 128 (2003) 69–73.
[27] G.A. Slack, L.J. Schowalter, D. Morelli, J.A. Freitas Jr., Some effects of oxygen impurities on AlN and GaN, J. Cryst. Growth 246 (2002) 287–298.
[28] E. Sichel, Thermal conductivity of GaN, 25–360 K, J. Phys. Chem. Solid 38 (1977) 330.
[29] T.E. Beechem, et al., Size dictated thermal conductivity of GaN, J. Appl. Phys. 120 (2016), 095104.
[30] F. Mu, et al., High thermal boundary conductance across bonded heterogeneous GaN-SiC interfaces, ACS Appl. Mater. Interfaces 11 (2019) 7.
[31] Z. Cheng, F. Mu, L. Yates, T. Suga, S. Graham, Interfacial thermal conductance across room-temperature-bonded GaN/diamond interfaces for GaN-on-diamond devices, ACS Appl. Mater. Interfaces 12 (2020) 8376–8384.
[32] E. Ziade, et al., Thickness dependent thermal conductivity of gallium nitride, Appl. Phys. Lett. 110 (2017), 031903.
[33] T.L. Bougher, et al., Thermal boundary resistance in GaN films measured by time domain thermoreflectance with robust Monte Carlo uncertainty estimation, Nanoscale Microscale Thermophys. Eng. 20 (2016) 22–32.
[34] J. Cho, et al., Phonon scattering in strained transition layers for GaN heteroepitaxy, Phys. Rev. B 89 (2014), 115301.
[35] A. Sarua, et al., Thermal boundary resistance between GaN and substrate in AlGaN/GaN electronic devices, IEEE Trans. Electron Devices 54 (2007) 3152–3158.
[36] C.-Y. Luo, H. Marchand, D. Clarke, S. DenBaars, Thermal conductivity of lateral epitaxial overgrown GaN films, Appl. Phys. Lett. 75 (1999) 4151–4153.
[37] D. Florescu, et al., Thermal conductivity of fully and partially coalesced lateral epitaxial overgrown GaN/sapphire (0001) by scanning thermal microscopy, Appl. Phys. Lett. 77 (2000) 1464–1466.
[38] V. Asnin, F.H. Pollak, J. Ramer, M. Schurman, I. Ferguson, High spatial resolution thermal conductivity of lateral epitaxial overgrown GaN/sapphire (0001) using a scanning thermal microscope, Appl. Phys. Lett. 75 (1999) 1240–1242.
[39] Z. Su, et al., Layer-by-layer thermal conductivities of the Group III nitride films in blue/green light emitting diodes, Appl. Phys. Lett. 100 (2012), 201106.
[40] D. Florescu, V. Asnin, F.H. Pollak, R. Molnar, C. Wood, High spatial resolution thermal conductivity and Raman spectroscopy investigation of hydride vapor phase epitaxy grown n-GaN/sapphire (0001): doping dependence, J. Appl. Phys. 88 (2000) 3295–3300.
[41] K. Park, C. Bayram, Impact of dislocations on the thermal conductivity of gallium nitride studied by time-domain thermoreflectance, J. Appl. Phys. 126 (2019), 185103.

[42] F. Mu, et al., High thermal boundary conductance across bonded heterogeneous GaN–SiC interfaces, ACS Appl. Mater. Interfaces 11 (2019) 33428–33434.
[43] E. Ziade, et al., Thermal transport through GaN–SiC interfaces from 300 to 600 K, Appl. Phys. Lett. 107 (2015), 091605.
[44] J. Cho, D. Francis, D.H. Altman, M. Asheghi, K.E. Goodson, Phonon conduction in GaN-diamond composite substrates, J. Appl. Phys. 121 (2017), 055105.
[45] A. Manoi, J.W. Pomeroy, N. Killat, M. Kuball, Benchmarking of thermal boundary resistance in AlGaN/GaN HEMTs on SiC substrates: implications of the nucleation layer microstructure, IEEE Electron Device Lett. 31 (2010) 1395–1397.
[46] J. Cho, et al., IEEE Compound Semiconductor Integrated Circuit Symposium (CSICS), IEEE, 2012, pp. 1–4.
[47] J.W. Pomeroy, M. Bernardoni, D. Dumka, D. Fanning, M. Kuball, Low thermal resistance GaN-on-diamond transistors characterized by three-dimensional Raman thermography mapping, Appl. Phys. Lett. 104 (2014), 083513.
[48] D. Dumka, et al., IEEE Compound Semiconductor Integrated Circuit Symposium (CSICS), IEEE, 2013, pp. 1–4.
[49] J. Cho, Y. Won, D. Francis, M. Asheghi, K.E. Goodson, IEEE Compound Semiconductor Integrated Circuit Symposium (CSICS), IEEE, 2014, pp. 1–4.
[50] H. Sun, et al., Reducing GaN-on-diamond interfacial thermal resistance for high power transistor applications, Appl. Phys. Lett. 106 (2015), 111906.
[51] J. Cho, et al., Improved thermal interfaces of GaN–diamond composite substrates for HEMT applications, IEEE Trans. Compon. Packag. Manuf. Technol. 3 (2013) 79–85.
[52] L. Yates, et al., Low thermal boundary resistance interfaces for GaN-on-diamond devices, ACS Appl. Mater. Interfaces 10 (2018) 24302–24309.
[53] Y. Zhou, et al., Barrier-layer optimization for enhanced GaN-on-diamond device cooling, ACS Appl. Mater. Interfaces 9 (2017) 34416–34422.
[54] J. Anaya, et al., Simultaneous determination of the lattice thermal conductivity and grain/grain thermal resistance in polycrystalline diamond, Acta Mater. (2017).
[55] R. Cheaito, et al., Thermal and Thermomechanical Phenomena in Electronic Systems (ITherm), 2017 16th IEEE Intersociety Conference on, IEEE, 2017, pp. 706–710.
[56] Z. Cheng, et al., Significantly reduced thermal conductivity in beta-(Al0. 1Ga0. 9) 2O3/Ga2O3 superlattices, Appl. Phys. Lett. **115** (2019).
[57] Z. Cheng, et al., Thermal transport across ion-cut monocrystalline β-Ga_2O_3 thin films and bonded β-Ga_2O_3–SiC interfaces, ACS Appl. Mater. Interfaces 12 (40) (2020) 44943–44951.
[58] S. Mandal, et al., Thick, adherent diamond films on AlN with low thermal barrier resistance, ACS Appl. Mater. Interfaces 11 (2019) 40826–40834.
[59] A. Sood, et al., Anisotropic and inhomogeneous thermal conduction in suspended thin-film polycrystalline diamond, J. Appl. Phys. 119 (2016), 175103.
[60] S. Choi, E. Heller, D. Dorsey, R. Vetury, S. Graham, The impact of mechanical stress on the degradation of AlGaN/GaN high electron mobility transistors, J. Appl. Phys. 114 (2013), 164501.
[61] B. Kang, et al., Effect of external strain on the conductivity of AlGaN/GaN high-electron-mobility transistors, Appl. Phys. Lett. 83 (2003) 4845–4847.
[62] K.R. Bagnall, Y.S. Muzychka, E.N. Wang, Analytical solution for temperature rise in complex multilayer structures with discrete heat sources, IEEE Trans. Compon. Packag. Manuf. Technol. 4 (2014) 817–830.
[63] S. Pearton, et al., A review of Ga2O3 materials, processing, and devices, Appl. Phys. Rev. 5 (2018), 011301.
[64] Y. Xu, et al., Direct wafer bonding of Ga2O3–SiC at room temperature, Ceram. Int. 45 (2019) 6552–6555.
[65] E.T. Swartz, R.O. Pohl, Thermal boundary resistance, Rev. Mod. Phys. 61 (1989) 605.

第17章 AlGaN/GaN器件在金刚石衬底上直接低温键合技术

Thomas Gerrer 和 Volker Cimalla
德国弗劳恩霍夫应用固体物理研究所

17.1 引言

将Ⅲ族氮化物及其三元固溶体引入半导体市场，扩展了半导体在诸如短波发光二极管、激光二极管[1]、用于电子通信的射频滤波器[2]、高效率功率转换器[3]和紧凑型高功率射频放大器[4]等多个领域中的应用。在借助分子束外延（Molecular Beam Epitaxy，MBE）和金属有机化学气相沉积（Metal Organic Chemical Vapor Deposition，MOCVD）技术生长Ⅲ族氮化物的过程中，通过改变其中的铝、镓或者铟等金属组分可以灵活地调控材料的禁带宽度、压电以及热电特性等材料性质。对于薄膜生长而言，衬底材料对成膜质量至关重要；与此同时，由于多种能量形式（振动、电、热和光）在界面处耦合，使得衬底往往对器件性能的优劣具有决定性作用[5]。在光电器件中，通过在蓝宝石衬底的背部镀上一层金属反射镜层，有助于提高器件的发光效率。对于氮化镓（GaN）功率晶体管和功率二极管而言，采用硅（Si）衬底可以有效降低成本。氮化镓（GaN）射频（Radio Frequency，RF）放大器则最好采用碳化硅（SiC）衬底，因为SiC材料具有较高的热导率。另外，将薄膜器件从其生长衬底表面转移至其他衬底表面，有助于打破衬底材料对于器件的约束，拓展器件的最终应用范围。对于AlGaN/GaN异质结晶体管，采用室温下热导率比其他体材料都高的金刚石作为衬底时，器件会有更高的电热性能。

早在30多年前，Yablonovitch等人就提出了将薄膜晶体管转移至金刚石表面的理念[6]。借助一个约5nm厚的砷化铝（AlAs）牺牲层，可以将砷化镓（GaAs）从其生长衬底表面释放出来，并通过范德华键合作用将其转移至其他衬底表面（如金刚石）。但是，借助范德华作用键合器件层和衬底之后，会在两者界面处产生较差的热接触，从而不利于热量在界面处的热传导；相比之下，如果采用共价键连接膜层和金刚石衬底，将有助于改善界面处的热传导性能。一直以来，人们始终对将GaN射频晶体管转移到金刚石衬底表面的技术保持着较高的研究兴趣，因为该技术的研究和应用具有诸多潜在的应用价值。比如通常情况下，大量高功率射频放大器需要密集地排列在一个受限空间中（如有源相控阵雷达）；再或者对于卫星通信和5G/6G移动基站，笨重的冷却解决方案已经成为其运营成本的决定性因素之一。通过传统键合方式难以实现在不增加任何热阻中间层的前提下，将薄膜器件直接转移至金刚石衬底表面，因此需要提出更佳的薄膜转移手段或者键合技术。到目前为止，在满足高机械强度和高的界面热传导能力的要求下，如何更为经济、高效地将半导体膜层转移至其他衬底表面（如金刚石），一直是困扰相关领域科研人员的难题。

本章中，我们介绍了一种低温晶圆键合技术，尽管这种技术在其他领域已被广泛应用并具有悠久的历史，但对半导体晶圆键合而言却是一种全新的技术手段。这一技术是以氮化铝（AlN）作为键合材料的键合技术，其键合过程借助化学手段将AlN层转化为具有机械稳定性的键合层。在AlN膜层和其他材料的界面处填充水之后，AlN表面会发生分解，并进一步反应形成不同形式的氢氧化铝衍生物。该过程中释放的氮气还会进一步反应形成碱性的氨类物质，同时促使水在上述氢氧化物形成的过程中持续被还原。这样一来，如果界面处水层中的含水量足够少，则在经历上述过程之后，AlN膜层和其他材料的界面处将会完全被固态的含铝化合物所填充。除了用于半导体晶圆键合外，AlN[8]和Al元素[9]的水热转化过程已经被应用于制备抗反射涂层[10]或者提高烧结体中的体积密度[11]。与此同时，我们还发现在AlN薄膜和水层接触的过程中存在类似的反应过程，尽管外延生长的是AlN晶体，但其依旧可以像AlN粉末一样，在类似过程中分解并发生类似的化学反应。

本章第一部分首先对GaN薄膜和金刚石之间存在的中间层的严格要求进行了介绍。这一部分的讲述有助于我们理解为何传统的半导体键合技术无法满足这些要求。在此之后，我们在第二部分中以具体实验案例出发，详细介绍了基于化学手段将器件键合在衬底表面的原理（主要以基于AlN在含水环境中的水解反应为例）以及其研究背景。在第三部分中，我们则分别对键合在多晶金刚石（PCD）和单晶金刚石（SCD）衬底表面的AlGaN/GaN肖特基异质结器件的电热特性分析进行了介绍，其中实验数据和模拟结果都标明键合层具有较小的热阻值。最后，我们给出了键合在Si衬底和SCD衬底表面的AlGaN/GaN异质结射频晶体管热性能的测试结果，结果显示在施加3GHz射频输入信号进行负载牵引测试（load-pull measurements）的过程中，键合在金刚石衬底上的器件不仅具有更好的电学性质，而且其热阻值也较低。另外，还对比研究了同尺寸、不同栅极指数的晶体管在热、电性能上的差异，研究结果表明金刚石优良的散热性能使器件中各栅指之间的热串扰较小。

17.2 GaN在金刚石衬底表面的制备技术

通常情况下，GaN射频放大器的制备过程多基于GaN在半绝缘的SiC衬底表面的生长技术。鉴于 GaN 和 SiC 之间较小的晶格失配（失配率仅有 3%），以及两者之间相对较小的热膨胀系数差异（相比 Si 和蓝宝石衬底而言），SiC 成为最为理想的 GaN 膜层生长衬底，并且 SiC 在室温下的热导率为 420W/(m·K)，确保了器件在工作过程中于热点处产生的热量可以得到良好地传播。在 Si 衬底表面生长 GaN 膜层的过程中，通常需要借助导热能力较差的 Al-Ga-N 渐变缓冲层（或称为 AlN-GaN 超晶格层）来作为应力释放层，但是在 SiC 衬底表面的薄膜生长技术中则不需要类似的缓冲层，这也是 SiC 在 GaN 射频放大器制备技术中被用作标准衬底的原因。为了使 GaN 在金刚石表面的制备技术具备与 GaN 在 SiC 表面（GaN-on-SiC）的制备技术相竞争的实力，必须确保前者在提高器件性能方面展现出独特性。然而，GaN 在大面积金刚石衬底表面进行器件制备的过程中难以确保器件具有优良的散热性能［通常情况下对其热导率的要求是达到 1800~2200W/(m·K)］[12,13]。到目前为止，在金刚石表面生长 GaN 膜层的成功案例主要有以下两个：其中一例是德国 Diamond Materials GmbH 公司在 6in 的 PCD 衬底表面生长 GaN 膜层的技术[14]；另外一例是 AuDiaTec GmbH 公司在 4in 异质外延的单晶金刚石表面生长 GaN 膜层的技术[15,16]。除此之外，发展金刚石衬底和 GaN 膜层的先进键合技术同样可以解决 GaN 器件膜层在金刚石衬底表面的制备问题。

如上所述，假定在获取合适的金刚石衬底的前提下，开发优异的键合工艺成为该领域面临的下一个技术挑战。对于金刚石衬底而言，其主要任务是传递晶体管结区附近产生的热量。由于 GaN 材料本身就具有较为较高的热导率［160W/(m·K)］，因此 GaN 和金刚石之间键合层成为器件总热阻的决定性因素。Song 等人[17]计算出了 GaN 和金刚石之间的有效边界热阻（TBR_{eff}）为 $30m^2 \cdot K/GW$，在对比于 SiC 衬底表面直接生长 GaN 器件的技术之后，从而对金刚石衬底表面键合 GaN 技术的发展和努力提出了质疑。该对比研究是在假定于 SiC 和金刚石衬底表面制备的 GaN 膜层具有相同的性质的前提下进行的，但此假设在实际的制备工艺中被认为是不切实际的。因为实际的器件制备过程中，特别是 GaN 和金刚石的键合技术中，往往涉及 GaN 膜层的刻蚀和转移，进而会在刻蚀的过程中使得富含缺陷的 GaN 转移层被刻蚀掉，只留下高质量的 GaN 膜层。这也就意味着制得器件中的实际 TBR_{eff}数值应当不大于 $30m^2 \cdot K/GW$，并且这一数值在理论上也是合理的，因为其已经占到了工作在 8W/mm 功率密度下的已封装的金刚石衬底射频晶体管总热阻的 30%左右[18]。另外在以该条件下的器件热性质为基准，还可以对使用不同制备技术获得制备在金刚石表面的 GaN 器件的 TBR_{eff}值进行比较，例如将上述技术和在 GaN 异质外延层背面生长金刚石所获得的器件进行比较。

图 17.1 测量了某种制备在金刚石表面的 GaN 器件的 TBR_{eff}，被测器件是通过在 GaN 层背面生长金刚石的方式进行制备[19]。之后将测得的 TBR_{eff}对中间层厚度进行作图，其中不同实验组的中间层厚度借助热反射[20,21]和拉曼热成像[22]进行测量。TBR_{eff}可将任何对界面热阻有贡献的物理量（如近界面处的晶体缺陷、材料边界处的声子态密度失配以及过渡层厚度）集中到单个测量值中。在所有金刚石表面进行的 GaN 器件

制备技术中，非晶和纳米晶中间层的热导率几乎与其厚度无关，这是因为热传输由晶体振动的局部模式支配，而不是扩展的声子波。器件质量取决于制备工艺和所使用的材料类型；然而，通常可以假设大多数非晶层，诸如 SiN_x、SiO_2 或 Al_2O_3 此类，具有 1~2W/(m·K)的热导率[23]。对于这些非晶电介质中间层，制备过程中的最大厚度应控制在约 30nm，进而可以将 TBR_{eff}降低至小于等于 30m^2·K/GW。

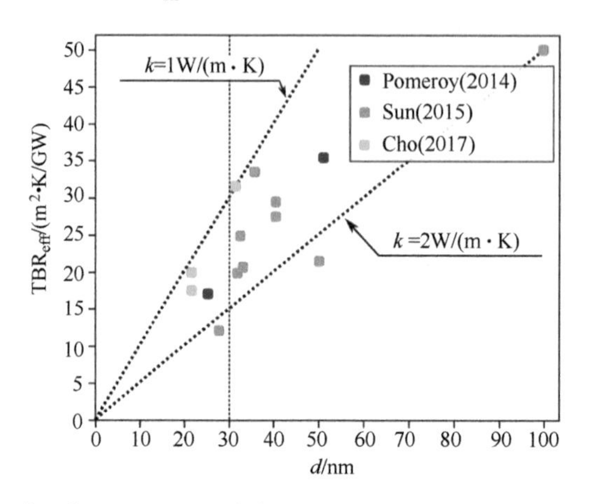

图 17.1　通过热反射[20,21]和拉曼热成像[22]测量多晶金刚石（用金刚石纳米籽晶技术制造）上 GaN 层的 TBR_{eff}［虚线对应于具有 1W/(m·K) 和 2W/(m·K) 的相应厚度和热导率的膜的 TBR_{eff}］

Akash Systems（California）最新的金刚石基 GaN 制备技术中，将导热性差的过渡层在沉积金刚石层之前去除[24]，从而可以将高结晶度的 GaN 层转移至金刚石衬底表面，由此可使界面处 TBR_{eff}值在 20~30m^2·K/GW 范围内。从热性能角度进行对比，该技术明显优于传统的 GaN-on-SiC 制备技术。在图 17.1 中所示的测试结果中，相同膜层厚度下测得的 TBR_{eff}值存在微小差异，其原因包含以下几点，比如在纳米尺度的空隙的出现[24,25]，膜层微观结构的变化[26,27]（例如，sp^2 到 sp^3 的键合比），以及金刚石纳米籽晶的尺寸和密度不同[28-30]。然而，该领域的研究尽管已经取得了许多可喜的成果，但仍然存在一些挑战。其中之一便是在 800℃高温下生长金刚石后，金刚石表面的 GaN 晶片会在后续的降温过程中产生较大的拉伸应力，由于在低温下难以在 GaN 表面有效地生长金刚石，进而使该问题的解决始终面临挑战。Mu 等人近期使用室温下的表面活化键合技术将 GaN 键合在 2in 的 4H-SiC 表面[31]，并且展示了两者键合后形成的 SiC 非晶中间层。在此之后，该团队利用相同的键合技术，通过溅射 20nm 的 Si 中间层，成功地将 GaN 层键合在 PCD 衬底上[32]。在对比这两个键合过程后，Si 元素似乎对于诱导 GaN 与 SiC 或金刚石衬底之间形成共稳定的价键是至关重要的。在金刚石上直接形成 Ga-C 键（Si 不参与成键）的方法多基于熔融镓[33]和等离子烧结[34]等需要在高温进行的制备技术，这使得这些方法难以用于半导体器件的衬底键合过程。如果在键合过程中引入中间层，则可以简化直接键合过程中较为苛刻的制备条件。

作为直接键合技术的替代品，传统低温键合技术多借助金属、聚合物或者介电材料形成键合层，进而完成 GaN 和金刚石的键合。其中，最为简单易行的方法就是借助金属中间层的形成来键合衬底和器件膜层[35]。但是，像金属这样的导电中间层会带来较大的衬底电容，降低晶体管被击穿的阈值电压，并且使器件的泄漏电流增加，因此以形成金属中间层为基础的键合手段逐渐被摒弃。为此，通过形成绝缘中间层的方式进行键合成为了低温键合技术优化衍生出来的新方法，这种方法也可以改善金属中间层所带来的诸多问题。具体实施过程中通过使用绝缘材料形成粘合层便可将 GaN 器件层键合到金刚石表面[36]，比如在聚合物材料（如环氧树脂[37]、PET[38]或苯并环丁烯[39]）固化之后，可以形成无任何空隙的致密界面，进而辅助完成器件层和外部衬底的键合过程。但是该技术的显著缺点就是聚合物热导率普遍较低（仅有 0.2W/(m·K)），因此不利于器件的热传导过程。相比之下，陶瓷等其他介电材料不仅具有良好的绝缘性，并且具备形成强键合的能力。同时，这类材料还可以在键合之前借助化学气相沉积[40]、旋涂[41]或者溅射[32]的方式直接成膜。但是，鉴于陶瓷材料具有脆性且硬度较大，因此很难通过机械加工的方式被加工成光滑平整的表面，只能借助一系列化学抛光的方式获得极为光滑且平整的表面，进而用于器件键合[40]。由于难以制备几个纳米厚且均质、平整的介电层，因此基于介电材料的键合技术也并不适用于 GaN 器件在金刚石表面的制备，特别是 GaN 功率器件的制备。

现有的在金刚石衬底表面的 GaN 器件制备技术中，将金刚石生长于 GaN 表面是最为成熟的技术手段，其在器件制备过程中可以获得具有优良电热性能的器件[24]，并且发展出了在 4in 晶圆表面的制备工艺。而基于粘合剂和介电中间层的传统低温键合技术难以与之相比较。不过，我们开发了一种新型的键合技术，该技术可以在低温下将 GaN 膜层直接键合在单晶金刚石以及诸多其他衬底表面。我们在开发这种键合方法的过程中，主要针对 AlN 材料开展研究，以 AlN 在含水环境下的化学反应过程为基础。具体而言，其主要基于 AlN 层在含水环境中发生水热转化形成 Al-O-H 键合层的过程。在之后的章节中，我们将对该方法进行详细介绍。

17.3　基于水解辅助固化的低温键合技术

半导体薄膜的转移过程由三个步骤组成：①将半导体薄膜稳定在载体晶圆上；②将半导体薄膜与生长衬底相分离；③键合到目标衬底上。就步骤①而言，在晶圆表面暂时稳定半导体薄膜的方法有许多种，这些方法同样可用于在晶圆片上固定 GaN 异质外延层[43-45]。对于步骤②，通过牺牲刻蚀层（例如 ZnO[46]、Nb_2N[47]、CRN[48]和 BN[49]）可将Ⅲ族氮化物从生长衬底表面分离出来，还可以借助电化学手段[50]、选择性干燥[51]或者湿法刻蚀 Si 衬底[52]，以及石墨烯范德华外延法[53]和激光剥离技术等实现半导体薄膜和生长衬底的分离。这些稳定和分离半导体薄膜的方法与我们提出的键合工艺也是相兼容的。然而为了推动提出的键合技术的进一步发展，我们分别使用了标准高温蜡质层和简单的选择性刻蚀剂来进行半导体薄膜的稳定和分离过程，以便进行薄膜器件和衬底的后续键合。

关于 AlN 的水解理论最早由 Bowen 等人提出并进行了较为详细的论述[8]。Kocjan 等人于近期发表了相关文章，并对该理论进行了较为精彩的综述[55]。在此之后，“水解辅助固化”的概念被 Dakskobler 等人提出[11]，并基于 AlN 水解反应过程提出了一种增加烧结体密度和强度的新方法。在 AlN 的水解过程中，N 元素在触发含 Al 化合物的溶解和后续结晶的过程中发挥着核心作用。在 N 分解的过程中会释放出氨气，氨气进一步溶于体系后可在有限时间内大幅提升体系的酸碱度，比如可在短时间内将含有硫酸的强酸性溶液变为碱性[56]。在反应诱导期，水中少量增加的 OH^- 会和体系初始状态下过剩的 H^+ 相结合，使体系维持在稳定的中性条件。在去离子水中，H^+ 还会和溶解在体系中的 CO_2 相结合形成碳酸，进而借助碳酸水解过程中所涉及的化学反应平衡将体系中的 H^+ 浓度并维持在一个稳定的范围内。在反应诱导期内和之后体系 pH 值的升高都对键合过程至关重要。反应诱导期确保了在键合界面处可以存在适量的水，之后通过加热触发水解反应的进行并且将键合界面的处的水转化为固态的氢氧化物键合层。

在我们提出的键合工艺中，在反应诱导期，溶解在体系中的 Al-N 化合物使得水层变为碱性。氨气溶解在水中的化学反应平衡如下：

$$NH_3+3H_2O \rightarrow NH_4^+ + OH^- \tag{17.1}$$

这表明在式（17.1）所描述的化学反应过程中每个 N 原子有能力产生一个 OH^-，特别是在反应初始阶段，体系中的 OH^- 浓度较低，导致反应活性的变化非常剧烈。而随着体系碱性的增强，会诱使上述反应平衡向逆向移动，并产生大量中性的 NH_3。图 17.2中展示了我们研究过程中的部分实验结果，我们设置了三个不同厚度的水层（浅灰、深灰和黑色曲线分别对应于 10nm、50nm 和 100nm 水层的实验结果），之后探究了 OH^- 或 NH_4^+ 浓度（实线）和体系 pH 值（虚线）在反应过程中与溶解并参与反应的 AlN 之间的对应关系。从图中我们可以发现，在三组水层中，仅仅溶解小于 1nm 左右的 AlN 层之后，体系已经变为了 pH 值为 10~12 的强碱性体系。尽管 AlN 层为结晶性膜层，具有较为优良的化学稳定性，但是可以推测在几分钟到几个小时的时间范围内依然有少量的 AlN 溶解在水层中，并为水解反应的进行提供物料。

在反应诱导期之后，反应体系变为强碱性。越来越多的 AlN 溶解并反应形成高浓度的 $Al(OH)_4^-$[55]。一旦达到了 $Al(OH)_4^-$ 过饱和临界浓度，便会原位生成 $Al(OH)_3$ 和 AlO(OH) 晶体。综上，整个 AlN 的水解和最终的晶体生长过程可以总结为式（17.2）[对应于 $Al(OH)_3$ 晶体的形成过程] 和式（17.3）[对应于 AlO(OH) 晶体的形成过程][8,55]：

$$AlN+3H_2O \rightarrow Al(OH)_3+NH_3 \tag{17.2}$$

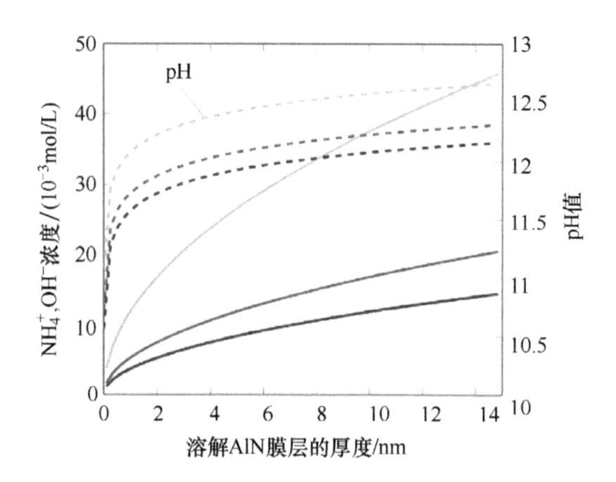

图 17.2 10nm（浅灰线）、50nm（深灰线）和 100nm（黑线）水膜中 NH_4^+ 和 OH^-浓度（实线）计算值和体系 pH 值（虚线）随溶解的 AlN 膜层的厚度的变化曲线

来源：Gerrer，T.，Transfer von AlGaN/GaN-Hochleistungstransistoren auf Diamant，in Fraunhofer Institute for Applied Solid State Physics，Albert-Ludwigs-Universität Freiburg 2018，Albert-Ludwigs-Universität Freiburg。

$$AlN+2H_2O \rightarrow AlO(OH)+NH_3 \tag{17.3}$$

其中 AlO(OH) 是动力学上占优的产物，其形成速率更快反应产量更多。相反 $Al(OH)_3$在热力学上更为稳定，因此可以在 AlO(OH) 微晶之间发生二次成核的过程中产生，且多产生于氢氧化物晶体生长的后期阶段。在使用 AlN 粉末进行水热反应的过程中，低温（约 50℃）有利于 AlO(OH) 的生长，而高温有利于 $Al(OH)_3$ 的生长[55]。这些氢氧化物多形成于 AlN 颗粒的上表面，并且一经形成便会抑制颗粒内部发生进一步的反应过程。进而随着 $Al(OH)_3$ 和 AlO(OH) 的形成，反应速率逐渐减缓，当氢氧化物层之间变厚且致密至一定程度或者界面处的水被完全消耗时，整个反应过程将完全终止。

我们主要针对 AlGaN/GaN 异质结器件进行了在各种衬底（如玻璃、SiC、蓝宝石、多晶金刚石和单晶金刚石）表面的键合实验。在本章参考文献［58］中描述了整个键合过程，图 17.3 中也对键合过程中的关键步骤进行了展示和说明。通过化学手段实现键合的关键因素是 GaN 异质结构界面处的 AlN 成核层，以及图 17.3a 中所示的 Si 生长衬底。在图 17.3b 中，薄膜被使用硬质蜡状粘合剂稳定在蓝宝石载体表面。图 17.3c 中，HNO_3 和 HF 用于在不触碰 AlN 层的前提下对 Si 进行刻蚀。之后在装有去离子水的烧杯中将第二衬底放置于暴露出来的 AlN 层上方，由此可在第二衬底和 AlN 之间形成一层水膜。之后在室温下经旋涂、真空干燥后降低水膜厚度，然后保持真空状态并将温度升温至 200℃触发水热反应的进行。与此同时，可以在真空烘箱中进行反应的同时，施加外部压力以持续维持界面之间的紧密接触。几小时之后，键合处则呈现出刚性，蓝宝石载体也可在此时被移除（见图 17.3d）。

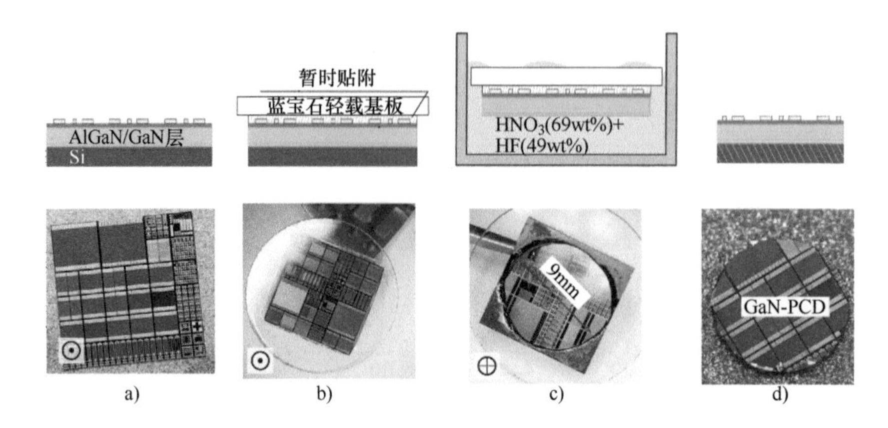

图 17.3　将 GaN 薄膜芯片从 Si 衬底表面转移并键合至金刚石表面的过程图

结合扫描模式下的透射电子显微镜（Transmission Electron Microscopy，TEM）表征和能谱分析（Energy Dispersive X-ray spectroscopy，EDX）对键合在金刚石衬底表面的 GaN 器件进行结构分析后，可以获得较为充分的证据证明 GaN 得以键合在金刚石表面原因正是 AlN 层的水解。图 17.4a 中的 TEM 表征结果显示，AlN 和 SCD 界面处存在 30nm 厚的键合层，EDX 分析结果显示该键合层中存在 Al、N、O、C 和少量的 F 元素。金刚石衬底只含有 C 元素，且在键合过程中基本不参与水热反应过程。上方的 AlN 成核层在键合过程中未受影响，进而只含有 Al 和 N 两种元素。较少的 F 元素只在键合层偏底部的位置被检测到，这是在刻蚀 Si 的过程中使用了 HF 的缘故。对键合层而言，EDX 测试结果显示其中含 Al、O 元素，也极有可能含有无法被 EDX 检测到的 H 元素。这就意味着，键合过程中形成键合层由氢氧化物或者氧化物组成。然而考虑到工艺过程中使用的低键合温度，并有水参与反应，因此形成氢氧化物的可能性更大。

图 17.5 比较了键合前（见图 17.5a）、后（见图 17.5b）的 AlN 成核层和衬底之间的高分辨 TEM 成像图。从图 17.5a 中可以清晰地观察到生长在 Si 衬底表面的 AlN 层，并且在图 17.5b 中展示了键合在 SCD 后的结果。键合之前，金刚石表面被氧气包覆。进而有望在吸附有氧气的键合层和金刚石之间形成共价键。图 17.5b 中显示的键合层和 SCD 衬底之间明显的膜层转变也很好地印证了 EDX 表征过程中得到的结论，也即金刚石在该键合过程中并未参与水热反应过程。对 AlN 粉末和 AlN 成核层的材料质量进行对比是较为困难的，图 17.5a 中显示形成的 AlN 成核层为单晶膜层，进而具有良好的化学稳定性。然而，对于使用 MOCVD 技术生长的 AlN 成核层，具有约 10^{12} cm^{-1}[59] 的缺陷密度、较大的拉伸生长应力，以及纤锌矿结构取向表面所带来的氮极化会使化学反应的发生和进行更为有利[60]。从图 17.5b 中的插图中可以清晰地观察到排列规整的晶格点阵，这表面键合层中存在大量的微晶结构，进一步也表明在键合过程中通过结晶过程形成了键合层。

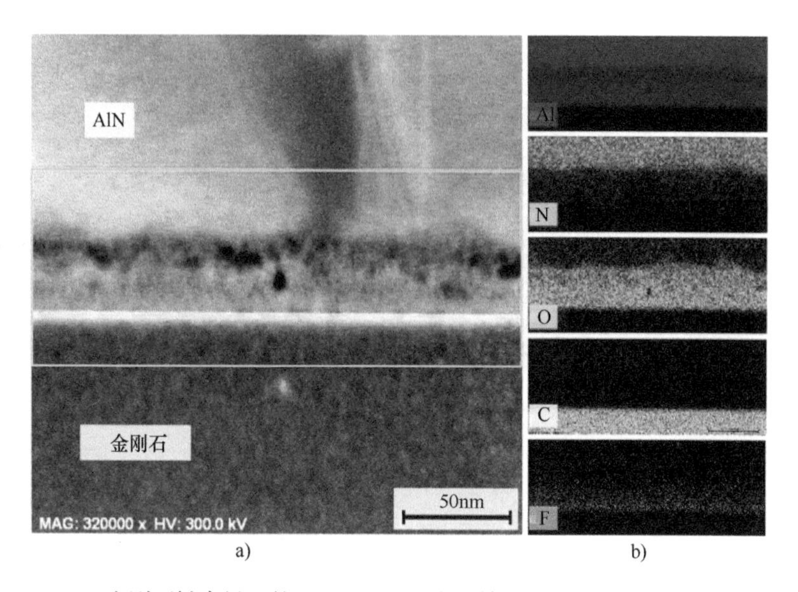

图 17.4　AlN-金刚石键合界面的 TEM 和 EDX 表征结果：a）AlN 成核层和金刚石键合界面的高角度环形暗场 STEM 图；b）图 a 中方框标注区域的 EDX 测试结果

来源：Gerrer，T.，et al.，Adaptive low-temperature covalent bonding of III-nitride thin films by extremely thin water interlayers. Appl. Phys. Lett.，2019. 114（25）：p. 252103。

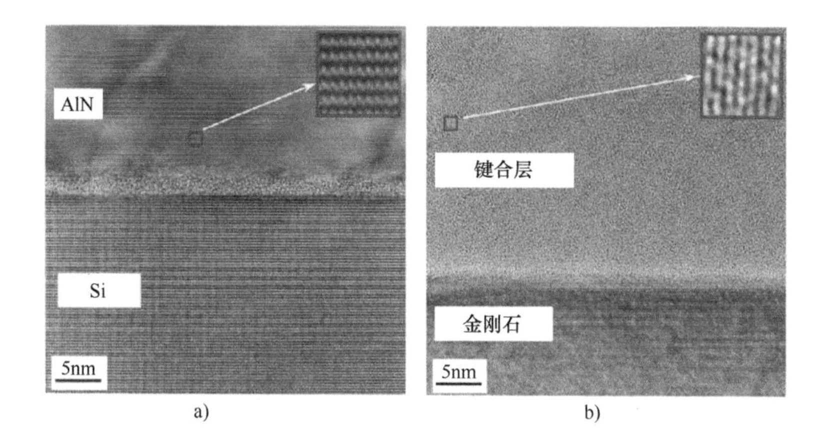

图 17.5　AlN 成核层和衬底界面处的高分辨率 TEM 测试图：a）AlN 成核层和 Si 生长衬底之间以及　b）键合层和 SCD 衬底之间的高分辨 TEM 成像图

来源：Gerrer，T.，et al.，Adaptive low-temperature covalent bonding of III-nitride thin films by extremely thin water interlayers. Appl. Phys. Lett.，2019. 114（25）：p. 252103。

TEM 和 EDX 的分析结果表明，30nm 后的键合层既有可能是由 AlN 在界面处的水解反应所形成。根据式（17.2）和式（17.3），能够推算出在水层中参与反应的 AlN 层的厚度。AlN 层厚 d、摩尔质量 n、密度 ρ 和摩尔质量之间的关系见式（17.4）。

表 17.1中罗列出了文献中报道的各种材料的密度和摩尔质量。

$$n_{\text{perArea}}=\frac{\rho d}{M} \tag{17.4}$$

表 17.1 Al(OH)$_3$、AlO(OH)、AlN 的密度和摩尔质量，模拟计算出的不同厚度 **AlN** 发生反应过程中的水消耗量（表中字母 X 代表左侧一列中的各种不同材料）

材料	ρ/(g/m^3)	M/(g/mol)	X:Al(OH)$_3$	X:AlO(OH)
Al(OH)$_3$	2.53[61]	78	—	—
AlO(OH)	3.03[62]	60	—	—
AlN	3.25	41	1 : 1	1 : 1
H_2O	1.00	18	3 : 1	2 : 1

图 17.6 展示了 Al(OH)$_3$、AlO(OH) 与 AlN 膜层的厚度以及消耗的水层厚度之间的函数关系。结果中显示，30nm Al(OH)$_3$ 的形成需要 52nm 的水层和 12nm 的 AlN，而 30nm 的 AlO(OH) 则由 19nm 的 AlN 和 54nm 的水层反应产生。在直径为 100nm 的晶圆上，50nm 水层的体积仅有 0.125μL。由于厚度过大的水层难以在反应过程中被完全消耗，因此多余的水会在键合层中形成液体毛细桥。在早期的实验过程中，可以通过加热至 H_2O 沸点以上使残留的水形成气泡。但是在水层非常薄，甚至是单分子水层的情况下，就比如当界面与潮湿的空气接触时，此时难以形成足够、具有强键合能力的氢氧化物。键合过程中需要将键合界面处的水量保持在特定范围内，这个关键因素使得本节所讨论的键合过程虽然看似简单，但是在之前的报道中却从未被提及。

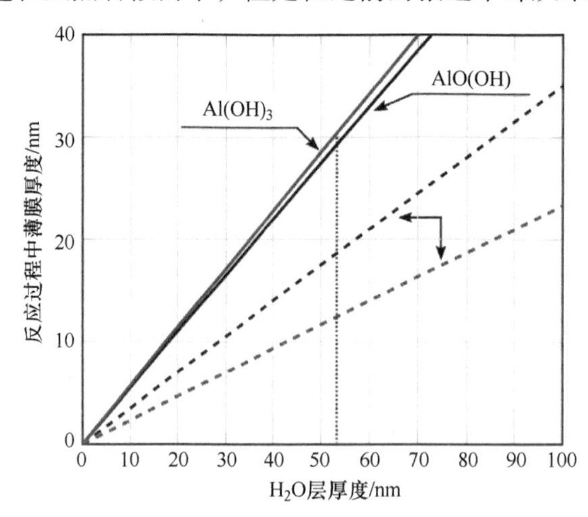

图 17.6 基于化学方程式的材料转换过程监测结果，反应过程中所产生的 AlO(OH)（黑实线）和 Al(OH)$_3$（蓝实线）的键合层厚度与溶解的 AlN 厚度（黑色/蓝色虚线）随水层厚度的变化

来源：Gerrer, T., et al., Adaptive low-temperature covalent bonding of III-nitride thin films by extremely thin water interlayers. Appl. Phys. Lett., 2019. 114 (25): p. 252103。

此后的一系列表征结果还显示，键合在金刚石上的器件具有良好的热学和力学性能。被键合芯片在 250℃温度下，可在几个小时内保持热机械稳定，这意味着器件层较为均匀地键合在金刚石衬底表面，键合界面处几乎没有残留任何水。此外，在如图 17.7a所示的划痕实验中，仅仅在器件局部出现了破裂，而其余部分依旧完好无损。在早期实验中，GaN 膜层可以轻易地从金刚石衬底表面分离下来，这源于薄膜本身较高的固有应变。借助扫描声学显微镜对键合良好的样品进行不同的测试，结果充分证明了键合处具有机械刚性。图 17.7b 的表征结果表明 GaN 膜层和金刚石衬底之间的存在声阻抗的高度失配，这意味着表面键合处形成了良好的机械接触。以上实验结果证实，借助非常薄的水膜，可使 GaN 异质结构与金刚石衬底之间形成具有机械稳定性的键合。

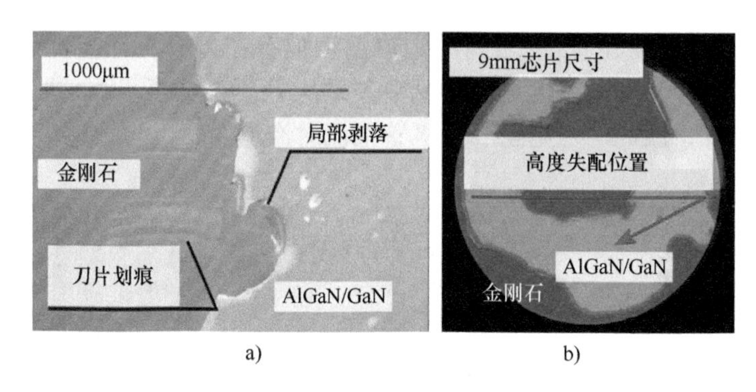

图 17.7 键合到 SCD 上的 GaN 薄膜的机械稳定性测试：a）划痕测试结果；b）扫描声学显微镜测试结果

来源：Gerrer, T., Transfer von AlGaN/GaN-Hochleistungstransistoren auf Diamant, in Fraunhofer Institute for Applied Solid State Physics, Albert-Ludwigs-Universität Freiburg 2018。

17.4 键合层的热阻

在我们所提出的键合方法中，键合层是通过触发原位水热反应所形成的一层高原子密度、无明显缝隙的致密膜层。虽然没有相关文献报道铝氢氧化物的详细热阻测量方法，但是部分研究提供了具有参考价值的热导率数据。在本章参考文献［63］中，相关研究人员报道了 AlO(OH) 的热导率测量结果，其数值高达 30W/(m·K)。另外，Lee 等人[64]对氧化铝和 AlO(OH) 混合物的热导率进行了测试，从而获得被测样品的热导率值为 2W/(m·K)。本章参考文献［64］还指出，通过在氧化铝材料的纳米级空隙中诱导氧化铝本身形成水合物，可以有效提高纯氧化铝的热导率。而纯氧化铝的热导率往往维持在 1~2W/(m·K) 的范围内，其热导率的相对高低取决于材料内部空隙的多少，空隙越少氧化铝的热导率越高。因此，我们保守估计 30nm 厚的键合层的

TBR_{eff}为 15~30m^2·K/GW，热导率为 1~2W/(m·K)。为支持该推论，我们通过对 AlGaN/GaN 肖特基二极管进行热模拟和电热测量来量化 TBR_{eff}[65]。

图 17.8a 描述了阴阳两极接触方式不同（阳极为肖特基接触，阴极为欧姆接触）的肖特基二极管的器件结构。图 17.8b~d 分别展示了在 Si、SCD 和 PCD 表面制备的二极管的显微放大图。二极管具有 40 指的电极结构，指与指之间的沟道宽度为 17μm，多指电极的总沟道宽度为 48mm。相比普通晶体管而言，这类二极管的优势在于两种接触电极之间的电场相对均匀。器件工作过程中的热点区域受限于电场分布，由于普通晶体管中的电场分布不均匀，导致其工作过程中的热点往往被陷域在几百纳米的区域中[66]。这就对热测量手段提出了更高的要求，比如需要借助像拉曼热成像这样的技术，才可以对晶体管沟道温度的最大值进行测定[67]。在我们所研究的这种晶体管中，有源沟道区域的温度几乎均匀增大；同时由于衬底材料的不同，造成器件的传输特性存在差异，从而导致不同衬底的器件之间的沟道温度值存在差异。在器件中，光学声子散射会导致低场电子迁移率与温度之间的函数关系从 $T^{-1.5}$降低至 T^{-2}，进而引起低场电子迁移率的急剧下降，因此沟道电阻和二极管电流对沟道温度极为敏感。

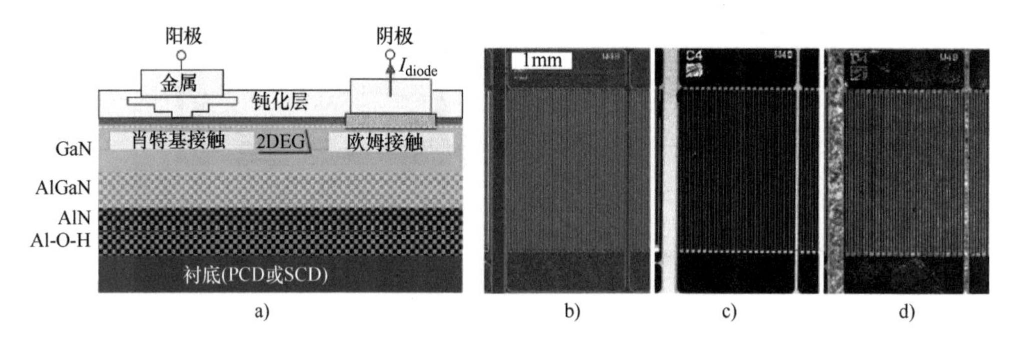

图 17.8 a）转移至金刚石表面后的具有两个接触电极（阳极和阴极）的 AlGaN/GaN 肖特基二极管的器件结构示意图；b)~d）分别为制备在 Si、SCD 和 PCD 衬底表面的二极管的显微放大图

图 a 来源：Gerrer, T., Transfer von AlGaN/GaN-Hochleistungstransistoren auf Diamant, in Fraunhofer Institute for Applied Solid State Physics, Albert-Ludwigs-Universität Freiburg 2018。

图 b~d 来源：Gerrer, T., et al., Transfer of AlGaN/GaN RF-devices onto diamond substrates via van der Waals bonding. Int. J. Microw. Wirel. Technol., 2018. 103 (5-6): p. 1-8。

我们在对热阻进行分析的过程中，主要基于两种独立的测试方法对沟道温度进行量化。第一种方法通过对比二极管工作在脉冲（脉冲宽度为 100μs）信号下的 *I-V* 特性测量结果和直流信号下的 *I-V* 特性测量结果来确定沟道温度。值得注意的是，在进行脉冲测量时，研究对象是制备在 Si 衬底表面的 AlGaN/GaN 肖特基二极管，测试过程中通过改变基板温度从而间接地对沟道温度进行设置。第二种实验方法是使用三维热分析软件对二极管沟道温度进行模拟，器件模型按照图 17.8a 中所示的器件结构进行构建，模拟过程中的热导率参数可以参考已经报道的文献资料。最后，对两种方法计算出的沟道温度进行对比分析。

我们在图 17.9a 中对图 17.8 中所示二极管的电学特性测试结果进行了汇总。首先，图中的 *I-V* 特性曲线分别对应于以 Si（红线）、PCD（蓝线）和 SCD（黑线）为衬底的二极管器件在直流信号（保持时间 10s）下的测试结果，测试过程中衬底表面施加偏压的变化范围为 0~5V，并且衬底温度在测试过程中被设置为 40℃。在此之后，将硅衬底器件的直流输入信号更换为脉冲信号，并记录 *I-V* 特性曲线。测试结果显示，当信号的脉冲宽度为 100μs 时，相同电压下的电流值大于脉冲宽度为 50μs 和 200μs 时的电流值，这是由器件中电容和电感的充电效应所致[57]，因此在器件的自热效应可以忽略不计的前提下，我们选用脉冲宽度为 100μs 的脉冲信号进行进一步研究，这也是为了获得较为接近的 *I-V* 曲线。与之不同的是，对于较小的晶体管，测试过程中通常使用脉冲宽度为 1μs 的脉冲信号[74]，那么器件的自热现象在这种情况下则无法完全忽略。在进一步的研究中，我们对不同基板温度下器件的 *I-V* 特性曲线进行了测试和对比（图 17.9a绿线渐变至红线分别对应基板温度从 25℃逐渐升高至 200℃时的测试结果），测试过程中沟道温度主要由外部基板温度所决定。如图 17.9b 所示，在特定电压、电流值下的红外热成像结果证明不同偏置点处的温度基本保持一致。然而，在实际研究过程中，我们更多地采用电学测试方法测定沟道温度而非红外成像测试，这也是因为红外成像测量的是器件表面的温度而非实际的沟道温度。在使用电学测试方法进行测定的过程中，在给定基板温度的前提下，直流信号对应的 *I-V* 曲线和脉冲信号所对应的 *I-V* 曲线的截距可用于估算沟道温度。基于此，我们在下面的热分析中对比了 Si、PCD 和 SCD 为衬底的三组器件在 5V 偏压下测得的沟道温度。

在给器件施加小偏压（1~2V）进行测试的过程中，三组二极管直流 *I-V* 曲线的斜率相接近，而 *I-V* 曲线的斜率值可以表示为器件的导通电阻［导通电阻表达式见式（17.5），使用导通电阻进行表示是因为其与晶体管的性质相关］。

$$R_{on}=\frac{l}{w}R_{ch}+R_c=\frac{l}{w}\frac{1}{q\mu_e n_s}+R_c \tag{17.5}$$

式中，l 和 w 分别为沟道的长度和宽度；R_{ch}是沟道电阻，也可以进一步表示为一个和电荷量 q 值相关的项；μ_e 为电子迁移率；n_s 为电子密度；R_c 为接触电阻。三组不同衬底的器件具有几乎一致的 R_{on}，这就意味着器件基本的电学性质，比如电子密度、电子迁移率、以及肖特基接触和欧姆接触的性质在键合过程中不发生任何改变。而在大偏压下，电场强度依然很小，因为 5V 的最大电压沿着 17μm 的长沟道逐渐衰减[73]。但是，在电流达到饱和状态时，导通电阻不再由式（17.5）确定。通常在沟道电势相对于表面电势或者内建电场明显增加时，电流饱和开始出现。沟道的夹断效应与晶体管栅极触电的负极化相类似，此时会降低沟道中的电子密度，从而达到电流的饱和状态[75]。

由式（17.5）所描述的 R_{on}的温度依赖性很大，不能用电子密度的变化来解释。在

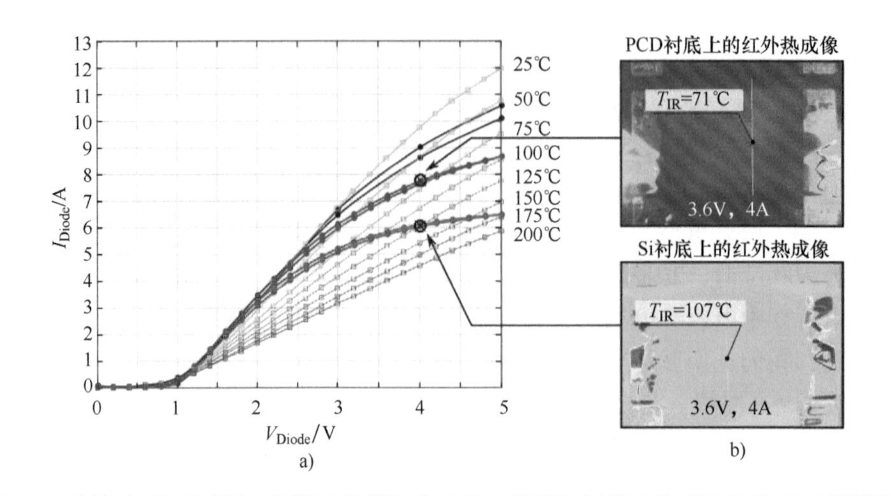

图 17.9　a）制备在 Si（红线）、PCD（蓝线）和 SCD（黑线）衬底上的 AlGaN/GaN 二极管的 I-V 特性曲线，以及基板温度在 25℃和 200℃（绿线到红线）之间变化的过程中对器件进行脉冲测试的结果（脉宽为 100μs）；b）制备在 PCD 和 Si 衬底的二极管的红外热成像测试结果

来源：Gerrer，T.，Transfer von AlGaN/GaN-Hochleistungstransistoren auf Diamant，in Fraunhofer Institute for Applied Solid State Physics，Albert-Ludwigs-Universität Freiburg 2018。

AlGaN/GaN 异质结构中，电子来源于 AlGaN 和 GaN 之间的净热电极化电荷和压电极化电荷；更准确地讲，是 AlGaN 和 GaN 之间的净热电极化，以及 AlGaN 层的伪应变所带来的净压电极化[76]。由于 AlN 和 GaN 的热电系数对温度的依赖性都比较小[77]，进而在温度升高过程中所引起的热电极化非常微弱。与之类似，由于 AlGaN 和 GaN 两种材料具有相近的弹性系数，因此由热应力所引起的净压电极化也非常微弱[57]。甚至在器件工作过程中，由器件温度升高再降温过程中所引起的薄膜热机械应力也和净热电极化电荷无关[76]。沟道电阻产生温度依赖性的来源是，极化光学声子的散射降低了低电场下的电子迁移率。因此，温度变化 100K 会导致电子迁移率下降 40%～50%（该实验过程中的迁移率数据汇总详见本章参考文献［73］），进而导致了 R_{on} 也随之增加。再比较图 17.9a 中衬底温度从 25℃变为 125℃时所获得的器件的 I-V 特性曲线后，也可以更为明显地观察到这一实验现象，在 1V 的低偏压条件下，衬底温度 25℃时的斜率（$\Delta V/\Delta I$），也即导通电阻 R_{on} 的数值为 1.15 Ω，在 125℃时的 R_{on} 值为 0.65 Ω，降低了 44%。

当偏压增大至 3～5V 时，此时电流达到饱和状态，这在传统 Si 基 PIN 型或肖特基型二极管中并不常见，这类二极管的 I-V 曲线多呈指数型。然而，对于平面结构的 AlGaN/GaN 肖特基二极管，器件缓冲层和器件表面对于载流子的捕获，会产生复杂的栅效应，从而使得电流出现饱和现象。针对该效应的详细研究可在不同偏压下通过测量二极管的 I-V 曲线来获取此时的器件温度。在图 17.9a 所展示的数据中，这种复杂的相对关系还可以通过脉冲测量手段来获取，并在测量过程中通过改变基板温度实现对于其温度依赖性的探究。在 5V 偏压下，以 SCD 为衬底的器件的饱和电流为 10.6A（SCD 衬底温度 50℃），比 Si 衬底器件的饱和电流（6.5A）高 60%（Si 衬底温度 100℃），比 PCD 衬底器件的饱和电流（8.7A）高 20%（PCD 衬底温度 175℃）。在使用脉冲测量法计算沟道温度的过程中，采用脉冲宽度为 100μs 的测试信号，此时由沟道自热现象引起的误差不能被完全忽略。因此为了对实验结果提供更为有利的支撑，我们在 COMSOL 软件中借助有限元分析手段对沟道温度进行了模拟研究，这也正是我们在前文中所提到的第二种沟道温度研究手段。

有限元分析手段允许将 GaN 和金刚石键合层的 TBR_{eff} 值进行量化处理。在软件中以作为热源的沟道区域作为参照构建研究模型，模拟过程中假设制备在 SCD、PCD 和 Si 衬底表面的器件均工作在 5V 偏压下，并且具有各自的功率水平。在图 17.8a 中，在 Si 衬底上生长的外延膜包含 AlN 成核层、Al-Ga-N 渐变缓冲层和 GaN 沟道层。这些材料的热导率与其结晶性、膜厚以及点缺陷密度息息相关。对于 Al-Ga-N 缓冲层这样的固溶体而言，当 Al 含量达到 50%时，固溶体 $Al_{0.5}$-$Ga_{0.5}$-N 内部点缺陷密度接近最大，从而其热导率较低。在已经报道的实验结果中[78]，Al-Ga-N 器件在 300K 时的热导率在 Al 含量为 0%时（纯 GaN）约为 160W/(m·K)，当 Al 含量提升至 50%时($Al_{0.5}$-$Ga_{0.5}$-N) 约为 160W/(m·K)，继续增加 Al 含量至 100%之后（纯 AlN）热导率提升至约 250W/(m·K)[79]。基于此，在我们进行模拟研究的过程中，将 1.1μm 厚的 Al-Ga-N 层的热导率设置为 25W/(m·K)；之后将厚度为 150nm 的 AlN 成核层的热导率设置为约 19W/(m·K)（测量过程详见本章参考文献［80］），该热导率数值相比 AlN 块体材料大幅减小的原因是，薄膜状态下材料的厚度较小，从而导致缺陷密度升高以及边界散射现象出现，致使 AlN 膜层的热导率下降；最后将厚度为 2.7μm 的 GaN 沟道层的热导率设置为 160W/(m·K)，这也是因为该层中 GaN 具有较高的洁净度；在模拟过程中使用的其他材料参数也在表 17.2 中进行了更为详细的介绍。

表 17.2　器件热模拟过程中所依据的材料参数

材料	d/μm	κ/[W/(m·K)]	$\alpha(\kappa \propto T^{\alpha})$(-)	参考文献
GaN	2.7	160	1.4	[66]
$Al_xGa_{1-x}N$ 缓冲层	1.1	25	—	[78]
AlN	0.15	19	—	[80]
Si	675	148	1.65	[81]
SCD	300	2200	1.85	[81]
PCD	300	1500	1.85	[81]

图 17.10 展示了制备在 Si 衬底表面的 AlGaN/GaN 肖特基二极管的热学模拟结果，器件模型剖面结构与 $\frac{1}{4}$ 热分析区域如图 17.10a 所示，整体器件模型和热分析结果如

图 17. 10b所示。在模拟过程中，在 SCD、PCD 和 Si 三种衬底的器件的沟道区域分别施加 $65W/mm^2$、$53W/mm^2$ 和 $40W/mm^2$ 的热负荷，每种器件的沟道长度为 17μm，宽度为 1. 2μm。在所有器件模型中，衬底上制备的 AlN 成核层的厚度均为 150nm，其 TBR_{eff} 值为 $8m^2 \cdot K/GW$。模拟结果显示 Si 衬底器件的最高温度达到 149℃，略低于实验中测得的 175℃。在 SCD 和 PCD 衬底器件中，除了成核层外，模拟器件结构中还含有 30nm 厚的键合层，其热导率未知，但是从图 17. 9 中的实验结果中可以发现以 PCD 为衬底器件的热阻明显高于 SCD 衬底器件的热阻。基于此，我们在模拟过程中设置以 SCD 为衬底的器件键合层 TBR_{eff} 值为 $10 \sim 100m^2 \cdot K/GW$，这导致沟道温度的峰值在 55～59℃ 范围内，该模拟结果与实验结果（约 50℃）相接近，这也表明 TBR_{eff} 值的设置较为合理。对于以 PCD 为衬底的器件，由于其热导率较之 SCD 较小，因此沟道温度的实测值较高（100℃）；但是其中金刚石部分对热阻的贡献较小，器件热阻的决定性因素来源于 Al-Ga-N 缓冲层和键合层。模拟过程中，我们需要将以 PCD 为衬底的器件的 TBR_{eff} 值设置为 $1000m^2 \cdot K/GW$，才可以得到与实验结果相吻合的模拟结果（该模拟条件下的沟道温度模拟值为 96℃）。对此，具体到实际的器件制备过程中，我们推测 TBR_{eff} 值较大的原因是键合过程不佳。在图 17. 9b 中我们也确实在红外热成像结果中观测到了键合过程不佳所带来的实验现象，尽管测试过程中对二极管均匀加热，但是依然可以发现热成像图的颜色分布不均，其中存在微小的颜色变化。

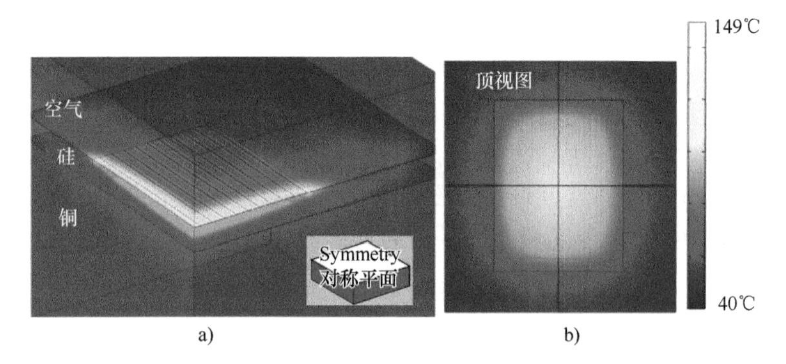

图 17. 10 制备在 Si 表面的 AlGaN/GaN 肖特基二极管的 3D 热学模拟结果：a）器件模型和热分析区域的$\frac{1}{4}$部分示意图；b）二极管器件的整体模型图与热分析结果

来源：Gerrer，T.，Transfer von AlGaN/GaN-Hochleistungstransistoren auf Diamant，in Fraunhofer Institute for Applied Solid State Physics，Albert-Ludwigs-Universität Freiburg 2018。

针对 SCD、PCD 和 Si 衬底器件，表 17. 3 中汇总了实验所获得的沟道温度（T_{exp}）和模拟获得的沟道温度（T_{sim}）。实验过程中忽略 100μs 脉冲信号所引起的自热效应，并假设沟道温度受基板温度所控制。通过这种方法，获取了 SCD、PCD 和 Si 衬底器件在基板温度为 50℃、100℃和 175℃时的沟道温度。基于实验结果，可对金刚石衬底器

件中键合层的 TBR_{eff}值进行估算。进一步在对 SCD 衬底器件进行模拟研究的过程中，当设置 TBR_{eff}值为 10～100m²・K/GW 时，器件的沟道温度为 55～59℃，这与实验结果接近。然而，针对无定形的铝的氢氧化物膜层，结合其热导率的初步估算值，可以预计 30nm 膜层的 TBR_{eff}值为 15～30m²・K/GW。

表 17.3　制备在 SCD、PCD 和 Si 衬底上的器件在 5V 偏压下的沟道温度最大值

衬底材料	P_{Joule}@ 5V/(W/mm²)	T_{exp}/℃	T_{sim}/℃	TBR_{eff}/(m²・K/GW)
SCD(300μm)	65	50	55～59	10～100
PCD(300μm)	53	100	96	1000
Si(675μm)	40	175	149	0

17.5　金刚石衬底器件的 3GHz 射频性能

在作为射频放大器的 AlGaN/GaN 晶体管中，栅极极化会对器件的沟道电阻进行谐波调制，从而在长度仅为 0.5μm 的沟道中产生数瓦的热量。另外，热量分布则取决于偏压大小和电极板的结构设计。对于 SiC 基 GaN 器件而言，在 5W/mm[82]的中功率密度下，器件温度已经超过了 150℃，这将会对器件的可靠性[83]和性能[84]产生较大影响。在本节中，我们将介绍键合在 SCD 衬底表面的 AlGaN/GaN 晶体管在 3GHz 信号的负载牵引测试结果，以及有限元热仿真结果。

图 17.11 中展示了在 Si 生长衬底表面（见图 17.11a），以及键合至 SCD 表面（见图 17.11b）之后的两栅指型和六栅指型 AlGaN/GaN 晶体管的器件结构（图 17.11c 和 d 分别对应于 Si 衬底和 SCD 衬底器件）。SCD 衬底由德国 AuDiaTec GmbH 公司提供。所有的晶体管起初都制备在相同的衬底表面，制备过程中保持相同的器件设计。具体而言，器件的栅极保持相同的单指尺寸（长 0.5μm，宽 300μm，相邻栅指之间的间距为 60μm）。两栅指结构的栅极边缘宽度为 600μm，六栅指结构的栅极边缘宽度为 1.8mm。六栅指型 AlGaN/GaN 晶体管也是目前报道的最大的、制备在金刚石衬底上的 GaN 晶体管[85]。图 17.11e 展示了 Si 衬底和晶体管顶部金属电极膜层的扫描电子显微镜（Scanning Electron Microscopy，SEM）剖面形貌图。从图 17.11e 的插图中，我们可以观察到 2μm 厚的缓冲层，其中包含了晶面间距在 25nm、总厚度约为 1.2μm 的 Al-Ga-N 超晶格层（缓冲层下方），以及 0.8μm 厚的沟道层（缓冲层上方）。超晶格层提供了良好的电压阻断能力[86]，同时还在 GaN 薄膜的生长过程中引入了有益的抗压应力[59]。但是，相比 GaN 热阻而言，超晶格结构的热阻值极大。厚度较大的超晶格层相对 GaN 层和金刚石衬底而言，几乎可被视作热绝缘体，这阻碍了金刚石衬底发挥其良好的热性能。

图 17.12 展示了制备在 Si 衬底表面和 SCD 衬底表面、尺寸为 2×300μm 的晶体管，

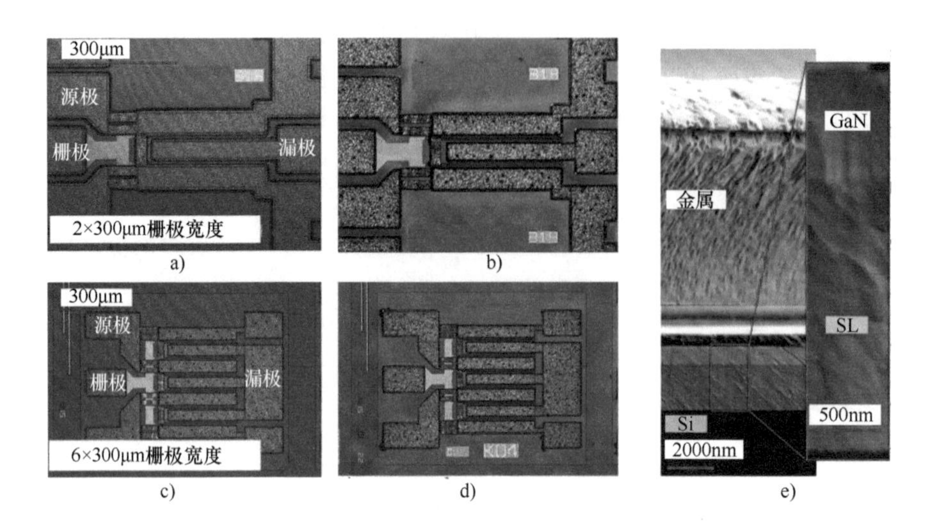

图 17.11　a）和 c）为键合在 Si 衬底表面的 AlGaN/GaN 器件的显微放大图；b）和 d）为键合在 SCD 衬底表面的 AlGaN/GaN 器件的显微放大图；e）制备在 Si 衬底表面的 GaN 器件的金属/GaN/超晶格层/Si 界面的 SEM 图（插图为超晶格层和 GaN 接触界面的结构放大图）

来源：Gerrer，T.，et al.，3GHz RF measurements of AlGaN/GaN transistors transferred from silicon substrates onto single crystalline diamond. AIP Adv.，2019. 9（12）。

在 50V 偏压下进行 3GHz 负载牵引测试时得到的功率附加效率（Power Added Efficiency，PAE）和输出功率密度（P_{out}）。在测试过程中，晶体管在连续波操作下被偏置。每个测量点都对应于该测试条件下的负载阻抗和晶体管的输入功率。对于以 SCD 为衬底的晶体管，通过扩展图中负载点的最大范围，可使器件的 PAE 和 P_{out} 显著增大。通过调整负载条件，可使器件获得 PAE 和 P_{out} 的最大值，对于 Si 基 GaN 型器件，可在相应的最佳负载条件下使 PAE 达到最大值（51%），另外也可使 P_{out} 在相应的条件下达到最大值（6. 8W/mm）；对于 SCD 基 GaN 型器件，PAE 最大值为 58%（此时 P_{out} 值为 6. 8W/mm），P_{out} 最大值为 7. 8W/mm（此时 PAE 值为 52%）。PAE 的增加和膝点电压（与温度相关）有关。AlGaN/GaN 肖特基二极管的 R_{on} 在不同的基板温度下增加 50%的过程中（见图 17. 9a），作为晶体管线性区和饱和区的分界点，膝点电压的数值随着沟道温度的升高而逐渐降低。但是，当偏压为 50V 时，其远大于膝点电压，此时上述现象则并不明显。因此 P_{out} 随温度的降低可以视为由栅极附近在高电场作用下的饱和电压的变化所引起，其中饱和电压对温度具有依赖性。根据本章参考文献［87］的计算结果，温度升高 100K（在 300～600K 的温度范围内）GaN 中的电子饱和速率预计下降约 7%。目前，相比 Si 衬底器件，金刚石衬底器件的最大 P_{out} 值增加了 15%，温差预计为 200K 左右。但是，Daewish 等人[84]测量并对比了四个不同器件制备厂商使用不同制备技术生产的器件之后，发现有些器件的 P_{out} 与温度呈正相关，而有些则呈负相关，该结果也意味着 P_{out} 与沟道温度之间的相互依赖关系较为复杂。

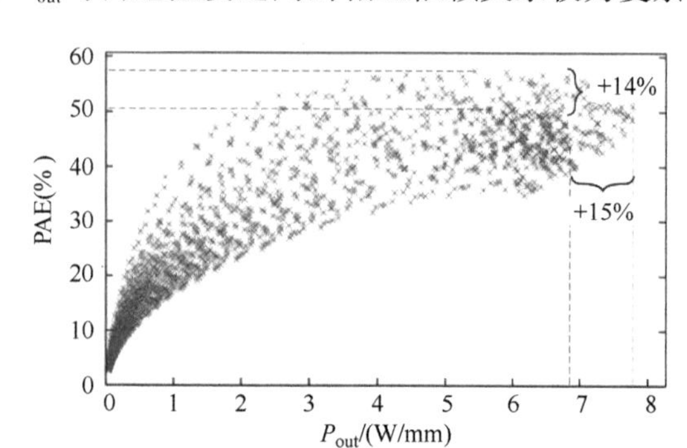

图 17.12 键合在 Si 和 SCD 衬底表面的 2×300μm 尺寸 AlGaN/GaN 晶体管的 3GHz 负载牵引测试结果

来源：Gerrer，T.，et al.，3GHz RF measurements of AlGaN/GaN transistors transferred from silicon substrates onto single crystalline diamond. AIP Adv.，2019.9（12）。

在 50V 测试实验结果的基础上，我们使用 10μs 的脉冲信号，对以 SCD 为衬底的 AlGaN/GaN 晶体管进行脉冲测试，并研究了最大漏极偏置电压对器件的影响。在短暂的高电平时间段内，器件的自热现象并不明显，器件的任何故障都可归结为击穿现象的发生。表 17.4 中列出了以 SCD 为衬底、尺寸为 2×300μm 的晶体管在 70V 偏压下工作至失效前的全部测试结果。在同样的测试条件下，P_{out} 数值从 50V 偏压下的 8.6W/mm 增大到 60V 偏压下的 9.6W/mm，继续增大偏压至 70V 后 P_{out} 数值增大到 10W/mm。另外，值得注意的是，在 70V 偏压下进行负载牵引测试的过程中，晶体管发生了损坏，推测其原因是晶体管在高电场和脉冲信号的双重作用下被击穿。假设在沟道被夹断的瞬间，70V 电压在 500nm~1.5μm 的短沟道区域均匀下降，平均最大场强为 0.6~1.4MV/cm，该数值位于 GaN 的 3MV/cm 临界场强范围内。如此大的场强，再加上脉宽为 10μs 的脉冲信号，预计会导致沟道被击穿。因此，我们认为 70V 电压是研究以金刚石为衬底的基于 Al-Ga-N 超晶格层的 AlGaN/GaN 器件技术中所使用的最大偏置电压。相对于传统的 Si 基 GaN 技术，我们所提出的 SCD 基 GaN 键合技术可以显著改善器件的电热性能，与此同时，也注意到 Al-Ga-N 超晶格缓冲层是器件中有待优化的外延膜层，其存在使得我们提出的金刚石键合技术难以充分发挥其潜在价值。

表 17.4 制备在 SCD 衬底上的 2×300μm AlGaN/GaN 晶体管 3GHz 负载牵引测试参数

测试序列	操作模式	V_{DS}/V	P_{out}/(W/mm)	P_{tot}/W	PAE(%)
1	连续波	50	7.8	4.7	55
2	10μs 脉冲	50	8.6	5.2	55
3	10μs 脉冲	60	9.6	5.8	55

（续）

测试序列	操作模式	V_{DS}/V	P_{out}/(W/mm)	P_{tot}/W	PAE(%)
4	10μs 脉冲	70	10	6.0	55
on Si	连续波	50	6.8	4.1	51

此后，我们将尺寸为2×300μm的晶体管替换为6×300μm的AlGaN/GaN晶体管，并进行3GHz下的负载牵引测试。与之前测试不同，此次测试使用脉宽为10μs的脉冲信号和连续波交替作用进行负载牵引测试。表17.5展示了偏压从50V增大到60V（此时晶体管损坏）的过程中负载牵引测试的各项参数设置和测试结果。当漏极偏压为55V时，最大连续输出功率密度 P_{out} 值为8.0W/mm，器件最小的击穿电压也从70V（对应于2×300μm尺寸的晶体管）降低60V（对应于6×300μm尺寸的晶体管），这一结果是在高电场和沟道临界温度升高的共同作用下产生。另外，6×300μm晶体管在测试过程中也表现出了和2×300μm晶体管相接近的性能，在50V偏压下，连续波测试结果显示此时的 P_{on} 最大值为7.7W/mm，比两栅指型晶体管的测试结果小0.1W/mm；而脉冲测试结果显示此时 P_{on} 最大值为8.2W/mm，比两栅指型晶体管的测试结果小0.4W/mm。因此，对于60μm栅极间距的器件，当把其制备在SCD衬底上之后，会有效降低大尺寸器件的热串扰，使热量从每个栅指中有效地耗散出去，从而提升器件性能。而不同尺寸地两种器件之间 P_{on} 和PAE的差异来源是，对于6×300μm晶体管而言，其较大的器件外围尺寸会带来更大的栅极电容。我们注意到，在55V偏压下获得8.0W/mm连续输出功率密度 P_{out} 的同时，器件总功率达到了14.4W，这也是目前报道的制备在金刚石衬底表面的GaN器件的最大射频输出功率。在第二部分中，我们用过3D有限元热分析佐证之前的电学分析结果。

表17.5　制备在SCD衬底上的6×300μm AlGaN/GaN晶体管3GHz负载牵引测试参数

测试序列	操作模式	V_{DS}/V	P_{out}/(W/mm)	P_{tot}/W	PAE(%)
1	10μs 脉冲	50	8.2	14.8	51
2	连续波	50	7.7	13.9	51
3	10μs 脉冲	55	8.8	15.8	50
4	连续波	55	8.0	14.4	50
5	10μs 脉冲	60	9.2	16.6	52
6	连续波	60	—	—	—

图17.13中给出了两栅指器件中GaN层热点区域在横向（见图17.13a）和垂直方向（见图17.13b）上的有限元热分析结果，红色线和黑色线分别对应于Si基GaN和SCD基GaN型器件的测试结果，其中前者在之前的电学分析实验中的 P_{out} 测试结果为6.8W/mm和后者的 P_{out} 测试结果为7.8W/mm。鉴于器件结构的对称性，将模型简化为

$\frac{1}{4}$个晶体管结构。图 17.13c 展示了以 Si 为衬底的器件结构模型图。从中可以看出，器件模型中含有 SiN_x 钝化层，0.8μm 厚的沟道层，2μm 厚的超晶格缓冲层，150nm 厚的 AlN 成核层以及 Si 衬底。模拟过程中在 GaN 层的上方设置一个长度为 500nm、宽度与之前 3MHz 实验过程中使用的器件的栅极宽度一致的平面热源。在模拟过程中假设热负荷数值保持恒定进而对 P_{out}进行测量，这种处理方式在 PAE 数值为 50%的情况下是合理的，在此情况下消耗的直流功率等于产生的射频输出功率。GaN 层和 AlN 层的热参数与我们之前模拟的肖特基二极管相同（各项参数详见表 17.2）。相比之下，该器件模型中唯一新介入的部分是超晶格缓冲层，并且这里的热导率由 AlGaN、GaN、其他材料[88]之间的散射界面所决定，并且其有效热导率在 Koh 等人的研究工作中被降低至 10W/(m·K)。由于超晶格层较大的热阻，我们将 AlN 成核层和键合层的热阻值假定为 15~30m^2·K/GW，这对器件整体热阻和器件工作温度基本没有影响。在横向方向上(见图 17.13a)，尽管 SCD 衬底器件的热负荷值较大，但是其热点区域温度（260℃）小于 Si 衬底器件的热点区域温度（341℃）。在两栅指之间（x = 0），Si 衬底器件在该区域的温度降低至 108℃；相比之下，SCD 衬底器件在该区域的温度则为 46℃，与模型中铜负载背面的基板温度（40℃）基本一致。图 17.13b 中描述了在两种衬底表面制备的器件中，高热阻的超晶格区域的温度均改变了近 150K。厚度为 650μm 的 Si 衬底，尽管厚度远大于超晶格缓冲层，但是其温度在该过程中仅升高了 100K，而 SCD 衬底的温度值较之更小。热分析结果还显示，同样是两栅指型器件，SCD 衬底器件比 Si 衬底器件的 P_{out}值提高了 15%，这是由于两者的温度相差了 80K。但是 P_{out}值在较高温度下的依赖性，不仅仅取决于饱和速率，同时也有可能取决于 200K 的温度差异，这一实验现象也在 Dar-wish 等人的研究工作中被发现，从而揭示了 P_{out}对温度依赖性的原理性解释相对复杂。

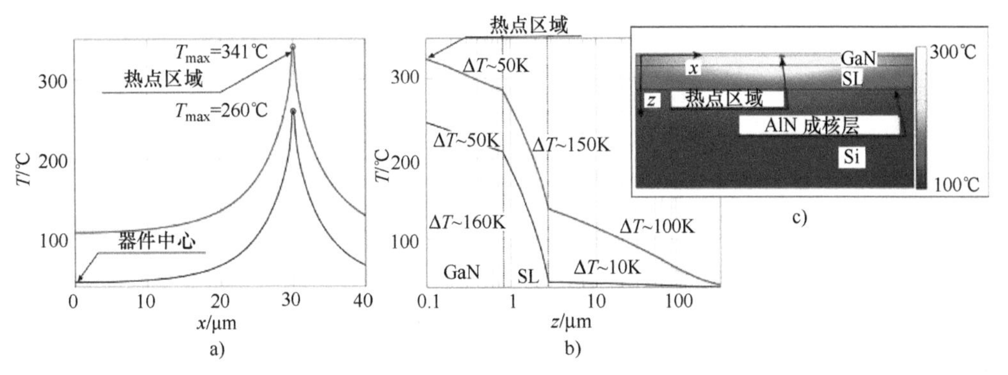

图 17.13 在 50V 偏置电压下，2×300μm 尺寸 Si 基 GaN（红线）和 SCD 基 GaN（黑线）型晶体管内横向 a）和垂直方向 b）的温度分布；c）沟道区域侧视图

来源：Gerrer，T.，et al.，3GHz RF measurements of AlGaN/GaN transistors transferred from silicon substrates onto single crystalline diamond. AIP Adv.，2019.9（12）。

此后，我们对比研究了6×300μm尺寸、分别制备在SCD衬底、SiC衬底以及Si衬底表面的GaN晶体管的热性能。为了公平地对比SiC基GaN型器件的热性能，我们在构建器件模型的过程中移除了超晶格缓冲层、换而言之，在GaN层直接沿着SiC外延生长，中间不夹杂有任何复杂且热性能差的结构[90]。图17.14展示了Si基GaN（红色线）、SiC基GaN（绿色线）和SCD基GaN（黑色线）的期间温度模拟分布结果，模拟过程中保持热负载同为8.0W/mm（对应于上文中在55V偏压下测试SCD衬底器件的情况），并对沟道横向（见图17.14a）和垂直方向（见图17.14b）上的温度值的模拟结果进行记录。模拟结果显示（见图17.14a），Si基GaN、SiC基GaN和SCD基GaN型器件的两指栅极之间的热点区域温度分别为527℃、185℃和273℃。其中，硅衬底器件的热点温度比SCD衬底器件高出250K，这与Si较小的热导率以及器件两栅指之间在184℃下的严重热串扰相关。但是SiC衬底器件的热点温度比SCD衬底器件低100K。因此，即便SCD衬底器件具有优异的热导率以及较低的指栅间热串扰（49℃对于SCD基GaN型器件；86℃对于Si基GaN器件），但是依旧无法弥补超晶格缓冲层大热阻带来的器件整体热性能的劣化。超晶格缓冲层对器件热性能的影响在图17.14b中被体现出来，在该图中详细展示了各器件层对热阻的贡献。对于Si基GaN（红色）和SCD基GaN（黑色），超晶格缓冲层的存在使得热点温度增加了170~200K。然而，在SiC衬底表面的GaN层和衬底之间的温度仅仅由于AlN成核层的存在增加了15K，此时的有效边界热阻为10m²·K/GW。我们注意到超晶格层热阻较大的原因是，首先其热导率较低，其次该结构靠近热点区域。

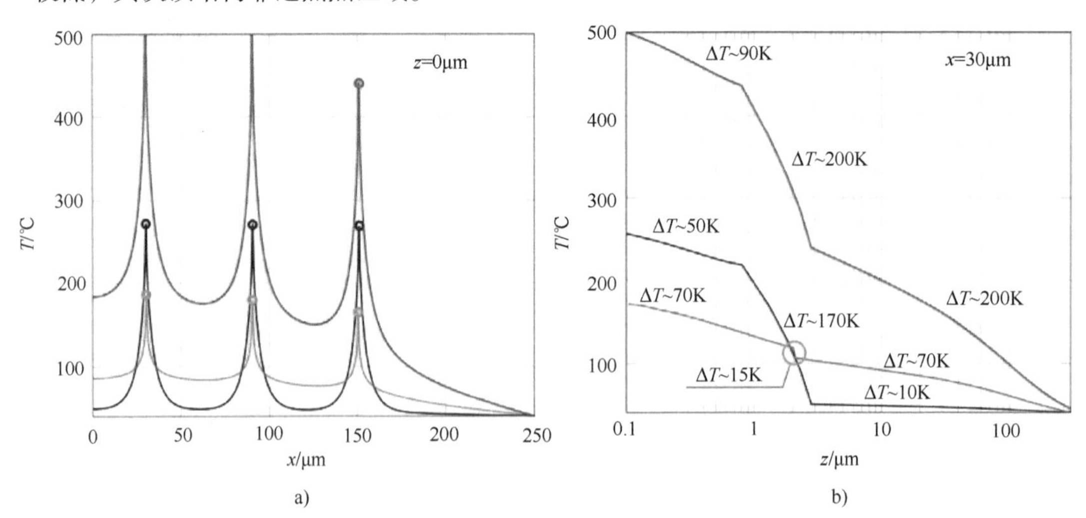

图17.14 热负荷为8.0W/mm的条件下，制备在Si（红线）、SiC（绿线）和SCD（黑线）表面的6×300μm尺寸AlGaN/GaN晶体管内横向a）和垂直方向b）的温度分布

来源：Gerrer，T.，et al.，3GHz RF measurements of AlGaN/GaN transistors transferred from silicon substrates onto single crystalline diamond. AIP Adv.，2019.9（12）。

基于上述分析，我们发现所提出 GaN 器件在金刚石表面的键合技术显著提高了 GaN 射频晶体管在 3GHz 射频信号下的电热性能。但键合过程中形成的 2μm 厚的超晶格缓冲层，使 GaN 层和衬底之间存在较大热阻，这一点极大限制了 SCD 衬底器件的热性能。然而，SCD 衬底两栅指型器件的 P_{out}（7.8W/mm）相比 Si 衬底两栅指型器件（6.8W/mm）提高了 15%，这一现象同样出现于六栅指型器件的测试结果中。其原因是金刚石衬底良好的热扩散性减弱了栅指之间的热串扰，甚至可以忽略其影响。有限元热分析的结果还显示，Si 衬底表面与 SCD 衬底表面的两栅指型器件的峰值温差为 80K。然而，六栅指型晶体管在 8W/mm 的耗散功率密度下的对比（分别对比了 Si 基 GaN、SiC 基 GaN 和 SCD 基 GaN 三种类型的器件）模拟结果显示，不含有超晶格缓冲层的 SiC 基 GaN 型器件具有更小的峰值温度。为了进一步优化所提出的键合技术，我们认为必须在器件转移之间去除此类超晶格缓冲层。

17.6 小结

在本章中，我们展示了将外延生长的 AlGaN/GaN 器件层从生长衬底表面转移并键合至 Si、PCD 和 SCD 表面的工艺流程。该键合技术主要基于 AlN 成核层和水层之间的原位反应过程，期间 AlN 层会发生化学转化过程，形成 30nm 厚的铝氧化物或氢氧化物膜层。键合层在原位形成的过程中发生结晶行为，并逐步填充器件膜层和衬底之间的间隙，从而在 GaN 异质结构和金刚石衬底之间形成致密且结合强度较高的键合层。并且，键合层较强的机械强度已经在划痕实验、扩展热机械应力测试和扫描声学显微镜的测试过程中得到了充分证实。借助这种键合手段，可以将诸如 AlGaN/GaN 这样的肖特基二极管和晶体管键合至 9mm 金刚石衬底表面，并在键合处形成均质键合层。

我们以 AlGaN/GaN 器件为例评估了 PCD 和 SCD 衬底器件键合层的热性能。测量结果显示，饱和电流与温度之间具有较强的依赖关系。进一步，我们基于脉冲测量手段获取器件工作过程中的 *I-V* 曲线，并借助有限元分析确定沟道温度，从而对键合层热阻进行了量化。基于此，我们对键合在 SCD 衬底表面的 AlGaN/GaN 肖特基二极管进行了热分析，并认为其 TBR_{eff}值有可能为 10~100m^2·K/GW。然而，我们分析的精准性受 $Al_xGa_{1-x}N$ 器件应力释放层的制约，并且应力释放层的热导率较小，进而在器件总热阻中占主导地位。对于无定形氧化铝膜层，结合其热导率的初步估算值，可以预测其 TBR_{eff}值为 15~30m^2·K/GW。

鉴于氧化铝和氢氧化铝层良好的电绝缘性（禁带宽度计算值为 5eV[91]），本章涉及的键合技术也可应用于 AlGaN/GaN 高频放大器的制备过程中。为此，我们尝试将 3GHz 射频放大器键合到 SCD 衬底表面。与 Si 衬底器件相比，SCD 衬底器件的性能得到了显著提高，例如在 50V 偏压下，SCD 衬底器件的输出功率为 7.8W/mm，相比 Si 衬底器件（6.8W/mm）提高了 15%。根据模拟计算结果，造成该结果的原因可能是两器件在工作时的沟道温度相差 80K。此外，我们还对比了指栅结构对器件性能的影响，结果显示在相邻两个栅指之间的间距为 60μm 时，可以获得最佳的指间热扩散性能。

另外值得提及的问题是，我们在本章中所介绍技术的缺点在于该技术仅适用于 AlGaN/GaN异质结构的半导体器件，比如由 $Al_xGa_{1-x}N$ 构成的肖特基型器件和基于 AlGaN/GaN 超晶格的射频器件。我们在热仿真的过程中也发现，同样是 6×300μm 的晶体管，在不去除缓冲层的情况下，SCD 衬底器件的温度明显高于 SiC 衬底器件，这也是因为低热导率的缓冲层在器件总热阻中占主导地位。因此，该技术目前仍不具备和在 SiC 表面制备 GaN 器件的技术相竞争的能力。然而，在去除这些缓冲层之后，我们提出的键合技术有可能在高功率 AlGaN/GaN 器件中具备一定的应用前景和竞争性。

参考文献

[1] S. Nakamura, S. Pearton, G. Fasol, The Blue Laser Diode: The Complete Story, Springer Science & Business Media, 2000.
[2] R. Aigner, MEMS in RF filter applications: thin-film bulk acoustic wave technology, Sens. Update 12 (1) (2003) 175–210.
[3] B.J. Baliga, Gallium nitride devices for power electronic applications, Semicond. Sci. Technol. 28 (7) (2013), 074011.
[4] U.K. Mishra, et al., GaN-based RF power devices and amplifiers, Proc. IEEE 96 (2) (2008) 287–305.
[5] L. Liu, J.H. Edgar, Substrates for gallium nitride epitaxy, Mater. Sci. Eng. R Rep. 37 (3) (2002) 61–127.
[6] E. Yablonovitch, et al., Van der Waals bonding of GaAs epitaxial liftoff films onto arbitrary substrates, Appl. Phys. Lett. 56 (24) (1990) 2419–2421.
[7] P. Ramm, J.J.-Q. Lu, M.M.V. Taklo (Eds.), Handbook of Wafer Bonding, Wiley-VCH Verlag GmbH & Co. KGaA, Weinheim, Germany, 2012.
[8] P. Bowen, et al., Degradation of aluminum nitride powder in an aqueous environment, J. Am. Ceram. Soc. 73 (3) (1990) 724–728.
[9] R. Brill, I. Melczynski, Über hydrothermales Sintern, Angew. Chem. 76 (1) (1964) 52.
[10] A. Egashira, et al., Formation of anti-reflection coating by hydrothermal treatment of aluminum films and their stabilization by dehydration, Mater. Trans. 54 (6) (2013) 1025–1028.
[11] A. Dakskobler, A. Kocjan, T. Kosmač, Porous alumina ceramics prepared by the hydrolysis-assisted solidification method, J. Am. Ceram. Soc. 94 (5) (2011) 1374–1379.
[12] C. Stehl, et al., Thermal diffusivity of heteroepitaxial diamond films: experimental setup and measurements, Diamond Relat. Mater. 19 (7–9) (2010) 787–791.
[13] E. Wörner, et al., Thermal conductivity of CVD diamond films: high-precision, temperature-resolved measurements, Diamond Relat. Mater. 5 (6–8) (1996) 688–692.
[14] M. Füner, C. Wild, P. Koidl, Novel microwave plasma reactor for diamond synthesis, Appl. Phys. Lett. 72 (1998) 1149–1151.
[15] M. Fischer, et al., Preparation of 4-inch Ir/YSZ/Si(001) substrates for the large-area deposition of single-crystal diamond, Diamond Relat. Mater. 17 (7) (2008) 1035–1038.
[16] M. Schreck, et al., Ion bombardment induced buried lateral growth: the key mechanism for the synthesis of single crystal diamond wafers, Sci. Rep. 7 (2017) 44462.
[17] C. Song, et al., Fundamental limits for near-junction conduction cooling of high power GaN-on-diamond devices, Solid State Commun. 295 (2019) 12–15.

[18] T. Gerrer, et al., Thermal design rules of AlGaN/GaN-based microwave transistors on diamond, IEEE Trans. Electron Devices (2021) 1–7.
[19] G.D. Via, et al., Wafer-scale GaN HEMT performance enhancement by diamond substrate integration, Phys. Status Solidi C 11 (3–4) (2014) 871–874.
[20] J. Cho, et al., Phonon conduction in GaN-diamond composite substrates, J. Appl. Phys. 121 (5) (2017), 055105.
[21] H. Sun, et al., Reducing GaN-on-diamond interfacial thermal resistance for high power transistor applications, Appl. Phys. Lett. 106 (11) (2015), 111906.
[22] J.W. Pomeroy, et al., Low thermal resistance GaN-on-diamond transistors characterized by three-dimensional Raman thermography mapping, Appl. Phys. Lett. 104 (8) (2014) 83513.
[23] M.C. Wingert, et al., Thermal transport in amorphous materials: a review, Semicond. Sci. Technol. 31 (11) (2016), 113003.
[24] M.J. Tadjer, et al., GaN-on-diamond HEMT technology with T AVG = 176°C at P DC, max = 56 W/mm measured by transient thermoreflectance imaging, IEEE Electron Device Lett. 40 (6) (2019) 881–884.
[25] D. Liu, et al., Impact of diamond seeding on the microstructural properties and thermal stability of GaN-on-diamond wafers for high-power electronic devices, Scr. Mater. 128 (2017) 57–60.
[26] O.A. Williams, Nanocrystalline diamond, Diamond Relat. Mater. 20 (5–6) (2011) 621–640.
[27] Y. Zhou, et al., Barrier layer optimization for enhanced GaN-on-diamond device cooling, ACS Appl. Mater. Interfaces 9 (39) (2017) 34416–34422.
[28] E.J.W. Smith, et al., Mixed-size diamond seeding for low-thermal-barrier growth of CVD diamond onto GaN and AlN, Carbon 167 (2020) 620–626.
[29] T. Yoshikawa, et al., Electrostatic self-assembly of diamond nanoparticles onto Al- and N-polar sputtered aluminum nitride surfaces, Nanomaterials (Basel, Switzerland) 6 (11) (2016) 217.
[30] S. Mandal, et al., Thick, adherent diamond films on AlN with low thermal barrier resistance, ACS Appl. Mater. Interfaces 11 (43) (2019) 40826–40834.
[31] F. Mu, et al., High thermal boundary conductance across bonded heterogeneous GaN-SiC interfaces, ACS Appl. Mater. Interfaces 11 (36) (2019) 33428–33434.
[32] F. Mu, R. He, T. Suga, Room temperature GaN-diamond bonding for high-power GaN-on-diamond devices, Scr. Mater. 150 (2018) 148–151.
[33] V.B. Kumar, et al., The interaction between molten gallium and the hydrocarbon medium induced by ultrasonic energy-can gallium carbide be formed? J. Am. Ceram. Soc. 100 (7) (2017) 3305–3315.
[34] J.C. Kim, et al., Challenging endeavor to integrate gallium and carbon via direct bonding to evolve GaN on diamond architecture, Scr. Mater. 142 (2018) 138–142.
[35] W.S. Wong, et al., Continuous-wave InGaN multiple-quantum-well laser diodes on copper substrates, Appl. Phys. Lett. 78 (9) (2001) 1198–1200.
[36] P.C. Chao, et al., GaN-on-diamond HEMTs with 11W/mm output power at 10GHz, MRS Adv. 1 (2) (2016) 147–155.
[37] C.-F. Chu, et al., Study of GaN light-emitting diodes fabricated by laser lift-off technique, J. Appl. Phys. 95 (8) (2004) 3916–3922.
[38] K.J. Lee, et al., Bendable GaN high electron mobility transistors on plastic substrates, J. Appl. Phys. 100 (12) (2006), 124507.
[39] B. Lu, T. Palacios, High breakdown (1500 V) AlGaN/GaN HEMTs by substrate-transfer technology, IEEE Electron Device Lett. 31 (9) (2010) 951–953.
[40] H.-S. Lee, et al., (invited) hybrid wafer bonding and heterogeneous integration of GaN HEMTs and Si (100) MOSFETs, ECS Trans. 50 (9) (2013) 1055–1061.

[41] J.W. Chung, et al., Seamless on-wafer integration of Si(100) MOSFETs and GaN HEMTs, IEEE Electron Device Lett. 30 (10) (2009) 1015–1017.
[42] D. Francis, et al., Formation and characterization of 4-inch GaN-on-diamond substrates, Diamond Relat. Mater. 19 (2–3) (2010) 229–233.
[43] C.S. Tan, R.J. Gutmann, L.R. Reif, Wafer Level 3-D ICs Process Technology, Integrated Circuits and Systems, Springer-Verlag US, Boston, MA, 2008.
[44] P. Garrou, M. Koyanagi, P. Ramm (Eds.), Handbook of 3D Integration, Wiley-VCH Verlag GmbH & Co. KGaA, Weinheim, Germany, 2014.
[45] J. Burghartz (Ed.), Ultra-thin Chip Technology and Applications, Springer New York, New York, NY, 2011.
[46] D.J. Rogers, et al., Use of ZnO thin films as sacrificial templates for metal organic vapor phase epitaxy and chemical lift-off of GaN, Appl. Phys. Lett. 91 (7) (2007), 071120.
[47] D.J. Meyer, et al., Epitaxial lift-off and transfer of III-N materials and devices from SiC substrates, IEEE Trans. Semicond. Manuf. 29 (4) (2016) 384–389.
[48] J.-S. Ha, et al., The fabrication of vertical light-emitting diodes using chemical lift-off process, IEEE Photon. Technol. Lett. 20 (3) (2008) 175–177.
[49] Y. Kobayashi, et al., Layered boron nitride as a release layer for mechanical transfer of GaN-based devices, Nature 484 (7393) (2012) 223–227.
[50] J. Park, et al., Doping selective lateral electrochemical etching of GaN for chemical lift-off, Appl. Phys. Lett. 94 (22) (2009), 221907.
[51] K.K. Ryu, et al., Thin-body N-face GaN transistor fabricated by direct wafer bonding, IEEE Electron Device Lett. 32 (7) (2011) 895–897.
[52] K.M. Lau, et al., Performance improvement of GaN-based light-emitting diodes grown on patterned Si substrate transferred to copper, Opt. Express 19 (Suppl 4) (2011) A956–A961.
[53] J. Kim, et al., Principle of direct van der Waals epitaxy of single-crystalline films on epitaxial graphene, Nat. Commun. 5 (2014) 4836.
[54] W.S. Wong, T. Sands, N.W. Cheung, Damage-free separation of GaN thin films from sapphire substrates, Appl. Phys. Lett. 72 (5) (1998) 599–601.
[55] A. Kocjan, The hydrolysis of AlN powder—a powerful tool in advanced materials engineering, Chem. Rec. (New York, N.Y.) 18 (2018) 1232–1246.
[56] K. Krnel, T. Kosmac, Reactivity of aluminum nitride powder in dilute inorganic acids, J. Am. Ceram. Soc. 83 (6) (2000) 1375–1378.
[57] T. Gerrer, Transfer von AlGaN/GaN-Hochleistungstransistoren auf Diamant, Fraunhofer Institute for Applied Solid State Physics, Albert-Ludwigs-Universität Freiburg, 2018.
[58] T. Gerrer, et al., Adaptive low-temperature covalent bonding of III-nitride thin films by extremely thin water interlayers, Appl. Phys. Lett. 114 (25) (2019), 252103.
[59] Y. Cordier, Al(Ga)N/GaN high electron mobility transistors on silicon, Phys. Status Solidi A 212 (5) (2015) 1049–1058.
[60] D. Zhuang, J.H. Edgar, Wet etching of GaN, AlN, and SiC: a review, Mater. Sci. Eng. R Rep. 48 (1) (2005) 1–46.
[61] Bayerite: Mineral Information, Data and Localities, 2019. 21.01.2019]; Available from *https://www.mindat.org/min-580.html*.
[62] Böhmite: Mineral Information, Data and Localities, 2019. 21.01.2019]; Available from *https://www.mindat.org/min-707.html*.
[63] S. Duwe, et al., A detailed thermal analysis of nanocomposites filled with SiO2, AlN or boehmite at varied contents and a review of selected rules of mixture, Compos. Sci. Technol. 72 (12) (2012) 1324–1330.
[64] J. Lee, et al., Effect of sealing on thermal conductivity of aluminium anodic oxide layer, J. Nanoelectron. Optoelectron. 9 (1) (2014) 136–140.

[65] B. Weiss, et al., Analysis and modeling of GaN-based multi field plate Schottky power diodes, in: 2016 IEEE 17th Workshop on Control and Modeling for Power Electronics (COMPEL), IEEE, 2016, pp. 1–6.
[66] J.W. Pomeroy, et al., Operating channel temperature in GaN HEMTs: DC versus RF accelerated life testing, Microelectron. Reliab. 55 (12) (2015) 2505–2510.
[67] M. Kuball, J.W. Pomeroy, A review of Raman thermography for electronic and optoelectronic device measurement with submicron spatial and nanosecond temporal resolution, IEEE Trans. Device Mater. Reliab. 16 (4) (2016) 667–684.
[68] N. Maeda, et al., High-temperature electron transport properties in AlGaN/GaN heterostructures, Appl. Phys. Lett. 79 (11) (2001) 1634–1636.
[69] R. Cuerdo, et al., High temperature assessment of nitride-based devices, J. Mater. Sci. Mater. Electron. 19 (2) (2008) 189–193.
[70] K. Radhakrishnan, et al., Demonstration of AlGaN/GaN high-electron-mobility transistors on 100 mm diameter Si(111) by plasma-assisted molecular beam epitaxy, Appl. Phys. Lett. 97 (23) (2010), 232107.
[71] F. Meng, et al., Transport characteristics of AlGaN/GaN/AlGaN double heterostructures with high electron mobility, J. Appl. Phys. 112 (2) (2012), 023707.
[72] I.H. Lee, et al., Temperature-dependent hall measurement of AlGaN/GaN heterostructures on Si substrates, J. Korean Phys. Soc. 66 (1) (2015) 61–64.
[73] T. Gerrer, et al., Transfer of AlGaN/GaN RF-devices onto diamond substrates via van der Waals bonding, Int. J. Microw. Wirel. Technol. 103 (5–6) (2018) 1–8.
[74] M.J. Uren, M. Kuball, Impact of carbon in the buffer on power switching GaN-on-Si and RF GaN-on-SiC HEMTs, Jpn. J. Appl. Phys. 60 (SB) (2021) SB0802.
[75] J. Kuzmík, et al., Current conduction and saturation mechanism in AlGaN/GaN ungated structures, J. Appl. Phys. 99 (12) (2006), 123720.
[76] O. Ambacher, et al., Two-dimensional electron gases induced by spontaneous and piezoelectric polarization charges in N- and Ga-face AlGaN/GaN heterostructures, J. Appl. Phys. 85 (6) (1999) 3222.
[77] C. Wood, D. Jena (Eds.), Polarization Effects in Semiconductors, Springer US, Boston, MA, 2008.
[78] W. Liu, A.A. Balandin, Thermal conduction in Al[sub x]Ga[sub 1 − x]N alloys and thin films, J. Appl. Phys. 97 (7) (2005) 73710.
[79] W. Liu, A.A. Balandin, Temperature dependence of thermal conductivity of AlxGa1 − xN thin films measured by the differential 3ω technique, Appl. Phys. Lett. 85 (22) (2004) 5230–5232.
[80] T.L. Bougher, et al., Thermal boundary resistance in GaN films measured by time domain thermoreflectance with robust Monte Carlo uncertainty estimation, Nanosc. Microsc. Therm. Eng. 20 (1) (2016) 22–32.
[81] V. Palankovski, R. Quay, Analysis and Simulation of Heterostructure Devices, Computational Microelectronics, Springer, Wien, 2004, p. 289. xx.
[82] J.W. Pomeroy, M. Kuball, Optimizing GaN-on-diamond transistor geometry for maximum output power, in: 2014 IEEE Compound Semiconductor Integrated Circuit Symposium (CSICS), 2014.
[83] B.M. Paine, et al., Lifetesting GaN HEMTs with multiple degradation mechanisms, IEEE Trans. Device Mater. Reliab. 15 (4) (2015) 486–494.
[84] A.M. Darwish, et al., Dependence of GaN HEMT millimeter-wave performance on temperature, IEEE Trans. Microwave Theory Tech. 57 (12) (2009) 3205–3211.
[85] T. Gerrer, et al., 3 GHz RF measurements of AlGaN/GaN transistors transferred from silicon substrates onto single crystalline diamond, AIP Adv. 9 (12) (2019) 125106.

[86] S. Moench, et al., Monolithic integrated AlGaN/GaN power converter topologies on high-voltage AlN/GaN superlattice buffer, Phys. Status Solidi A 218 (2020) 2000404.
[87] J.D. Albrecht, et al., Electron transport characteristics of GaN for high temperature device modeling, J. Appl. Phys. 83 (9) (1998) 4777–4781.
[88] E.S. Landry, Thermal Transport by Phonons Across Semiconductor Interfaces, Thin Films, and Superlattices, Carnegie Mellon University, 2009.
[89] Y.K. Koh, et al., Heat-transport mechanisms in superlattices, Adv. Funct. Mater. 19 (4) (2009) 610–615.
[90] J.-T. Chen, et al., Low thermal resistance of a GaN-on-SiC transistor structure with improved structural properties at the interface, J. Cryst. Growth 428 (2015) 54–58.
[91] D. Kim, J.H. Jung, J. Ihm, Theoretical study of aluminum hydroxide as a hydrogen-bonded layered material, Nanomaterials (Basel, Switzerland) 8 (6) (2018) 375.

第 18 章 氮化镓电子器件的微流体冷却技术

Remco van Erp 和 Elison Matioli
瑞士洛桑联邦理工学院（EPFL）电气与微工程学院

18.1 引言

氮化镓可用于实现电子器件的高度小型化和集成化，是下一代射频和功率开关应用的关键材料。在 RF 应用方面，GaN 与其他半导体材料相比可以在高频下具有更大的输出功率。在电力电子应用中，与硅或碳化硅相比，在一定的电压偏置下，GaN 可大幅降低导通电阻。此外，GaN 高电子迁移率晶体管（High-Electron-Mobility Transistors，HEMT）的横向结构允许在同一芯片上单片集成多个器件，以形成功率集成电路（IC）和单片微波集成电路（MMIC）。GaN 的这些突出特性可使 RF 和功率器件体积更小、集成化程度更高，进而带来极高的功率密度。但是，极高的功率密度会引起高且集中的热流，由此导致的自热效应最终又会降低器件性能，进而限制了 GaN 器件的小型化和集成化。使用传统的冷却方法带走这种局部热量是极具挑战性的。如前几章所述，目前在处理 GaN 器件中极端热通量问题的过程中，成功的解决方案依赖于优化热传导，比如将 GaN 生长或键合至如金刚石［热导率高达 2200W/(m·K)］这样的高导热衬底上，从而使得热量能够积极扩散到更大的表面区域[1]。然而，这些衬底的高成本阻碍了其在 GaN 技术领域的广泛应用。另一方面，目前用于 GaN 电子器件的最经济实惠的衬底是硅衬底。GaN 层可以在高达 8in 的大面积硅衬底上进行外延生长，这也是目前面向电力电子应用的商用 GaN 器件中所采用主要衬底材料[2]。尽管其价格低，但 Si 的热导率［150W/(m·K)］明显低于金刚石和 SiC。目前，由于需要依靠衬底的热传导带走 GaN 电子器件中的热量，因此在衬底材料的选择方面，性能和价格之间存在明显的相关性（见图 18.1）。

与依靠高导热性衬底将热量扩散至更大尺寸的热沉不同，采用微流体冷却是在紧凑的空间中提取高度集中的热量的一种有前途的替代方案。微流体冷却是指液体流过亚毫米特征尺寸通道的对流传热。根据这些结构的形状特征，它们可以被称为微通道、微针型鳍片和条形鳍片。这些微观尺度下的结构特征为传热提供了高传热系数和大的有效表面积。总之，与宏观热沉相比，这些特性使得微流体热沉能够提取更高的热通量。在过去的几十年里，人们对这一技术进行了广泛的研究，相关文献对许多详细的分析和实验评估结果进行了报道[3-10]。成熟的半导体工艺技术能够直接在半导体衬底内制备微流体结构。微流体冷却技术为以衬底作为热沉的 GaN 器件提供了一种新的热管理解决方案。这种直接的芯片内冷却技术可以有效降低热界面和封装处的热阻，并因此使硅衬底成为最具有成本效益、高热性能的 GaN 器件衬底，从而能够在单个芯片中更密集地集成 GaN 器件[11]。因此，这种方法可以突破 GaN 电子器件异质衬底价格和热性能之间的制约。

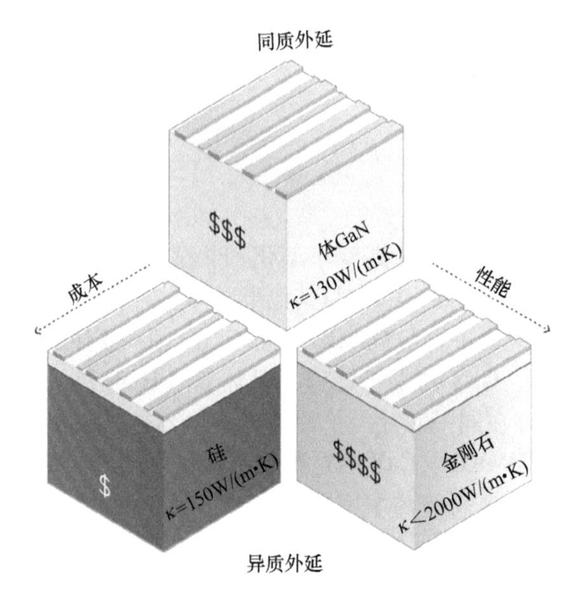

图 18.1 提高 GaN 电子产品性能降低成本的不同方法概述。
高导热性衬底（如金刚石）可以提高性能，但成本要高得多

本章首先概述了微流体冷却的基础，以证明微观尺度对流传热的高冷却能力，这主要遵循本章参考文献［10］中首次进行的直观推导。其次，介绍了微流体冷却技术在工业和学术领域中，在 GaN 电子器件上使用微流体冷却的实际案例。微流体冷却被分为三类：①间接冷却，指的是器件借助中间热界面材料或芯片连接材料外接热沉的方式。在间接冷却中，热沉和器件是分开制造的，并且仅在工艺的后期阶段紧密接触在一起。②直接冷却，其中热沉直接集成在器件内。直接冷却消除了对热界面材料的需求，并允许热沉靠近热点。此外，在直接冷却配置中，整个散热器通常被限制在与有源器件相同的覆盖区内。因此，可以实现晶圆级批量制造冷却结构，并且由于所有热量都是局部提取的，因此可以将器件密集地封装在一起。③协同设计的微流体冷却，热沉与电子器件协同设计，使热沉更接近结的位置，从而实现明显更高的局部热量提

取和冷却效率。

18.2 微流体冷却基本原理

本节涵盖了相关的背景知识，以理解微尺度对流传热的益处。在器件的结中产生的热量沿着一条路径传导，该路径可以看作是一系列热阻。该一维热阻网络虽然经过简化，但给出了一个相对精确的模型，以表示单独的分量对器件温升的贡献。单相微流体冷却 GaN 器件的总热阻（R_{tot}）为五个分量之和，如式（18.1）所示。其中，R_{cond} 是传导热阻，包括通过衬底的一维传导以及热扩散效应，R_{conv} 是对流热阻，R_{heat} 是由于冷却剂的热容引起的热阻。这三个部件一起组成微流体热沉（$R_{\mu f}$）的热阻。图 18.2 是微通道冷板热阻的概要图。在直接微流体冷却的情况下，微流体冷却结构嵌入在器件内部，这三个热阻的总和接近器件中的总传热路径。在间接冷却的情况下，必须考虑两个附加项：热界面材料或芯片贴装材料引起的界面热阻 R_{int} 和结至壳的热阻 $R_{j\text{-}c}$。这两项可视为热阻的固定附加分量。

$$R_{tot}=\underbrace{R_{cond}+R_{conv}+R_{heat}}_{\text{微流体热沉}(R_{\mu f})}+\underbrace{R_{int}+R_{j-c}}_{\text{固定贡献量}} \tag{18.1}$$

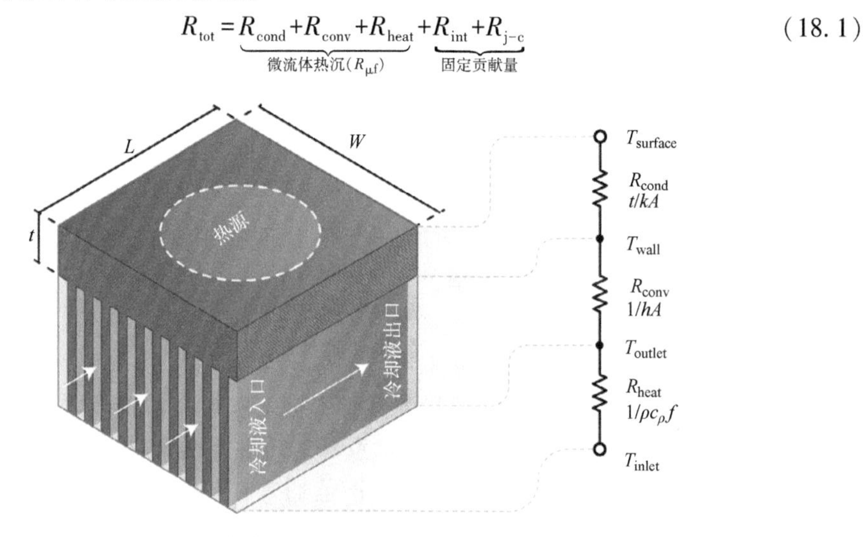

图 18.2 微通道散热器的示意图，以及相应的热阻网络

微流体冷却器件设计中的挑战在于 $R_{\mu F}$ 的各部分组成之间是相互依赖的，并且分析和优化需要同时考虑所有部分。接下来的内容将讨论影响这三个组成部分的重要方面，并描述它们在 GaN 电子器件的微流体冷却中所起的作用。本节介绍了单相充分发展流动假设下单相微通道冷却的基本原理。

18.2.1 对流传热：微流体冷却案例

首先，让我们来讨论对流传热。对流热阻由式（18.2）给出，其中 h 是传热系数，

A_{wall}是传热的表面积，η_{fin}是肋效率，它是用于有效传热的通道侧壁表面积比的度量。从式（18.2）明显看出，这三项应该最大化，以获得尽可能低的热阻。

$$R_{conv}=\frac{1}{hA_{wall}\eta_{fin}} \tag{18.2}$$

传热系数取决于流体流动的性质、流体特性以及通道的尺寸。与宏观系统类似，微流控系统中的流体流动由纳维-斯托克斯方程控制。然而，由于尺寸缩小定律，在微尺度下的传热有一些值得注意的效应。这里介绍给出几个关键概念的不全面的概述，这些概念有助于理解这些差异，并为微尺度对流冷却的使用提供了一个很好的案例。较小的长度改变了惯性力（与体积成比例）和黏性力（与壁的表面积成比例）的相对比重。雷诺数是流体内惯性力和黏性力之间的比率，由式（18.3）给出，其中ρ是流体的密度，v是速度，w_c是通道宽度，μ是流体黏度。这个无量纲数的大小定义了流动的特性。在通常高于2000的高雷诺数下，惯性力占主导地位，并且流动是具有混沌性质的湍流。相反，在雷诺数低于2000时，流动通常是层流和确定性的。由于微观长度尺度上的小L值，微通道中的流动倾向于处于层流状态。

$$Re=\frac{\rho v w_c}{\mu} \tag{18.3}$$

雷诺数对传热有显著影响。当层流受到通道壁和流体之间的温差影响时，会形成热边界层。与壁最紧密接触的流体比通道中心的流体加热更多，这对对流传热产生负面影响。相反，湍流的混沌性质提供了防止这种边界层形成的均匀化效应。

努塞尔数是无量纲数，定义为对流热传递与传导热传递之比，如式（18.4）所示。h是传热系数，k_f表示流体的热导率。

$$Nu=\frac{hw_c}{k_f} \tag{18.4}$$

图18.3显示了在均匀壁面热通量下圆管中努塞尔数和雷诺数之间的关系。在湍流中，雷诺数对努塞尔数有明显的影响，这意味着传热系数取决于流速[12,13]。然而，在层流（$Re<2000$）中，Nu下降至恒定值。该值通常在1~10之间，并且取决于通道的几何形状以及热边界条件。文献中报道了在各种微流体通道形状下的Nu[14-16]。因此，在充分发展的层流中，Nu对流速的依赖性要小得多，并且根据式（18.5），随着微流道尺寸的减小，Nu保持不变，传热系数增加，这是微流体冷却中小尺寸的第一个好处。

$$h=\frac{k_f\,Nu}{w_c} \tag{18.5}$$

第二个重要方面是可以通过减小微通道尺寸增加用于热传递的有效表面积（A_{wall}）。考虑图18.4a中微通道嵌入在器件的衬底内的情况。

该器件的长度为L，宽度为W，芯片的总表面积为A_{chip}。通道的深度和宽度分别由

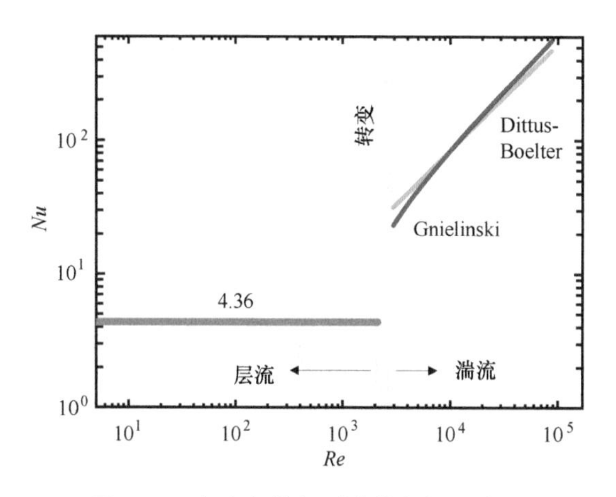

图 18.3　努塞尔数与雷诺数之间的关系

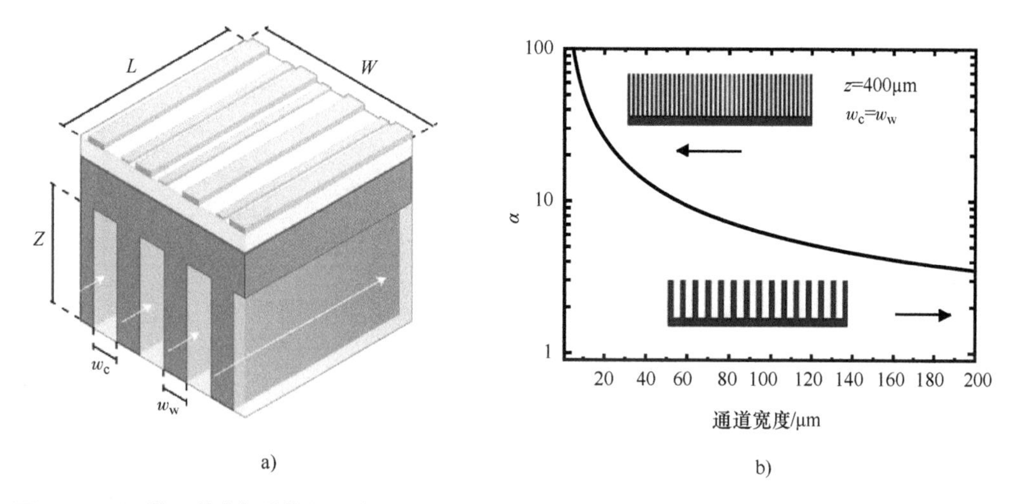

图 18.4　a）微通道冷却器件的示意图，以及通道宽度（w_c）、壁宽（w_w）和通道高度（z）的尺寸；b）表面积倍增系数与通道宽度的关系，宽高比对传热表面积的影响

z 和 w_c 给出，翅片的宽度为 w_w。当减小通道宽度和间距时，对于相同的器件尺寸和恒定的高度，附加的侧壁为热传递提供了额外的表面积。表面积倍增因子 α 可以根据式（18.6）来计算，表示 A_{wall} 和 A_{chip} 之间的比率。忽略来自翅片尖端的热传递，α 可使用式（18.7）计算。这个公式表明，在 $z \gg w_c+w_w$ 的情况下，α 的值变得与通道尺寸成反比。这种效应如图 18.4b 所示。对于非常窄的通道，α 可以超过 100，这会导致传热表面积的大幅增加。

$$A_{wall}=\alpha A_{chip} \tag{18.6}$$

$$\alpha=\frac{w_c+2z}{w_c+w_w} \tag{18.7}$$

然而，对于如何有效地利用翅片的表面积存在限制。由于衬底的有限热导率（k_w），翅片上会存在温度梯度。在高宽高比的情况下，这种影响更为明显，因为冷却剂的对流传热减少了。对流传热的减少可以由肋效率 η_{fin} 来解释，η 指的是有效用于热传递的表面积百分比的量度。肋效率可使用式（18.8）计算[17,18]。

$$\eta_{fin}=\frac{\tanh(\sqrt{2h/k_w w_w z})}{\sqrt{2h/k_w w_w z}} \tag{18.8}$$

对于低宽高比，肋效率从1开始，并随着宽高比的增加而逐渐降低。由于 η_{fin} 受到翅片上温度降的影响，因此在高纵横比的微通道中，基底的热导率对其值起着重要作用。图18.5a显示了400μm高的翅片以及相等的通道和翅片宽度的示例。从图中可以看出，与硅相比，SiC和金刚石由于其优异的热导率而可以在高达更高的纵横比的情况下保持更好的肋效率。

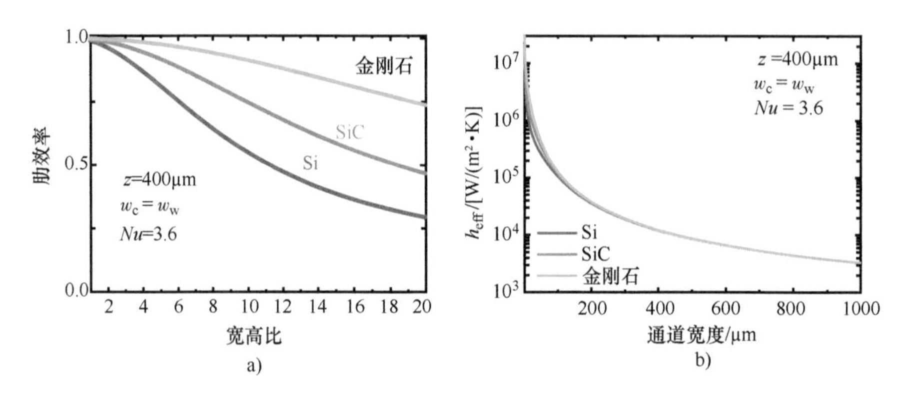

图 18.5 a）Si、SiC和金刚石微通道的肋效率与宽高比；b）Si、SiC和金刚石微通道，有效传热系数与通道宽度的关系

传热系数、表面面积增加系数和肋效率可以采用式（18.9）组合为有效传热系数（h_{eff}）。这样，根据式（18.10），对流热阻可以方便地用 h_{eff} 和 A_{chip} 表示。与装置的表面积无关，h_{eff} 给出了对流传热的度量，其中对于给定的热通量，较高的 h_{eff} 值导致通道壁和液体之间较低的温升。图18.5b显示了有效传热系数，考虑了表面面积、肋效率和局部传热系数对Si、SiC和金刚石基板的所有影响。从图中可以看出，h_{eff} 强烈地依赖于通道大小。通过将通道尺寸从毫米尺度缩小到微米尺度，h_{eff} 可以增加两个数量级以上，数值高达 10^6W/(m^2·K) 这一结论证明了标度律在微对流换热中的有利影响。此外，如图18.5b所示，衬底材料，无论是Si、SiC还是金刚石，在均匀热通量条件下对 h_{eff} 的影响都很小。只有在非常高的宽高比下，肋效率的影响才开始对 h_{eff} 产生显著的影响。

注意，上面的推导绝不是全面的；入口长度、轴向传导和流量分布等因素都会对微尺度对流换热的换热性能产生重大影响，因此在建立精确模型时应予以考虑。然而，它确实直观地显示了减少尺寸以提取高度集中的热量的潜在好处。

$$h_{\text{eff}}=\alpha h\eta_{\text{fin}} \tag{18.9}$$

$$R_{\text{conv}}=\frac{1}{A_{\text{chip}}h_{\text{eff}}} \tag{18.10}$$

图 18.5b 中的结论对衬底材料的选择具有有趣的影响：通过将微流体冷却直接集成在低成本的硅基 GaN 衬底内，可以散出大量热量，这有可能将硅基 GaN 从具有成本效益的材料选择转变为高性能衬底。

18.2.2　流量、压降和热容量：优化冷却效率

在微流体冷却中要考虑的第二个方面是冷却剂的流速。上一节的讨论表明，窄通道可以提供较高的有效传热系数；然而，缺点是高的压降值需要获得有效的流速，因为狭窄的通道显著增加了流动阻力。尽管对流热阻较低，但如果在给定压降极限的情况下出现流速不足的现象，则冷却剂的温升将导致其在热阻中占主导。压降和流速之间的关系取决于通道的几何形状，并由其液压阻力确定。两者之间的相关性在本章参考文献［14］中以充分发展的层流中的压降情况为例进行了描述[14]。对于平行矩形通道而言，其压降（ΔP）可由式（18.11）表示[19]：

$$\Delta P=\frac{12\mu L}{N_{\text{c}}w_{\text{c}}^{3}z}\left[1-0.63\frac{w_{\text{c}}}{z}\right]^{-1}f \tag{18.11}$$

$$\Delta P=r_{\text{h}}f \tag{18.12}$$

式中，μ 是流体的黏度；f 是通过所有通道的组合流速；N_{c} 是平行通道的总数，是芯片几何形状的函数并且由通道宽度、壁宽和总芯片宽度确定；L 是通道的长度。式（18.11）中的项可以合并为一个参数，该参数将压降与流速联系起来，称为液压阻力（r_{h}）如式（18.12）所示。可以看出，通道宽度对流体阻力（$\Delta P\propto w_{\text{c}}^{-3}$）的影响最大，流体阻力与通道长度呈线性关系。因此，减小通道宽度导致压降的急剧增加，这对微通道实际可以做多小进行了限定。图 18.6a 显示了一个在 2mm×2mm 芯片中的压降，该芯片具有 400μm 深的通道以及相等的通道宽度和翅片宽度。随着通道宽度的减小，其数量也随之增加；然而，由于流动阻力变大，给定流速下的总压降急剧上升。高压降会增加系统要求，例如泵送要求、流体互连的压力等级以及芯片中键合界面的机械强度。通常，在压力低于 3bar 的情况下，可以使用低成本的连接器和泵。

从图 18.6a 中可以看出，对于给定的压力极限，通过采用小尺寸通道，将最大流速从 10mL/s 降低到 0.1mL/s，在单相液体冷却中，流速对冷却剂的温升有直接影响，根据式（18.13）定义的热容。对于 3bar 的最大压降，流速和由冷却剂的热容产生的热阻 R_{heat} 如图 18.6b 所示。如果沟道宽度过小，R_{heat} 会成为芯片总温升的主导因素。

$$R_{\text{heat}}=\frac{1}{\rho c_{\text{p}}f} \tag{18.13}$$

除热性能外，流速和压降也会影响冷却系统的能效。在不考虑泵效率的情况下，

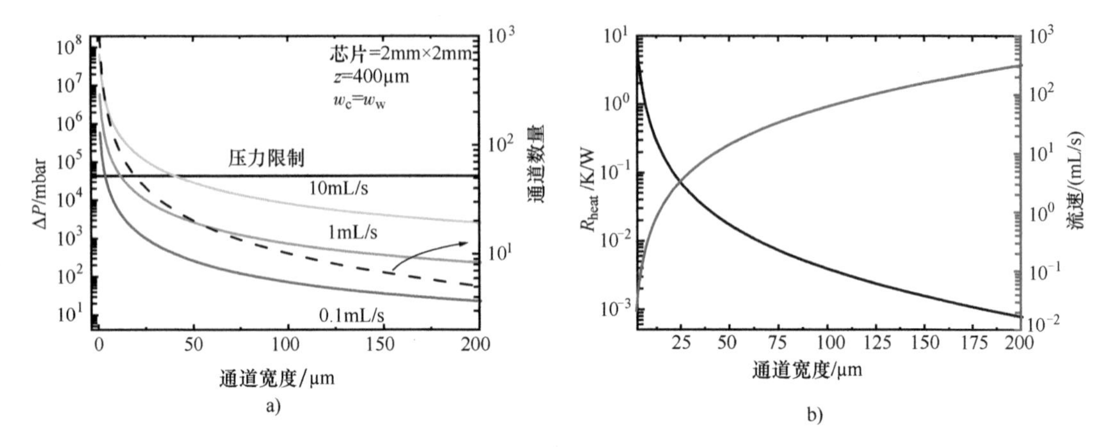

图 18.6 a）流速为 0.1mL/s、1mL/s 和 10mL/s 时的压降与通道宽度，虚线表示 2mm×2mm 芯片中的通道数；b）对于 3bar 的固定压降，流速和 R_{heat} 对通道宽度的影响

理想液压泵送功率由流量和压降的乘积所表示［见式（18.14）］。散热的能量效率的度量，称为性能系数（COP），可以被定义为提取热量的最大量 Q_{max}，与泵送功率 Q_{pump} 的比率，如式（18.15）所示。COP 给出了单位冷却功率可以从系统中提取多少单位热量的无量纲度量。

$$Q_{pump}=f\Delta P \tag{18.14}$$

$$COP=\frac{Q_{max}}{Q_{pump}} \tag{18.15}$$

由于 Q_{max} 与 R_{tot} 在某一最大极限温升（ΔT_{max}）下相关，因此我们可以结合式（18.12）、式（18.14）和式（18.15），得到式（18.16）。从该表达式可以清楚地看出，为了使 COP 最大，应使流速、流体阻力和热阻最小。

$$COP=\frac{\Delta T_{max}}{r_h f^2 R_{total}} \tag{18.16}$$

18.2.3 传导和热扩散阻力：高导热材料在微流体冷却中的影响

热阻的最后一个贡献量是热传导。作为 GaN 功率电子器件的合理近似，当热源均匀分布在芯片表面时，R_{cond} 是使用式（18.17）从一维傅里叶定律导出的。类似于式（18.10），我们可以定义 $\kappa_{eff}=k/t$ 的值，并发现该值相对于 h_{eff} 较大。例如，100μm 厚的硅层 $\kappa_{eff}=1.5\times10^6\mathrm{W/m^2\cdot K}$，除非硅层厚度低于 25μm，否则其不会对 $R_{\mu f}$ 产生显著贡献（见图 18.5b）。

$$R_{cond}=\frac{t}{k_w A_{chip}}=\frac{1}{\kappa_{eff}A_{chip}} \tag{18.17}$$

然而，当热源不均匀时，情况会发生变化，需要考虑热扩散阻力。这对于基于 GaN 的 MMIC 尤其如此，其中热量高度集中在较大衬底上的几个小晶体管中。热扩散阻力不像一维传导那样直接建模，因为它取决于几何形状、热导率、边界层以及边界条件。已经针对简单几何结构，开发了大量热扩散热阻分析模型[20,21]，并将这些模型扩展到多层 GaN HEMT[22] 和具有高导热层的近结热扩散[23]。这里，我们将自己限定在一个便于处理的封闭近似[24]，总结在表 18.1 中，它假设具有单一热源的均匀基底，以说明扩散的影响。式（18.26）给出了在宽度 W 和长度 L 的基板上分别具有宽度 W_{hs} 和长度 L_{hs} 的矩形热点的情况下的 R_{cond}。热扩散厚度 t 定义为热源和微通道起点之间的垂直距离。

为了证明热扩散的影响，我们将对 2mm×2mm 大小、100μm 厚的衬底表面上的一个 150μm×750μm 大小的热源进行分析，其代表 MMIC 中按比例放大的单个晶体管（见图 18.7b）。衬底背面上的边界条件采用有效传热系数。图 18.7a 中展示了 Si、SiC 和金刚石衬底热点处的热阻。在较低的传热系数范围内，热点的总热阻由对流传热决定。对于增加的热传递系数，限制因素变为热扩散。特别是在这种情况下，金刚石和 SiC 能够显著降低热点热阻。这些方程突出了热导率对热扩散的影响，但缺乏对 GaN 缓冲层中发现的多个异质层的完整描述，以及与异质外延有关的边界热阻。此外，在按比例放大的单个 HEMT 中，热量集中在栅极区域下方，这产生了额外的扩散挑战和局部温度峰值。

表 18.1　基板和热源尺寸不同时计算传导热阻的公式

意义	公式	公式号
热点等效半径	$r_{hs}=\sqrt{\dfrac{W_{hs}L_{hs}}{\pi}}$	(18.18)
基板等效半径	$r_s=\sqrt{\dfrac{WL}{\pi}}$	(18.19)
无量纲热点半径	$\epsilon=\dfrac{r_{hs}}{r_s}$	(18.20)
无量纲衬底厚度	$\tau=\dfrac{t}{r_s}$	(18.21)
无量纲 Biot 数	$\mathrm{Bi}=\dfrac{h_{eff}r_s}{k_w}$	(18.22)
λ	$\lambda=\pi+\dfrac{1}{\epsilon\sqrt{\pi}}$	(18.23)
ϕ	$\phi=\dfrac{\tanh(\lambda\tau)+\dfrac{\lambda}{\mathrm{Bi}}}{1+\dfrac{\lambda}{\mathrm{Bi}}\tanh(\lambda\tau)}$	(18.24)

（续）

意义	公式	公式号
无量纲热阻	$\Psi=\frac{\epsilon\tau}{\sqrt{\pi}}+\frac{\lambda}{\sqrt{\pi}}(1-\epsilon)\phi$	(18.25)
传导热阻	$R_{cond}=\frac{\Psi}{k_w r_{hs}\sqrt{\pi}}$	(18.26)

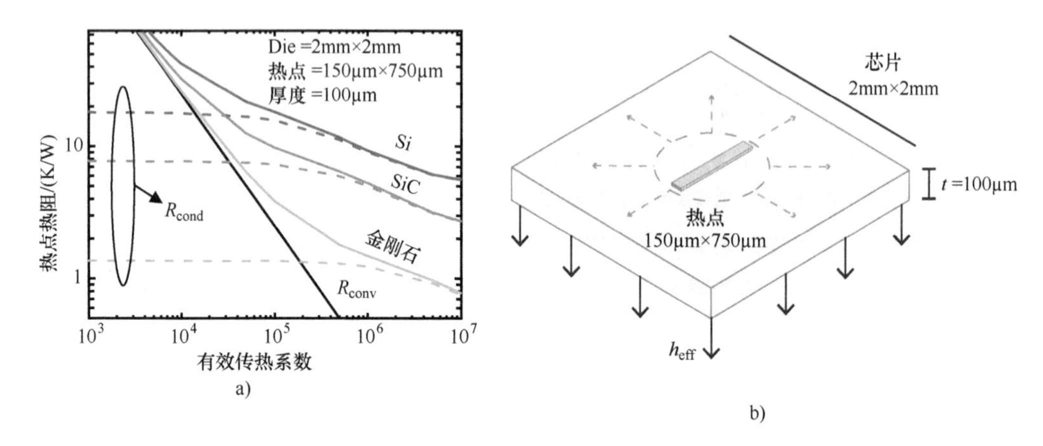

图 18.7　2mm×2mm 基板上 150μm×750μm 热点的热点热阻与有效传热系数的关系

18.2.4　微流体热沉热阻

通过组合 R_{conv}，R_{heat} 和 R_{cond} 的表达式，我们获得微流体热沉的总热阻（$R_{\mu f}$）作为通道宽度的函数。图 18.8b 为 2mm×2mm 的金刚石衬底、用于热扩散的 100μm 厚的层和 400μm 深的沟道，其中 150μm×750μm 的热源代表 MMIC 中的单个晶体管。假设压力为 3bar，冷却剂为水。对流、导热和比热对热阻的贡献在图 18.8a 中被分别表示出来，表明这三个热阻中的每一个在不同的沟道宽度范围内都起着重要的作用。对于较宽的通道，有效传热系数下降，导致 R_{conv} 在热阻中占主导地位。在最窄的通道尺寸处，流动阻力变得足够大，使得冷却剂的有限流动造成热阻的瓶颈。最后，对于 25μm 和 100μm 之间的通道宽度范围，热扩散成为对 R_{tot} 的主要贡献。因此，衬底的热导率在确定最小可实现热阻方面起着重要作用。

图 18.9a 为 Si、SiC 和金刚石衬底的相同几何形状的热阻与沟道宽度的关系。表 18.2总结了每种衬底的最小热阻，以及相应的最佳通道宽度。对于 Si、SiC 和金刚石，10μm、14μm 和 16μm 的沟道宽度分别产生最低的热阻。可以看出，与硅相比，金刚石衬底由于其优越的热扩散性能，可以将热阻降低四倍。应当注意，R_{cond} 仅在需要积极的热扩散时才占主导地位，如 GaN MMIC 中的情况。然而，在均匀热源的情况下，

R_{cond}小到接近可以忽略，这使得热阻被大幅降低。该现象可以在图 18.9b 中看到，图中展示了均匀热源的类似 2mm×2mm 衬底的总热阻与通道尺寸的关系。对于 50μm 以上的通道尺寸，热阻主要由对流决定，并且衬底材料的影响有限。对于所有考虑的衬底材料，热阻低于 1K/W，见表 18.2，对于 100℃的最大器件温升，对应的最大热通量超过 2.5kW/cm^2。

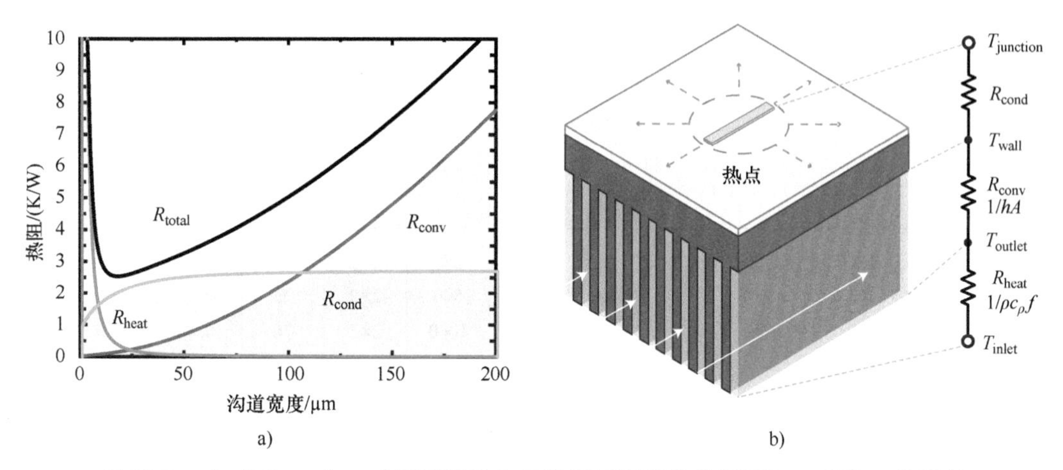

图 18.8　a）在 2mm×2mm 金刚石衬底上 GaN RF MMIC 的局部 750μm×150μm 热源的情况下的热阻组成；b）器件和相应热阻的图示

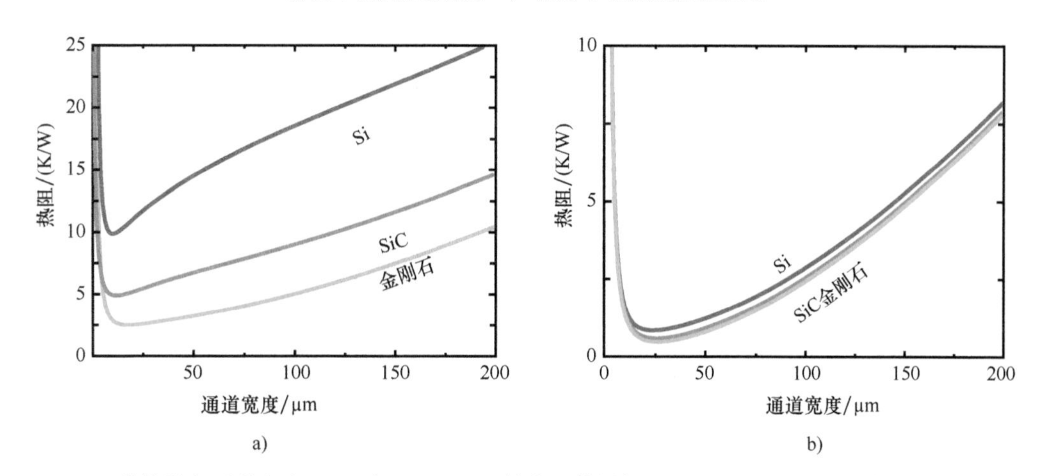

图 18.9　总热阻与通道宽度；a）在 2mm×2mm 衬底上的局部 750μm×150μm 热源的情况下，对应于 GaN RF MMIC；b）在均匀热源的情况下，在没有扩散热阻的情况下，对应于 GaN 功率器件

对于 Si 基 GaN、SiC 基 GaN 和金刚石基 GaN，可以通过将冷却直接集成在芯片内来提取极高的热通量。1981 年 Tuckerman 等人首先提出了这一结论，虽然不是针对 GaN，但适用于硅逻辑集成电路[10]。他们展示了当微通道热沉直接集成到硅集成电路的背面时，提取超过 kW/cm^2 级水平的热通量的能力，从而开创了电子器件的直接微流体冷

却的研究领域。这些热通量与可冷却高达约 150W/cm^2 的当今商业可用的冷却技术相比非常高。然而，在 20 世纪 80 年代早期的时间框架内考虑这些数值同样令人印象深刻，当时预计电子器件冷却的物理极限约为 20W/cm^2[25]。结合微流体冷却和非天然衬底上的 GaN 外延的研究领域，为充分利用下一代电子器件的 GaN 材料特性开辟了许多新的可能性。

表 18.2　使用水作为冷却剂的 Si、SiC 和金刚石衬底上的非均匀和均匀热源的尺寸、热阻和最大热通量

	$L \times W$	ΔT_{max}	非均匀热源					均匀热源				
			$L_{hs} \times W_{hs}$	w_c	R_{min}	Q_{max}	q_{max}	$L_{hs} \times W_{hs}$	w_c	R_{min}	Q_{max}	q_{max}
	mm	℃	μm	μm	K/W	W	W/cm^2	mm	μm	K/W	W	W/cm^2
Si	2×2	100	150×750	10	9.83	10	250	2×2	24	1	100	2500
Si	2×2	100	150×750	14	4.84	20	500	2×2	26	0.8	125	3125
C 金刚石	2×2	100	150×750	16	2.54	40	1000	2×2	26	0.7	143	3575

18.3　微流体冷却中的集成水平

在前面的章节中，我们已经讨论了微尺度冷却对对流换热、压降的影响，以及衬底热导率的重要性。在本节中，我们将对不同集成度的 GaN 电子器件的三种微流体冷却方法进行比较。如图 18.10 所示，针对三个不同的集成级别进行了区分：间接冷却，即 GaN 芯片和微通道散热器之间使用了某种热界面（见图 18.10a）[26]；直接冷却，其中冷却剂与芯片直接接触，两者之间没有中间层（见图 18.10b）；协同设计的冷却方案，其中半导体器件和冷却结构的设计在同一衬底内彼此结合（见图 18.10c）。图 18.10还显示了每个集成等级所涉及的热阻网络。从图中可以看出，通过从间接到直接、再到协同设计的微流体冷却方案，从图中可以消除热阻组成中的几个部分，从而使从热源到冷却剂的热传递最小化。

18.3.1　间接微流体冷却

间接冷却，不需要改变半导体管芯，如图 18.10a 所示。相反，简单地通过使冷板与封装器件接触来提供冷却。因此，对于现有的商业器件来说，这是一种易于实现的方法。在裸管芯的情况下，例如对于 RF HEMT，可以使用任何管芯连接方法，例如烧结、银浆或共晶键合，将管芯直接连接到微流体冷板。或者，在封装器件的情况下，使用热界面材料（TIM）使冷却通道与器件紧密接触。如果存在暴露的热垫，则冷板可以有效地从器件中提取热量。间接微通道冷却是在许多商业应用中使用的成熟工艺，

例如激光二极管的冷却。GaN 器件的间接冷却已被广泛研究用于 RF 应用[8,27]。已经表明，与宏观尺度的热沉和冷板相比，管芯连接到微流体热沉可以使热阻的显著降低。因此，需要较小的引脚来从器件提取特定的热负荷。该引脚可以减小到 GaN 器件的尺寸。当不需要额外的扩散来提取热量时，多个器件可以被密集地包装，这在系统的尺寸和重量减少方面具有显著的益处。

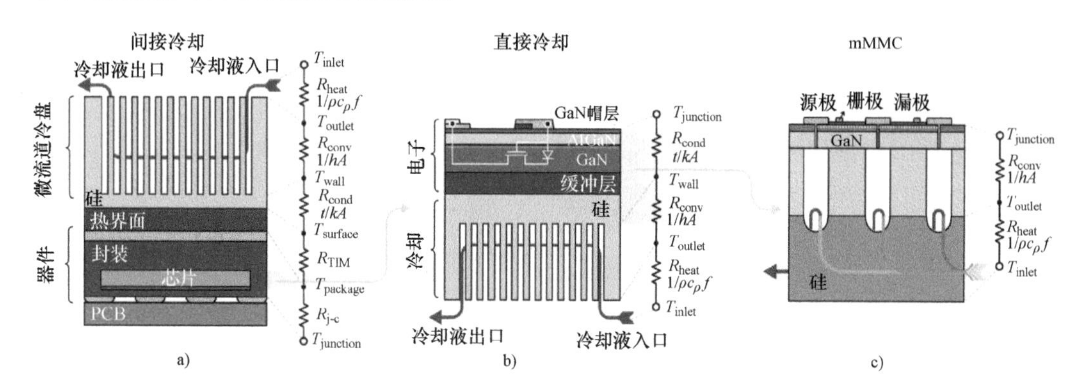

图 18.10 微通道冷却的三种情况：a）间接冷却，微通道冷板连接到具有中间热界面材料的封装芯片上；b）直接芯片嵌入微通道冷却，在硅衬底的背面内蚀刻冷却通道；c）在硅衬底内具有单片集成歧管微通道的 GaN-on-Si 器件，与电学协同设计，冷却通道位于电子器件的焊盘下方并与其对齐

来源：R. Van ERP，G. Kampitsis，L. Nela，R. Soleimanzadeh，N. Perera，E. Matioli，Bringing the heat sink closer to the heat：evaluating die-embedded microchannel cooling of GaN-on-Si power devices，in：2020 26th International Workshop on Thermal Investigations of ICs and Systems（THERMINIC），2020，pp. 17-23。

18.3.1.1 热界面和封装

尽管在实施间接冷却时有好处，但由于芯片和冷板之间的界面，会带来额外的热阻（R_{TIM}）。此外，封装器件具有固定的结壳热阻，通常由制造商指定（$R_{j\text{-}c}$）。热阻的这两个分量可以看作是固定值，与微流体冷却结构的设计无关。因此，这定义了可以从器件提取的最大功率的上限。当 R_{TIM} 和 $R_{j\text{-}c}$ 是总热阻中的主导值时，微流体冷却系统的优化产生结温的少量降低。

商业上可获得的硅基热垫通常具有在 0.5~10cm^2·K/W 之间的热阻，同时提供器件和散热器之间的电隔离。对于 TIM 上 50℃的最大温升，这相当于 10~100W/cm^2 之间的热通量。当这种 TIM 与能够提取热通量的微通道热沉配合使用时，可以提取超过 1kW/cm^2 的热流量。很明显，温度上升的大部分是由 TIM 造成的。替代选择（例如相变材料、基于石墨的 TIM、金属化合物（例如银浆）和金属芯片连接方法）可以降低 R_{TIM}，但通常不提供电隔离。微流体冷却结构和 TIM 的设计应该很好地对准以实现最佳结果。

$R_{j\text{-}c}$ 取决于芯片尺寸和封装方法。图 18.11 显示了典型热阻范围的概述，并可与散热器接触的封装表面积进行归一化。对于不涉及封装的裸芯片，假设热源均匀，该值可以使用式（18.17）计算。例如，500μm 厚的裸硅芯片将对应于约 0.04cm² · K/W。然而，当封装内存在额外的芯片连接时，或者当芯片和冷板之间的热路径中存在引线框或焊球连接时，该值会显著增加。例如，具有球栅阵列（BGA）焊料凸点的晶圆级芯片级封装（WLCSP）显示出比裸芯片明显更高的 $R_{j\text{-}c}$。由于管芯和热焊盘之间的金属化层，嵌入式组件封装（ECP）显示出额外的增加。最后，芯片安装在引线框上的封装解决方案，如四方扁平无引脚（QFN）和 TO247，当按表面积归一化时，显示出最高的 $R_{j\text{-}c\text{-}}$。需要注意的是，这种比较并不能断定一种封装方法是否优于另一种封装方法。相反，它的目的是显示微通道冷板和封装之间的相对热阻，当两者之间保持相似的引脚时。

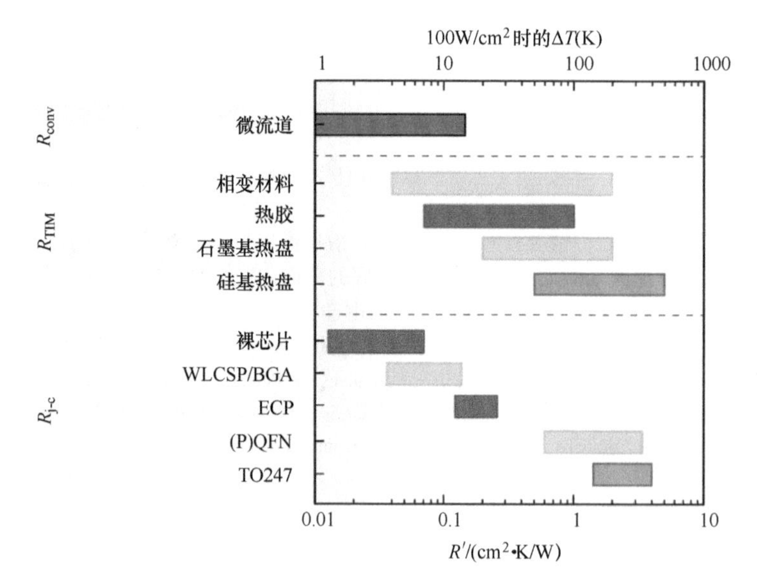

图 18.11 商业热界面材料、封装的典型热阻范围，以及在 100W/cm² 下产生的温升。R_{conv}是指用于比较的 10~75μm 宽的高纵横比硅微通道热沉的热阻和温升。TIM 特性和 $R_{j\text{-}c}$是从公共商业产品的可用数据表中获得的。结到外壳的热阻由与散热器接触的表面积归一化

图 18.11 为确定间接微通道冷却在降低总热阻方面的有效性提供了直观帮助。例如，很明显，使用硅基热垫将微通道冷板连接到 TO247 封装并不是降低器件温度的有效方法。该组合中的 R_{TIM}和 $R_{j\text{-}c}$都可以比微通道的对流热阻大高达 2 个数量级。相反，使用高性能导热硅脂将微通道散热器连接到 WLCSP 器件为微通道冷板提供了一个更有趣的使用案例，因为它们的热阻在类似的范围内。

与宏观尺度的热沉和冷板相比，芯片与微流体热沉的连接可以大大降低热阻，而不是将微通道连接到封装器件上。中间散热器（如 CVD 金刚石）的使用在文献中被描述为一种为小尺寸芯片使用较大散热器的有效方法[28]。

18.3.1.2　间接冷却：案例研究

图 18.12 为基于 GaN DC-DC 转换器的间接微通道冷却的示例，该转换器由 20 个 GaN 晶体管[29]组成，使用通过 TIM 分别连接到每个晶体管的 20 个硅微制造冷板进行冷却。单独的铝流分配歧管连接到微通道冷板的所有入口和出口。最终的散热器可以作为外部冷却单元安装在 PCB 上，为所有功率器件提供局部散热。由于冷板在小尺寸内提供了高传热系数，因此功率器件可以密集地封装在 PCB 上。在这种情况下，这种方式能够使 DC-DC 转换器的功率密度增加 10 倍，从 2.7kW/L 提升至 30kW/L。然而，尽管这种方法易于实现，但热量提取最大值受到器件封装以及 TIM 热阻的限制。表 18.3显示了本例中热阻的分解情况。封装过程和 TIM 引入的热阻值合计 0.97K/W，因此 80%以上的温升由两者导致。该结果清楚地表明，为了从微流体冷却提供的对流热传递的巨大改进中受益，应仔细选择 TIM 和封装过程，或者从系统中将两者消除。

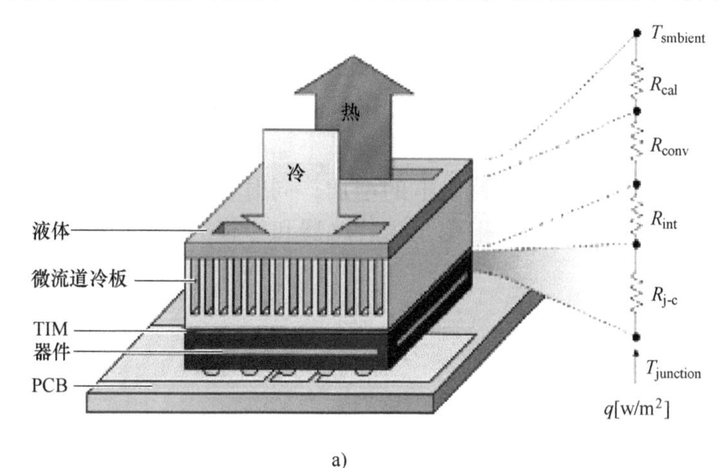

a)

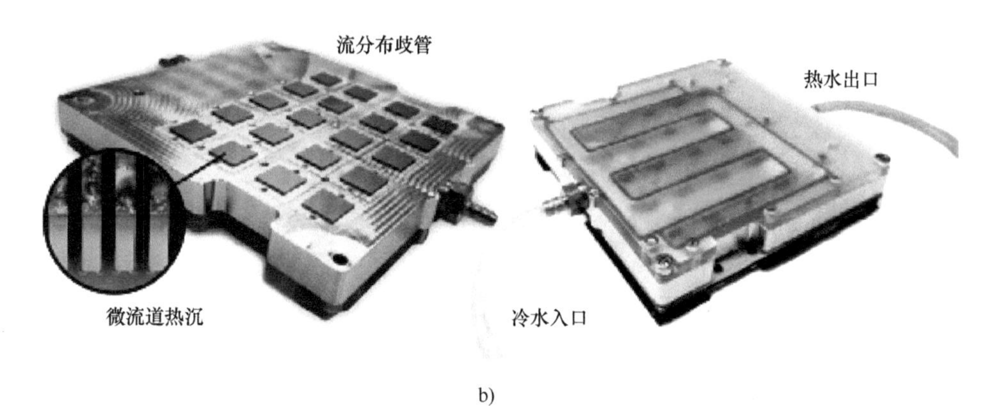

b)

图 18.12　a）封装 GaN 器件的间接微通道冷却；b）使用 20 个微通道冷却板和流量分配歧管对 20 个 GaN 功率器件进行间接微通道冷却

来源：R. Van ERP，G. Kampitsis，E. Matioli，Efficient microchannel cooling of multiple power devices with compact flow distribution for high power-density converters，IEEE Trans. Power Electron. 35（7）（2020）7235-7245。

表 18.3 间接液体冷却的评估

	参考文献	热阻 [$cm^2 \cdot K/W$]				r_h	热通量
		$R_{j\text{-}c}$	R_{TIM}	R_{conv}	R_{cond}	$Pa \cdot s/m^3$	W/cm^2
间接冷却	[29]	0.44	0.53	0.2	0.02	5.6×10^{10}	50

18.3.2 直接微流体冷却

为了减少芯片附着层和热界面层的贡献，微流体热沉可以直接在衬底内部实现。根据衬底材料，可以采用各种微加工工具来产生所需的传热结构。尽管该方法需要改变芯片制造工艺，但由于可以在晶圆规模上进行微加工，因此该方法具有成本效益的潜力。特别是对于 Si 基 GaN，鉴于硅材料成熟的微加工制造技术，使得这种在衬底内部直接加工微流体热沉的方式成为一种有趣的方法（见图 18.13）。此外，与 SiC 或金刚石衬底相比，Si 基 GaN 由于其成本较低，因此是电力电子器件的首选材料，但同时也以牺牲热性能作为交换。然而，通过在单个 6in 或 8in 晶圆上的无源硅衬底中蚀刻冷却通道，单个蚀刻步骤可以同时为多达数千个器件提供热沉。由于该方法是对整体器件结构做减法，因此不涉及材料成本的增加，同时在迁移至更大直径的晶圆后，会使得每个器件的成本显著降低。相反，铜散热器和冷板的机械加工不能从相同的经济规模中受益。

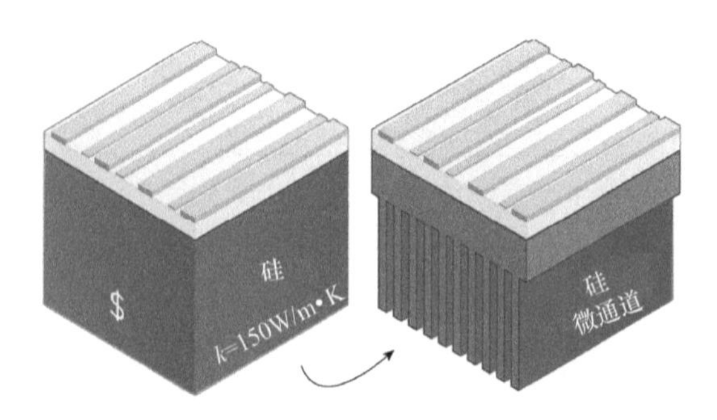

图 18.13 Si 基 GaN 器件中的直接微通道冷却

除了 Si 基 GaN 晶体管中微对流冷却方式所带来的成本效益之外，GaN 器件的直接冷却也在 SiC 基 GaN 和金刚石基 GaN 的应用中得到了广泛研究。该方法旨在提取 RF 功率放大器中涉及的高度局部化的热通量。衬底的高导热性使得热点附近的热扩散更为主动，从而导致整个微冷却结构有助于扩散栅极周围所产生的高度集中的热量。SiC 和金刚石衬底也有望用于实现直接微通道冷却，进而大幅度降低热阻，同时兼具良好的近结热扩散性质。Raytheon 公司通过将微通道直接集成在金刚石基 GaN MMIC 内，获得了出色的实验结果[30,31]。对于射频应用，必须谨慎选择冷却剂，因为冷却剂在靠近有效区域时，其介电性能会对射频性能产生重大影响[32]。如图 18.14 所示，为在金刚石基 GaN 器件的衬底中制造微通道的示意图。对于电力电子器件，已经表明硅衬底内微通道中流动的液体不会改变器件的电气特性[33]。虽然这种方法还没有达到商业应用，但它为最苛刻的 GaN 电子产品带来了巨大的希望。先进的衬底材料和高性能集成冷却相结合可能有助于在未来达到新的功率密度和效率水平。

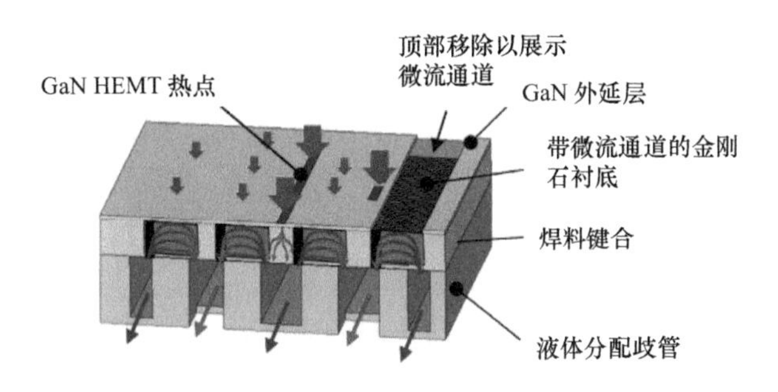

图 18.14　金刚石上 GaN 的直接微通道冷却

来源：D. H. Altman，A. Gupta，M. Tyhach，Development of a diamond microfluidics-based intra-chip cooling technology for GaN，in：vol. 3：Advanced Fabrication and Manufacturing；Emerging Technology Frontiers；Energy，Health and WaterApplications of Nano-，Micro-and Mini-Scale Devices；MEMS and NEMS；Technology Update Talks；Thermal Management Using Micro Channels，Jets，Sprays，2015，p. V003T04A006。

衬底材料在直接冷却中起着重要作用。除了限定肋效率和热扩散阻力的热导率之外，具有高纵横比的微通道的蚀刻方法也很重要，并且高度依赖于材料。随着微机电系统（MEMS）技术几十年来的发展，硅的微结构化加工发展成为一种成熟的工艺。快速形成高深宽比硅微结构的关键技术之一是深反应离子刻蚀（DRIE），这是一种在等离子体刻蚀和表面钝化步骤之间迭代以获得陡峭垂直侧壁的方法。该方法在 MEMS 制造过程中被确立并得到了良好的商业应用。DRIE 技术可以实现接近 100∶1 的纵横比[34]，而更多的实验方法，如硅上的金属辅助化学蚀刻（MacEtch）可以实现高达 10000∶1 的纵横比[35,36]。尽管 SiC 和金刚石提供了更高的热导率，但是针对这些材料，将其蚀刻为窄宽度、高纵横比的翅片的能力还没有成熟到与硅相同的水平。SiC 和金刚石中的沟道蚀刻通常分别限于 20∶1[37] 和 15∶1[38] 的纵横比。从控制通道形状和蚀刻速率方面改善蚀刻技术，对充分挖掘直接微通道冷却技术的高导热性至关重要。

18.3.2.1　互连和封装

尽管直接微流体冷却具有明显的性能优势，但是小尺寸通道的制备始终面临诸多挑战，而该问题对器件可靠性和集成至关重要。风扇可以简单地安装在系统中，但液体冷却需要微通道接口输送的流体形成闭合回路。然而，目前没有冷却剂输送和分配的标准化解决方案。当器件足够大时，连接器可以直接安装在芯片的顶部[39]；然而，这种方法通常不适合 GaN 电子器件，因为它们的面积小，并且通常需要中间连接来将冷却剂引导到芯片中。图 18.15 显示了基于外部冷却输送三种典型的方法，几种不同的方法分别采用具有入口和出口的流体分配单元（见图 18.15a 和 b）或使冷却液直接流过电路板（见图 18.15c）。对于外部冷却剂输送，存在两种不同的选择。首先，对于例如倒装芯片这种衬底背对 PCB 的器件，可以夹在 PCB 和外部冷却剂输送单元之间。这种顶侧冷却剂输送过程如图 18.15a 所示。该方法允许相对独立地设计电路和冷却剂输送单元，设计过程仅受 PCB 上相邻部件的高度限制。然而，这种方法不便于返工，因为如果要更换单个部件，则需要拆下冷却剂输送单元。如图 18.15b 所示的第二种方法适用于例如用于引线键合的衬底面向 PCB 的器件，可以使用连接到冷却剂输送单元[40]的标准通孔制造方法在下面的 PCB 或基板中制造孔。这种方法使 PCB 的顶部暴露在外侧，便于返工。目前，存在多种制造方法来制备上述冷却剂输送单元，例如 CNC 加工[41]、增材制造[29]以及塑料和粘合剂的激光切割片材的多层堆叠[42]。

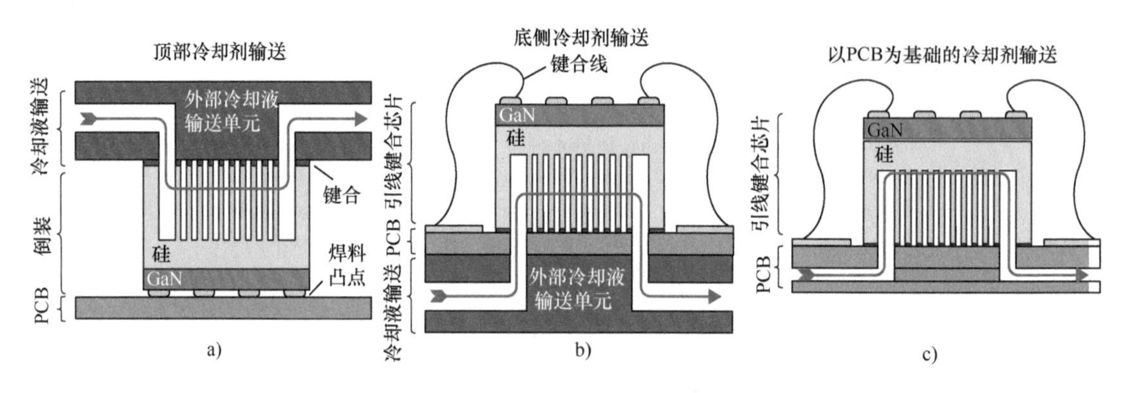

图 18.15 冷却剂输送的三种方法：a）顶部冷却剂输送；b）通过 PCB 的底侧冷却剂输送；c）以 PCB 为基础的冷却剂输送

来源：R. van ERP，G. Kampitsis，L. Nela，R. Soleimanzadeh，N. Perera，E. Matioli. Bringing the heat sink closer to the heat：evaluating die-embedded microchannel cooling of GaN-on-Si power devices，in 2020 26th International Workshop on Thermal Investigations of ICs and Systems（THERMINIC），2020，pp. 17-23。

或者，冷却剂输送结构可以完全集成到电路板中[43]。图 18.15c 展示了基于 PCB 的冷却剂输送，其由 3 层 PCB 组成，其中在中间层中布置了通道。该通道用于引导芯片和安装在 PCB 上的流体连接器之间的冷却剂。这种方法可以使得器件结构更为紧凑，此外，它还允许电路设计人员可以采用熟悉的工具，并依照熟悉的工作流程。此外，除了引导冷却之外，还可以在 PCB 中嵌入更复杂的冷却结构，例如本章参考文献［44］中所示的完整热管。

18.3.2.2 射流冲击

微通道的替代方案是使用直接撞击在器件背面的微射流来提取热量。尽管这种方法不能从微通道提供的大表面积中受益，但由于在表面附近没有热发展的流动剖面，该方法确实提供了较高的局部传热系数。此外，这种喷嘴可以不需要在洁净室中制造。

例如通过使用增材制造技术[45,46]，或通过在膜中激光钻孔。这些方法使得射流冲击成为集成微流体冷却技术领域的具有吸引力的解决方案，同时不需要对现有器件进行重新设计。文献中已经报道了几例在 GaN 器件上使用射流冲击冷却的案例，例如洛克希德·马丁公司采用了额外制造的钯结构，该结构将冷却剂直接冲击在 SiC 基 GaN 芯片的背面[47]，如图 18.16a 和 b 所示。或者，为了补偿微射流中较低的表面积倍增系数，可以将该器件安装在含有高导热性材料的大面积散热器上，以实现对较大表面的冲击[48]。尽管由于冷却剂不与芯片直接接触，这种方法不能再被归类为直接冷却，但如果采用合适的导热连接方式，就可以提供改进的冷却方案。此改进方法中可以采用的热传播介质层可以是金属或金刚石，如图 18.16c 所示。

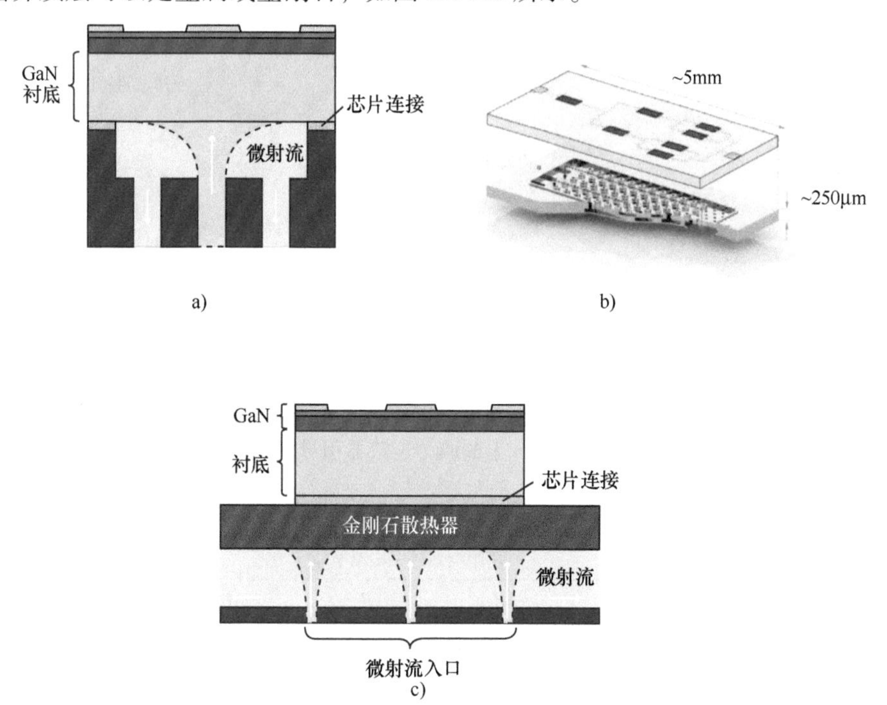

图 18.16 a）直接喷射冲击 GaN 芯片的示意图；b）冷却剂射流通过钯微射流冷却器冲击 MMIC 芯片的背面；c）在键合到 GaN 器件的金刚石散热器上的射流冲击

来源：J. Ditri, et al., GaN unleashed: the benefits of microfluidic cooling, IEEE Trans. Semicond. Manuf. 29 (4) (2016) 376-383。

18.3.2.3 直接冷却：案例研究

图 18.17 显示了微通道直接嵌入单片集成的硅基氮化镓二极管桥式整流器的情况。图 18.17a 展示了该器件和冷却剂输送结构的示意图。如前所述，500μm 深和 50μm 宽的微通道是使用 DRIE 方法制造的。器件结构由两层组成，而不是无源硅载体衬底：5μm 厚的顶部 GaN 外延层提供电子器件，600μm 厚的硅层用作热沉。管芯连接到 PCB 上，该 PCB 起到流体输送单元的作用。制作的原型结构如图 18.17b 所示，图中展示了通

过使用直接冷却和基于 PCB 的冷却剂输送单元的组合可以获得的非常紧凑的外形。由于所有冷却过程都直接在芯片内部进行，R_{j-c}和R_{TIM}的贡献可以免除因此不再需要大型散热器，并可实现发热元件的高密度集成。最终模型结构如图 18.17b 所示，该结构能够提取超过 700W/cm^2 的芯片级热通量，同时保持温升低于 60℃。针对该结构的热阻分解数据见表 18.4。与间接冷却情况相比，消除了以前占温升 80%以上的R_{TIM}和R_{j-c}。相反，R_{conv}现在主导了器件的总热阻，因此微流体冷却结构的优化对热性能有显著影响。

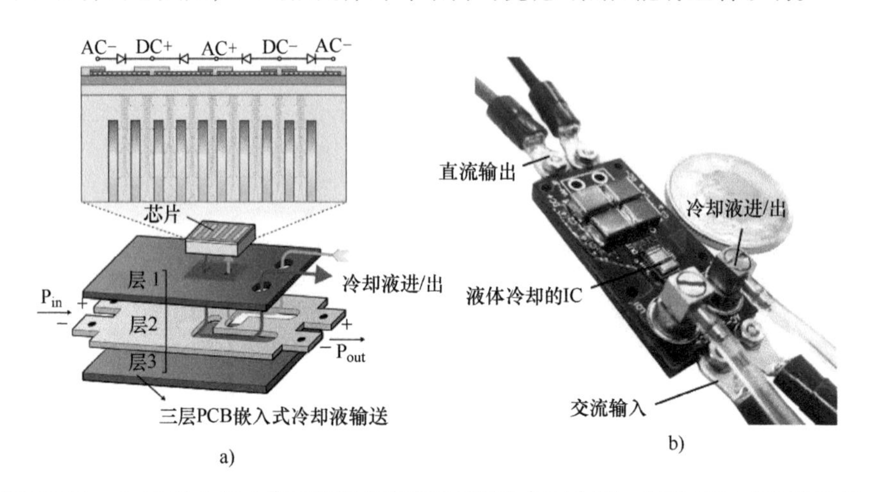

图 18.17　a）Si 基 GaN 功率整流器的直接微通道冷却示意图，通过 PCB 输送冷却剂；b）集成到硅衬底中的具有直接微通道冷却的高频高压硅基氮化镓全桥整流器 IC 的原型，PCB 上的两个连接器引导冷却液进出系统

表 18.4　液体直接冷却过程中各部分热阻值的评估

	参考文献	热阻/(cm^2·K/W)				r_h	热通量
		R_{j-c}	R_{TIM}	R_{conv}	R_{cond}	Pa·s/m^3	W/cm^2
直接冷却	[43]	0	0	0.17	0.02	5.0×10^{10}	417

如前所述，R_{conv}强烈依赖于沟道宽度。较小的通道增加了传热的表面积并获得了较高的努塞尔数，从而降低了R_{conv}。然而，小通道会导致较高的液压阻力，引起高压降，由此限制了冷却效率。第二，直微通道冷却受到温度不均匀性的影响，因为芯片的出口侧将使用温度较高的冷却剂进行冷却。上述提及的这些问题可以借助下一节中讨论的方法加以解决。

18.3.3　微流体冷却与电子学的协同设计

当冷却的长度尺度接近热点的尺寸时，这两个系统不能再分开考虑。相反，这创造了将冷却结构和电子器件彼此结合在一起进行设计的可能性，从而可以最大限度地减少热阻、压降和冷却剂流量。传热系数和热导率的局部增加有助于在其为器件提供最大益处的位置处提供最高的热提取。这种设计方法被称为电子器件和微流体散热结构的协同设计。例如，在 RF GaN HEMT 器件中，在热点正下方构建具有高导热性的区域对促进热扩散是有益的。除了使用昂贵的金刚石衬底，诺斯罗普·格鲁曼公司的研究人员展示了一种协同设计方法，即在功率放大器的热点下方选择性地去除部分衬底[49]。用 CVD 将金刚石局部填充至空腔壁（见图 18.18b），以增加热传导能力[50]。此外，该空腔还可以用作冷却剂冲击的位置。总之，这种协同设计方案能够在密集集成器件上的几个热点周围实现高热量提取（见图 18.18c）。

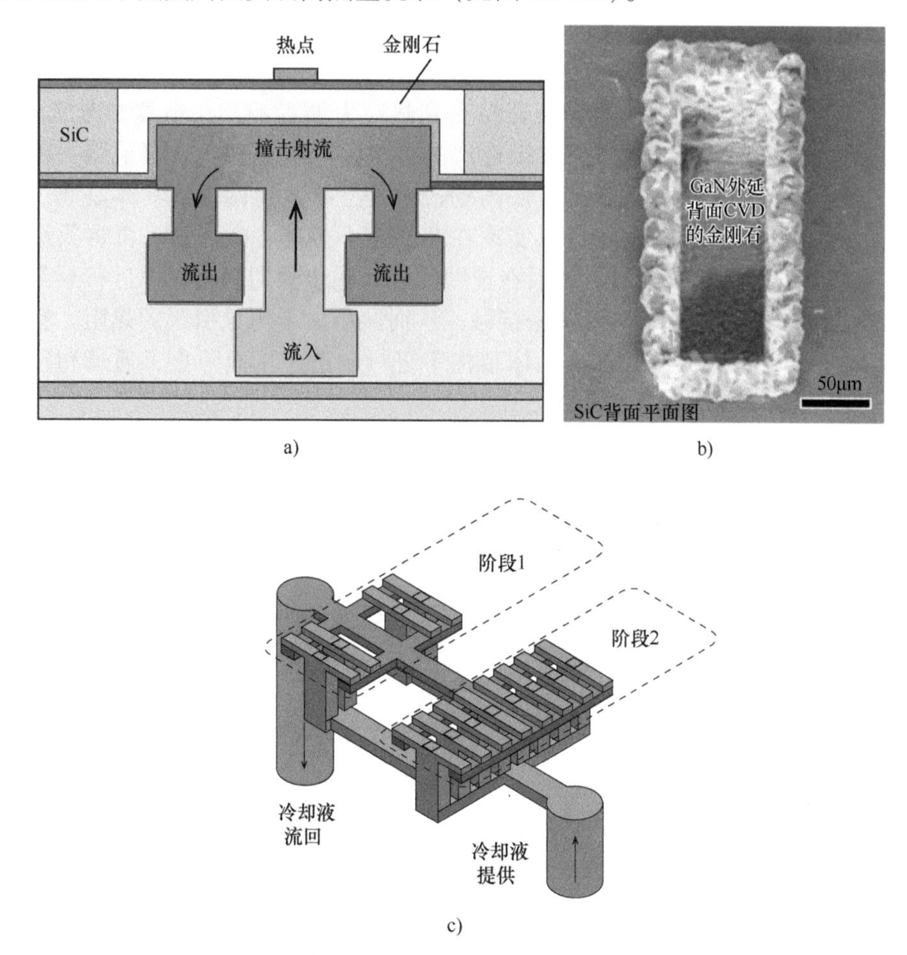

图 18.18　a）具有冲击冷却的 CVD 金刚石散热器；b）器件背面选择性 CVD 金刚石沉积的 SEM 图像；c）具有协同设计的冲击冷却和金刚石沉积的多级 MMIC 的示意图

图 a 和 c 来源：V. Gambin，et al.，Impingement cooled embedded diamond multiphysics co-design，in：2016 15th IEEE Intersociety Conference on Thermal and Thermomechanical Phenomena in Electronic Systems（ITherm），2016，pp. 1518-1529。

图 b 来源：B. Poust，et al.，Selective growth of diamond in thermal vias for GaN HEMTs，Tech. Dig. IEEE Compd. Semicond. Integr. Circuit Symp. CSIC，2013。

18.3.3.1 协同设计冷却的研究案例

这里考虑的最后一种情况是在 Si 基 GaN 功率器件中协同设计微通道冷却的方法，如图 18.19 所示。该结构通过使用歧管结构解决了由微通道冷却引起的高压降和高温度梯度。这样的结构提供了配送通道并引导冷却剂流过芯片上方的第二平面，并通过局部冲击微通道将冷却剂供给到冷却结构中。这种歧管微通道（MMC）热沉由多个冷却剂的出/入口组成，这些入口和出口在芯片上等距分布。因为液体以较低的速度流过较短的通道部分，所以 MMC 提供了压降的降低。此外，由于在芯片上表面均匀供应给冷的冷却剂，此方法提供了更高的温度均匀性。文献中对 MMC 进行了广泛研究[5,51-56]。然而，由于其三维性质，这种 MMC 结构的制造通常涉及烦琐的键合步骤。由于热膨胀系数的不匹配，不同材料之间的界面容易受到热应力的影响。在本章参考文献［57］中，通过在硅衬底内单片集成歧管和微通道的方法来解决此问题。它采用一种新的制造方法，从器件的顶部和底部在硅衬底内制造单片三维通道网络。具体是通过在 GaN 层中蚀刻窄缝来实现的，该窄缝可以实现在芯片正下方制备微通道，再将狭缝与晶体管的源/漏极焊盘进行协同设计，最后在连续的金属化步骤期间将缝隙进行封闭。最终使每个源/漏极与单独的冷却通道紧密接触，从而减小由于传导引起的热阻。整体集成的歧管不会产生键合界面，并在硅晶体结构中进行制造，从而防止了通道和歧管之间的 CTE 失配。

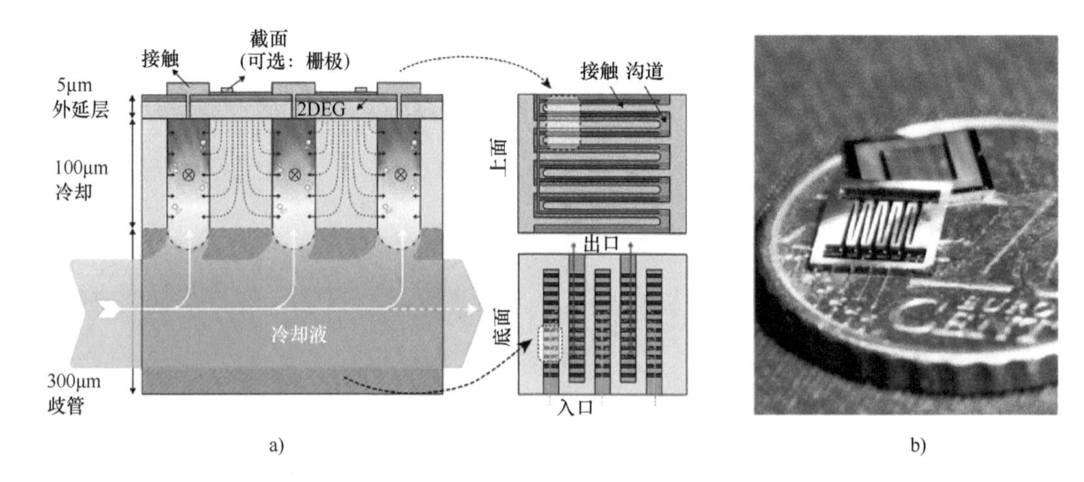

图 18.19 Si 基 GaN HEMT 内部的单片集成微通道歧管结构：a）设计示意图，冷却通道存在于每个源极和漏极下方，并且冷却剂直接撞击在 GaN 外延层上，从顶部开始，源极和漏极金属化覆盖在 GaN 层中形成的切口，背面具有多个入口和出口通道的歧管结构将冷的冷却剂分布在芯片上，并引导流动通过微通道；b）具有协同设计冷却的芯片的图片

来源：R. van ERP，R. Soleimanzadeh，L. Nela，G. Kampitsis，E. Matioli，Co-designing electronics with microfluidics for more sustainable cooling，Nature，585（7824）（2020）211-216。

在 GaN 外延层下方实现了 20μm 宽和 120μm 深的冷却通道，而在背面蚀刻了 10 个 300μm 宽和 300μm 深的歧管通道，以将冷却剂分布在芯片上。如表 18.5 所示，狭窄通道与发展流动中的高传热系数相结合，导致 R_{conv} 显著降低。嵌入式歧管结构打破了通道宽度与压降之间的关系。尽管通道尺寸较小，但压降可以保持在比标准直微通道更低的值。使用这种方法，可从 3mm× 3mm 芯片中提取超过 1.7kW/cm² 芯片水平的热通量，同时将芯片表面和冷却剂入口之间的温升保持在 60℃以下。此外，由于歧管设计，需要小于 50 MW 的泵送功率来提供这种冷却水平。这些结果突出了在同一衬底内协同设计电子和微流体的性能优势。

表 18.5　协同设计的微通道冷却评估

	参考文献	热阻/(cm²·K/W)				r_h	热通量
		$R_{j\text{-}c}$	R_{TIM}	R_{conv}	R_{cond}	Pa·s/m³	W/cm²
协同设计的冷却	[57]	0	0	1.4×10^{-2}	1.2×10^{-4}	3.75×10^{10}	1700

18.3.4　不同方法的概述和总结

在前面几个小节中具体讨论了三种情况，图 18.20 中对三种情况进行了比较。热

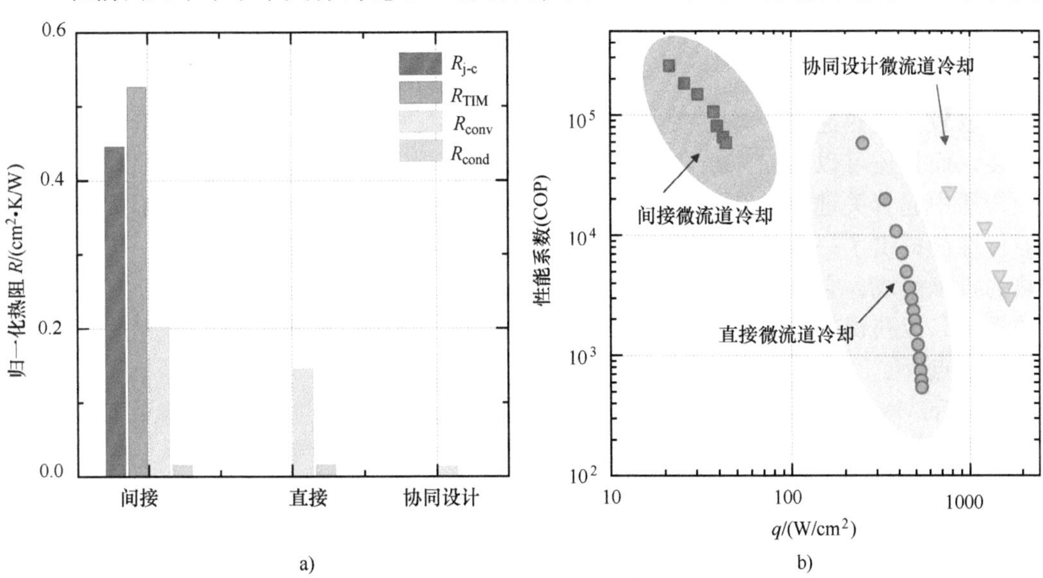

图 18.20　间接、直接和协同设计冷却的比较：a）归一化热阻；b）性能系数（COP）与总温升为 60K 时的最大热通量

来源：R. van ERP，G. Kampitsis，L. Nela，R. Soleimanzadeh，N. Perera，E. Matioli，Bringing the heat sink closer to the heat：evaluating die-embedded microchannel cooling of GaN-on-Si power devices，in：2020 26th International Workshop on Thermal Investigations of ICs and Systems（THERMINIC），2020，pp. 17-23。

阻的分解（见图 18. 20a）强调了如何通过每个集成级别来显著减少每一个分量。在间接冷却方式中，TIM 和封装是主导因素；在直接冷却方式中，对流换热是瓶颈；通过提出的协同设计冷却方案，可以将所有热阻元件降至最低，从而实现最低的结温升高。由于采用了相似的微通道尺寸，因此间接冷却和直接冷却情况下的压降相当，而在协同设计方法中，尽管通道较窄，但由歧管结构供给的较短通道产生了较低的压降。在 COP 和最大热通量方面，以上三个案例之间的对比（见图 18. 20b）清楚地显示了通过将冷却移至更靠近热源的位置后可以获得的益处。通过采用直接或协同设计的冷却方案，可以使最大热通量增加 25 倍以上，同时保持 COP 高于 10^4。虽然每种方法都有其面临的一系列挑战，以及复杂性和破坏性的增加，但微流体冷针对为未来新一代芯片不断增长的热需求提供了很大的解决空间。

18. 4 小结

GaN 器件在射频和功率器件应用领域发展迅猛，未来前景广阔。然而，热管理将在推动发挥 GaN 器件的全部优势方面起到关键作用。微流体冷却作为一种颇具前途的方法，可以实现功能更强大和集成度更高的射频和功率电子器件的制备。通过将半导体衬底转变为高性能微流体热沉，可以避免在衬底材料成本和性能之间进行权衡。在本章中，我们介绍了针对 GaN 电子器件的微流体冷却基础知识，这有助于理解重要参数并指导热设计过程。根据对流传热中的尺寸法则，在缩小到微观尺度之后，可以使得对流传热呈数量级增加。因此，可以在器件的引脚区内提取较大的热通量。从而有利于集成度的提高，其不仅可以实现电路板的密集安装，而且还可以在 MMIC 和电源 IC 中实现更高的集成度。此外，衬底材料在热量传播中起着关键作用，微流体冷却和高热导率衬底的结合为未来大幅提升 GaN 器件性能提供了一条清晰的道路。单相微流体冷却中的总热阻由对流、传导和显热的贡献组成，它们都是相互依赖的。本章强调需要仔细研究每一部分对总热阻的贡献，以获得最佳的热性能。本章最后通过三个不同集成级别的研究案例证明了这一点。

最后，器件结区附近的微流体冷却通道的整体制造使得电子器件和热管理结构的并行协同设计成为可能，这将显著提高冷却性能。此方法所具备的高热通量提取能力，使其能在不对相邻器件造成热限制的情况下，将多个功率和 RF 器件并排、紧密地集成在一起。此外，还可以根据不同器件的热管理需要来优化冷却结构。比如可以根据在芯片的不同组成部分中产生的热通量来设计微通道的几何形状，从而消除热梯度。这为未来功率和 RF 集成芯片提供了一条颇具前景的设计途径，其中冷却结构设计与电子器件设计一起进行，可共同构建高性能、小型化的系统。

参考文献

[1] M. Kuball, et al., Novel thermal management of GaN electronics: diamond substrates, in: Volume 3: Advanced Fabrication and Manufacturing; Emerging Technology Frontiers; Energy, Health and Water- Applications of Nano-, Micro- and Mini-Scale Devices; MEMS and NEMS; Technology Update Talks; Thermal Management Using Micro Channels, Jets, Sprays, 2015. p. V003T08A001.

[2] K.J. Chen, et al., GaN-on-Si power technology: devices and applications, IEEE Trans. Electron Devices 64 (3) (2017) 779–795.

[3] R.J. Phillips, Forced-Convection, Liquid-Cooled, Microchannel Heat Sinks, MIT, 1987.

[4] D. Mundinger, et al., Demonstration of high-performance silicon microchannel heat exchangers for laser diode array cooling, Appl. Phys. Lett. 53 (12) (1988) 1030–1032.

[5] G.M. Harpole, J.E. Eninger, Micro-channel heat exchanger optimization, in: 1991 Proceedings, Seventh IEEE Semiconductor Thermal Measurement and Management Symposium, 1991, pp. 59–63.

[6] I. Mudawar, Assessment of high-heat-flux thermal management schemes, IEEE Trans. Compon. Packag. Technol. 24 (2) (2001) 122–141.

[7] H. Lee, et al., Thermal modeling of extreme heat flux microchannel coolers for GaN-on-SiC semiconductor devices, J. Electron. Packag. 138 (1) (2016) 010907.

[8] T. Liu, et al., Full scale simulation of an integrated monolithic heat sink for thermal management of a high power density GaN-SiC chip, in: Thermal Management, vol. 1, 2015. V001T09A057.

[9] L. Zhang, K.E. Goodson, T.W. Kenny, Silicon Microchannel Heat Sinks, Springer, 2004.

[10] D.B. Tuckerman, R.F.W. Pease, High-performance heat sinking for VLSI, IEEE Electron Device Lett. 2 (5) (1981) 126–129.

[11] A. Bar-Cohen, J.J. Maurer, A. Sivananthan, Near-junction microfluidic cooling for wide bandgap devices, MRS Adv. 1 (2) (2016) 181–195.

[12] F.P. Incropera, D.P. DeWitt, Fundamentals of Heat and Mass Transfer, John Wiley, 1996.

[13] V. Gnielinski, Neue Gleichungen für den Wärme- und den Stoffübergang in turbulent durchströmten Rohren und Kanälen, Forsch. Ingenieurwes A 41 (1) (1975) 8–16.

[14] R.K. Shah, A.L. London, Laminar Flow Forced Convection in Ducts: A Source Book for Compact Heat Exchanger Analytical Data, Academic Press, 1978.

[15] M.M. Yovanovich, Y.S. Muzychka, Laminar forced convection heat transfer in the combined entry region of non-circular ducts, J. Heat Transfer 126 (2004) 54–61.

[16] S.G. Kandlikar, S. Garimella, D. Li, S. Colin, M.R. King, Heat Transfer and Fluid Flow in Minichannels and Microchannels, 2014.

[17] J.E. Hesselgreaves, R. Law, D.A. Reay, Thermal design, in: Compact Heat Exchangers, vol. l, 2017, pp. 275–360.

[18] I. Tosun, Modeling in Transport Phenomena, Elsevier, 2007.

[19] H. Bruus, Theoretical Microfluidics, 2008.

[20] Y.S. Muzychka, K.R. Bagnall, E.N. Wang, Thermal spreading resistance and heat source temperature in compound orthotropic systems with interfacial resistance, IEEE Trans. Compon. Packag. Manuf. Technol. 3 (11) (2013) 1826–1841.

[21] Y.S. Muzychka, J.R. Culham, M.M. Yovanovich, Thermal spreading resistance of eccentric heat sources on rectangular flux channels, J. Electron. Packag. 125 (2) (2003) 178.

[22] K.R. Bagnall, Y.S. Muzychka, E.N. Wang, Analytical solution for temperature rise in complex multilayer structures with discrete heat sources, IEEE Trans. Compon. Packag.

Manuf. Technol. 4 (5) (2014) 817–830.
[23] R. Soleimanzadeh, R.A. Khadar, M. Naamoun, R. van Erp, E. Matioli, Near-junction heat spreaders for hot spot thermal management of high power density electronic devices, J. Appl. Phys. 126 (16) (2019) 165113.
[24] S. Song, V. Au, S. Lee, I. E. P. Society, Closed-Form Equation for Thermal Constriction/Spreading Resistance with Variable Resistance Boundary Condition, IEPS, 1994.
[25] R.W. Keyes, Physical limits in digital electronics, Proc. IEEE 63 (5) (1975) 740–767.
[26] R. van Erp, G. Kampitsis, L. Nela, R. Soleimanzadeh, N. Perera, E. Matioli, Bringing the heat sink closer to the heat: evaluating die-embedded microchannel cooling of GaN-on-Si power devices, 2020 26th International Workshop on Thermal Investigations of ICs and Systems (THERMINIC), 2020, pp. 17–23.
[27] J.P. Calame, R.E. Myers, S.C. Binari, F.N. Wood, M. Garven, Experimental investigation of microchannel coolers for the high heat flux thermal management of GaN-on-SiC semiconductor devices, Int. J. Heat Mass Transf. 50 (23–24) (2007) 4767–4779.
[28] Y. Han, B.L. Lau, X. Zhang, Y.C. Leong, K.F. Choo, Enhancement of hotspot cooling with diamond heat spreader on Cu microchannel heat sink for GaN-on-Si device, IEEE Trans. Compon. Packag. Manuf. Technol. 4 (6) (2014) 983–990.
[29] R. Van Erp, G. Kampitsis, E. Matioli, Efficient microchannel cooling of multiple power devices with compact flow distribution for high power-density converters, IEEE Trans. Power Electron. 35 (7) (2020) 7235–7245.
[30] D.H. Altman, A. Gupta, M. Tyhach, Development of a diamond microfluidics-based intrachip cooling technology for GaN, in: Advanced Fabrication and Manufacturing; Emerging Technology Frontiers; Energy, Health and Water- Applications of Nano-, Micro- and Mini-Scale Devices; MEMS and NEMS; Technology Update Talks; Thermal Management Using Micro Channels, Jets, Sprays, vol. 3, 2015. p. V003T04A006.
[31] C.T. Creamer, et al., S2-T6: microchannel cooled, high power GaN-on-diamond MMIC, in: 2014 Lester Eastman Conference on High Performance Devices (LEC), 2014, pp. 1–5.
[32] A.H. Pfeiffenberge, Dielectric Permittivity Measurements of Electronics Cooling Fluids, 2013.
[33] L. Nela, R. van Erp, N. Perera, A. Jafari, C. Erine, E. Matioli, Impact of embedded liquid cooling on the electrical characteristics of GaN-on-Si power transistors, IEEE Electron Device Lett. 42 (11) (2021) 1642–1645, https://doi.org/10.1109/LED.2021.3114056.
[34] M.D. Henry, S. Walavalkar, A. Homyk, A. Scherer, Alumina etch masks for fabrication of high-aspect-ratio silicon micropillars and nanopillars, Nanotechnology 20 (25) (2009) 255305.
[35] L. Romano, et al., Metal assisted chemical etching of silicon in the gas phase: a nanofabrication platform for X-ray optics, Nanoscale Horiz. 5 (5) (2020) 869–879.
[36] X. Li, Metal assisted chemical etching for high aspect ratio nanostructures: a review of characteristics and applications in photovoltaics, Curr. Opinion Solid State Mater. Sci. 16 (2) (2012) 71–81.
[37] K.M. Dowling, E.H. Ransom, D.G. Senesky, Profile evolution of high aspect ratio silicon carbide trenches by inductive coupled plasma etching, J. Microelectromech. Syst. 26 (1) (2017) 135–142.
[38] E. Vargas Catalan, P. Forsberg, O. Absil, M. Karlsson, Controlling the profile of high aspect ratio gratings in diamond, Diamond Relat. Mater. 63 (2016) 60–68.
[39] T.E. Sarvey, et al., Embedded cooling technologies for densely integrated electronic systems, in: Proceedings of the Custom Integrated Circuits Conference, vol. 2015, 2015.
[40] Y. Ye, et al., Integrated Electrical Test Vehicle Co-designed with Microfluidics for Evaluating the Performance of Embedded Cooling, 2021, pp. 21–25.

[41] T. Brunschwiler, et al., Validation of the porous-medium approach to model interlayer-cooled 3D-chip stacks, in: 2009 IEEE International Conference on 3D System Integration, 3DIC 2009, 2009.
[42] R. van Erp, G. Kampitsis, E. Matioli, A manifold microchannel heat sink for ultra-high power density liquid-cooled converters, in: Conference Proceedings—IEEE Applied Power Electronics Conference and Exposition—APEC, vol. 2019, 2019, pp. 1383–1389.
[43] R. Van Erp, G. Kampitsis, L. Nela, R.S. Ardebili, E. Matioli, Embedded microchannel cooling for high power-density GaN-on-Si power integrated circuits, in: InterSociety Conference on Thermal and Thermomechanical Phenomena in Electronic Systems, ITHERM, vol. 2020, 2020, pp. 53–59.
[44] W. Wits, R. Legtenberg, J. Mannak, B. Van Zalk, Thermal management through in-board heat pipes manufactured using printed circuit board multilayer technology, in: Proceedings of the IEEE/CPMT International Electronics Manufacturing Technology (IEMT) Symposium, 2006, pp. 55–61.
[45] A.J. Robinson, W. Tan, R. Kempers, J. Colenbrander, N. Bushnell, R. Chen, A new hybrid heat sink with impinging micro-jet arrays and microchannels fabricated using high volume additive manufacturing, in: 2017 33rd Thermal Measurement, Modeling & Management Symposium (SEMI-THERM), 2017, pp. 179–186.
[46] T. Wei, et al., High-efficiency polymer-based direct multi-jet impingement cooling solution for high-power devices, IEEE Trans. Power Electron. 34 (7) (2019) 6601–6612.
[47] J. Ditri, et al., GaN unleashed: the benefits of microfluidic cooling, IEEE Trans. Semicond. Manuf. 29 (4) (2016) 376–383.
[48] G. Zhang, J.W. Pomeroy, M.E. Navarro, H. Cao, M. Kuball, Y. Ding, 3-D printed microjet impingement cooling for thermal management of ultrahigh-power GaN transistors, IEEE Trans. Compon. Packag. Manuf. Technol. 11 (5) (2021) 748–754.
[49] V. Gambin, et al., Impingement cooled embedded diamond multiphysics co-design, in: 2016 15th IEEE Intersociety Conference on Thermal and Thermomechanical Phenomena in Electronic Systems (ITherm), 2016, pp. 1518–1529.
[50] B. Poust, et al., Selective growth of diamond in thermal vias for GaN HEMTs, in: Tech. Dig. IEEE Compd. Semicond. Integr. Circuit Symp. CSIC, 2013.
[51] E. Cetegen, S. Dessiatoun, M. Ohadi, Heat transfer analysis of force fed evaporation on microgrooved surfaces, in: Proceedings of the 6th International Conference on Nanochannels, Microchannels, and Minichannels, ICNMM2008, PART A, 2008, pp. 657–660.
[52] K.P. Drummond, et al., A hierarchical manifold microchannel heat sink array for high-heat-flux two-phase cooling of electronics, Int. J. Heat Mass Transf. 117 (2018) 319–330.
[53] D. Copeland, M. Behnia, W. Nakayama, Manifold microchannel heat sinks: isothermal analysis, IEEE Trans. Compon. Packag. Manuf. Technol. Part A 20 (2) (1997) 96–102.
[54] W. Escher, B. Michel, D. Poulikakos, A novel high performance, ultrathin heat sink for electronics, Int. J. Heat Fluid Flow 31 (4) (2010) 586–598.
[55] R. Mandel, A. Shooshtari, M. Ohadi, A '2.5-D' modeling approach for single-phase flow and heat transfer in manifold microchannels, Int. J. Heat Mass Transf. 126 (2018) 317–330.
[56] N. Gilmore, V. Timchenko, C. Menictas, Manifold microchannel heat sink topology optimisation, Int. J. Heat Mass Transf. 170 (2021) 121025.
[57] R. van Erp, R. Soleimanzadeh, L. Nela, G. Kampitsis, E. Matioli, Co-designing electronics with microfluidics for more sustainable cooling, Nature 585 (7824) (2020) 211–216.

第 19 章

氮化镓热管理技术在 Ga_2O_3 整流器和 MOSFET 中的应用

Minghan Xian[①], Fan Ren[①], Marko J. Tadjer[②], Ribhu Sharma[③], Mark E. Law[③], Peter E. Raad[④], Pavel L. Komarov[⑤], Zahabul Islam[⑥], Aman Haque[⑥], S. J. Pearton[⑦]

① 美国佛罗里达大学化学工程系

② 美国海军研究实验室

③ 美国佛罗里达大学电气和计算机工程

④ 美国南卫理公会大学机械工程系

⑤ 美国 TMX 科学公司

⑥ 美国宾夕法尼亚州立大学机械与核工程系

⑦ 美国佛罗里达大学材料科学与工程系

19.1 引言

与现有技术相比，超宽带隙半导体技术具有改善器件性能、提高开关效率和提高功率密度的潜力，这为电力电子行业带来了潜在的新进展[1-6]。超宽带隙半导体材料通常被定义为带隙宽度超过 GaN（3.4eV）的半导体材料，如氧化镓（Ga_2O_3）、金刚石（C）、AlN/$Al_xGa_{1-x}N$）和立方氮化硼（C-BN）。这些材料在制备高功率器件方面的优势源于临界电场（E_C）随着带隙（E_G）的增加而增加。更高的临界电场意味着可以采用更薄的漂移区[5]。因此，当结未被耗尽时（即当器件处于导通状态时）电阻较低。阻断电压 V_B 和特定导通电阻 $R_{on,sp}$（当器件导通时，乘以器件面积，等于器件电阻）之间的制约关系可以通过品质因数 ${V_B}^2/R_{on,sp}=\varepsilon\mu_n {E_C}^3/4$ 来量化，其中 ε 为介电常数，μ_n为电子迁移率[5]

在汽车、航空航天和国防工业领域，电力电子器件和相关封装在电力转换和传输过程中发挥着重要作用。在过去的十年中，SiC（在某种程度上 GaN 器件）已经在重要的市场领域中确立了自己的地位，它们可以补充或取代 Si 基器件[1]。同时，由于可再生能源也必须接入现有电网，进而增加了对此类器件的需求。在世界上的许多地方，电力系统通常会遇到基于逆变器的电源（如风能、太阳能光伏和电池存储）的瞬时渗透率水平超过系统需求的 50%~60%[2]。

除了更高的功率水平之外，紧凑的、高功率密度的电子设备还希望器件能在更高的温度下工作。至今，已经付出了大量的工作来开发用于 SiC 和 GaN 器件，且可在高温下工作的紧凑、高性能电子封装技术。与这些半导体相比，由 β 或 α 多型材料制成的 Ga_2O_3 器件不仅可以提供优越的电气性能，而且其成本也低得多[3,4]。Ga_2O_3 的高成本效益主要是由于能够使用可扩展且廉价的熔体生长方法生长大块的 Ga_2O_3 晶体材料。美国国家可再生能源实验室（NREL）最近的一项成本分析表明，Ga_2O_3 晶圆的成本比 SiC 低 3~5 倍以上，也就是说 Ga_2O_3 基器件比 SiC 基器件便宜 2~4[3]。然而，Ga_2O_3 器件技术和封装技术还处于初期阶段，仍面临重大挑战。主要限制之一是与 SiC 相比，Ga_2O_3 的热导率较低。一种可行的方法是将为 SiC 和 GaN 开发的热管理和封装方法应用于 Ga_2O_3 器件。

目前的电力电子封装，特别是在节能电动汽车领域，即使使用 SiC 器件，其额定工作温度也高达 175℃。新颖的设计架构对于实现紧凑、高功率密度和可靠的宽带隙半导体器件的封装至关重要，这种封装器件能够充分承受更高的工作温度。通过平衡材料和制造成本与获得的性能改进之间的矛盾，可选择先进的 Ga_2O_3 冷却技术应用于飞机、卫星和电动汽车。

19.2　Ga_2O_3的热研究现状综述

目前广泛研究的 Ga_2O_3 材料是多晶型 β-Ga_2O_3，其带隙为 4.8eV[7,8]。人们还对亚稳态的具备刚玉晶体结构的 α-多晶类型感兴趣，其在平衡条件下，在高于 750~900℃ 的温度下转变为 β-多晶。它的预测带隙为 5.3eV，在超高击穿晶体管和波长低于 240nm 的深紫外光电子器件领域极具吸引力和应用潜力。在原子层沉积（ALD）、雾化化学气相沉积和分子束外延中，α-Ga_2O_3 的合成需要低生长温度（430~470℃）。

图 19.1 显示了 β-Ga_2O_3 的低各向异性热导率仍然是热管理中的关键限制，特别是对于高电流密度应用具有优势的垂直几何结构器件[9-11]。Ahman 等人[12]报道了晶格常数为 a=12.21Å，b =3.037Å，c= 5.798Å，β=103.8°的单斜 β-Ga_2O_3，这些参数显示其具有较大的各向异性[13,14]。与［100］方向[12-14]的 10.9W/(m·K) 相比，低指数结晶方向的热导率显著不同，其中［010］方向的热导率为 21W/(m·K)。此外，在高温下，沿［001］、［010］和［100］方向的热导率退化到 10W/(m·K) 以下，遵循约为 $1/T$ 关系。由于最初垂直几何结构的 Ga_2O_3 整流器被观察到在 270~350℃ 以上正向偏置开关时失效[15-19]，因此根据几何形状，必须进行有效的热管理。基本热阻极限由两个方面决定，即复合基板中的传导/扩散（其中器件中的电子动能转换为声子，然后通过传导扩散）以及先进散热器中的流体对流，涉及声子到工作流体。

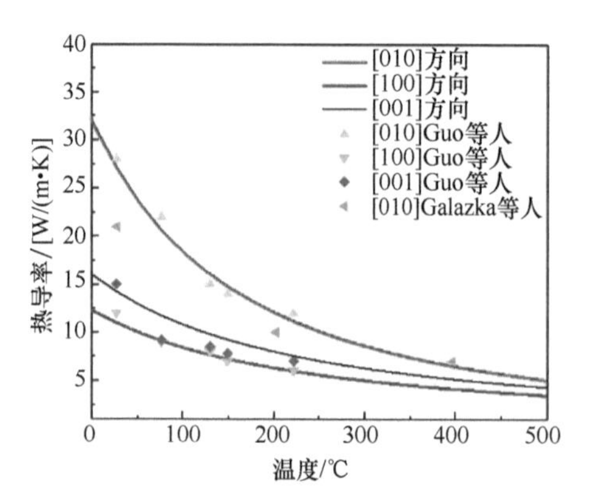

图 19.1　β-Ga_2O_3 在［100］、［010］和［001］方向的热导率值和相关性

来源：Minghan Xian，Randy Elhassani，Chaker Fares，Fan Ren，Marko Tadjer，S. J. Pearton，Forward bias degradation and thermal simulations of vertical geometry β Ga_2O_3 Schottky rectifiers，J. Vac. Sci. Technol. B 37（2019）061205-1 to 061205-5，copyright American Institute of Physics。

已经有大量的工作来开发针对 GaN 器件的散热技术，其中包括基于金刚石集成或用于热管理的集成了微通道的散热器[20-48]。例如，Hobart 等人[36]报道了一种在 GaN 高电子迁移率晶体管（HEMT）中增强热管理的方法，该方法使用金刚石空气桥来去除热量。空气桥可以由生长在介电材料表面上、直接生长在 GaN 表面上或生长在金刚石多晶成核层表面上的多晶金刚石材料层形成。他们报道了优化研究，以在与底层材料的生长界面处实现的最佳热导率[36]。这是顶侧冷却的示例，并且当与底侧散热器和嵌入式冷却相结合时，实现非常高功率密度的 GaN 基器件是可能的。其中大部分应适用于 Ga_2O_3，并可加速先进热管理方法的应用[49-56]。美国佐治亚理工学院和美国海军研究实验室（Naval Research Laboratory）合作报道了 Ga_2O_3 与金刚石进行异质集成的初步研究结果[53,54]。他们用原子层沉积法（ALD）在单晶金刚石衬底上沉积 Ga_2O_3，并用时域热反射法（TDTR）测量了其热学性质。Ga_2O_3-金刚石界面的边界热导（TBC）比相应的范德华键合 Ga_2O_3-金刚石界面的边界热导大一个数量级。剥离的金刚石衬底上的 Ga_2O_3 晶体管已被证明比蓝宝石或硅衬底上的同类器件产生更高的漏极电流，且不会自热[55]。该方法的界面热阻由任何无序过渡层以及近界面金刚石的热阻决定。

在对 Ga_2O_3 的其他初步研究方面，Paret 等人[57]使用基于有限元的热和热机械建模来实现金属氧化物半导体场效应晶体管（MOSFET）的封装设计，该封装设计具有低热阻和相对于芯片连接和衬底连接界面的预期可靠工作。分别选择烧结银和高铅焊料（95%Pb/5%Sn）作为芯片贴装和基板贴装，因为它们的额定工作温度为 200℃。他们模拟了直接键合 Cu 基板和基板的各种配置，并在两者中加入了不同的陶瓷。他们还比较了三种不同的冷却配置，即基板冷却、直接键合 Cu 冷却和顶侧器件冷却。使用 AlN 或 Si_3N_4 陶瓷的直接键合 Cu 结构获得了最低的热阻。将 Ga_2O_3 器件的抗短路能力与 SiC

进行了比较，代表性数据如图 19.2 所示[57]。短路耐受时间为 2~3μs，低于接触和封装中使用的金属的熔化温度[58]。

Chatterjee 等人[59,60]使用电热建模和热反射、红外热成像实验测量的方法来了解微小几何结构 Ga_2O_3MOSFET 中的热效应。在 10W/mm 的模拟输入功率下，器件达到 1500℃，这表明低热导率的 Ga_2O_3 迫切需要严格的热管理。他们还探索了许多底部和顶部冷却方法，以及嵌入式微通道冷却方法[59,60]。目标是在 10W/mm 的目标功耗水平下实现低于 200℃的器件结温。我们发现，使用高热导率复合环氧树脂将倒装芯片异质集成到导热载体上，可产生与 Si 基 GaN HEMT 相当的结-封装热阻值[59]。在功率密度为 21W/mm 且基板温度条件为 50℃的情况下，通过使用热凸点和纳米晶体金刚石钝化，倒装芯片设计实现了低于 200℃的结温。其结果总结在图 19.3 中[59]。

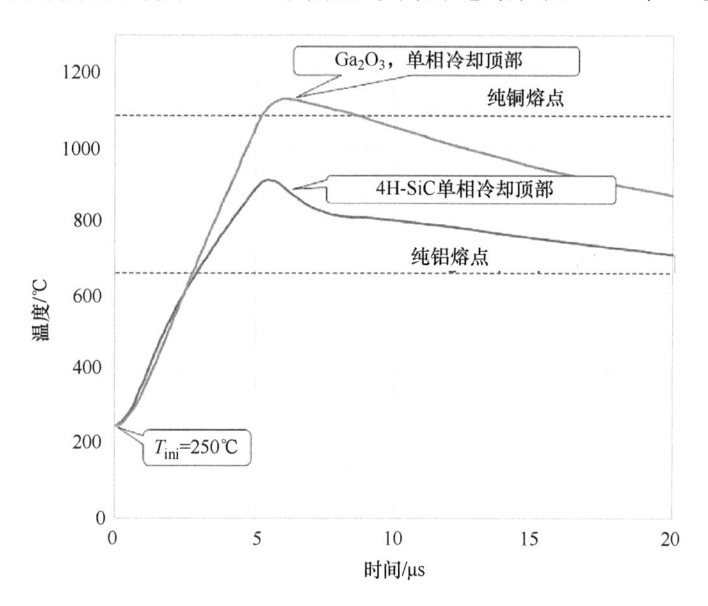

图 19.2 基于 SiC 和 Ga_2O_3 的器件在 4.7μs 短路事件模拟期间的最高温度

来源：Paul Paret，Gilberto Moreno，Bidzina Kekelia，Ramchandra Kotecha，Xuhui Feng，Kevin Bennion，Barry Mather，Andriy Zakutayev，Sreekant Narumanchi，Samuel Graham，Samuel Kim，Thermal and thermomechanical modeling to design a gallium oxide power electronics package，2019/2/11，2018 IEEE 6th Workshop on Wide Bandgap Power Devices and Applications（WiPDA），pp. 287-294，copyright IEEE。

Chatterjee 等人[59]还报道了 Ga_2O_3 二极管的热特性，借助热反射热成像发现，在导电（$2\times10^{17}cm^{-3}$）衬底上制造的小面积器件中，体积功率密度为 $15kW/cm^3$时，温升为 50℃。由于肖特基接触的电阻性质，大约 30% 的总热量产生在阳极/Ga_2O_3 界面附近[59]。这在具有厚电阻漂移区[61]的更先进的垂直整流器中将更加明显。在正常工作条件下，小面积 MESFET 的温升高达 75℃。

Mahahjan 等人[62]使用 Sentauras 中的技术计算机辅助设计（TCAD）模型和 COMSOL 中的热传导模型来确定实际工作条件下 Ga_2O_3FET 和升压转换器中的自热。他们的结论是，在后者的应用环境中，Ga_2O_3 将无法实现现有 GaN 或 SiC 基升压转换器的效率[62]。他们研究了金刚石、氮化铝和氮化硼衬底的使用。他们的结论是，为了使 Ga_2O_3FET 的性能能够与 GaN 和 SiC 竞争，需要改进沟道迁移率、减薄晶片厚度和进行额外的热分流[62]。

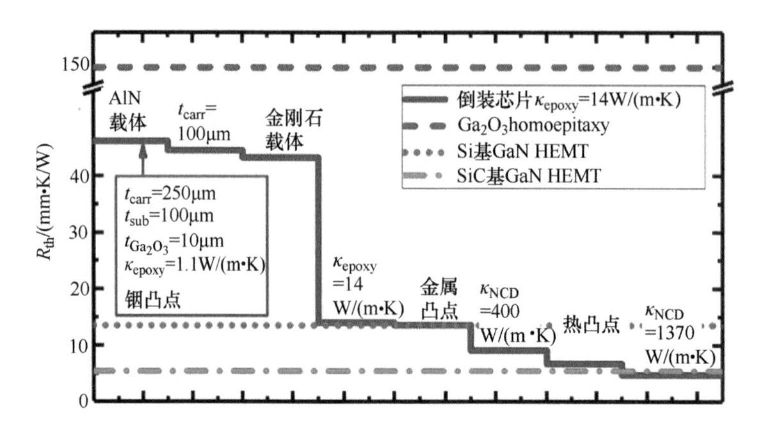

图 19.3 倒装芯片异质集成设计的热阻瀑布图。该图表显示了由载体厚度（t_{carr}）/材料产生的增量改进，以及由用于结合器件管芯和载体晶片的高导热性复合环氧树脂提供的热性能的改进。通过结合纳米晶体金刚石钝化使用热凸点，可以实现比 SiC 基 GaN HEMT 更低的器件热阻

来源：B. Chatterjee，K. Zeng，C. D. Nordquist，U. Singisetti，S. Choi，Device-level thermal management of gallium oxide field-effect transistors，IEEE Trans. Compon. Pack. Manuf. Technol. 9（2019）2352-2365，copyright IEEE。

19.3 垂直几何整流器

19.3.1 实验研究

Ga_2O_3 商业化最有前景的器件平台是由硅开关和低成本整流器组成的混合逆变器的整流器。许多实验研究报告了 Ga_2O_3 整流器在高反向电压和高正向电流下的性能[15-19,63]。其器件的典型结构如图 19.4 所示。整流器通常在 10μm 厚的掺 Si（$3.5\times10^{16}cm^{-3}$）外延层上制造，该外延层为借助卤化物气相外延（HVPE）沉积技术，在 650μm 厚的 β 相掺 Sn（$n=3.6\times10^{18}cm^{-3}$）$Ga_2O_3$ 衬底的（001）面上生长所得，该 Ga_2O_3 衬底通过边缘限定的薄膜馈送生长方法（新型晶体技术）制备所得。通常使用电子束（e-beam）蒸发 20nm/80nm Ti/Au，然后在氮气环境中在 550℃下快速热退火

30s，制备整面的背面欧姆接触。

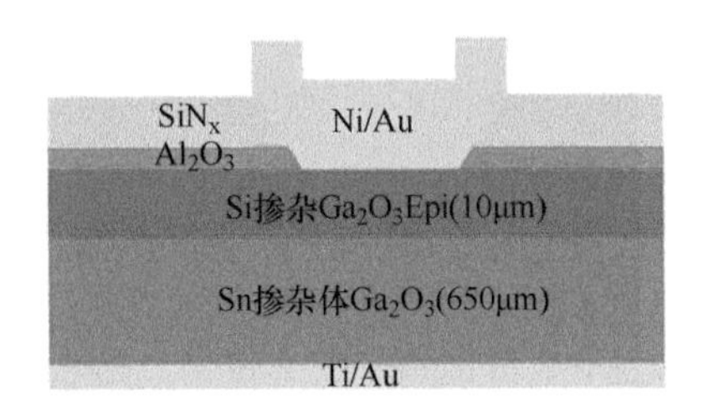

图 19.4 整流器结构示意图

来源：Minghan Xian，Randy Elhassani，Chaker Fares，Fan Ren，Marko Tadjer，S. J. Pearton，Forward bias degradation and thermal simulations of vertical geometry β-Ga_2O_3 Schottky rectifiers，J. Vac. Sci. Technol. B 37（2019）061205-1 to 061205-5，copyright American Institute of Physics。

边缘终端通常由场板组成，在该示例情况下，分别使用原子层沉积和等离子体增强化学气相沉积来沉积 40nm 厚的 Al_2O_3 和 360nm 厚的 SiN_x。使用 1∶10 稀释的缓冲氧化物蚀刻剂（BOE）打开具有不同尺寸（0.8～0.2mm 正方形，0.2～0.04mm 直径圆形）的介电窗。然后将表面在 O_3 中处理 20min，以除去烃类和其他污染物质。使用电子束蒸发和标准丙酮剥离工艺，来沉积 400μm 厚的 Ni/Au（80nm/320nm）顶侧肖特基金属叠层。通过 TCAD 模拟器 Florida Object Oriented Device Simulator（FLOODS）进行的场的建模获得最大电场峰值位于 SiN_x 钝化内的场板边缘，如图 19.5 所示。

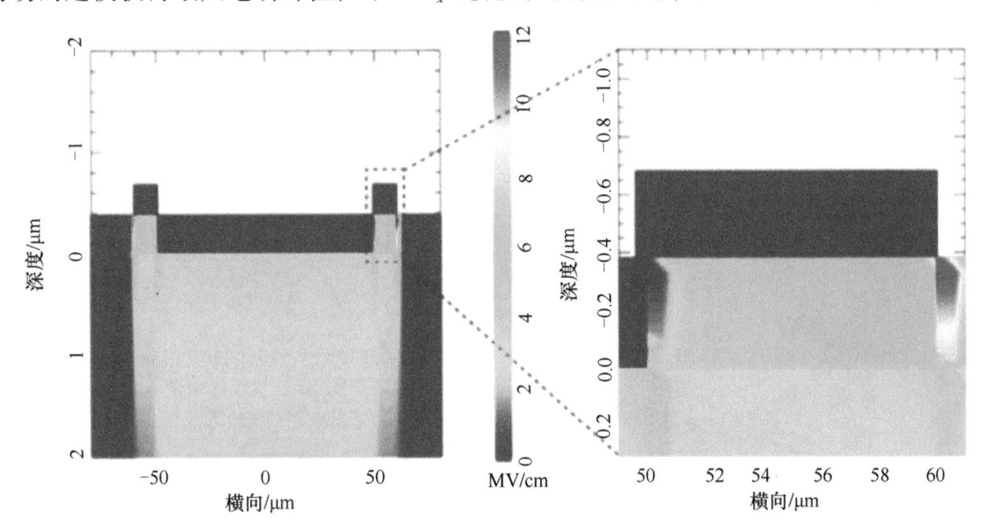

图 19.5 具有 Al_2O_3/SiN_x 场板的测试器件在雪崩击穿时的模拟电场分布

来源：Patrick H. Carey、Jiancheng Yang、Fan Ren、Ribhu Sharma、Mark Law 和 Stephen J. Pearton，Comparison of Dual-Stack Dielectric Field Plates on β-Ga_2O_3 Schottky Rectifiers，ECS J. Solid State Sci. Technol. 8（2019）Q3221-3225。

整流器在工作期间的温度已通过几种方法进行测试，包括时间分辨（TR）显微镜[64-66]，其测试原理是通过测量由表面温度变化引起的器件表面反射率的相对变化来反应具体温度。TR 提供热点和热扩散路径的高空间分辨率和可视化映射。为了测量器件温度的增量 ΔT，则需要测量反射率的相对变化（$\Delta R/R$），并通过与其相关的热反射校准系数 C_{TR}将其转换为温度，通常为 $10^{-3}\sim10^{-5}K^{-1}$。C_{TR}的值取决于被测材料、探测光的波长和样品组成（如果样品是多层的，在探测光的路径中存在透明或半透明材料）。在我们的示例中，垂直整流器具有最上面的 Au 顶部接触，在 470~485nm 波长下具有最佳 TR 响应。使用的 TDTR 系统是 TMX Scientific T°成像仪，该成像仪允许准稳态和瞬态测量，亚衍射极限像素分辨率为 70nm，光学分辨率约为 300nm。

图 19.6 显示了内径为 100μm 的 Ga_2O_3 肖特基二极管的一些代表性测量结果，使用 50 倍物镜和 LED 提供的 470nm 光进行测量[67]。对于瞬态测量，器件在不同的周期内被激励，方波电压脉冲在 0~3V 之间，占空比为 30%，相移为 30%（简单地将响应集中在周期内）。图 19.6 左侧图片为被测器件（DUT）的视图，而右侧显示了在 5ms 周期中大约 59%的位置捕获到的相对温度上升场[67]。该显示的温度场是使用恒定值 C_{TR}产生的，该值是通过对二极管中心区域内的 C_{TR}场进行平均而获得的。中心矩形区域（由可见光标定义）内的平均温升在周期内采用 26 个点绘制。如图 19.6 右面板中显示的温度上升场所进行的操作，温度是从热反射场的逐像素校准中获得的，而不是简单地通过将热反射场除以平均值 C_{TR}获得。二极管温度不遵循激励偏压波形，这表现出由 Ga_2O_3 衬底的热导率所呈现的高热惯性。延迟和上升部分遵循近乎完美的指数特性，其系数约为 0.14ms. 温度响应的衰减部分和上升部分都符合指数拟合[67]。二极管上的温

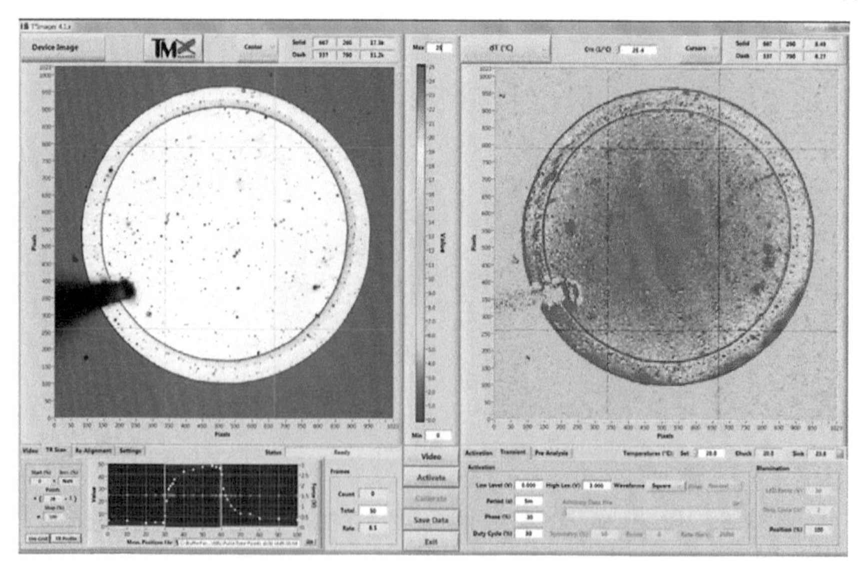

图 19.6　测量面板（左侧显示 Ga_2O_3 肖特基二极管，右侧显示器件关闭前的相对温升，左下方显示平均温升的瞬态曲线）

度分布几乎是恒定的，正如预期的那样，在中心有一个较小的温度峰值，其数值约为 50℃，分布范围±3℃。由于 Ga_2O_3 衬底的高热阻系数将顶部金焊盘和恒温槽（晶圆通过真空固定在恒温槽上）隔开，因此预计器件具有均匀的温度分布。

19.3.2　模拟研究

无论是 TCAD 工具，还是使用三维有限元分析的传统热输运计算，都已用于模拟整流器的温升[19,60,61,66-68]。使用偏微分方程（PDE）求解器 Floods TCAD 模拟器求解控制电域和热域物理特性的偏微分方程和全微分方程。使用电子和空穴电流密度，通过焦耳加热将热量产生（Q）并入模型中。将热输运建模为产生的热量和温度随时间和空间变化的函数[68]：

$$C\frac{\partial T}{\partial t}-\nabla \cdot K\nabla T=Q \tag{19.1}$$

式中，C 是比热容；T 是温度；K 是热导率。对流热传递方程用作热传递的边界条件，由牛顿冷却定律给出[68]：

$$q'=hA(T_s-T_\infty) \tag{19.2}$$

式中，q'是热通量；h 是传热系数；A 是表面面积；T_s和 T_∞（300K）分别是表面和环境温度。传热系数可表示为无量纲努塞尔数（Nu）、格拉晓夫数（Gr）和普朗特数（Pr）的函数，定义为[68]

$$Nu(Gr,Pr)=hL/k \tag{19.3}$$

$$Gr=\frac{g\beta(T_s-T_\infty)L^3}{v^2} \tag{19.4}$$

$$Pr=\frac{\mu C}{k} \tag{19.5}$$

式中，L 为特征长度；k 为热导率；g 为重力加速度；β 为体积膨胀系数（$\beta=1/T$；对于理想气体），μ 和 v 是动力黏度和运动黏度。为了获得不同表面的传热系数，可以使用更简单的表达式：

$$\overline{Nu}=\frac{\bar{h}k}{L}=c\,(GrPr)^m \tag{19.6}$$

式中，c 和 m 是常数，其取决于表面是垂直的还是水平的。狄利克雷（Dirichlet）边界条件应用于 $T=300\text{K}$ 的晶圆底侧的温度，代表理想的热沉。在模拟器件顶部和侧面的对流热传递时，对温度使用 Neumann 边界条件。

此外，采用三维有限元分析，利用矩形坐标（x、y 和 z 轴[19]）的稳态能量平衡方程计算温度分布。使用器件正向电流和经验器件导通电阻来计算热生成项 Q。对于边界条件，将连接到铜热沉的二极管的底部设置为环境温度，并且通过空气的自然对流来控制器件的顶部表面和外围的散热。

图 19.7 显示了通过 TCAD 模拟[61]从器件顶部和侧面进行自由/自然对流的整流器的一些典型结果。该图显示了块体层厚度为 350μm 和 800μm 的两个器件在 2.5V 正向偏压下的温度曲线。衬底厚度为 800μm 时出现较高的最高温度。在较厚的衬底中，在底部接触处被强制到室温之前，有更多的体积用于散热。研究了正向（0~2.5V）电压和产生功率（0~5.5W）的影响。增加偏压在外延金属界面附近的漂移区中产生更多的热量，并导致该界面附近的出现最高温度值。温度的升高还导致电子迁移率的下降，而更薄的衬底可以带来经由底部接触的更高的有效散热。减薄衬底厚度显著减少器件中加热，如图 19.8 所示[61]。

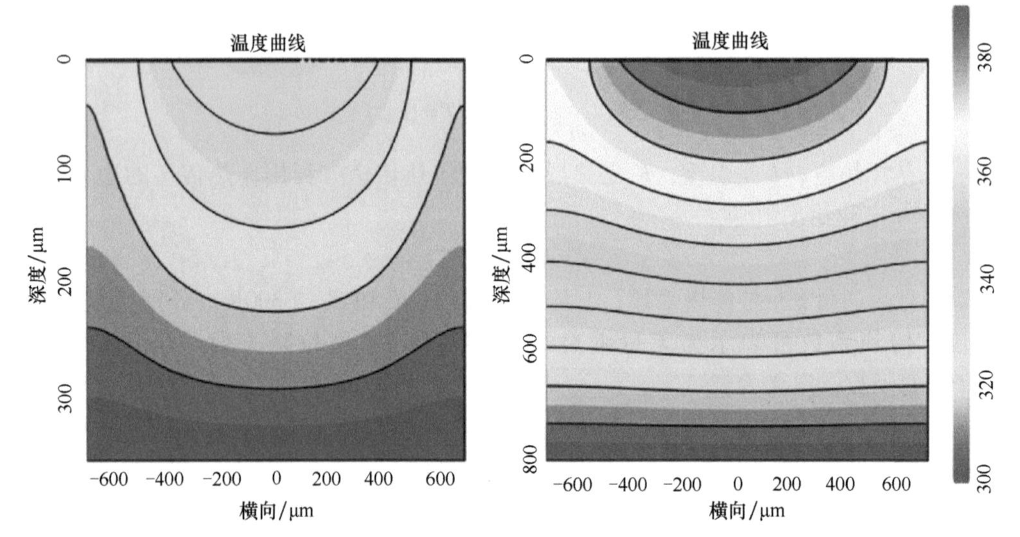

图 19.7　2.5V 正向偏压下的截面温度曲线，阳极作为顶部接触，衬底厚度为 350μm（左）和 800μm（右）。外延层厚度恒定在 7μm，接触面积为 0.01cm^2。对于 350μm 和 800μm 的块体厚度，在 2.5V 下产生的功率分别为 4.11W 和 2.93W，峰值温度分别为 342K（350μm 块体）和 389K（800μm 块体）

来源：R. Sharma、E. Patrick、M. E. Law、J. Yang、F. Ren，S. J. Pearton，Thermal Simulations of High Current β-Ga_2O_3，Schottky Rectifiers，ECS J. Solid. State Sci. Tech. 8（2019）Q3195-3201，copyright The Electrochemical Society。

如果外延层厚度从 3μm 变化到 20μm，同时保持恒定的衬底厚度，则对于较薄的层，电阻降低，导致器件中较高的电流。最初的研究显示了尺寸的重要性，模拟显示了从肖特基接触的位置散发的大量热量[61]，这是顶部被动冷却方法（如纳米晶体金刚石覆盖层和倒装芯片异质集成[68]）的要求。考虑了两种顶部冷却帽散热器设计：实心铜块和带散热片的铜结构。与没有散热器的器件相比，固体散热器将 T_{MAX} 值降低了 10K，而翅片式散热器将其降低了 25K。

图 19.9 显示了各种尺寸二极管的模拟最大结温与整流器电流密度之间的函数关系[19]。对于相同的电流密度，较大尺寸的器件往往获得较高的温度，这是由于外延层较大的物理体积和器件外围较长的热耗散路径。每条仿真曲线中的红点，代表整流器

偏置在二极管故障条件下的仿真结温。最大结温随电流密度呈指数增加，所有二极管在 270~350℃的温度范围内都会发生故障[19]。据先前的报道，在高于 350℃的温度下对肖特基金属进行退火后，Ni/Au 肖特基接触将失效[69]。低热导率导致在高电流密度、高温工作下快速累积热量，并随着电流密度的增加最终导致器件失效。

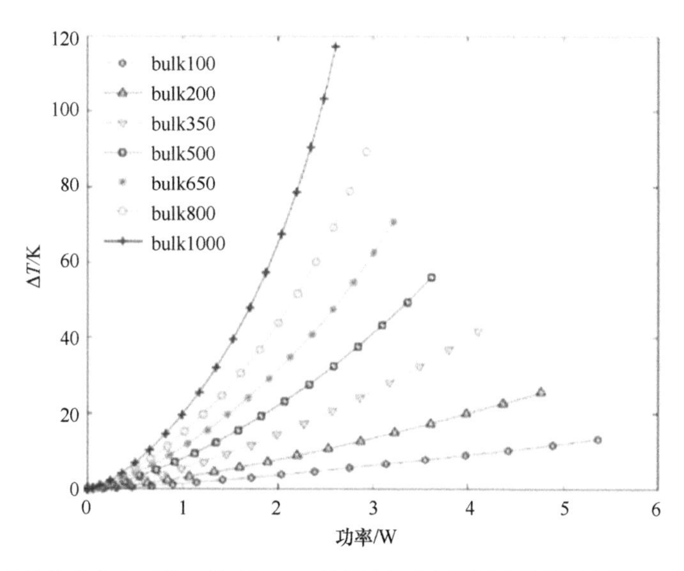

图 19.8 温度上升作为功率的函数，同时在 7μm 的恒定外延层厚度下将体厚度从 100μm 改变到 1000μm

来源：R. Sharma，E. Patrick，M. E. Law，J. Yang，F. Ren，S. J. Pearton，Thermal Simulations of High Current β-Ga_2O_3 Schottky Rectifiers，ECS J. Solid. State Sci. Tech. 8（2019）Q3195-3201。

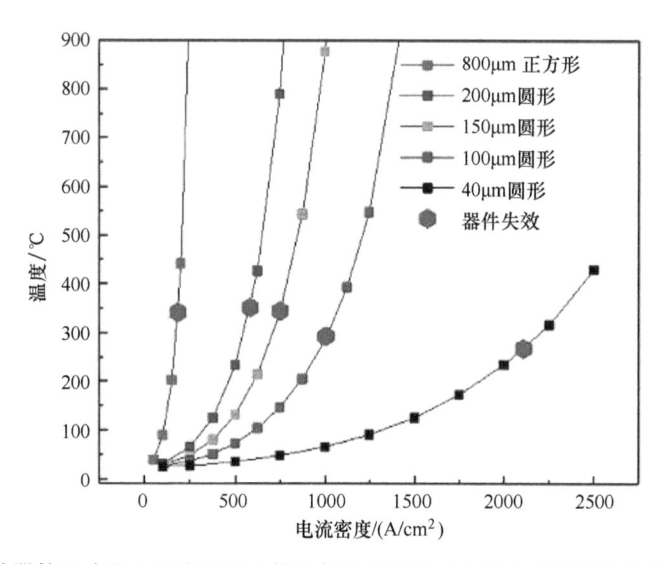

图 19.9 各种器件尺寸的金属表面最大结温与电流密度（大圆点表示器件发生失效的位置）

来源：Minghan Xian，Randy Elhassani，Chaker Fares，Fan Ren，Marko Tadjer，S. J. Pearton，Forward bias degradation and thermal simulations of vertical geometry β-Ga_2O_3 Schottky rectifiers，J. Vac. Sci. Technol. B 37（2019）061205-1 to 061205-5。

19.3.3 高功率下的退化

在反向偏压条件下，失效机制是肖特基接触外围的表面击穿[70]，这表明寿命不受材料本征特性的限制，而是受器件设计的限制。如图 19.10 的光学显微照片和扫描电子显微照片所示，其中显示击穿发生在整流接触的边缘。边缘端接设计和所使用的方法仍然需要大量的优化。迄今为止，已经尝试了场板、斜切和注入隔离方法，因为在没有 p-Ga_2O_3 的情况下不可能使结区终止。

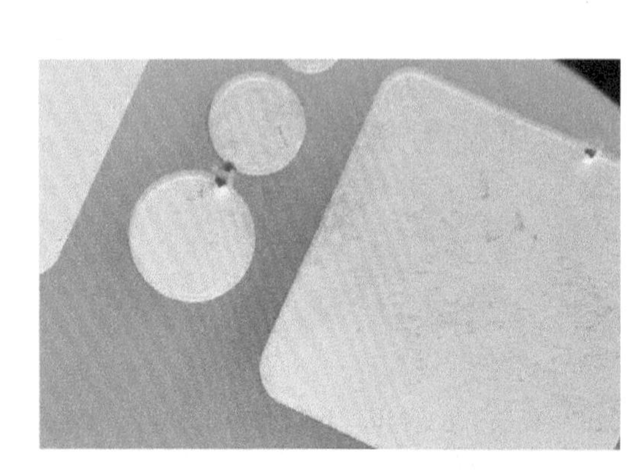

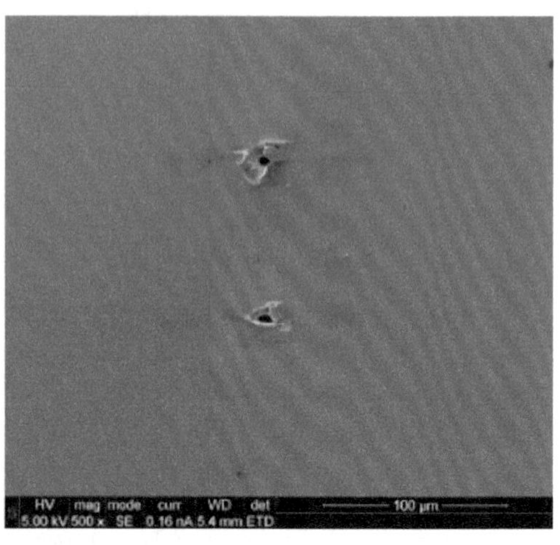

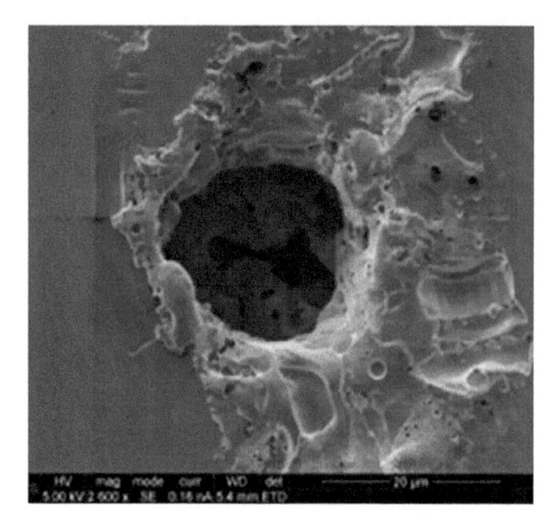

图 19.10 由于高反向偏置导致故障后的整流器图像。上面右侧的图像中，接触被蚀刻掉，以显示半导体的退化区域，下面的图为该区域的高放大率显示图像

在高电流（大于 1A）和高电流密度（大于 $2kA/cm^2$）下工作在正向偏置状态下的

最先进的 β-Ga_2O_3 垂直肖特基整流器的退化机制，是外延层-衬底界面附近的塑性晶体变形[19,71]。根据热模拟，低掺杂漂移区和小热导率导致外延层附近的快速热聚集以及漂移区和衬底之间不同的热膨胀水平。图 19.11 显示了在脉冲扫描条件下施加大于 1A 正向电流后失效的 800μm 尺寸的方形整流器的图像。可以观察到沿［010］方向的多条裂纹线和外延层的分层。目前已经使用红外摄像机捕捉到了热导率的各向异性[19]，并且在各种外延表面取向上制造不对称器件，以进一步优化高电流整流器的工作稳定性[72-102]。

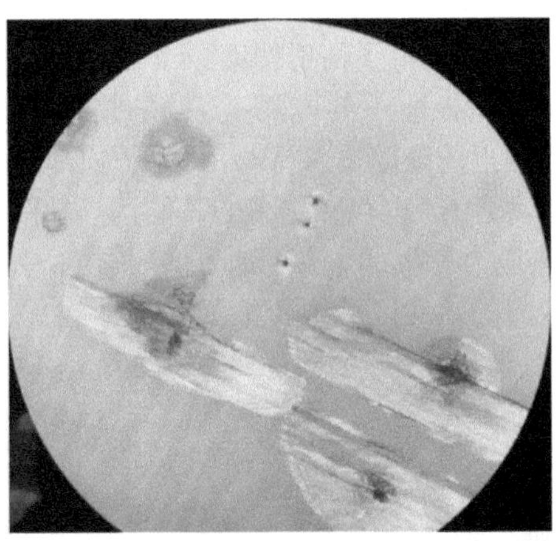

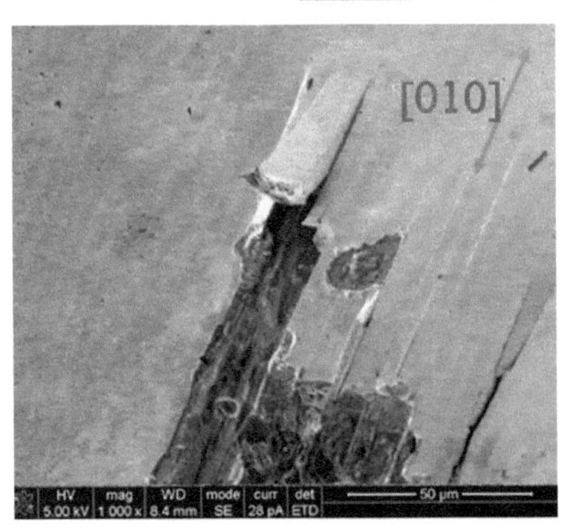

图 19.11　Ni/Au 接触整流器在正向偏压测试至失效和去除 Ni/Au 接触后的光学显微照片，以及在正向偏压条件下热致失效后 Ga_2O_3 外延层分层的倾斜视图

二极管导通电阻主要由低掺杂外延层[72-75]引起，在正向偏置条件下，二极管发热主要发生在该区域。由于 Ga_2O_3 的低热导率，热量不能有效地消散，从而导致外延层破裂，暴露（100）晶面。Hwang 等人[73]报道了在 Ga_2O_3 的（001）和（100）面上容易发生解理现象，这对应于本工作中在［010］方向上观察到的外延层和衬底中的裂

纹。Ahn 等人[76]还研究了超快激光辐照下的裂纹产生机制，表明热量产生和应力释放导致自然解理面的出现，从而引起失效。由于外延层中的低掺杂，预计在高电流密度条件下，外延层中的焦耳热将是器件自加热的主要来源。此外，在高温下的低热导率，伴随着外延衬底界面热膨胀不均匀性和塑性变形的出现[77-84]。

Islam 等人[85]进行了一项新颖的原位 TEM 研究。其研究了在正向偏置条件下，垂直几何结构的 Ga_2O_3 整流器的退化过程。片层样品是使用聚焦离子束（FIB）从 β-Ga_2O_3 肖特基二极管获得的电子透明功能器件。将样品安装在原位 TEM 芯片上并进行引线键合，以便于进行高分辨率原位追踪，以及能量色散 X 射线光谱（EDS）、高角度环形暗场（HAADF）成像和选区电子衍射图案。

图 19.12 显示了在中央面板所示的电流-电压条件下偏置前后的 TEM 明场成像结果。出现在退化器件顶部附近的缺陷富含 Au，其源于顶部接触金属的合金化过程。在结构底部附近形成的缺陷富含 Ga 也存在过多的其他诱导缺陷，包括多个堆垛层错四面体（SFT），其似乎是由热应力产生的，并且分析结果显示单晶 Ga_2O_3 降解形成了多晶区域，且在经受最高热应力的活性区域中产生了裂纹。

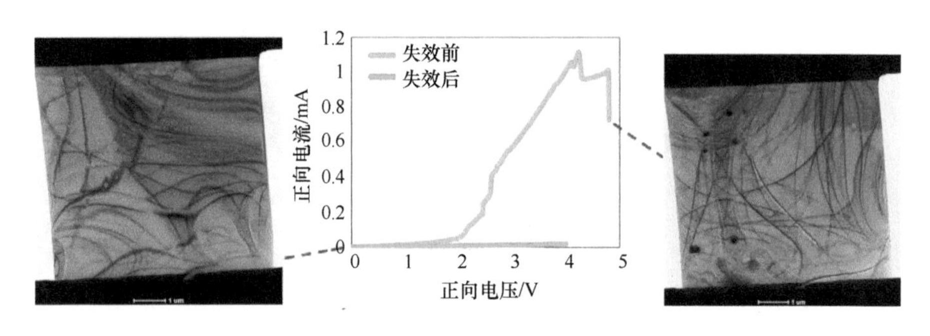

图 19.12　在 4.35V 偏置下导致垂直几何结构 Ga_2O_3 整流器故障之前（左）和之后（右）的 TEM 明场图像

19.4　MOSFET 的热管理方法

Yuan 等人[103]指出，实验测得的 β-Ga_2O_3 金属氧化物半导体场效应晶体管（MOSFET）的热阻约为 88mm · ℃/W。这是多指 GaN 高电子迁移率晶体管（HEMT）的 6 倍，在 SiC［420W/(m · K)］衬底上具有相似的栅极宽度和有效热源，是蓝宝石［24W/(m · K)］上 GaN HEMT 的两倍[103]。他们还报道了 3D 有限元热模型和使用 Silvaco 从 2D 漂移扩散模型计算的焦耳热分布，以研究用于冷却 MOSFET 的各种方法的有效性，如图 19.13 所示[103]。与底侧冷却基线模型（方案 A）相比，使用 1μm 厚（方案 D）、热导率至少为 10W/(m · K) 的散热层可使最大沟道温度降低 15%，而使用

500W/(m·K) 的散热器可使最大沟道温度降低 50%（见图 19.13c）。如果将散热器策略合并为双侧冷却（方案 E），则减少 35%。在这些模拟中，最大沟道温度值最大可以减少 75%，此时对应的最大沟道温度约为 40℃[103]。

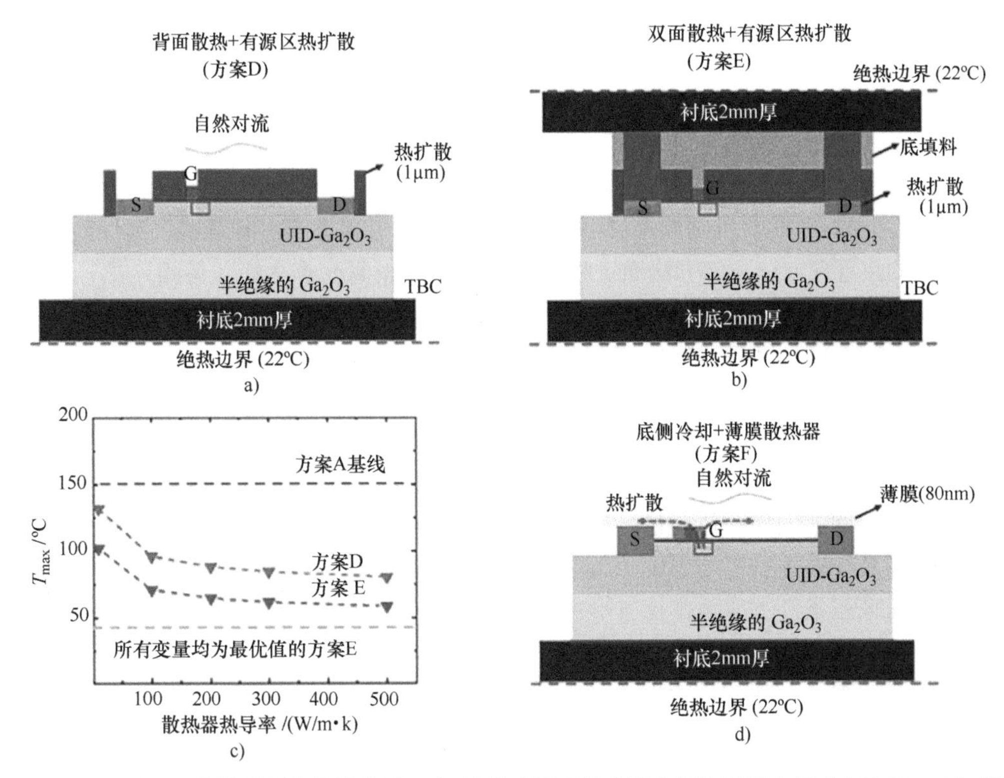

图 19.13　MOSFET 热管理方法的示意图：a）使用有源区散热器方案的底侧冷却（方案 D）；b）使用有源区散热器方案的双侧冷却（方案 E），暗红色区域表示 1μm 厚的散热器；c）沟道最大温度（T_{max}）作为不同方案的散热器热导率的函数；d）具有薄膜散热器方案的底侧冷却的示意图（方案 F），黄色条显示了将栅极金属连接到源极和漏极焊盘的薄膜

来源：Yuan et al., J. Appl. Phys. 127, 154, 502 (2020)。

19.5　Ga_2O_3 器件冷却的未来前景

如果能够解决 Ga_2O_3 器件在散热、掺杂和迁移率等方面存在的问题，对 Ga_2O_3 电力电子器件日益增长的兴趣将有力地体现了这种材料的潜在重要性[86-102]。显然，Ga_2O_3 需要创新性的热管理方法解决其散热问题。除了借助金刚石散热或嵌入式冷却方法外，Pahinkar 等人[104,105]报道了一种新型的集成且可靠的封装组件，由键合到 AlSiC 衬底的 AlN 上的 Cu 电路层组成。相比于传统的直接键合型铜（DBC)-Cu 基板-Al 热沉组件，该组件具有一些优点。在 AlSiC 中使用单相液体冷却产生与铜散热层类似的热性能。

热封装的复杂性，使得我们需要从整体的角度考虑 Ga_2O_3 相对于 SiC 的成本优势。因此，如果当封装成本占主导地位时，Ga_2O_3 器件将会丧失这些优势，并且很难看到 Ga_2O_3 在电力电子中的作用。

总之，预计为 GaN HEMT 开发的芯片级热管理方法也应适用于 Ga_2O_3 器件。其中包括与高导热性基板（如 SiC 或金刚石）的异质集成、用于顶部散热的倒装芯片封装、器件层顶部的纳米金刚石散热器用于散热，最后使用液体冷却来增强对流传热系数并降低整体结温[103]。如果没有这些技术，MOSFET 和整流器都会因散热问题导致性能下降，并最终失效[106-108]。美国国家可再生能源实验室最近报道了一种紧凑、高性能、基于介电流体的热管理方法，该方法通过喷射冲击和翅片表面改善冷却（单相）[108]。迄今为止报道的初步结果表明了一条通往高功率密度、低成本、高性能和可靠的基于 Ga_2O_3 的电源模块[109]的途径，如图 19.14 所示。与其他冷却策略［$10000W/(m^2 \cdot K)$］相比，介电-流体策略将热阻降低 14%。特别是对于整流器[110,111]，不同取向的肖特基接触对失效前的最大电流以及垂直几何形状整流器中的温度分布的影响研究表明，由于 Ga_2O_3 中热导率存在较强的各向异性，与对称接触相比，需要非对称肖特基接触来提供更高的电流密度、增强的横向热耗散、对称的温度分布以及在特定二极管电流密度下更低的结温。在其长轴垂直于［010］结晶方向的（001）取向的晶片上制造的矩形接触器件，在正向偏压条件下显示出比方形接触整流器，或其长轴垂直于［100］方向取向的那些接触整流器大得多的抗热降解性。未来的工作应侧重于瞬态热模拟，以表征短路行为，并对各种冷却概念进行更多的实验验证[110]。此外，低温直接键合到金刚石衬底[112]是一种很有前途的方法，但需要更多测量 Ga_2O_3 与其他材料的边界的热阻[113]。最后，传统上的情况是，当开发热管理方案时，电子器件和电路及其相关的冷却被分开处理。最近的报道[114]表明，通过在同一半导体衬底内共同设计微流体和电子器件，生成效率大大提高的单片集成歧管微通道冷却结构，可以在嵌入式冷却方法中实现更多的节能。这当然是 Ga_2O_3 电力电子感兴趣的领域。还希望热导率的各向异性在高温下不那么强，这在器件应用中是一个优势[115]。需要使用诸如热反射热成像和拉曼测温法等方法来建立器件的瞬态热动力学。还需要使用迭代脉冲测量方案来确定器件的稳态工作温度[116]。最后，已经发现，在 β-$(Al_xGa_{1-x})_2O_3/Ga_2O_3$ 调制掺杂场效应晶体管中使用合金会增加器件的热阻，并且与复合衬底的倒装芯片集成不会显著改善器件的热性能。然而，具有昂贵的电极侧增强（如纳米晶体金刚石钝化）的双侧冷却方法显示出在 MODFET[117]的功率处理能力方面提高了 5%。这强调了在该技术中，低固有热导率如何导致成本过高的热管理。焦耳热分布、热点附近的弹道扩散热传输、薄膜热导率和 TBC 值都应考虑用于该材料的精确器件模拟[118,119]。已经很低的热导率在它们的薄膜形式中进一步降低，当与 Ga_2O_3 和散热器之间的低 TBC 结合时，会形成热瓶颈并导致散热不足。

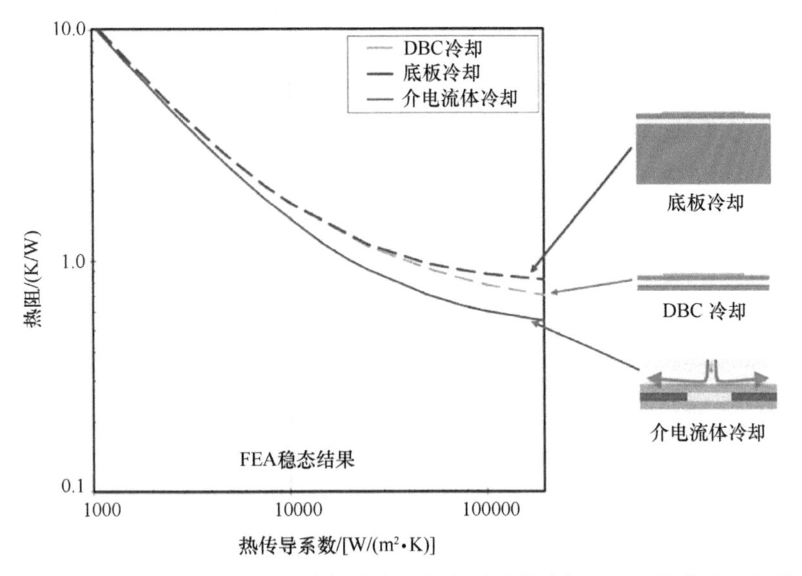

图 19.14 基板冷却、电介质结合铜冷却和电介质流体冷却 Ga_2O_3 器件方法的热阻与传热系数的函数关系 Ga_2O_3 器件

来源：Gilbert Moreno, Kevin Bennion, Bidzina Kekelia, Ramachandra Kotecha, Barry Mather, Sreekant Narumanchi, Paul Paret, Brooks Tellekamp, Andriy Zakutayev, Samuel Graham, Samuel Kim, Ga_2O_3 Packaging and Thermal Management Challenges and Opportunities, Third Ultra-wide-Bandgap Workshop, Army Research Laboratory, Adelphi, Maryland, May 14-16, 2019。

还需要针对热电性质的精确测量方法和测试理论。最近有报道[120]称计算了大范围温度和掺杂密度下的热电传输系数、塞贝克系数、珀尔帖系数和电子热导率。300K 时的塞贝克系数为 341μV/K，高于其他半导体[120]。

也有关于垂直和横向 Ga_2O_3MOSFET 的器件优化布局和热管理方法的最新研究报道[121]。其中最有效的方法是在 MOSFET 结构的顶部采用导热电介质，以增强热扩散效果并实现器件功率密度的提高。另外，使用粘合到器件顶部的散热器也可以提高热性能。对于横向器件，沟道温度小的降低可以通过沿着具有较高热导率的方向定向沟道长度来实现。在 2D 拉曼热成像（2DRT）测试过程中，其采用反斯托克斯/斯托克斯强度比可以获得改进的热成像结果。为了证明该技术的优势，Lundh 等人[122]使用单层二硫化钼（MoS_2）转移到 Ga_2O_3MODFET 的表面，改进了传统拉曼热成像[123]结果。

致谢

美国佛罗里达大学的工作得到了 HDTRA1-17-1-0011（Jacob Calkins, Monitor）、电离辐射与物质相互作用大学研究计划 HDTRA1-20-2-0002［由 DTRA（Jacob Calkins,

Monitor）和 NSF DMR 1856662（James Edgar）资助］的部分支持。本章中描述的项目或工作由美国国防部，国防威胁降低局赞助。其内容不一定反映联邦政府的立场或政策，也不应推断为官方认可。美国海军研究实验室的研究得到了海军研究办公室的支持，部分授予号为 N00014-15-1-2392。PER 和 PLK 感谢 TMX 科学公司的 Travis Sandy 和 Johanna Reimer 的协助。

参考文献

[1] J. Millan, P. Godignon, X. Perpina, A. Pérez-Tomás, J. Rebollo, A survey of wide bandgap power semiconductor devices, IEEE Trans. Power Electron. 29 (2014) 2155–2163.

[2] M. Julia, B. Badrzadeh, T. Prevost, E. Quitmann, D. Ramasubramanian, H. Urdal, S. Achilles, J. MacDowell, S.H. Huang, V. Vital, J. O'Sullivan, R. Quint, Grid-forming inverters: are they the key for high renewable penetration? IEEE Power Energ. Mag. 17 (2019) 89–98.

[3] M.J. Tadjer, Cheap ultra-wide bandgap power electronics? Gallium oxide may hold the answer, Electrochem. Soc. Interface 27 (2018) 49–52.

[4] S.B. Reese, T. Remo, J. Green, A. Zakutayev, How much will gallium oxide power electronics cost? Joule 3 (2019) 903–908.

[5] R.J. Kaplar, A.A. Allerman, A.M. Armstrong, A.G. Baca, M.H. Crawford, J.R. Dickerson, E.A. Douglas, A.J. Fischer, B.A. Klein, S. Reza, in: R. Chu, K. Shinohara (Eds.), III-N Electronic Devices, Academic Press, Cambridge, MA, 2019.

[6] S.J. Pearton, J. Yang, P.H. Cary, F. Ren, J. Kim, M.J. Tadjer, M.A. Mastro, A review of Ga_2O_3 materials, processing, and devices, Appl. Phys. Rev. 5 (2018) 11301-1–11301-56.

[7] M.J. Tadjer, A.D. Koehler, J.A. Freitas Jr., J.C. Gallagher, M.C. Specht, E.R. Glaser, K. D. Hobart, T.J. Anderson, F.J. Kub, Q.T. Thieu, K. Sasaki, D. Wakimoto, K. Goto, S. Watanabe, A. Kuramata, High resistivity halide vapor phase homoepitaxial β-Ga_2O_3 films co-doped by silicon and nitrogen, Appl. Phys. Lett. 113 (2018) 192102-1–192102-4.

[8] M.J. Tadjer, J.L. Lyons, N. Nepal, J.A. Freitas, A.D. Koehler, G.M. Foster, Theory and characterization of doping and defects in β-Ga_2O_3, ECS J. Solid State Sci. Technol. 8 (2019) Q3187–Q3193.

[9] J. Noh, S. Alajlouni, M.J. Tadjer, J.C. Culbertson, H. Bae, M. Si, H. Zhou, P.A. Bermel, A. Shakouri, D.Y. Peide, High performance β-Ga_2O_3 nano-membrane field effect transistors on a high thermal conductivity diamond substrate, IEEE J. Electron Devices Soc. 7 (2019) 914–918. 2019.

[10] N. Allen, M. Xiao, X. Yan, K. Sasaki, M.J. Tadjer, J. Ma, R. Zhang, H. Wang, Y. Zhang, Vertical Ga_2O_3 Schottky barrier diodes with small-angle beveled field plates: a Baliga's figure-of-merit of 0.6 GW/cm^2, IEEE Electron Device Lett. 40 (2019) 1399–1402.

[11] J. Noh, M. Si, H. Zhou, M.J. Tadjer, D. Ye Peide, The impact of substrates on the performance of top-gate p-Ga_2O_3 field-effect transistors: record high drain current of 980 mA/mm on diamond, in: 76th Device Research Conference (DRC), IEEE, 2018, pp. 1–2.

[12] J. Åhman, G. Svensson, J. Albertsson, A reinvestigation of β-gallium oxide, Acta Crystallogr. Sect. C C52 (1996) 1336–1338.

[13] M. Slomski, N. Blumenschein, P.P. Paskov, J.F. Muth, T. Paskova, Anisotropic thermal conductivity of β-Ga_2O_3 at elevated temperatures: effect of Sn and Fe dopants, J. Appl.

Phys. 121 (2017) 235104-1–235104-4.
[14] M.D. Santia, N. Tandon, J.D. Albrecht, Lattice thermal conductivity in β-Ga_2O_3 from first principles, Appl. Phys. Lett. 107 (2015) 041907-1–041907-4.
[15] J. Yang, F. Ren, M. Tadjer, S.J. Pearton, A. Kuramata, Ga_2O_3 Schottky rectifiers with 1 ampere forward current, 650 V reverse breakdown and 26.5 MW cm^{-2} figure-of-merit, AIP Adv. 8 (2018) 55026-1–55026-4.
[16] S.J. Pearton, F. Ren, M. Tadjer, J. Kim, Perspective: Ga_2O_3 for ultra-high power rectifiers and MOSFETS, J. Appl. Phys. 124 (2018) 220901-1–220901-19.
[17] J. Yang, S. Ahn, F. Ren, S.J. Pearton, S. Jang, A. Kuramata, High breakdown voltage (−201) β-Ga_2O_3 Schottky rectifiers, IEEE Electron Device Lett. 38 (2017) 906–908.
[18] J. Yang, F. Ren, M. Tadjer, S.J. Pearton, A. Kuramata, 2300V reverse breakdown voltage Ga_2O_3 Schottky rectifiers, ECS J. Solid State Sci. Technol. 7 (2018) Q92–Q96.
[19] M. Xian, R. Elhassani, C. Fares, F. Ren, M. Tadjer, S.J. Pearton, Forward bias degradation and thermal simulations of vertical geometry β Ga_2O_3 Schottky rectifiers, J. Vac. Sci. Technol. B 37 (2019) 061205-1–061205-5.
[20] D. Liu, H. Sun, J.W. Pomeroy, D. Francis, F. Faili, D.J. Twitchen, M. Kuball, GaN-on-diamond electronic device reliability: mechanical and thermo-mechanical integrity, Appl. Phys. Lett. 107 (2015) 251902-1–251902-4.
[21] T.J. Anderson, K.D. Hobart, M.J. Tadjer, A.D. Koehler, E.A. Imhoff, J.K. Hite, T.I. Feygelson, B.B. Pate, C.R. Eddy, F.J. Kub, Nanocrystalline diamond integration with III-nitride HEMTs, ECS J. Solid State Sci. Technol. 6 (2017) Q3036–Q3041.
[22] T.J. Anderson, A.D. Koehler, M.J. Tadjer, J.K. Hite, A. Nath, N.A. Mahadik, O. Aktas, V. Odnoblyudov, C. Basceri, K.D. Hobart, F.J. Kub, Electrothermal evaluation of thick GaN epitaxial layers and AlGaN/GaN high-electron-mobility transistors on large-area engineered substrates, Appl. Phys. Express 10 (2017) 126501-1–126501-5.
[23] A.D. Koehler, T.J. Anderson, M.J. Tadjer, K.D. Hobart, T.I. Feygelson, Transistor with Diamond Gate, US Patent 9,466,684, 2016.
[24] M.J. Tadjer, T.J. Anderson, T.I. Feygelson, K.D. Hobart, J.K. Hite, A.D. Koehler, V.D. Wheeler, B.B. Pate, C.R. Eddy Jr., F.J. Kub, Nanocrystalline diamond capped AlGaN/GaN high electron mobility transistors via a sacrificial gate process, Phys. Status Solidi A 213 (2016) 893–897.
[25] M. Nazari, B. Hancock, J. Anderson, K.D. Hobart, T.I. Feygelson, M.J. Tadjer, B.B. Pate, T. Anderson, E.L. Piner, M. Holtz, Optical characterization and thermal properties of CVD diamond films for integration with power electronics, Solid State Electron. 136 (2017) 12–17.
[26] A. Sarua, H. Ji, K.P. Hilton, D.J. Wallis, M.J. Uren, T. Martin, M. Kuball, Thermal boundary resistance between GaN and substrate in AlGaN/GaN electronic devices, IEEE Trans. Electron Devices 54 (2007) 3152–3158.
[27] T.J. Anderson, K.D. Hobart, M.J. Tadjer, A.D. Koehler, T.I. Feygelson, B.B. Pate, J.K. Hite, F.J. Kub, C.R. Eddy, Thermal boundary resistance between GaN and substrate in AlGaN/GaN electronic devices, ECS Trans. 64 (2014) 185–194.
[28] J.W. Pomeroy, M. Bernardoni, D.C. Dumka, D.M. Fanning, M. Kuball, Low thermal resistance GaN-on-diamond transistors characterized by three-dimensional Raman thermography mapping, Appl. Phys. Lett. 104 (2014) 083513-1–083513-3.
[29] J.W. Pomeroy, R.B. Simon, H. Sun, D. Francis, F. Faili, D.J. Twitchen, Contactless thermal boundary resistance measurement of GaN-on-diamond wafers, IEEE Electron Device Lett. 35 (2014) 1007–1010.
[30] M.J. Tadjer, P.E. Raad, P.L. Komarov, K.D. Hobart, T.I. Feygelson, A.D. Koehler, T.J. Anderson, A. Nath, B. Pate, F.J. Kub, Electrothermal evaluation of AlGaN/GaN membrane high electron mobility transistors by transient thermoreflectance, IEEE J. Electron

Devices Soc. 6 (2018) 922–930.
[31] J.P. Calame, R.E. Myers, S.C. Binari, F.N. Wood, M. Garven, Experimental investigation of microchannel coolers for the high heat flux thermal management of GaN-on-SiC semiconductor devices, Int. J. Heat Mass Transf. 50 (2007) 4767–4779.
[32] H. Sun, R.B. Simon, J.W. Pomeroy, D. Francis, F. Faili, D.J. Twitchen, M. Kuball, Reducing GaN-on-diamond interfacial thermal resistance for high power transistor applications, Appl. Phys. Lett. 106 (2015) 111906-1–111906-4.
[33] M.J. Tadjer, T.J. Anderson, K.D. Hobart, T.I. Feygelson, J.D. Caldwell, C.R. Eddy, F.J. Kub, J.E. Butler, B. Pate, J. Melngailis, Reduced self-heating in AlGaN/GaN HEMTs using nanocrystalline diamond heat-spreading films, IEEE Electron Device Lett. 33 (2012) 23–26.
[34] A. Wang, M.J. Tadjer, F. Calle, Simulation of thermal management in AlGaN/GaN HEMTs with integrated diamond heat spreaders, Semicond. Sci. Technol. 28 (2013) 055010-1–055010-6.
[35] G. Pavlidis, D. Kendig, E.R. Heller, S. Graham, Transient thermal characterization of AlGaN/GaN HEMTs under pulsed biasing, IEEE Trans. Electron Devices 65 (2018) 1753–1756.
[36] K.D. Hobart, A.D. Koehler, F.J. Kub, T.J. Anderson, T.I. Feygelson, M.J. Tadjer, L.E. Luna, Diamond Air Bridge for Thermal Management of High Power Devices, US Patent Number 10424643 (2020).
[37] M.J. Tadjer, T.J. Anderson, M.G. Ancona, P.E. Raad, P. Komarov, T. Bai, J.C. Gallagher, A.D. Koehler, M.S. Goorsky, D.A. Francis, K.D. Hobart, F.J. Kub, GaN-On-diamond HEMT technology With $T_{AVG} = 176°C$ at P_{DC},max = 56 W/mm measured by transient thermoreflectance imaging, IEEE Electron Device Lett. 40 (2018) 881–884.
[38] J. Luke Yates, X.G. Anderson, C. Lee, T. Bai, M. Mecklenburg, T. Aoki, M.S. Goorsky, M. Kuball, E.L. Piner, S. Graham, Low thermal boundary resistance interfaces for GaN-on-diamond devices, ACS Appl. Mater. Interfaces 10 (2018) 24302–24309.
[39] J. Cho, D. Francis, D.H. Altman, M. Asheghi, K.E. Goodson, Phonon conduction in GaN-diamond composite substrates, J. Appl. Phys. 121 (2017) 055105-1–055105-5.
[40] Y. Zhou, R. Ramaneti, J. Anaya, S. Korneychuk, J. Derluyn, H. Sun, J. Pomeroy, J. Verbeeck, K. Haenen, M. Kuball, Thermal characterization of polycrystalline diamond thin film heat spreaders grown on GaN HEMTs, Appl. Phys. Lett. 111 (2017) 041901-1–041901-5.
[41] T. Bai, M.S. Goorsky, Y.S. Wang, T.I. Feygelson, M.J. Tadjer, K.D. Hobart, S. Graham, Integration of diamond with GaN for thermal management in high power applications, ECS Trans. 86 (2018) 9–15. Electrochemical Society, Pennington NJ, 2018.
[42] P.C. Chao, K. Chu, J. Diaz, C. Creamer, S. Sweetland, R. Kallaher, C. McGray, G.D. Via, J. Blevins, D.C. Dumka, C. Lee, H.Q. Tserng, P. Saunier, M. Kumar, GaN on diamond HEMTs with 11 W/mm output power at 10 GHz, MRS Adv. 1 (2016) 147–155.
[43] J. Das, H. Oprins, H. Ji, A. Sarua, W. Ruythooren, J. Derluyn, M. Kuball, M. Germain, G. Borghs, Improved thermal performance of AlGaN/GaN HEMTs by an optimized flip-chip design, IEEE Trans. Electron Devices 53 (2006) 2696–2702.
[44] E. Heller, S. Choi, D. Dorsey, R. Vetury, S. Graham, Electrical and structural dependence of operating temperature of AlGaN/GaN HEMTs, Microelectron. Reliab. 53 (2013) 872–877.
[45] Y. Zhou, J. Anaya, J. Pomeroy, H. Sun, X. Gu, A. Xie, E. Beam, M. Becker, T.A. Grotjohn, C. Lee, M. Kuball, Barrier-layer optimization for enhanced GaN-on-diamond device cooling, ACS Appl. Mater. Interfaces 9 (2017) 34416–34422.
[46] S. Geller, Crystal structure of β-Ga_2O_3, J. Chem. Phys. 33 (1960) 676–684.
[47] Z. Guo, A. Verma, X. Wu, F. Sun, A. Hickman, T. Masui, A. Kuramata, M. Higashiwaki, D. Jena, T. Luo, Anisotropic thermal conductivity in single crystal β-gallium oxide, Appl.

Phys. Lett. 106 (2015) 111909-1–111909-4.
[48] M. Handwerg, R. Mitdank, Z. Galazka, S.F. Fischer, Temperature-dependent thermal conductivity in Mg-doped and undoped β-Ga_2O_3 bulk-crystals, Semicond. Sci. Technol. 30 (2015) 024006-1–024006-5.
[49] Z. Galazka, K. Irmscher, R. Uecker, R. Bertram, M. Pietsch, A. Kwasniewski, M. Naumann, T. Schulz, R. Schewski, D. Klimm, M. Bickermann, On the bulk β-Ga_2O_3 single crystals grown by the Czochralski method, J. Cryst. Growth 404 (2014) 184–191.
[50] M.H. Wong, Y. Morikawa, K. Sasaki, A. Kuramata, S. Yamakoshi, M. Higashiwaki, Characterization of channel temperature in Ga_2O_3 metal-oxide-semiconductor field-effect transistors by electrical measurements and thermal modeling, Appl. Phys. Lett. 109 (2016) 193503-1–193503-4.
[51] P. Jiang, X. Qian, X. Li, R. Yang, Three-dimensional anisotropic thermal conductivity tensor of single crystalline β-Ga_2O_3, Appl. Phys. Lett. 113 (2018) 232105-1–232105-4.
[52] P.E. Raad, Thermoreflectance temperature mapping of Ga_2O_3 Schottky barrier diodes, in: H01—Wide Bandgap Semiconductor Materials and Devices 20, Dallas, TX, 2019 ECS Transactions, vol. 89, 2019, pp. 3–7.
[53] Z. Cheng, L. Yates, J. Shi, M.J. Tadjer, K.D. Hobart, S. Graham, Thermal conductance across β-Ga_2O_3-diamond van der Waals heterogeneous interfaces, APL Mater. 7 (2019) 031118-1–031118-6.
[54] Z. Cheng, V.D. Wheeler, T. Bai, J. Shi, M.J. Tadjer, T. Feygelson, K.D. Hobart, M.S. Goorsky, S. Graham, Integration of polycrystalline Ga_2O_3 on diamond for thermal management, Appl. Phys. Lett. 116 (2020) 062105-1–062105-4.
[55] T.J. Anderson, A.D. Koehler, M.J. Tadjer, K.D. Hobart, T.I. Feygelson, J.K. Hite, B.B. Pate, C.R. Eddy Jr., F.J. Kub, Process improvements for an improved diamond-capped GaN HEMT device, in: Proc. CS Mantech Conference 2013, CS Mantech.org, Boston, 2013, pp. 206–208.
[56] G. Moreno, K.S. Bennion, B. Kekelia, R.M. Kotecha, B.A. Mather, S.V. Narumanchi, P. P. Paret, M.B. Tellekamp, A.A. Zakutayev, S. Graham, S. Kim, Ga_2O_3 Packaging and Thermal Management Challenges and Opportunities, Third Ultrawide-Bandgap Workshop Army Research Laboratory, Adelphi, Maryland, 2019. May 14–16. 2019/7/9NREL/PR-5400-73902 (National Renewable Energy Lab.(NREL), Golden, CO (United States).
[57] S. Graham, S. Kim, Thermal and thermomechanical modeling to design a gallium oxide power electronics package, in: P. Paret, G. Moreno, B. Kekelia, R. Kotecha, X. Feng, K. Bennion, S. Narumanchi (Eds.), 2018 IEEE 6th Workshop on Wide Bandgap Power Devices and Applications (WiPDA), 2019, pp. 287–294. /2/11.
[58] J. Chen, Z. Xia, S. Rajan, S. Kumar, Analysis of thermal characteristics of gallium oxide field-effect-transistors, in: Presented at the 2018 17th IEEE Intersociety Conference on Thermal and Thermomechanical Phenomena in Electronic Systems (ITherm), 2018.
[59] B. Chatterjee, K. Zeng, C.D. Nordquist, U. Singisetti, S. Choi, Device-level thermal management of gallium oxide field-effect transistors, IEEE Trans. Compon. Packag. Manuf. Technol. 9 (2019) 2352–2365.
[60] B. Chatterjee, A. Jayawardena, E. Heller, D.W. Snyder, S. Dhar, S. Choi, Thermal characterization of gallium oxide Schottky barrier diodes, Rev. Sci. Instrum. 89 (2018) 114903-1–114903-5.
[61] R. Sharma, E. Patrick, M.E. Law, J. Yang, F. Ren, S.J. Pearton, Thermal simulations of high current β-Ga_2O_3 Schottky rectifiers, ECS J. Solid State Sci. Technol. 8 (2019) Q3195–Q3201.

[62] B.K. Mahajan, Y.-P. Chen, J. Noh, P.D. Ye, M.A. Alam, Electrothermal performance limit of β-Ga_2O_3 field-effect transistors, Appl. Phys. Lett. 115 (2019) 173508-1–173508-4.
[63] P.H. Carey, J. Yang, F. Ren, R. Sharma, M. Law, S.J. Pearton, Comparison of dual-stack dielectric field plates on β-Ga_2O_3 Schottky rectifiers, ECS J. Solid State Sci. Technol. 8 (2019) Q3221–Q3225.
[64] M.G. Burzo, P.L. Komarov, P.E. Raad, Noncontact transient temperature mapping of active electronic devices using the thermoreflectance method, IEEE Trans. Compon. Packag. Technol. 28 (2005) 637–643.
[65] M.J. Tadjer, P.E. Raad, P.L. Komarov, K.D. Hobart, T.I. Feygelson, A.D. Koehler, T.J. Anderson, A. Nath, B. Pate, F.J. Kub, Electrothermal evaluation of AlGaN/GaN membrane high electron mobility transistors by transient thermoreflectance, IEEE J. Electron Devices Soc. 6 (2018) 922–935.
[66] J. Chen, Z. Xia, S. Rajan, and S. Kumar, Analysis of thermal characteristics of gallium oxide field-effect-transistors, 2018 17th IEEE Intersociety Conference on Thermal and Thermomechanical Phenomena in Electronic Systems (ITherm), pp. 392-397, IEEE.
[67] P.E. Raad, P.L. Komarov, M.J. Tadjer, J. Yang, F. Ren, S.J. Pearton, A. Kuramata, Thermoreflectance temperature mapping of Ga_2O_3 Schottky barrier diodes, ECS Trans. 89 (2019) 3–7.
[68] R. Shanna, E. Patrick, J. Yang, F. Ren, M. Law and S.J. Pearton, Electro-thermal analysis and edge termination techniques of high current β-Ga_2O_3 Schottky rectifiers, 2019 International Conference on Simulation of Semiconductor Processes and Devices (SISPAD), IEEE.
[69] J. Yang, Z. Sparks, F. Ren, S.J. Pearton, M. Tadjer, Effect of surface treatments on electrical properties of β-Ga_2O_3, J. Vac. Sci. Technol. B 36 (2018) 061201-1–061201-9.
[70] J. Yang, C. Fares, R. Elhassani, M. Xian, F. Ren, S.J. Pearton, M. Tadjer, A. Kuramata, Reverse breakdown in large area, field-plated, vertical β-Ga_2O_3 rectifiers, ECS J. Solid State Sci. Technol. 8 (2019) Q3159–Q3164.
[71] J. Yang, C. Fares, F. Ren, Y.-T. Chen, C.-W. Yu-Te Liao, J. Chang, M. Lin, D.J. Tadjer, S.J.P. Smith, A. Kuramata, Switching behavior and forward bias degradation of 700V, 0.2 A, β-Ga_2O_3 vertical geometry rectifiers, ECS J. Solid State Sci. Technol. 8 (2019) Q3028–Q3033.
[72] M. Higashiwaki, K. Sasaki, H. Murakami, Y. Kumagai, A. Koukitu, A. Kuramata, T. Masui, S. Yamakoshi, Recent progress in Ga_2O_3 power devices, Semicond. Sci. Technol. 31 (2016) 034001-1–034001-12.
[73] W.S. Hwang, A. Verma, H. Peelaers, V. Protasenko, S. Rouvimov, H. Xing, A. Seabaugh, W. Haensch, C. Van de Walle, Z. Galazka, M. Albrecht, R. Fornari, D. Jena, High-voltage field effect transistors with wide-bandgap β-Ga_2O_3 nanomembranes, Appl. Phys. Lett. 104 (2014) 203111-1–203111-4.
[74] H. von Wenckstern, Group-III sesquioxides: growth, physical properties and devices, Adv. Electron. Mater. 3 (2017) 1600350-1–1600350-43.
[75] S.I. Stepanov, V.I. Nikolaev, V.E. Bougrov, A.E. Romanov, Gallium oxide: properties and applications-a review, Rev. Adv. Mater. Sci. 44 (2016) 63–86.
[76] M. Ahn, A. Sarracino, A. Ansari, B. Torralva, S. Yalisove, J. Phillips, Surface morphology and straight crack generation of ultrafast laser irradiated β-Ga_2O_3, J. Appl. Phys. 125 (2019) 223104-1–223104-5.
[77] Z. Guo, A. Verma, X. Wu, F. Sun, A. Hickman, T. Masui, A. Kuramata, M. Higashiwaki, D. Jena, T. Luo, Anisotropic thermal conductivity in single crystal β-gallium oxide, Appl. Phys. Lett. 106 (2015) 111909-1–111909-4.

[78] M.D. Santia, N. Tandon, J.D. Albrecht, Lattice thermal conductivity in $\beta-Ga_2O_3$ from first principles, Appl. Phys. Lett. 107 (2015) 041907-1–041907-4.
[79] Z. Galazka, K. Irmscher, R. Uecker, R. Bertram, M. Pietsch, A. Kwasniewski, M. Naumann, T. Schulz, R. Schewski, D. Klimm, M. Bickermann, On the bulk β-Ga_2O_3 single crystals grown by the Czochralski method, J. Cryst. Growth 404 (2014) 184–191.
[80] K. Konishi, K. Goto, H. Murakami, Y. Kumagai, A. Kuramata, S. Yamakoshi, M. Higashiwaki, 1-kV vertical Ga_2O_3 field-plated Schottky barrier diodes, Appl. Phys. Lett. 110 (2017) 103506-1–103506-4.
[81] K. Sasaki, D. Wakimoto, Q.T. Thieu, Y. Koishikawa, A. Kuramata, M. Higashiwaki, S. Yamakoshi, First demonstration of Ga_2O_3Trench MOS-type Schottky barrier diodes, IEEE Electron Device Lett. 38 (2017) 783–785.
[82] Z. Hu, H. Zhou, Q. Feng, J. Zhang, C. Zhang, K. Dang, Y. Cai, Z. Feng, Y. Gao, X. Kang, Y. Hao, Field-plated lateral β -Ga_2O_3 Schottky barrier diode with high reverse blocking voltage of more than 3 kV and high DC power figure-of-merit of 500 MW/cm^2, IEEE Electron Device Lett. 39 (2018) 1564–1567.
[83] J. Yang, F. Ren, Y.T. Chen, Y.T. Liao, C.W. Chang, J. Lin, M.J. Tadjer, S.J. Pearton, A. Kuramata, Dynamic switching characteristics of 1 A forward current Ga_2O_3 rectifiers, IEEE J. Electron Devices Soc. 7 (2019) 57.
[84] Z. Hu, H. Zhou, K. Dang, Y.Z. Cai Feng, Y. Gao, Q. Feng, J. Zhang, Y. Hao, Lateral beta -Ga_2O_3 Schottky barrier diode on sapphire substrate with reverse blocking voltage of 1.7 kV, IEEE J. Electron Devices Soc. 6 (2018) 815–820.
[85] Z. Islam, M. Xian, A. Haque, F. Ren, M. Tadjer, S.J. Pearton, In situ observation of β-Ga_2O_3 Schottky diode failure under forward biasing condition, IEEE Trans. Electron Devices 67 (2020) 3061.
[86] C. Joishi, S. Rafique, Z. Xia, L. Han, S. Krishnamoorthy, Y. Zhang, S. Lodha, H. Zhao, S. Rajan, Low-pressure CVD-grown β-Ga_2O_3 bevel-field-plated Schottky barrier diodes, Appl. Phys. Express 11 (2018) 031101-1–031101–4.
[87] W. Li, Z. Hu, K. Nomoto, R. Jinno, Z. Zhang, T.Q. Tu, K. Sasaki, A. Kuramata, D. Jena, H.G. Xing, 2.44 kV Ga_2O_3 vertical trench Schottky barrier diodes with very low reverse leakage current, in: IEDM Tech. Dig, Dec. 2018, pp. 8.5.1–8.5.4.
[88] J.W. Pomeroy, C. Middleton, M. Singh, S. Dalcanale, M.J. Uren, M.H. Wong, K. Sasaki, A. Kuramata, S. Yamakoshi, M. Higashiwaki, M. Kuball, Raman thermography of peak channel temperature in beta Ga_2O_3 MOSFETs, IEEE Electron Device Lett. 40 (2019) 189–192.
[89] H. Zhou, K. Maize, G. Qiu, A. Shakouri, P.D. Ye, β-Ga_2O_3 on insulator field-effect transistors with drain currents exceeding 1.5 A/mm and their self-heating effect, Appl. Phys. Lett. 111 (2017) 092102-1–092102-4.
[90] C.-H. Lin, N. Hatta, K. Konishi, S. Watanabe, A. Kuramata, K. Yagi, M. Higashiwaki, Single-crystal-Ga_2O_3/polycrystalline-SiC bonded substrate with low thermal and electrical resistances at the heterointerface, Appl. Phys. Lett. 114 (2019) 032103-1–032103-4.
[91] Q. He, W. Mu, B. Fu, Z. Jia, S. Long, Z. Yu, Z. Yao, W. Wang, H. Dong, Y. Qin, G. Jian, Y. Zhang, H. Xue, H. Lv, Q. Liu, M.T.X. Tao, M. Liu, Schottky barrier rectifier based on (100) β -Ga_2O_3 and its DC and AC characteristics, IEEE Electron Device Lett. 39 (2018) 556–558.
[92] M.H. Wong, Y. Morikawa, K. Sasaki, A. Kuramata, S. Yamakoshi, M. Higashiwaki, Characterization of channel temperature in Ga_2O_3 metal-oxide-semiconductor field-effect transistors by electrical measurements and thermal modeling, Appl. Phys. Lett. 109 (2016) 193503-1–193503-4.
[93] Z. Islam, A. Haque, N. Glavin, Real-time visualization of GaN/AlGaN high electron

mobility transistor failure at off-state, Appl. Phys. Lett. 113 (2018) 183102-1–183102-4.

[94] J. Yang, M. Xian, P. Carey, C. Fares, J. Partain, F. Ren, M. Tadjer, E. Anber, D. Foley, A. Lang, J. Hart, J. Nathaniel, M.L. Taheri, S.J. Pearton, A. Kuramata, Vertical geometry 33.2 A, 4.8 MW cm^2 Ga_2O_3 field-plated Schottky rectifier arrays, Appl. Phys. Lett. 114 (2019) 232106-1–232106-4.

[95] J. Yang, C. Fares, F. Ren, R. Sharma, E. Patrick, M.E. Law, S.J. Pearton, A. Kuramata, Effects of fluorine incorporation into β-Ga_2O_3, J. Appl. Phys. 123 (2018) 165706-1–165706-5 (2018).

[96] Y. Yao, R. Gangireddy, J. Kim, K.K. Das, R.F. Davis, L.M. Porter, Electrical behavior of β-Ga_2O_3 Schottky diodes with different Schottky metals, J. Vac. Sci. Technol. B 35 (2017) 03D113-1–03D113-5.

[97] M. Ahn, A. Sarracino, A. Ansari, B. Torralva, S. Yalisove, J. Phillips, Unique material modifications of Ga_2O_3 enabled by ultrafast laser irradiation, in: Oxide-based Materials and Devices 2020, Proc. SPIE, vol. 11281, 2020, pp. 112810-1–112810-6.

[98] F. Orlandi, F. Mezzadri, G. Calestani, F. Boschi, R. Fornari, Thermal expansion coefficients of β-Ga_2O_3 single crystals, Appl. Phys. Express 8 (2015) 111101-1–111101-4.

[99] J. Yang, F. Ren, S.J. Pearton, A. Kuramata, Vertical geometry, 2-A forward current Ga_2O_3 Schottky rectifiers on bulk Ga_2O_3 substrates, IEEE Trans. Electron Devices 65 (2018) 2790.

[100] J. Åhman, G. Svensson, J. Albertsson, A reinvestigation of β-gallium oxide, Acta Crystallogr. Sect. C Cryst. Struct. Commun. C52 (1996) 1336–1338.

[101] S.K. Barman, M.N. Huda, Mechanism behind the easy exfoliation of Ga_2O_3 ultra-thin film along (100) surface, Phys. Status Solidi Rapid Res. Lett. 13 (2019) 1800554-1–1800554-3.

[102] J. Yang, Z. Sparks, F. Ren, S.J. Pearton, M. Tadjer, Effect of surface treatments on electrical properties of β-Ga_2O_3, J. Vac. Sci. Technol. B 36 (2018) 061201-1–061201-5.

[103] C. Yuan, Y. Zhang, R. Montgomery, S. Kim, J. Shi, A. Mauze, T. Itoh, J.S. Speck, S. Graham, Modeling and analysis for thermal management in gallium oxide field-effect transistors, J. Appl. Phys. 127 (2020) 154502-1–154502-4.

[104] D.G. Pahinkar, L. Boteler, D. Ibitayo, S. Narumanchi, P. Paret, D. DeVoto, J. Major, S. Graham, Liquid-cooled aluminum silicon carbide heat sinks for reliable power electronics packages, J. Electron. Packag. 141 (2019) 041001-1–041001-14.

[105] D.G. Pahinkar, W. Puckett, S. Graham, L. Boteler, D. Ibitayo, S. Narumanchi, P. Pare, D. DeVoto, J. Major, Transient liquid phase bonding of AlN to AlSiC for durable power electronic packages, Adv. Eng. Mater. 20 (2018) 1800039-1–1800039-5.

[106] M. Singh, M.A. Casbon, M.J. Uren, J.W. Pomeroy, S. Dalcanale, S. Karboyan, P.J. Tasker, M.H. Wong, K. Sasaki, A. Kuramata, S. Yamakoshi, M. Higashiwaki, M. Kuball, Pulsed large signal RF performance of field-plated Ga_2O_3 MOSFETs, IEEE Electron Device Lett. 39 (2018) 1572–1575.

[107] A.J. Green, K.D. Chabak, M. Baldini, N. Moser, R. Gilbert, R.C. Fitch, G. Wagner, Z. Galazka, J. McCandless, A. Crespo, K. Leedy, G.H. Jessen, β-Ga_2O_3 MOSFETs for radio frequency operation, IEEE Electron Device Lett. 38 (2017) 790–793.

[108] M.H. Wong, Y. Nakata, A. Kuramata, S. Yamakoshi, M. Higashiwaki, Enhancement-mode Ga_2O_3 MOSFETs with Si-ion-implanted source and drain, Appl. Phys. Express 10 (2017) 041101-1–041101-4.

[109] G. Moreno, K. Bennion, B. Kekelia, R. Kotecha, B. Mather, S. Narumanchi, P. Paret, B. Tellekamp, A. Zakutayev, S. Graham, S. Kim, Ga_2O_3 packaging and thermal management challenges and opportunities, in: Third Ultrawide-Bandgap Workshop, Army Research Laboratory, Adelphi, Maryland, 2019. May 14-16.

[110] Z. Islam, A. Haque, N.R. Glavin, M. Xian, F. Ren, A.Y. Polyakov, A.I. Kochkova, M. Tadjer, S.J. Pearton, In situ transmission electron microscopy observations of forward bias degradation of vertical geometry β-Ga_2O_3 rectifiers, ECS J. Solid State Sci. Technol. 9 (2020) 055008-1–055008-11.
[111] M. Xian, C. Fares, F. Ren, Z. Islam, A. Haque, T. Marko, S.J. Pearton, Asymmetrical contact geometry to reduce forward-bias degradation in β-Ga_2O_3 rectifiers, ECS J. Solid State Sci. Technol. 9 (2020) 035007-1–035007-5.
[112] T. Matsumae, Y. Kurashima, H. Umezawa, K. Tanaka, T. Ito, H. Watanabe, H. Takagi, Low-temperature direct bonding of β -Ga_2O_3 and diamond substrates under atmospheric conditions, Appl. Phys. Lett. 116 (2020) 141602-1–141602-4.
[113] D. Ma, G. Zhang, L. Zhang, Interface thermal conductance between β-Ga_2O_3 and different substrates, J. Phys. D Appl. Phys. 53 (2020) 434001–434005.
[114] R. van Erp, R. Soleimanzadeh, L. Nela, G. Kampitsis, E. Matioli, Co-designing electronics with microfluidics for more sustainable cooling, Nature 585 (2020) 211–216.
[115] C. Golz, Z. Galazka, J. Lähnemann, V. Hortelano, F. Hatami, W.T. Masselink, O. Bierwagen, Electrical conductivity tensor of Ga_2O_3 analyzed by van der Pauw measurements: inherent anisotropy, off-diagonal element, and the impact of grain boundaries, Phys. Rev. Mater. 3 (2019) 124604-1–124604-12.
[116] J.S. Lundh, Y. Song, B. Chatterjee, A.G. Baca, R.J. Kaplar, A.M. Armstrong, A.A. Allerman, B.A. Klein, D. Kendig, H. Kim, S. Choi, Device-level multidimensional thermal dynamics with implications for current and future wide bandgap electronics, J. Electron. Packag. 142 (2020) 031113-1–031113-10.
[117] B. Chatterjee, Y. Song, J.S. Lundh, Y. Zhang, Z. Xia, Z. Islam, J. Leach, C. McGray, P. Ranga, S. Krishnamoorthy, A. Haque, S. Rajan, S. Choi, Electro-thermal co-design of β-$(Al_xGa_{1-x})_2O_3/Ga_2O_3$ modulation doped field effect transistors, Appl. Phys. Lett. 117 (2020), 153501.
[118] R.J. Warzoha, A.A. Wilson, B.F. Donovan, N. Donmezer, A. Giri, P.E. Hopkins, S. Choi, D. Pahinkar, J. Shi, S. Graham, Z. Tian, L. Ruppalt, Applications and impacts of nanoscale thermal transport in electronics packaging, J. Electron. Packag. 143 (2021), 020804.
[119] Y. Won, J. Cho, D. Agonafer, M. Asheghi, K.E. Goodson, Fundamental cooling limits for high power density gallium nitride electronics, IEEE Trans. Compon. Packag. Manuf. Technol. 5 (2015) 737–744.
[120] A. Kumar, U. Singisetti, First principles study of thermoelectric properties of β-gallium oxide, Phys. Lett. 117 (2020) 262104-1–7.
[121] R.H. Montgomery, Y. Zhang, C. Yuan, S. Kim, J. Shi, T. Itoh, A. Mauze, S. Kumar, J. Speck, S. Graham, Thermal management strategies for gallium oxide vertical trench-fin MOSFETs, J. Appl. Phys. 129 (2021), 085301.
[122] J.S. Lundh, T. Zhang, Y. Zhang, Z. Xia, M. Wetherington, Y. Lei, E. Kahn, S. Rajan, M. Terrones, S. Choi, 2D materials for universal thermal imaging of micro- and nanodevices: an application to gallium oxide electronics, ACS Appl. Electron. Mater. 2 (2020) 2945–2953.
[123] M. Kuball, J.W. Pomeroy, A review of Raman thermography for electronic and optoelectronic device measurement with submicron spatial and nanosecond temporal resolution, IEEE Trans. Device Mater. Reliab. 16 (2016) 667–684.

Thermal Management of Gallium Nitride Electronics
Marko J. Tadjer Travis J. Anderson
ISBN：978-0-12-821084-0

Authorized Chinese translation published by China Machine Press.

《氮化镓电子器件热管理》（来萍　陈义强　王宏跃　等译）
ISBN：9787111764557

北京市版权局著作权合同登记　图字：01-2023-0516 号。

图书在版编目（CIP）数据

氮化镓电子器件热管理 / (美) 马尔科·J. 塔德尔 (Marko J. Tadjer)，(美) 特拉维斯·J. 安德森 (Travis J. Anderson) 主编 ；来萍等译. -- 北京 ：机械工业出版社，2024. 9. -- (先进半导体产业关键技术丛书). -- ISBN 978-7-111-76455-7

Ⅰ. TN303

中国国家版本馆 CIP 数据核字第 202402T7M4 号

机械工业出版社（北京市百万庄大街22号　邮政编码100037）

策划编辑：任　鑫　　　　　　责任编辑：任　鑫

责任校对：郑　婕　王　延　　封面设计：马精明

责任印制：张　博

北京建宏印刷有限公司印刷

2025年1月第1版第1次印刷

184mm×240mm・27印张・556千字

标准书号：ISBN 978-7-111-76455-7

定价：168.00 元

电话服务	网络服务
客服电话：010-88361066	机　工　官　网：www.cmpbook.com
010-88379833	机　工　官　博：weibo.com/cmp1952
010-68326294	金　　书　　网：www.golden-book.com
封底无防伪标均为盗版	机工教育服务网：www.cmpedu.com